中国国家标准汇编

2008年修订-58

中国标准出版社 编

中国标准出版社

北京

图书在版编目（CIP）数据

中国国家标准汇编：2008年修订.58/中国标准出版社编.—北京：中国标准出版社，2009

ISBN 978-7-5066-5527-9

Ⅰ.中… Ⅱ.中… Ⅲ.国家标准-汇编-中国-2008 Ⅳ.T-652.1

中国版本图书馆CIP数据核字（2009）第187108号

中国标准出版社出版发行
北京复兴门外三里河北街16号
邮政编码:100045

网址 www.spc.net.cn
电话:68523946 68517548
中国标准出版社秦皇岛印刷厂印刷
各地新华书店经销

*

开本 880×1230 1/16 印张 37 字数 1 113 千字
2009年11月第一版 2009年11月第一次印刷

*

定价 200.00 元

ISBN 978-7-5066-5527-9

出 版 说 明

1.《中国国家标准汇编》是一部大型综合性国家标准全集。自1983年起，按国家标准顺序号以精装本、平装本两种装帧形式陆续分册汇编出版。它在一定程度上反映了我国建国以来标准化事业发展的基本情况和主要成就，是各级标准化管理机构，工矿企事业单位，农林牧副渔系统，科研、设计、教学等部门必不可少的工具书。

2.《中国国家标准汇编》收入我国每年正式发布的全部国家标准，分为"制定"卷和"修订"卷两种编辑版本。

"制定"卷收入上年度我国发布的、新制定的国家标准，顺延前年度标准编号分成若干分册，封面和书脊上注明"20××年制定"字样及分册号，分册号一直连续。各分册中的标准是按照标准编号顺序连续排列的，如有标准顺序号缺号的，除特殊情况注明外，暂为空号。

"修订"卷收入上年度我国发布的、被修订的国家标准，视篇幅分设若干分册，但与"制定"卷分册号无关联，仅在封面和书脊上注明"20××年修订-1，-2，-3，……"字样。"修订"卷各分册中的标准，仍按标准编号顺序排列（但不连续）；如有遗漏的，均在当年最后一分册中补齐。需提请读者注意的是，个别非顺延前年度标准编号的新制定的国家标准没有收入在"制定"卷中，而是收入在"修订"卷中。

读者配套购买《中国国家标准汇编》"制定"卷和"修订"卷则可收齐上一年度我国制定和修订的全部国家标准。

3. 由于读者需求的变化，自1996年起，《中国国家标准汇编》仅出版精装本。

4. 2008年制修订国家标准共5946项。本分册为"2008年修订-58"，收入新制修订的国家标准28项，GB 12348—2008（环境保护标准）未收入。

中国标准出版社

2009年10月

目　　录

ICS 27.060.30
J 98

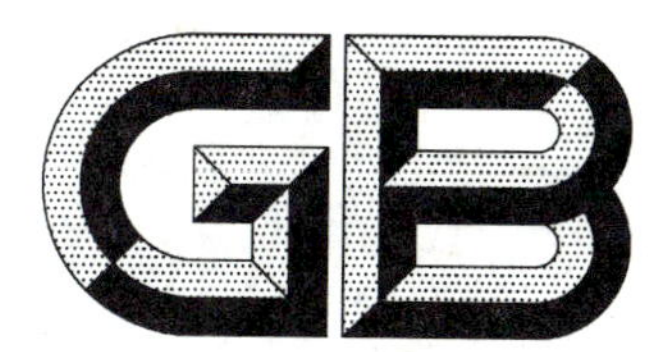

中华人民共和国国家标准

GB/T 12145—2008
代替 GB/T 12145—1999

火力发电机组及蒸汽动力设备水汽质量

Quality criterion of water and steam for generating unit and steam power equipment

2008-09-24 发布　　　　2009-08-01 实施

中华人民共和国国家质量监督检验检疫总局
中国国家标准化管理委员会　发布

前　言

本标准主要参考了几个工业国家的水汽质量标准或导则，如：欧洲标准 EN 12952-12：2003《给水和炉水质量标准》；英国标准 BS 2486—1997《蒸汽锅炉和水加热器的水处理标准》；日本标准 JIS B 8223—1999《锅炉给水和炉水的质量标准》及德国 VGB-R 450—1995《68 bar 以上蒸汽动力设备给水、炉水、蒸汽导则》。

本标准代替 GB/T 12145—1999“火力发电机组及蒸汽动力设备水汽质量”。

本标准与 GB/T 12145—1999 相比，主要变化如下：

——增加了定义及缩略语。

——修改了蒸汽质量指标。

——修改了锅炉给水质量指标。

——修改了凝结水质量指标。

——修改了锅炉炉水质量指标。

——修改了补给水质量指标。

——增加了闭式循环冷却水质量指标。

——修改了水内冷发电机的冷却水质量指标。

——修改了停(备)用机组启动时的水汽质量指标。

——修改了水汽质量劣化时的应急处理。

本标准由中国电力企业联合会提出。

本标准由中国电力企业联合会归口并解释。

本标准起草单位：西安热工研究院有限公司。

本标准主要起草人：曹杰玉、宋敬霞、孙本达。

本标准所代替标准的历次版本发布情况为：

——GB/T 12145—1989、GB/T 12145—1999。

火力发电机组及蒸汽动力设备水汽质量

1 范围

本标准规定了火力发电机组和蒸汽动力设备在正常运行和停(备)用机组启动时的水汽质量指标。

本标准适用于锅炉主蒸汽压力不低于3.8 MPa(表大气压)的火力发电机组及蒸汽动力设备。

2 规范性引用文件

下列文件中的条款通过本标准的引用而成为本标准的条款。凡是注日期的引用文件,其随后所有的修改单(不包括勘误的内容)或修订版均不适用于本标准,然而,鼓励根据本标准达成协议的各方研究是否可使用这些文件的最新版本。凡是不注日期的引用文件,其最新版本适用于本标准。

GB/T 7064 透平型同步电机的技术要求(GB/T 7064—2002,IEC 60034-3:1988,NEQ)

3 定义及缩略语

下列定义和缩略语适用于本标准。

3.1

氢电导率 cation conductivity

水样经过氢型强酸阳离子交换树脂处理后测得的电导率。

3.2

无铜给水系统 feed water system without copper alloys

与水汽接触的部件和设备(不包括凝汽器)不含铜或铜合金材料的给水系统。

3.3

有铜给水系统 feed water system with copper alloys

与水汽接触的部件和设备(不包括凝汽器)含铜或铜合金材料的给水系统。

3.4

还原性全挥发处理[AVT(R)] all volatile treatment(reduction)

锅炉给水加氨和还原剂的处理。

3.5

氧化性全挥发处理[AVT(O)] all volatile treatment(oxidation)

锅炉给水只加氨的处理。

3.6

加氧处理(OT) oxygenated treatment

锅炉给水加氧的处理。

3.7

固体碱化剂 solid alkalizing agents

用于处理炉水的磷酸盐、氢氧化钠等药剂。

3.8

炉水固体碱化剂处理 alkalizing of boiler water with solid alkalizing agents

炉水中加入磷酸盐、氢氧化钠等的处理。

3.9

炉水全挥发处理　alkalizing of the boiler water without solid alkalizing agents

给水加挥发性碱，炉水不加固体碱化剂的处理。

3.10

标准值　standard value

运行控制的最低要求值。超出标准值，机组有发生腐蚀、结垢和积盐等危害的可能性。

3.11

期望值　expectation value

运行控制的最佳值或经过努力可以达到的值。可更有效地控制机组的腐蚀、结垢和积盐等危害。

3.12

闭式循环冷却水　closed circulating cooling water

用于循环冷却热力系统辅机设备的密闭系统的水。其补充水可以用除盐水、凝结水等。

4　蒸汽质量标准

汽包炉的饱和蒸汽和过热蒸汽质量以及直流炉的主蒸汽质量应符合表 1 的规定。

表 1　蒸汽质量

过热蒸汽压力/MPa	钠/(μg/kg)		氢电导率(25 ℃)/(μS/cm)		二氧化硅/(μg/kg)		铁/(μg/kg)		铜/(μg/kg)	
	标准值	期望值	标准值	期望值	标准值	期望值	标准值	期望值	标准值	期望值
3.8～5.8	≤15	—	≤0.30	—	≤20	—	≤20	—	≤5	—
5.9～15.6	≤5	≤2	≤0.15[a]	≤0.10[a]	≤20	≤10	≤15	≤10	≤3	≤2
15.7～18.3	≤5	≤2	≤0.15[a]	≤0.10[a]	≤20	≤10	≤10	≤5	≤3	≤2
>18.3	≤3	≤2	≤0.15	≤0.10	≤10	≤5	≤5	≤3	≤2	≤1

[a] 没有凝结水精处理除盐装置的机组，蒸汽的氢电导率标准值不大于 0.30 μS/cm，期望值不大于 0.15 μS/cm。

5　锅炉给水质量标准

5.1　给水的硬度、溶解氧、铁、铜、钠、二氧化硅的含量和氢电导率，应符合表 2 的规定。

表 2　锅炉给水质量

炉型	过热蒸汽压力/MPa	氢电导率(25 ℃)/(μS/cm)		硬度	溶解氧[b]	铁		铜		钠		二氧化硅	
				μmol/L	μg/L								
		标准值	期望值		标准值	标准值	期望值	标准值	期望值	标准值	期望值	标准值	期望值
汽包炉	3.8～5.8	—	—	≤2.0	≤15	≤50	—	≤10	—	—	—	应保证蒸汽二氧化硅符合标准	
汽包炉	5.9～12.6	≤0.30	—	—	≤7	≤30	—	≤5	—	—	—		
汽包炉	12.7～15.6	≤0.30	—	—	≤7	≤20	—	≤5	—	—	—		
汽包炉	>15.6	≤0.15[a]	≤0.10	—	≤7	≤15	≤10	≤3	≤2	—	—	≤20	≤10
直流炉	5.9～18.3	≤0.15	≤0.10	—	≤7	≤10	≤5	≤3	≤2	≤5	≤2	≤15	≤10
直流炉	>18.3	≤0.15	≤0.10	—	≤7	≤5	≤3	≤2	≤1	≤3	≤2	≤10	≤5

[a] 没有凝结水精处理除盐装置的机组，给水氢电导率应不大于 0.30 μS/cm。

[b] 加氧处理时，溶解氧指标按表 4 控制。

液态排渣炉和原设计为燃油的锅炉，其给水的硬度和铁、铜的含量，应符合比其压力高一级锅炉的规定。

5.2 全挥发处理给水的pH值、联氨和总有机碳(TOC)应符合表3的规定。

表3 给水的pH值、联氨和TOC标准

炉型	锅炉过热蒸汽压力/MPa	pH(25 ℃)	联氨/(μg/L)	TOC/(μg/L)
汽包炉	3.8～5.8	8.8～9.3	—	—
	5.9～15.6	8.8～9.3(有铜给水系统)或 9.2～9.6[a](无铜给水系统)	≤30	≤500[b]
	>15.6			≤200[b]
直流炉	>5.9			≤200

[a] 对于凝汽器管为铜管、其他换热器管均为钢管的机组，给水pH值控制范围为9.1～9.4。

[b] 必要时监测。

5.3 直流炉加氧处理给水的pH值、氢电导率、溶解氧含量和TOC应符合表4的规定。

表4 加氧处理给水pH值、氢电导率、溶解氧的含量和TOC标准[a]

pH(25 ℃)	氢电导率(25 ℃)/(μS/cm)		溶解氧/(μg/L)	TOC/(μg/L)
	标准值	期望值		
8.0～9.0	≤0.15	≤0.10	30～150	≤200

[a] 采用中性加氧处理的机组，给水的pH控制在7.0～8.0(无铜给水系统)，溶解氧50 μg/L～250 μg/L。

6 凝结水质量标准

6.1 凝结水的硬度、钠和溶解氧的含量和氢电导率应符合表5的规定。

表5 凝结水泵出口水质

锅炉过热蒸汽压力/MPa	硬度/(μmol/L)	钠/(μg/L)	溶解氧[a]/(μg/L)	氢电导率(25℃)/(μS/cm)	
				标准值	期望值
3.8～5.8	≤2.0	—	≤50	—	
5.9～12.6	≈0	—	≤50	≤0.30	—
12.7～15.6	≈0	—	≤40	≤0.30	≤0.20
15.7～18.3	≈0	≤5[b]	≤30	≤0.30	≤0.15
>18.3	≈0	≤5	≤20	≤0.20	≤0.15

[a] 直接空冷机组凝结水溶解氧浓度标准值应小于100 μg/L，期望值小于30 μg/L。配有混合式凝汽器的间接空冷机组凝结水溶解氧浓度宜小于200 μg/L。

[b] 凝结水有精处理除盐装置时，凝结水泵出口的钠浓度可放宽至10 μg/L。

6.2 凝结水经精处理除盐后水中二氧化硅、钠、铁、铜的含量和氢电导率应符合表6的规定。

表6 凝结水除盐后的水质

锅炉过热蒸汽压力/MPa	氢电导率(25 ℃)/(μS/cm)		钠		铜		铁		二氧化硅	
			μg/L							
	标准值	期望值	标准值	期望值	标准值	期望值	标准值	期望值	标准值	期望值
≤18.3	≤0.15	≤0.10	≤5	≤2	≤3	≤1	≤5	≤3	≤15	≤10
>18.3	≤0.15	≤0.10	≤3	≤1	≤2	≤1	≤5	≤3	≤10	≤5

7 锅炉炉水质量标准

汽包炉炉水的电导率、氢电导率、二氧化硅和氯离子含量，根据制造厂的规范并通过水汽品质专门试验确定，可参照表7的规定控制，炉水磷酸根含量与pH指标可参照表8的规定控制。

表7 汽包炉炉水电导率、氢电导率、氯离子和二氧化硅含量标准[a]

锅炉汽包压力 MPa	处理方式	二氧化硅	氯离子	电导率 (25 ℃)/(μS/cm)	氢电导率 (25 ℃)/(μS/cm)
		mg/L			
5.9～10.0	炉水固体碱化剂处理	≤2.00[b]	—	<150	—
10.1～12.6	炉水固体碱化剂处理	≤2.00[b]	—	<60	—
12.7～15.8	炉水固体碱化剂处理	≤0.45[b]	≤1.5	<35	—
>15.8	炉水固体碱化剂处理	≤0.20	≤0.5	<20	<1.5[c]
>15.8	炉水全挥发处理	≤0.15	≤0.3	—	<1.0

[a] 均指单段蒸发炉水。

[b] 汽包内有清洗装置时，其控制指标可适当放宽。炉水二氧化硅浓度指标应保证蒸汽二氧化硅浓度符合标准。

[c] 炉水氢氧化钠处理。

表8 汽包炉炉水磷酸根含量和pH标准

锅炉汽包压力/MPa	处理方式	磷酸根/(mg/L)			pH[a] (25 ℃)	
		单段蒸发	分段蒸发			
		标准值	净段	盐段	标准值	期望值
3.8～5.8	炉水固体碱化剂处理	5～15	5～12	≤75	9.0～11.0	—
5.9～10.0	炉水固体碱化剂处理	2～10	2～10	≤40	9.0～10.5	9.5～10.0
10.1～12.6	炉水固体碱化剂处理	2～6	2～6	≤30	9.0～10.0	9.5～9.7
12.7～15.8	炉水固体碱化剂处理	≤3[b]	≤3	≤15	9.0～9.7	9.3～9.7
>15.8	炉水固体碱化剂处理	≤1	—	—	9.0～9.7	9.3～9.6
>15.8	炉水全挥发处理	—	—	—	9.0～9.7	—

[a] 指单段蒸发炉水。

[b] 控制炉水无硬度。

8 锅炉补给水质量标准

锅炉补给水的质量，以不影响给水质量为标准，可参照表9的规定控制。

表9 锅炉补给水质量

锅炉过热蒸汽压力/MPa	二氧化硅/(μg/L)	除盐水箱进水电导率(25 ℃)/(μS/cm)		除盐水箱出口电导率 (25 ℃)/(μS/cm)	TOC[a]/(μg/L)
		标准值	期望值		
5.9～12.6	—	≤0.20	—	≤0.40	—
12.7～18.3	≤20	≤0.20	≤0.10	≤0.40	≤400
>18.3	≤10	≤0.15	≤0.10	≤0.40	≤200

[a] 必要时监测。

9 减温水质量标准

锅炉蒸汽采用混合减温时，其减温水质量，应保证减温后蒸汽中的钠、二氧化硅和金属氧化物的含量符合蒸汽质量标准表1的规定。

10 疏水和生产回水质量标准

疏水和生产回水质量以不影响给水质量为前提，按表10控制。

表10 疏水和生产回水质量

名称	硬度，μmol/L		铁/(μg/L)	油/(mg/L)
	标准值	期望值		
疏水	≤2.5	≈0	≤50	—
生产回水	≤5.0	≤2.5	≤100	≤1(经处理后)

生产回水还应根据回水的性质，增加必要的化验项目。

11 闭式循环冷却水质量标准

闭式循环冷却水的质量可参照表11控制。

表11 闭式循环冷却水质量

材质	电导率(25 ℃)/(μS/cm)	pH(25 ℃)
全铁系统	≤30	≥9.5
含铜系统	≤20	8.0～9.2

12 热网补充水质量标准

热网补充水质量按表12控制。

表12 热网补充水质量

溶解氧/(μg/L)	总硬度/(μmol/L)	悬浮物/(mg/L)
<100	<600	<5

13 水内冷发电机的冷却水质量标准

参照GB/T 7064，水内冷发电机的冷却水质量按表13控制。

表13 水内冷发电机的冷却水质量

电导率(25 ℃)/(μS/cm)	铜/(μg/L)	硬度/(μmol/L)	pH(25 ℃)
≤5[a]	≤40	≤2	7.0～9.0

[a] 汽轮发电机定子绕组采用独立密闭循环水系统时，其冷却水的电导率应小于2.0 μS/cm。

14 停(备)用机组启动时的水、汽质量标准

14.1 锅炉启动后，并汽或汽轮机冲转前的蒸汽质量，可参照表14的规定控制，并在机组并网后8 h内应达到表1的标准值。

表 14 汽轮机冲转前的蒸汽质量

炉 型	锅炉过热蒸汽压力 MPa	氢电导率(25 ℃)/(μS/cm)	二氧化硅	铁	铜	钠
			μg/kg			
汽包炉	3.8～5.8	≤3.00	≤80	—	—	≤50
	>5.8	≤1.00	≤60	≤50	≤15	≤20
直流炉	—	≤0.50	≤30	≤50	≤15	≤20

14.2 锅炉启动时，给水质量应符合表 15 的规定，在热启动时 2 h 内、冷启动时 8 h 内应达到表 2 的标准值。

表 15 锅炉启动时给水质量

炉型	锅炉过热蒸汽压力/MPa	硬度/(μmol/L)	氢电导率(25 ℃)/(μS/cm)	铁	溶解氧	二氧化硅
				μg/L		
汽包炉	3.8～5.8	≤10.0	—	≤150	≤50	—
	5.9～12.6	≤5.0	—	≤100	≤40	—
	>12.6	≤5.0	≤1.00	≤75	≤30	≤80
直流炉	—	≈0	≤0.50	≤50	≤30	≤30

14.3 直流炉热态冲洗合格后，启动分离器水中铁和二氧化硅含量均应小于 100 μg/L。

14.4 机组启动时，凝结水质量可按表 16 的规定开始回收。

表 16 机组启动时，凝结水回收标准[a]

外 状	硬度/(μmol/L)	铁[b]	二氧化硅	铜
		μg/L		
无色透明	≤10.0	≤80	≤80	≤30

[a] 对于海滨电厂还应控制含钠量不大于 80 μg/L。

[b] 凝结水精处理正常投运，铁的控制标准可小于 1 000 μg/L。

14.5 机组启动时，应严格监督疏水质量。当高、低压加热器的疏水含铁量不大于 400 μg/L 时，可回收。

15 水汽质量劣化时的处理

15.1 当水汽质量劣化时，应迅速检查取样的代表性、化验结果的准确性，并综合分析系统中水、汽质量的变化，确认判断无误后，按下列三级处理原则执行：

- 一级处理——有因杂质造成腐蚀、结垢、积盐的可能性，应在 72 h 内恢复至相应的标准值；
- 二级处理——肯定有因杂质造成腐蚀、结垢、积盐的可能性，应在 24 h 内恢复至相应的标准值；
- 三级处理——正在发生快速腐蚀、结垢、积盐，如果 4 h 内水质不好转，应停炉。

在异常处理的每一级中，如果在规定的时间内尚不能恢复正常，则应采用更高一级的处理方法。

15.2 凝结水(凝结水泵出口)水质异常时的处理值见表 17 的规定。

表 17 凝结水水质异常时的处理

项目		标准值	处理等级		
			一级	二级	三级
氢电导率(25 ℃)/(μS/cm)	有精处理除盐	≤0.30[a]	>0.30[a]	—	—
	无精处理除盐	≤0.30	>0.30	>0.40	>0.65
钠/(μg/L[b])	有精处理除盐	≤10	>10	—	—
	无精处理除盐	≤5	>5	>10	>20

[a] 主蒸汽压力大于 18.3 MPa 的直流炉，凝结水氢电导率标准值为不大于 0.20 μS/cm，一级处理为大于 0.20 μS/cm。

[b] 用海水冷却的电厂，当凝结水中的含钠量大于 400 μg/L 时，应紧急停机。

15.3 锅炉给水水质异常时的处理值见表 18 的规定。

表 18 锅炉给水水质异常时的处理

项目		标准值	处理等级		
			一级	二级	三级
pH[a](25 ℃)	无铜给水系统[b]	9.2～9.6	<9.2	—	—
	有铜给水系统	8.8～9.3	<8.8 或>9.3	—	—
氢电导率(25 ℃)/(μS/cm)	无精处理除盐	≤0.30	>0.30	>0.40	>0.65
	有精处理除盐	≤0.15	>0.15	>0.20	>0.30
溶解氧/(μg/L)	还原性全挥发处理	≤7	>7	>20	—

[a] 直流炉给水 pH 值低于 7.0，按三级处理等级处理。

[b] 对于凝汽器管为铜管、其他换热器管均为钢管的机组，给水 pH 标准值为 9.1～9.4，则一级处理为小于 9.1 或大于 9.4。

15.4 锅炉水水质异常时的处理值见表 19 的规定。

当出现水质异常情况时，还应测定炉水中氯离子含量、含钠量、电导率和碱度，查明原因，采取对策。

表 19 锅炉炉水水质异常时的处理

锅炉汽包压力/MPa	处理方式	pH(25 ℃)标准值	处理等级[a]		
			一级	二级	三级
3.8～5.8	炉水固体碱化剂处理	9.0～11.0	<9.0 或>11.0	—	—
5.9～10.0		9.0～10.5	<9.0 或>10.5	—	—
10.1～12.6		9.0～10.0	<9.0 或>10.0	<8.5 或>10.3	—
>12.6	炉水固体碱化剂处理	9.0～9.7	<9.0 或>9.7	<8.5 或>10.0	<8.0 或>10.3
	炉水全挥发处理	9.0～9.7	9.0～8.5	8.5～8.0	<8.0

[a] 炉水 pH 值低于 7.0，应立即停炉。

ICS 71.040.40
G 76

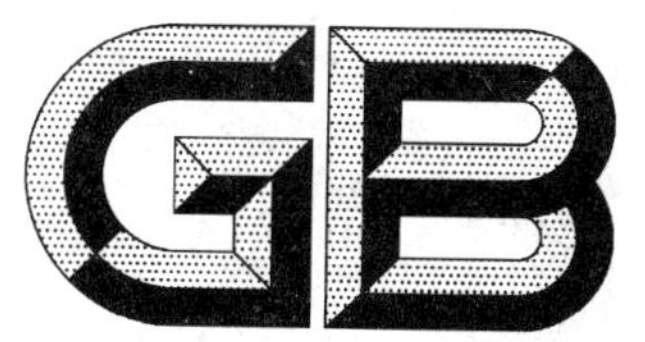

中华人民共和国国家标准

GB/T 12154—2008
代替 GB/T 12154—1989

锅炉用水和冷却水分析方法 全铝的测定

Analysis of water used in boiler and cooling system—Determination of total aluminium

(ISO 10566:1994,Water quality—Determination of aluminium—Spectrometric method using pyrocatechol violet,NEQ)

2008-04-01 发布　　2008-09-01 实施

中华人民共和国国家质量监督检验检疫总局
中国国家标准化管理委员会　发布

前　言

本标准对应于 ISO 10566：1994《水质　铝的测定　邻苯二酚紫分光光度法》(英文版)，与 ISO 10566：1994的一致性程度为非等效。

本标准代替 GB/T 12154—1989《锅炉用水和冷却水分析方法　全铝的测定》。

本标准与 GB/T 12154—1989 的主要差异为：

——GB/T 12154—1989 中可溶性铝与试铁灵(7-碘-8-羟基喹啉-5-磺酸)反应，生成稳定的黄色络合物，在波长 370 nm 处测其吸光度；本标准中铝与邻苯二酚紫($C_{19}H_{14}O_7S$)在 pH 值为 5.9±0.1时反应生成蓝色络合物，在波长 580 nm 处测其吸光度。

本标准由中国石油和化学工业协会提出。

本标准由全国化学标准化技术委员会水处理剂分会(SAC/TC 63/SC 5)归口。

本标准负责起草单位：天津化工研究设计院。

本标准主要起草人：李琳、白莹、邵宏谦、朱传俊。

本标准所代替标准的版本发布情况为：

——GB/T 12154—1989。

锅炉用水和冷却水分析方法
全铝的测定

1 范围

本标准规定了锅炉用水和冷却水中全铝的测定。

本标准适用于锅炉用水和冷却水中全铝含量为 2 μg/L～500 μg/L 的测定。也适用于饮用水、地下水和轻度污染的地表水和海水中铝离子的测定。

2 规范性引用文件

下列文件中的条款通过本标准的引用而成为本标准的条款。凡是注日期的引用文件，其随后所有的修改单(不包括勘误的内容)或修订版均不适用于本标准，然而，鼓励根据本标准达成协议的各方研究是否可使用这些文件的最新版本。凡是不注日期的引用文件，其最新版本适用于本标准。

GB/T 6682 分析实验室用水规格和试验方法(GB/T 6682—1992,neq ISO 3696:1987)

3 原理

在 pH 为 5.9±0.1 时，铝与邻苯二酚紫反应得到蓝色络合物。在波长 580 nm 处测量其吸光度。

4 试剂和材料

本标准所用试剂，除非另有规定，仅使用分析纯试剂。

安全提示：本标准所使用的强酸具有腐蚀性，使用时应注意。溅到身上时，用大量水冲洗，避免吸入或接触皮肤。

4.1 水，GB/T 6682，三级。

4.2 硝酸。

4.3 硝酸溶液：1+1。

4.4 酸化水：加 4.0 mL 硝酸到 1 000 mL 水中。

4.5 混合试剂：取 1.0 mL 硝酸放入一个 200 mL 塑料烧杯中，加入约 70 mL 水。在上述溶液中，加入 25.0 g 七水硫酸镁($MgSO_4 \cdot 7H_2O$)，5.0 g 抗坏血酸，0.25 g 1,10-菲啰啉(一水合物)($C_{12}H_8N_2 \cdot H_2O$)和 5.0 mL 铝标准溶液。然后转移到 100 mL 容量瓶中，用水稀释至刻度。

溶液的有效期为一个月。

4.6 邻苯二酚紫溶液：0.5 g/L。

称取 0.050 g 邻苯二酚紫($C_{19}H_{14}O_7S$)溶解于约 20 mL 水中，再转移到 100 mL 容量瓶中，用水稀释至刻度。

溶液的有效期为一个月。

4.7 六次甲基四胺缓冲溶液：溶解 210 g 六次甲基四胺($C_6H_{12}N_4$)于约 200 mL 水中。然后转移到 500 mL 容量瓶中，用水稀释至刻度。

溶液的有效期为两个月。

4.8 碳酸氢钠溶液：170 g/L。

称 85 g 碳酸氢钠($NaHCO_3$)溶解于约 400 mL 水中，然后转移到 500 mL 容量瓶中，用水稀释至刻度。

4.9 铝标准贮备溶液:1 000 mg/L。

称取 100 mg±0.5 mg 高纯铝,加入少量水和 1 mL 硝酸溶液,溶解后转移至 100 mL 容量瓶中,用水稀释至刻度。

4.10 铝标准溶液:10 mg/L。

移取 1.00 mL 铝贮备溶液于 100 mL 容量瓶中,然后用酸化水稀释至刻度。

5 仪器、设备

一般实验室用仪器和下列仪器。

5.1 分光光度计:可在波长 580 nm 处操作,配备 10 mm 和 50 mm 光程的吸收池。

在适当的校准范围内,也可以使用其他光程长度的吸收池。

5.2 塑料烧杯:100 mL、200 mL 和 500 mL。

5.3 单标线塑料容量瓶:100 mL、200 mL 和 500 mL。

5.4 pH 计。

5.5 微量移液管。

注:将实验室塑料器皿和比色皿在酸化水中进行漂洗并贮存整夜。不要使用洗涤剂或铬酸。

6 分析步骤

依据比色皿光程长度和分光光度计的灵敏度,分析步骤包括两个范围:

样品中含铝量低于 100 μg/L 时,用 50 mm 吸收池(低范围);

样品中含铝量为 100 μg/L~500 μg/L 时,用 10 mm 吸收池(高范围)。

6.1 试样的制备

在试样中加少量的硝酸或碳酸氢钠溶液以调节试样的 pH 值为 1.2~1.5(例如每 100 mL 试样中大约加入 0.30 mL 硝酸)。若试样含悬浮物,应在取样前用中速滤纸过滤。试样收集在聚乙烯瓶中。

6.2 标准参比溶液的制备

6.2.1 高范围标准参比溶液的准备(10 mm 吸收池 500 μg/L 铝)

分别移取 0 mL(空白),1.00 mL,2.00 mL,3.00 mL,4.00 mL 和 5.00 mL 铝标准溶液,置于 100 mL 容量瓶中,用酸化水稀释至刻度。该系列溶液中分别含有 0 μg/L(空白),100 μg/L,200 μg/L,300 μg/L,400 μg/L 和 500 μg/L 铝。

6.2.2 低范围标准参比溶液的准备(50 mm 吸收池 50 μg/L 铝)

分别移取 0 mL(空白),100 μL,200 μL,300 μL,400 μL 和 500 μL 铝标准溶液,置于 100 mL 容量瓶中,用酸化水稀释至刻度。该系列溶液中分别含有 0 μg/L(空白),10 μg/L,20 μg/L,30 μg/L,40 μg/L 和 50 μg/L 铝。

6.3 显色

分别移取 25.00 mL 标准参比溶液(6.2)置于 100 mL 塑料烧杯中。

在各个烧杯中,按下列顺序加入,每次加入后均摇匀:

——1.0 mL 混合试剂;

——1.0 mL 邻苯二酚紫溶液;

——5.0 mL 六次甲基四胺缓冲溶液。

然后在放置 15 min 后 60 min 内用分光光度计在波长 580 nm 处测定各个溶液的吸光值,并以酸化水为参比。

6.4 校准曲线的绘制

以铝的质量浓度 ρ_{Al} 为横坐标,对应的标准溶液的吸光值 A_s 为纵坐标,绘制校准曲线。

6.5 测定

移取 25.00 mL 试样(6.1),置于 100 mL 烧杯中。如果需要,可用酸化水稀释样品。然后按 6.3 进行试验,读取吸光值 A_s。

7 结果计算

样品中铝的含量以质量浓度 ρ_{Al} 计,数值以微克每升(μg/L)表示,按式(1)计算:

$$\rho_{Al} = f(A_s - A_{s0}) \quad \cdots\cdots(1)$$

式中:

A_s——水样的吸光值;

A_{s0}——空白的吸光值;

f——校正曲线的斜率。

ρ_{Al} 的误差在校正曲线范围的±5%。也就是说,50 μg/L 以下范围为 2 μg/L;50 μg/L 到 200 μg/L 之间的范围为 5 μg/L;和 500 μg/L 到 200 μg/L 之间的范围为 10 μg/L。

ICS 17.240
F 74

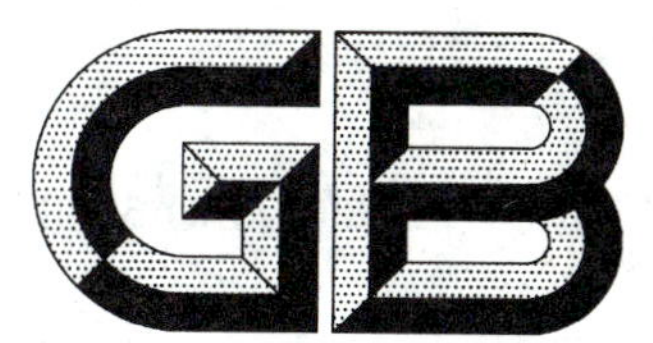

中华人民共和国国家标准

GB/T 12164.1—2008/ISO 6980-1:2006
代替 GB/T 12164—1999

β参考辐射 第1部分:产生方法

Reference beta radiations—Part 1: Methods of production

(ISO 6980-1:2006,IDT)

2008-07-02 发布 2009-04-01 实施

中华人民共和国国家质量监督检验检疫总局
中国国家标准化管理委员会 发布

前　言

GB/T 12164《β参考辐射》分为三部分:

——第1部分:产生方法;

——第2部分:与表征辐射场基本量相关的校准基础;

——第3部分:场所和个人剂量仪的校准以及能量和角响应的确定。

本部分为GB/T 12164的第1部分,本部分等同采用ISO 6980-1:2006《β粒子参考辐射　第1部分:产生方法》(英文版)。

本部分等同翻译ISO 6980-1:2006。

为便于使用,本部分做了下列编辑性修改:

——"ISO 6980的本部分"改为"GB/T 12164的本部分";

——用小数点"."代替作为小数点的逗号",";

——删除了ISO的前言。

本部分代替GB/T 12164—1999《用于校准剂量(率)仪及确定其能量响应的β参考辐射》。本部分与GB/T 12164—1999相比主要变化如下:

——修改了标准名称;

——在6.1.2参考辐射源中增加了^{85}Kr同位素源;

——删除了原标准的附录B和附录C。

本部分的附录A和附录B为资料性附录。

本部分由(SAC/TC 58)中国核工业集团公司提出。

本部分由全国核能标准化技术委员会归口。

本部分起草单位:中国原子能科学研究院。

本部分主要起草人:魏可新、李景云、叶宏生、王文。

本部分所代替标准的历次版本发布情况为:

——GB/T 12164—1990、GB/T 12164—1999。

β参考辐射
第1部分:产生方法

1 范围

GB/T 12164的本部分规定了利用放射性核素源产生的β参考辐射场的要求。给出了这些放射性核素的特性和适当的源结构的示例,并且描述了β粒子最大剩余能量以及在ICRU球中深度0.07 mm处剂量当量率的测量方法。能量范围为66 keV[1)]~3.6 MeV,剂量当量率范围从大约10 μSv·h^{-1}到至少10 Sv·h^{-1}。此外,还给出了一些源剂量当量率随入射角度的变化。本部分适用于确定$H_p(0.07)$和$H'(0.07)$的个人和场所剂量(率)仪的校准,以及它们能量响应和角响应的确定。

GB/T 12164的本部分推荐了两个系列的β参考辐射场,可从中选取确定仪表特性(校准以及确定能量响应和角响应)所需的辐射。

系列1参考辐射场由配有束展平过滤器的放射性核素源产生,使得在指定距离处大面积上给出均匀的剂量当量率。该系列的源包括^{90}Sr+^{90}Y、^{85}Kr、^{204}Tl和^{147}Pm,产生的最大剂量当量率大约200 mSv·h^{-1}。

系列2参考辐射场不带展平过滤器,可使用大面积平面源,并且源到校准平面的距离可在一定范围内调节。在靠近这些源时,只在相对小的面积上剂量率是均匀的,但该系列具有对系列1能量和剂量率范围扩展的优点。使用的放射性核素除系列1外,增加了^{14}C和^{106}Ru+^{106}Rh,这些源产生的剂量率可达10 Sv·h^{-1}。

2 规范性引用文件

下列文件中的条款通过GB/T 12164的本部分的引用而成为本部分的条款。凡是注日期的引用文件,其随后所有的修改单(不包括勘误的内容)或修订版均不适用于本部分,然而,鼓励根据本部分达成协议的各方研究是否可使用这些文件的最新版本。凡是不注日期的引用文件,其最新版本适用于本部分。

ISO 6980-3 场所和个人剂量仪的校准以及能量和角响应的确定

ICRU 51:1993 辐射防护剂量学中的量和单位

3 术语和定义

ICRU 51:1993和ISO 6980-3确立的术语和定义适用于本部分。

3.1

吸收剂量 absorbed dose

D

$d\bar{\varepsilon}$除以dm而得的商,见式(1):

$$D = d\bar{\varepsilon}/dm \qquad (1)$$

1) 能量下限为恰好可以穿透关注的0.07 mm[1]深度的电子能量。

式中：

$d\bar{\varepsilon}$——电离辐射授予质量为 dm 的物质的平均能量。

注：吸收剂量的单位为焦耳每千克($J \cdot kg^{-1}$)，专有名称戈瑞(Gy)。

3.2

吸收剂量率　absorbed dose rate

$\dot{D}$

dD 除以 dt 而得的商，见式(2)：

$$\dot{D} = \mathrm{d}D/\mathrm{d}t \qquad (2)$$

式中：

dD——在时间间隔 dt 内吸收剂量的增量。

注：吸收剂量率的 SI 单位为戈瑞每秒($Gy \cdot s^{-1}$)。吸收剂量率的单位是戈瑞或其十进制倍数或分数与适当的时间单位的商(如 $mGy \cdot h^{-1}$)。

3.3

剂量当量　dose equivalent

H

受辐射介质的某一点处，吸收剂量 D 与品质因子 Q 的乘积，见式(3)。

$$H = DQ \qquad (3)$$

注 1：对于 β、X 和 γ 辐射外照射，Q 可以视为 1[1]。

注 2：剂量当量的单位为焦耳每千克($J \cdot kg^{-1}$)，专有名称希沃特(Sv)。

3.4

剂量当量率　dose equivalent rate

$\dot{H}$

dH 除以 dt 而得的商，见式(4)：

$$\dot{H} = \mathrm{d}H/\mathrm{d}t \qquad (4)$$

式中：

dH——时间间隔 dt 内剂量当量的增量。

注：剂量当量率的 SI 单位为希沃特每秒($Sv \cdot s^{-1}$)。剂量当量率的单位是希沃特或其十进制倍数或分数与适当的时间单位的商(如 $mSv \cdot h^{-1}$)。

3.5

弱贯穿辐射的定向剂量当量　directional dose equivalent for weakly penetrating radiation

$H'(0.07;\vec{\Omega})$

辐射场中某点处的剂量当量，是相应的扩展场在中 ICRU 球内、沿指定方向 $\vec{\Omega}$ 的半径上深度 0.07 mm 处产生的剂量当量。

注 1：定向剂量当量的单位为焦耳每千克($J \cdot kg^{-1}$)，专有名称希沃特(Sv)。

注 2：在扩展场中，注量和角度以及能量的分布在所关注的体积内与实际场的测量点具有相同的值。

注 3：见 ICRU56 号报告[2]。

3.6

弱贯穿辐射的个人剂量当量　personal dose equivalent for weakly penetrating radiation

$H_p(0.07)$

在身体指定点 0.07 mm 深度处，软组织的剂量当量。

注 1：个人剂量当量的单位为焦耳每千克($J \cdot kg^{-1}$)，专有名称希沃特(Sv)。

注 2：在单向场中，方向可用入射场相反方向与体模表面指定的垂直方向之间的角度 α 规定。

3.7

总质量阻止本领 total mass stopping power

S/ρ

dE 除以 ρdl 而得的商，见式(5)：

$$\frac{S}{\rho}=\frac{1}{\rho}\frac{\mathrm{d}E}{\mathrm{d}l} \qquad \cdots\cdots(5)$$

式中：

dE——带电粒子在密度为 ρ 的物质中穿过距离 dl 损失的能量。

注 1：质量阻止本领的 SI 单位为焦耳平方米每千克(J·m²·kg⁻¹)，E 可以用电子伏(eV)表示，则 S/ρ 表述为 eV·m²·kg⁻¹。

注 2：S 为总线性阻止本领。

注 3：当核反应能量可被忽略时，总质量阻止本领见式(6)：

$$\frac{S}{\rho}=\frac{1}{\rho}\left(\frac{\mathrm{d}E}{\mathrm{d}l}\right)_{\mathrm{col}}+\frac{1}{\rho}\left(\frac{\mathrm{d}E}{\mathrm{d}l}\right)_{\mathrm{rad}} \qquad \cdots\cdots(6)$$

式中：

$(\mathrm{d}E/\mathrm{d}l)_{\mathrm{col}}=S_{\mathrm{col}}$ 为线性碰撞阻止本领；

$(\mathrm{d}E/\mathrm{d}l)_{\mathrm{rad}}=S_{\mathrm{rad}}$ 为线性辐射阻止本领。

3.8

ICRU 组织 ICRU tissue

密度为 1g·cm⁻³ 的材料，质量组分为：

O:76.2%　H:10.1%　C:11.1%　N:2.6%。

注：见 ICRU39 号报告[10]。

3.9

组织等效 Tissue equivalence

某种物质对于辐射的衰减和散射特性与 ICRU 组织近似相同时，该物质所具有的性质。

注：见附录 A，ICRU44 号报告[3]给出了更多的组织等效材料。

3.10

最大 β 能量 maximum beta energy

由可能发射一个或具有不同最大能量的几个 β 粒子连续谱的特定核素发射的 β 粒子的最大能量。

3.11

剩余最大 β 能量 residual maximum beta energy

E_{res}

在校准距离下经过散射和吸收的改变后，β 粒子谱的最大能量值。

3.12

剩余最大 β 粒子射程 residual maximum beta particle range

R_{res}

具有剩余最大能量 E_{res} 的 β 粒子谱在某种吸收材料中的射程。

4 在校准距离上 β 参考辐射场的要求

4.1 参考辐射场的能量

定义参考辐射场的能量等于 E_{res}(见 3.11 和 6.1.2)。

4.2 β 粒子谱的形状

理想的参考辐射 β 粒子谱宜产生于一种放射性核素的一个 β 衰变分支。实际上，下列情况下，超过一个衰变分支是可接受的：

——所有主要的分支在20%以内具有近似的最大能量；

——低能的分支应被源的封装或附加的过滤衰减，并减弱到小于主要分支发射率的10%。

4.3 剂量率的均匀性

在校准距离，整个探测器面积上的剂量率宜尽可能均匀。因为用于系列1参考辐射场(见6.2.2)的源不能在大的辐射场直径下产生具有满意均匀性的高吸收剂量率，因此推荐了另外的参考β粒子辐射场系列(系列2)(见6.2.3)。如果 $E_{res}>300$ keV 时剂量率变化不超过±5%，$E_{res}<300$ keV 时变化不超过±10%(见6.2.2)，β粒子辐射场可视为在一定辐射场直径上均匀。

4.4 光子污染

参考辐射中由γ、X射线和轫致辐射污染产生的光子剂量率对 $H_p(0.07)$ 的贡献宜小于被校准探测器记录的β粒子剂量率的5%。

4.5 β粒子发射随时间的变化

由于β粒子源的放射性衰变，β粒子发射率随时间减少。放射性核素的半衰期宜尽量长，最好一年以上。推荐的源的半衰期在表1中给出。

5 适合于β参考辐射场的核素

表1给出了合适能量范围的发射β粒子的放射性核素的特性。发射β粒子的放射性核素宜从该表中选择。这些放射性核素发射能量从零到表征特定核素能量最大值 E_{max} 的连续谱。

注意实际应用中放射性核素通常需要封装并且封装材料产生轫致辐射和特征X射线。

表1 β核素的数据

核素	半衰期[a]/d	发射的最大能量[b] E_{max}/MeV	光子辐射
^{14}C	2 093 000	0.156	无
^{147}Pm	958.2	0.225	γ:0.121 MeV (0.01 %) Sm X射线:5.6 keV~7.2 keV 39.5 keV~46.6 keV
^{85}Kr	3 915	0.687	γ:0.514 MeV (0.4 %)
^{204}Tl	1 381	0.763	Hg X射线:9.9 keV~13.8 keV 68.9 keV~82.5 keV
$^{90}Sr+^{90}Y$	10 523	2.274	无
$^{106}Ru+^{106}Rh$	373.6	3.54	^{106}Rh γ:0.121 MeV(0.01 %) 0.622 MeV(11 %双线) 1.05 MeV(1.5 %双线) 1.13 MeV(0.5 %双线) 1.55 MeV (0.2 %)

a 本列中的值引自ISO 6980-2:2004表C.4 [11]。

b 本列数据仅供参考。

6 源的特性及其测量

6.1 参考源的基本特性

6.1.1 参考源的结构

参考源的结构宜具有下述特性以满足第 4 章的要求：

a) 放射性核素的化学形态在使用和贮存的温度和湿度范围内保持稳定；

b) 源的包壳和结构宜足够牢固和稳定，以避免源在正常使用下的损坏和放射性泄漏，但应使 E_{res} 超过表 2 中推荐的 E_{res}。

6.1.2 参考辐射场特性的测量

剩余最大 β 粒子能量应不小于表 2 的值。

表 2 校准距离上 E_{res} 的最小值

核　　素	E_{res}/MeV
^{14}C	0.09
^{147}Pm	0.13
^{85}Kr	0.53
^{204}Tl	0.53
$^{90}Sr+^{90}Y$	1.80
$^{106}Ru+^{106}Rh$	2.80

设定 E_{res} 的下限是为了防止使用的源有过多的自吸收和/或窗的吸收。

最大剩余 β 粒子能量应由式(7)[5]计算：

$$E_{res} = \sqrt{[(0.009 \cdot R_{res} + 1)^2 - 1]/22.4} \qquad \cdots\cdots(7)$$

式中：

E_{res}——最大剩余 β 粒子能量，单位为兆电子伏(MeV)；

R_{res}——剩余最大 β 粒子射程，单位为毫克每平方厘米($mg \cdot cm^{-2}$)。

应使用合适的探测器(薄窗的电离室、GM 计数器、β 灵敏的磷光体等)测量 R_{res}。应将探测器置于校准距离并使其入射窗面向源。测量时，不同厚度的吸收体应直接放置探测器前面。吸收体应采用聚甲基丙烯酸甲酯、聚苯乙烯、聚乙烯、聚乙烯对苯二酸酯或某种等效材料。测量 R_{res} 时，探测器的窗厚应予以考虑。

对于系列 1 参考辐射(见 6.2.2)，应在有展平过滤器的情况下测量 R_{res}。

应测定探测器信号值与吸收体厚度的函数关系，并以信号的对数与按毫克每平方厘米表示的吸收厚度作图。

R_{res} 定义为测量信号线性部分的外推与由于剩余光子本底的较低水平的厚度曲线的交点。

另外也可以采用 β 粒子谱仪，例如 Si(Li)半导体探测器(见 ICRU56[2])来确定 E_{res}。图 1 给出了一个测量的表 2 中辐射场的 β 粒子谱。因为源的包壳较厚(表 B.1)，$^{90}Sr+^{90}Y$ 的谱仅由 ^{90}Y 粒子产生。ICRU56 中给出了许多计算的 β 粒子谱。

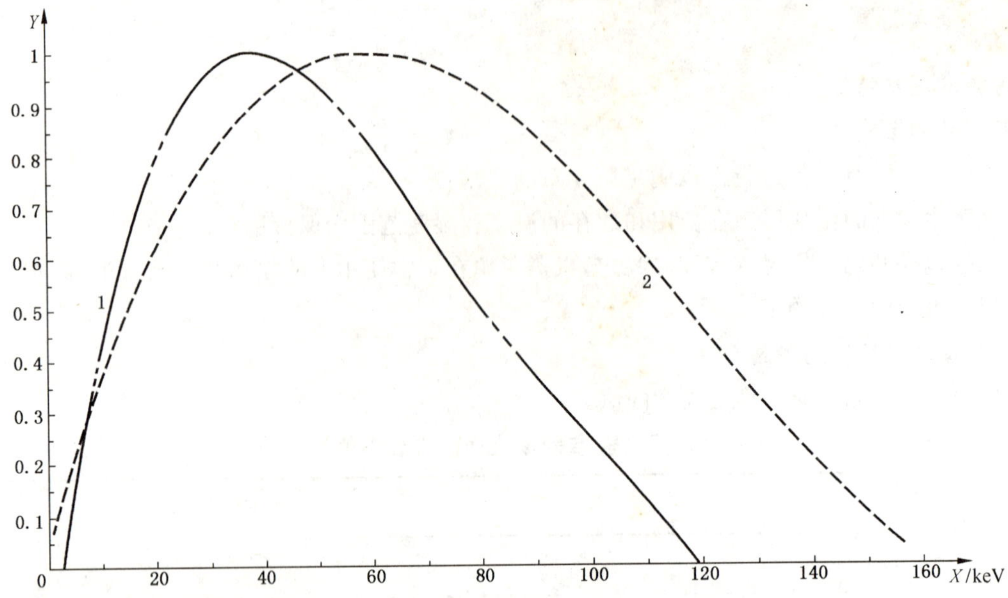

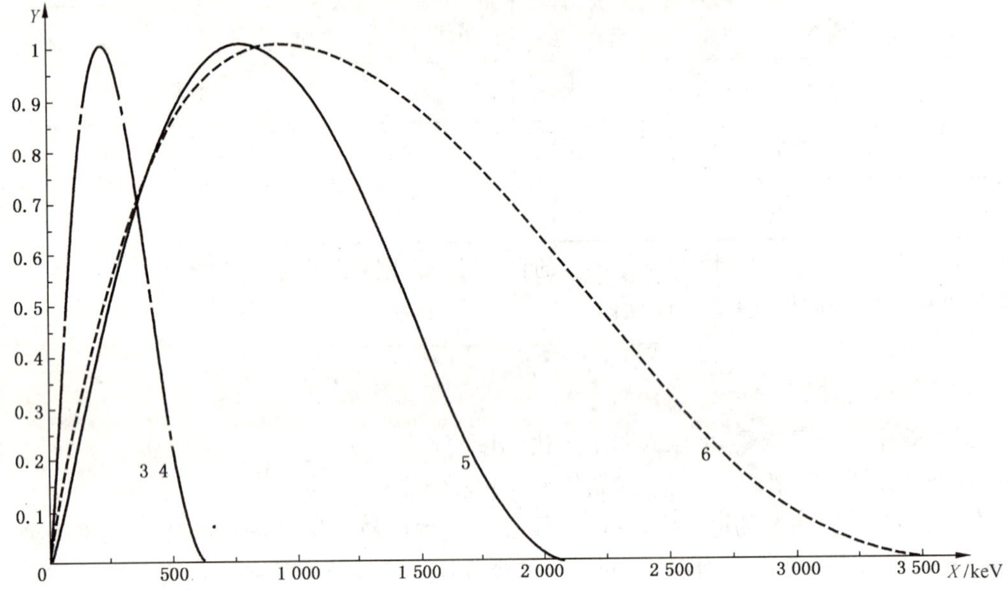

X——以 keV 表示的能量；

Y——相对值；

1——^{14}C-系列 2[b]；

2——^{147}Pm-系列 1[a]；

3——^{204}Tl-系列 1[a]；

4——^{85}Kr-系列 1[a]；

5——^{90}Sr+^{90}Y-系列 1[a]；

6——^{106}Ru+^{106}Rh-系列 2[b]。

该谱使用无窗的非制冷 Si(Li)半导体探测器测量。

谱注量的测量值对相同的最小值归一，但未对仪器分辨和探测器背散射损失修正。

a 表 3 中给出的校准距离和过滤器。

b 测量距离为 10 cm。

图 1 β参考辐射场β粒子谱的示例

6.1.3 β粒子污染

放射性核素源宜具有足够的放射化学纯度。很难检验β粒子杂质的存在,但可使用高分辨的谱仪,例如Ge(Li)探测器和谱仪系统,由伴随的光子辐射推断它们的存在。如果有下述情形之一,β辐射的谱纯度可以视为适合于参考辐射的使用:

a) 测量 R_{res}(见6.1.2)的图具有线性部分;

b) 对于适当的放射性核素,E_{res} 具有的值位于表2中所列和表1中所列的相应的 E_{max} 值之间。

注:如果 E_{res} 超过 E_{max},源包含发射比参考放射性核粒子能量高的放射性污染,因此,不满足本部分的要求。

R_{res} 和 E_{res} 应每两年测量一次。

6.1.4 光子污染

β参考辐射光子的污染由放射性核素衰变的光子辐射(如表1所示),以及源包壳的韧致辐射和特征X射线所致,典型的是银或不锈钢。光子污染的显著性与放置在参考辐射中的探测器类型及其光子灵敏度相关。对每种类型的探测器和放射性核素源,应在开始校准程序之前通过比较有吸收体和无吸收体时探测器响应的方法来确定光子的贡献。吸收体可选用6.1.2(见表A.1)中所列的任一种材料,但吸收体的厚度应保证足以刚好完全吸收β辐射。

6.2 两个系列的β参考辐射场的特性

6.2.1 概述

附录B给出了产生两个系列参考辐射场的适当的源结构的示例。

6.2.2 系列1β参考辐射场

当在大面积上需要具有均匀剂量率时,在表3中列出的源宜使用适当的束展平过滤器以在校准距离上最小15 cm直径的面积上产生均匀的剂量率。过滤器应放置在与源平面垂直的主轴上。应使用不同活度的源改变每种放射性核在校准距离上的剂量率。$^{90}Sr+^{90}Y$、^{85}Kr 和 ^{204}Tl 校准距离上整个面积剂量率的变化应不超过±5%,^{147}Pm 应不超过±10%。这可以使用面积大约 $1cm^2$ 并且响应与β入射粒子能量无关的探测器(例如薄窗的平行板电离室)来检验。

对于一种给定的过滤结构[2],只有在规定的距离处校准面积上剂量(率)的均匀性最佳。

表3给出了系列1参考辐射场校准距离和过滤器结构的示例。表4给出了单位活度的近似剂量当量率。

推荐源的最大直径是16 mm。

表3 系列1β辐射场的校准距离和过滤器

核素	校准距离/cm	源至过滤器的距离/cm	过滤器材料和尺寸
^{147}Pm	20	10	半径为5 cm,单位面积质量为14 mg·cm^{-2}的聚乙烯对苯二酸酯圆盘,中心为半径0.975 cm的孔
^{85}Kr 和 ^{204}Tl	30	10	两个同心圆盘,一个为半径为4 cm,单位面积质量为7 mg·cm^{-2}的聚乙烯对苯二酸酯圆盘加一个半径为2.75 cm,单位面积质量为25 mg·cm^{-2}的聚乙烯对苯二酸酯圆盘
$^{90}Sr+^{90}Y$	30	10	三个聚乙烯对苯二酸酯同心圆盘,每个单位面积的质量为25 mg·cm^{-2},半径分别为2 cm、3 cm和5 cm

表4 系列1β参考辐射场在校准距离上单位活度定向剂量当量率的近似值

核 素	单位活度近似的定向剂量当量率/(μSv·h^{-1}·MBq^{-1})
^{147}Pm	3
^{85}Kr	49
^{204}Tl	58
$^{90}Sr+^{90}Y$	78

6.2.3 系列2β参考辐射场

当需要高剂量率时，可以使用与表3中不同的几何条件，以及高活度的点源或大面积的平面源。对这些源不必使用过滤展平器。可以使用的校准距离直到接近源表面，上限见表5中所示。参考文献[5]给出了使用大面积源的测量示例。

在这些较大的距离上，因为空气的衰减，检验 E_{res} 等于或超过表2中给出的值是特别重要的。

通过使用比系列1规定的短的校准距离，可以获得较高的剂量率，但辐射场非常不均匀。

宜测量所使用的校准距离下的非均匀性，如果值超过4.3中规定的值，在校准仪器期间宜进行修正。表5中的距离指标称最大可用校准距离。

当校准时要求的能量超过系列1的限值时，宜使用系列2β参考辐射中包括的 ^{14}C 和 $^{106}Ru+^{106}Rh$ 放射性核素源。

作为指导，表5中给出了由这些源的近似剂量率。

表5 系列2β参考辐射场活度和剂量率的示例

源特性			剂量当量率/(Sv·h^{-1})	
核素	标称活度/MBq	标称活性面积/cm^2	源表面的估计值[a]	在校准距离下的典型值
^{14}C	1	9	0.6	5 cm 0.006
^{147}Pm	10^2	25	3	20 cm 0.003
^{204}Tl	10^2	14	10	50 cm 0.003
$^{90}Sr+^{90}Y$	10^3	0.7	700	50 cm 0.03
$^{106}Ru+^{106}Rh$	10^2	1.5	6	100 cm 0.001
[a] 宜使用一个面积等于或小于源面积的探测器测量表面剂量率。				

7 源的校准

3.5和3.6规定了校准辐射防护仪器推荐的量。ISO 6980-3中规定了校准使用的体模和条件。系列1参考β辐射场使用束展平过滤器，在校准面积上剂量率的均匀性对于给定的过滤结构只有在指定的距离下最佳。校准应只在该距离下进行。

系列2参考β辐射场可以在大的距离范围内校准，但要注意剂量率均匀的面积很可能相对较小，除非校准距离或源的面积较大。宜检验探测器面积上剂量率的均匀性并且必要时要进行修正。

参考源的剂量率应使用下述的方法(见ICRU 56[2])之一确定：

a) 由国家标准实验室直接测量；

b) 使用适当的传递仪器，与在国家标准实验室或其他可达到的初级或次级校准实验室校准过的相似的源进行比对。

附 录 A
（资料性附录）
组织等效材料

附录 A 采用的软组织的成分由 ICRU 39[10] 和 ICRU 44[3] 给出。表 A.1 给出了软组织和通常作为组织等效材料使用的材料的密度和质量组分。

表 A.1 组织等效材料

材料	密度 $g \cdot cm^{-3}$	单位体积电子数 $10^{27} m^{-3}$	材料组分质量分数/%				
			H	C	N	O	其他
软组织	1.00	331	10.1	11.1	2.6	76.2	—
聚乙烯	0.92	316	14.4	85.6	—	—	—
石墨	1.70	511	—	100	—	—	—
聚乙烯对苯二酸酯	1.40	439	4.2	62.5	—	33.3	—
聚甲基丙烯酸甲酯	1.19	380	8.0	60.0	—	32.0	—
聚苯乙烯	1.05	340	7.7	92.3	—	—	—
A150 塑料	1.12	370	10.1	77.7	3.5	5.2	1.7F 1.8Ca

附 录 B
（资料性附录）
推荐源的特性——源结构的示例

表 B.1 中给出了产生具有适当特性辐射场的源结构示例，以及这些源结构可接受的 E_{res} 测量值。活性材料的均匀性宜采用放射性成像方法确定。

表 B.1 源结构的示例

核 素	化学形态	封装材料	单位面积窗厚 mg·cm^{-2}	E_{res}下限值 MeV
^{14}C	聚(甲基-^{14}C)丙烯酸甲酯	见化学形态	无	0.09
^{147}Pm	碳酸盐	钛	2	0.13
^{85}Kr	气体	钛	22	0.53
^{204}Tl	铬酸铊	银	20	0.53
$^{90}Sr + {}^{90}Y$	碳酸锶	不锈钢	80	1.80
$^{106}Ru + {}^{106}Rh$	金属钌	银	50	2.80

参 考 文 献

[1] ICRP 60:1991, Recommendations of the International Commission on Radiological Protection, Annals of the ICRP, Vol. 21, No. 1 to 3

[2] ICRU 56:1997, Dosimetry of External Beta Rays for Radiation Protection

[3] ICRU 44:1989, Tissue Substitutes in Radiation Dosimetry and Measurements

[4] FLAMMERSFELD, A. Naturwissenschaften, Vol. 33, 280 (1946)

[5] CHARTIER, J. L., CUTARELLA, D. and ITIE, C. Radiat. Prot. Dosim., 39, No. 1/3, 115 (1991)

[6] IEC 60846:2002, Radiation protection instrumentation—Ambient and/or directional dose equivalent (rate) meters and/or monitors for beta, X and gamma radiation

[7] Guide to the expression of uncertainty in measurement (GUM), BIPM/IEC/IFCC/ISO/IUPAC/IUPAP/OIML

[8] ICRU 31:1979, Average Energy Required to Produce an Ion Pair

[9] ICRU 37:1984, Stopping Powers for Electrons and Positrons

[10] ICRU 39:1985, Determination of Dose Equivalents Resulting from External Radiation Sources

[11] ISO 6980-2:2004, Nuclear energy—Reference beta-particle radiation—Part 2: Calibration fundamentals related to basic quantities characterizing the radiation field

ICS 29.260.20
K 35

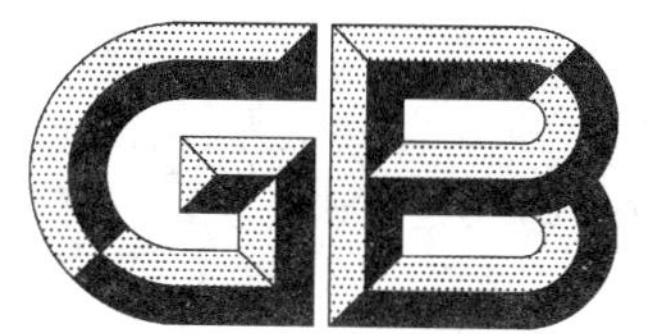

中华人民共和国国家标准

GB/T 12173—2008
代替 GB/T 12173—1990

矿用一般型电气设备

Mining electrical apparatus for non hazardous area

2008-06-30 发布

2009-04-01 实施

中华人民共和国国家质量监督检验检疫总局
中国国家标准化管理委员会 发布

前　　言

本标准代替 GB/T 12173—1990《矿用一般型电气设备》。

本标准与 GB/T 12173—1990 相比，主要变化如下：

——增加了“5.1　结构检查”；

——增加了“5.6　最高表面温度测量”；

——修改了范围(1990 版的第 1 章；本标准的第 1 章)；

——修改了定义(1990 版的第 3 章；本标准的第 3 章)；

——修改了“耐湿热性能”的要求和试验方法(1990 版的 4.1.1,5.2；本标准的 4.8,5.5)；

——修改了“外壳强度”的要求(1990 版的 4.1.2.2；本标准的 4.2.2)；

——修改了“外壳防护等级”的要求(1990 版的 4.1.2.3；本标准的 4.2.3)；

——修改了“紧固件”的要求(1990 版的 4.1.2.6；本标准的 4.2.5)；

——修改了“电缆引入装置”的要求(1990 版的 4.1.3；本标准的 4.3)；

——修改了“连接件”的要求(1990 版的 4.1.4；本标准的 4.4)；

——修改了“接地连接件”的要求(1990 版的 4.1.5；本标准的 4.6)；

——修改了“联锁”的要求(1990 版的 4.1.6；本标准的 4.7)；

——修改了“高、低压开关设备和控制设备”的要求(1990 版的 4.2.2；本标准的 4.10)；

——修改了“插接装置”的要求(1990 版的 4.2.3；本标准的 4.11)；

——修改了检验程序(1990 版的第 6 章；本标准的第 6 章)；

——修改了标志(1990 版的第 7 章；本标准的第 7 章)；

——删除了“门”的要求(1990 版的 4.1.2.5)；

——删除了“设备内部导体的材质”(1990 版的 4.1.7)；

——删除了“搬运试验”(1990 版的 5.5)。

本标准的附录 A 是规范性附录。

本标准由中国电器工业协会提出。

本标准由全国防爆电气设备标准化技术委员会(SAC/TC 9)归口。

本标准起草单位：煤炭科学研究总院上海分院、南阳防爆电气研究所和国家防爆电气产品质量监督检验中心。

本标准主要起草人：李斌、钱松、陈洪飞、倪春明、郁文哉、陈瑞。

本标准所代替标准的历次版本发布情况为：

——GB/T 12173—1990。

矿用一般型电气设备

1 范围

本标准规定了矿用一般型电气设备(以下简称设备)的要求、试验方法、检验规则和标志。

本标准适用于煤矿无瓦斯、煤尘爆炸危险场所及非煤矿山等其他类似的地下工业生产部门使用的电气设备的制造与检验。

本标准不适用于电缆和导线。

2 规范性引用文件

下列文件中的条款通过本标准的引用而成为本标准的条款。凡是注日期的引用文件,其随后所有的修改单(不包括勘误的内容)或修订版均不适用于本标准,然而,鼓励根据本标准达成协议的各方研究是否可使用这些文件的最新版本。凡是不注日期的引用文件,其最新版本适用于本标准。

GB 1984—2003 高压交流断路器(IEC 62271-100:2001,MOD)

GB/T 2423.4—1993 电工电子产品基本环境试验规程 试验Db:交变湿热试验方法(eqv IEC 60068-2-30:1980)

GB 3836.1—2000 爆炸性气体环境用电气设备 第1部分:通用要求(eqv IEC 60079-0:1998)

GB 3836.3—2000 爆炸性气体环境用电气设备 第3部分:增安型“e”(eqv IEC 60079-7:1990)

GB 4208—1993 外壳防护等级(IP代码)(eqv IEC 60529:1989)

GB 14048.1—2006 低压开关设备和控制设备 第1部分:总则(IEC 60947-1:2001,MOD)

GB 14048.2—2001 低压开关设备和控制设备 低压断路器

AQ 1043—2007 矿用产品安全标志标识

3 术语和定义

下列术语和定义适用于本标准。

3.1

矿用一般型电气设备 mining electrical apparatus for non hazardous area

用于煤矿无瓦斯、煤尘爆炸性危险场所及非煤矿山等其他类似的地下工业生产部门使用的电气设备。

4 要求

4.1 一般要求

4.1.1 矿用一般型电气设备应符合本标准的要求,并按照经规定程序批准的图样和技术文件制造。

4.1.2 除符合本标准规定外,矿用一般型电气设备还应符合各自产品的标准规定。

4.1.3 矿用一般型电气设备在下列条件下应能正常工作:

a) 海拔高度:低压电气设备为2 000 m,高压电气设备为1 000 m;

注:高压电气设备超过海拔1 000 m时,按JB/Z 102—1971的规定进行换算相关的参数。

b) 周围环境温度−20 ℃~+40 ℃;

c) 周围空气月平均相对湿度不大于95%(25 ℃);

d) 在无破坏绝缘的气体或蒸汽环境中。

4.2 外壳

4.2.1 材质

设备外壳材质应采用不燃或阻燃性材料制造;观察窗透明件、衬垫、电缆引入装置的密封件及控制手柄除外。

4.2.2 强度

4.2.2.1 设备外壳应能承受 GB 3836.1—2000 中表 4 规定的低冲击能量。

注:使用于峒室、井底车场和使用于大巷内正常情况下外力冲击不到的电气设备,可免做冲击试验。

4.2.2.2 携带式设备除了进行冲击试验外,还应能承受 GB 3836.1—2000 中 23.4.3.2 规定的跌落试验。

4.2.3 防护等级

4.2.3.1 外壳的防护等级应不低于 IP54(4.2.3.2 另有规定除外)。

4.2.3.2 特殊设备或部件应不低于下列防护等级:

a) 旋转电机的外风扇通风孔的进风端和出风端的防护等级应分别不低于 IP20 和 IP10。立式旋转电机应防止垂直落下的异物进入通风孔,当通风孔的结构和布置使大于 12.5 mm 的异物不能垂直坠落或振动进入到电机的转动部件上时,防护等级应不低于 IP10。

b) 使用于机车控制室的电气设备的防护等级应不低于 IP20。

c) 用于无滴水和粉尘侵入的峒室中设备、电阻发热元件最高温度低于 200 ℃的启动电阻和整流机组的防护等级应不低于 IP21。

d) 使用于大巷的电气设备防护等级应不低于 IP22。

e) 油浸式变压器的防护等级应不低于 IP44。

4.2.4 最高表面温度

设备(除电动机和油浸变压器外)的最高表面温度应不高于 85 ℃;操作手柄、手轮应不高于 60 ℃;在结构上能防止人员接触的情况下,设备的最高表面温度应不高于 150 ℃。

4.2.5 紧固件

4.2.5.1 紧固件应符合 GB 3836.1—2000 中第 9 章的规定,且螺栓直径应不小于 M6。

注:仪器仪表、灯具、通讯信号和自动控制设备除外,但当小于 M6 时,应采用耐腐蚀材料。

4.2.5.2 一般情况下,应采取防止紧固件因振动而松脱的措施。

4.3 电缆引入装置

4.3.1 电缆引入装置不应有尖锐棱角,以防损伤电缆。

4.3.2 电缆引入装置应有夹紧装置,防止电缆的转动传递到连接件。

4.3.3 电缆引入装置应能保证其与固定的外壳符合所要求的防护等级。

4.3.4 设备外壳上不装电缆或导管引入装置的通孔应使用封堵件。

4.4 连接件

4.4.1 与外部电路连接的连接件应有足够大的尺寸,以便与截面积至少等于与电气设备额定电流相对应的导线可靠连接。

连接件应满足:

a) 可靠地固定,不会自行松动;

b) 具有使导体不会从指定位置滑出的结构;

c) 保证适当的接触压力,不对连接导线产生影响功能的损伤,这尤其适用于连接件与多股导线直接卡紧的方法。

注:当满足 a)、b)、c)的要求时,允许使用挤压电缆端子的方法。

不允许使用的连接件:

a) 具有能损坏导体的尖锐棱边;

b） 在设备制造厂规定的正常拧紧过程中转动，扭转或永久性变形。

4.4.2 连接件的结构必须保证在正常运行情况下，不会因温度发生变化而明显削弱其接触压力。不应通过绝缘材料传递接触压力。

4.4.3 用来压紧导线的连接件须有弹性零件。连接导体截面积不超过 4 mm^2 的连接件也应能和更小截面积的导体可靠连接。

注 1：可以要求采取防振和防机械冲击的特殊措施。

注 2：在采用铝材料时应考虑防电解腐蚀的特殊措施。

4.5 电气间隙与爬电距离

接线端子之间及接线端子对地间的电气间隙与爬电距离须符合 GB 3836.3—2000 中 4.3 和 4.4 的规定。电压高于 127 V 的接线端子，不应采用酚醛塑料做绝缘件。

4.6 接地连接件

接地连接件应符合 GB 3836.1—2000 中第 15 章的规定。

4.7 联锁

4.7.1 所有开关把手在切断电源后都应能自锁，以防止误操作(闭合操作)。

4.7.2 直流电压高于 60 V、交流电压高于 36 V 的设备，应设置阻止带电开盖的联锁、锁或铅封装置(接线盒除外)。不能使用联锁而使用锁或铅封的设备，应设置“严禁带电开盖”的警告牌。

4.7.3 直流电压高于 60 V、交流电压高于 36 V 的设备，凡开盖或取下设备零、部件后，可能触及带电部分时，应设置防护等级不低于 IP20 的防护罩，并应设置“当心触电”的警告标志。

4.7.4 用隔离开关联锁的结构，应保证触头的断开位置明显可见或通过手柄的位置能正确地判断触头的状态。手柄和操纵机构的连接应坚固可靠，连接强度应大于手柄的强度。

4.8 交变湿热性能

4.8.1 低压设备应能承受严酷等级为高温+40 ℃、周期为 12 d 的交变湿热试验。

4.8.2 高压设备应能承受严酷等级为高温+40 ℃、周期为 21 d 的交变湿热试验。

4.8.3 仪器仪表应能承受严酷等级为高温+40 ℃、周期为 6 d 的交变湿热试验。

4.9 油浸变压器的补充规定

4.9.1 变压器油箱上应设有油标，当油标损坏时，油面应高于裸露带电部分 10 mm 以上。

4.9.2 油箱下部放油的塞子应使用专用工具才能打开。

4.10 高、低压开关设备和控制设备的补充规定

4.10.1 井下高压电动机、动力变压器的高压控制设备，应具有短路、过负荷、接地和欠压释放保护。低压电动机的控制设备，应具有短路、过负荷、单相断线、漏电闭锁保护装置及远程控制装置。

4.10.2 低压断路器应符合 GB 14048.2—2001 的规定。

4.10.3 高压断路器应符合 GB 1984—2003 的规定。

4.10.4 设备应具有可靠的合分闸状态显示功能。

4.11 插接装置的补充规定

4.11.1 插接装置应符合下列要求之一：

a） 用机械、电气或其他方法联锁，在带电条件下，插接装置不能断开，当断开时插头不得带电；

b） 用特殊紧固件连接在一起，并增设“严禁带电断开”的警告牌。

4.11.2 严禁未插入插座的插头元件带电。

5 试验方法

5.1 结构检查

按 4.2.1、4.2.5、4.3、4.4、4.5、4.6、4.7、4.9、4.10、4.11 和第 7 章的要求，依照图样对实样进行检查。

5.2 冲击试验

按 GB 3836.1—2000 中 23.4.3.1 的规定进行。

5.3 跌落试验

按 GB 3836.1—2000 中 23.4.3.2 的规定进行。

5.4 外壳防护性能试验

按 GB 4208—1993 的规定进行。

5.5 交变湿热试验

按 GB/T 2423.4—1993 的规定进行。

5.6 最高表面温度测量

按 GB 3836.1—2000 中 23.4.6.1 的规定进行。

6 检验规则

6.1 检验程序

检验程序见附录 A。

6.2 检验内容

检验内容应按本标准的要求逐项进行。

7 标志

7.1 标志

7.1.1 应在设备的明显位置牢固地设置铭牌、警告牌和永久性标志“KY”。

7.1.2 属于矿用产品安全标志管理的产品应设置 MA 标志牌(或 KA 标志牌)。MA 标志牌(或 KA 标志牌)应符合 AQ 1043—2007 的规定。

7.1.3 铭牌、标志牌与警告牌应采用耐化学腐蚀的材料(如青铜、黄铜或不锈钢)制成。

7.2 铭牌

7.2.1 设备外壳的明显处须设置铭牌,并可靠固定。

7.2.2 铭牌须包括下列内容:

a) 铭牌的右上方有明显的“KY”标志;

b) 矿用产品安全标志编号;

c) 外壳防护等级;

d) 矿用合格证号;

e) 其他需要标出的参数;

f) 产品出厂日期或产品标号;

g) 制造厂名称或注册商标。

附　录　A
（规范性附录）
检　验　程　序

A.1　各单位按本标准试制的电气设备，均须送国家授权的检验单位按本标准的规定进行检验。

A.2　检验工作包括图纸审查和样品检验两项内容。

A.3　图纸审查须送下列资料：

a）　产品标准（或技术条件）；

b）　产品图纸（须签字完整，并装订成册）；

c）　产品使用说明书；

以上资料各两份，审查合格后盖章，一份存检验单位，一份存送检单位；

d）　必要的计算资料与说明。

A.4　样品检验须送下列样品及资料：

a）　提供符合合格图纸的完整样机，其数量应满足试验的要求；

b）　有关的试验报告。

A.5　样品检验合格后，由检验单位发给"矿用合格证"，有效期为五年。

A.6　取得"矿用合格证"的设备，当进行局部修改且涉及本标准有关规定时，须将更改的技术文件和有关说明一式两份送原检验单位重新检验；若更改内容不涉及本标准的有关规定时，应将更改的技术文件和说明送原检验单位备案。

A.7　采用新结构、新材料、新技术制造的电气设备，经检验合格后，发给"工业试验许可证"。取得"工业试验许可证"的产品，应经工业试验（按规定时间、地点和台数进行）。由原检验单位根据所提供的工业试验报告、本标准和专用标准的有关规定，发给"矿用合格证"后，方可投入生产。

检验单位有权对已发给"矿用合格证"的产品进行复查，如发现与原检验的产品质量不符且影响安全性能时，应向制造单位提出意见，必要时撤销原发的"矿用合格证"。

ICS 25.040.20
J 07

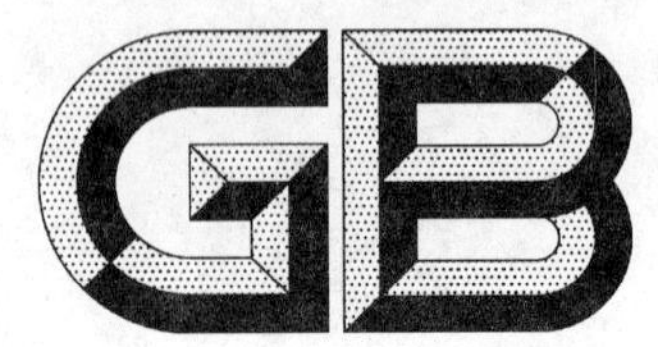

中华人民共和国国家标准

GB/T 12177—2008/ISO 3592:2000
代替 GB/T 12177—1990

工业自动化系统 机床数值控制 NC处理器输出 文件结构和语言格式

Industrial automation systems—Numerical control of machines—NC processor output—File structure and language format

(ISO 3592:2000,IDT)

2008-08-19 发布

2009-03-01 实施

中华人民共和国国家质量监督检验检疫总局
中国国家标准化管理委员会 发布

前　言

本标准等同采用 ISO 3592:2000《工业自动化系统　机床数值控制　NC 处理器输出　文件结构和语言格式》。

本标准等同翻译 ISO 3592:2000。

为便于使用,本标准做了下列编辑性修改:

——用"本标准"代替"本国际标准"。

——删除了 ISO 3592:2000 的前言。

——删除了规范性引用文件中的引导语,用 GB/T 1.1—2000 中 6.2.3 规定的引导语代替。

——对于 ISO 3592:2000 引用的其他国际标准中有被等同采用为我国标准的,本标准用引用我国的国家标准代替对应的国际标准,其余未有等同采用为我国标准的国际标准,在本标准中均直接引用。

本标准修订并代替 GB/T 12177—1990《数字控制机床的数控处理程序　输出逻辑结构》,与前一版本相比的主要技术变化如下:

——内容进行了调整,逻辑性、规范性更强。

——从文件结构和语言格式两方面系统阐述了对数据的标准要求。

——增加了相关的定义。

——增加了坐标系的定义。

本标准附录 A、附录 B 为规范性附录。

本标准由中国机械工业联合会提出。

本标准由全国工业自动化系统与集成标准化技术委员会(SAC/TC 159)归口。

本标准起草单位:北京机床研究所,北京凯恩帝数控技术有限责任公司。

本标准主要起草人:梁若琼、杨洪丽、张莉彦。

本标准所代替标准的历次版本发布情况为:

——GB/T 12177—1990。

引　言

通用的数值控制信息处理程序的输出是后置信息处理程序的输入信息。这个信息称为CLDATA，它最初来源于术语“(刀具)位置数据”。

CLDATA提供了一种通用语言，它可以把加工信息从数值控制处理器传递到后置信息处理器，在那里这种应用语言被转变成特殊的数值控制装置所要求的特定的格式。

许多类型的机械都应用了数值控制技术，但是本标准定义的语言主要是针对数控机床开发的。因此用在语言的描述中的词汇“刀具”和“零件”中，分别用来表示加工元素和被处理元素。许多词汇表中的词汇也来源于金属加工术语。

CLDATA参考语言是面向数据流的，包含特殊的字符来分隔参考语言中的元素，附录A描述了在面向记录的介质上表示参考语言的规则，在本标准中，正是使用这种表示法描述参考语言的。

工业自动化系统 机床数值控制 NC处理器输出 文件结构和语言格式

1 范围

本标准定义了在物理介质上表示CLDATA的文件结构格式和语言格式。

CLDATA参考语言用于零件的加工，在数控机床上，它提供了工艺功能和运动的控制。

应用某一种数控编程语言的任一个处理器应能够生成本标准定义的CLDATA。

每一个后置处理器应能够使用本标准定义的CLDATA作为输入。

参考语言主要针对数控机床开发的。

2 规范性引用文件

下列文件中的条款通过本标准的引用而成为本标准的条款。凡是注日期的引用文件，其随后所有的修改单(不包括勘误的内容)或修订版均不适用于本标准，然而，鼓励根据本标准达成协议的各方研究是否可使用这些文件的最新版本。凡是不注日期的引用文件，其最新版本适用于本标准。

GB/T 1988—1998 信息技术 信息交换用七位编码字符集(eqv ISO/IEC 646:1991)

GB/T 11292 工业自动化系统 机床数值控制 数值控制处理器输出 后置处理器指令(GB/T 11292—2008,ISO 4343:2000,IDT)

GB/T 12646 数字控制机床的数控处理程序输入 基本零件源程序参考语言(GB/T 12646—1990,eqv ISO 4342:1985)

GB/T 19660—2005 工业自动化系统与集成 机床数值控制 坐标系和运动命名(ISO 841:2001,IDT)

3 坐标系

GB/T 19660—2005是用来定义CLDATA坐标系的基础。

坐标系是右手笛卡尔直角坐标系，与装配在机床上的零件有关，并与机床导轨中心线平行。机床部件的正向移动导致了零件上正向尺寸的增加。

在CLDATA中，坐标系的参考坐标轴是x、y和z。坐标系指刀具上的参考点(通常是顶端的中心)，相对零件的坐标系。CLDATA可以定义以下位置和方向：

x 平行于X方向；

y 平行于Y方向；

z 平行于Z方向；

i 刀具轴向矢量的X方向分量；

j 刀具轴向矢量的Y方向分量；

k 刀具轴向矢量的Z方向分量；

l 第二方向矢量的X方向分量；

m 第二方向矢量的Y方向分量；

n 第二方向矢量的Z方向分量。

当确定平面的角度，正方向是逆时针方向并且参考轴如表1所示。角度的正方向是参考轴的逆时针方向。

表 1 参考轴

平面	参考轴
XY	X
YZ	Y
ZX	Z

角度以度数和十进制小数来表达。

4 CLDATA 的总体结构

CLDATA 包含了一个或多个记录序列，他们一起组成了 CLDATA 文件。

每个记录可由最多至 245 个元素序列组成，元素可以表示：

a) 一个整数；

b) 一个实数；

c) 一个字符串；

d) 一个关键字。

每个元素由字符组成，这些字符来自于 GB/T 1988—1998 中被定义的字符。

一个记录的前两个元素通常是整数。

针对特定记录的语法结构，其余元素可以是整数，实数，字符串，关键字的任意组合。

每一记录的第一个元素包含一个顺序号，并且从 1 开始，其增量为 1。

第二个元素包含一个记录型代码如表 2 所示。

表 2 CLDATA 记录类型

类　型	名　称	说　明
1 000	源程序顺序号	本记录含有数值控制源程序语句的顺序号和标识
2 000	后置信息处理命令的整数代码类型	本记录含有后置信息处理程序的专用指令
3 000	表面数据	本记录含有输入几何图形的规范格式
4 000	相对刀具位置	本记录含有相对于导动面和零件表面的刀具位置
5 000	刀具位置	本记录含有与刀具有关的刀具位置及运动矢量信息
6 000	后置处理信息	本记录含有容差，切削刀具或切削信息中之一的信息
7 000	启动信息	本记录含有相对于启动面的刀具位置
8 000	相对刀具方向	本记录含有表示相对上一运动的刀具方向的信息
9 000	后置处理参数	本记录含有多坐标或基准单位之一类型的信息
14 000	零件程序结束	本记录含有记录结束
15 000	非分段刀具轨迹	本记录含有与非直线刀具轨迹有关的非分段信息
16 000	零件轮廓说明	本记录含有零件轮廓的描述
20 000	文字型后置信息处理指令	本记录含有后置信息处理的特殊说明
21 000	延迟处理指令	为了后续的处理，本记录考虑允许用户选择输入语言结构以文字形式传送到 CLDATA 文件
28 000 到 32 000	专用记录说明	这些记录将不予标准化

5 CLDATA 文件结构

5.1 概述

5.1.1 总体语义

一个 CLDATA 文件由记录组成，每个记录包含有元素。因此 CLDATA 的基本实体是元素，这个元素可以代表整数，实数，文字型字符串或关键词。

5.1.2 子内容

对于

1） 字母，参见 5.2；
2） 数字，参见 5.3；
3） 特殊字符，参见 5.4；
4） 字符，参见 5.5；
5） 文字界定符号，参见 5.6；
6） 文本字符串，参见 5.7；
7） 一元操作符，参见 5.8；
8） 整数，参见 5.9；
9） 实数，参见 5.10；
10）关键词，参见 5.11；
11）元素分隔符，参见 5.12；
12）元素，参见 5.13；
13）记录分隔符，参见 5.14；
14）记录，参见 5.15；
15）文件分隔符，参见 5.16；
16）文件，参见 5.17。

5.1.3 限定

无。

5.2 字母

5.2.1 语义

总的说来，字母没有独立的意义，它是用来形成文字字符串和关键词。

5.2.2 限定

无。

5.2.3 句法结构

<letter>∷=A|B|C|D|E|F|G|H|I|J|K|L|M|N|O|P|Q|R|S|T|U|V|W|X|Y|Z

5.3 数字

5.3.1 语义

数字没有独立的意义，它是用来形成整数、实数或文字字符串。

5.3.2 限定

无。

5.3.3 句法结构

<digit>∷=0|1|2|3|4|5|6|7|8|9

5.4 特殊字符

5.4.1 语义

在 CLDATA 文件中，特殊字符用做标点符号（或分隔符号）。当特殊字符用在文字字符串中时，被认为是没有特别意义的一般字符。特殊字符包括：

+ − 操作符，用来规定整数，实数以及他们的指数的符号；

. 十进制小数点，用来分隔一个实数的整数部分和小数部分；

Ee 指数识别符，通过10的整数次幂来调节实数数值的大小；

' 撇号，用来分隔文本字符串；

, 逗号，用于记录中的元素间的分隔（<es>）；

; 分号，用于文件中的记录间的分隔（<rs>）；

: 冒号，用于分隔CLDATA文件（<fs>）。

格式控制字符：水平制表符GB/T 1988—1998字符代码9），换行符（代码10），换页符（代码12），回车（代码13）和空格（代码32）只有在文字字符串中才有意义。

5.4.2 限定

无。

5.4.3 句法结构

<special_character>∷=+|−|.|E|e|'|,|;|:

5.5 字符

5.5.1 语义

一个字符可以是一个字母、数字、特殊符号或其他有效字符。

5.5.2 限定

无。

5.5.3 句法结构

<character>∷=<letter>|<digit>|<special_character>|<other_valid_character>

在本标准中，其他有效字符无实际意义，但依然被认为有效输入。本标准没有定义这些符号。这些符号能够被特殊工具控制并选自GB/T 1988—1998所定义的符号集。

5.6 文字界定符号

5.6.1 语义

撇号用于文本字符串的开始和结尾，用来表示字符串的范围。

5.6.2 举例

cln,5000,5,'L1'0,4.,2.5,6.;

在这里cln代表一个整数值来确定CLDATA记录的顺序号。

5.6.3 限定

无。

5.6.4 句法结构

<symbol_for_literal_delimiter>∷='

5.7 文字字符串

5.7.1 语义

文字字符串可以用于列出文本中的记录，或者用于后置处理器说明，把特殊信息传递给后置处理器。准许的字符集不只局限于本标准所定义的字母集，数字集和特殊字符集。在文字字符串内，任何特殊字符被认为是没有句法意义的。

5.7.2 举例

cln,20000,0,PPRINT,'Set machine origin above front left corner of part';

5.7.3 限定

无。

5.7.4 句法结构

＜literal_character_string＞::=＜symbol_for_literal_delimiter＞0:n[＜character＞]

＜symbol_for_literal_delimiter＞

注 1：文字字符串的句法结构暗示着空字符串是被允许的。

注 2：格式控制字符：水平制表符(GB/T 1988—1998 字符代码 9)，换行符(代码 10)，换页符(代码 12)，回车(代码 13)和空格(代码 32)在文字字符串中是有意义的。

注 3：一个不被撇号所终止的文字字符串可以超过一个物理记录的大小限制(例如附录 A 的 72 列)，延续到下一个物理记录的第 1 列。

注 4：撇号由非空文字字符串的两个撇号所表示。

5.8 一元操作符

5.8.1 语义

特殊符号＋和－用于一元操作符，表示后续项的符号。

＋ 表示后续项是正。

－ 表示后续项是负。

一元操作符缺省的情况下，后续项被认为是正的。

5.8.2 例子

＋45

－.82844E-3

72.6

5.8.3 限定

无。

5.8.4 句法结构

＜unary_operator＞::=＋|－

5.9 整数

5.9.1 语义

整数有他们一般的含义，由十进制数字组成，前面可以加符号。如果符号被省略，则认为整数为正。

5.9.2 例子

123

－14

＋4527

5.9.3 限定

对于整数的位数没有做限制性的定义，至少需要指定一个数字。

5.9.4 句法结构

＜integer_number＞::=$^{0:1}$[＜unary_operator＞]$^{1:n}$[＜digit＞]

5.10 实数

5.10.1 语义

实数有他们的一般含义，由十进制数字和十进制字符(必须的)组成。实数前面可以加符号。如果符号被省略，则认为实数为正。如一元操作符所揭示的，实数后边也可伴随一个指数的升(降)值，为 10 的整数次幂。

开始和结尾的 0 没有意义。

5.10.2 例子

123.

－.14

+45.27

.6428E-2

5.10.3 限定

对于实数和指数中数字的位数没有做限制性的定义。完整的实数和包含小数部分的实数没有区别。

在计算机中代表实数的数字不总是十分精确。因此，当必须达到精确操作的效果时要用到近似值。这些近似值取决于计算机。

5.10.4 句法结构

＜real_number＞∷=＜simple_real_number＞＜opt_exponent＞

＜simple_real_number＞∷=$^{0:1}$[＜unary_operator＞]$^{0:n}$[＜digit＞]$^{0:n}$[＜digit＞]

＜opt_exponent＞∷=$^{0:1}$[＜exponent_identifier＞＜integer_number＞]

＜exponent_identifier＞∷=E|e

注：实数的句法结构说明了单独的十进制小数点是允许的并表示 0.0 的真实值。

5.11 关键词

5.11.1 语义

关键词在语言中有固定的意义。在单词表中被认为是一项。

5.11.2 例子

cln,20000,0,SPINDL,OFF;

5.11.3 限定

关键词应由字母开头，仅仅包含字母且至少有两个字母长度。

5.11.4 句法结构

＜keyword＞∷=$^{2:n}$[＜letter＞]

关键词应选自于 GB/T 11292 所定义的主词和次词集。

5.12 元素分隔符

5.12.1 语义

逗号用于分隔一个记录里的元素。

5.12.2 例子

cln,1000,45,";

5.12.3 限定

无。

5.12.4 句法结构

＜es＞∷=,

5.13 元素

5.13.1 语义

元素是 CLDATA 中信息的基本实体。它可以代表整数，实数，文字字符串和关键词。

5.13.2 限定

无。

5.13.3 句法结构

＜element＞∷=＜integer_number＞|＜real_number＞|＜literal_character_string＞|＜keyword＞

5.14 记录分隔符

5.14.1 语义

分号用于分隔文件中的记录。

5.14.2 例子

cln,1000,1,'';

cln,2000,1045,'sample program';

cln,1000,17,'';

cln,6000,6,1.;

5.14.3 限定

无。

5.14.4 句法结构

<rs>∷=;

注：<rs>字符是界定记录结束的唯一方式。在本标准的范例中，为了帮助理解，列举的记录是每行一个记录。这并不意味着在CLDATA文件记录之间必需格式控制字符。

5.15 记录

5.15.1 语义

象自然语言中的句子一样，记录是一个完整的结构或信息单元。

每个记录包含两个或多个元素，每个元素通过元素分隔字符与其他元素分隔开，以记录终止字符结束。

一个记录的开始两个元素是整数。

针对特定记录的句法结构，记录的其他元素可以是整数，实数，字符串和关键词的任意组合。

5.15.2 限定

无。

5.15.3 句法结构

<record>∷=<integer><es><integer>$^{0:n}$[<es><element>]<rs>

5.16 文件分隔符

5.16.1 语义

冒号用于文件之间的分隔。

5.16.2 例子

cln,14000;

:

5.16.3 限定

无。

5.16.4 句法结构

<fs>∷=:

5.17 文件

5.17.1 语义

每个CLDATA文件逻辑上是完整的，由记录按次序组成，经过后置处理后会生成相应完整和有序的机床程序。

每个CLDATA文件包含一个或多个记录，其后伴随着路径文件分隔符。

5.17.2 例子

1,20000,0,PARTNO,'EXAMPLE';

2,6000,6,1.5,.,.75,.,.,.,3.;

3,20000,0,RAPID;

4,5000,5,'',0,.,.,1.;

…

…

342,20000,0,END;

343,14000;

:

5.17.3 限定

无。

5.17.4 句法结构

<file>::=$^{1:n}$[<record>]<fs>

6 记录结构

6.1 概述

6.1.1 一般语义

在本标准中定义了各种记录的结构。每种结构(或类型)都提供了传递特定类型信息的能力。CLDATA 中记录的顺序和内容定义了数控机床要完成的运动类型和次序。

6.1.2 子目录

对于

1) 源程序顺序识别记录,参见 6.2;
2) 整数代码类型后置处理指令记录,参见 6.3;
3) 表面数据记录,参见 6.4;
4) 相对刀具位置记录,参见 6.5;
5) 刀具位置记录,参见 6.6;
6) 后置处理器信息记录,参见 6.7;
7) 起始信息记录,参见 6.8;
8) 相对刀具方向记录,参见 6.9;
9) 后置处理器参数记录,参见 6.10;
10) 零件程序终止记录,参见 6.11;
11) 非分段刀具轨迹记录,参见 6.12;
12) 零件轮廓描述记录,参见 6.13;
13) 文字类型后置处理器指令记录,参见 6.14;
14) 延迟处理记录,参见 6.15;
15) 专用记录,参见 6.16。

6.1.3 限定

零件编程终止记录仅仅作为 CLDATA 文件中最后一个记录存在。

6.1.4 句法结构

<record>::=<original_program_sequence_identification_record>|
<integer_code_type_PP_command_record>|<surface_data_record>|
<relative_tool_position_record>|<tool_position_record>|<pp_information_record>|
<starting-information_record>|<relative_tool_direction_record>|<pp_parameter_record>|
<part_program_termination_record>|<unsegmented_tool_path_record>|
<part_contour_description_record>|<literal_type_pp_command_record>

6.2 源程序顺序识别

cln

1 000

Original_program_sequence_number

Original_program_identification

Opt_original_program_statement

6.2.1 语义

此记录含有原始数控编程语言的顺序和识别标志。这个记录分辨一个或多个后来的 CLDATA 记录,这些记录由原始零件程序中的特定原始内容产生的。

cln(整数)是 CLDATA 记录中的顺序号。

1 000(整数)识别该记录作为源程序顺序号识别标志记录。

Original_program_sequence_number(整数)是源程序的顺序号。

Original_program_identification(文本)是源程序语句的识别标志。

Opt_original_program_statement(文本)是一个包含源程序语句的可选文本元素。

6.2.2 例子

以下 GB/T 12646 语句,作为输入文件里的第 400 条出现,在 73 至 80 列含有文本“JOB00135”

FEDRAT/10,PERMIN

将会被以下 CLDATA 内容代替:

cln,1000,400,'JOB00135';

cln,2000,0,FEDRAT,10.,PERMIN;

6.2.3 限定

无。

6.2.4 句法结构

<original_program_sequence_identification_record>::=<integer_number><es>1 000

<original_program_sequence_number><original_program_identification>

<opt_original_program_statement><rs>

<original_program_sequence_number>::=<es><integer_number>

<original_program_identification>::=<es><literal_character_string>

<opt_original_program_statement>::=^{0,1}[<es><literal_character_string>]

6.3 整数代码类型后置处理指令

cln

2 000

pp_command_integer_code

opt_pp_command_integer_code_par_list

opt_pp_command_integer_code_par_list 是一个包含以下元素任意组合的结构。

integer_number

real_number

literal_character_string

integer_code_canonical_form

integer_code_canonical_form 是下列元素的顺序结构。

801

form_type_designator

form_size

form_name

form_subscript

form_data_list

6.3.1 语义

本记录含有后置处理器的特定指令。

cln(整数)是 CLDATA 记录的顺序号。

2 000(整数)识别该记录作为整数代码类型后置处指令。

pp_command_integer_code(整数)是识别后置处理指令主词的整数代码。

opt_pp_command_integer_code_par_list(各种的)是后置处理指令参数的可选择列表。

integer_number(整数)代表用于后置处理指令的次词的整数代码。

real_number(实数)代表用于后置处理指令的标量常数和标量识别。在后置处理指令中,整数值和实数值是没有区别的,两者都代表 CLDATA 中的实数。

801(整数)识别规范格式结构的起始。

Integer_form_type_designator(整数)是识别规范格式类型的代码。

1 点标志;

2 直线标志;

3 平面标志;

4 圆标志;

5 圆柱标志;

6 椭圆标志;

7 双曲线标志;

8 圆锥标志;

9 一般二次曲线标志;

10 放样二次曲线标志;

11 矢量标志;

12 矩阵标志;

13 球标志;

14 二次曲面标志;

17 刀具定义标志;

18 样式标志;

19 空间直线标志;

20 点矢量标志;

21 圆环标志;

form_size(整数)指定了以下三种实体包含的元素个数。

form_name(文本)识别规范格式名字。空白或空字符串表示一个没有命名的规范格式。

form_subscript(整数)识别规范格式的下标符号个数。0(零)值表示无下标符号规范格式。

From_data_list(实数)指定规范格式的数值。对于列于 form_type_designator 的每个格式类型,参见 GB/T 12646 可得规范格式的描述。

6.3.2 例子

下列 GB/T 12646 语句,

SPINDL/RPM,500,RANGE,2

在 CLDATA 中将被用以下代替,

cln,2000,1031,78,500.,145,2.;

在这里 SPINDL 的整数代码是 1031;RPM 的整数代码是 78,RANGE 的整数代码是 145。

6.3.3 限定

pp_command_integer_code 应是正的,非零数值。

如果 pp_command_integer_code 数值大于等于 1 000,则

opt_pp_command_integer_code_par_list 至少包含一个参数。

如果 pp_command_integer_code 数值在 1 到 999 之间,那么

opt_pp_command_integer_code_par_list 应是空的。

6.3.4 句法结构

<integer_code_type_pp_command_record>::=<integer_number><es>2 000

<pp_command_integer_code><opt_pp_command_integer_code_par_list><rs>

<pp_command_integer_code>::=<es><integer_number>

<opt_pp_command_integer_code_par_list>::=$^{0:n}$[<es>[<integer_number>|

<real_number>|<literal_character_string>|<integer_code_canonical_form>]]

<integer_code_canonical_form>::=801<es><integer_form_type_designator>

<form_size><form_name><form_subscript><form_data_list>

<integer_form_type_designator>::=<es><integer_number>

<form_size>::=<es><integer_number>

<form_name>::=<es><integer_character_string>

<form_subscript>::=<es><integer_number>

<form_data_list>::=$^{(form\_size-2):(form\_size-2)}$[<es><real_number>]

pp_command_integer_code 以及 opt_pp_command_integer_code_par_list 中的任意 integer_number 选自 GB/T 11292 所定义的主词和次词代码集。

注:参见 6.14 执行后置处理程序的其他方法。

6.4 表面数据

cln

3 000

surface_use_designator

surface_condition_designator

surface_type_designator

surface_size

surface_name

surface_subscript

surface_canonical_list

6.4.1 语义

本记录含有输入几何图形的标准形式。这个记录指示后置处理器接下来的刀具记录(参见 6.6 和 6.12)包含沿着指定表面类型插补的一个或多个坐标。插补间距是容差(参见 6.7)的函数。在实际操作中,仅仅圆类型驱动表面信息(例如 Surface_type_designator4 或 5)向后置处理器输出。

cln(整数)是 CLDATA 记录的顺序号。

3000(整数)识别该记录为表面数据记录。

surface_use_designator(整数)是一个代码,识别在 NC 处理器中表面的用途。

1 起始指令中的零件表面标志;

2 驱动表面标志;

3 检查表面标志;

4 连续路径指令的零件表面标志。

surface_condition_designator(整数)是识别刀具和表面之间的关系的代码。

1 刀具指向表面标志(TO);

2　刀具超过表面标志(PAST);

3　刀具位于表面上的标志(ON);

4　刀具与表面相切标志(TANTO)。

surface_type_designator(整数)是识别表面类型的代码。

4　圆标志;

5　圆柱标志。

surface_size(整数)指定了以下3个实体包含元素的总数。

surface_name(文本)识别表面的名字。空白或空字符串表明一个没有被命名的表面。

surface_subscript(整数)识别表面的下标个数。0(零)值代表一个无下标表面。

surface_canonical_list(实数)指定了表面的规范格式。对于为 surface_type_designator 列出的每个表面类型,参见 GB/T 12646 规范形式的描述。

6.4.2　例子

下列 GB/T 12646 输入语句,

GOFWD/(C1=CIRCLE/CENTER,4,2,0,RADIUS,6),PAST,L1

其表面数据将被 CLDATA 中下列所替代,

cln,3000,2,4,9,'C1',0,4.,2.,.,.,.,1.,6.;

6.4.3　限定

surface_size 应是大于等于2的正整数。

surface_name,Surface_subscript 和 Surface_canonical_list 元素的组合数值应该和 Surface_data_list 数值相匹配。

6.4.4　句法结构

<surface_data_record>::=<integer_number><es>3 000<surface_use_designator>

<surface_condition_designator><surface_type_designator><surface_size>

<surface_name><surface_subscript><surface_data_list><rs>

<surface_use_designator>::=<es><integer_number>

<surface_condition_designator>::=<es><integer_number>

<surface_type_designator>::=<es><integer_number>

<surface_size>::=<es><integer_number>

<surface_name>::=<es><literal_character_string>

<surface_subscript>::=<es><integer_number>

<surface_data_list>::=$^{(surface\_size-2):(surface\_size-2)}$[<es><real_number>]

6.5　相对刀具位置

cln

4 000

tool_position_designator

6.5.1　语义

本记录含有相对于驱动和零件表面的刀具位置。

cln(整数)是 CLDATA 记录的顺序号。

4 000(整数)识别该记录为相对刀具位置数据。

tool_position_designator(整数)是识别刀具相对于导动面和零件表面位置的代码。

1　刀具位于驱动表面左侧的标志(TLLFT);

2　刀具位于驱动表面右侧的标志(TLRGT);

3　刀具位于驱动表面上的标志(TLON);

5　刀具位于零件表面上的标志(TLONPS);

6　刀具位于零件表面偏置的标志(TLOFPS)。

刀具路径可以被零件表面和驱动表面这两个表面控制。总的来说,零件表面是刀具底面所在的平面,驱动表面与刀具侧面接触或与刀具中心相交的面。

6.5.2　例子

如果位于刀具后面沿运动前进的方向看,下列记录说明了刀具端点位于零件表面的偏置上,并在驱动表面左侧。

cln,4000,6;

cln,4000,1;

6.5.3　限定

无。

6.5.4　句法结构

<relative_tool_position_record>::=<integer_number><es>4000<tool_position_designator><rs>

<tool_position_designator>::=<es><integer_number>

6.6　刀具位置

cln

5 000

tool_position_type_designator

surface_name

surface_subscript

tool_position_list

6.6.1　语义

本记录含有有关刀具的刀具位置和刀具矢量信息。此信息可以代表坐标,方位和由一个点或多个点表示的法线。

cln(整数)是 CLDATA 记录的顺序号。

5 000(整数)识别该记录为运动数据。

tool_position_type_designator 是识别运动类型的代码。

3　开始运动标志(FROM);

4　相对运动标志(GODLTA);

5　绝对运动标志(GOTO);

6　继续前一步运动数据记录的标志。

surface_name(文本)识别刀具运动形成的表面的名字,或识别被定位的刀具表面的名字。空白或空字符串说明一个没有被命名的表面。

surface_subscript(整数)识别表面下标个数。0(零)值说明一个无下标符号表面。

tool_position_list(实数)指定一个或多个刀具位置参数(X、Y、Z),刀具位置和刀具轴向矢量参数(X、Y、Z、I、J、K)或刀具位置,刀具轴向矢量和表面法线矢量参数(X、Y、Z、I、J、K、L、M、N)。

刀具位置参数是刀具端点的 X、Y 和 Z 坐标,在笛卡尔坐标系中通常被表示为绝对坐标大小。因此 tool_position_type_designator 取值 4 值说明了包含在记录中的绝对坐标位置是由相对刀具位置直接生成的。

6.6.2　例子

下列 GB/T 12646 输入内容,

GOTO/(PTA (6)=POINT/2,7,4)

将被下列刀具位置记录代替

cln,5 000,5,'PTA', 2.,7.,4.;

6.6.3 限定

Tool_position_list 的解释取决于最近的

pp_paramater_record,tool_position_format_specification 子类型,

tool_position_format_designator 的取值。该取值可以是以下之一:

0 刀具位置参数(X、Y、Z);

1 刀具位置和刀具轴矢量参数(X、Y、Z、I、J、K);

2 刀具位置,刀具轴矢量和表面法线矢量参数(X、Y、Z、I、J、K、L、M、N)。

在缺省情况下,tool_position_list 被假定为只包含 X、Y、Z 的刀具位置参数。

刀具轴矢量 I,J,K 组成大小应该等于 1,0(1)。

表面法线矢量 L,M,N 组成大小应该等于 1,0(1)。

6.6.4 句法结构

<tool_position_record>∷=<integer_number><es>5 000<tool_position_type_designator>
<surface_name><surface_subscript><tool_position_list><rs>

<tool_position_type_designator>∷=<es><integer_number>

<surface_name>∷=<es><literal_character_string>

<surface_subscript>∷=<es><integer_number>

<surface_position_list>∷=1:80[<tool_position>]|1:40
[<tool_position><tool_axis_vector>]|1:26
[<tool_position><tool_axis_vector><surface_normal_vector>]

<tool_position>∷=3:3[<es><real_number>]

<tool_axis_vector>∷=3:3[<es><real_number>]

<surface_normal_vector>∷=3:3[<es><real_number>]

6.7 后置处理器信息

6.7.1 总体语义

本记录含有容差,刀具或切削标志信息的一种类型。

6.7.2 子目录

对于

1) 切削标志信息,参见 6.7.5;

2) 容差信息,参见 6.7.6;

3) 刀具信息,参见 6.7.7。

6.7.3 限定

无。

6.7.4 句法结构

<pp_information_record>∷=<cut_flag_information>|<tolerance_information>|
<tool_information>

6.7.5 切削标志信息

cln

6 000

1

cut_flag_designator

6.7.5.1 语义

本记录的子类型含有切削标志信息。所有切削时不能实现的刀具位置,将被后置处理器忽略。通

常此项功能是由 NC 处理器来执行而切削标志仅仅是后置处理器信息。

cln(整数)是 CLDATA 记录的顺序号。

6 000(整数)识别该记录为后置处理信息。

1(整数)识别该记录子类为切削标志信息。

cut_flag_designator(整数)是识别切削标志状态的代码。

0 能切削标志(CUT);

1 不能切削(DNTCUT)。

6.7.5.2 例子

下列 GB/T 12646 程序片断,

GOTO/1,2,3

DNUCUT

GOTO/4,5,6

GOTO/7,8,9

CUT

GOTO/11,12,13

将产生下列 CLDATA 程序片断,为了简洁省略了识别记录。

cln,5000,5,'',0,1.,2.,3.;

cln,6000,1,1;

cln,6000,1,0;

cln,5000,5,'',0,7.,8.,9.;

cln,5000,5,'',0,11.,12.,13.;

6.7.5.3 限定

如果在程序终止时切削标志处于不能切削状态,后置处理器和 NC 处理器将发出一个出错信号。

6.7.5.4 句法结构

<cut_flag_information>::=<integer_number><es>6 000<es>1<cut_flag_designator><rs>

<cut_flag_designator>::=<es><integer_number>

6.7.6 容差信息

cln

6 000

tolerance_designator

tolerance_specification_list

6.7.6.1

本记录子类含有容差信息。此信息向后置处理器指出后面的刀具位置考虑了指定容差,可能会偏离名义坐标值。这不是后置处理器的允差率,它仅仅是传送给后置处理器信息。

cln(整数)是 CLDATA 记录的顺序号。

6 000(整数)识别该记录为后置处理信息。

tolerance_designator(整数)是识别容差记录子类的代码。

4 内部容差(过切)定义(INTOL)

5 外部容差(欠切)定义(OUTTOL)

tolerance_specification_list(实数)是三个容差值的列表,分别指定零件表面,驱动表面和检查表面的容差值。

6.7.6.2 例子

下列 CLDATA 记录指定了 0.005 单位的总容差,按内外容差等分。

cln,6000,4,2.5E-3,2.5E-3, 2.5E-3;

cln,6000,5,2.5E-3,2.5E-3, 2.5E-3;

6.7.6.3 限定

在省略公差信息的情况下,后置处理器应假定内偏差为 0.0 外偏差为 0.000 5 英寸。

6.7.6.4 句法结构

<tolerance_information>::=<integer_number><es>6 000<tolerance_designator>

<tolerance_specification_list><rs>

<tolerance_designator>::=<es><integer_number>

<tolerance_specification_list>::=3:3[<es><real_number>]

6.7.7 刀具信息

cln

6 000

6

Tool_specification_list

6.7.7.1 语义

本记录子类型含有刀具形状信息。此信息是对后置处理器的指示,随后的刀具位置是根据被描述的刀具形状生成的。这并不是对后置处理器补偿刀具位置的指令,它仅仅是传送给后置处理器信息。

cln(整数)是 CLDATA 记录的顺序号。

6 000(整数)识别该记录为后置处理器信息。

6(整数)识别该记录子类为刀具形状信息。

tool_specification_list(实数)是 7 个数值的列表,这七个数值确定普通刀具(见图 1)的各种参数。这些参数按照顺序为:

1) 刀具直径,d;

2) 圆角半径,r;

3) 水平距离,e;

4) 垂直距离,f;

5) 角度 α,位于水平线和底面 AB 线之间;

6) 角度 β,位于垂直线和侧面 BC 线之间;

7) 刀具高度,h。

6.7.7.2 例子

下列 CLDATA 记录指定了刀具直径为 1.5 单位,圆角半径为 0.5 个单位,高度为 3.0 个单位。

cln,6000,6,1.5,.5,.25,.5,.,.,3.;

6.7.7.3 限定

在刀具信息省略的情况下,后置处理器应假定刀具规格列表中的每个元素为 0.0(即一个点刀具)。

6.7.7.4 句法结构

<tool_information>::=<integer_number><es>6 000<es>1<tool_specification_list><rs>

<tool_specification_list>::=7:7[<es><real_number>]

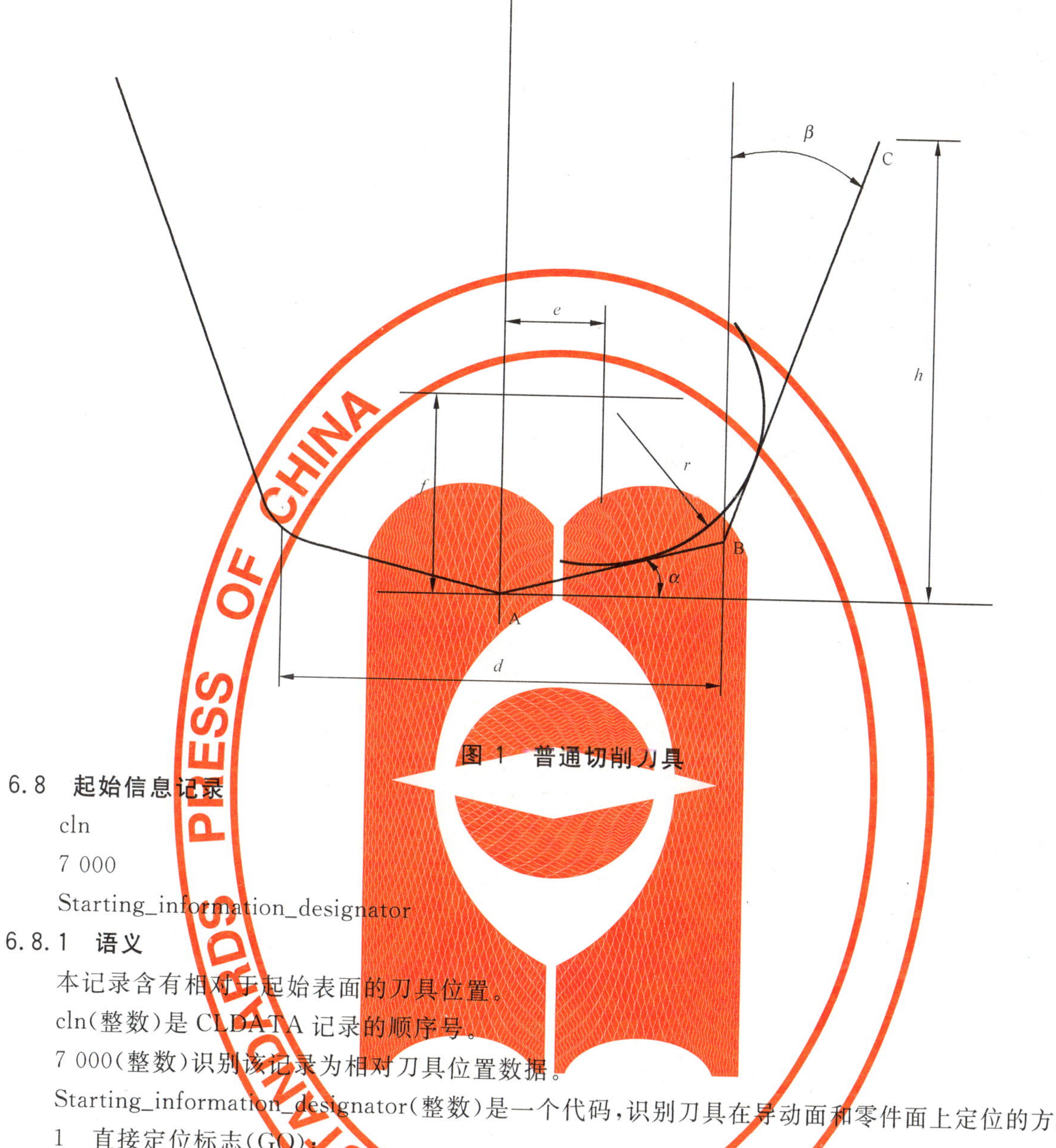

图 1 普通切削刀具

6.8 起始信息记录

cln

7 000

Starting_information_designator

6.8.1 语义

本记录含有相对于起始表面的刀具位置。

cln(整数)是 CLDATA 记录的顺序号。

7 000(整数)识别该记录为相对刀具位置数据。

Starting_information_designator(整数)是一个代码,识别刀具在导动面和零件面上定位的方法。

1 直接定位标志(GO);

2 间接定位标志(OFFSET)。

6.8.2 例子

以下记录说明了使用 GO 指令格式完成刀具初始定位。

cln,7000,1;

6.8.3 限定

无。

6.8.4 句法结构

<starting_information_record>∷=<integer_number><es>7000

< Starting_information_designator><rs>

<Starting_information_designator>∷=<es><integer_number>

6.9 相对刀具方向

cln

8 000

Tool_direction_designator

6.9.1 语义

本记录含有的信息指出了相对于上次移动的刀具方向。

cln(整数)是 CLDATA 记录的顺序号。

8 000(整数)识别该记录为相对刀具方向数据。

Tool_direction_designator(整数)是一个代码,用来识别对于上次移动的刀具运动方向。

1 相对于左侧的运动标志(GOLFT);

2 相对于右侧的运动标志(GORGT);

3 同方向运动标志(GOFWD);

4 反方向运动标志(GOBACK);

5 刀具轴线方向运动标志(GOUP);

6 刀具轴线反方向运动标志(GODOWN)。

6.9.2 例子

下列记录说明了对于当前运动方向,下一个刀具运动将会相对于左侧。

cln,8000,1;

6.9.3 限定

无。

6.9.4 句法结构

<relative_tool_direction_record>∷=<integer_number><es>8 000

<tool_direction_designator><rs>

<tool_direction_designator>∷=<es><integer_number>

6.10 后置处理器参数

6.10.1 总体语义

本记录含有多轴和单位参数。

6.10.2 子目录

对于

1) 刀具位置格式规格,参见 6.10.5;

2) 坐标轴基准单位规格,参见 6.10.6。

6.10.3 限定

无。

6.10.4 句法结构

<pp_parameter_record>∷=<tool_position_format_specification>|

<coordinate_base_units_specification>

6.10.5 刀具位置格式规格

cln

9 000

2

format_designator

6.10.5.1 语义

本记录子类型含有刀具位置格式规格。

cln(整数)是 CLDATA 记录的顺序号。

9 000(整数)识别该记录为后置处理器参数数据。

2(整数)识别记录子类型为刀具位置格式规格。

format_designator(整数)是一个代码识别刀具位置记录(参见 6.6)中的刀具位置数据内容。指示状态可以是下列情况之一：

0 仅仅刀具位置数据(X、Y、Z)；

1 刀具位置和刀具轴线矢量数据(X、Y、Z、I、J、K)；

2 刀具位置,刀具轴线矢量和表面法线矢量数据(X、Y、Z、I、J、K、L、M、N)。

6.10.5.2 例子

下列记录说明了随后的刀具位置数据包含刀具端点坐标和刀具轴方向。

Cln、9000、2、1。

6.10.5.3 限定

无。

6.10.5.4 句法结构

<tool_position_format_specification>::=<integer_number><es>9 000<es>2

<format_designator><rs>

<format_designator>::=<rs><integer_number>

6.10.6 坐标基本单位规格

cln

9 000

9

units_designator

upt_units_scaling_factor

6.10.6.1 语义

这个记录子类型携带着坐标基本单位规格。

cln(整数)是 CLDATA 记录的顺序号。

9 000(整数)识别该记录为后置处理器参数数据。

9(整数)识别该记录子类型为坐标基本单位规格。

units_designator(整数)是识别基本单位类型的代码。

171 mm 标志；

172 cm 标志；

173 in 标志；

174 ft 标志。

opt_units_scaling_factor(实数)是一个可选择的数值,作为比例因数改变基本单位类型。此因数允许使用除了 mm,cm,ft,in 以外的单位(例如使用比例因数 1000.0,和代码 171 说明坐标值以 m 为单位)。

6.10.6.2 例子

下列记录说明了随后的坐标值用 mm 来表达。

cln,9000,9,171；

6.10.6.3 限定

如果指定比例因数,则应该是正的非零值。

在单位规格缺省的情况下,后置处理器应假定所有坐标用 in 来表达。

6.10.6.4 句法结构

<coordinate_base_units_specification>::=<integer_number><es>9 000<es>9

<units_designator><units_scaling_factor><rs>

<units_designator>∷=<es><integer_number>

<units_scaling_factor>∷=0:1[<es><real_number>]

6.11 零件程序终止

cln

14 000

6.11.1 语义

本记录含有 CLDATA 的最后一个记录。

cln(整数)是 CLDATA 记录的顺序号。

14 000(整数)识别该记录为零件程序终止记录。

6.11.2 例子

下列记录预示着 CLDATA 的结束。

cln,14 000;

:

6.11.3 限定

零件程序终止记录要跟随一个文件分隔符(<fs>)

6.11.4 句法结构

<part_program_termination_record>∷=<integer_number><es>14 000<rs>

6.12 非分段刀具轨迹

cln

15 000

Unsegmented_tool_position_designator

Surface_condition_designator

Surface_type_designator

Unsegmented_path_specification

6.12.1 总体语义

本记录含有与非线性刀具轨迹有关的不分段信息。

非线性运动可以由 CLDATA 中分段和非分段形式来表示。分段形式通过含有一个或多个刀具位置记录(参见 6.6)的坐标数据给出。非分段形式通过单个非分段刀具轨迹记录给出,刀具轨迹记录细分了信息来定义刀具控制点的非线性运动(例如铣床刀具端面的中心位置)。

本记录规定的非线性运动不是指圆弧(表面类型代码 4 或 5),尽管圆弧是目前被充分描述的唯一运动。

cln(整数)是 CLDATA 记录的顺序号。

15 000(整数)识别该记录为非分段刀具轨迹。

Unsegmented_tool_position_designator(整数)是一个代码,识别刀具与零件面的相对位置,沿着刀具运动方向看,

1 刀具位于表面左侧标志(TLLFT);

2 刀具位于表面右侧标志 (TLRGT);

3 刀具位于驱动表面上标志(TLON)。

surface_condition_designator(整数)是一个代码,识别刀具与表面的关系。

1 刀具趋向表面标志(TO);

2　刀具超过表面标志(PAST)；

3　刀具位于表面之上标志(ON)；

4　刀具与表面相切标志(TANTO)。

surface-type_designator(整数)是识别表面类型的代码。

4　圆标志；

5　圆柱标志。

surface_path_specification 包含表面的识别,表面的标准形式,路径移动信息。这些数据的格式取决于表面类型。

6.12.2　子目录

对于

1)　圆弧非分段轨迹规格,参见 6.12.5。

6.12.3　限定

无。

6.12.4　句法结构

<unsegmented_tool_path_record>∷=<integer_number><es>15 000

< unsegmented_tool_position_designator>< surface_condition_designator>

< surface_type_designator><unsegmented_path_specification><rs>

< surface_condition_designator>∷=<es><integer_number>

<surface_type_designator>∷=<es><integer_number>

<unsegmented_path_specification>∷=<circular_arc_unsegmented_path>

6.12.5　圆弧非分段轨迹

path_specification_size

surface_name

surface_subscript

circular_canonical_list

arc_span

tool_endpoint_position

6.12.5.1　语义

圆弧非分段轨迹用于表面类型 4 和 5。

若已知起点位置,圆弧运动可以由圆心坐标,运动平面,圆弧半径,方向和圆弧终点来定义。

path_specification_size(整数)指定了元素总数(圆弧为 13)。

surface_name(文本)识别表面的名字。空白或空字符串表示一个未被命名的表面。

surface_subscript(整数)识别表面的下标符号个数。0(零)值说明了一个无下标符号表面。

circular_canonical_list(实数)指定了表面的规范格式。一个圆弧表面规范格式的七个要素按照顺序依次为:

1)　圆心的 X 坐标;

2)　圆心的 Y 坐标;

3)　圆心的 Z 坐标;

4)　轴单位矢量的 I 分量;

5)　轴单位矢量的 J 分量;

6)　轴单位矢量的 K 分量;

7） 圆的半径亦即刀具轨迹）。

arc_span(实数)指定了圆弧轨迹的角度。角度的正负是按照数学上的习惯。它是基于圆轴线的 I、J、K 分量。当从圆轴线矢量的方向看去时，正角度是顺时针方向旋转。

tool_endpoint_position(实数列表)指定了圆弧终点的 X、Y、Z 坐标。

6.12.5.2 例子

图 2 和图 3 所示为生成分段和非分段圆弧轨迹的不同记录类型。

6.12.5.3 限定

path_specification_size 的值应为 13。

圆弧非分段轨迹记录应先于定义被插补表面数据记录(参见 6.4)。

圆弧非分段轨迹记录的起始位置应由刀具位置记录(参见 6.6)或非分段刀具轨迹记录(参见 6.12)定义。

6.12.5.4 句法结构

<circular_arc_unsegmented_path>∷=<path_specification_size><surface_name>
<surface_subscript><circular_canonical_list><arc_span><tool_endpoint_position>

<path_specification_size>∷=<es><integer_number>

<surface_name>∷=<es><literal_character_string>

<surface_subscript>∷=<es><integer_number>

<circular_canonical_list>∷=$^{7:7}$[<es><real_number>]

<arc_span>∷=<es><real_number>

<tool_endpoint_position>∷=$^{3:3}$[<es><real_number>]

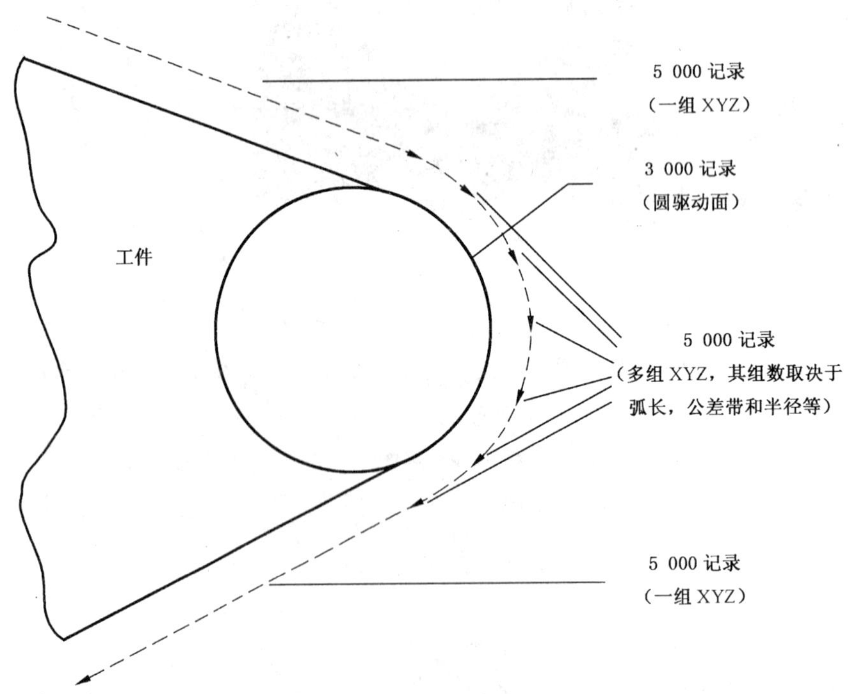

图 2　分段格式

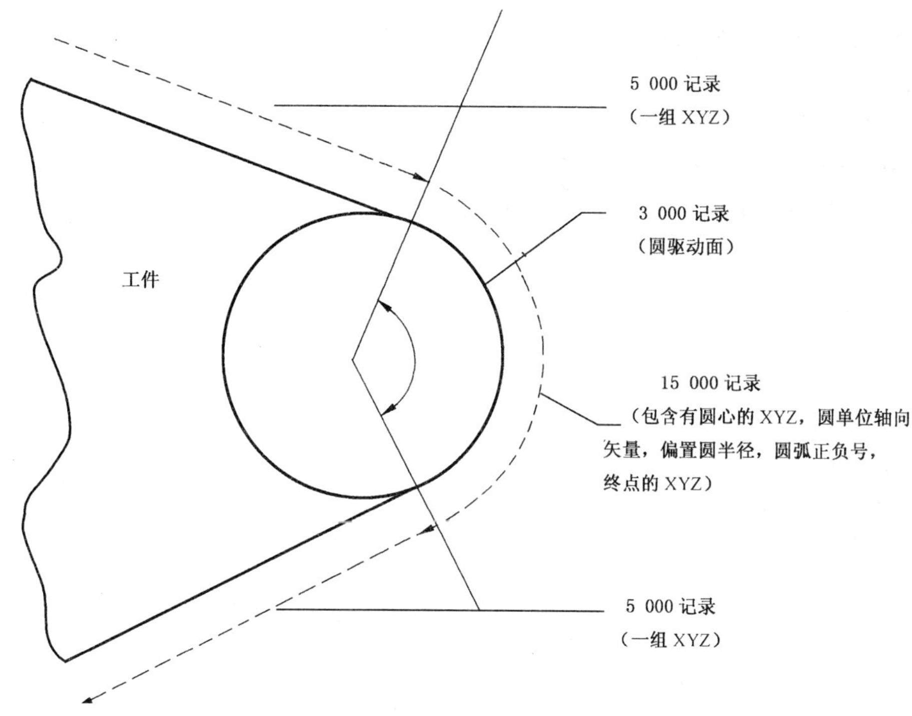

图 3 非分段格式

6.13 零件轮廓描述

6.13.1 总体语义

本记录含有零件轮廓描述。零件轮廓通常由数个要素:直线、圆弧等组成。这样一个轮廓的完整描述将会占用许多零件轮廓描述记录,每种元素使用一个记录。

6.13.2 子目录

对于

1) 粗加工零件的准备(参见 6.13.5);
2) 粗加工零件的描述(参见 6.13.6);
3) 精加工零件的准备(参见 6.13.7);
4) 精加工零件的描述(参见 6.13.8)。

6.13.3 限定

零件轮廓描述仅仅适用于二维轮廓。

6.13.4 句法结构

<part_contour_dscription_record>∷=<rough_part_preparation>|<rough_part_description>|<finish_part_preparation>|<finish_part_description>

6.13.5 粗加工零件的准备

cln

16 000

1

contour_name

contour_subscript

contour_size

contour_bounds

6.13.5.1 语义

粗加工零件的准备定义了包含粗加工零件轮廓在内的矩形区域。

cln(整数)是 CLDATA 的顺序号。

16 000(整数)识别该记录为零件轮廓描述。

1(整数)识别该记录为粗加工零件准备子类型。

contour_name(文本)识别轮廓的名字。空白或空字符串说明了一个未被命名的轮廓。

contour_subscript(整数)识别轮廓的下标个数。0(零)值说明了无下标轮廓。

contour_size(整数)指定相应的粗加工零件的描述的轮廓元素的个数。这个数字应该等于紧随粗加工零件准备记录之后的粗加工零件的描述记录的个数。

contour_bounds(实数列表)识别轮廓的 X 和 Y 轴极限。四个边界值按照顺序依次为:

1) 零件的最大 X 坐标;

2) 零件的最大 Y 坐标;

3) 零件的最小 X 坐标;

4) 零件的最小 Y 坐标。

6.13.5.2 例子

下列记录说明了粗加工零件轮廓包含 4 个元素,其边界为一个未命名的无下标区域,X 和 Y 的最小坐标为-10.5 和 0.0,X 和 Y 的最大坐标为 5.0 和 7.0。

cln,16000,1,",0,4,5.,7.,-10.5,.;

6.13.5.3 限定

contour_size 应为正的,非零值与粗加工零件的描述记录个数相对应并且紧随粗加工零件的准备记录之后。

6.13.5.4 句法结构

<rough_part_preparation>::=<integer_number><es>16 000<es>1< contour_name>

< contour_subscript> <contour_size>< contour_bounds><rs>

<contour_name>::=<es><literal_character_string>

< contour_subscript>::=<es><integer_number>

<contour_size>::=<es><integer_number>

<contour_bounds>::=$^{4:4}$[<es><real_number>]

6.13.6 粗加工零件的描述

cln

16 000

2

contour_element_name

contour_element_subscript

contour_element_position

rough_contour_element_specification

6.13.6.1 语义

粗加工零件描述定义了一系列元素中的一个元素,这一系列元素构成了粗加工零件轮廓。

cln(整数)是 CLDATA 记录的顺序号。

16 000(整数)识别该记录为零件轮廓描述。

2(整数)识别该记录为粗加工零件描述子类型。

contour_element_name(文本)识别轮廓元素的名字。空白或空字符串说明了未命名的轮廓元素。

contour_element_subscript(整数)识别轮廓元素的下标个数。0(零)值说明无下标轮廓元素。

contour_element_position(实数列表)明确了轮廓元素起点的 X 和 Y 坐标。

rough_contour_element_specification(变量)识别轮廓元素的几何形状。支持两种元素类型:直线段和圆弧段。

直线段需要的三个元素(实数)按照顺序依次为:

曲率(总是为 0.0);

指向零件的正交矢量的 X 分量;

指向零件的正交矢量的 Y 分量。

圆弧段需要的三个元素(实数)按照顺序依次为:

1) ±1/r(半径为 r 的圆弧的曲率);

2) 圆心的 X 坐标;

3) 圆心的 Y 坐标。

圆弧半径的符号描述了以起点到终点弦线为参考的圆弧位置。

\+ 圆弧在直线右边;

\- 圆弧在直线左边;

6.13.6.2 例子

下列记录规定了包含 4 个线性元素一个矩形粗加工零件描述,其边界分别为 X 和 Y 的最小坐标 —10.5 和 0.0,X 和 Y 的最大坐标 5.0 和 7.0。

cln,16000,1,”,0,4,5.,7.,—10.5,.;

cln,16000,2,”0,—10.5,.,.,1.,.;

cln,16000,2,”0,—10.5,7.,.,.,—1.;

cln,16000,2,”,0,5.,7.,.,—1.,.;

cln,16000,2,”,0,5.,.,.,.,1.;

6.13.6.3 限定

无。

6.13.6.4 句法结构

<rough_part_description>::=<integer_number><es>16 000<es>2

<contour_element_name><contour_element_subscript>

< contour_element_position><rough_contour_element_specification><rs>

<contour_element_name>::=<es><literal_character_number>

<contour_element_subscript>::=<es><integer_number>

< contour_element_position>::=$^{2:2}$[<es><real_number>]

<rough_contour_element_specification>::=$^{3:3}$[<es><real_number>]

6.13.7 精加工零件的准备

cln

16 000

3

contour_name

contour_subscript

contour_size

contour_bounds

6.13.7.1 语义

精加工零件准备定义了包含精加工零件轮廓的矩形区域。

cln(整数)是 CLDATA 记录的顺序号。

16 000(整数)识别该记录作为零件轮廓描述。

3(整数)识别该记录为精加工零件准备子类型。

contour_element_name(文本)识别轮廓元素的名字。空白或空字符串说明了未命名的轮廓元素。

contour_element_subscript(整数)识别轮廓元素的下标个数。0(零)值说明无下标轮廓元素。

contour_size(实数)指定了与精加工零件描述有关的轮廓元素的个数。

contour_bounds (实数列表)识别 X、Y 的极限。四个边界值按顺序为:

1) 零件的最大 X 坐标;

2) 零件的最大 Y 坐标;

3) 零件的最小 X 坐标;

4) 零件的最小 Y 坐标。

6.13.7.2 限定

contour_size 应为正的,非零值与精加工零件的描述记录的个数相对应并且紧随精加工零件的准备记录之后。

6.13.7.3 句法结构

<finish_part_preparation>::=<integer_number><es>16000<es>3< contour_name>
< contour_subscript> <contour_size>< contour_bounds><rs>

<contour_name>::=<es><literal_character_string>

< contour_subscript>::=<es><integer_number>

<contour_size>::=<es><integer_number>

<contour_bounds>::=$^{4:4}$[<es><real_number>]

6.13.8 精加工零件的描述

cln

16 000

4

contour_element_name

contour_ element_subscript

contour_ element_position

finish_contour_element_specification

6.13.8.1 语义

精加工零件描述定义了一系列元素中的一个元素,这一系列元素构成了精加工零件轮廓。

cln(整数)是 CLDATA 记录的顺序号。

16 000(整数)识别该记录为零件轮廓描述。

4(整数)识别该记录为精加工零件描述子类型。

contour_element_name(文本)识别轮廓元素的名字。空白或空字符串说明了未命名的轮廓元素。

contour_element_subscript(整数)识别轮廓元素的下标个数。0(零)值说明无下标轮廓元素。

contour_element_position(实数列表)明确了轮廓元素起点的 X 和 Y 坐标。

finish_contour_element_specification(变量)规定了轮廓元素的几何形状和切割条件。支持两种类型元素,直线段和圆弧段。用七个数值来描述他们。

直线段的前三个元素按照顺序为:

曲率(总是为 0.0);

指向零件的正交矢量的 X 分量;

指向零件的正交矢量的 Y 分量。

圆弧段的前三个元素按照顺序为:

1） ±1/r(半径为 r 圆弧的曲率)；

2） 圆心的 X 坐标；

3） 圆心的 Y 坐标。

圆弧曲率半径的符号描述了以起点到终点弦线为参考的圆弧位置。

＋ 圆弧在直线右边；

－ 圆弧在直线左边；

对于其余 4 个元素(变量)为：

4） 表面精度标志(整数)

＝3221 用于粗加工；

＝3222 用于一般加工；

＝3223 用于精加工。

5） 尖点高度(实数)是连续周期进给或刀具轨迹所留下的(宏观表面粗糙度)；

6） 安装长度(实数)(用于测量直径和设定刀具补偿的刀具原始长度)；

7） 刀具补偿开关号(实数)。

6.13.8.2 限定

无。

6.13.8.3 句法结构

<finish_part_description>::=<integer_number><es>16 000<es>2

<contour_element_name><contour_element_subscript>

<contour_element_position><finish_contour_element_specification><rs>

<contour_element_name>::=<es><literal_character_number>

<contour_element_subscript>::=<es><integer_number>

<contour_element_position>::=$^{2:2}$[<es><real_number>]

<finish_contour_element_specification>::=$^{3:3}$[<es><real_number>]

<es><integer_number>$^{3:3}$[<es><real_number>]

6.14 文字类型后置处理器指令

cln

20 000

record_continuation_flag

pp_command_literal

opt_pp_command_literal_par_list

opt_pp_command_literal_par_list 是包含下列元素任意组合的结构。

keyword

real_number

literal_character_string

literal_canonical_form

literal_canonical_form 是下列元素的有序结构。

CANFRM

literal_form_type_designator

form_size

form_name

form_subscript

form_data_list

6.14.1 语义

本记录含有对于后置处理器的特定指令。

cln(整数)是 CLDATA 记录的顺序号。

20 000(整数)识别该记录为文字类型后置处理器指令。

record_continuation_designator(整数)是一个代码,显示后置处理指令范围是否超过 20 000 型记录。

0 所有来自于后置处理指令的数据都包含在这一个记录中。

1 来自于后置处理指令的数据需要多个记录,此记录不是最后一个记录。

2 来自于后置处理指令的数据需要多个记录,此记录是最后一个记录。

pp_command_literal(关键词)识别后置处理指令的主词。

opt_pp_command_literal_par_list(变量)是后置处理指令参数的选择性列表。

keyword(整数)代表用在后置处理指令中的次词。

real_number(实数)代表了用于后置处理指令的标量常量和标量识别符。后置处理指令中整数值和实数值没有分别,在 CLDATA 中都代表实数个数。

CANFRM(关键词)识别标准形式结构的起始。

literal_form_type_designator(关键词)识别标准形式的类型:

POINT 点标志;

LINE 直线标志;

PLANE 平面标志;

CIRCLE 圆标志;

CYLNDR 圆柱标志;

ELLIPS 椭圆标志;

HYPERB 双曲线标志;

CONE 圆锥标志;

GCONIC 一般二次曲线标志;

LCONIC 放样二次曲线标志;

VECTOR 矢量标志;

MATRIX 矩阵标志;

SPHERE 球标志;

QUADRC 二次曲面标志;

TOOL 刀具定义标志;

PATERN 样式标志;

SPALIN 空间直线标志;

22 PNTVEC 点矢量标志;

23 TORUS 圆环标志。

form_size(整数)指定了以下三个实体中包含元素的总个数。

form_name(文本)识别标准形式的名字。空白或空字符串说明了未命名的标准形式。

form_subscript(整数)识别标准形式的下标个数。0(零)值说明无下标标准形式。

form_data_list(实数)明确了标准形式的数值。对于 form_type_designator 列表的每种形式类型,参见 GB/T 12646 以获得标准形式的描述。

6.14.2 例子

下列 GB/T 12646 输入语句,

SPINDL/RPM,500,RANGE, 2

在 CLDATA 中被下列所替代。

cln，20000,0,SPINDL,RPM,500.,RANGE，2.；

6.14.3 限定

如果 pp_command_literal 的整数代码值大于或等于 1000，

opt_pp_command_literal_par_list 将至少包含一个参数。

如果 pp_command_literal 的整数代码值在 1 至 999 的范围之内，

opt_pp_command_literal_par_list 将会是空的。

6.14.4 句法结构

<literal_type_pp_command_record>∷=<integer_number>20 000

<record_continuation_designator><pp_command_literal>

<opt_pp_command_literal_par_list><rs>

<record_continuation_designator>∷=<es><integer_number>

<pp_command_literal>∷=<es><keyword>

<opt_pp_command_literal_par_list>∷=$^{0:n}$[<es>[<keyword>|<real_number>|

<literal_character_string>|<literal_canonical_form>]]

<literal_canonical_form>∷=CANFRM<es><literal_form_type_designator><form_size>

<form_name><form_subscript><form_data_list>

<literal_form_type_designator>∷=<es><keyword>

<form_size>∷=<es><integer_number>

<form_name>∷=<es><literal_character_string>

<form_subscript>∷=<es><integer_number>

<form_data_list>∷=$^{(form\_size-2):(form\_size-2)}$[<es><real_number>]

pp_command_literal 和 opt_pp_command_literal_par_list 的任何关键词应选自 GB/T 11292 所定义的主词和次词代码。

注：参见 6.3 获得执行后置处理命令的其他方法。

6.15 延迟处理记录

6.15.1 语义

本记录考虑允许用户选择输入语言语句以文字形式传递到 CLDATA 文件以便于后续处理。

数字 21 000 是出于此目的被保存下来。

6.16 专用记录

6.16.1 语义

范围从 28 000 至 32 000 的记录为了需要特殊记录类型的用户保存下来。

这些记录未被标准化。

附　录　A
（规范性附录）
在面向记录的介质上表现参考语言的规则

当参考语言在面向介质的记录上编码时，本附录描述了物理格式的细节。面向介质的记录将参考语言数据流分成一系列记录，这些记录可以固定或可变长度。

A.1　虽然伴随着定义，参考语言是面向数据流的，所以文件定界，记录和元素定义是由特殊字符完成的，不允许其他的定界。

A.2　当参考语言以面向介质的记录表现时，只有每个物理记录的前72个字符应为CLDATA，其余的字符应被忽略。

A.3　当参考语言以面向介质的记录表现时，每个CLDATA内容应以新的物理记录开始，继续包括尽可能多的记录，包含CLDATA内容，并应终止于记录分隔符“;”。

A.4　当参考语言以面向介质的记录表现时，文件终止字符“:”应开始一个新的物理记录。

附 录 B
（规范性附录）
句法结构定义规则

本附录说明了本标准定义的句法结构所采用的规则。

B.1 句法结构描述惯例

句法结构描述是 Backus Naur Form(BNF)的延伸并使用综合语言技术。

B.2 综合语言标志

::= “被定义为”的标志

| ”或”的标志

＜＞ 元变量开始和结束括号

$^{i:k}$[] 表示在开始结束括号内所有符号的重复。重复次数显示在第一个括号之前的上下标，若无界限给出，假设 i=1，k=1。

例如：

＜unary_operator＞::=+|- 意思是变量＜unary_operator＞被定义为“+”或“-”。

$^{2:5}$[＜a＞] 意思是至少两个且不多余于五个类型＜a＞的句法变量存在。

＜a＞ 意思是至少 1 个且不多余于 1 个类型＜a＞的句法变量存在。

$^{0:1}$[＜a＞] 意思是类型＜a＞的句法变量不出现，但若出现，不多于 1 个类型＜a＞的句法变量存在。

B.3 元变量名

每个句法元素有一个元变量名。它由包含在括号内的小写字母和下划线组成，例如＜unary_operator＞。每个元变量的正规描述由产生式规则给出。

B.4 空格

参考语言将忽略空格除非它形成＜literal_character_string＞的一部分。

B.5 语言标志

语言标志是参考语言的元素并以规定形式出现。他们可能是关键词，标点符号，数字或阿拉伯字母，例如 SPINDL。

B.6 句法规范

每个句法规范是一个等式的形式。左边是元变量名；右边是元变量名的构成，语言标志和元语言标志。他们由::=分隔开，::=在每个等式中只出现一次。被定义的元变量可能包含许多选择，由|分隔开。

ICS 75.160.30
P 45

中华人民共和国国家标准

GB/T 12208—2008
代替 GB/T 12208—1990、GB/T 12209.1—1990、GB/T 12209.2—1990、GB/T 12210—1990、GB/T 12211—1990

人工煤气组分与杂质含量测定方法

Test methods of components and impurities of the manufactured gas

2008-11-04 发布　　2009-06-01 实施

中华人民共和国国家质量监督检验检疫总局
中国国家标准化管理委员会　发布

前　言

本标准代替GB/T 12208—1990《城市燃气中焦油和灰尘含量的测定方法》、GB/T 12209.1—1990《城市燃气中萘含量测定苦味酸法》、GB/T 12209.2—1990《城市燃气中萘含量测定气相色谱法》、GB/T 12210—1990《城市燃气中氨含量测定》和GB/T 12211—1990《城市燃气中硫化氢含量测定》。

本标准与GB/T 12208—1990、GB /T 12209.1—1990 、GB/T 12209.2—1990、GB/T 12210—1990和GB/T 12211—1990相比，主要变化如下：

——标准名称修改为"人工煤气组分与杂质含量测定方法"；

——增加了人工煤气组分含量的化学分析方法；

——增加了计算结果表示到小数点后的位数；

——增加了硫化氢含量碘量法测定的反应式；

——修改了人工煤气中杂质含量的取样位置；

——修改了人工煤气中氨含量中和滴定法测定的精密度；

——删除了人工煤气中硫化氢分析方法中的乙酸铅试纸法；

——增加了附录A《换算至标准状态下的取样体积的公式》和附录B《试验报告》。

本标准附录A为规范性附录；附录B为资料性附录。

本标准由中华人民共和国住房和城乡建设部提出。

本标准由住宅和城乡建设部城镇燃气标准技术归口单位中国市政工程华北设计研究院归口。

本标准主要起草单位：中国市政工程华北设计研究院、太原市煤气公司、广州迪森家用锅炉制造有限公司、上海燃气集团、国家燃气用具质量监督检验中心。

本标准主要起草人：李娟、俞永娟、徐伟、周晓民、渠艳红。

本标准所代替标准的历次版本发布情况为：

——GB/T 12208—1990；

——GB/T 12209.1—1990；

——GB/T 12209.2—1990；

——GB/T 12210—1990；

——GB/T 12211—1990。

人工煤气组分与杂质含量测定方法

1 范围

本标准规定了城镇燃气中人工煤气的组分以及焦油和灰尘、萘、氨、硫化氢等杂质含量的分析范围、原理、试剂和材料、仪器、取样、分析、结果计算和精密度等的要求。

本标准适用于GB/T 13611规定的人工煤气组分及杂质的分析。

GB/T 13611规定的天然气中的沼气(6T)的组分分析可参照人工煤气组分的化学分析方法执行。

2 规范性引用文件

下列文件中的条款通过本标准的引用而成为本标准的条款。凡是注日期的引用文件,其随后所有的修改单(不包括勘误的内容)或修订版均不适用于本标准,然而,鼓励根据本标准达成协议的各方研究是否可使用这些文件的最新版本。凡是不注日期的引用文件,其最新版本适用于本标准。

GB/T 601—2002 化学试剂 标准滴定溶液的制备

GB/T 603—2002 化学试剂 试验方法中所用制剂及制品的制备

GB/T 13611 城镇燃气分类和基本特性

3 组分化学分子式

本标准所分析的组分化学分子式表述如下:

——酸性气体的总含量:以 CO_2 表示;

——不饱和烃气体的总含量:以 C_nH_m 表示;

——烷烃气体的总含量:以 CH_4 表示;

——惰性气体的总含量:以 N_2 表示。

4 人工煤气组分的化学分析方法

4.1 原理

用直接吸收法测定二氧化碳(CO_2)、不饱和烃(C_nH_m)、氧(O_2)和一氧化碳(CO)含量;剩余的可燃气体加氧进行爆炸,根据反应结果,计算甲烷(CH_4)及氢(H_2)含量;惰性气体(N_2)含量采用减差法求得。

4.2 反应式

4.2.1 氢氧化钾溶液吸收二氧化碳及酸性气体:

$$CO_2 + 2KOH = K_2CO_3 + H_2O$$

4.2.2 邻苯三酚(焦性没食子酸)碱性溶液吸收氧:

$$C_6H_3(OH)_3 + 3KOH \longrightarrow C_6H_3(OK)_3 + 3H_2O$$

$$2C_6H_3(OK)_3 + 1/2O_2 \longrightarrow C_{12}H_4(OK)_3 + H_2O$$

4.2.3 发烟硫酸吸收不饱和烃(C_nH_m),如 C_2H_4,C_6H_6:

$$C_2H_4 + H_2SO_4 \cdot SO_3 \longrightarrow C_2H_6S_2O_7\text{(乙烯磺酸)}$$

$$C_6H_6 + H_2SO_4 \cdot SO_3 \longrightarrow C_6H_6SO_3\text{(苯磺酸)} + H_2SO_4$$

4.2.4 氨性氯化亚铜液,吸收一氧化碳:

$$Cu_2Cl_2 + 2CO = Cu_2Cl_3 \cdot 2CO$$

$$Cu_2Cl_2 \cdot 2CO + 4NH_3 + 2H_2O \longrightarrow 2NH_4Cl + Cu_2 \cdot 2COONH_4$$

4.2.5 甲烷和氢加氧发生爆炸反应：

$$CH_4 + 2O_2 \xlongequal{\text{电火花}} CO_2 + 2H_2O$$

$$2H_2 + O_2 \xlongequal{\text{电火花}} 2H_2O$$

4.3 试剂和材料

下列试剂和材料中除非另有说明，在分析中仅使用确认为分析纯的试剂和蒸馏水或去离子水或相当纯度的水。

以(%)表示的均指质量分数，只有"氧气含量大于99%"中的(%)为体积分数。

4.3.1 氢氧化钾(KOH)；

4.3.2 焦性没食子酸(邻苯三酚)[$C_6H_3(OH)_3$]；

4.3.3 硫酸(H_2SO_4)：密度为1.84 g/mL，含量95%～98%；

4.3.4 氯化亚铜(Cu_2Cl_2)；

4.3.5 氯化铵(NH_4Cl)；

4.3.6 硫酸钠(Na_2SO_4)：化学纯；

4.3.7 氯化钠(NaCl)：化学纯；

4.3.8 氨水($NH_3 \cdot H_2O$)：密度为0.88 g/mL，含量25%～28%；

4.3.9 甲基橙：化学纯；

4.3.10 液体石蜡；

4.3.11 发烟硫酸($H_2SO_4 \cdot SO_3$)：三氧化硫含量20%～30%。发烟硫酸灌入吸收管后，通大气的透气口上应套橡皮袋以防三氧化硫外逸。

4.3.12 氢氧化钾溶液(30%)：称取30 g氢氧化钾，溶于70 mL水中。

4.3.13 焦性没食子酸碱性溶液：称取10 g焦性没食子酸，溶于100 mL氢氧化钾溶液(30%)中。焦性没食子酸的碱性溶液在灌入吸收管后，通大气的液面上应加液体石蜡隔绝空气。

4.3.14 氨性氯化亚铜溶液：称取27 g氯化亚铜和30 g氯化铵，加入100 mL蒸馏水中，搅拌成混浊液，灌入吸收管内，并加入紫铜丝。其后加入氨水(密度为0.88 g/mL)至吸收液澄清，通大气的液面上应加液体石蜡隔绝空气。氨性氯化亚铜溶液分别装在两只吸收管中，前只吸收管在使用一定次数后，须更换新溶液，后一只吸收管改为前一只吸收管继续使用。

4.3.15 硫酸溶液(10%)：量取5.5 mL～6.0 mL硫酸(密度为1.84 g/mL)，缓缓注入100 mL水中，加入1～2滴甲基橙指示液显红色。

4.3.16 氢氧化钠标准滴定溶液[$c(NaOH) = 0.1$ mol/L]：按GB/T 601—2002中4.1制备。

4.3.17 甲基橙指示液(1 g/L)：应按GB/T 603—2002中4.1.4.8制备。

4.3.18 封闭液：将煤气贮罐中的煤气饱和水或煤气饱和蒸馏水过滤后，加入硫酸钠或氯化钠，至室温下饱和，倒出澄清液。在不断搅拌的同时加入硫酸(密度为1.84 g/mL)。用氢氧化钠标准滴定溶液滴定，确定封闭液中硫酸浓度为1.5%±0.5%时，加入几滴甲基橙，即可使用。在使用一段时间后，必须进行硫酸含量的分析，保证硫酸含量在1.5%±0.5%。

4.3.19 氧气(O_2)：含量大于99%。

4.3.20 紫铜丝。

4.3.21 软质聚乙烯管或聚氯乙烯管或硅橡胶管：5 mm×7 mm或6 mm×9 mm。

4.4 仪器

4.4.1 煤气组分分析仪：奥氏式(仪器型号不限，但必须保证分析原理和精密度与本标准一致)。

量气管的容量为100 mL，分度值0.2 mL。如图1所示。

4.4.2 高频火花发生器：220 V，50 Hz。

4.4.3 天平：分度值0.5 g。

4.4.4 铝箔复合膜取样袋或橡皮袋。

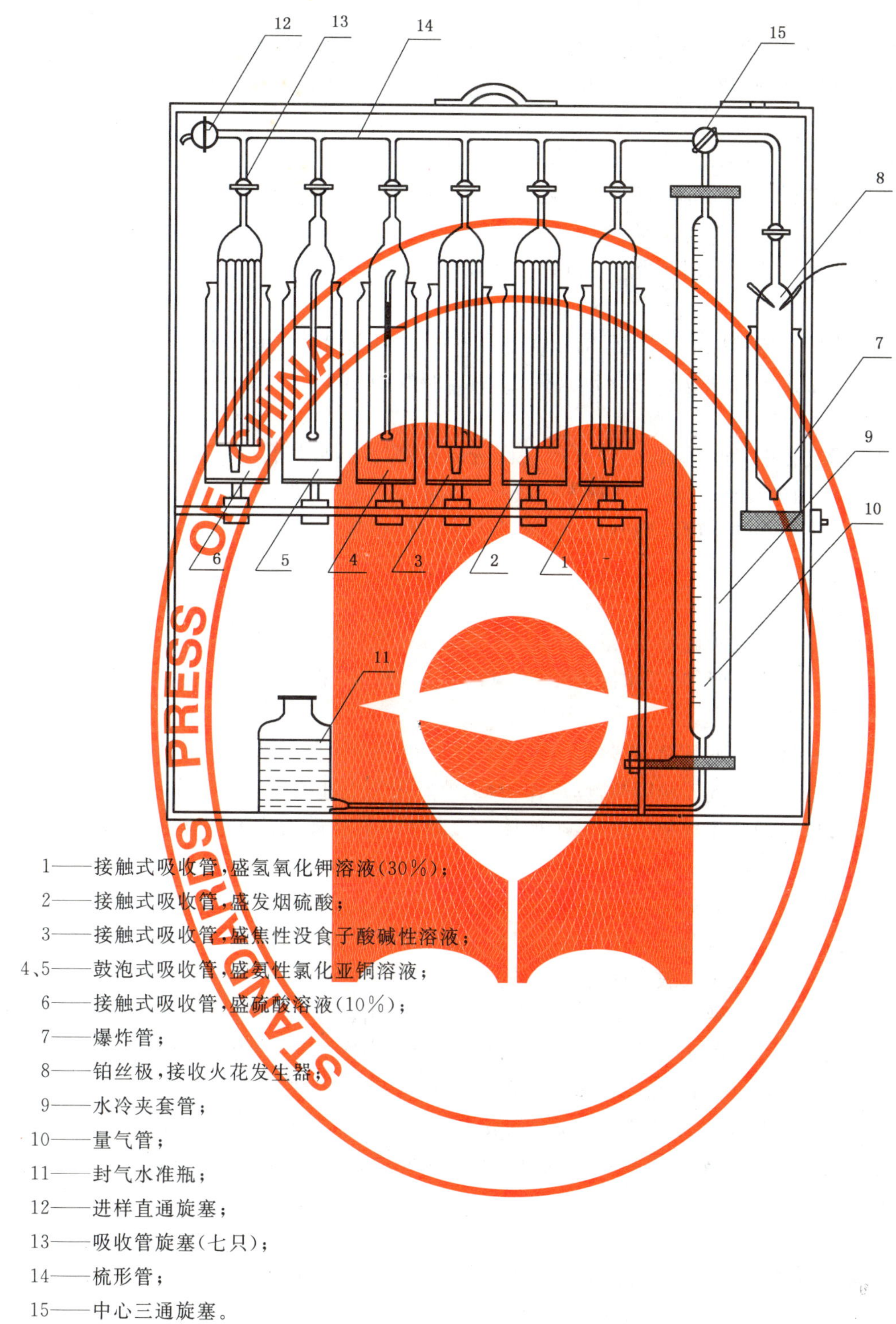

1——接触式吸收管,盛氢氧化钾溶液(30%);

2——接触式吸收管,盛发烟硫酸;

3——接触式吸收管,盛焦性没食子酸碱性溶液;

4、5——鼓泡式吸收管,盛氨性氯化亚铜溶液;

6——接触式吸收管,盛硫酸溶液(10%);

7——爆炸管;

8——铂丝极,接收火花发生器;

9——水冷夹套管;

10——量气管;

11——封气水准瓶;

12——进样直通旋塞;

13——吸收管旋塞(七只);

14——梳形管;

15——中心三通旋塞。

图 1 煤气组分分析仪示意图

4.5 取样

取样可采用取样瓶的排水集气法或铝箔复合膜取样袋、橡皮袋取气法。取样瓶法可在微负压或正压气流的管道上取样,取样瓶内盛的应是封闭液。铝箔复合膜取样袋、橡皮袋可在正压气流的管道上取样。取样前均须用样气置换 3~4 次。取样时注意不要带入外界空气。取样瓶或取样袋存放气样时间不宜超过 2 h。

4.6 分析步骤

4.6.1 准备工作

宜按图1所示安装组分分析仪,在安装组分分析仪之前,应先测定梳形管和七只吸收管旋塞上端的体积。各旋塞壳芯之间的润滑脂要涂得均匀,且旋转灵活。量气管内和爆炸管内不应有任何油脂等沾污物,应保持清洁。

检查整套分析仪的严密性,保证不漏气。方法如下:

把进样直通旋塞、吸收管旋塞关闭,将中心三通旋塞处在量气管和梳型管连通位置,使量气管内存有一定量的气体。然后将水准瓶放在仪器上方,5 min后气体体积没有减少,说明仪器不漏气。

将各吸收管内吸收液的液面都调在吸收管旋塞下面,不得超过旋塞。

4.6.2 进样

a) 先将量气管中的气体排出,使量气管的液面升到零点,关闭进样直通旋塞;

b) 取样瓶或取样袋上的硅橡胶管与分析仪接通,打开硅橡胶管上的夹子,打开分析仪进样直通旋塞;

c) 使样气流进量气管中,约20 mL～30 mL,关闭进样直通旋塞,再旋转中心三通旋塞,将水准瓶升高,使量气管内的样气放空,直到量气管液面升至零点,如此至少三次;

d) 取准100 mL样气(包括梳形管和吸收管旋塞上端的体积),平衡压力,使压力与大气压相同后,关闭进样直通旋塞。

4.6.3 吸收二氧化碳

a) 打开氢氧化钾溶液吸收管旋塞,与量气管接通,升高水准瓶,使量气管内的气体压入吸收管,而量气管液面上升近零点时,降低水准瓶使气体吸回量气管中,然后重新把气体送入吸收管,如此来回须吸收7～8次;

b) 在最后一次把气体全部吸回量气管,使吸收管内液面停在未吸收时的位置,关闭旋塞;

c) 当量气管内的压力与大气压相同时,读取体积数,然后重复上述操作来回吸收,再读取体积数,直至与前次吸收后的体积数相同时,减少的体积数即为二氧化碳的体积数值。

4.6.4 吸收不饱和烃

a) 打开盛有发烟硫酸吸收管的旋塞,使上述剩余下来的气体流入吸收管中,用升降水准瓶的方法,使气体至少来回18次与吸收管中发烟硫酸作用,最后降低水准瓶使气体全部吸回量气管,使吸收管中的液面停在未吸收时的位置,关闭旋塞;

b) 打开盛有氢氧化钾溶液吸收管的旋塞,除去三氧化硫,用升降水准瓶的方法,使气体与氢氧化钾溶液反复接触4～5次,如还有酸雾,继续吸收,直至与前次吸收后的体积数相同;

c) 最后将全部气体吸回量气管,使吸收管的液面停在未吸收时的位置,关闭旋塞;

d) 当量气管内的压力与大气压相同时读取体积数;

e) 而后重复上面的操作,直到与前次吸收后的体积数相同为止。减少的体积数即为不饱和烃的体积数值。

4.6.5 吸收氧

用盛有焦性没食子酸碱性溶液的吸收管进行吸收,来回至少8次,操作步骤同4.6.3吸收二氧化碳。

4.6.6 吸收一氧化碳

用氨性氯化亚铜溶液吸收,先分三步:

第一步:用旧的一只氨性氯化亚铜溶液吸收管吸收剩余气体至少8次,使吸收管的液面停在未吸收时的位置,关闭旋塞。

第二步:打开新的一只氨性氯化亚铜溶液吸收管旋塞进行吸收至少15次,使吸收管的液面停在未吸收时的位置,关闭旋塞。

第三步：打开硫酸溶液吸收管旋塞吸收气体中的氨，来回至少吸收4次，使硫酸溶液吸收管中液面停在未吸收时的位置，关闭旋塞，读取体积数。

再重复第二步、第三步操作，直至两次读取的体积数相同时，减少的体积数即为一氧化碳的体积数值。

注：以上吸收是按4.6.3～4.6.6顺序进行，此顺序中不饱和烃与氧可前后互换，但二氧化碳必须先吸收，一氧化碳必须最后吸收。

4.6.7 分析甲烷和氢

a) 根据分析的气体分类，按表1取一定量吸收后剩余的气体于量气管中，多余的气样存放于硫酸溶液吸收管中；

b) 在中心三通旋塞处加规定的氧气量，旋转中心三通旋塞，混合后记下量气管体积数，为爆炸前体积 V_5；

c) 然后进行爆炸，爆炸次数根据表1确定；

例如分析焦炉气时，打开中心三通旋塞与爆炸管连通，再打开爆炸管旋塞，使约10 mL混合气送入爆炸管，关闭爆炸管旋塞，上面中心三通旋塞按顺时针转45°，用高频火花发生器点火进行爆炸，第一次爆炸后，打开爆炸管旋塞再放入量气管剩余下的气体约20 mL左右，混入已爆炸气体中，关闭爆炸管旋塞，点火使之再爆炸。

d) 在同样操作下须按规定进行第三次、第四次爆炸；

e) 全部爆炸后，将爆炸管内爆炸后的升温气体压入量气管内来回冷却，上升液面到爆炸管的旋塞下面，下降爆炸管内液面高度恰为铂丝下1 cm，这样称冷却一次；

f) 如此从爆炸管至量气管来回冷却应为五次半；

g) 冷却后使全部气体流入量气管中，关闭爆炸管旋塞，旋转量气管上中心三通旋塞，记下量气管体积数，为爆炸后体积 V_6；

h) 再将此爆炸后气体用氢氧化钾溶液吸收，除去二氧化碳后，再读取量气管中剩余气体的体积为 V_7。

表1 不同气样进行爆炸的技术要求

气体分类		吸收后剩余气体倍数 $1/R$	计算倍数 R	加入氧气量/mL	爆炸次数	各次气体量/mL
人工煤气	混合煤气	1/2	2	60～70	分四次	约10,20,30,40
	焦炉气、纯炭化炉气、油制气	1/3	3	65～75	分四次	约10,20,30,40
	水煤气	1/2	2	40～45	分三次	约10,30,>50
	发生炉气	全部气体	1	15～25	只一次	全部
沼气		1/3	3	70～80	分四次	约10,20,30,40

注1：防止爆炸过分剧烈，加氧量必须调节，使可爆混合气浓度略高于爆炸下限，不可接近化学计量的需氧量。

注2：沼气的可燃组分含量是按甲烷45%～56%，氢小于10%，如甲烷、氢的含量超过上述范围，则爆炸取样体积、加氧量、爆炸次数等要求，由分析人员酌情调整。

4.6.8 吸收液的更换：根据所分析的气样中各组分含量及各吸收液吸收效率的不同，确定吸收液的使用次数，部分吸收液因长时间放置也会失效，均应及时更换。

4.7 结果计算

4.7.1 人工煤气中二氧化碳含量以体积分数 ϕ_1 计，数值以(%)表示，按式(1)计算：

$$\phi_1 = \frac{V_0 - V_1}{V_0} \times 100 \qquad \cdots\cdots(1)$$

式中：

V_0——样气的取样体积(含梳形管和吸收管旋塞上端的体积)的数值，单位为毫升(mL)；

V_1——100.0 mL 样气吸收尽二氧化碳后的体积的数值，单位为毫升(mL)。

4.7.2 人工煤气中不饱和烃含量以体积分数 ϕ_2 计，数值以(%)表示，按式(2)计算：

$$\phi_2 = \frac{V_1 - V_2}{V_0} \times 100 \qquad \cdots\cdots(2)$$

式中：

V_2——剩余样气吸收尽不饱和烃后的体积的数值，单位为毫升(mL)。

4.7.3 人工煤气中氧含量以体积分数 ϕ_3 计，数值以(%)表示，按式(3)计算：

$$\phi_3 = \frac{V_2 - V_3}{V_0} \times 100 \qquad \cdots\cdots(3)$$

式中：

V_3——剩余样气吸收尽氧后的体积的数值，单位为毫升(mL)。

4.7.4 人工煤气中一氧化碳含量以体积分数 ϕ_4 计，数值以(%)表示，按式(4)计算：

$$\phi_4 = \frac{V_3 - V_4}{V_0} \times 100 \qquad \cdots\cdots(4)$$

式中：

V_4——剩余样气吸收尽一氧化碳后的体积的数值，单位为毫升(mL)。

4.7.5 人工煤气中甲烷含量以体积分数 ϕ_5 计，数值以(%)表示，按式(5)计算：

$$\phi_5 = \frac{R(V_6 - V_7)}{V_0} \times 100 \qquad \cdots\cdots(5)$$

式中：

R——计算倍数；

V_6——爆炸后冷却的样气的体积的数值，单位为毫升(mL)；

V_7——爆炸后冷却的样气再吸收尽二氧化碳后的体积的数值，单位为毫升(mL)。

4.7.6 人工煤气中氢含量以体积分数 ϕ_6 计，数值以(%)表示，按式(6)计算：

$$\phi_6 = \frac{2R[V_5 - V_6 - 2(V_6 - V_7)]}{3V_0} \times 100 \qquad \cdots\cdots(6)$$

式中：

V_5——爆炸前剩余样气与加入氧混合后的体积的数值，单位为毫升(mL)。

4.7.7 人工煤气中氮含量以体积分数 ϕ_7 计，数值以(%)表示，按式(7)计算：

$$\phi_7 = 100\% - \phi_1 - \phi_2 - \phi_3 - \phi_4 - \phi_5 - \phi_6 \qquad \cdots\cdots(7)$$

计算结果表示到小数点后一位。

4.8 精密度

精密度应按表 2 和表 3。

表 2 在重复性条件下获得的两次独立测试结果的允许绝对差值 单位：%

燃气种类	二氧化碳	不饱和烃	氧	一氧化碳	甲烷	氢
人工煤气	0.1	0.1	0.1	0.1	0.2	0.5
沼气	0.1	0.1	0.1	0.1	0.6	1.2

表 3 在再现性条件下获得的两次独立测试结果的允许绝对差值　　单位：%

燃气种类	二氧化碳	不饱和烃	氧	一氧化碳	甲烷	氢
人工煤气	0.1	0.1	0.1	0.1	0.4	1.0
沼气	0.1	0.1	0.1	0.1	1.0	2.0

4.9 试验报告

试验报告内容参见附录 B。

5 人工煤气中焦油和灰尘含量的测定

5.1 原理

一定体积的人工煤气，通过已知质量的滤膜，以滤膜的质量增加量和取样体积，计算出焦油和灰尘的含量。

5.2 材料和仪器

a) 49 型或 59 型超精细玻璃纤维滤膜，滤膜孔径 0.24 μm；

b) 聚乙烯薄膜垫圈；

c) 橡胶垫圈；

d) 镊子；

e) 取样器：如图 2 所示；

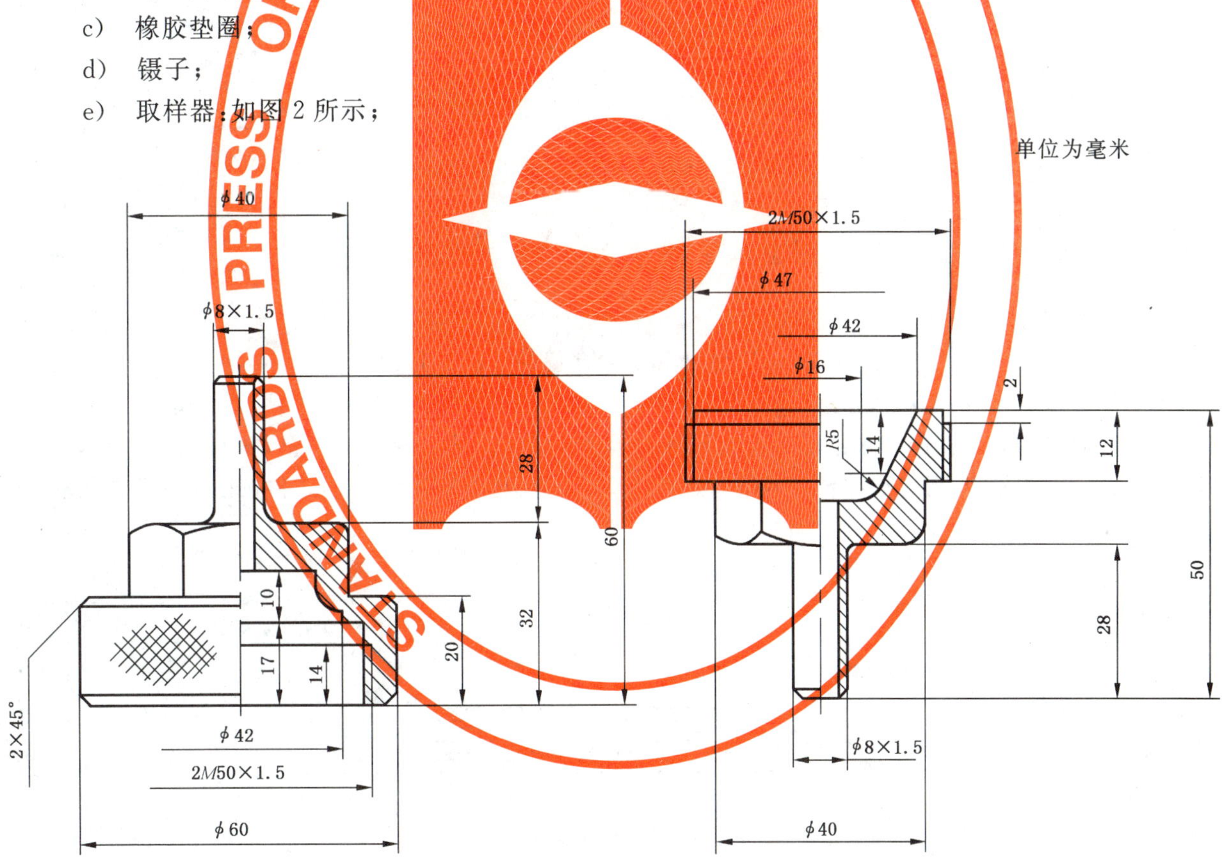

图 2 取样器（材质：尼龙）

f) 分析天平，分度值 0.1 mg；

g) 干燥器，内装变色硅胶；

h) 湿式气体流量计：0.5 m^3/h，分度值 0.02 L；

i) 大气压力计：分度值 0.1 kPa。

5.3 取样

5.3.1 取样位置及要求

取样点应选在气流平稳的直管段管道上，与管道弯曲部分和截面形状急剧变化部分的距离，不小于管道直径的 1.5 倍。将内径 8 mm，壁厚 1 mm 的不锈钢取样管，插入煤气主管中心 1/3 半径的断面内，开口方向对准气流方向。取样管出口前装有取样阀。

取样前，打开取样阀，放散 2 min 以上，直至排净取样管内残留气体和水分。

5.3.2　取样装置如图 3 所示。

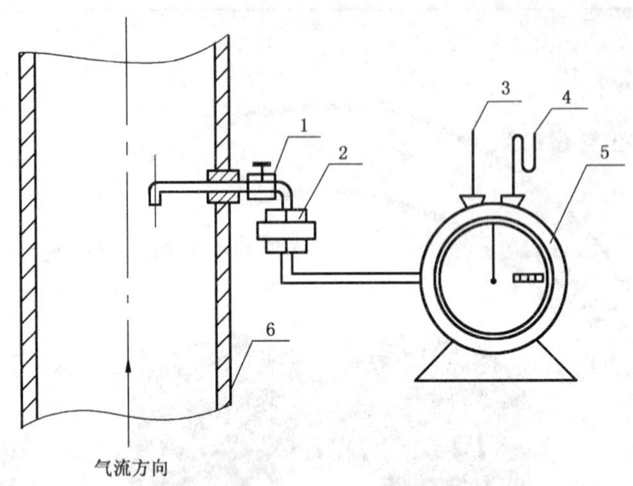

1——取样阀；

2——取样器；

3——温度计；

4——U 型压力计；

5——湿式气体流量计；

6——煤气管。

图 3　测定焦油和灰尘含量的取样装置图

5.3.3　取样步骤

5.3.3.1　将玻璃纤维滤膜和聚乙烯薄膜垫圈置于干燥器中干燥 2 h，称取其质量，精确到 0.1 mg，继续干燥 30 min 后称量，直至二次称量之差不超过 0.3 mg 为止，记下其质量(m_1)。再按图 4 顺序放入取样器内，拧紧。

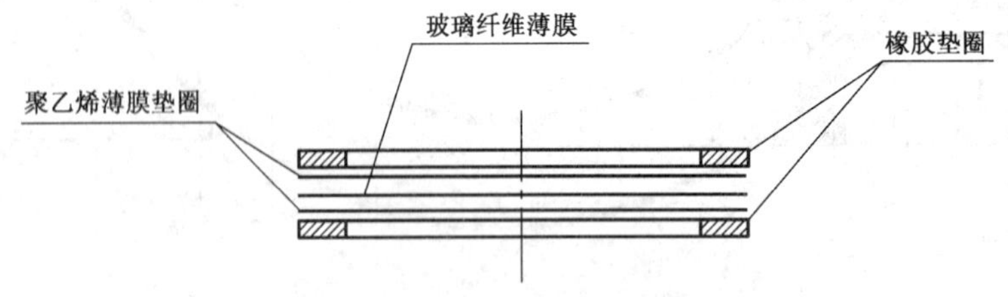

图 4　取样器内材料放置图

5.3.3.2　按图 3 连接。煤气管外至取样器之间的最长距离不超过 200 mm。检查装置的气密性，确认系统严密后，记下流量计读数(V_1)。

5.3.3.3　打开取样阀，将煤气流速调节为 3.5 L/min～4 L/min。记录取样时的煤气平均温度(t_1)、大气压力(P)和煤气压力(P_1)。

5.3.3.4　当焦油和灰尘捕集量不少于 2 mg 时。关闭取样阀，记下流量计读数(V_2)。

5.4　分析

打开取样器，用镊子将滤膜连同聚乙烯薄膜垫圈置于干燥器中干燥 2 h 称量，继续干燥 30 min 称量，直至二次称量之差不超过 0.3 mg 为止，记下其质量(m_2)。

5.5 结果计算

人工煤气中焦油和灰尘含量以质量浓度 ρ_m 计，数值以毫克每立方米（mg/m^3）表示，按式（8）进行计算：

$$\rho_m = \frac{m_2 - m_1}{V_0} \times 10^6 \qquad \cdots\cdots(8)$$

式中：

m_1——取样前滤膜和聚乙烯薄膜垫圈的质量的数值，单位为克（g）；

m_2——取样后滤膜和聚乙烯薄膜垫圈的质量的数值，单位为克（g）；

V_0——换算至标准状态下的取样体积的数值（计算公式见附录A），单位为升（L）。

计算结果应保留到小数点后两位。

5.6 精密度

精密度按表4：

表4 测量范围和重复性

测定范围/（mg/m^3）	重复性/（mg/m^3）
<5	0.40
5～10	0.70

5.7 试验报告

试验报告内容参见附录B。

6 人工煤气中萘含量的测定

6.1 苦味酸法

6.1.1 原理

煤气中的萘系物（含萘、甲基萘等），在通过苦味酸溶液时生成结合物沉淀，将过滤后的沉淀溶于丙酮中，用标准碱液滴定，但煤气中含有茚等某些不饱和烃也能部分地与苦味酸生成结合物沉淀。以一氯化碘溶液加以校正。在测定中控制一定温度，并在测定结果中加上温度的相应校正值，以求得正确的粗萘含量。

6.1.2 试剂和材料

除非另有说明，在分析中仅使用确认为分析纯的试剂和蒸馏水或去离子水或相当纯度的水。

a） 硫酸（H_2SO_4）：密度为1.84 g/mL，含量95%～98%；

b） 氢氧化钠（NaOH）；

c） 硫代硫酸钠（$Na_2S_2O_3 \cdot 5H_2O$）；

d） 苦味酸（2、4、6三硝基酚）[$C_6H_2OH(NO_2)_3$]；

e） 乙酸铅[$Pb(CH_3COO)_2 \cdot 3H_2O$]化学纯；

f） 碘化钾（KI）；

g） 丙酮（CH_3COCH_3）；

h） 冰乙酸（CH_3COOH）；

i） 一氯化碘（ICl）化学纯；

j） 可溶性淀粉；

k） 溴百里香酚蓝（$C_{27}H_{28}O_5Br_2S$）；

l） 硫酸溶液（5→100）：量取5 mL硫酸，缓缓注入约70 mL水中，冷却，稀释至100 mL；

m） 乙酸铅溶液（50 g/L）：称取5 g乙酸铅，溶于70 mL水中，加1 mL冰乙酸，用水稀释至100 mL；

n) 一氯化碘溶液：称取 25 g 一氯化碘液体，倒入 1 500 mL 冰乙酸中完全溶解，置于棕色瓶中，放置于干燥暗处；
o) 碘化钾溶液(100 g/L)：称取 100 g 碘化钾，溶于 800 mL 水中，稀释至 1 000 mL；
p) 氢氧化钠标准滴定溶液[$c(NaOH)$= 0.1 mol/L]：按 GB/T 601—2002 中 4.1 制备；
q) 硫代硫酸钠标准滴定溶液[$c(Na_2S_2O_3)$=0.05 mol/L]：按 GB/T 601—2002 中 4.6 稀释一倍制备；
r) 苦味酸溶液：将 1 瓶 25 g 的苦味酸溶解在 2 000 mL 蒸馏水中，煮沸，冷却，过滤，将其澄清液用氢氧化钠标准滴定溶液[$c(NaOH)$=0.1 mol/L]滴定，配制成下列浓度：
   1) 洗涤液[c(苦味酸)=0.02 mol/L]；
   2) 13 ℃～18 ℃的吸收液[c(苦味酸)=0.042 mol/L]；
   3) 0 ℃的吸收液[c(苦味酸)=0.033 mol/L]。

   吸收过萘的苦味酸溶液可汇集后煮沸、浓缩、冷却、过滤，将其澄清液再配置成苦味酸溶液[c(苦味酸)= 0.033 mol/L]或[c(苦味酸)=0.042 mol/L]，重新使用。
s) 淀粉指示液(5 g/L)：称取 1 g 可溶性淀粉，加入 10 mL 水使其成糊状，在搅拌下将糊状物加到 200 mL 沸水中，微沸 2 min，冷却；
t) 溴百里香酚蓝指示液(1 g/L)：应按 GB/T 603—2002 中 4.1.4.27 制备；
u) 软质聚乙烯管或聚氯乙烯管或硅橡胶管：5 mm×7 mm 或 6 mm×9 mm。

6.1.3 仪器

a) 多孔式气体洗瓶(孟氏)：250 mL；
b) 恒温水浴；
c) 湿式气体流量计：0.5 m^3/h 分度值 0.02 L；
d) 真空抽气泵；
e) 砂芯漏斗：No.3 或 No.4，30 mL；
f) 抽滤瓶：1 000 mL；
g) 移液管：5 mL，10 mL；
h) 碱式滴定管：50 mL 分度值 0.1 mL，
25 mL 分度值 0.1 mL；
i) 碘量瓶：500 mL；
j) 量筒：10 mL、50 mL、250 mL；
k) 天平：分度值 0.1 g；
l) 大气压力计：分度值 0.1 kPa。

6.1.4 取样

6.1.4.1 取样位置及要求

取样点应选在气流平稳的直管段管道上，与管道弯曲部分和截面形状急剧变化部分的距离，不小于管道直径的 1.5 倍。将内径 8 mm，壁厚 1 mm 的不锈钢取样管，插入煤气主管中心 1/3 半径的断面内。煤气管外至吸收瓶的部分应尽量短，取样管外须装有同心外套蒸气加热管，通入间接蒸气，且取样管可与直接注入水蒸气的支管接通。取样管中的气样温度必须控制在比总管中的气温高 5 ℃～10 ℃。取样管出口前装有取样阀。

取样前，打开取样阀，放散 2 min 以上，直至排净取样管内残留的气体和水分。

6.1.4.2 取样装置如图 5 所示。

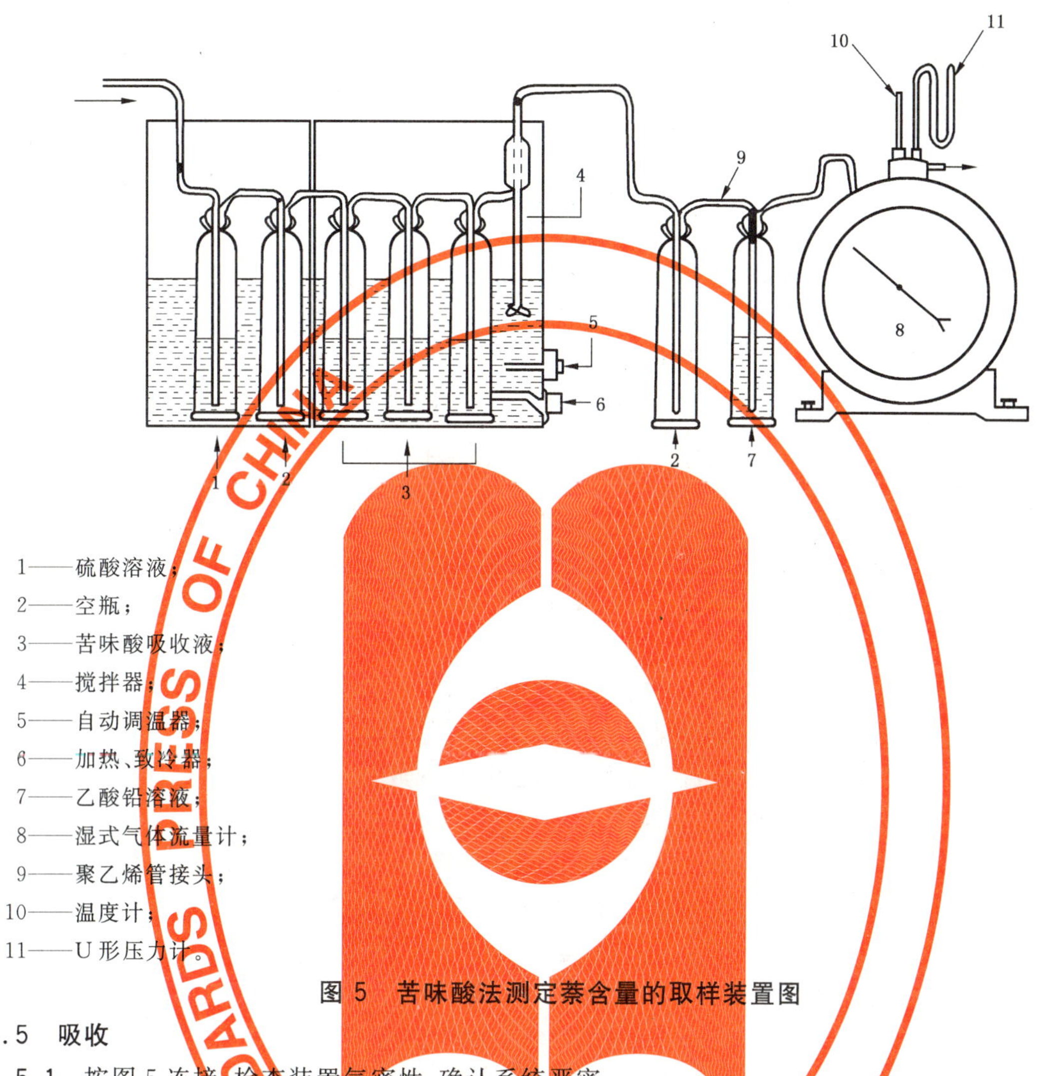

1——硫酸溶液；
2——空瓶；
3——苦味酸吸收液；
4——搅拌器；
5——自动调温器；
6——加热、致冷器；
7——乙酸铅溶液；
8——湿式气体流量计；
9——聚乙烯管接头；
10——温度计；
11——U形压力计。

图5 苦味酸法测定萘含量的取样装置图

6.1.5 吸收

6.1.5.1 按图5连接，检查装置气密性，确认系统严密。

各吸收瓶的顺序为：

——第一只瓶：100 mL 硫酸溶液（5→100），以除去煤气中存在的氨等碱性组分；

——第二只瓶：空瓶；

——第三只、第四只、第五只瓶：分别装 100 mL 苦味酸吸收液[c(苦味酸)=0.042 mol/L]；

——第六只瓶：空瓶；

——第七只瓶：100 mL 乙酸铅溶液（50 g/L），以除去煤气中的硫化氢，保护流量计。

吸收系统应放在保温的塑料箱中。其中1号、2号瓶放在不低于20 ℃的水浴中，以防止温度过低，萘会析出。3号、4号、5号苦味酸洗瓶放在可调节温度箱中，要求控制在13 ℃～18 ℃。

注：[c(苦味酸)=0.033 mol/L]适用于控制温度为0 ℃。

6.1.5.2 选择合适的技术条件，按煤气中可能存在的萘含量应从表5中，选择适宜的煤气流速和取样时间，以保证吸收气相的萘接近 100 mg。

6.1.5.3 在仪器装置和吸收条件都符合规定要求的情况下，记录流量计读数（V_1）。

6.1.5.4 打开取样阀，调节到适宜的煤气流速。记录取样时的煤气平均温度（t_1）、大气压力（P）和煤气压力（P_1）。

6.1.5.5 取样到规定时间后，关闭取样阀，记下流量计读数（V_2）。

表 5 煤气中不同萘含量的取样时间和流速参考表

煤气萘含量/(mg/m^3)	流速/(L/h)			
	24 h	8 h	4 h	2 h
10	400	—	—	—
20	200	—	—	—
30	140	—	—	—
40	100	—	—	—
60	70	200	400	—
80	50	150	300	—
150	—	80	160	320
200	—	60	120	240
300	—	—	80	160
400	—	—	60	120
500	—	—	—	100
600	—	—	—	80

由于煤气中萘含量随温度变化而变化，出厂煤气萘含量测定的取样周期宜为 24 h。

6.1.6 **分析**

将吸收瓶从取样点送到分析室过程中，时间应尽可能短，且要即刻抽滤。如需放置较长时间，且气温与吸收温度相差较大时，应将吸收系统保持在吸收温度之下。

6.1.6.1 将盛有苦味酸吸收液的三只洗气瓶中的沉淀用 No. 3 或 No. 4 砂芯漏斗吸滤。用滤液洗涤吸收瓶中粘附的沉淀物。并将其全部转移到漏斗中。

6.1.6.2 用 10 mL 洗涤液[c(苦味酸) = 0.02 mol/L]洗涤漏斗中的沉淀，抽干。

6.1.6.3 将有沉淀的砂芯漏斗倒置于干燥的碘量瓶上，用 5 mL 移液管移取 10 mL 丙酮滴入砂芯漏斗尾部，共需 10 mL 丙酮以洗涤沉淀(根据需要可增至 15 mL 或 20 mL)。

为了便于洗净沉淀应将砂芯漏斗倾斜，不断转动使沉淀全部洗入碘量瓶中，且可用吸球将漏斗尾部中丙酮吹出。

6.1.6.4 在碘量瓶中加入 2～3 滴溴百里香酚蓝指示液(1 g/L)，用氢氧化钠标准滴定溶液[$c(NaOH)$ = 0.1 mol/L]滴定，至果绿色即为终点，记录滴定消耗体积(V_3)。

6.1.6.5 在上述溶液中加入冰乙酸 50 mL，用移液管加入一氯化碘溶液 10 mL，避光静置 20 min，加入 10 mL KI 溶液(100 g/L)，静置 5 min。

6.1.6.6 用硫代硫酸钠标准滴定溶液[$c(Na_2S_2O_3)$ = 0.05 mol/L] 滴定游离出来的碘，当滴定到微黄色时，加入 1 mL 淀粉指示液(5 g/L)，继续滴定至原有苦味酸颜色为终点。在到达终点前加入 200 mL 蒸馏水冲淡之，使滴定终点更为明显，记录滴定消耗体积(V_4)。

6.1.6.7 苦味酸吸收液的空白试验

6.1.6.7.1 用 10 mL 洗涤液[c(苦味酸) = 0.02 mol/L]洗涤通过 6.1.6.1 所用的砂芯漏斗且抽干。

6.1.6.7.2 同 6.1.6.3(空白的丙酮加入量应与测定中的丙酮加入量相同)。

6.1.6.7.3 同 6.1.6.4，并加 0.05 mL 洗涤液[c(苦味酸) = 0.02 mol/L]以补偿沉淀中所夹带的苦味酸液，记录[$c(NaOH)$ = 0.1 mol/L]的滴定消耗体积(V_5)。

6.1.6.7.4 在上述溶液中加入蒸馏水，其量应是测定时与空白试验时氢氧化钠标准滴定溶液[$c(NaOH)$ = 0.1 mol/L]的滴定消耗体积之差($V_3 - V_5$)。

6.1.6.7.5 同 6.1.6.5。

6.1.6.7.6 同 6.1.6.6，记录硫代硫酸钠标准滴定溶液[$c(Na_2S_2O_3)$ = 0.05 mol/L]的滴定消耗体

积 V_6。

6.1.7 结果计算

人工煤气中萘含量以质量浓度 ρ_m 计，数值以毫克每立方米(mg/m³)表示，按式(9)进行计算：

$$\rho_m=\frac{M[(V_3-V_5)c_1-\frac{1}{2}(V_6-V_4)c_2]\times 10^3}{V_0}+\rho_0 \quad \cdots\cdots(9)$$

式中：

V_3——氢氧化钠标准滴定溶液的体积的数值，单位为毫升(mL)；

V_5——空白试验氢氧化钠标准滴定溶液的体积的数值，单位为毫升(mL)；

V_4——硫代硫酸钠标准滴定溶液的体积的数值，单位为毫升(mL)；

V_6——空白试验硫代硫酸钠标准滴定溶液的体积的数值，单位为毫升(mL)；

c_1——氢氧化钠标准滴定溶液的浓度的准确数值，单位为摩尔每升(mol/L)；

c_2——硫代硫酸钠标准滴定溶液的浓度的准确数值，单位为摩尔每升(mol/L)；

M——萘的摩尔质量的数值，单位为克每摩尔(g/mol)[$M(C_{10}H_8)=128$]；

ρ_0——分解作用的萘含量损失校正值，可按苦味酸浓度及吸收时控制的温度由图 6 中查得，单位为毫克每立方米(mg/m³)；

V_0——换算至标准状态下的取样体积的数值(计算公式见附录 A)，单位为升(L)。

计算结果表示到小数点后两位。

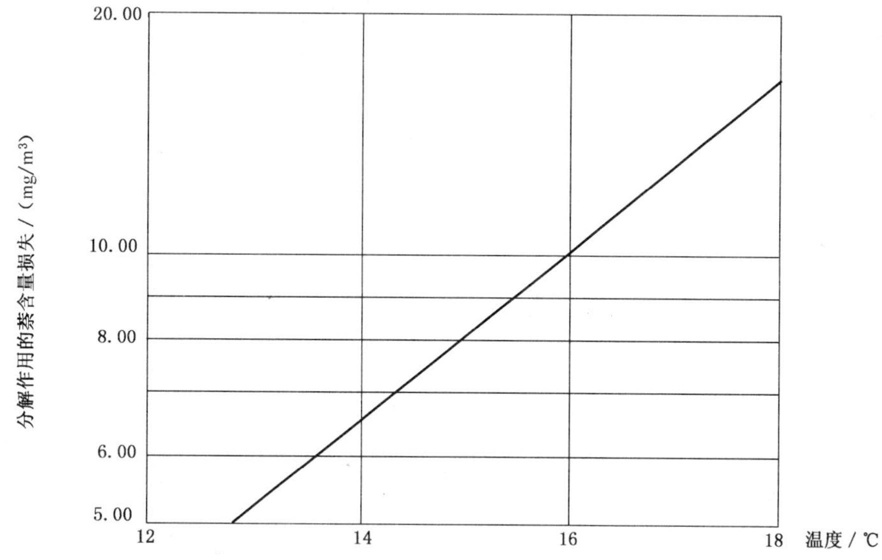

图 6 13 ℃～18 ℃下实测萘含量损失校正值图

6.1.8 精密度

精密度按表 6。

表 6 测量范围和重复性

测定范围	重复性
<50 mg/m³	3.00 mg/m³
(50～100)mg/m³	3%
>100 mg/m³	3%

6.1.9 试验报告

试验报告内容参见附录 B。

6.2 气相色谱法

6.2.1 分析范围

本标准适用于萘含量在 5 mg/m^3 以上的人工煤气。

6.2.2 原理

用二甲苯或甲苯吸收煤气中的萘及其他杂质(茚、硫茚、甲基萘等),吸收液中加入一定量的内标物正十六烷,用气相色谱法分离,测定萘的含量。

6.2.3 试剂和材料

除非另有说明,在分析中仅使用确认为分析纯的试剂。

以(%)表示的均指体积分数,只有"萘含量≥99.8%"中的(%)为质量分数。

a) 正十六烷($C_{16}H_{34}$):色谱标准试剂;

b) 萘($C_{10}H_8$):结晶点不低于 79.9 ℃,含量≥99.8%;

c) 甲苯($C_6H_5CH_3$);

d) 二甲苯[$C_6H_4(CH_3)_2$];

e) 色谱固定液:丁二酸乙二醇聚酯;

f) 色谱载体:201 红色载体,酸洗,0.25 mm~0.18 mm(60 目~80 目),或使用性能相似的其他载体;

g) 三氯甲烷($CHCl_3$);

h) 氮气(N_2):含量≥99.9%;

i) 氢气(H_2):含量≥99.9%;

j) 净化空气:用活性炭、分子筛和硅胶净化过的压缩空气;

k) 软质聚乙烯管或聚氯乙烯管或硅橡胶管:5 mm×7 mm 或 6 mm×9 mm。

6.2.4 仪器

6.2.4.1 气相色谱仪:带有氢火焰离子化检测器。

6.2.4.2 积分仪或色谱微处理机:能采集、记录、储存以及处理色谱分析数据。

6.2.4.3 色谱柱

——柱管:长 2 m、内径 3 mm 的不锈钢柱管。

——填充物

a) 载体:201 红色载体,酸洗,0.25 mm~0.18 mm(60 目~80 目),或使用性能相似的其他载体;

b) 固定液:丁二酸乙二醇聚酯,液相载荷量 6.5%;

c) 制备方法:在 200 mL 烧杯中称入 0.70 g 丁二酸乙二醇聚酯,加入与 10 g 载体等体积的三氯甲烷,搅拌至完全溶解。称取 10.0 g 201 酸洗载体,倒入溶液中,混匀,在不时翻动下,在通风柜中使溶剂全部挥发。

——色谱柱的填充与老化;将制备好的填充物紧密装入洁净干燥的柱管内,两端各填少许玻璃棉。填充好的色谱柱安装在色谱仪中,柱出口端暂勿与检测器连接。通小流量氮气,在柱箱温度 160 ℃下老化 4 h 以上,直至基线稳定。

——分离度

在 6.2.4.4 给定的条件下,正十六烷和萘的分离度不应小于 1.0。

6.2.4.4 调整仪器

按下列条件调整仪器,允许根据实际情况作适当变动。典型色谱图如图 7 所示,各组分的相对保留值见表 7。

——汽化室温度:250 ℃;

——柱箱和色谱柱温度:恒温 130 ℃;

——载气为氮气：柱前压约 73.5 kPa，流速 35 mL/min，为柱后测量值；

——检测器：氢火焰离子化检测器；

——检测器温度：140 ℃；

——辅助气体流速：

a) 氢气流速：40 mL/min；

b) 空气流速：400 mL/min；

——灵敏度和衰减的调节：在萘的绝对进样量为 2.5×10^{-8} g，产生的峰高不低于 10 mm。

注：也可采用能达到同等或更高分析效果的其他色谱工作条件。

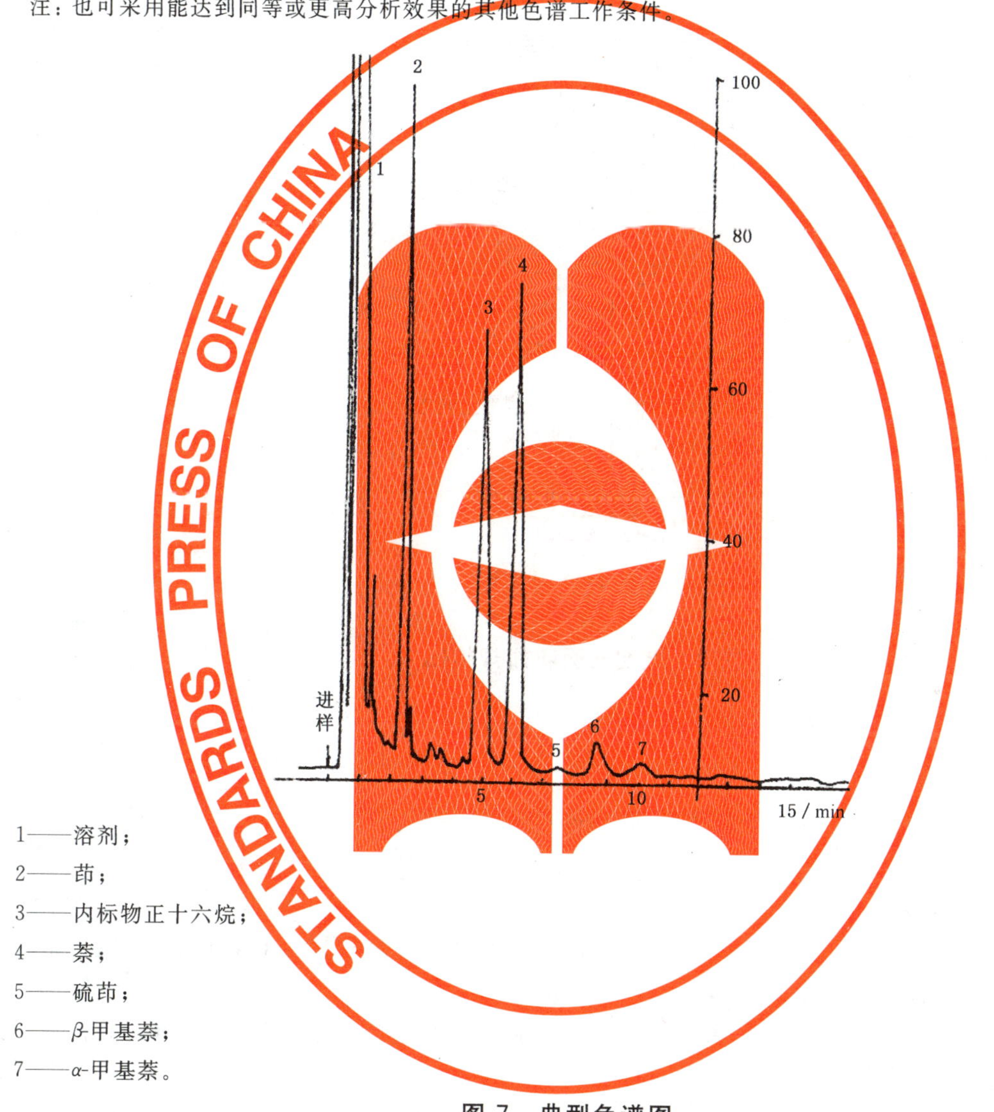

1——溶剂；

2——茚；

3——内标物正十六烷；

4——萘；

5——硫茚；

6——β-甲基萘；

7——α-甲基萘。

图 7 典型色谱图

表 7 各组分相对保留值

组分名称	相对保留值
茚	0.41
正十六烷	0.84
萘	1.00(约 6 min)
硫茚	1.25
β-甲基萘	1.45
α-甲基萘	1.88

6.2.4.5　进样器：10 μL、100 μL 微量注射器。

6.2.4.6　分析天平：分度值 0.1 mg 。

6.2.4.7　吸收瓶：鼓泡式，60 mL，如图 8 所示。

单位为毫米

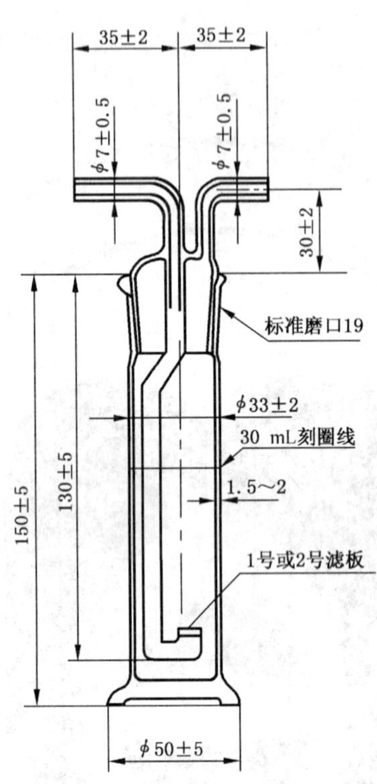

图 8　鼓泡式吸收瓶规格图

6.2.4.8　容量瓶：50 mL。

6.2.4.9　小口试剂瓶：50 mL。

6.2.4.10　量筒：50 mL。

6.2.4.11　湿式气体流量计：0.5 m^3/h ，分度值 0.02 L。

6.2.5　校准

6.2.5.1　标准样品的制备

a）正十六烷标准溶液：称取 7.5 g 正十六烷，准确到 0.2 mg，置于 50 mL 容量瓶中，用二甲苯稀释至刻度，混匀，密封贮存备用，溶液浓度应定期检查；

b）萘标准溶液：称取 7.5 g 萘，准确到 0.2 mg 置于 50 mL 容量瓶中，用二甲苯溶解并稀释至刻度，混匀，密封贮存备用；

c）校准用标准样品系列的制备：在 6 个 50 mL 小口试剂瓶中，用 50 mL 量筒各加 30 mL 二甲苯。用 100 μL 微量注射器各加 100 μL 正十六烷标准溶液，再分别加入 20，60，100，150，200，300 μL 萘标准溶液，混匀，加盖保存备用。

6.2.5.2　校正曲线的确定

按 6.2.4.4 调整好色谱仪，用 10 μL 微量注射器分别抽取 6.2.5.1 c）中校准用标准样品 0.4 μL，注入色谱仪。测量正十六烷和萘的保留时间（s）和峰高（mm），以保留时间与峰高的乘积作峰面积，或用积分仪直接测量正十六烷和萘的峰面积。按式（10）、（11）分别计算各标准样品中萘和正十六烷的质量比 Y_i 和峰面积比 X_i。

$$Y_i = \frac{m_1}{m_2} \times \frac{V_{1i}}{V_{2i}} \qquad \cdots\cdots(10)$$

$$X_i = \frac{A_{1i}}{A_{2i}} \qquad \cdots\cdots\cdots\cdots(11)$$

式中：

Y_i——第 i 个标准试样中萘与正十六烷的质量比；

m_1——配制萘标准溶液时萘的质量的准确数值，单位为克(g)；

m_2——配制正十六烷标准溶液时正十六烷的质量的准确数值，单位为克(g)；

V_{1i}——配制第 i 个标准试样时所用萘标准溶液的体积的数值，单位为微升(μL)；

V_{2i}——配制第 i 个标准试样时所用正十六烷标准溶液的体积的数值，单位为微升(μL)；

X_i——第 i 个标准试样的萘与正十六烷峰面积比；

A_{1i}——第 i 个标准试样相应的萘的峰面积，以保留时间(s)与峰高(mm)之乘积表示或用积分仪测得的积分数表示；

A_{2i}——第 i 个标准试样相应的正十六烷的峰面积，以保留时间(s)与峰高(mm)之乘积表示或用积分仪测得的积分数表示。

将 X 对 Y 作校准曲线，或用数学回归法建立式(12)的线性回归方程：

$$Y = a + bX \qquad \cdots\cdots\cdots\cdots(12)$$

每个标准试样进样三次，计算三次峰面积比后，取算术平均值作图或进行数学回归。

计算结果应保留到小数点后二位。

6.2.6 **取样**

6.2.6.1 取样位置及要求

同苦味酸法中的 6.1.4.1。

6.2.6.2 取样装置如图 9 所示。

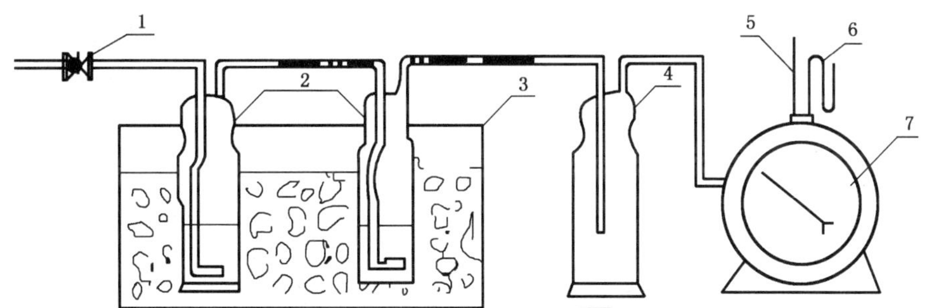

1——取样阀；
2——吸收瓶；
3——冰水浴；
4——空瓶；
5——温度计；
6——U 型压力计；
7——湿式气体流量计。

图 9 色谱法测定萘含量的取样装置图

6.2.7 **吸收**

6.2.7.1 将两只各加有 30 mL 甲苯或二甲苯的吸收瓶置于加冰的冷水浴中，保证在取样时吸收液温度不高于 10 ℃。

6.2.7.2 按图 9 连接取样管、吸收瓶和湿式气体流量计，取样管与吸收瓶之间的连接，使用软质聚乙烯管，管口应尽量互相对接，避免气样与连接管接触，检查其气密性，确认系统严密后，记下流量计读数(V_1)。

6.2.7.3 打开取样阀，调节煤气流速为 0.5 L/min～1.0 L/min。记录取样时的煤气平均温度(t_1)、煤气压力(P_1)及大气压力(P)。

6.2.7.4 当吸收的萘量在 2 mg～40 mg 之间时，关闭取样阀，记录流量计读数(V_2)。

6.2.7.5 取样过程中，应注意避免吸收瓶入口处形成萘的结晶。

6.2.8 分析

在二个吸收瓶中，用 100 μL 微量注射器各加入 100 μL 正十六烷标准溶液，充分混匀，用洗耳球对吸收瓶的吸收管吹气，使吸收液置换数次以保证混合均匀。调整仪器的操作条件与进行标准试样分析时的条件相同。用 10 μL 注射器抽取 0.4 μL 吸收液注入色谱仪进行分析。测量正十六烷和萘的保留时间(s)和峰高(mm)，或用积分仪直接测量正十六烷和萘的峰面积。每个吸收液各作两次分析。第二个吸收瓶中所含萘应一并计算。

6.2.9 结果计算

6.2.9.1 按式(13)分别计算两吸收液中萘与正十六烷的峰面积比：

$$X = \frac{A_1}{A_2} \qquad \cdots\cdots(13)$$

式中：

X——吸收液中萘与正十六烷的峰面积比；

A_1——萘的峰面积，用保留时间(s)和峰高(mm)的乘积表示或积分仪的积分值表示；

A_2——正十六烷的峰面积，用保留时间(s)和峰高(mm)的乘积表示或积分仪的积分值表示。

6.2.9.2 根据 X 从校正曲线上查出或用式(12)计算出 Y 值，即为吸收液中萘与正十六烷的质量比。

6.2.9.3 按式(14)分别计算两个吸收液瓶中的萘含量：

$$m = Y \times m_s \qquad \cdots\cdots(14)$$

式中：

m——吸收液中萘的质量的数值，单位为毫克(mg)；

m_s——加入吸收液中正十六烷的质量的数值，单位为毫克(mg)；

Y——吸收液中萘与正十六烷的质量比。

6.2.9.4 人工煤气中萘的含量以质量浓度 ρ_m 计，数值以毫克每立方米(mg/m^3)表示，按式(15)计算：

$$\rho_m = \frac{m}{V_0} \times 1\,000 \qquad \cdots\cdots(15)$$

式中：

m——吸收液中萘的质量的数值，单位为毫克(mg)；

V_0——换算至标准状态下的取样体积的数值(计算公式见附录 A)，单位为升(L)。

计算结果表示到小数点后二位。

6.2.10 精密度

精密度按表 8。

表 8 测定范围和重复性

测定范围	重复性
≤200 mg/m^3	4.10 mg/m^3
200～400 mg/m^3	2.8%

6.2.11 试验报告

试验报告内容参见附录 B。

7 人工煤气中氨含量的测定

7.1 中和滴定法

7.1.1 分析范围

本标准适用于氨含量在 10 mg/m^3 以上的的人工煤气。

7.1.2 原理

把一定量的煤气通入硫酸溶液中，以吸收其中的氨，过剩的硫酸用氢氧化钠标准滴定溶液回滴，根据消耗的硫酸量，计算氨的含量。

7.1.3 反应式

$$2NH_3 + H_2SO_4 \longrightarrow (NH_4)_2SO_4$$

$$2NaOH + H_2SO_4 \longrightarrow Na_2SO_4 + 2H_2O$$

7.1.4 试剂和材料

除非另有说明，在分析中仅使用确认为分析纯的试剂和蒸馏水或去离子水或相当纯度的水。

7.1.4.1 硫酸(H_2SO_4)：密度为 1.84 g/mL，含量 95%～98%。

7.1.4.2 氢氧化钠(NaOH)。

7.1.4.3 乙酸铅[$Pb(CH_3COO)_2 \cdot 3H_2O$]：化学纯。

7.1.4.4 冰乙酸(CH_3COOH)。

7.1.4.5 甲基红($C_{15}H_{15}O_2N_3$)。

7.1.4.6 亚甲基蓝($C_{16}H_{18}ClN_3S \cdot 3H_2O$)。

7.1.4.7 乙酸铅溶液(50 g/L)：称取 5 g 乙酸铅，溶于 70 mL 水中，加 1 mL 冰乙酸，用水稀释至 100 mL。

7.1.4.8 硫酸标准滴定溶液[$c(1/2H_2SO_4)$＝0.1 mol/L]：按 GB/T 601—2002 中 4.3 配制。

7.1.4.9 氢氧化钠标准滴定溶液[$c(NaOH)$＝0.1 mol/L]：按 GB/T 601—2002 中 4.1 配制。

7.1.4.10 甲基红-亚甲基蓝混合指示液：按 GB/T 603—2002 中 4.1.4.7 配制。

7.1.4.11 软质聚乙烯管或聚氯乙烯管或硅橡胶管：5 mm×7 mm 或 6 mm×9 mm。

7.1.5 仪器

7.1.5.1 湿式气体流量计：0.5 m^3/h，分度值 0.02 L。

7.1.5.2 滴定管：50 mL，分度值 0.1 mL。

7.1.5.3 移液管：50 mL。

7.1.5.4 试剂瓶：50 mL。

7.1.5.5 锥形瓶：500 mL。

7.1.5.6 天平：分度值 0.1 g。

7.1.5.7 大气压力计：分度值 0.1 kPa。

7.1.5.8 洗气瓶：125 mL，如图 10 所示。

单位为毫米

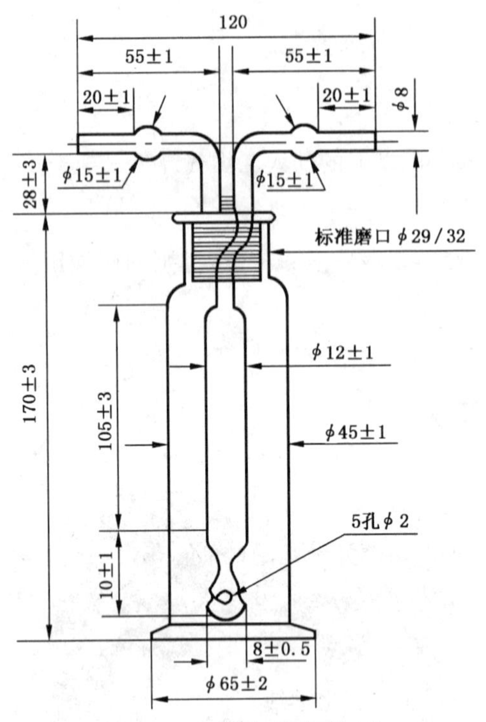

图 10　洗气瓶规格图

7.1.6　**取样**

7.1.6.1　取样位置及要求

取样点应选在气流平稳的直管段管道上，与管道弯曲部分和截面形状急剧变化部分的距离，不小于管道直径的1.5倍。将内径8 mm，壁厚1 mm的不锈钢取样管，插入煤气主管中心1/3半径的断面内。取样管出口前装有取样阀。取样管到仪器之间用软质聚乙烯管或硅橡胶管连接，连接管应尽量短。

取样前，打开取样阀，放散2 min以上，直至排净取样管内残留的气体和水分。

7.1.6.2　取样装置如图11所示。

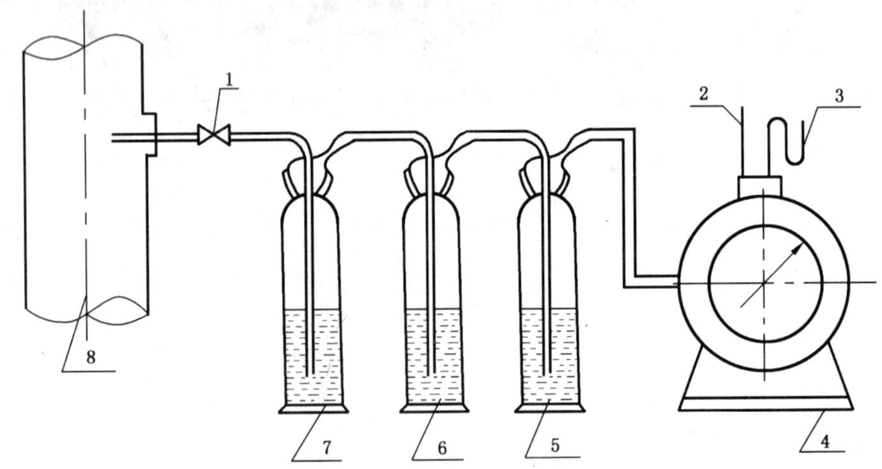

1——取样阀；

2——温度计；

3——U型压力计；

4——湿式气体流量计；

5、6、7——洗气瓶；

8——煤气管道。

图 11　测定氨含量的取样装置图

7.1.7 吸收

7.1.7.1 在洗气瓶 6 和 7 中，用移液管各加入 50 mL 硫酸标准滴定溶液[$c(1/2H_2SO_4) = 0.1$ mol/L]和 1～2 滴甲基红-亚甲基蓝混合指示液。

7.1.7.2 在洗气瓶 5 内加入 50 mL 乙酸铅溶液(50 g/L)，以除去煤气中的硫化氢。

7.1.7.3 按图 11 连接，检查装置气密性，确认系统严密后，记下流量计读数(V_1)。

7.1.7.4 打开取样阀，调节煤气流速为 0.25 L/min～0.50 L/min。记录取样时的煤气平均温度(t_1)、大气压力(P)和煤气压力(P_1)。

7.1.7.5 当吸收的氨量在 2 mg～30 mg 之间时，关闭取样阀，记下流量计读数(V_2)。

7.1.8 分析

7.1.8.1 将洗气瓶 6 和 7 中的硫酸吸收液倒入 500 mL 锥形瓶中，用蒸馏水冲洗洗气瓶(取样管中如有冷凝液也应用蒸馏水冲洗干净)，洗涤液并入锥形瓶中，用氢氧化钠标准滴定溶液[$c(NaOH) = 0.1$ mol/L]滴定，至呈绿色为终点，记录滴定消耗体积(V_3)。

7.1.8.2 同时作试样硫酸吸收液的空白试验，按 7.1.7.1 和 7.1.8.1 操作，记录滴定消耗体积(V_4)。

7.1.9 结果计算

人工煤气中氨含量以质量浓度 ρ_m 计，数值以毫克每立方米(mg/m³)表示，按式(16)进行计算：

$$\rho_m = \frac{M \times c(V_4 - V_3) \times 1\,000}{V_0} \qquad \cdots\cdots(16)$$

式中：

c——氢氧化钠标准滴定溶液的浓度的准确数值，单位为摩尔每升(mol/L)；

V_4——空白试验氢氧化钠标准滴定溶液的体积的数值，单位为毫升(mL)；

V_3——氢氧化钠标准滴定溶液的体积的数值，单位为毫升(mL)；

M——氨的摩尔质量的数值，单位为克每摩尔(g/mol)[$M(NH_3)=17.03$]；

V_0——换算至标准状态下的取样体积的数值(计算公式见附录 A)，单位为升(L)。

计算结果表示到小数点后两位。

7.1.10 精密度

精密度按表 9。

表 9 测定范围和重复性

测定范围	重复性
>10 mg/m³	7%

7.1.11 试验报告

试验报告内容参见附录 B。

7.2 纳氏试剂分光光度法

7.2.1 分析范围

本标准适用于氨含量在 50 mg/m³ 以下的人工煤气。

7.2.2 原理

一定量的煤气通入硫酸溶液中，气样中的氨被硫酸吸收，被吸收的氨与纳氏试剂作用生成黄色化合物，用比色法测定。

7.2.3 试剂和材料

除非另有说明，在分析中仅使用确认为分析纯的试剂和无氨水。

7.2.3.1 硫酸(H_2SO_4)：密度为 1.84 g/mL，含量 95%～98%。

7.2.3.2 碘化钾(KI)。

7.2.3.3 二氯化汞($HgCl_2$)。

7.2.3.4 氢氧化钾(KOH)。

7.2.3.5 酒石酸钾钠($C_4H_4O_6KNa \cdot 4H_2O$)。

7.2.3.6 氯化铵(NH_4Cl):优级纯。

7.2.3.7 无氨水(所有试剂均用无氨水配制):按 GB/T 603—2002 的 4.1.1.3 配制。

7.2.3.8 氨标准溶液:称取 0.785 5 g 经 105 ℃干燥 1 h 的氯化氨,溶于少量水中,移入 250 mL 容量瓶后加水稀释至刻度,配成 1 mL 相当于 1 mg 氨标准贮备液。

临用时,吸收 5.00 mL 氨标准贮备液于 250 mL 容量瓶中加水稀释至刻度,此溶液 1 mL 相当于 20 μg 氨的标准溶液。

7.2.3.9 硫酸吸收液[$c(1/2H_2SO_4)$= 0.02 mol/L]:取硫酸 0.6 mL 缓慢注入 1 000 mL 水中,摇匀。

7.2.3.10 纳氏试剂:称取 5 g 碘化钾溶于 5 mL 水中。另称取 2.5 g 二氯化汞,溶于 10 mL 热水。将二氯化汞溶液缓慢加入碘化钾溶液中,不断搅拌,直到形成红色沉淀不溶为止。冷却后,加入 30 mL 氢氧化钾溶液(15 g 氢氧化钾溶于 30 mL 水),用水稀释至 100 mL,再加入上述配制的 0.5 mL 二氯化汞溶液,静置 1 d~2 d,将上部澄清液移入棕色瓶中,用橡皮塞塞紧保存备用。

7.2.3.11 酒石酸钾钠溶液(0.5 g/mL):称取 50 g 酒石酸钾钠,溶于水中,加热煮沸以驱除氨,冷却后,移入 100 mL 容量瓶中加水稀释至刻度。

7.2.3.12 乙酸铅溶液(50 g/L):配制同中和滴定法的 7.1.4.5。

7.2.3.13 软质聚乙烯管或聚氯乙烯管或硅橡胶管:5 mm×7 mm 或 6 mm×9 mm。

7.2.4 仪器

7.2.4.1 分光光度计。

7.2.4.2 湿式气体流量计:0.5 m^3/h ,分度值 0.02 L。

7.2.4.3 具塞比色管:10 mL。

7.2.4.4 洗气瓶:125 mL,如图 10 所示。

7.2.4.5 容量瓶:250 mL。

7.2.4.6 分度吸量管:容量 5 mL,分度值 0.02 mL。

7.2.4.7 大气压力计:分度值 0.1 kPa。

7.2.5 标准曲线的绘制

取 8 支比色管,按表 10 配制标准色列。

表 10 标准色列表

管号	1	2	3	4	5	6	7	8
氨标准溶液的体积/mL	0	0.10	0.20	0.40	0.70	1.00	1.50	1.70
水的体积/mL	10.00	9.90	9.80	9.60	9.30	9.00	8.50	8.30
氨含量/μg	0	2.0	4.0	8.0	14.0	20.0	30.0	34.0

在各管中加入 0.20 mL 酒石酸钾钠溶液(0.5 g/mL),再加入 0.20 mL 纳氏试剂,摇匀放置 10 min,以空白液(管号 1)为参比液,用 1 cm 比色皿,于波长 420 nm 处,测定其吸光度。以氨含量为横坐标,吸光度为纵坐标,绘制标准曲线。

7.2.6 取样

7.2.6.1 取样位置及要求

同中和滴定法中的 7.1.6.1。

7.2.6.2 取样装置:如图 11 所示。

7.2.7 吸收

7.2.7.1 在洗气瓶 6 和 7 中,用移液管分别加入 50 mL 硫酸吸收液[$c(1/2H_2SO_4)$= 0.02 mol/L]。

7.2.7.2 在洗气瓶 5 中,加入 50 mL 乙酸铅溶液(50 g/L),以除去硫化氢。

7.2.7.3 按图 11 连接,检查气密性,确认系统严密后,记下流量计读数(V_1)。

7.2.7.4 打开取样阀,调节煤气流速为 0.25 L/min~0.5 L/min。记录取样时的煤气平均温度(t_1)、大气压力(P)和煤气压力(P_1)。

7.2.7.5 当吸收的氨量在 0.02 mg~0.85 mg 之间时,关闭取样阀,记下流量计读数(V_2)。

7.2.8 **分析**

将吸收液全部移入 250 mL(V_3)容量瓶内，用水洗净洗气瓶，洗涤液并入容量瓶中，加水至刻度，摇匀。吸取 10 mL(V_4)试样溶液注入干燥的比色管中，加入 0.20 mL 酒石酸钾钠溶液(0.5 g/mL)和 0.20 mL 纳氏试剂，摇匀放置 10 min，以空白液为参比液，用 1 cm 比色皿，于波长 420 nm 处，测定其吸光度，由标准曲线查得氨含量(m)。

7.2.9 **结果计算**

人工煤气中氨含量以质量浓度 ρ_m 计，数值以毫克每立方米(mg/m³)表示，按式(17)进行计算：

$$\rho_m = \frac{m}{V_0} \times \frac{V_3}{V_4} \qquad \cdots\cdots(17)$$

式中：

m——在标准曲线上由吸光度查得的试液中氨含量的数值，单位为微克(μg)；

V_3——试样溶液总体积的数值，单位为毫升(mL)；

V_4——比色时取用试样溶液体积的数值，单位为毫升(mL)；

V_0——换算成标准状态下的采样体积的数值(计算公式见附录 A)，单位为升(L)。

计算结果表示到小数点后两位。

7.2.10 **精密度**

精密度按表 11。

表 11 测定范围和重复性

测定范围 ρ_m(mg/m³)	重复性(mg/m³)
$\rho_m<1$	0.26
$1\leqslant \rho_m<10$	0.65
$10\leqslant\rho_m<25$	0.93
$25\leqslant \rho_m\leqslant 50$	1.29

7.2.11 **试验报告**

试验报告内容参见附录 B。

8 人工煤气中硫化氢含量的测定

8.1 碘量法

8.1.1 **分析范围**

本标准适用于硫化氢含量在 10 mg/m³ 以上的人工煤气。

8.1.2 **原理**

煤气中的硫化氢被锌氨络合溶液吸收后，形成硫化锌沉淀，在弱酸性条件下，同碘作用，过量的碘用硫代硫酸钠溶液滴定，根据硫代硫酸钠溶液的消耗量，计算硫化氢的含量。

8.1.3 **反应式**

$$H_2S+[Zn(NH_3)_4](OH)_2 = ZnS\downarrow +2H_2O+4NH_3\uparrow$$

$$ZnS+2HCl+I_2 = ZnCl_2+2HI+S\downarrow$$

$$I_2+2Na_2S_2O_3 = 2NaI+Na_2S_4O_6$$

8.1.4 **试剂和材料**

除非另有说明，在分析中仅使用确认为分析纯的试剂和蒸馏水或去离子水或相当纯度的水。

8.1.4.1 硫酸锌($ZnSO_4\cdot 7H_2O$)。

8.1.4.2 氢氧化钠(NaOH)。

8.1.4.3 硫酸铵[$(NH_4)_2SO_4$]。

8.1.4.4 盐酸(HCl)：密度为 1.19 g/mL，含量≥36%～38%。

8.1.4.5 碘(I_2)。

8.1.4.6 碘化钾(KI)。

8.1.4.7 硫代硫酸钠($Na_2S_2O_3 \cdot 5H_2O$)。

8.1.4.8 可溶性淀粉。

8.1.4.9 锌氨络合溶液:称取 5 g 硫酸锌($ZnSO_4 \cdot 7H_2O$)溶解于 500 mL 水中,另称取 6 g 氢氧化钠溶解于 300 mL 水中,将其混合,边搅拌边加入 70 g 硫酸铵,当氢氧化锌沉淀全部溶解后,用水稀释至 1 L。

8.1.4.10 盐酸溶液(1+1):将 1 体积的盐酸缓缓加入 1 体积的水中,混匀。

8.1.4.11 硫代硫酸钠标准滴定溶液 [$c(Na_2S_2O_3)$ = 0.1 mol/L]:按 GB/T 601—2002 中 4.6 配制。

8.1.4.12 碘标准滴定溶液[$c(1/2I_2)$ = 0.1 mol/L]:按 GB/T 601—2002 中 4.9 配制。

8.1.4.13 淀粉指示液(5 g/L):配制同萘含量测定苦味酸法中 6.1.2.19。

8.1.4.14 中速定性滤纸。

8.1.4.15 软质聚乙烯管或聚氯乙烯管或硅橡胶管:5 mm×7 mm 或 6 mm×9 mm。

8.1.5 仪器

8.1.5.1 湿式气体流量计:0.5 m^3/h,分度值 0.02 L。

8.1.5.2 筒形气体洗瓶:250 mL,如图 12 所示。

单位为毫米

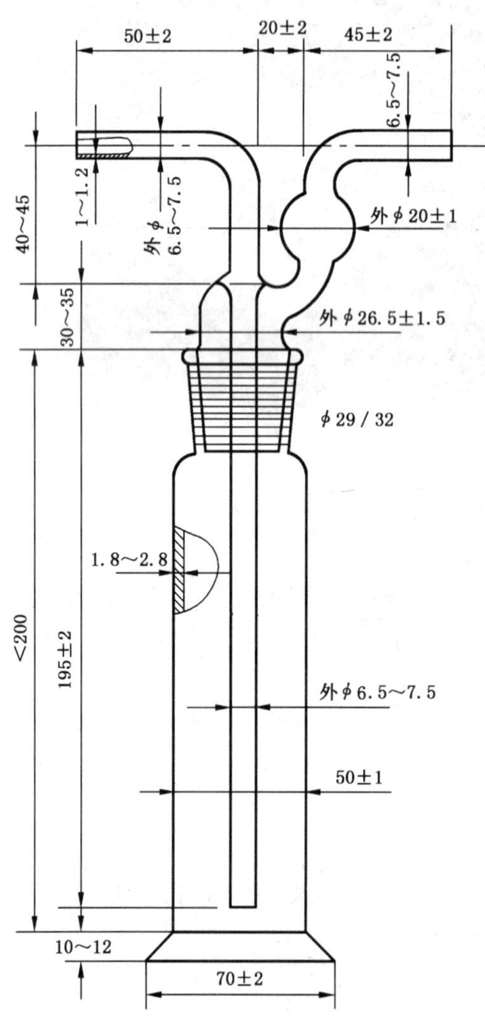

图 12 筒形气体洗瓶规格图

8.1.5.3 碘量瓶:500 mL。

8.1.5.4 滴定管:25 mL,分度值 0.1 mL。

8.1.5.5 短管漏斗:75 mm。

8.1.5.6 漏斗架。

8.1.5.7 移液管:25 mL。

8.1.5.8 量筒:100 mL、250 mL。

8.1.5.9 天平:分度值 0.1 g。

8.1.5.10 大气压力计:分度值 0.1 kPa。

8.1.6 取样

8.1.6.1 取样位置及要求

同氨含量测定中和滴定法中 7.1.6.1。

8.1.6.2 取样装置:如图 13 所示。

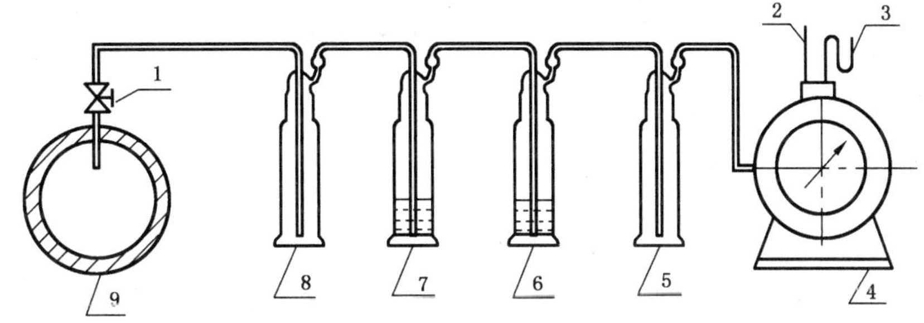

1——取样阀;

2——温度计;

3——U 型压力计;

4——湿式气体流量计;

5、8——空瓶;

6、7——洗气瓶;

9——煤气管道。

图 13 碘量法测定硫化氢含量的取样装置图

8.1.7 吸收

8.1.7.1 在洗气瓶 6 和 7 中,各加入 100 mL 锌氨络合溶液。

8.1.7.2 按图 13 连接,检查装置气密性,确认系统严密后,记下流量计读数(V_1)。

8.1.7.3 打开取样阀,调节煤气速度为 0.5 L/min~1.0 L/min。记录取样时的煤气平均温度(t_1)、大气压力(P)和煤气压力(P_1)。

8.1.7.4 当吸收的硫化氢量在 0.85 mg~35 mg 之间时,关闭取样阀,记下流量计读数(V_2)。

8.1.8 分析

8.1.8.1 取下装有锌氨络合溶液的洗气瓶 6 和 7,用水仔细冲洗两个洗气瓶的管口及瓶壁,并用中速定性滤纸过滤吸收液。

8.1.8.2 用移液管吸取 25 mL 碘标准滴定溶液[$c(1/2I_2)=0.1$ mol/L],放入 500 mL 碘量瓶中,加 200 mL 水、10 mL 盐酸溶液(1+1),立即加入带有沉淀的滤纸,盖上瓶塞,摇动碘量瓶至瓶内滤纸摇碎为止,碘量瓶用水封口,置于暗处 10 min 后,用少量水冲洗瓶壁及瓶塞,然后用硫代硫酸钠标准滴定溶液[$c(Na_2S_2O_3)=0.1$ mol/L]滴定,待溶液呈淡黄色时,加 1 mL 淀粉指示液(5 g/L),继续滴定至溶液蓝色消失为终点,记录滴定消耗体积(V_3)。

8.1.8.3 取同样量锌氨络合溶液按照 8.1.8.1~8.1.8.2 做空白试验,记录滴定消耗体积(V_4)。

8.1.9 结果计算

人工煤气中硫化氢含量以质量浓度 ρ_m 计，数值以毫克每立方米(mg/m^3)表示，按式(18)进行计算：

$$\rho_m = \frac{M \times c(V_4 - V_3)}{V_0} \times 1\ 000 \qquad \cdots\cdots(18)$$

式中：

c——硫代硫酸钠标准滴定溶液的浓度的准确数值，单位为摩尔每升(mol/L)；

V_3——硫代硫酸钠标准滴定溶液的体积的数值，单位为毫升(mL)；

V_4——空白试验硫代硫酸钠标准滴定溶液的体积的数值，单位为毫升(mL)；

M——硫化氢的摩尔质量的数值，单位为克每摩尔(g/mol)[$M(1/2H_2S)=17.04$]；

V_0——换算至标准状态下的取样体积的数值(计算公式见附录 A)，单位为升(L)。

计算结果表示到小数点后两位。

8.1.10 精密度

精密度按表 12：

表 12 测定范围和重复性

测定范围/(mg/m^3)	重复性/(mg/m^3)
10～25	2.65

8.1.11 试验报告

试验报告内容参见附录 B。

8.2 亚甲基蓝分光光度法

8.2.1 分析范围

本标准适用于硫化氢含量为(1～30)mg/m^3 的人工煤气。

8.2.2 原理

气样中的硫化氢被锌氨络合溶液吸收后，在三氯化铁存在下与盐酸对氨基二甲苯胺作用生成亚甲基蓝进行比色测定。

8.2.3 试剂和材料

除非另有说明，在分析中仅使用确认为分析纯的试剂和蒸馏水或去离子水或不含氧蒸馏水。

8.2.3.1 硫酸锌($ZnSO_4 \cdot 7H_2O$)。

8.2.3.2 氢氧化钠(NaOH)。

8.2.3.3 硫酸铵[$(NH_4)_2SO_4$]。

8.2.3.4 盐酸(HCl)：密度为 1.19 g/mL，含量≥36%～38%。

8.2.3.5 碘(I_2)。

8.2.3.6 碘化钾(KI)。

8.2.3.7 硫代硫酸钠($Na_2S_2O_3 \cdot 5H_2O$)。

8.2.3.8 三氯化铁($FeCl_3 \cdot 6H_2O$)。

8.2.3.9 硫酸(H_2SO_4)：密度为 1.84 g/mL，含量 95%～98%。

8.2.3.10 盐酸对氨基二甲苯胺[$C_6H_4 \cdot NH_2 \cdot N(CH_3)_2 \cdot HCl$]。

8.2.3.11 硫化钠($Na_2S \cdot 9H_2O$)。

8.2.3.12 可溶性淀粉。

8.2.3.13 不含氧的蒸馏水：按照 GB/T 603—2002 中 4.1.1.2 配制。

8.2.3.14 硫酸溶液(1+3)：量取 1 体积硫酸，缓缓注入 3 体积水中，混匀。

8.2.3.15 硫酸溶液(1+100)：量取 1 体积硫酸，缓缓注入 100 体积水中，混匀。

8.2.3.16 锌氨络合溶液：配制同碘量法的 8.1.4.9。

8.2.3.17 三氯化铁溶液(10 g/L):称取 1 g 三氯化铁,溶解于 100 mL 硫酸溶液(1+100)中。

8.2.3.18 盐酸对氨基二甲苯胺溶液(1 g/L):称取 0.1 g 盐酸对氨基二甲苯胺,溶解于 100 mL 硫酸溶液(1+3)中,于棕色瓶贮存(此溶液颜色变深时应及时更换,重新配制)。

8.2.3.19 碘标准滴定溶液 [$c(1/2I_2)$=0.1 mol/L]:应按 GB/T 601—2002 中 4.9 配制。

8.2.3.20 硫代硫酸钠标准滴定溶液 [$c(Na_2S_2O_3)$=0.1 mol/L]:按 GB/T 601—2002 中 4.6 配制。

8.2.3.21 淀粉指示液(5 g/L):配制同萘含量测定苦味酸法中 6.1.2.19。

8.2.3.22 软质聚乙烯管或聚氯乙烯管或硅橡胶管:5 mm×7 mm 或 6 mm×9 mm。

8.2.4 **仪器及装置**

8.2.4.1 分光光度计。

8.2.4.2 湿式气体流量计:0.5 m^3/h,分度值 0.02 L。

8.2.4.3 全显色吸收瓶:50 mL,如图 14 所示。

8.2.4.4 具塞比色管:50 mL。

8.2.4.5 容量瓶:100 mL,1 000 mL。

8.2.4.6 滴定管:25 mL,分度值 0.1 mL。

8.2.4.7 移液管:5 mL、10 mL、15 mL、20 mL、25 mL。

8.2.4.8 碘量瓶:250 mL。

8.2.4.9 量筒:50 mL。

8.2.4.10 天平:分度值 0.1 g。

8.2.4.11 大气压力计:分度值 0.1 kPa。

单位为毫米

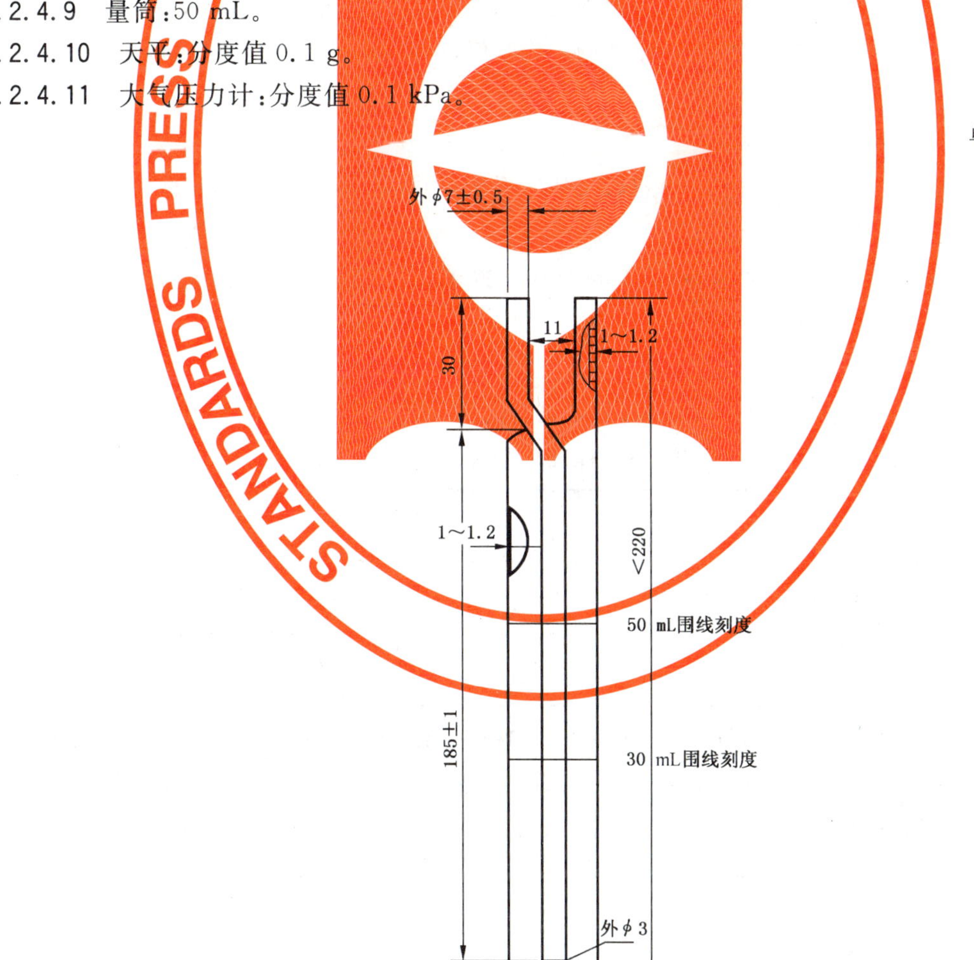

图 14 全显色吸收瓶规格图

8.2.5 **标准曲线的绘制**

8.2.5.1 硫化氢标准溶液的配制(此溶液于使用前现配现标,所用的水为不含氧的蒸馏水)。

8.2.5.1.1 硫化氢标准贮备液的配制

1) 硫化氢溶液(10 g/L):称取约 1 g 硫化钠于 100 mL 容量瓶中,用水溶解并稀释至刻度。

2) 吸取 10 mL 硫化氢溶液(10 g/L),加入到盛有 25 mL 碘标准滴定溶液[$c(1/2I_2)$= 0.1 mol/L]及 1 mL 盐酸(8.2.3.4)的 250 mL 碘量瓶中,摇匀,加塞于暗处放置 10 min 后,加入 1 mL 淀粉指示液(5 g/L),用硫代硫酸钠标准滴定溶液[$c(Na_2S_2O_3)$=0.1 mol/L]滴定,至溶液蓝色消失,记录滴定消耗体积(V_3)。

3) 做空白试验:同 2),但不加硫化氢溶液。记录硫代硫酸钠标准滴定溶液[$c(Na_2S_2O_3)$= 0.1 mol/L]滴定消耗体积(V_4)。

所取硫化氢溶液的体积以 V 计,数值以毫升(mL)表示,按式(19)进行计算:

$$V=\frac{11.76}{(V_4-V_3)c} \qquad (19)$$

式中:

V_3——硫代硫酸钠标准滴定溶液的体积的数值,单位为毫升(mL);

V_4——空白试验硫代硫酸钠标准滴定溶液的体积的数值,单位为毫升(mL);

c——硫代硫酸钠标准滴定溶液的浓度的准确数值,单位为摩尔每升(mol/L);

11.76——计算常数。

计算结果表示到小数点后两位。

4) 立即吸取体积为 VmL 的硫化氢溶液(10 g/L),置于 100 mL 容量瓶中,用水稀释至刻度,即得到硫化氢标准贮备液(0.2 mg/mL)。

8.2.5.1.2 吸取 5 mL 硫化氢标准贮备液(0.2 mg/mL),置于 1 000 mL 容量瓶中,用水稀释至刻度,即得到硫化氢标准溶液(0.001 mg/mL)。

8.2.5.2 标准色列的配制

取 7 支 50 mL 比色管,先分别加入约 5 mL 锌氨络合溶液,按表 13 配制标准色列。

表 13 标准色列表

管　　号	1	2	3	4	5	6	7
0.001 mg/mL 硫化氢标准溶液的体积/mL	0	5	10	15	20	25	30
硫化氢含量/mg	0	0.005	0.01	0.015	0.02	0.025	0.03

各个管中加入的锌氨络合溶液和硫化氢标准溶液的溶液量至 40 mL 时,盖塞,摇匀,沿管壁缓慢加入 4 mL 盐酸对氨基二甲苯胺溶液(1 g/L),2 mL 三氯化铁溶液(10 g/L),用锌氨络合溶液稀释至刻度,充分混合均匀,室温下放置 30 min 后,以空白液(管号 1)为参比液,用 1 cm 比色皿,于波长 670 nm 处,测定其吸光度。以硫化氢含量为横坐标,吸光度为纵坐标,绘制标准曲线。

8.2.6 **取样**

8.2.6.1 取样位置及要求

同氨含量测定中和滴定法中 7.1.6.1。

8.2.6.2 取样装置:如图 15 所示。

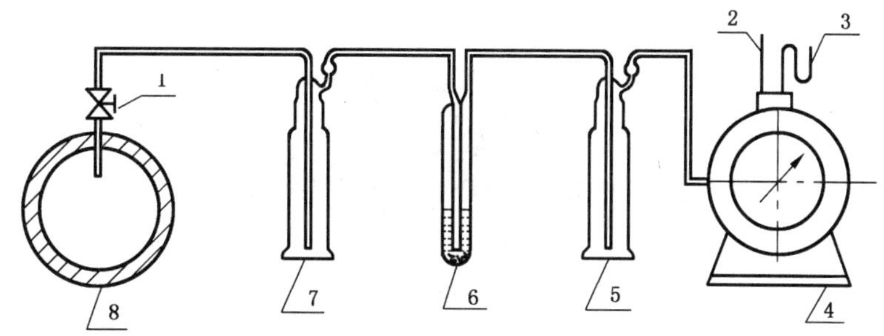

1——取样阀；
2——温度计；
3——U 型压力计；
4——湿式气体流量计；
5、7——空瓶；
6——全显色吸收瓶；
8——煤气管道。

图 15　分光光度法测定 H_2S 含量取样装置图

8.2.7　吸收

在进行下述操作时，应避免阳光直射。

8.2.7.1　在全显色吸收瓶 6 中，加入 30 mL 锌氨络合溶液。

8.2.7.2　按图 15 连接，检查装置气密性，确认系统严密后，记下流量计读数(V_1)。

8.2.7.3　打开取样阀，调节煤气流速为 0.25 L/min～0.5 L/min。记录取样时的煤气平均温度(t_1)、大气压力(P)和煤气压力(P_1)。

8.2.7.4　当吸收的硫化氢量在 0.005 mg～0.03 mg 之间时，关闭取样阀，记下流量计读数(V_2)。

8.2.8　分析

取下吸收瓶，用少量水冲洗吸收瓶管壁，加入 4 mL 盐酸对氨基二甲苯胺溶液(1 g/L)，2 mL 三氯化铁溶液(10 g/L)，加蒸馏水稀释至 50 mL 刻度，用吸耳球轻轻地上下吹吸几次使显色液混合均匀。

同时用一支 50 mL 比色管取同样量的试剂做空白试验，室温下放置 30 min 后，用 1 cm 比色皿，于波长 670 nm 处，以试剂空白液为参比液，测定吸光度。根据吸光度从标准曲线上查出硫化氢含量(m)。

8.2.9　结果计算

人工煤气中硫化氢的含量以质量浓度 ρ_m 计，数值以毫克每立方米(mg/m³)表示，按式(20)进行计算：

$$\rho_m = \frac{m}{V_0} \times 1\,000 \qquad \cdots\cdots(20)$$

式中：

m——在标准曲线上由吸光度查得的试液中硫化氢含量的数值，单位为毫克(mg)；

V_0——换算至标准状态下的取样体积的数值(计算公式见附录 A)，单位为升(L)。

计算结果表示到小数点后两位。

8.2.10　精密度

精密度按表 14：

表 14　测定范围和重复性

测定范围 ρ_m/(mg/m³)	重复性/(mg/m³)
$1<\rho_m<5$	0.56
$5\leqslant\rho_m<15$	1.67
$15\leqslant\rho_m\leqslant30$	3.26

8.2.11　试验报告

试验报告内容参见附录 B。

附　录　A
（规范性附录）
换算至标准状态下的取样体积的公式

A.1　标准状态

温度：273.15 K；

大气压力：101.325 kPa。

A.2　换算至标准状态下的取样体积 V_0 的公式见式（A.1）：

$$V_0 = (V_2 - V_1) \times f \times \frac{273.15}{t_1 + 273.15} \times \frac{P + P_1 - P_2}{101.325} \qquad \text{(A.1)}$$

式中：

V_1——取样前流量计读数，单位为升（L）；

V_2——取样后流量计读数，单位为升（L）；

f——湿式气体流量计的校正系数；

t_1——取样时煤气的平均温度的数值，单位为摄氏度（℃）；

P——取样时大气压力的数值，单位为千帕（kPa）；

P_1——取样时煤气压力的数值，单位为千帕（kPa）；

P_2——取样时煤气温度下的饱和水蒸气压力的数值，单位为千帕（kPa）。

附 录 B
（资料性附录）
试 验 报 告

B.1 试验报告应包括以下内容：试样名称、试样来源、试验方法标准、取样时间、试验结果、试验人员和试验日期(具体格式参见下表)。

试样名称		试样来源	
试验方法标准		取样时间	
试验人员		试验日期	
试验结果			

ICS 23.060.50
J 16

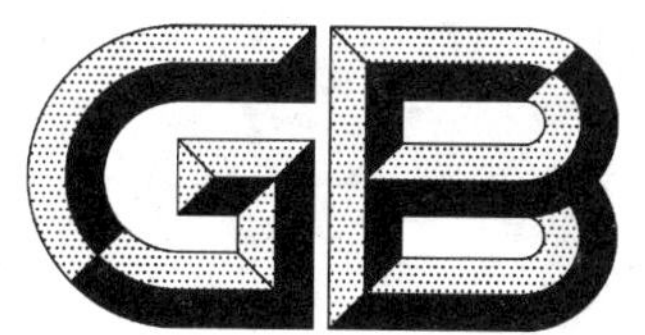

中华人民共和国国家标准

GB/T 12236—2008
代替 GB/T 12236—1989

石油、化工及相关工业用的钢制旋启式止回阀

Steel swing check valve for petroleum, petrochemical and allied industries

2008-02-02 发布

2008-07-01 实施

中华人民共和国国家质量监督检验检疫总局
中国国家标准化管理委员会
发布

前　言

本标准对应 BS 1868:1975《石油、化工及相关工业用钢制止回阀》，与 BS 1868:1975 一致性程度为非等效。

本标准代替 GB/T 12236—1989《通用阀门　钢制旋启式止回阀》。与 GB/T 12236—1989 相比主要变化如下：

——标准名称修改为“石油、化工及相关工业用的钢制旋启式止回阀”；

——标准的适用范围从公称压力 PN16～PN160、公称尺寸 DN50～DN500 扩大至公称压力 PN16～PN420、公称尺寸 DN50～DN600；

——对原标准阀体最小壁厚的要求作了修改，统一合并了原两个压力体系的壁厚表，并扩大了其他压力口径的壁厚(1989 版 4.1.2)；

——增加了阀体阀座最小直径的要求；

——增加了阀体放泄孔的要求；

——修改了阀座的要求(1989 版 4.1.8)；

——修改了阀座堆焊合金厚度的要求(1989 版 4.1.8)；

——增加了弹性密封副的要求；

——修改了阀瓣堆焊合金厚度的要求(1989 版 4.3.1)；

——增加了特殊配件的要求；

——增加了焊接端阀门阀体材料的要求；

——修改了阀体与阀盖连接螺柱的要求(1989 版 4.5)；

——增加了弹性密封副寿命试验的有关要求；

——修改了试验方法，增加了型式试验项目和要求，规定了试验方法；

——修改了标志内容、供货要求等；

——调整原标准附录 A 的内容到正文中，将附录 A 内容改为“阀门订货合同数据表”。

本标准的附录 A 为资料性附录。

本标准由中国机械工业联合会提出。

本标准由全国阀门标准化技术委员会(SAC/TC 188)归口。

本标准起草单位：上海良工阀门厂有限公司、合肥通用机械研究院。

本标准主要起草人：杨恒、王晓钧。

本标准所代替标准的历次版本发布情况为：

——GB/T 12236—1989。

石油、化工及相关工业用的钢制旋启式止回阀

1 范围

本标准规定了螺栓连接阀盖钢制旋启式止回阀(简称为“止回阀”)的结构形式、技术要求、材料、试验方法和检验规则、标志、防腐、涂漆、包装和储运等。

本标准适用于螺栓连接阀盖的法兰连接或焊接的钢制旋启式止回阀。其参数为:公称压力PN16～PN420,公称尺寸DN50～DN600,使用温度－29 ℃～538 ℃,使用介质石油、化工、天然气及相关制品等。

2 规范性引用文件

下列文件中的条款通过本标准的引用而成为本标准的条款。凡是注日期的引用文件,其随后所有的修改单(不包括勘误的内容)或修订版均不适用于本标准,然而,鼓励根据本标准达成协议的各方研究是否可使用这些文件的最新版本。凡是不注日期的引用文件,其最新版本适用于本标准。

GB 150 钢制压力容器

GB/T 152.1～152.4 紧固件 通孔及沉孔

GB/T 196 普通螺纹 基本尺寸(GB/T 196—2003,ISO 724:1993,MOD)

GB/T 197 普通螺纹 公差(GB/T 197—2003,ISO 965-1:1998,MOD)

GB/T 6175 2型六角螺母(GB/T 6175—2000,eqv ISO 4033:1999)

GB/T 9113.1～9113.4 整体钢制管法兰

GB/T 12220 通用阀门 标志(GB/T 12220—1989,idt ISO 5209:1977)

GB/T 12221 金属阀门 结构长度(GB/T 12221—2005,ISO 5752:1982,MOD)

GB/T 12224 钢制阀门 一般要求

GB/T 12228 通用阀门 碳素钢锻件技术条件

GB/T 12229 通用阀门 碳素钢铸件技术条件

GB/T 12230 通用阀门 不锈钢铸件技术条件

JB/T 9092—1999 阀门的检验与试验

3 结构形式

旋启式止回阀的典型结构形式如图1和图2所示。

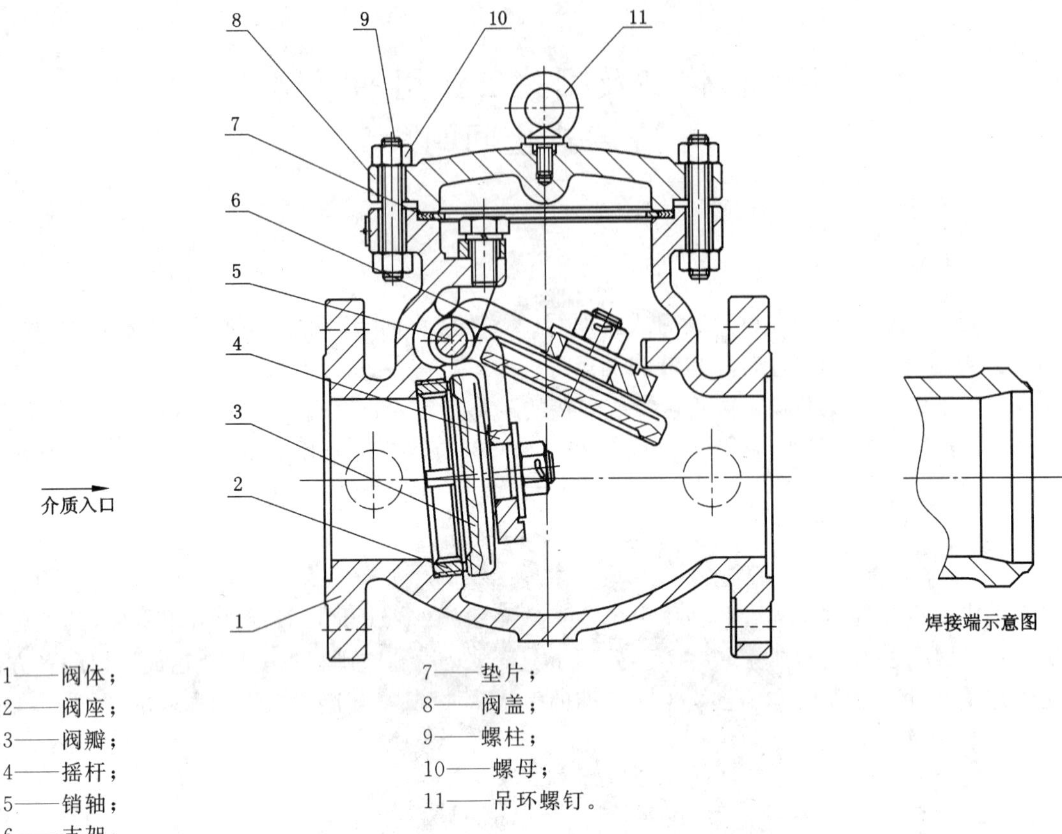

1——阀体；
2——阀座；
3——阀瓣；
4——摇杆；
5——销轴；
6——支架；
7——垫片；
8——阀盖；
9——螺柱；
10——螺母；
11——吊环螺钉。

图 1　法兰连接旋启式止回阀典型结构示意图

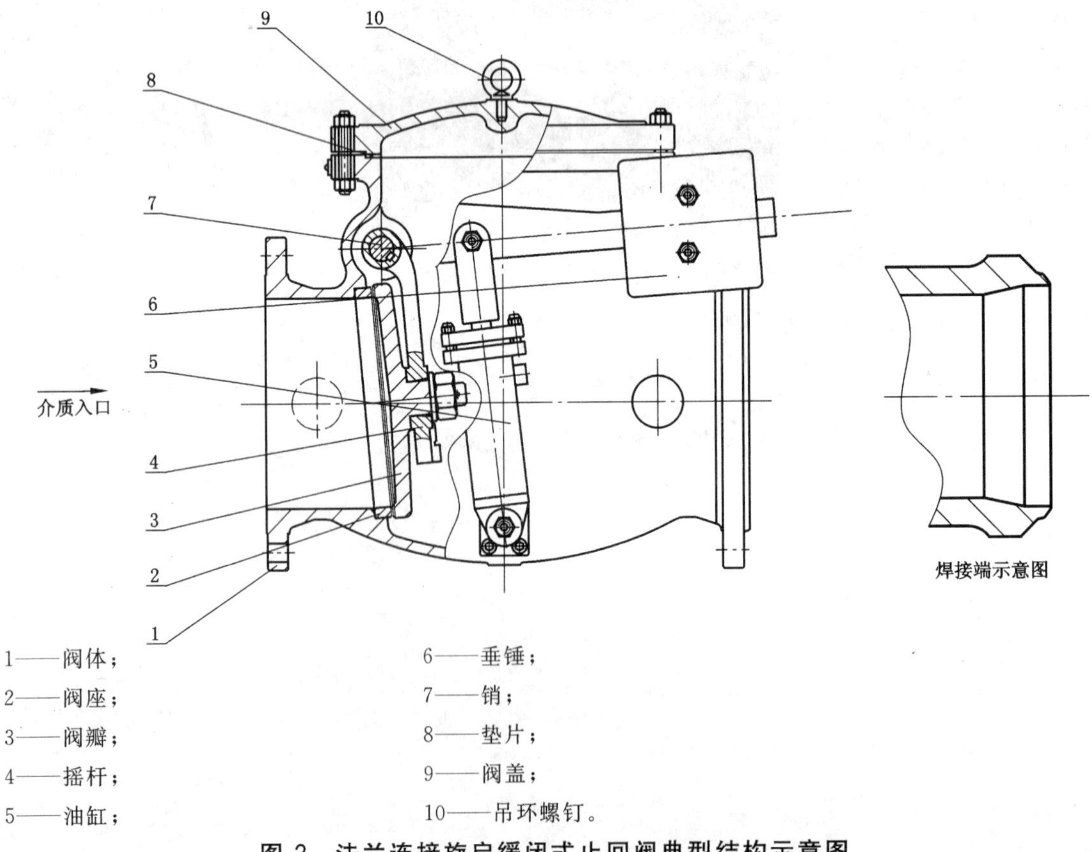

1——阀体；
2——阀座；
3——阀瓣；
4——摇杆；
5——油缸；
6——垂锤；
7——销；
8——垫片；
9——阀盖；
10——吊环螺钉。

图 2　法兰连接旋启缓闭式止回阀典型结构示意图

4 技术要求

4.1 压力-温度额定值

阀门的额定压力-温度额定值按 GB/T 12224 的规定。对于某些采用弹性密封副结构，或内部零件材料经特殊处理的阀门，其压力-温度额定值小于阀体的压力-温度额定值，应当取其较小值，并应当在铭牌上予以标明。

4.2 结构长度

止回阀的结构长度按 GB/T 12221 的规定，或按订货合同的要求。

4.3 连接端

4.3.1 与管道连接的端法兰按 GB/T 9113.1～9113.4 的规定，或按订货合同要求。

4.3.2 焊接连接端的尺寸按 GB/T 12224 的规定，或按订货合同要求。

4.4 阀体

4.4.1 阀体应当是铸造或锻造成型。

4.4.2 焊接结构的阀体，阀体与管道连接端的法兰、阀体与阀盖连接的法兰应当采用锻造材料的法兰，该法兰与阀体的焊接应当符合 GB 150 的规定，焊后应当按材料的特性进行相应的热处理。

4.4.3 除 4.4.4 的焊接连接端阀门的焊接端部外，阀门壳体的最小壁厚 t_m 按表 1 的规定。

表 1 阀门壳体的最小壁厚

单位为毫米

公称尺寸 DN	公称压力 PN									
	16	20	25	40	50	63	100、110	150、160	250、260	420
50	7.9	8.6	8.8	9.3	9.7	10.0	11.2	15.8	19.1	22.4
65	8.7	9.7	10.0	10.7	11.2	11.4	11.9	18.0	22.4	25.4
80	9.4	10.4	10.7	11.4	11.9	12.1	12.7	19.1	23.9	30.2
100	10.3	11.2	11.5	12.2	12.7	13.4	16.0	21.3	28.7	35.8
150	11.9	11.9	12.6	14.6	16.0	16.7	19.1	26.2	38.1	48.5
200	12.7	12.7	13.5	15.9	17.5	19.2	25.4	31.8	47.8	62.0
250	14.2	14.2	15.0	17.5	19.1	21.2	28.7	36.6	57.2	67.6
300	15.3	16.0	16.8	19.1	20.6	23.0	31.8	42.2	66.8	86.6
350	15.9	16.8	17.7	20.5	22.4	25.2	35.1	46.0	69.9	—
400	16.4	17.5	18.6	21.8	23.9	27.0	38.1	52.3	79.5	—
450	16.9	18.3	19.5	23.0	25.4	28.9	41.4	57.2	88.9	—
500	17.6	19.1	20.4	24.3	26.9	30.7	44.5	63.5	98.6	—
600	19.6	20.6	22.2	27.0	30.2	34.7	50.8	73.2	114.3	—

4.4.4 焊接连接端阀体，在距焊接端 1.33 倍 t_m 距离内的壁厚不得小于 0.77 倍 t_m，其他部位的阀体壁厚应当不小于表 1 规定的壳体最小壁厚 t_m。当考虑从靠阀体颈部外表面沿阀体通道方向予以适当的增厚加强。

4.4.5 阀体流道截面积不得小于阀座内径通道截面积，阀体密封座的内径不得小于表 2 的规定。

表 2　阀体密封座的最小直径

单位为毫米

公称尺寸 DN	公称压力 PN					
	16、20	25～50	63～110	150、160	250、260	420
50	50	50	50	47	47	38
65	63	63	63	57	57	47
80	76	76	76	72	69	57
100	100	100	100	98	92	72
150	150	150	150	146	136	111
200	200	200	199	190	177	146
250	250	250	247	238	222	184
300	300	300	298	282	263	218
350	336	336	326	311	288	—
400	387	387	374	355	330	—
450	438	431	419	400	371	—
500	488	482	463	444	415	—
600	590	584	558	533	498	—

4.4.6　阀体与管道连接的孔应当是圆的，设计应当使得流体通过阀体的压力损失最小，受腐蚀及冲刷的影响最小。

4.4.7　除下列情况外，阀体应当采用单独的阀座圈的结构：

a）奥氏体不锈钢材料的阀体，可以在阀体上直接加工阀座密封面；

b）可以直接在阀体上堆焊奥氏体不锈钢或硬质材料，其堆焊层的厚度在加工后不小于 1.6 mm。

4.4.8　Cr13 类材料应当采用堆焊在单独的阀座圈上，其堆焊层的厚度在加工后应当不小于 1.6 mm。阀座圈可以用螺纹连接或焊接的方式固定到阀体内。螺纹式阀座圈应具有便于装卸的结构（如凹槽或凸台），螺纹式阀座的螺纹尺寸应按 GB/T 196 的规定，可以用点焊方式防止阀座松动。阀座圈装配时严禁采用密封剂，允许使用黏度不大于煤油的轻质润滑油。

4.4.9　在阀体上必须设有阀瓣开启的限位机构，介质逆流时能正常关闭。

4.4.10　止回阀阀体底部中心位置应设有放泄孔凸台，订货合同有要求时，止回阀阀体增设放泄孔，其位置按 GB/T 12224 的规定，若加工螺纹孔，螺纹应符合 GB/T 197 标准的规定，并配置密封螺塞。当阀体该处的壁厚不足以提供放泄孔螺纹的有效长度或该处表面不是平面时，应当设置放泄孔凸台。放泄孔接管及放泄孔的凸台的尺寸按表 3 的规定。

表 3　放泄孔接管和放泄孔凸台的尺寸

止回阀的公称尺寸 DN	放泄孔接管公称尺寸 DN	凸台的最小直径/mm
50～100	15	38
125～200	20	44
250～300	25	54
≥350	40	70

4.4.11 除法兰等部位外，在阀体壳壁承压区域不允许打销固定铭牌。

4.5 阀盖

4.5.1 阀盖应当是由铸造或锻造成型的。

4.5.2 最小壁厚与阀体一致，阀盖最小壁厚 t_m 按表 1 的规定。

4.5.3 公称尺寸不小于 DN50 时，在阀盖上应安装起吊用的吊环。

4.5.4 除法兰等部位外，在阀盖壳壁承压区域不允许打销固定铭牌。

4.6 阀体与阀盖的连接

4.6.1 阀体与阀盖的连接应当采用法兰、密封垫片和螺柱螺母连接的形式；除公称尺寸不大于 DN65 的阀体与阀盖连接法兰外形可以采用方形的外，其余公称尺寸的连接法兰应当是圆形的。

4.6.2 除公称压力不大于 PN20 的阀体与阀盖连接法兰可以用平面法兰外，其余压力等级的连接法兰应当采用凹凸面、环连接或榫槽等连接形式的法兰的任何一种，并应当在订货合同中注明。

4.6.3 阀体与阀盖连接法兰的螺柱螺母支撑平面应当加工或按 GB/T 152.1～152.4 的规定锪平，加工或锪平面与法兰面的平行度不超过±1°。

4.6.4 阀体与阀盖连接法兰的密封垫可以选用下列的一种：

a) 柔性石墨增强复合垫；

b) 金属包覆垫；

c) 金属缠绕垫(在阀体和阀盖连接处有防止垫片压散的保护措施)；

d) 带中心加强环金属缠绕垫；

e) 金属波齿垫；

f) 金属环形垫。

4.6.5 为便于装配，垫片可使用密度不大于煤油的润滑油，但禁止使用密封脂和润滑脂。

4.7 阀体与阀盖的连接螺柱

4.7.1 阀体与阀盖连接应当采用全螺纹螺柱，配以符合 GB/T 6175 标准规定的 2 型六角螺母。且阀体与阀盖连接的螺柱不得少于 4 个，其尺寸按表 4 的规定。

表 4 阀体与阀盖连接的全螺纹螺柱最小直径

公称尺寸 DN	螺柱最小直径
≤65	M10
80～200	M12
≥250	M16

4.7.2 阀体与阀盖的连接螺柱根部总截面积的拉应力是按最大工作压力作用于垫片有效外边缘的面积上或作用在金属环(对于环形连接法兰)的节圆上，其计算拉应力应当不超过 62 MPa，如果用户指定的螺柱材料的屈服强度不大于 207 MPa，则计算拉应力应当不超过 48 MPa。

4.7.3 不大于 M27 的螺柱和螺母的螺纹，可以采用粗牙螺纹；大于 M27 的螺柱、螺母的螺纹，应当采用螺距不大于 3 mm 的螺纹。螺纹尺寸和公差按 GB/T 196 和 GB/T 197 的规定。

4.8 阀瓣

4.8.1 阀瓣应是具有平面密封面的可更换式阀瓣。

4.8.2 当阀瓣密封面需要用一种奥氏体不锈钢或硬质合金材料时，可直接在阀瓣密封圈上堆焊，加工后的堆焊层厚度应当不小于 1.6 mm。对于奥氏体不锈钢材料的阀瓣，可以直接加工密封面。

4.8.3 阀瓣与摇杆采用螺母牢固连接，并保证在关闭时阀瓣自动与阀座密封，该螺母应通过钻孔加开口销锁住。也可以采取其他的有效防松措施。

4.8.4 摇杆和摇杆轴

摇杆和摇杆轴应转动灵活，在阀瓣启闭过程中不得产生卡阻现象。

4.9 弹性密封

4.9.1 可以按照买方的规定将软密封圈装在阀座内或安装在阀瓣内。该密封圈应设计成在其不起作用或被移出时可实现完全的金属密封。

4.9.2 弹性密封副寿命试验要求

弹性密封副的止回阀应当能承受干燥空气，在额定压差或最大允许工作压力条件下，经 2 000 次启闭循环操作，弹性密封圈试验结果应当没有明显的损坏和冷流等现象，液体密封和气体密封的试验结果应当符合 JB/T 9092—1999 标准要求。

4.10 特殊配件

订货合同中有要求时，摇杆销轴可以伸出阀体，其上可安装重锤、阻尼器等外部机构，以控制阀瓣的运动速度。

5 材料

5.1 阀体和阀盖

5.1.1 如订货合同中无特殊要求，阀门壳体的材料应按 GB/T 12224 的要求，符合 GB/T 12228、GB/T 12229、GB/T 12230 的规定。

5.1.2 阀门有抗硫要求时，应选择合适的材料。承压件和连接螺柱等对硫化物应力腐蚀开裂敏感的材料应通过热处理的方法，使其抗硫性能得到有利的改善。材料的热处理方法应符合有关标准或工艺的规定。

5.1.3 焊接端连接的阀门的阀体其碳含量还应符合：

a） 碳钢或碳锰钢的最大含碳量为 0.25%，供货方应提供材料的化学成分、力学性能、热处理报告等质量文件；

b） Cr5Mo 合金钢的最大含碳量为 0.15%。

5.2 阀座

分体式阀座，其本体材料的抗腐蚀性能应当不低于阀体材料，根据要求在密封面应当堆焊其他合金材料。

5.3 阀瓣

阀瓣本体采用抗腐蚀性能不低于阀体性能的材料，根据要求在密封面应当堆焊其他合金材料。弹性密封结构用的密封圈材料至少应当满足使用工况条件的要求，其固定用的螺栓或螺母应当采用奥氏体不锈钢的材料。

5.4 摇杆、支架和销轴

摇杆和支架采用抗腐蚀性能不低于壳体的材料，销轴及紧固支架用的紧固件采用不锈钢材料，其抗腐蚀性能不低于壳体材料。

5.5 阀体与阀盖连接螺柱

阀门的使用温度在－29 ℃～425 ℃范围内的，阀体与阀盖连接螺柱材料应当为铬钼合金钢，螺母材料应当为优质碳素钢，螺柱的硬度值不大于 321 HB；其他温度范围用的连接螺柱材料按订货合同的要求。

5.6 螺塞

螺塞用与阀体材料抗腐蚀性能相同的材料。

5.7 阀瓣和阀座密封面堆焊面

密封面堆焊面应当用有抗腐蚀性能的不锈钢或硬质合金材料，可按表 5 选用。

表5　常用密封面堆焊材料

材料类型	密封面的硬度	备注
铬不锈钢(13Cr 系列)	最小 250 HB[a]	—
铬-镍不锈钢(304、CF3、Cr18-Ni-Mo、Cr25-Ni20 等)	由制造厂规定	—
硬质合金(CoCrW)	最小 350 HB[b]	—
蒙乃尔合金(Cu-Ni)	175 HB[c]	—
硬 13Cr	750 HB[c]	硬化

a　阀座密封面和阀瓣密封面的最小硬度是 250 HB,两者最小硬度差为 50 HB。
b　阀座密封面和阀瓣密封面间不要求硬度差。
c　阀座密封面和阀瓣密封面的硬度差由制造厂规定。

5.8　阀盖用垫片

阀盖用垫片选用抗腐蚀性能应当不低于壳体材料的垫片,可按表6选用。

表6　阀盖用垫片

类型	使用压力/MPa ≤	温度/℃ ≤
柔性石墨增强复合垫	5.0	425
金属包覆垫	5.0	425
金属缠绕垫	16.0	550
金属波齿垫	25.0	450
金属环形垫	42.0	550

6　试验方法和检验规则

6.1　总则

如果在订货合同中没有规定其他附加检验要求,买方的检验内容限于:

a)　使用非破坏检验方法,在装配过程中对阀门进行检验;

b)　审查"加工记录"和"无损检验记录";

c)　压力试验。

6.2　试验方法

6.2.1　压力试验

6.2.1.1　阀门的试验项目、试验介质、试验压力、试验持续时间和试验方法的要求,按 JB/T 9092—1999 的规定。

6.2.1.2　壳体试验时,在试验压力的最短持续时间内,在阀体和阀盖连接处的各个部位,不得有可见渗漏。

6.2.1.3　密封试验时,在试验压力的最短持续时间内,通过阀座泄漏的最大允许泄漏率应当符合 JB/T 9092—1999 的规定。在密封试验的持续时间过程中,镶阀座圈的背面和阀瓣本身应当无可见泄漏。

6.2.2　阀体壁厚测量

用测厚仪或专用卡尺量具测量阀体流道、中腔和阀盖部位的壁厚。

6.2.3　密封面硬度测量

用硬度计在密封面上的中心区域,测量三点取平均值。

6.2.4　**阀体与阀盖连接螺柱硬度测量**

将阀体与阀盖连接螺柱的两个端部车平，用硬度计在两个端部各测量三点，取平均值。

6.2.5　**阀体、阀盖和阀瓣材料的化学成分分析**

在阀体、阀盖和阀瓣的本体材料上取样，钻屑取样应当在表面 6.5 mm 以下处。分析结果应当符合有关材料标准的规定。

6.2.6　**阀体标志检查**

目测阀体表面铸造或打印标记内容。

6.2.7　**铭牌内容检查**

目测阀门铭牌上打印标记内容。

6.3　**检验规则**

6.3.1　每台阀门必须逐台进行出厂检验，检验合格方可出厂。

6.3.2　检验项目、技术要求和检验方法按表 7 的规定。

表 7　检验项目、技术要求和检验方法

序号	检验项目	检验类别		技术要求	检验方法
		出厂检验	型式检验		
1	壳体试验	√	√	符合 6.2.1.2	按 6.2.1
2	密封试验	√	√	符合 6.2.1.3	按 6.2.1
3	阀体壁厚测量	—	√	符合 4.4.3	按 6.2.2
4	阀瓣、阀座密封面硬度测量	—	√	符合 5.7	按 6.2.3
5	阀体与阀盖连接螺柱硬度测量	—	√	符合 5.5	按 6.2.4
6	壳体材料化学成分分析	—	√	符合 5.1	按 6.2.5
7	阀体标志检查	√	√	符合 7.1	按 6.2.6
8	铭牌内容检查	√	√	符合 7.2	按 6.2.7
9	涂漆和包装	√	√	符合第 8 章	目测
注："√"为检验项目，"—"为非检验项目。					

6.3.3　型式检验

6.3.3.1　有下列情况之一时，一般要进行型式检验：

a)　新产品或老产品转厂生产的试制定型鉴定；

b)　正式生产时，定期或积累一定产量后应当周期性进行一次检验；

c)　正式生产后，如结构、材料、工艺有较大改变可能影响产品性能时；

d)　产品长期停产后恢复生产时；

e)　出厂检验结果与上次型式检验有较大差异时；

f)　国家有关安全监察机构提出进行型式试验要求时。

6.3.3.2　型式检验采取抽样。

6.3.4　抽样方法

6.3.4.1　抽样可以在生产线的终端经检验合格的产品中随机抽取，也可以在产品成品库中随机抽取，或者从已供给用户但未使用并保持出厂状态的产品中随机抽取。每一规格供抽样的最少基数和抽样数按表 8 的规定。到用户抽样时，供抽样的最少基数不受限制，抽样数仍按表 8 的规定。对整个系列产品进行质量考核时，根据该系列范围大小情况从中抽取 2～3 个典型规格进行检验。

表 8　抽样的最少基数和抽样数

公称尺寸 DN	最　少　基　数	抽　样　数
≤150	10 台	2 台
≥200	3 台	1 台

6.3.4.2　型式检验的全部检验项目都应当符合表 7 中技术要求的规定。

7　标志

7.1　标志的内容

阀门应当按 GB/T 12220 标准的规定进行标记，并应符合本标准 7.2 和 7.3 的规定。

7.2　阀体上的标志

在阀体上须注有下列的永久标记：

——制造厂名或商标标志；

——阀体材料或代号；

——公称压力；

——公称尺寸；

——允许介质流向标记；

——熔炼炉号或锻件批号。

7.3　铭牌上的标志

在铭牌上应当有如下所列的内容：

——制造厂名；

——公称压力；

——公称尺寸；

——产品型号或系列号；

——在 38 ℃时的最大工作压力；

——最高允许工作温度；

——最高允许工作温度的最大工作压力；

——材料（阀体、密封副等）；

——产品标准号。

8　防腐、涂漆、包装和储运

8.1　除奥氏体不锈钢和高合金耐腐蚀不锈钢的阀门外，其他材料的阀门的表面均涂银粉漆（铝合金的颜色）或按用户要求的颜色；流道表面，包括螺纹应当涂以容易去除的防锈油脂。

8.2　应当用木质材料、木质合成材料或塑料的封盖，对阀门的连接管道的端口进行保护，封盖的形状应当是带凸耳边的。

8.3　在储运期间，不锈钢阀门应当单独包装，不得与碳钢阀门混合包装。在运输过程中阀门应当处于关闭状态，并采用适当的包装材料使阀瓣和阀座压紧，防止运输过程中产生撞击或振颤，损坏密封面。阀门应当装在包装箱内。

附 录 A
（资料性附录）
石油、化工及相关工业用旋启式止回阀订货合同数据表

工作条件

阀门要求的标准：GB/T 12236—2008 ____________________
阀门安装的位置：____________________
阀门的公称尺寸：__________ 阀门的压力等级：__________
最高工作压力：__________ 最小压差：__________
最高工作温度：__________ 最低工作温度：__________
使用介质及组分：____________________
阀门的功能要求：____________________

结构长度和端部连接

结构长度的要求：____________________
进口管：外径(OD)__________ 内径(ID)__________
材料：壳体__________ 密封面__________
连接方式：法兰或焊接？____________________
法兰的要求：平面、凹面、榫槽或环接？____________________
焊接端形状和技术要求：____________________

其他要求

承压元件是否需抗硫处理：____________________
放泄装置的要求：____________________
需要的涂漆和涂层：____________________
要求提供的文件：____________________
无损检验要求说明：____________________
其他要求说明：____________________
____

ICS 23.060.99
J 16

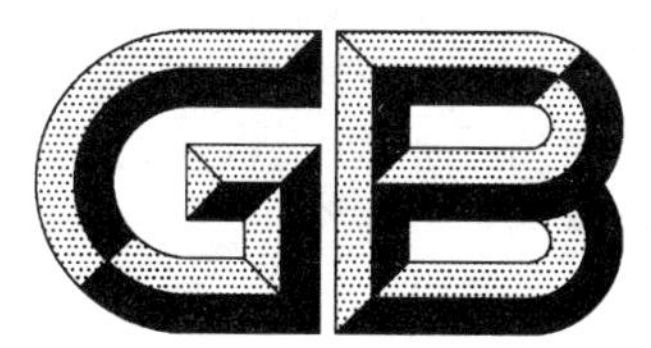

中华人民共和国国家标准

GB/T 12238—2008
代替 GB/T 12238—1989

法兰和对夹连接弹性密封蝶阀

Flanged and wafer resilient seal butterfly valves

2008-12-23 发布　　2009-07-01 实施

中华人民共和国国家质量监督检验检疫总局
中国国家标准化管理委员会　发布

前　言

本标准代替 GB/T 12238—1989《通用阀门　法兰和对夹连接蝶阀》。本标准与 GB/T 12238—1989 相比，主要变化如下：

——标准名称更改为："法兰和对夹连接弹性密封蝶阀"；

——修改了标准的适用公称尺寸范围，扩大到 DN4000；

——修改和增加"蝶阀的性能"的内容；

——修改了部分"阀座最小直径"数据；

——修改了"蝶板和阀杆"的技术要求；

——修改了"轴承和轴封"的技术要求；

——修改了"操作"的技术要求；

——修改了"材料"的技术要求；

——修改了"试验方法"，增加"检验规则"；

——修改了"阀体标志"内容，增加"铭牌"标志内容的要求；

——修改了"涂漆、包装和储运"的技术要求。

本标准的附录 A 为资料性附录。

本标准由中国机械工业联合会提出。

本标准由全国阀门标准化技术委员会(SAC/TC 188)归口。

本标准起草单位：合肥通用机械研究院、国家泵阀产品质量监督检验中心、上海华通阀门有限公司、江苏神通阀门有限公司、沃茨阀门(长沙)有限公司、浙江天胜阀门制造有限公司、浙江上玉集团有限公司。

本标准主要起草人：黄明亚、王晓钧、刘铁男、张逸芳、聂晓春、吴胜俊、葛克克。

本标准所代替标准的历次版本发布情况为：

——GB/T 12238—1989。

法兰和对夹连接弹性密封蝶阀

1 范围

本标准规定了法兰和对夹连接弹性密封蝶阀的结构形式、技术要求、材料、试验方法和检验规则、标志、涂漆、包装和储运。

本标准适用于:公称压力不大于 PN25,公称尺寸 DN50～DN4000 的法兰连接弹性密封的蝶阀;公称压力不大于 PN16,公称尺寸 DN50～DN1200 的对夹连接弹性密封的蝶阀。

介质为非腐蚀性的液体和气体,全开位置时,管道内介质的流速不大于 5 m/s。

2 规范性引用文件

下列文件中的条款通过本标准的引用而成为本标准的条款。凡是注日期的引用文件,其随后所有的修改单(不包括勘误的内容)或修订版均不适用于本标准,然而,鼓励根据本标准达成协议的各方研究是否可使用这些文件的最新版本。凡是不注日期的引用文件,其最新版本适用于本标准。

GB 150 钢制压力容器

GB/T 228 金属材料 室温拉伸试验方法(GB/T 228—2002,eqv ISO 6892:1998)

GB/T 9113(所有部分) 整体钢制管法兰

GB/T 12220 通用阀门 标志(GB/T 12220—1989,idt ISO 5209:1977)

GB/T 12221 金属阀门 结构长度(GB/T 12221—2005,ISO 5752:1982,MOD)

GB/T 12223 部分回转阀门驱动装置的连接(GB/T 12223—2005,ISO 5211:1991,MOD)

GB/T 12224 钢制阀门 一般要求(GB/T 12224—2005,ASTM B16.34a—1998,NEQ)

GB/T 12226 通用阀门 灰铸铁件技术条件

GB/T 12227 通用阀门 球墨铸铁件技术条件

GB/T 12228 通用阀门 碳素钢锻件技术条件

GB/T 12229 通用阀门 碳素钢铸件技术要求

GB/T 13927 工业阀门 压力试验(GB/T 13927—2008,ISO/DIS 5208:2007,MOD)

GB/T 17219—1998 生活饮用水输配水设备及防护材料的安全性评价标准

GB/T 17241.6 整体铸铁管法兰(GB/T 17241.6—1998,neq ISO 7005.2:1988)

GB/T 17241.7 铸铁管法兰 技术条件(GB/T 17241.7—1998,neq ISO 7005.2:1988)

JB/T 106 阀门的标志和涂漆

JB/T 5300 工业阀门材料选用导则

JB/T 7928 通用阀门 供货要求

3 结构形式

3.1 蝶阀的基本结构及主要零件名称如图 1 和图 2 所示。

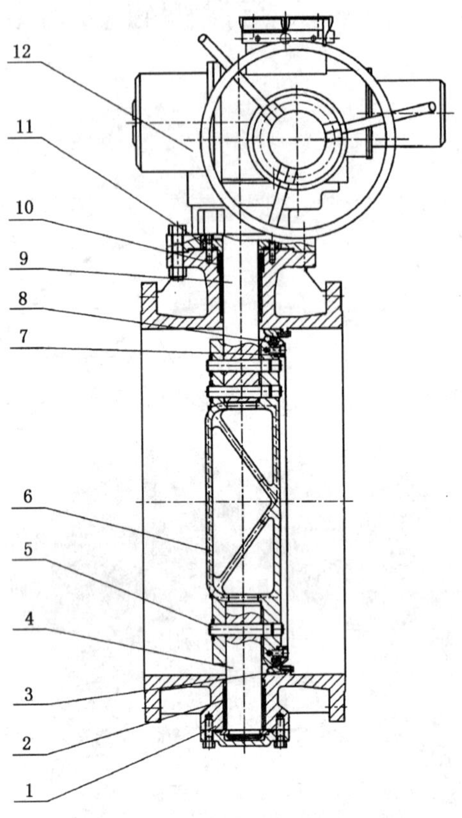

1——阀体；
2——轴承；
3——阀体密封圈(阀座)；
4——下阀杆；
5——椎销；
6——蝶板；
7——密封圈压板；
8——蝶板密封圈；
9——上阀杆；
10——密封填料；
11——填料压盖；
12——电动执行器。

图 1　双法兰连接蝶阀

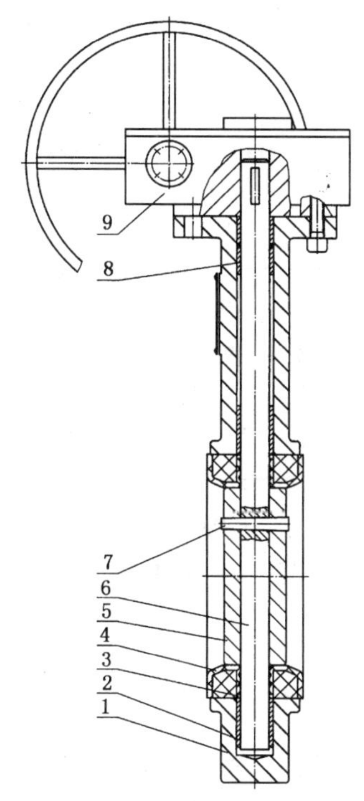

1——阀体；

2——长衬套；

3——“O”形密封圈；

4——橡胶衬套(阀座)；

5——蝶板；

6——阀杆；

7——锥销；

8——短衬套；

9——手动装置。

图 2　对夹式连接蝶阀

3.2　蝶阀的连接形式包括双法兰、单法兰、无法兰和 U 型法兰，如图 3 和图 4 所示。

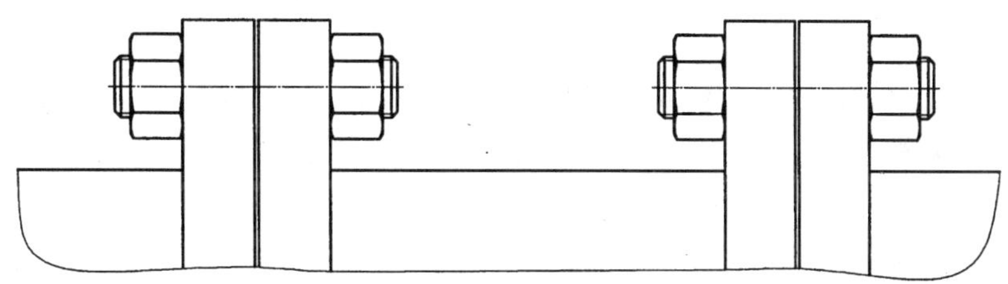

图 3　双法兰连接

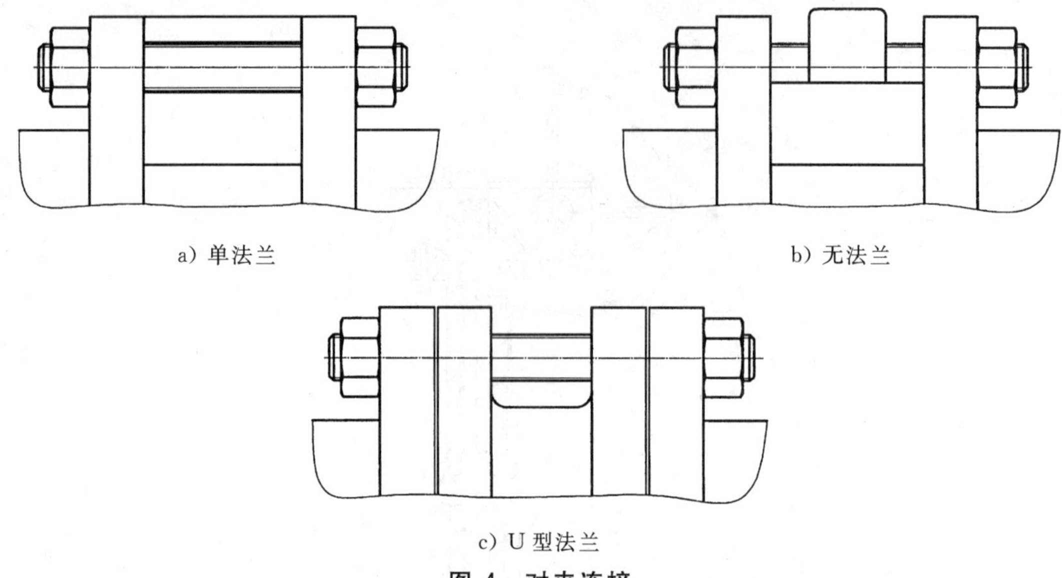

a) 单法兰

b) 无法兰

c) U 型法兰

图 4 对夹连接

4 技术要求

4.1 参数

4.1.1 法兰连接弹性密封的蝶阀其公称压力不大于 PN25，公称尺寸 DN50～DN4000；对夹连接弹性密封的蝶阀其公称压力不大于 PN16，公称尺寸 DN50～DN1200。

4.1.2 应根据所使用的结构和材料性能综合确定蝶阀的最大工作压力和工作温度，并应在蝶阀的铭牌上标出。所有类型的蝶阀都应在介质温度－10 ℃～65 ℃的温度范围内和所标示的工作压力下连续工作。

4.1.3 蝶阀使用介质为非腐蚀性的液体和气体，全开位置时，管道内介质的流速不大于 5 m/s。

4.2 蝶阀的性能

4.2.1 壳体强度

蝶阀经壳体强度试验后，不应有结构损伤，不允许有可见渗漏通过阀门壳壁和任何固定的阀体连接处；如果试验介质为液体，则不得有明显可见的液滴或表面潮湿。如果试验介质是空气或其他气体，应无气泡漏出。

4.2.2 蝶阀密封性能

蝶阀密封良好，关闭后不得有可见泄漏。但订货合同另有规定的除外。

4.2.3 蝶阀启闭操作

在空载和最大允许工作压差时，利用设计配置的驱动机构应能平稳地启闭操作蝶阀，无卡阻现象，并能达到密封要求。

4.2.4 卫生要求

用于饮用水、食品、医药等领域时，蝶阀的卫生要求应符合 GB/T 17219—1998 的规定。

4.2.5 蝶阀应保证当蝶板处于关闭位置时，内件不得有任何部位超出阀体的连接端面。

4.3 蝶阀的使用

4.3.1 蝶阀应可以进行流量调节。

4.3.2 有介质流向规定的蝶阀，应按流向标示的方向安装使用。

4.3.3 蝶阀不宜安装在自由排空的管道。

4.4 阀体

4.4.1 蝶阀的结构长度按 GB/T 12221 的规定，或按订货合同的要求。

4.4.2 铁制材料蝶阀连接端法兰连接尺寸按 GB/T 17241.6 的规定，或按订货合同的要求。阀体材料压力-温度额定值按 GB/T 17241.7 的规定。

4.4.3 钢制材料蝶阀连接端法兰连接尺寸按 GB/T 9113 的规定，或按订货合同的要求。阀体材料压力-温度额定值按 GB/T 12224 的规定。

4.4.4 双法兰和对夹连接法兰的两端密封面应相互平行，法兰密封面与蝶阀通道轴线应垂直，其轴线应与蝶阀通道轴线同轴。

4.4.5 短结构长度的法兰和对夹连接蝶阀，允许有带螺纹的螺栓孔。

4.4.6 两端法兰螺栓孔的轴线相对于法兰的孔轴线的位置度公差按表 1 的规定。

表 1 法兰的孔轴线的位置度偏差

单位为毫米

法兰螺栓孔直径	位置度公差 ≤
11.0～17.5	1.0
22.0～30.0	1.5
33.0～48.0	2.6
56.0～62.0	3.0

4.4.7 阀座流道的最小直径不应小于表 2 的规定。

表 2 阀座流道的最小尺寸

公称尺寸 DN	阀座流道的最小尺寸/mm	公称尺寸 DN	阀座流道的最小尺寸/mm
50	44	1 000	970
65	55	1 200	1 160
80	69	1 400	1 360
100	88	1 600	1 560
125	117	1 800	1 760
150	138	2 000	1 950
200	185	2 200	2 140
250	230	2 400	2 340
300	275	2 600	2 540
350	321	2 800	2 740
400	371	3 000	2 940
450	422	3 200	3 120
500	472	3 400	3 320
600	575	3 600	3 520
700	670	3 800	3 720
800	770	4 000	3 920
900	870		

4.4.8 阀体密封圈(阀座)与阀体的连接应保证阀门在使用过程中不会松动、不发生泄漏。

4.4.9 阀体材料为 HT200 时，公称尺寸不大于 DN2000，阀体最小壁厚按表 3 的规定。阀体用其他材料制造，其最小壁厚可参照附录 A 的计算得出。

表 3　阀体最小壁厚　　单位为毫米

<table>
<tr><th rowspan="2">公称尺寸
DN</th><th colspan="3">公称压力</th><th rowspan="2">公称尺寸
DN</th><th colspan="3">公称压力</th></tr>
<tr><th>PN2.5</th><th>PN6</th><th>PN10</th><th>PN2.5</th><th>PN6</th><th>PN10</th></tr>
<tr><td>50</td><td>7</td><td>7.5</td><td>8</td><td>500</td><td>13</td><td>16</td><td>17</td></tr>
<tr><td>65</td><td rowspan="3">8</td><td rowspan="3">8.5</td><td rowspan="3">9</td><td>600</td><td>14</td><td>17</td><td>18</td></tr>
<tr><td>80</td><td>700</td><td>15</td><td>18</td><td>19</td></tr>
<tr><td>100</td><td>800</td><td>16</td><td>19</td><td>20</td></tr>
<tr><td>125</td><td rowspan="2">9</td><td rowspan="2">9.5</td><td rowspan="2">10</td><td>900</td><td>18</td><td>20</td><td>22</td></tr>
<tr><td>150</td><td>1 000</td><td>20</td><td>21</td><td>23</td></tr>
<tr><td>200</td><td rowspan="2">10</td><td rowspan="2">11</td><td rowspan="2">12</td><td>1 200</td><td>21</td><td>23</td><td>26</td></tr>
<tr><td>250</td><td>1400</td><td>22</td><td>25</td><td>30</td></tr>
<tr><td>300</td><td rowspan="2">11</td><td>12</td><td>14</td><td>1 600</td><td>24</td><td>28</td><td>34</td></tr>
<tr><td>350</td><td>13</td><td rowspan="2">15</td><td>1 800</td><td>26</td><td>31</td><td>38</td></tr>
<tr><td>400</td><td>12</td><td>14</td><td>2 000</td><td>28</td><td>34</td><td>42</td></tr>
<tr><td>450</td><td>12</td><td>15</td><td>16</td><td>—</td><td>—</td><td>—</td><td>—</td></tr>
</table>

4.4.10　阀体可以采用钢板焊接组成，其焊接工艺和对焊工的要求应按 GB 150 的规定。

4.4.11　对公称尺寸不小于 DN800 的蝶阀，应在阀体上适当设加强筋，以增加壳体刚度，并设置地脚支架及固定螺栓孔。

4.5　蝶板

4.5.1　蝶板的导流面为不妨碍介质流动。

4.5.2　蝶板应保证在 1.5 倍最大允许工作压差下，不发生变形和不发生损坏。

4.5.3　蝶板与阀杆的连接强度要设计成能有效传递阀杆转矩，蝶板和阀杆的连接方式应保证在正常工作情况下不发生松动。

4.6　阀杆

4.6.1　阀杆应能承受蝶板在 1.5 倍最大允许工作压差下的载荷。

4.6.2　阀杆可以设计成一个整体轴，也可以设计成两个分离的短轴，其嵌入轴孔的长度应不小于轴径的 1.5 倍。

4.6.3　阀杆和蝶板的连接强度要设计成能传递阀杆所能承受的最大转矩的 75%，轴和蝶板的连接方式应保证在正常工作情况下不松动。

4.6.4　除奥氏体不锈钢材料外，其他材料的阀杆经调质热处理后的硬度应在 200HBS～280HBS。

4.7　阀杆轴承

4.7.1　对公称尺寸不小于 DN350 的蝶阀，应选用适当材料的轴承以承受径向推力。

4.7.2　在蝶阀的试验和使用中，轴承应能承受阀杆所传递的最大载荷。

4.7.3　有轴向力的蝶阀，应选用适当的轴承以承受轴向推力，不允许用弹簧挡圈作为止推。

4.8　阀杆密封

4.8.1　在穿过阀体和驱动装置连接的阀杆应设有阀杆密封。阀杆填料可采用“V”形填料、橡胶“O”形密封圈或其他成形填料。

4.8.2　如采用橡胶“O”形密封圈，应将其安装在可拆卸的耐腐蚀性能高于阀体材料的槽内。采用成形填料的，填料函的深度应不少于 4 圈填料的高度。

4.8.3　不论采用何种阀杆密封填料，在不拆卸阀杆的情况下，都应可以更换密封填料。

4.9 **操作机构**

4.9.1 蝶阀的驱动可采用手动、电动、液动、气动等形式。

4.9.2 不论采用何种驱动装置操作，用手轮或手柄操作时，操作力应不大于 350 N。

4.9.3 驱动装置与蝶阀连接法兰的尺寸按 GB/T 12223 的规定。

4.9.4 对用手轮(包括驱动装置的手轮)或扳手操作的蝶阀，除订货合同另有规定外，当面向手轮或扳手时，顺时针方向转动手轮或扳手阀门应为关。

4.9.5 手轮的轮缘或手柄上应有明显的指示蝶板关闭方向的箭头和“关”字，或标上开—关两向的箭头和“开”、“关”字样。

4.9.6 手柄操作的蝶阀全开时，手柄应与管路轴线平行。

4.9.7 所有蝶阀都应有表示蝶阀位置的指示机构和保证蝶板在全开和全关位置的限位机构。

4.9.8 扳手操作的蝶阀应至少有 3 个以上不同开度的锁定机构。

5 材料

5.1 公称压力大于 PN10，公称尺寸大于 DN1000 的蝶阀受压件，不应选用灰铸铁材料。

5.2 阀体可选用灰铸铁、球墨铸铁、碳素钢铸件、不锈钢铸件材料。材料应符合 GB/T 12226、GB/T 12227、GB/T 12228、GB/T 12229 的规定；或按订货合同要求。

5.3 蝶板应采用性能不低于阀体的材料制成；或按订货合同要求。

5.4 阀体密封面材料可采用铜合金或不锈钢材料制成，应满足使用条件和设计要求。

5.5 阀杆应用不锈钢或铜合金材料制造，采用不锈钢材料时，应按要求进行相应热处理。

5.6 阀杆轴套应用强度较高和耐磨性能良好的铜合金、聚四氟乙烯复合等材料制成。

5.7 填料可采用橡胶“O”形圈、“V”形聚四氟乙烯、成型柔性石墨等材料；或按订货合同要求。

5.8 支架可采用与阀体相同的材料或性能高于阀体的材料制成。

5.9 其他零件材料可按 JB/T 5300 标准或订货合同的要求。

5.10 用于饮用水、食品、医药等领域的蝶阀，凡与介质接触的材料应符合卫生性能的相关要求。

6 试验方法

6.1 壳体试验

按 GB/T 13927 的规定进行。

6.2 空载操作试验

驱动装置直接安装在阀门上，将阀门利用所设计配置的驱动装置从全关到全开再到全关循环启闭操作蝶阀 3 次，检查蝶阀操作是否正常。

6.3 密封试验

按 GB/T 13927 的规定进行。

6.4 蝶板承压能力试验

封闭蝶阀进口端，使蝶阀水平放置，出口方向朝上。将蝶阀密封面以下充满水，关闭蝶阀，从进口端施加水压力到 1.5 倍的最大允许工作压差，持续试验压力时间不少于 10 min。然后，观察蝶板的情况。

注：本项目的试验压力下，若密封面发生泄漏，不作为判断密封试验不合格的依据。

6.5 壳体壁厚测量

用测厚仪或专用卡尺测量阀体流道和阀杆轴部位的壁厚。

6.6 阀杆硬度测量

用硬度计在阀杆两端部测量，各测量三点取平均值。

6.7 材质成分分析

在阀体的本体上取样，钻屑取样应在表面 6.5 mm 之下处。

6.8 阀体材质力学性能

用阀体同炉号、同批热处理的试棒按 GB/T 228 规定的方法进行。

6.9 阀体标志检查

目测阀体表面铸造或打印标记内容。

6.10 铭牌内容检查

目测蝶阀铭牌上打印标记内容。

7 检验规则

7.1 检验项目、技术要求和检验方法按表 4 的规定。

表 4 检验项目、技术要求和检验方法

序号	检验项目	检验类别		技术要求	检验和试验方法
		出厂检验	型式检验		
1	壳体试验	√	√	符合本标准 4.2.1	按本标准 6.1
2	空载操作试验	√	√	符合本标准 4.2.3	按本标准 6.2
3	密封试验	√	√	符合本标准 4.2.2	按本标准 6.3
4	蝶板承压能力试验	—	√	符合本标准 4.5.2	按本标准 6.4
5	阀体壁厚测量	√[a]	√	符合本标准 4.4.9	按本标准 6.5
6	阀杆硬度测量	√[a]	√	符合本标准 4.6.4	按本标准 6.6
7	阀体材质成分分析	—	√	符合本标准 5.2	按本标准 6.7
8	阀体材质力学性能	—	√[b]	符合本标准 5.2	按本标准 6.8
9	阀体标志检查	√	√	符合本标准 8.2	按本标准 6.9
10	铭牌内容检查	√	√	符合本标准 8.3	按本标准 6.10

a 该项目可在零件进货检验、加工过程阶段时进行检查。

b 阀体材质力学性能应当用与阀体同炉号、同批热处理的试棒进行检查。

7.2 出厂试验

蝶阀须逐台进行出厂检验和试验，检验合格后方可出厂。

7.3 型式检验

7.3.1 有下列情况之一时，应提供 1～2 台阀门进行型式试验，试验合格后方可成批生产：

a) 新产品试制定型鉴定；

b) 正式生产后，如结构、材料、工艺有较大改变可能影响产品性能时；

c) 产品长期停产后恢复生产时。

7.3.2 有下列情况之一时，应抽样进行型式试验：

a) 正常生产时，定期或积累一定产量后，应进行周期性检验；

b) 国家质量监督机构提出进行型式检验的要求时。

7.4 抽样方法

7.4.1 抽样可以在生产线的终端经检验合格的产品中随机抽取，也可以在产品成品库中随机抽取，或者从已供给用户但未使用并保持出厂状态的产品中随机抽取。每一规格供抽样的最少基数和抽样数按表 5 的规定。到用户抽样时，供抽样的最少基数不受限制，抽样数仍按表 5 的规定。对整个系列产品进行质量考核时，根据该系列范围大小情况从中抽取 2～3 个典型规格进行检验。

表 5 抽样的最少基数和抽样数

公称尺寸 DN	最少基数/台	抽样数/台
≤500	10	1
550～1 200	5	
≥1 400	3	

7.4.2 型式检验的全部检验项目都应符合表 4 中技术要求的规定。

8 标志

8.1 标志的内容

蝶阀应按 GB/T 12220 和 JB/T 106 的规定进行标记，并应符合 8.2 和 8.3 的规定。

8.2 阀体上的标志

在阀体上须注有下列的永久标记：

——制造厂名或商标标志；

——阀体材料或代号；

——公称压力；

——公称尺寸；

——介质流向(有要求时)；

——熔炼炉号或材料批号；

——产品的生产系列编号。

8.3 铭牌上的标志

在闸阀的铭牌上应有如下的内容：

——制造厂名；

——产品的型号、尺寸规格；

——产品的生产系列编号；

——最高允许使用温度和对应的最大允许工作压力；

——材料(阀体、密封副等)；

——依据标准号。

9 涂漆和储运

9.1 除奥氏体不锈钢的蝶阀外，其他材料蝶阀的外表面可按 JB/T 106 的规定或按订货合同要求的颜色涂漆。

9.2 应用木质材料、木质合成材料、塑料或金属材料的封盖，对蝶阀的连接管道的端口进行保护，封盖的形状应该是带凸耳边的。

9.3 蝶阀在试验后，蝶板应打开 4°～5°，以保证密封面在储存和运输中不受损坏。其他按 JB/T 7928 的规定。

附 录 A
（资料性附录）
阀体最小壁厚的计算

A.1 脆性材料

A.1.1 公称压力不大于 PN10，公称尺寸不大于 DN1100 的灰铸铁阀体的最小壁厚按式(A.1)计算：

$$t=\left[\frac{(p+p')D}{2W}+8.5\left(1-\frac{D}{1\ 200}\right)\right]\times 1.1 \qquad \text{(A.1)}$$

式中：

t——阀体最小壁厚，单位为毫米(mm)；

p——最高使用压力，单位为兆帕(MPa)；

p′——水锤压力，$p'=0.55$ MPa；

W——材料的许用拉应力，灰铸铁材料的许用拉应力为 400 MPa；

D——蝶阀流道内径。

A.1.2 公称压力不大于 PN10，公称尺寸不小于 DN1200 的灰铸铁阀体的最小壁厚按式(A.2)计算：

$$t=\frac{(p+p')D}{2W}\times 1.1 \qquad \text{(A.2)}$$

A.1.3 公称压力在 PN2.5～PN25、公称尺寸在 DN200～DN1500 之间的球墨铸铁阀体的最小壁厚按式(A.3)计算：

$$t=\left[\frac{(p+p')D}{2W}+8.5\left(1+\frac{D}{3\ 500}\right)\right]\times 1.1 \qquad \text{(A.3)}$$

式中：

W——材料的许用拉应力，球墨铸铁材料的许用拉应力为 900 MPa。

A.2 塑性材料

塑性材料阀体的最小壁厚按式(A.4)计算：

$$T=\frac{pD}{2.3W-p}+C \qquad \text{(A.4)}$$

式中：

T——塑性材料阀体的最小壁厚，单位为毫米(mm)；

C——腐蚀的附加裕量。

ICS 23.060.99
J 16

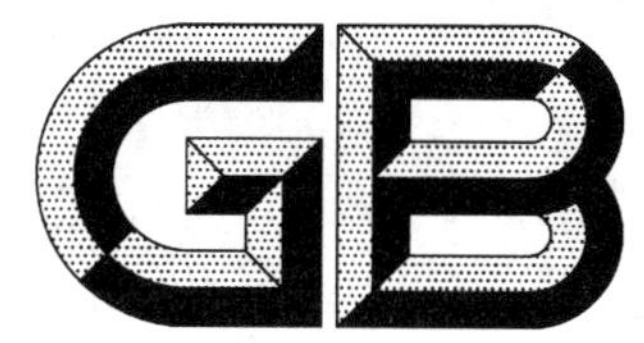

中华人民共和国国家标准

GB/T 12239—2008
代替 GB/T 12239—1989

工业阀门　金属隔膜阀

Industrial valves—Diaphragm valves made of metallic materials

2008-12-23 发布　　　　2009-07-01 实施

中华人民共和国国家质量监督检验检疫总局
中国国家标准化管理委员会　发布

前言

本标准对应 BS EN 13397:2002《工业用阀门　金属隔膜阀》，本标准与 BS EN 13397:2002 的一致性程度为非等效。

本标准是对 GB/T 12239—1989《通用阀门　隔膜阀》的修订。

本标准与 GB/T 12239—1989 相比主要变化如下：

——修改了标准名称；

——扩大了适用范围；

——增加了阀体与阀盖连接螺栓的要求；

——增加了寿命试验的有关要求；

——修改了检验的要求，增加了型式试验内容；

——修改了标志内容的要求；

——修改了对供货的要求；

——增加了附录 A“订货合同数据表”。

本标准的附录 A 为资料性附录。

本标准由中国机械工业联合会提出。

本标准由全国阀门标准化技术委员会(SAC/TC 188)归口。

本标准起草单位：上海阀门五厂、浙江上玉集团有限公司。

本标准主要起草人：许文清、葛克克。

本标准所代替标准的历次版本发布情况为：

——GB/T 12239—1989。

工业阀门 金属隔膜阀

1 范围

本标准规定了工业用金属隔膜阀的结构形式、技术要求、试验方法和检验规则、标志、防护和贮存。

本标准适用于:公称压力 PN6~PN25(灰铸铁制不大于 PN16)、公称尺寸 DN10~DN400,端部连接形式为法兰的金属隔膜阀;公称压力 PN6~PN16、公称尺寸 DN8~DN80,端部连接形式为螺纹的金属隔膜阀;公称压力 PN6~PN20、公称尺寸 DN8~DN300,端部连接形式为焊接的金属隔膜阀。

2 规范性引用文件

下列文件中的条款通过本标准的引用而成为本标准的条款。凡是注日期的引用文件,其随后所有的修改单(不包括勘误的内容)或修订版均不适用于本标准,然而,鼓励根据本标准达成协议的各方研究是否可使用这些文件的最新版本。凡是不注日期的引用文件,其最新版本适用于本标准。

GB/T 196—2003 普通螺纹 基本尺寸(ISO 724:1993,MOD)

GB/T 197—2003 普通螺纹 公差(ISO 965:1998,MOD)

GB/T 228 金属材料 室温拉伸试验方法(GB/T 228—2002,eqv ISO 6892:1998)

GB/T 1184—1996 形状和位置公差 未注公差值(eqv ISO 2768-2:1989)

GB/T 5796.1 梯形螺纹 第1部分:牙型(GB/T 5796.1—2005,ISO 2901:1993,MOD)

GB/T 5796.2 梯形螺纹 第2部分:直径与螺距系列(GB/T 5796.2—2005,ISO 2902:1977,MOD)

GB/T 5796.3 梯形螺纹 第3部分:基本尺寸(GB/T 5796.3—2005,ISO 2904:1977,MOD)

GB/T 5796.4 梯形螺纹 第4部分:公差(GB/T 5796.4—2005,ISO 2903:1993,MOD)

GB/T 9113(所有部分) 整体钢制管法兰

GB/T 12220 通用阀门 标志(GB/T 12220—1989,idt ISO 5209:1977)

GB/T 12221—2005 金属阀门 结构长度(ISO 5752:1982,MOD)

GB/T 12222 多回转阀门驱动装置的连接(GB/T 12222—2005,ISO 5210:1991,MOD)

GB/T 12224 钢制阀门 一般要求

GB/T 12225 通用阀门 铜合金铸件技术要求

GB/T 12226 通用阀门 灰铸铁件技术要求

GB/T 12227 通用阀门 球墨铸铁件技术要求

GB/T 12229 通用阀门 碳素钢铸件技术要求

GB/T 12230 通用阀门 不锈钢钢铸件技术要求

GB/T 13927—2008 工业阀门 压力试验(ISO/DIS 5208:2007,MOD)

GB/T 17241(所有部分) 铸铁管法兰

GB 18241.1 橡胶衬里 第1部分 设备防腐衬里

3 结构型式

3.1 堰式隔膜阀的典型结构如图1所示。

3.2 直通式隔膜阀的典型结构如图2所示。

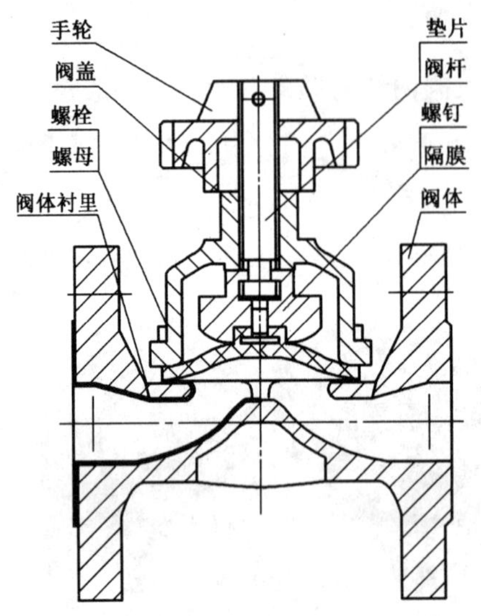

图1 堰式隔膜阀典型结构示意图

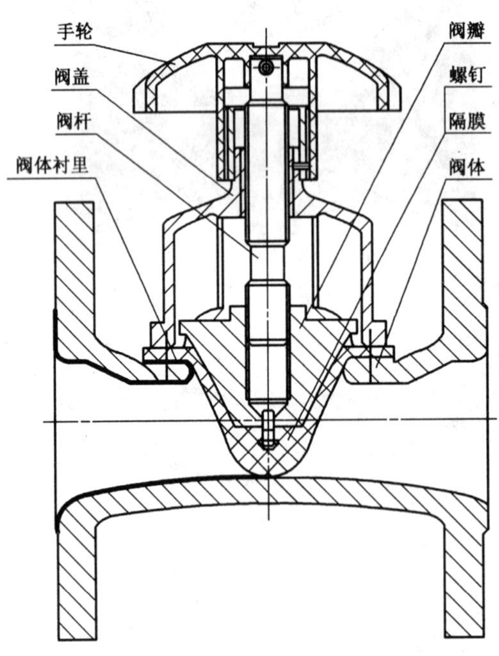

图2 直通式隔膜阀典型结构示意图

3.3 角式隔膜阀的典型结构如图3所示。

3.4 直流式隔膜阀的典型结构如图4所示。

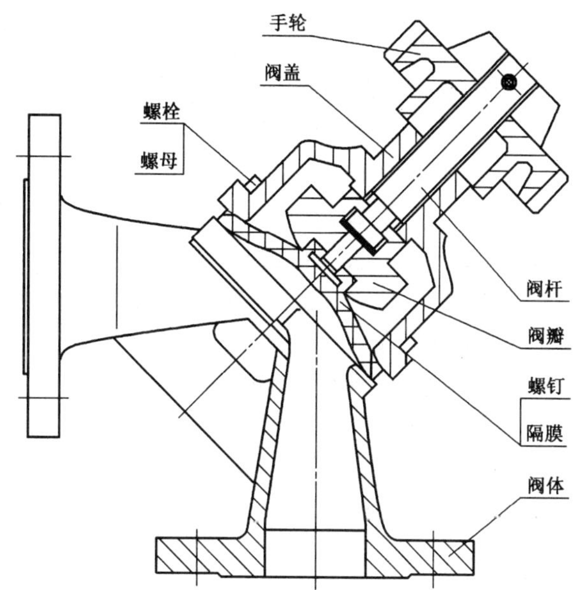

图 3 角式隔膜阀典型结构示意图

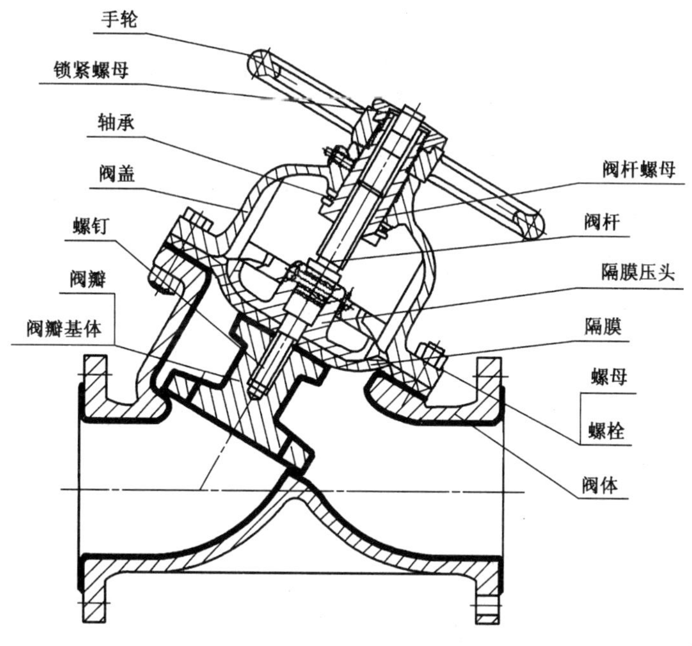

图 4 直流式隔膜阀典型结构示意图

4 技术要求

4.1 压力-温度额定值

4.1.1 铁制壳体材料的压力-温度额定值按 GB/T 17241.7 的规定。

4.1.2 钢制壳体材料的压力-温度额定值按 GB/T 12224 的规定。

4.1.3 其他壳体材料的压力-温度额定值按有关标准或设计的规定。

4.1.4 阀门的工作压力和工作温度是根据阀体材料、隔膜材料及衬里材料承受压力和温度的能力来选定的，其最高使用压力 温度由制造厂确定。然而在阀门的许用应力下，所有的阀门必须能够适用于 −5 ℃～+50 ℃的温度范围。

4.2 结构长度

4.2.1 法兰和焊接连接隔膜阀的结构长度按 GB/T 12221—2005 的规定，或按订货合同要求。

4.2.2 内螺纹连接隔膜阀的结构长度和偏差按 GB/T 12221—2005 中 N8 的规定，或按订货合同要求。外螺纹连接隔膜阀的结构长度视阀体的类型和结构而定。

4.3 连接端

4.3.1 法兰连接端按 GB/T 17241 和 GB/T 9113 的规定。

4.3.2 阀体连接法兰的密封面应互相平行，其平行度为 GB/T 1184—1996 规定的 12 级精度。

4.3.3 除非用户另有规定，隔膜阀阀体端法兰的压力级最小应取 PN10 级。

4.3.4 内螺纹连接端为圆柱管螺纹或按订货合同要求。

4.3.5 焊接连接端的尺寸按 GB/T 12224 的规定，或按订货合同要求。

4.4 阀体

4.4.1 阀体应当是铸造成型。阀体的材料应当符合 GB/T 12225、GB/T 12226、GB/T 12227、GB/T 12229、GB/T 12230 的规定。

4.4.2 阀体分直型或 90°角型、衬里或不衬里。

4.4.3 铁制阀体的最小壁厚应按表 1 的规定。由于要承受管道系统负荷，操作(关闭和开启)负荷，非圆形状及应力集中等因素的影响，按表 1 查取的壳体壁厚需要附加厚度余量，因为附加厚度余量要考虑的因素很多，所以附加厚度余量由制造厂各自确定。

4.4.4 钢制阀体的最小壁厚应按 GB/T 12224 的规定。

表 1 铁制阀体最小壁厚

单位为毫米

公称尺寸 DN	阀杆最小直径	阀体最小壁厚	阀盖最小壁厚
8	6	5	3
10	7	5	3.5
15	7	5	3.5
20	9	5	4
25	10	5	4
32	10	6	5
40	11	7	6
50	11	8	6
65	15	8	7
80	15	9	7
100	17	10	8
125	21	11	9
150	21	12	10
200	24	13	11
250	28	15	12
300	32	16	13
350	34	17	14
400	34	18	15

4.4.5 阀体进出口应是圆形的，其内径应近似等于公称尺寸。

4.4.6 除法兰等部位外，在阀体壳体承压区域不允许打销固定铭牌。

4.5 **阀体衬里**

4.5.1 阀体衬里的材料按表2的规定,或按订货合同要求。

4.5.2 阀体衬里厚度按表3的规定。

表2 阀体衬里材料

衬里材料	代号
硬橡胶	NR
软橡胶	BR
氯丁橡胶	CR
丁基橡胶	IIR
丁腈橡胶	NBR
聚全氟乙丙烯	FEP
可溶性聚四氟乙烯	PFA

表3 阀体衬里厚度

单位为毫米

<table>
<tr><th>公称尺寸DN</th><th>衬橡胶厚度</th><th>衬搪瓷厚度</th><th>衬氟塑料(或树脂)厚度</th></tr>
<tr><td>8</td><td>—</td><td>—</td><td>—</td></tr>
<tr><td>10</td><td rowspan="6">2.5</td><td rowspan="19">0.8～1.5</td><td rowspan="6">2.5</td></tr>
<tr><td>15</td></tr>
<tr><td>20</td></tr>
<tr><td>25</td></tr>
<tr><td>32</td></tr>
<tr><td>40</td></tr>
<tr><td>50</td><td rowspan="3">3</td><td rowspan="3">3</td></tr>
<tr><td>65</td></tr>
<tr><td>80</td></tr>
<tr><td>100</td><td rowspan="3">4</td><td rowspan="3">4</td></tr>
<tr><td>125</td></tr>
<tr><td>150</td></tr>
<tr><td>200</td><td rowspan="5">5</td><td rowspan="5">—</td></tr>
<tr><td>250</td></tr>
<tr><td>300</td></tr>
<tr><td>350</td></tr>
<tr><td>400</td></tr>
</table>

4.5.3 阀体衬里厚度偏差,根据衬里厚度和加工方法由制造厂确定。

4.5.4 橡胶衬里应按GB 18241.1的规定,其他材料衬里可参照执行。

4.5.5 除耐油橡胶外,衬胶部位禁止涂任何油类。

4.5.6 阀体搪瓷后,瓷面色泽应鲜明一致,不得有爆瓷、裂纹、暗泡等缺害,并且不允许有异物夹杂。

4.6 **阀盖**

4.6.1 阀盖应当是铸造成型。与阀体制造的技术要求相同。

4.6.2 阀盖的最小壁厚按表1的规定。

4.6.3 当公称尺寸不小于DN80时，阀盖法兰应是圆形的。

4.6.4 阀盖可以是阀杆密封或非阀杆密封。如果是阀杆密封的阀盖，在阀盖的阀杆孔处必须有一个密封，以保持管道压力或者形成无泄漏的空间，并对阀盖设有检漏孔以便监测隔膜的密封性。

4.6.5 除法兰等部位外，在阀盖壳体承压区域不允许打销固定铭牌。

4.7 阀体与阀盖的连接螺柱或螺栓

阀体与阀盖连接可以采用螺柱或螺栓。数量不少于4个，并符合GB/T 12224的规定。

4.8 隔膜

4.8.1 隔膜的材料按表4的规定，或按订货合同要求。

表4 隔模材料

隔膜材料	代号
天然橡胶	NR
氯丁橡胶	CR
丁基橡胶	IIR
丁苯橡胶	SBR
丁腈橡胶	NBR
三元乙丙橡胶	EPDM
氯磺化聚乙烯合成橡胶	CSM
硅橡胶	SI
氟橡胶	FPM
聚全氟乙丙烯	FEP
可溶性聚四氟乙烯	PFA
聚四氟乙烯	PTFE

4.8.2 隔膜与操作机构连接应牢固可靠，更换方便。

4.8.3 橡胶隔膜和隔膜垫中间应夹不少于两层的网眼纤维织物布。

4.8.4 除耐油橡胶外，橡胶隔膜禁止涂任何油类。

4.8.5 隔膜静态寿命试验的次数按表5的规定。

表5 隔膜静态寿命试验次数

公称尺寸DN	动作次数
≤65	≥10 000
80～100	≥8 000
125～150	≥6 000
≥200	≥3 000

4.9 阀杆和阀杆螺母

4.9.1 阀杆的最小直径按表1的规定。

4.9.2 阀杆和阀杆螺母的材料按表6的规定。

表6 阀杆和阀杆螺母材料

零件名称	材料名称	牌　号
阀杆螺母	球墨铸铁	QT500-7
	铜合金	ZCuZn38Mn2Pb2、ZCuAl10Fe3
		HPb59-1
阀杆	优质碳素钢	35
	不锈钢	1Cr18Ni9Ti、2Cr13
	铜合金	H62
		QAl9-4
		ZCuZn38、ZCuAl10Fe3 ZCuZn38Mn2Pb2

4.9.3 阀杆和阀杆螺母应与管道中的介质隔离。

4.9.4 阀杆和阀杆螺母的梯形螺纹按GB/T 5796.1～GB/T 5796.4的规定，或按订货合同的要求。普通螺纹为GB/T 196—2003和GB/T 197—2003规定的6 g、6H级精度。

4.9.5 阀杆和阀杆螺母的啮合长度不得小于阀杆直径的1.4倍。

4.9.6 阀杆的设计应当保证阀门关闭时，阀瓣与阀座能保持同轴，启闭运动无卡阻现象。

4.9.7 阀杆和阀杆螺母应有足够的强度，保证能按阀门在最高允许工作压力下安全工作。

4.9.8 阀杆螺纹的旋向应当保证阀门手轮逆时针方向为开；若采用转动阀杆螺母(阀杆不转动)启闭阀门，阀杆螺母和支架之间接触表面应当是平的，且是平行的。需要时，应当提供带润滑装置的滚动轴承。

4.9.9 碳钢制阀杆要进行耐腐蚀处理。

4.10 操作

4.10.1 手动操作

4.10.1.1 当面向手轮，并按顺时针方向转动手轮时，应使阀门关闭。

4.10.1.2 手轮上应标志“关”字和指示关闭方向的箭头或开关双向箭头及“开”、“关”两字。

4.10.1.3 手轮的配合应牢固可靠，但应能拆卸和更换。

4.10.2 驱动装置

由阀门驱动装置驱动隔膜阀，其电动装置的连接法兰尺寸应符合GB/T 12222的规定。其他驱动装置的连接尺寸由制造厂确定或按订货合同要求。

4.10.3 指示器

有开启和关闭指示要求的阀门，应提供指示器来表明阀门开关位置。

4.11 压力试验

阀门的壳体试验和密封试验应按GB/T 13927—2008的规定。阀座泄漏率为A级。

5 试验方法和检验规则

5.1 总则

如果在订货合同中没有规定其他附加检验要求，买方的检验内容限于：

a) 使用非破坏检验方法，在装配过程中对阀门进行检验；

b) 审查“加工记录”、“热处理记录”等；

c) 压力试验。

5.2 试验方法

5.2.1 壳体试验和密封试验

隔膜阀的壳体试验和密封试验方法按 GB/T 13927—2008 的规定。

5.2.2 阀体壁厚测量

用测厚仪或专用卡尺量具测量阀体流道、中腔和阀盖部位的壁厚。

5.2.3 材料成分分析

在阀体阀盖的本体材料上取样,钻屑取样应在表面 6.5 mm 之下处。

5.2.4 阀体材质力学性能

用阀体同炉号、同批热处理的试棒按 GB/T 228 规定的方法进行。

5.2.5 阀体标志检查

目测阀体表面铸造或打印标记内容。

5.2.6 阀体衬里检查

阀体衬胶、搪瓷、衬氟塑料及衬其他塑料后,表面应平整光滑,衬层与基体结合牢固,不允许漏电,可采用高频火花发生器在全部衬层表面测试,未发现衬层被"击穿"(产生白色闪光)现象,即为合格。

5.2.7 隔膜的静态寿命试验

隔膜的静态寿命试验按 4.8.5 的规定。

5.2.8 铭牌内容检查

目测阀门铭牌上打印标记内容。

5.3 检验规则

5.3.1 阀门须逐台进行出厂检验和试验,检验合格后方可出厂。

5.3.2 检验项目、技术要求和检验方法按表 7 的规定。

表 7 检验项目、技术要求和检验方法

序号	检验项目	检验类别		技术要求	检验和检验方法
		出厂检验	型式检验		
1	壳体试验	√	√	符合本标准 4.11	按本标准 5.2.1
2	密封试验	√	√	符合本标准 4.11	按本标准 5.2.1
3	阀体壁厚测量	—	√	符合本标准 4.4.3	按本标准 5.2.2
4	材质成分分析	—	√	符合相关材料标准的要求	按本标准 5.2.3
5	阀体材质力学性能	—	√	符合有关材料标准的要求	按本标准 5.2.4
6	隔膜静态寿命试验	—	√	按本标准 4.8.5	按本标准 5.2.7
7	阀体标志检查	√	√	符合本标准 6.2	按本标准 5.2.5
8	阀体衬里检查	√	√	符合本标准 4.5	按本标准 5.2.6
9	铭牌内容检查	√	√	符合本标准 6.4	按本标准 5.2.8

5.3.3 型式检验

5.3.3.1 有下列情况之一时,应提供 1～2 台阀门进行型式试验,试验合格后方可成批生产:

a) 新产品试制定型鉴定;

b) 正式生产后,如产品结构、材料、工艺有较大改变可能影响产品性能时;

c) 产品长期停产后恢复生产时。

5.3.3.2 有下列情况之一时,应抽样进行型式试验:

a) 正常生产时,定期或积累一定产量后,应周期性进行一次检验;

b) 国家质量监督机构提出进行型式检验的要求时。

5.3.4 抽样方法

5.3.4.1 抽样可以在生产线的终端经检验合格的产品中随机抽取，也可以在产品成品库中随机抽取，或者从已供给用户但未使用并保持出厂状态的产品中随机抽取。每一规格供抽样的最少基数和抽样数按表8的规定。到用户抽样时，供抽样的最少基数不受限制，抽样数仍按表8的规定。对整个系列产品进行质量考核时，根据该系列范围大小情况从中抽取2～3个典型规格进行检验。

表8 抽样的最少基数和抽样数

公称尺寸 DN	最少基数/台	抽样数/台
≤150	10	2
≥200	3	1

5.3.4.2 型式检验的全部检验项目都应符合表7中技术要求的规定。

6 标志

6.1 标志的内容

阀门应当按GB/T 12220的规定进行标记，并应符合6.2和6.3的规定。

6.2 阀体和阀盖上的标志

6.2.1 在阀体上须注有下列永久标记：

——制造厂名或商标标志；

——阀体材料或代号；

——公称压力或压力等级；

——公称尺寸或管道名义直径数；

——熔炼炉号；

——产品的生产系列编号。

6.2.2 在阀盖上须注有下列永久标记：

——阀盖材料；

——公称压力；

——公称尺寸；

——熔炼炉号。

6.3 隔膜上的标志

——制造厂名或商标标志；

——隔膜材料或代号，其代号按表4的规定；

——公称尺寸；

——制造日期。

6.4 铭牌上的标志

在铭牌上应当有如下所列的内容：

——制造厂名；

——公称压力或压力等级；

——公称尺寸或管道名义直径数；

——产品型号；

——最大允许工作压力(因阀体衬里材料或隔膜材料而使阀门的许用压力受到限制)；

——阀体材料；

——阀体衬里材料或代号，其代号按表2的规定；

——产品执行标准号。

7 防护和贮运

7.1 每台阀门的外表面必须防腐保护。

7.2 试验后，应将每台隔膜阀内腔中的试验介质排除干净吹干。

7.3 应当用木质材料、木质合成材料、塑料或金属材料的封盖，对阀门的连接管道的端口进行保护，封盖的形状应当是带凸耳边的。

7.4 在运输和保管中，阀门应为关闭状态，但不可关闭过紧，以防隔膜损坏。搬运时避免撞伤，防止剧裂震动及机械损伤。

7.5 产品应保存在干燥的室内，堆放整齐，不允许露天存放。禁止与一切有损衬里质量的物质接触，最适宜的存放温度为＋5 ℃～＋35 ℃，以防冻裂和橡胶、塑料老化。

附 录 A
（资料性附录）
工业用阀门 金属隔膜阀订货合同数据表

工作条件

阀门要求的标准：GB/T 12239—2008 工业用阀门 金属隔膜阀

阀门安装的位置和要求功能：______

阀门的公称尺寸：______ 阀门的压力等级：______

最高工作压力：______ 最大压差：______

最高工作温度：______ 最低工作温度：______

使用介质及组分：______

阀门结构形式

阀门的类型：堰式______ 直通式______ 角式______ 直流式______

结构长度和端部连接

结构长度的要求：______

连接方式：法兰______ 焊接______ 内螺纹______

焊接端形状和技术要求：______ 法兰的要求：______

主要零件的材料

阀体______ 阀体衬里______ 隔膜______

阀门的操作要求

需要的操作机构（手动、电动、气动等）：______

手轮尺寸限制或其他的说明：______

需要锁紧装置吗？______

阀门的支承

需要支承筋或支承腿______

其他要求

需要的涂漆和涂层：______

阀杆密封或非阀杆密封______

要求提供的文件：______

其他要求说明：______

______

______

ICS 23.060.20
J 16

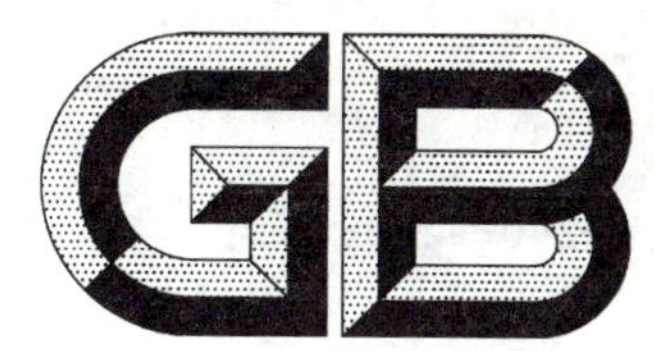

中华人民共和国国家标准

GB/T 12240—2008
代替 GB/T 12240—1989

铁制旋塞阀

Iron plug valves

2008-06-25 发布　　2009-01-01 实施

中华人民共和国国家质量监督检验检疫总局
中国国家标准化管理委员会　发布

前　言

本标准代替 GB/T 12240—1989《通用阀门　铁制旋塞阀》。

本标准与 GB/T 12240—1989 相比主要变化如下：

——增加了“3　术语和定义”；

——补充了旋塞阀典型结构的数量；

——修改了第 5 章“技术要求”，补充了防静电要求、耐火要求等；

——修改了第 6 章“材料”的要求；

——修改了第 7 章“试验方法”；

——增加了第 8 章“检验规则”；

——增加了附录 A“客户应提供的资料”。

本标准的附录 A 为资料性附录。

本标准由中国机械工业联合会提出。

本标准由全国阀门标准化技术委员会(SAC/TC 188)归口。

本标准起草单位：兰州高压阀门有限公司、中国开维喜阀门集团有限公司、慎江阀门有限公司。

本标准主要起草人：陈清流、孟庆仁、陈秀彦、叶旭强、李国华。

本标准所代替标准的历次版本发布情况为：

——GB/T 12240—1989。

铁 制 旋 塞 阀

1 范围

本标准规定了法兰连接和内螺纹连接的铁制旋塞阀的术语和定义、结构与基本参数、技术要求、材料、试验方法、检验规则以及防护、标志、包装、运输、贮存。

本标准适用于公称压力 PN2.5～PN25，公称尺寸 DN15～DN600，形式为短型、常规型、文丘里型和圆孔全通径型的旋塞阀。

2 规范性引用文件

下列文件中的条款通过本标准的引用而成为本标准的条款。凡是注日期的引用文件，其随后所有的修改单(不包括勘误的内容)或修订版均不适用于本标准，然而，鼓励根据本标准达成协议的各方研究是否可使用这些文件的最新版本。凡是不注日期的引用文件，其最新版本适用于本标准。

GB/T 196 普通螺纹 基本尺寸(GB/T 196—2003,ISO 724:1993,MOD)

GB/T 197 普通螺纹 公差(GB/T 197—2003,ISO 965-1:1998,MOD)

GB/T 699 优质碳素结构钢

GB/T 1047 管道元件 DN(公称尺寸)的定义和选用(GB/T 1047—2005,ISO 6708:1995,MOD)

GB/T 1048 管道元件 PN(公称压力)的定义和选用(GB/T 1048—2005,ISO/CD 7268:1996,MOD)

GB/T 1415 米制锥螺纹

GB/T 3077 合金结构钢

GB/T 3098.1 紧固件机械性能 螺栓、螺钉和螺柱(GB/T 3098.1—2000,idt ISO 898-1:1999)

GB/T 3098.2 紧固件机械性能 螺母 粗牙螺纹(GB/T 3098.2—2000,idt ISO 898-2:1992)

GB/T 3098.4 紧固件机械性能 螺母 细牙螺纹(GB/T 3098.4—2000,idt ISO 898-6:1994)

GB/T 7307 55°非密封管螺纹(GB/T 7307—2001,eqv ISO 228-1:1994)

GB/T 12220 通用阀门 标志(GB/T 12220—1989,idt ISO 5209:1977)

GB/T 12221—2005 金属阀门 结构长度(ISO 5752:1982,MOD)

GB/T 12223 部分回转阀门驱动装置的连接(GB/T 12223—2005,ISO 5211:2001,MOD)

GB/T 12226 通用阀门 灰铸铁件技术条件

GB/T 12227 通用阀门 球墨铸铁件技术条件

GB/T 12716 60°密封管螺纹

GB/T 13927 通用阀门 压力试验(GB/T 13927—1992,neq ISO 5208:1982)

GB/T 17241.6 整体铸铁管法兰(GB/T 17241.6—1998,neq ISO 7005-2:1988)

GB/T 19672—2005 管线阀门 技术条件(ISO 14313:1999,MOD)

JB/T 7928 通用阀门 供货要求

3 术语和定义

下列术语和定义适用于本标准。

3.1

短型旋塞阀 short-compositon plug valve

结构长度符合 GB/T 12221 规定的短系列尺寸的旋塞阀。

3.2

文丘里型旋塞阀 venturi plug valve

减小旋塞(指阀内转动的塞子，下同)孔口面积，阀体喉部接近文丘里管的旋塞阀。

3.3

常规型旋塞阀　normally plug valve

比短型旋塞阀和文丘里型旋塞阀有更大流道面积的阀门，阀体通道接近流线型，但不接近文丘里喉管型。

3.4

圆孔全通径型旋塞阀　full port plug valve of circular hole

通道孔、塞孔为圆形，并可通过清扫球(刮球)的旋塞阀。

3.5

金属密封旋塞阀　metal-seal plug valve

阀体和旋塞及密封面同为金属材料制成。

3.6

软阀座旋塞阀　soft seat plug valve

阀体和旋塞之间由软性材料，例如聚四氟乙烯等材料制成的阀座。

3.7

衬里旋塞阀　lining plug valve

在阀门内腔及内件，例如旋塞等，介质可润湿到的全部表面上，有与基体紧密结合的衬里，包括法兰端部的密封面。有时可部分衬里。

3.8

油封/润滑旋塞阀　oil. seal/lubricate plug valve

阀体和旋塞结合面之间，由可更新的润滑剂/密封脂油膜挤压使其相互隔开的阀门。

4　结构与基本参数

4.1　结构

旋塞阀典型结构示意图如图1～图5。允许采用满足本标准要求的其他结构形式。

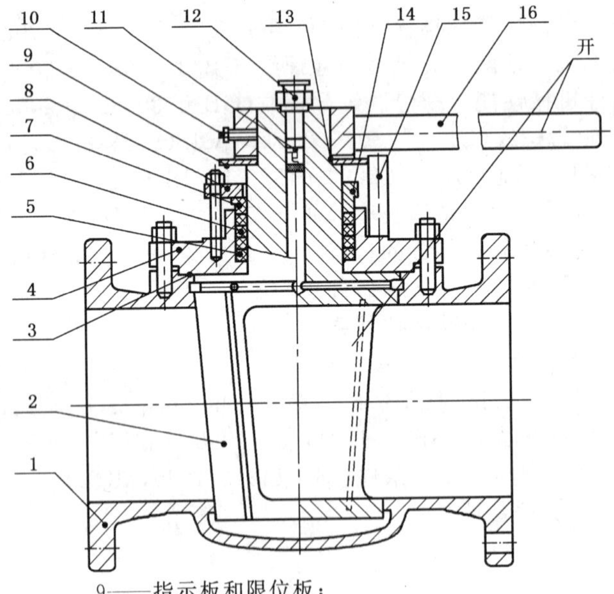

1——阀体；
2——旋塞；
3——垫片或密封圈；
4——阀盖；
5——填料垫；
6——填料；
7——填料压套；
8——填料压板；
9——指示板和限位板；
10——紧定螺栓(钉)；
11——止回阀；
12——注入油嘴；
13——卡圈；
14——填料压盖；
15——限位块；
16——手柄。

图1　油封/润滑型旋塞阀

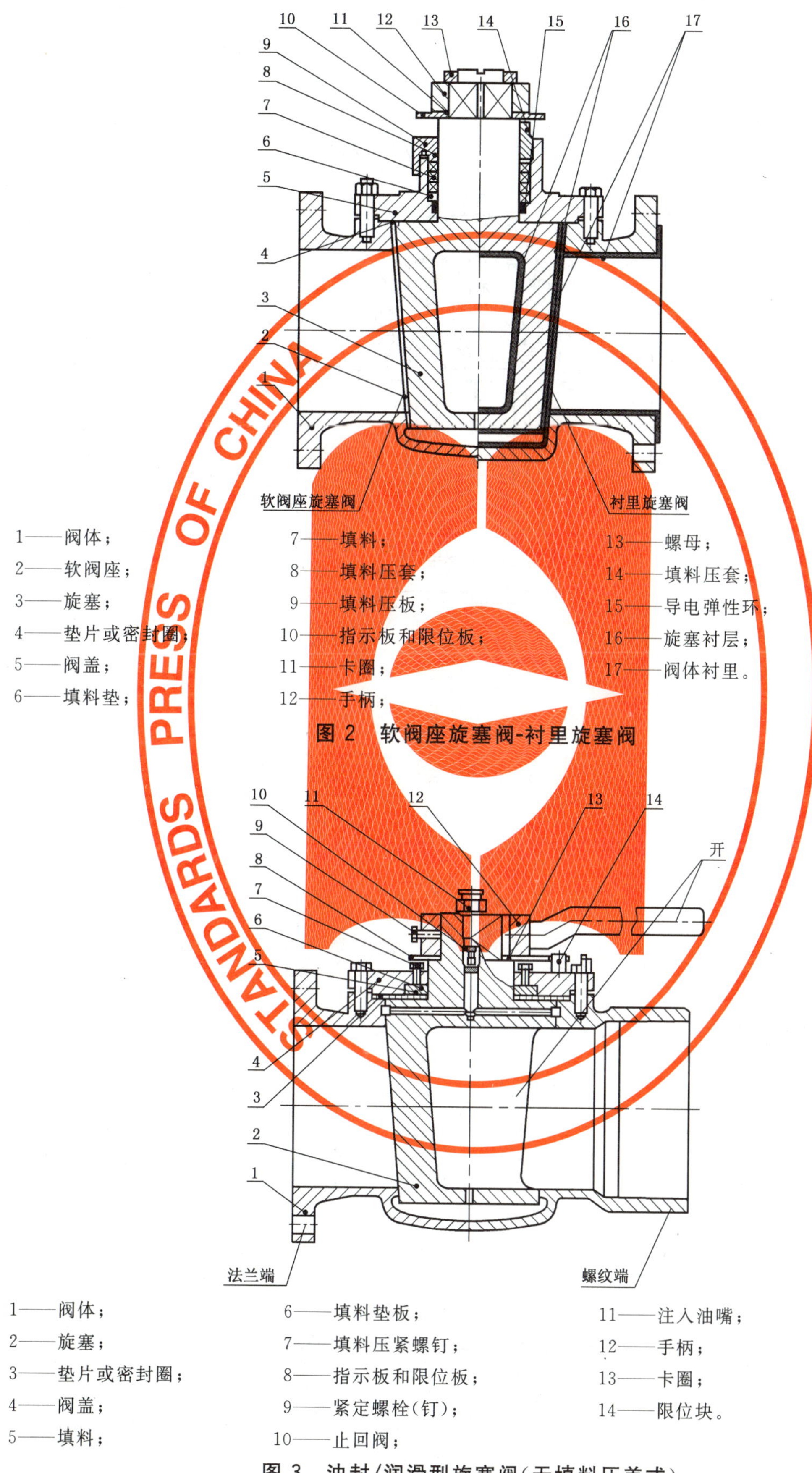

1——阀体；
2——软阀座；
3——旋塞；
4——垫片或密封圈；
5——阀盖；
6——填料垫；
7——填料；
8——填料压套；
9——填料压板；
10——指示板和限位板；
11——卡圈；
12——手柄；
13——螺母；
14——填料压套；
15——导电弹性环；
16——旋塞衬层；
17——阀体衬里。

图 2 软阀座旋塞阀-衬里旋塞阀

1——阀体；
2——旋塞；
3——垫片或密封圈；
4——阀盖；
5——填料；
6——填料垫板；
7——填料压紧螺钉；
8——指示板和限位板；
9——紧定螺栓(钉)；
10——止回阀；
11——注入油嘴；
12——手柄；
13——卡圈；
14——限位块。

图 3 油封/润滑型旋塞阀(无填料压盖式)

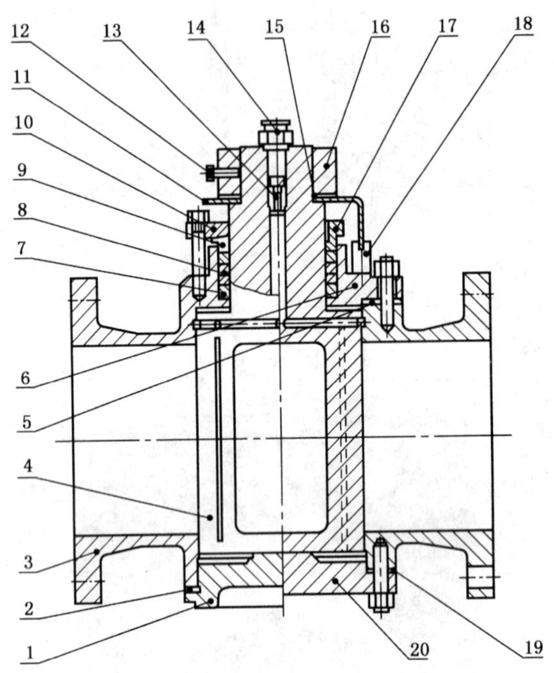

1——阀盖；
2——垫片；
3——阀体；
4——旋塞；
5——垫片或密封圈；
6——阀盖；
7——填料垫；
8——填料；
9——填料压套；
10——填料压板；
11——指示板和限位板；
12——紧定螺栓(钉)；
13——止回阀；
14——注入油嘴；
15——卡圈；
16——手柄；
17——填料压盖；
18——限位块；
19——垫片；
20——阀盖。

图4 柱形塞油封/润滑型旋塞阀

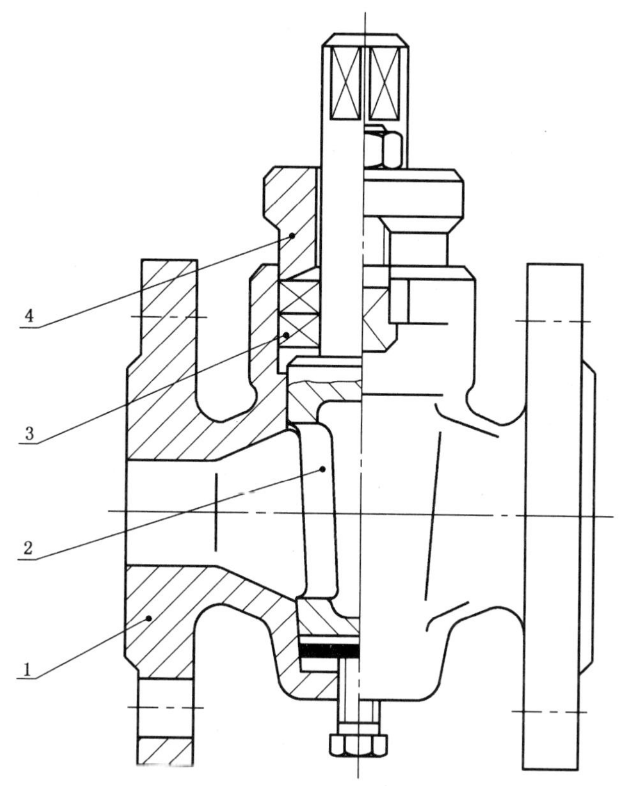

1——阀体；
2——旋塞；
3——填料；
4——填料压盖。

图 5 金属密封旋塞阀

4.2 公称压力

公称压力按 GB/T 1048 的规定，具体参数如下：

PN2.5　PN6　PN10　PN16　PN25

PN20

4.3 公称尺寸

公称尺寸按 GB/T 1047 的规定，具体范围 DN15～DN600。

4.4 结构长度

法兰连接结构长度见表 1，其公差按 GB/T 12221—2005 中表 21 的规定。

表 1 法兰连接结构长度

单位为毫米

公称尺寸DN	PN2.5、PN6、PN10				PN16、PN20				PN25			
	短型	常规型	文丘里型	圆口全通径	短型	常规型	文丘里型	圆口全通径	短型	常规型	文丘里型	圆口全通径
15	108	—	—	—	—	—	—	—	—	—	—	—
20	117	—	—	—	—	—	—	—	—	—	—	—
25	127	140	—	140	140	—	—	176	165	—	—	190
32	140	165	—	152	—	—	—	—	—	—	—	—

表 1（续） 单位为毫米

公称尺寸DN	PN2.5、PN6、PN10				PN16、PN20				PN25			
	短型	常规型	文丘里型	圆口全通径	短型	常规型	文丘里型	圆口全通径	短型	常规型	文丘里型	圆口全通径
40	165	165	—	165	165	—	—	222	190	—	—	241
50	178	203	—	191	178	—	178	267	216	—	216	283
65	191	222	—	210	191	—	—	298	241	—	241	330
80	203	241	—	229	203	—	203	343	283	—	283	387
100	229	305	—	305	229	305	229	432	305	—	305	457
125	245	356	—	381	254	356	—	—	—	—	—	—
150	267	394	394	457	267	394	394	546	403	403	403	559
200	292	457	457	559	292	457	457	622	419	502	419	686
250	330	533	533	660	330	533	533	660	457	568	457	826
300	356	610	610	762	356	610	610	762	502	648	502	965
350	—	686	686	—	—	686	686	—	—	762	762	—
400	—	762	762	—	—	762	762	—	—	838	838	—
450	—	864	864	—	—	864	864	—	—	914	914	—
500	—	914	914	—	—	914	914	—	—	991	991	—
550	—	—	—	—	—	—	—	—	—	1 092	1 092	—
600	—	—	1 067	—	—	1 067	1 067	—	—	1 143	1 143	—

4.5 压力-温度额定值

4.5.1 金属阀座的灰铸铁阀门的压力-温度额定值按表 2 的规定。

4.5.2 金属阀座的球墨铸铁阀门的压力-温度额定值按表 3 的规定。

4.5.3 软阀座及衬里阀门的壳体的压力-温度额定值依据壳体材料按表 2 或表 3 的规定。

4.5.4 纯聚四氟乙烯软阀座阀门的压力-温度额定值按表 4 的规定。

表 2 灰铸铁阀门的压力-温度额定值 单位为兆帕

温度/℃	压力-温度额定值			
	PN2.5	PN6	PN10	PN16
−10～120	0.25	0.60	1.0	1.60
150	0.23	0.54	0.90	1.44
180	0.21	0.50	0.84	1.34
200	0.20	0.48	0.80	1.28

注：PN16 的灰铸铁旋塞阀，使用工况为温度−10 ℃～100 ℃的油类、一般性介质的液体介质。

表 3　球墨铸铁(QT400-18,QT450-10)阀门的压力-温度额定值　　单位为兆帕

温度/℃	压力-温度额定值			
	PN10	PN16	PN25	PN20
−29～40	1.00	1.60	2.50	1.55
120	1.00	1.60	2.50	1.55
150	0.95	1.52	2.38	1.48
200	0.90	1.44	2.25	1.39

表 4　聚四氟乙烯软阀座压力-温度额定值　　单位为兆帕

公称尺寸 DN	使用温度下的最小非冲击压力值							
	40 ℃	50 ℃	75 ℃	100 ℃	125 ℃	150 ℃	175 ℃	200 ℃
15～150	4.8	4.7	4.3	3.9	3.6	3.2	2.9	2.5
200～300	3.5	3.4	3.1	2.8	2.5	2.3	2.0	1.7

注 1：表列的额定值是指压力和温度稳定为条件，当变化时，额定值可能不同。
注 2：表列的额定值是指阀座材料用(不含回收料和填充料)聚四氟乙烯(PTFE)制成。

4.5.5　由于软阀座材料及温度限制，密封/润滑脂的温度限制等，阀门的压力-温度额定值与 4.5.1～4.5.4 不同，必须在铭牌上标示和在性能规范等文件中说明。

5　技术要求

5.1　旋塞阀应符合本标准的规定，并按经规定程序批准的图样及技术文件制造。

5.2　外观

旋塞阀外观不应有明显撞伤、裂纹、气孔等缺陷，外表色泽基本一致，无影响性能的锈蚀、油污。

5.3　连接端

5.3.1　旋塞阀可采用法兰连接。端部法兰应符合 GB/T 17241.6 的规定，法兰背面的锪孔加工不应使法兰厚度降到小于标准规定的厚度。

5.3.2　公称尺寸在 DN15～DN100 范围内的旋塞阀，可采用螺纹连接。螺纹端的内螺纹应符合 GB/T 12716、GB/T 1415、GB/T 7307 的规定。圆柱螺纹采用端面密封时，应使密封垫片有足够的宽度。

5.3.3　螺纹端任何位置的壁厚应不小于壳体的最小壁厚。

5.4　承压壳体的壁厚

承压壳体(包括阀体、阀盖等)的最小壁厚按表 5 的规定。

表 5　承压壳体最小壁厚　　单位为毫米

公称尺寸 DN	PN10	PN16	PN25	PN20
≤25	6.0	8.0	10.0	—
32	7.0	9.5	12.0	—
40	8.0	11.0	14.5	—
50	9.0	12.0	15.5	—
65	10.0	13.0	16.5	—
80	11.0	15.0	18.5	—

表 5（续）

单位为毫米

公称尺寸 DN	PN10	PN16	PN25	PN20
100	13.0	16.0	19.5	—
150	16.0	18.0	22.0	—
200	20.0	22.0	24.0	—
300	—	—	—	20.6
350	—	—	—	22.4
400	—	—	—	25.4
450	—	—	—	26.9
500	—	—	—	28.4
600	—	—	—	31.8

5.5　阀体

5.5.1　阀体两端部的法兰或螺纹端应与本体铸成一体。

5.5.2　阀体流道的各截面应平滑过渡，尽可能接近流线型，各面间相交应采取较大圆角，并有大的过流面积。塞孔为圆形，并可通过清扫球（刮球）的旋塞阀，应符合 GB/T 19672—2005 表 1 的规定。文丘里型旋塞阀的流道喉部应接近文丘里管，以使压力损失最小。

5.5.3　阀体与阀盖连接

阀体与阀盖连接的密封面型式应是平面式、凹凸止口式、榫槽式和环连接式，平面式连接仅适用于压力级不大于 PN20 的连接。

公称尺寸不大于 DN100 的阀门可以采用螺纹连接。

当采用螺栓连接时，连接螺栓（螺柱）的尺寸应不小于 M10，数量应不少于 4 个。不大于 M24 的螺栓、螺柱采用粗牙普通螺栓。大于 M24 时螺距为 3 mm，螺纹尺寸和公差按 GB/T 196 和 GB/T 197 的规定。

连接螺栓的强度计算应注意包括螺孔的强度，应依据公认的设计规则确定。例如，压力容器规范。螺母应使用厚度约等于公称直径的厚螺母。

5.5.4　阀体排放孔

如果需要，公称尺寸不小于 DN50 的阀门可设置排放孔和螺塞，当排放孔处厚度不够时应有加强凸台（见图 6），尺寸按表 6 的规定。

表 6　阀体排放孔尺寸

单位为毫米

阀门公称尺寸 DN	排放孔锥螺纹 TS	最小有效锥螺纹长度 T	凸台最小直径 D
50～100	1/2″	14	38
150～200	3/4″	14	44
250～600	1″	18	54

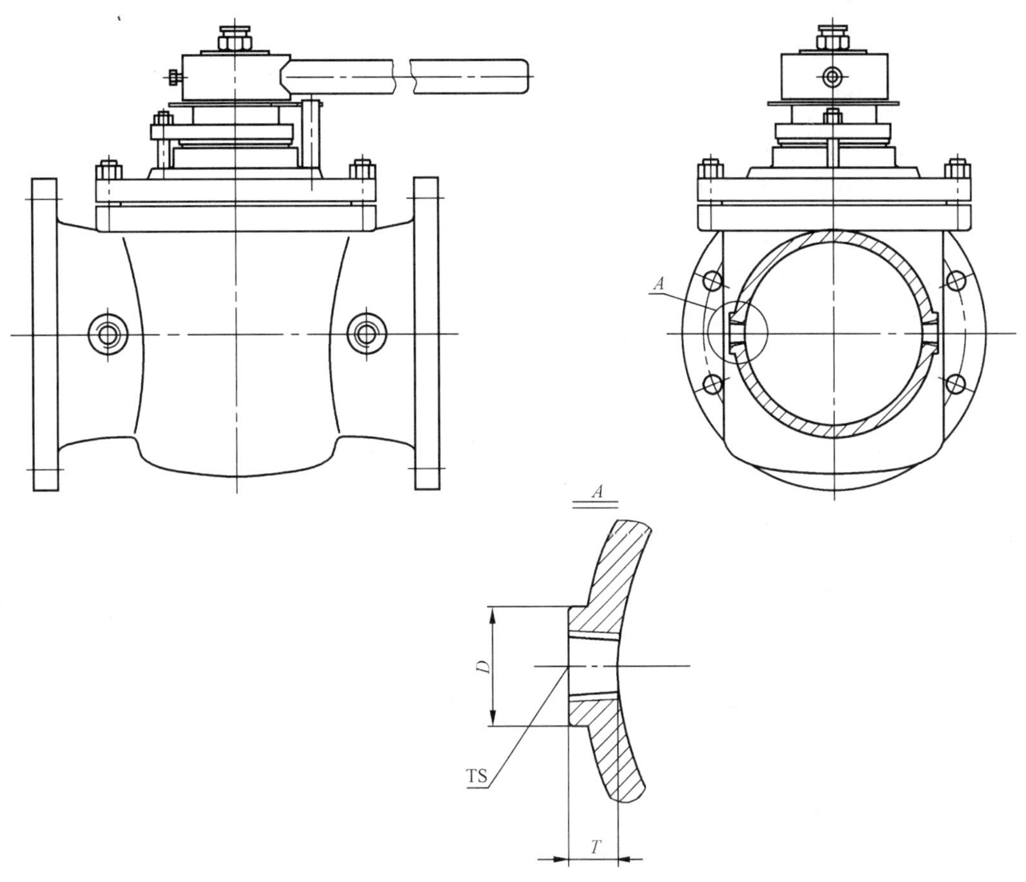

图 6 阀体排放孔示意图

5.5.5 阀体承压壁上不允许打制或压制钢印，铆钉孔、铆接标牌等。如需要，应在法兰外圆上，使用低应力圆头钢印打印。

5.5.6 软密封阀座必须与阀体紧密贴合，必须有防止转动的设计，保持在工况操作条件下不能转动或松动。

5.5.7 衬里旋塞阀的衬里应与基体紧密结合，最小厚度按表 7 的规定，厚度偏差由制造厂确定，衬里应包括全部与介质接触的表面。

表 7 衬橡胶和氟塑料的衬里层厚度

单位为毫米

阀门公称尺寸 DN	氟塑料	橡胶
15～32	2.5	2.5
40～80	3.0	3.0
100～150	4.0	4.0
200～600	4.0	5.0

5.6 旋塞

5.6.1 旋塞体应为一体的圆锥体或圆柱体，分件组合成的圆锥体或圆柱体的塞子不在本标准范围之内。旋塞和阀杆可制成一体，也可分开。

5.6.2 软阀座旋塞、非油封金属密封旋塞的密封面的粗糙度不大于 $Ra0.4\ \mu m$。

5.6.3 油封式旋塞

5.6.3.1 油封式旋塞应设有一个内部润滑系统，它能有效地将润滑剂输送到阀座和密封区域内的阀体与旋塞接触面。

5.6.3.2 阀体与旋塞的表面应有沟槽。沟槽应这样布置，当阀门全开或关闭时，在压力下润滑剂流到系统的各部分，这样既能保证密封又能保证操作灵活。

5.6.3.3 任意位置均应能注脂，油脂不能进入通道。

5.6.4 一体式旋塞的塞颈、分体式的阀杆或加长阀杆的端部须有指示旋塞通道孔旋转位置的永久性标示。例如，切槽、刻线，必须满足使指示位置不正确的安装不能实现的要求。

阀杆或塞颈与填料的结合面和塞体端面与垫片的结合面处的粗糙度不大于 $Ra0.8\ \mu m$。

5.7 阀杆

当阀杆与旋塞设计成分开时，应符合以下要求：

阀杆必须是防吹出设计，即当拆去阀杆的密封压紧装置（如填料压盖、填料压板等零件）或拆去驱动装置时，阀杆不应在内腔压力作用下吹出。

5.8 填料压盖

5.8.1 公称尺寸不大于 DN150 的阀门，填料压盖可采用螺纹或螺栓连接；公称尺寸大于 DN150 的阀门，应采用螺栓连接。

5.8.2 填料压盖可以是整体的，也可以分为可自定心的填料压套和填料压板两个零件。

5.8.3 填料压盖或填料压板的螺栓的通过孔不能采用开口孔。

5.9 位置指示装置

5.9.1 阀门上须有位置指示装置，指示旋塞通道孔旋转时所处位置。

5.9.2 位置指示装置的安装必须满足：使指示位置不正确的安装不能实现。

5.9.3 位置指示装置可与其他装置合并实现指示功能，例如限位装置、手柄。

5.9.4 当用手柄作为唯一位置指示装置时，阀门全开时，手柄轴线应平行于通道。

5.10 开关限位装置

5.10.1 阀门上必须有限位装置，实现全开和全关两个位置的限位。

5.10.2 限位装置的安装位置必须满足：使限位不正确的安装不能实现。

5.10.3 当限位装置设置在手柄上时，阀门全开时，手柄轴线应平行于通道。

5.11 防静电结构

软阀座旋塞阀、衬里旋塞阀须有保持阀体、旋塞、阀杆之间可靠的电连续性的结构。

例如采用弹簧、弹性环、可靠的导电填料等结构。

5.12 密封/润滑脂注入系统和装置

5.12.1 密封/润滑脂的牌号和技术条件应由制造厂确定，如果客户没有规定，应使用耐碳氢化合物的润滑密封脂，其适用温度为：—29 ℃～107 ℃，并在使用说明书中说明。用户需要变动时应与生产厂商定。

5.12.2 油脂注入装置须包括有防止介质泄出的、不低于壳体的压力-温度额定值的止回阀，并且不能因为油嘴上有止回阀而取消上述止回阀。

5.13 压力泄放装置

制造厂应确定阀门在开或关位置时，阀门内腔是否有介质截留，并按使用介质的要求或客户要求设置压力泄放装置。例如，泄压孔、泄压阀座、泄压通道和泄压阀门等，防止中腔压力超过额定值。

5.14 操作装置

5.14.1 旋塞阀可用手柄、手轮或驱动装置操作，驱动装置应能手操作。手柄和手轮的安装应是既能安全的固定又能较方便的取下。阀门的操作类型应由客户规定，标准的操作方式按表 8 的规定。

表 8 阀门的操作方式

公称压力 PN	阀门型式	操作方式与公称尺寸范围	
		直接操作 ≤	驱动装置操作 ≥
2.5、6.0、10	短型、文丘里型	DN200	DN250
	常规型	DN150	DN200
	圆口全径型	DN100	DN150
16、25、40、50	短型、文丘里型	DN150	DN200
	常规型	DN100	DN150
	圆口全通径型	DN80	DN100

5.14.2 手动操作方向规定：顺时针转动，关闭阀门；逆时针转动，打开阀门。手轮上应有指示关闭方向的标志。

5.14.3 手柄长度应满足：开关三次后，在最大使用压差下，操作力不大于 360 N。

5.14.4 驱动装置的连接按 GB/T 12223 的规定。

5.14.5 如果客户需要阀门在开(关)位置加锁，应设计有加锁结构并按要求配锁。

6 材料

6.1 承压壳体材料

6.1.1 承压壳体包括阀体、阀盖和其他承受介质内压的零件，由灰铸铁、球墨铸铁、奥氏体铸铁等材料制造。

6.1.2 灰铸铁应符合 GB/T 12226 的规定，推荐牌号为：HT200、HT220、HT250、HT300。铸铁壳体的最高使用压力和使用温度按表 2 的规定。

注：HT220 属于中间等级。

6.1.3 球墨铸铁应符合 GB/T 12227 的规定。推荐牌号为：QT400-18、QT420-12、QT450-10。球墨铸铁壳体的最高使用温度按表 3 的规定。

注：QT420-12 属于中间等级。

6.1.4 采用奥体铸铁时，机械性能不应低于 6.1.2、6.1.3 的规定。

6.1.5 当平面形阀盖用板材制造、排放螺塞用棒材制造时，机械性能、耐蚀性能等不应低于阀体材料。

6.2 旋塞

6.2.1 旋塞的材料必须满足旋塞的密封面和配合面具有抗擦伤、抗咬伤和抗烧死的要求。

6.2.2 旋塞应采用钢、灰铸铁、球墨铸铁、奥氏体铸铁或耐蚀铸铁制造。

6.2.3 当用铸铁制造时，所用铸铁材料须满足以下要求：

a) 公称压力不大于 PN20 的阀门，机械性能不低于 GB/T 12226 规定的牌号 HT200 的性能。

b) 公称压力为 PN25 的阀门，机械性能不低于 GB/T 12226 规定的牌号 HT300 的性能。

6.3 阀杆

当阀杆与旋塞分开制造时，应用钢制造，阀杆材料的机械性能、耐蚀性能应不低于阀体材料的性能。

6.4 填料压盖

公称压力不大于 PN16 的阀门，填料压盖可采用灰铸铁、球墨铸铁或钢制造。

公称压力为 PN25 的阀门，填料压盖可采用球墨铸铁或钢制造。

填料压盖或组合式填料压盖的组件的材料熔点应高于 955 ℃。

6.5 指示装置、限位装置、手柄(手轮)

应使用金属材料制造，手柄应使用钢、可锻铸铁、球墨铸铁制造，熔点应高于 955 ℃。

6.6 铭牌

铭牌应使用耐大气腐蚀的金属材料制作。

6.7 螺栓(螺柱)、螺母

6.7.1 材料的化学成分应符合 GB/T 699、GB/T 3077 等标准的规定。

6.7.2 承压件的螺栓连接材料的最小抗拉强度应为 390 MPa。螺栓(螺柱)、螺母应按 GB/T 3098.1、GB/T 3098.2 、GB/T 3098.4 的规定。

6.8 阀体垫片、填料等软密封件的材料必须能适应阀门的最高温度额定值,并符合阀门使用的行业的法规要求(例如,毒性等)。

6.9 阀座(衬套)

阀座(衬套)采用聚四氟乙烯(PTFE)制作。

7 试验方法

7.1 压力试验

7.1.1 压力试验按 GB/T 13927 的规定。

7.1.2 壳体强度试验时,包括填料处不允许有可见渗漏,填料的试验压力与壳体相同。

7.1.3 阀座密封试验时,不允许有可见渗漏(A 级)。

7.1.4 不允许用低压气密封(0.6 MPa)试验替代液压密封试验。

7.1.5 软阀座旋塞阀的密封试验压力不应高于 40 ℃时软阀座的压力额定值(例如表 4),以免阀座变形。

7.2 防静电试验

7.2.1 软阀座旋塞阀和衬里旋塞阀,每种类型、每种规格、每批至少抽取 5%(且不少于 2 台),进行防静电试验。试验在干燥的阀门上,至少开关 5 次后进行。

7.2.2 试验要求:使用不大于 12 V 的直流电源电压,旋塞和阀体之间、阀杆和阀体之间的放电回路的电阻不大于 10 Ω。

8 检验规则

8.1 检验分类和检验项目

8.1.1 旋塞阀分出厂检验、抽样检验和型式检验。

8.1.2 检验项目、要求、方法按表 9 的规定。

表 9 检验项目、要求和方法

检验项目	检验类别		技术要求	检验和试验方法
	出厂检验	抽样检验型式检验		
外观	√	√	5.2	目测
尺寸	√	√	按图样	测量工具进行检测
壳体试验	√	√	7.1.2	7.1.1
密封试验	√	√	7.1.3	7.1.1
防静电试验	—	√	5.11	按 7.2
壳体最小壁厚	—	√	5.4	测量工具进行检测
衬里层厚度	—	√	5.5.7	测量工具进行检测

表 9（续）

检验项目	检验类别		技术要求	检验和试验方法
	出厂检验	抽样检验型式检验		
材料	—	√	第 6 章	有关材料检验标准
静压寿命	—	√	按行业标准	寿命试验设备
防护	√	—	9.1	目测
标志	√	—	9.2	目测
注：“√”为检验项目，“—”为不做检验项目。				

8.2 出厂检验

每台产品必须进行出厂检验，经检验合格后方可出厂。

8.3 型式试验

8.3.1 有下列情况之一时，型式试验产品数为一台，检验项目应全部符合标准后，方可成批生产。

a) 新产品试制、鉴定、定型；

b) 原产品结构、材料、工艺有较大改变，可能影响性能；

c) 产品停产半年后，恢复生产。

8.3.2 有下列情况之一时，型式试验采取抽样检验。

a) 正式生产时，定期或积累一定产量后，应周期性进行一次检验；

b) 订货合同提出进行型式检验时；

c) 国家质量监督机构提出进行产品检验要求时。

8.3.3 抽样方法

8.3.3.1 抽样可以在生产线的终端经检验合格的产品中随机抽取，也可以在产品成品库中随机抽取，或者从已供给用户但未使用并保持出厂状态的产品中随机抽取。每一规格供抽样的最少基数和抽样数按表 10 的规定。到用户抽样时，供抽样的最少基数不受限制，抽样数仍按表 10 的规定。对整个系列产品进行质量考核时，根据该系列范围大小情况从中抽取 2～3 个典型规格进行检验。

表 10 抽样的最少基数和抽样数

公称尺寸 DN	最少基数/台	抽样数/台
≤100	10	2
≥125	5	1

8.3.3.2 静压寿命试验在已抽的产品中任选一台进行试验。

8.3.3.3 型式检验的全部检验项目都应符合表 9 中技术要求的规定。

9 防护、标志、包装、运输、贮存

9.1 防护

阀门试验后，应排净阀腔内试验用水或液体，进行必要的清理和防护，使阀门处于全开位置。端部法兰密封面或螺纹部位的机械加工面应涂易清洗的防锈剂。

9.2 标志

9.2.1 标志按 GB/T 12220 的规定，并应满足 9.2.2～9.2.6 的要求。

9.2.2 软阀座旋塞和衬里旋塞的铭牌上必须标示:阀座或衬里的额定温度、额定压力(当低于壳体的额定压力时)、衬里材料或阀座材料牌号或代号。

9.2.3 如果旋塞、阀杆材料与阀体不同,标牌上须标示旋塞、阀杆的材料牌号或代号。

9.2.4 文丘里旋塞、旋塞孔为非圆形孔的旋塞应在法兰外圆上标示:端连接的公称尺寸和后面加字母“R”,例如 DN200R 。旋塞孔为圆形的缩径旋塞,应在端法兰外圆上标示出端连接的公称尺寸 X 圆孔的实际相当的公称尺寸。例如,端连接 DN200 阀门圆孔的实际相当的公称尺寸为 DN150,标示 DN200X150。

9.2.5 可以附加标志,例如,产品型号、工号、序列号等,但不能与规定的标志相混淆或容易被误解。

9.2.6 符合本标准的阀门,铭牌上应标示本标准的标准号。

9.3 包装、运输、贮存

阀门的包装、运输、贮存按 JB/T 7928 的规定。

附 录 A
（资料性附录）
客户应提供的资料

A.1 旋塞阀型式、公称压力、工作压力、工作温度、公称尺寸、工作介质。

A.2 结构长度、连接端(法兰或螺纹)型式及标准。

A.3 是否对材料有特殊要求(阀体、旋塞、阀杆、阀座、垫片、衬里等)或指定材料。

A.4 压力温度是否有循环变化要求及变化参数。

A.5 有无要求排放孔及位置和连接要求。

A.6 是否要求体腔泄放压力和泄放型式及位置要求。

A.7 对驱动装置的要求(如隔爆、防护等级和电、气源条件控制要求等)或指定驱动装置。

A.8 对润滑脂的特殊要求或指定润滑脂。

ICS 11.040.40
C 35

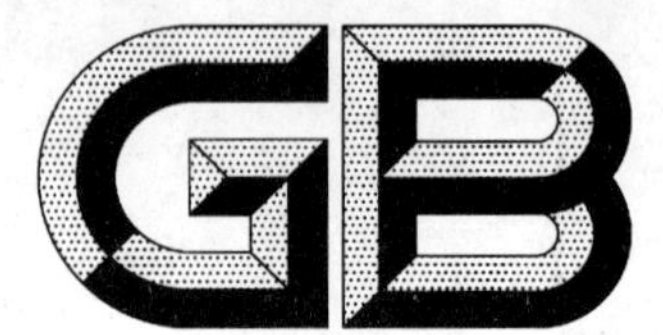

中华人民共和国国家标准

GB 12279—2008/ISO 5840:1996
代替 GB 12279—1990

心血管植入物　人工心脏瓣膜

Cardiovasular implants—Cardiac valve prostheses

(ISO 5840:1996,IDT)

2008-12-31 发布　　2009-12-01 实施

中华人民共和国国家质量监督检验检疫总局
中国国家标准化管理委员会　发布

前　言

本标准的全部技术内容为强制性。

本标准等同采用ISO 5840:1996《心血管植入物　人工心脏瓣膜》。

本标准代替GB 12279—1990。

本标准与GB 12279—1990的主要差异如下：

——本标准加强了对人工心脏瓣膜材料、组件性能的要求，根据现阶段构成人工心脏瓣膜的各类材料具体指出了需要进行哪些物理和化学性能的检验和评价，以及人工心脏瓣膜设计过程中需要的参数；

——本标准中增加了人工心脏瓣膜流体力学试验中的静态前向流试验；

——本标准中增加了人工心脏瓣膜流体力学试验中的稳态泄漏试验；

——本标准中细化了产品包装、标签和说明等内容；

——本标准中加强了临床前体内评价的要求，例如增加了动物数量和动物存活时间；

——本标准中加强了临床评价的要求。

本标准的附录A、附录B、附录C、附录D、附录E、附录F均为资料性附录。

本标准由国家食品药品监督管理局提出。

本标准由全国外科植入物和矫形器械标准化技术委员会(SAC/TC 110)归口。

本标准起草单位：国家食品药品监督管理局中检所医疗器械质量监督检验中心。

本标准主要起草人：赵乐军、奚廷斐、陆颂芳、汤京龙、王建宇。

本标准所代替标准的历次版本发布情况为：

——GB 12279—1990。

引　言

迄今为止，还没有一种人工心脏瓣膜达到理想的程度。

本标准是由从事人工心脏瓣膜研究及其开发的专家组制定的。为了不阻碍技术的发展和创新，本标准的条文在一些领域未做规定。因此，本标准不试图规定最终产品的性能要求。但规定了试验类型、试验方法和/或对试验仪器的要求，并要求试验方法和结果公开。本标准所关心的是最大限度地确保产品质量、帮助外科医生选择人工心脏瓣膜，及便于在手术台上操作。重点是规范体外试验的类型、临床前体内评价和临床评价、所有体外试验和临床前体内评价及临床评价的报告，以及人工心脏瓣膜的包装和标签。有关体外试验、临床前体内评价和临床评价的过程是阐明产品投放市场前所要求的过程并确保后续一系列问题能得到迅速确证和处理。

关于体外试验和报告，除了基本材料的力学特性、物理特性、化学特性、生物相容性外，本标准还包含了人工心脏瓣膜最重要的脉动流性能、加速疲劳性能。脉动流试验、加速疲劳试验的确切试验方法没有规定，但提出了对试验仪器的要求。

本标准在有些方面还不完善。随着人们的知识在增加，人工心脏瓣膜技术在发展，本标准还需更新、修订。

心血管植入物　人工心脏瓣膜

1　范围

1.1　本标准规定了所需试验和用于检测所有类型人工心脏瓣膜及其材料和组件的物理、生物、力学性能所用仪器的要求。

1.2　本标准提出了人工心脏瓣膜体内临床前评价要求、临床评价要求、标准中所有试验和评价的结果报告要求。这些要求并不意味着构成一个完整的试验程序。

1.3　本标准也规定了对人工心脏瓣膜包装和标签的要求。

1.4　本标准不适用于全部人体组织和部分人体组织制成的人工心脏瓣膜。

注：本标准条文的基本原理见附录 A。

2　规范性引用文件

下列文件中的条款通过本标准的引用而成为本标准的条款。凡是注日期的引用文件，其随后所有的修改单(不包括勘误的内容)或修订版均不适用于本标准，然而，鼓励根据本标准达成协议的各方研究是否可使用这些文件的最新版本。凡是不注日期的引用文件，其最新版本适用于本标准。

GB/T 7408—1994　数据元和交换格式　信息交换　日期和时间表示法(eqv ISO 8601:1988)

GB/T 16886.1—2001　医疗器械生物学评价　第 1 部分：评价与试验(idt ISO 10993-1:1997)

GB/T 16886.2—2000　医疗器械生物学评价　第 2 部分：动物保护要求(idt ISO 10993-2:1992)

GB/T 16886.3—1997　医疗器械生物学评价　第 3 部分：遗传毒性、致癌性和生殖毒性试验(idt ISO 10993-3:1992)

GB/T 16886.4—2003　医疗器械生物学评价　第 4 部分：与血液相互作用试验选择(ISO 10993-4:2002,IDT)

GB/T 16886.5—1997　医疗器械生物学评价　第 5 部分：细胞毒性试验：体外法(idt ISO 10993-5:1992)

GB/T 16886.6—1997　医疗器械生物学评价　第 6 部分：植入后局部反应试验(idt ISO 10993-6:1994)

GB/T 16886.7—2001　医疗器械生物学评价　第 7 部分：环氧乙烷灭菌残留量(idt ISO 10993-7:1995)

GB/T 16886.9—2001　医疗器械生物学评价　第 9 部分：潜在降解产物的定性和定量框架(idt ISO 10993-9:1999)

GB/T 16886.10—2000　医疗器械生物学评价　第 10 部分：刺激与致敏试验(idt ISO 10993-10:1995)

GB/T 16886.11—1997　医疗器械生物学评价　第 11 部分：全身毒性试验(idt ISO 10993-11:1993)

GB/T 16886.12—2000　医疗器械生物学评价　第 12 部分：样品制备与参照样品(idt ISO 10993-12:1996)

GB 18278—2000　医疗保健产品灭菌　确认和常规控制要求　工业湿热灭菌(idt ISO 11134:1994)

GB 18279—2000　医疗器械　环氧乙烷灭菌　确认和常规控制(idt ISO 11135:1994)

GB 18280—2000　医疗保健产品灭菌　确认和常规控制要求　辐射灭菌(idt ISO 11137:1995)

YY/T 0297—1997　医疗器械临床调查(idt ISO 14155:1996)

3　术语与定义

下列术语和定义适用于本标准。

3.1

与抗凝剂有关的出血　anticogulant-related haemorrhage

造成死亡或休克,或需要输液、手术或住院的体内或体外大出血。

注:本定义只限于使用抗凝剂或/和抗血小板药物的病人。

3.2

动脉舒张压　arterial diastolic pressure

心脏舒张期时最低主动脉压。

3.3

动脉收缩压　arterial peak systolic pressure

心脏收缩期时最高主动脉压。

3.4

关闭量　closing volume

一次循环返流量中与瓣膜关闭动作有关的流量部分(见图 1)。

3.5

循环　cycle

在脉动流条件下,测试的心脏瓣膜完成一次启闭动作的过程。

3.6

循环率　cycle rate

单位时间完成循环的次数,通常用每分钟循环次数表示:次/min。

3.7

缝环外径　external sewing ring diameter

人工心脏瓣膜包括缝环的最大外径(见图 2)。

3.8

前向流阶段　forward-flow phase

循环周期内流体通过测试的人工心脏瓣膜向前流动的时期。

3.9

人工心脏瓣膜　heart valve substitute

代替或补充心脏瓣膜的人工替代物。根据使用位置进行瓣膜分类。

3.9.1

人工机械心脏瓣膜　mechanical heart valve substitute

全部由人工材料制成的人工心脏瓣膜。

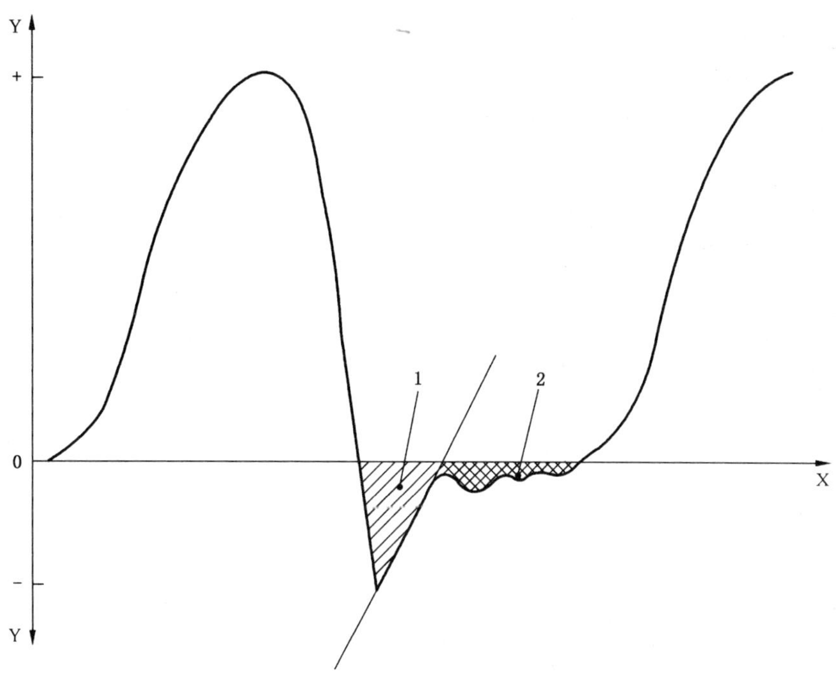

X——时间；

Y——流速；

1——关闭体积；

2——泄漏体积。

图 1　一个循环周期流量波形和返流体积示意图

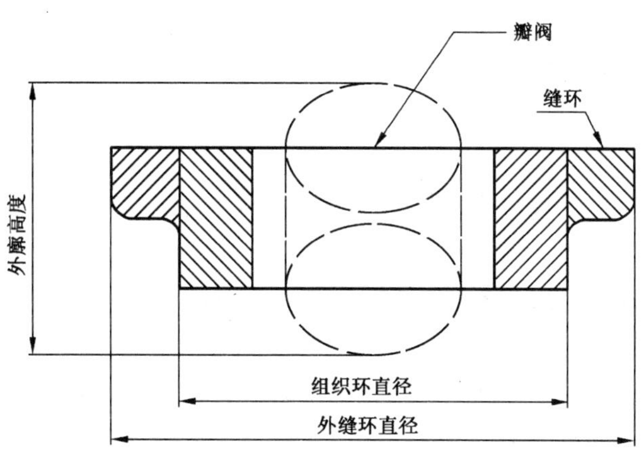

图 2　人工心脏瓣膜尺寸

3.9.2

人工生物心脏瓣膜　biological heart valve substitute

全部或部分由动物组织制成的人工心脏瓣膜。

3.10

内孔区面积　internal orifice area

除去活动瓣叶，垂直于人工心脏瓣膜平面的最小投影面积。

3.11

泄漏量　leakage volume

一次循环中返流量中通过关闭的瓣膜与泄漏有关的部分流量(见图 1)。

注:关闭与泄漏体积的分界点是根据标准规定确定的(图 1 是线性外推的例子)。

3.12

平均动脉压　mean arterial pressure

一个循环周期中主动脉压对时间的算术平均值。

3.13

平均跨瓣压差　mean pressure difference

在循环的前向流阶段,瓣膜两侧正向压差对时间的算术平均值。

注:不使用"平均梯度压"这种术语。

3.14

平均流量　mean volume flow

在循环的前向流阶段,人工心脏瓣膜的流量对时间的算术平均值。

3.15

非结构性功能障碍　nonstructural dysfunction

不是由于人工心脏瓣膜本身原因导致的人工心脏瓣膜狭窄或返流。

注:这种功能障碍不包括瓣膜血栓形成、全身性血栓、或者由再手术、尸检或体内检测确诊的感染。但包括由瓣膜周围组织增生、缝线、瓣周漏、使用瓣膜型号不当、溶血性贫血诱导而产生的瓣膜功能障碍。

3.16

瓣阀　occluder

人工心脏瓣膜用于阻止反向流动的活动部分。

3.17

手术死亡率　operative mortality

在手术期间或手术后 30 d 内由于任何原因引起的死亡。

3.18

外廓高度　profile height

人工心脏瓣膜在开启或关闭状态下的最大轴向高度(见图 2)。

3.19

人工瓣膜心内膜炎　prosthetic valve endocarditis

人工心脏瓣膜感染。

注:诊断是根据通常的临床标准,包括阳性血液培养,结合临床症象(发热、出现新的杂音或杂音改变、脾肿大、全身性栓塞、免疫病理损害)和/或于再手术或尸检时对心内膜炎进行病理组织学确认。在这种分类下,发病率包括和活动性感染有关的病症,如心脏瓣膜血栓、栓塞或瓣周漏,而不包括其他分类下的发病率。

3.20

参照瓣膜　reference valve

用于评价测试瓣膜试验条件的人工心脏瓣膜。

注:对照瓣膜应在瓣膜类型、瓣膜结构、组织环直径和试验瓣膜相近;如果能满足必要的条件,它可以是早期相同类型的瓣膜。对照瓣膜的特性及在文献中体外和临床数据应记录归档。

3.21

返流百分比　regurgitant fraction

返流量与搏出量之比。

3.22

返流量 regurgitant volume

循环周期内反向通过测试的人工心脏瓣膜的流体量，它是关闭量与泄漏量之和。

3.23

均方根流量 root mean square(r. m. s) volume flow

在循环的前向流阶段，通过测试的人工心脏瓣膜流量的平方对时间平均值的平方根。

3.24

模拟搏出量 simulated cardiac output

每分钟正向通过测试人工心脏瓣膜的流体量。

3.25

搏出量 stroke volume

一个循环周期内前向流阶段通过人工心脏瓣膜的流体量。

3.26

结构性退化 structural deterioration

由于人工心脏瓣膜本身不正常使心脏瓣膜功能改变而导致狭窄或返流。

注：本条不包括由再手术、尸检、体内检测确诊的感染、血栓。但包括瓣膜本身改变，如磨损、破裂、瓣叶脱落、钙化、瓣叶撕裂穿孔和瓣架变形。

3.27

全身性栓塞 systemic embolism

凝块或其他颗粒附着在人工心脏瓣膜或周围的组织上，并扩散到身体的其他部分。但不包括感染。

注：诊断表明形成新的、永久的或暂时的、局部的或全脑的神经病变(出血除外)或外围性血管栓塞，除非能证明是由于其他原因引起的(例如，心房粘液瘤)。不包括术后昏迷或中风，心肌梗塞清醒的患者。小于40岁的病人术后发生急性心肌梗塞可由仲裁者判定为栓塞事件。

3.28

组织环直径 tissue annulus diameter

人工心脏瓣膜外环直径，包括任何覆盖物和宿主组织匹配的最小直径。

注：本条不能用“安装直径”来表示。

3.29

瓣型尺寸 valve size

制造商指定的人工心脏瓣膜大小。

3.30

瓣膜血栓 valve thrombosis

与感染无关的血栓形成，导致人工心脏瓣膜功能障碍。

注：应由手术、尸检或临床检测确认(例如：超声心动检查、心血管造影、核磁共振)。

4 人工心脏瓣膜描述

应对人工心脏瓣膜进行完整的描述，包括组件、材料、处理程序。

注1：附录E对有关条目的定义用于确认人工心脏瓣膜的组件。

注2：相关处理程序应包括防钙化处理或缝环碳涂层处理。

5 材料、组件和瓣膜性能试验(原则见第A.1章)

5.1 原理

人工心脏瓣膜材料和组件的物理性能测试是为了保证瓣膜或组件在寿命期内严格符合受者的要

求。试验的选择是根据用于人工心脏瓣膜材料和组件的标准及其使用位置确定的。

5.2 通则

用于评价的试验样品应尽可能的和用于临床的最终产品相同。

5.3 试验液体和温度

应使用模仿体内条件的液体，试验所用的试验液体应是等渗盐液，血液或等效血液，其物理性质（试验温度下密度、粘度）应稳定。试验应在37 ℃下进行，除非有认可的科学和工程原理允许在其他条件下进行试验。

注：力学性能和降解性能随温度的改变而变化。

5.4 生物相容性

用于人工心脏瓣膜的材料和组件的生物相容性应按GB/T 16886标准评价。

5.5 物理和材料试验

5.5.1 材料和组件试验

应评价人工心脏瓣膜及其组件的性能，表1和表2所列材料可以用于心脏瓣膜设计。应提供选择材料性能评价的原理。

注：附录C、附录D、附录E和附录F列出了制造人工心脏瓣膜的参考材料、材料描述、组件的试验方法。这些附录指导读者应用表1和表2。

表1 人工心脏瓣膜物理和化学特性性能评价

条文参考（附录C）	物理和化学性能	合成聚合物材料	生物学的	金属	陶瓷	纺织品
C.2	原材料的物理性能					
C.2.1	化学成分	A B C D E F G H I J	J	A B C D E H J	A B D J	F G I
C.2.2	密度	A B C D E F G H I J		A B C D E H J	A B D J	
C.2.3	液体的扩散性	A B C D E F G H I			A B D	
C.2.4	材料硬度	A B C D E F G H I J		A B C D E H J	A B D J	
C.2.5	微观结构/形态学		A B C D E F G H I	A B C D E H J	A B D J	
C.2.6	撕裂强度	D I	A B C D E F G H I			
C.2.7	杨氏模量	A B C D E H		A B C D E H	A B D	
C.2.8	泊松比	A B C D E F G H I		A B C D E H	A B D	
C.2.9	复数模量	B D E	A B C D E F G H I			
C.2.10	热膨胀系数	A B C D E		A B D H	A B D	
C.2.11	玻璃化转变温度	A B C D E F I				F G I
C.2.12	熔融指数	A B C D E H I				
C.2.13	熔点	A B C D E F I				F G I
C.2.14	吸水性	A B C D E F H I J		J	J	
C.2.15	生物稳定性	A B C D E F G H I				
C.2.16	膜厚度	J		J	J	

表 1（续）

条文参考（附录 C）	物理和化学性能	合成聚合物材料	生物学的	金属	陶瓷	纺织品
C.2.17	薄膜元素成分的百分含量	J		J	J	
C.3	表面物理性质					
C.3.2	临界表面张力	A B C D E J	J	A B C D J	A B D J	
C.3.3	表面粗糙度	A B C D E J	J	A B C D J	A B D J	
C.3.4	表面化学组成	A B C D E J	J	A B C D J	A B D J	
C.3.5	表面电荷和表面电荷密度	A B C D E J	J	A B C D J	A B D J	
C.3.6	表面电阻	J			J	
C.4	机械和化学性能					
C.4.2	耐磨性	A B C D J		A B D H J	A B D J	
C.4.3	摩擦系数	A B D E		A B D H	A B D	
C.4.4	剥离强度	D E				
C.4.5	弯曲强度	B D E		E	A B D	
C.4.6	压缩强度	A B C E			A B D	
C.4.7	拉伸强度	D E I	A B C D E	A B C D E H	A B D	
C.4.8	拉伸断裂应变(伸长)	D E I J	A B C D E	A B C D E H J	A B D J	
C.4.9	破坏应变能	E I		C	A B D	
C.4.10	残余应力	A B C D E F G H		A B C D E H	A B D	
C.4.11	应力松弛	A B C D E F G H	A B C D E			
C.4.12	蠕变	A B C D E H				
C.4.13	断裂韧度			A B C D E H	A B D	
C.4.14	裂纹扩展速度			A B C D E H	A B D	
C.4.15	疲劳寿命	A B C D E H I		A B C D E H	A B D	
C.4.16	应力腐蚀			A B D H		
C.4.17	电位腐蚀			A B C D H		
C.4.18	摩擦腐蚀			A B D H		
C.4.19	孔隙度	J		J	J	

注：图 E1 和附录 E 描述了组件 A 到 J。

A——孔环(架)；B——瓣叶保持装置；C——加强件；D——瓣阀(瓣叶)；E——支架；F——覆盖物，G——缝环填充物；H——缝环保持材料；I——组件连接材料；J——涂层。

表 2 用于设计人工心脏瓣膜及其组件的物理化学性能

条文 参考(附录 C)	物理和化学性能试验	适合当前设计	
		是	否
C.5	瓣膜设计参数		
C.5.1	计算机模拟		
C.5.2	组织环直径和内孔面积测量		
C.5.3	瓣膜耐受力和疲劳寿命		
C.5.4	静态压力;破坏试验		
C.5.5	瓣环变形		
C.5.6	缝环推离		
C.5.7	缝环扭矩		
C.5.8	缝线保持强度		
C.5.9	钙化(体内模型)		

5.5.2 膜总体性能试验

表 2 列出了有关心脏瓣膜设计的物理和化学性能,应对涉及人工心脏瓣膜及其组件的这些性能进行评价。

5.6 试验报告

每个试验报告应包括:

a) 试验原理;

b) 材料验证试验(例,通用化学名称或生物来源)或对试验项目进行描述;

c) 验证试验用样品(例如,批号);

d) 实验用样品的数量;

e) 所用试验方法及使用非国际标准中规定的试验方法,详述试验步骤;

f) 试验结果。

6 流体力学试验(原则见第 A.2 章)

6.1 原理

流体力学试验提供体外稳态和脉动条件下人工心脏瓣膜的流体力学性能信息。

6.2 通则

所有试验用人工心脏瓣膜应质量稳定。试验前,每个人工心脏瓣膜应是灭菌的。如果人工心脏瓣膜植入前可以再灭菌,应根据制造商说明的方法,在推荐的最大重复灭菌次数内进行灭菌。

6.3 静态前向流试验

6.3.1 测试仪器的精度和试验流体

6.3.1.1 压力测试系统的测试精度应在±0.13 kPa(1 mmHg)。

6.3.1.2 所有试验用设备的精度应在其满量程的±5%之内。

6.3.1.3 试验用流体应是等渗盐溶液,血液或相当于血液的液体,其物理性质(例如:在试验温度下的密度,粘度)应稳定。

6.3.2 试验仪器要求

6.3.2.1 主动脉瓣和二尖瓣人工心脏瓣膜稳态流试验应在直径是 35 mm 的直管中进行。

6.3.2.2 试验系统应能产生至少 30 L/min 的流量。

6.3.2.3 进入试验段的流体应相对稳定,通过整流器并垂直地通过人工心脏瓣膜。

6.3.2.4 压力传感器应位于从人工心脏瓣膜缝环平面中位单管径上升流体中和三管径下降流体中，如果能获得有效的可比试验结果，压力传感器放置其他位置也可以。

6.3.2.5 压力传感器平贴管壁内侧。

6.3.2.6 标准喷嘴[根据图 3 a)]用于表征前向流压力和描述流量计量特性。

6.3.3 试验步骤

6.3.3.1 每个组织环直径应至少取 3 个人工心脏瓣膜试验。

6.3.3.2 在流量范围是 5 L/min～30 L/min 时，流量以 5 L/min 步幅增加，测定心脏瓣膜的跨瓣压差和标准喷嘴的压力。

6.3.4 试验报告

静态流试验报告应包括：

a） 试验用流体的描述，包括生物来源或化学成分、温度、在试验条件下的粘度、密度。

b） 静态流测试仪的描述，如 6.3.2 中规定。

每个瓣膜和标准喷嘴在每种模拟条件下的流态性能的详细数据如平均值、范围、标准差应制成表格或图表记录下来。

c） 静态流速用升每分来表示。

d） 压差用千帕或毫米汞柱表示。

e） 有效内孔面积用 cm^2 表示，计算时要考虑试验瓣膜下游时压力的恢复。

6.4 稳态泄漏试验

6.4.1 测试仪器的精度和试验流体

6.4.1.1 返流量的测量精度至少在±1 mL 范围内。

6.4.1.2 所有计量仪器设备的测量精度应至少在满刻度的±5%范围内。

6.4.1.3 试验用流体应是等渗盐溶液，血液或相当于血液的液体，其物理性质(例如，在试验温度下的密度、粘度)应稳定。

6.4.2 试验仪器要求

6.4.2.1 静态返流试验应在 5.2 kPa～26 kPa(40 mmHg～200 mmHg)范围内可产生恒定的反向压力的装置中进行。

6.4.2.2 人工心脏瓣膜应以适当的方式组装，以确保不在缝合环周围和通过缝合环泄漏流体。

6.4.2.3 标准喷嘴[根据图 3 b)]应能用于表征反向压力，泄漏速度和压力计量装置。

6.4.3 试验步骤

6.4.3.1 每个组织环直径应至少取 3 个人工心脏瓣膜试验。

6.4.3.2 测量通过心脏瓣膜和标准喷嘴在反向压力范围 5.2 kPa～26 kPa(40 mmHg～200 mmHg)内 5 个等距点时的静态泄漏量。每个试验条件应最少测量 5 次。

例：根据(1)式计算：

$$EQA=\frac{A}{1+\sqrt{\frac{2\Delta P}{\rho v^2}}} \qquad \cdots\cdots(1)$$

式中：

EQA——内孔有效横截面积；

A——管的横截面积；

ΔP——平均跨瓣压差；

v——管中横截面平均流速；

ρ——试验流体密度。

尺寸单位为毫米

表面光洁度单位为微米

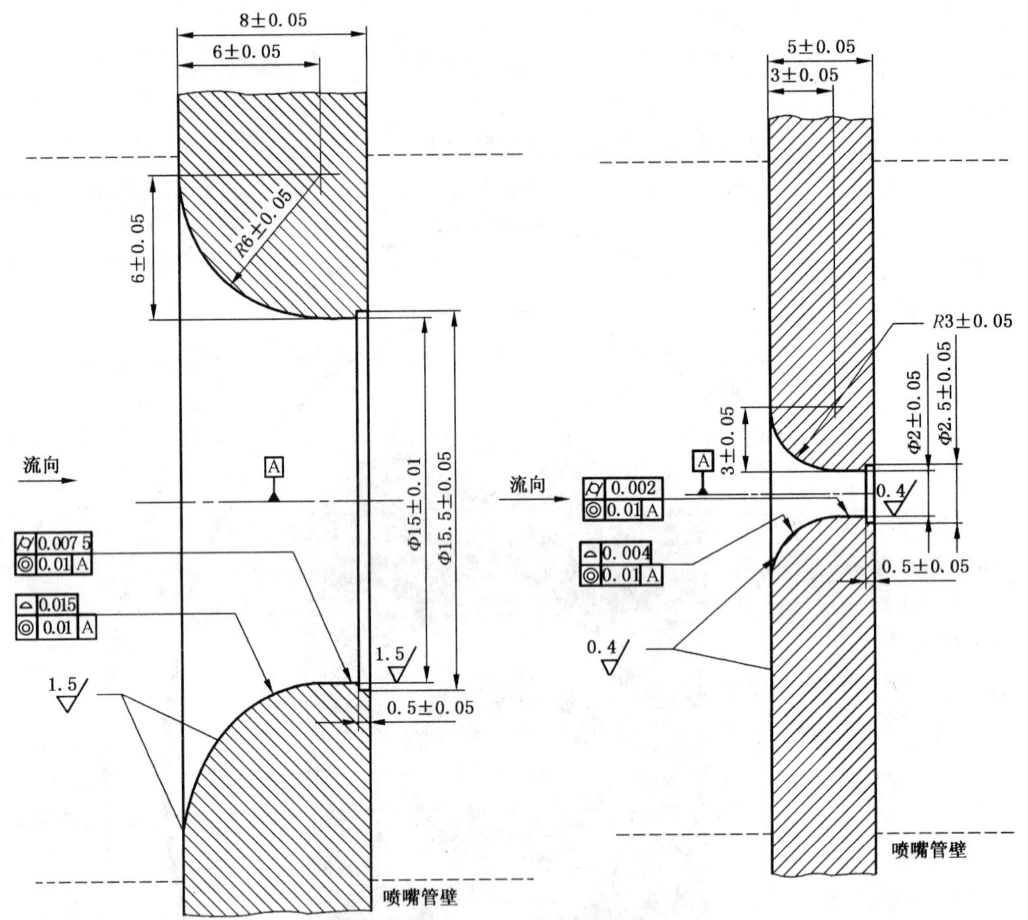

图 3　标准喷嘴

6.4.4　**试验报告**

静态返流试验报告应包括：

a）试验用流体的描述，包括生物来源或化学成分、温度、在试验条件下的粘度、密度。

b）静态流测试仪的描述，如 6.4.2 中规定。

c）每个瓣膜和标准喷嘴在每种模拟条件下性能的详细数据如平均值、范围、标准差应制成表格或图表记录下来。静态泄漏流速用升每分来表示，反向压力用 kPa(mmHg)表示。

6.5　**脉动流试验**

6.5.1　**测试仪器的精度和试验流体**

6.5.1.1　压力测量系统应至少有 20 Hz 固有频率，并且测量精度应至少在±0.26 kPa(±2 mmHg)范围内。

6.5.1.2　返流量的测量精度应至少在±2 mL 范围内。

6.5.1.3　除了 6.5.1.1 和 6.5.1.2 规定的仪器外，所有测量仪器的精度应在满刻度值的±5%范围内。

6.5.1.4　试验用流体应是等渗盐溶液，血液或相当于血液的液体，其物理性质(例如：在试验温度下的密度、粘度)应稳定。

6.5.2　**试验仪器要求**

6.5.2.1　脉动流试验应在脉动发生器产生近似生理条件下的脉动压力和流量波形情况下进行(见图 4)。

6.5.2.2　脉动发生器的性能和效能由对照瓣膜确定。

6.5.2.3 脉动发生器应能产生 30 mL～100 mL 或者更大的搏出量。

6.5.2.4 脉动发生器应有 40 循环/min～120 循环/min 或更大范围的循环率。

6.5.2.5 脉动发生器应和全身循环脉动模型等同，以模拟全身血管系统的阻力和全身血管系统的顺应性。

6.5.2.6 应能定期测量脉动发生器产生的压力和流量(随时间变化)。

6.5.2.7 根据心脏瓣膜的尺寸和心输出量，系统在主动脉峰值收缩压为 14.3 kPa～19.5 kPa (110 mmHg～150 mmHg)和主动脉舒张压为 7.8 kPa～11.7 kPa (60 mmHg～90 mmHg)的条件下应至少能模拟出 13 kPa±0.65 kPa(100 mmHg±5 mmHg)的平均主动脉压。

6.5.2.8 在循环率为 70 循环/min±10 循环/min 时，搏出前向流阶段应占整个循环时间的 35%±5%。

6.5.2.9 应模拟相应的心室和血管的尺寸。当测试无支架生物瓣膜时，也应模拟相应的顺应性。

6.5.2.10 在测试人工心脏瓣膜的所有循环阶段时，试验者应能看到心脏瓣膜并能拍照。

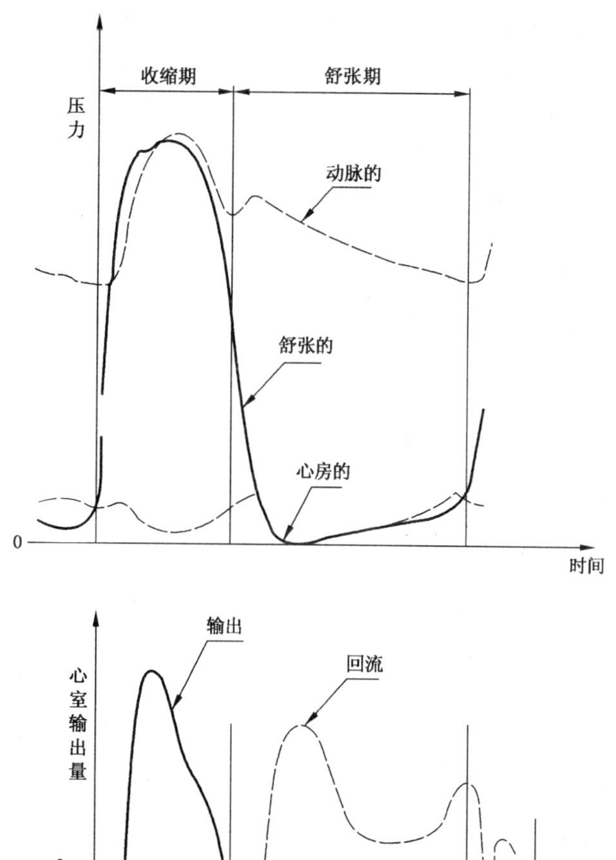

图 4 模拟健康人的动态血流波形图

6.5.3 试验步骤

6.5.3.1 每个组织环直径应至少取 3 个人工心脏瓣膜试验。并在安装测试瓣位置用一个对照瓣做对照。

6.5.3.2 包括定性评价在模拟心输出 2 L/min～7 L/min 的情况。

6.5.3.3 至少测量模拟 4 种心输出量。

6.5.3.4 不论是选择连续循环或随机选取循环，每种循环至少要测量 10 次数据。

6.5.3.5 定性评价每个人工心脏瓣膜的开关动作。

6.5.3.6 如可能,定性评价紧邻心脏瓣膜区域流体的情况。

6.5.3.7 记录或测量:

a) 平均跨瓣压差;
b) 平均流量;
c) 搏出量;
d) 循环率;
e) 一个完整循环的平均主动脉压;
f) 前向流阶段的持续期,表示为一个循环时间的百分数;
g) 在3个循环率下的返流量,包括关闭量,泄漏量(见图1)及相应的瓣膜关闭跨瓣压差。

6.5.4 脉动流试验报告

脉动流试验报告应包括:

a) 试验用流体的描述,包括生物来源和化学成分、温度、在试验条件下的粘度、密度;
b) 如6.5.2中规定,描述脉动发生器及组件和相关的设备,包括给出系统和相应流体池尺寸的示意图,详细地给出压力测量点相对于人工心脏瓣膜缝环平面中心的位置,压力测量仪器的频率响应,给出在大约70循环/min,平均主动脉压是13 kPa(100 mmHg)心输出量是5 L/min时有代表性的压力和波形;
c) 以适当的文件记录形式给出人工心脏瓣膜开闭情况评估,如果可能给出静态条件下流场状况的评估;
d) 永久记录至少10次连续循环心脏瓣膜远端和近端压力(随时间变化)和通过心脏瓣膜的流量。以图表的形式详细记录每个模拟心输出量条件下的每个心脏瓣膜和对照瓣膜性能数据的平均值,范围和标准差;
e) 模拟心输出量,表示为L/min;
f) 循环率,表示为循环/min;
g) 前向流阶段持续时间,表示为一个循环周期时间的百分数;
h) 搏出体积,表示为cm^3;
i) 平均流量,表示为L/min;
j) 平均跨瓣压差,表示为kPa或mmHg;
k) 有效内孔面积(公式中用),表示为cm^2;
l) 返流量,表示为cm^3。返流率,用百分数表示。关闭量,泄漏量和相应的平均瓣关闭跨瓣压差,表示为kPa或mmHg;
m) 一个完整循环的平均主动脉压,表示为kPa或mmHg。

7 疲劳试验(原则见第A.2章)

7.1 原则

人工心脏瓣膜体外的耐久性和破坏性试验数据可以和对照瓣膜比较。

7.2 通则

所有试验用人工心脏瓣膜应质量稳定。试验前,每个人工心脏瓣膜应是灭菌的。如果人工心脏瓣膜植入前需要再灭菌,应根据制造商说明的方法,在允许的最大重复灭菌次数内进行灭菌。

7.3 测量设备的精度和试验液体

7.3.1 压力测量系统应至少有1 000 Hz固有频率,并且测量精度应至少在±0.65 kPa(±5 mmHg)范围内。

7.3.2 所有其他测量仪器的精度应在满刻度值的±5%范围内。

7.3.3 试验用液体应满足试验要求。

7.3.4 大多数机械瓣膜和生物瓣膜应在室温下进行试验，但使用柔性聚合物瓣叶的机械瓣或有涂层的心脏瓣膜应在 37 ℃±1 ℃下进行试验。

7.4 试验设备要求

7.4.1 设备应能产生最小是 11.7 kPa(90 mmHg)的主动脉瓣的峰值关闭跨瓣压差和最小是 15.6 kPa(120 mmHg)的二尖瓣的峰值关闭跨瓣压差。这个压力应在试验循环时间里保持 95%。

7.4.2 试验设备应能在每次循环时都能使瓣叶完全打开和关闭。

7.5 试验步骤

7.5.1 每种瓣膜(主动脉瓣或二尖瓣)应至少用 3 种尺寸，大号、中号、小号瓣膜进行试验。尽管试验可能在不同的机器上进行，但相同尺寸的对照瓣应在相同试验条件下进行。如果主动脉瓣和二尖瓣除了缝环不同以外，其他结构完全相同，则只在二尖瓣位置试验。

7.5.2 试验期间，每个瓣膜应每间隔 50×10^6 循环次数后检查一次。

7.5.3 连续进行试验直到瓣膜破坏为止或至少循环 380×10^6 次(机械瓣)，或至少循环 200×10^6 次(生物瓣)。

7.5.4 瓣膜如果破坏，描述并记录破坏的类型和造成破坏可能的原因。

注：瓣膜破坏包括结构破坏和功能损害。例如：瓣膜结构退化包括穿孔、撕裂、瓣叶膨大分层、磨损、不完全吻合、破裂、过度变形、瓣膜个别组件破坏、其他机械破坏或磨损。瓣膜功能损害包括瓣膜泄漏量增加和/或前向流阶段跨瓣压差增加。

7.6 试验报告

疲劳试验报告应包括：

a) 试验用流体的描述，包括生物来源或化学成分、温度、在试验条件下的粘度和密度；

b) 试验规范和相关测试仪器的描述，包括系统示意图；

c) 循环率(循环/min)；

d) 根据文件记录的跨瓣压差确定试验方法，压差用 kPa 或 mmHg 表示，试验用瓣膜跨瓣压差和相应型号对照瓣膜的跨瓣压差用压强/时间波形表示，并用适当的形象记录方式记录至少各一次每个型号试验用人工心脏瓣膜和对照瓣膜的开闭情况；

e) 试验结束后根据瓣膜结构变化和破坏程度详细描述人工心脏瓣膜的外观。应采用适当的方式表征瓣膜的破坏程度，例如，组织学或表面表征。如果瓣叶完整，尺寸不变，应记录下来。

8 临床前体内评价(原则见第 A.3 章)

8.1 原则

获得动物体内反映人工心脏瓣膜预知性能及不可预知副作用的资料。

8.2 方法

8.2.1 一般要求

a) 人工心脏瓣膜至少放在应使用的一个解剖位置进行评价；

b) 人工心脏瓣膜应具有临床使用品质，试验瓣膜和对照瓣膜应具有和临床使用瓣膜相同的设计和尺寸；

c) 所有人工心脏瓣膜植入应使用相同的外科技术(例如：缝合技术，解剖位置和定位定向)；

d) 根据 GB/T 16886.2 的要求，应重视试验动物保护。

8.2.2 试验步骤

试验动物应是同一品系的，最好是同性同龄的，植入人工心脏瓣膜后至少有 6 只动物存活 20 周以上。

至少应有 2 只动物植入对照瓣膜。每个植入人工心脏瓣膜的动物都应进行死后检查，应有所有动物的试验数据；包括 20 周中存活和没有存活的动物。

应提供至少包括下列方面的评价：

a) 主要器官的病理学结果；

b) 植入的血液学结果；

c) 20 周后或 20 周中血液动态性能评价，包括测量心脏瓣膜的心输出量，在心脏指数约是 3 L/(min·m^2)的跨瓣压差和返流评价；

d) 瓣膜结构发生的任何变化(例如:明显的损坏、材料降解、变形和钙化)。

8.3 试验报告

试验报告应包括：

a) 每个试验动物大体的和显微病理报告，包括最短植入期内死亡的动物；报告还应包括人工心脏瓣膜在植入位置的形态记录以及主要器官的任何血栓情况；如果动物不是处死的，应记录动物的死亡原因；

b) 描述并记录所有血液试验研究结果，包括植入后到进行血液试验研究时的间隔时间，血液试验研究应至少包括溶血评价、血液学评价和血液化学评价；

c) 人工心脏瓣膜植入后的血液动力学性能，包括跨瓣压差，表示为 kPa 或 mmHg，心输出量，表示为升每分，定量评价瓣膜返流和瓣叶运动情况；

d) 取出的人工心脏瓣膜外观，包括直观形象记录和瓣膜结构改变评价(例如，明显损伤，材料降解，变形和钙化)；如可能，给出第 6 章中描述的用动态流试验评价的人工心脏瓣膜的功能状态；

e) 详细记录使用的动物模型，原理和试验前每个动物的健康情况；包括记录植入时动物的年龄；

f) 动物存活阶段使用药物的名称和剂量(例如，抗生素或止血药物)；

g) 评价手术中瓣膜和其他辅助设备操作难度，包括任何非常规的独特的特征；

h) 记录手术过程，包括缝合方法，瓣膜放置方位和手术并发症；

i) 研究者的姓名和工作单位。

9 临床评价(原则见第 A.4 章)

9.1 原理

在正常使用条件下为获得有关人工心脏瓣膜安全性和有效性的数据，副作用和相关的植入风险，应进行临床评价。

9.2 原则

对于新型瓣膜，应进行临床评价。对改进型瓣膜，应考虑是否进行临床评价；不论是否进行评价都应说明原理并备案。

对不符合本条规定的任何情况都应说明原理。

临床研究应根据 YY/T 0297 进行。

9.3 机构数量

临床评价机构应不少于 5 个。每个机构用于植入的一种类型人工心脏瓣膜数量应不少于 20 个。

注：每种类型(例如:主动脉瓣、二尖瓣)应尽可能选取不同组织环面直径大小的心脏瓣膜。

9.4 病人数量

进行单独的主动脉人工心脏瓣膜或二尖瓣人工心脏瓣膜评价的病人至少分别达到 150 例，如果某种人工心脏瓣膜只用在一个部位，则在此位置进行评价的人工心脏瓣膜应不少于 150 例。

注："单独的"指每个接受者只植入一种人工心脏瓣膜。

9.5 研究时间

从植入最后一个人工心脏瓣膜开始至少持续 1 年时间。

9.6 临床数据要求

9.6.1 原则

参考9.3的规定，按照9.6.2和9.6.5的规定，应报告所有接受人工心脏瓣膜病人的临床数据。对于只进行手术和术后评价、血液研究和血液动力学评价的，参与评价的机构应使用相同的试验方法和方案。

9.6.2 确认资料

下列确认资料应收集：

a) 病人性别，出生日期和种族(随意)；

b) 研究者姓名；

c) 研究机构名称。

9.6.3 手术前资料

下列手术前资料应收集：

a) 诊断和并发疾病；

b) 纽约心脏协会心功能分级；

c) 以前做过心血管手术；

d) 血液动力学评价(有创性的和/或无创性的)；

e) 血液研究，包括凝血试验和溶血试验；

f) 表面积。

9.6.4 手术资料

下列手术数据应收集：

a) 诊断；

b) 手术操作；

c) 手术时间；

d) 瓣膜型号、类型、尺寸和序列号；

e) 瓣膜组织环直径；

f) 缝合方法；

g) 人工心脏瓣膜在组织环上的位置(例如：环上的、环下的)；

h) 心脏瓣膜瓣叶取向；

i) 并发症，包括手术死亡。

9.6.5 随访资料

人工心脏瓣膜植入3个月应收集相应的数据，除了9.6.5c)中规定的项目外，每年进行评价研究(见9.5)。

注：在植后的早些年，可能不产生结构退化和功能障碍；所以推荐每年或两年一次收集长期资料。

下列随访资料应收集：

a) 资料和收集方法(例如：电话、信件或随访)；

b) 纽约心脏协会心功能分级；

c) 用多谱勒超声心动扫描仪评价血液动力学(见第A.5章原理)或其他有效方法评价；

d) 血液研究，包括凝血试验和溶血试验；

e) 开始时使用抗凝剂和终止使用抗凝剂和/或抗血小板治疗情况(应说明治疗类型)；

f) 全身性血栓和心脏瓣膜血栓性功能障碍发生率；

g) 并发症，包括植入人工心脏瓣膜心内膜炎、结构退化、非结构性功能障碍、瓣周漏和溶血、心内血栓、与抗凝剂有关的大出血、全身性血栓和血栓性心脏瓣膜功能障碍；

h) 如果进行心电图检查，胸透和使用心导管检查应书面报告；

i） 再手术报告；

j） 如果可能取出植入物分析；

k） 死亡日期和原因；

l） 如可能提供尸检报告。

9.7 临床评价报告(见第 A.6 章原理)

9.7.1 原则

按 9.6 规定收集的数据应列表并应包括下列内容：

a） 研究者的姓名和单位；

b） 病人分析包括年龄、性别和种族(随选)；

c） 术前和术后比较；

d） 术前心脏瓣膜和相关疾病的诊断，术中诊断，手术过程包括缝合技术，手术并发症；

e） 人工心脏瓣膜组织环直径、尺寸、型号、类型；

f） 植入后的月数和随访形式；

g） 血液动力学评价结果[见 9.6.5c)]；

h） 血液研究和治疗结果[见 9.6.5d)和 9.6.5e)]；

i） 并发症分析[见 9.6.4i)]；

j） 再手术报告的分析，取出植入物的结果，死亡日期和原因，尸检报告。

9.7.2 方法

报告的方法应符合“心脏瓣膜手术后的发病率和死亡率报告指南”的规定并应包括下列内容：

a） 用统计方法分析存活率和无并发症率；

b） 用适当的分析方法分析所有死亡数和并发症数，并说明所用分析方法的原理；

c） 结果依照下列要求列出：

1） 所有存活数；

2） 没有并发症的存活数；

3） 存活并没有特殊的并发症，包括但不局限于瓣叶血栓，全身性栓塞，与抗凝有关的出血，人工心脏瓣膜心内膜炎，心脏瓣膜结构性退化，非结构性功能障碍和再手术。

10 包装、标签和说明

10.1 原则

应设计包装、标签和说明以确保向用户提供下列信息：

a） 人工心脏瓣膜在贮存和运输时其特性和性能是不变的；

b） 植入和应用人工心脏瓣膜信息；

c） 病人身份登记表格。

10.2 包装

10.2.1 原则

在所有贮藏、运输条件下，包装应能保证内容物的特性和性能不变，并能保证内容物在使用时无菌。

10.2.2 内包装

人工心脏瓣膜应包装在单元容器内，并保证内包装密封条的任何损坏都清晰可见。

10.2.3 外包装

应对内包装进行外包装以保护内包装。

10.2.4 灭菌

供应商提供的人工心脏瓣膜至少在内包装的内部是无菌的。应采用适当的方法灭菌，并根据国际承认的标准方法确认，如 GB 18278，GB 18279，GB 18280 中所述。如果制造商声明人工心脏瓣膜在植入前需要再灭菌,则应提供说明。

10.3 标签

10.3.1 内包装标签

每个内包装应标有说明下列内容的文字、短语、符号:

a) 内容物;

b) 人工心脏瓣膜的商标名;

c) 人工心脏瓣膜的型号、尺寸、瓣型;

d) 名称/商标和制造商和/或分销商;

e) 批代码(批号或序列号);

f) 灭菌;

g) 一次性使用;

h) 灭菌方法;

i) 何日前使用;

j) 如有破损禁止使用的警告;

10.3.2 外包装标签

每个外包装应按8.3.1的规定作出标示并附贮存说明。

10.4 人工心脏瓣膜说明书

每个人工心脏瓣膜应有包括下列内容的说明书:

a) 说明书应有10.3.1中规定的除了批代码和使用日期以外的信息;

b) 内孔面积用 cm^2 表示,组织环直径、外缝环直径、外廓高度用cm表示;

c) 使用说明和已知禁忌;

d) 人工心脏瓣膜植入和操作注意事项;

e) 详细的警示,包括相应的操作方法和策略(例如:把导管跨越瓣膜);

f) 警示植入人工心脏瓣膜病人进行核磁共振成像测试的危险性;

g) 关于植入人工心脏瓣膜和操作的技术和说明;

h) 列出与植入人工心脏瓣膜有关的可能并发症;

i) 所需辅助设备及其使用说明;

j) 推荐的贮存方法;

k) 重复灭菌的说明(如果允许),包括允许最多重复灭菌次数;

l) 病人和医生联系信息和说明;

m) 制造商名称、地址、电话和传真号。

10.5 病人登记表格

每个人工心脏瓣膜制造商都应提供一个表格或卡片,以便把病人的资料反馈到适当的部门。这种表格至少要包含下列记录内容:

a) 病人姓名和身份证号或病历号;

b) 医院名称和地址;

c) 手术医生的姓名;

d) 负责术后护理和随访医生的姓名、地址、电话;

e) 手术时间;

f) 人工心脏瓣膜的植入位置;

g) 人工心脏瓣膜的型号、尺寸、序列号;

h) 制造商的名称、地址、电话、传真号。

附　录　A
（资料性附录）
本标准条文的原理

A.1　材料、组件和瓣膜性能试验原则（见第5章）

对人工心脏瓣膜材料稳定性的评价是确定心脏瓣膜是否具有长期稳定性和有效性的关键。本标准是用来确定反映心脏瓣膜材料和组件稳定性等一系列定性和定量指标试验的。一些试验通过机械疲劳和破坏的方法反映组件的寿命。另外一些试验是定量评测心脏瓣膜的功能性和安全性以及寻找心脏瓣膜潜在的破坏模式。人工心脏瓣膜制造商有责任对材料和组件进行试验以确保其安全性。

A.2　体外试验原则（见第6章、第7章）

可控试验条件下，人工心脏瓣膜及其组件的体外试验提供了瓣膜及其组件的流体力学性能、设计和耐久性能等重要信息。这些信息对保证临床研究前瓣膜的基本安全性和有效性非常必要。然而，将体外试验结果直接用于体内是不可行的。如同所有体外试验一样，在分析从试验中得到的各种结果时明晰试验的局限性是非常重要的。

A.3　体内评价原则

临床前试验的目的是用来辅助评价在体外评价试验不能反映的心脏瓣膜特性和效能指标。所以，用动物模型去评价心脏瓣膜的耐久性显然是不可行的，但人工心脏瓣膜植入动物体内获得的有关血液动力学和生物学性能数据却很有价值。现在还没有一个统一公认的可接受的动物模型。因此，选择试验动物模型应根据测试瓣的特点和研究人员的经验。

A.4　临床评价的原则

体外试验和临床前评价的试验数据不能评价心脏瓣膜在病人身上表现出的性能，在人身体上，生理和代谢因素可以使人长期存活并避免并发症。临床评价的目的是获取人工心脏瓣膜在人体内的安全性和有效性数据。本标准提供了一个首先对少量病人进行短期体内耐久性初级阶段试验方案，目的是发现与瓣膜有关的早期问题，并非有意推迟新型瓣膜的上市时间。接下来进行的大数量病人长期临床试验对详细统计并发症的发病率非常必要。因为存在晚期并发症的可能，所以应保证对早期病人进行长期随访。第一阶段短期临床试验完成以后，是否接受进行下一步长期试验要根据病人是否承担预期的、广泛的和长期的监控责任而定。

A.5　多谱勒超声心动图评价原理

二维超声心动图和多谱勒超声心动图是现在评价心功能和人工心脏瓣膜功能的有效方法。诊断的精度取决于操作者的技能。现在主要任务是开发出仪器的标准校正技术和达成评价心脏瓣膜功能的临床协议。这是一个热门研究领域，但迄今仍无统一结论。在这里建议所有涉及心脏瓣膜临床评价的研究单位都使用相同的超声心动图评价方案。

A.6　临床评价报告的原则

“心脏瓣膜植入手术后的合并症发生率和死亡率报告指南”已经有了很大发展并得到国际认同，作为指南文件发表在胸外科年报，欧洲心胸外科杂志以及心血管和胸外科杂志上。指南的目的是使心脏瓣膜植入手术后的手术结果报告和分析更容易。设计的定义和推荐方法能够使不同的外科医生、研究组、人群、技术和材料更加容易。

附 录 B
（资料性附录）
与心脏瓣膜有关的材料（见第 4 章）

下列材料并不是包括全部的使用材料，仅供参考。

B.1 合成聚合物

环氧化物
碳氟化物
聚酰胺
聚酯
聚缩醛
聚砜
聚氨酯
硅树脂

B.2 生物材料

牛心包
牛心脏瓣膜
猪心脏瓣膜
胶原

B.3 金属

钴/铬合金
镍/铬合金
不锈钢
钽
钛和钛合金

B.4 陶瓷

铝
硫酸钡
氯化钡
氧化钛
氧化锆
石墨
低温各向同性热解碳
　　单层的
　　复合的
超低温各向同性热解碳
玻璃化碳

B.5 纺织品

聚酯
    针织
    编织
    戴绒针织
    戴绒编织
    复合丝
聚四氟乙烯
    针织
    编织
    膨体
聚全氟乙丙烷
聚丙烯

B.6 涂层

惰性的
    化学或物理蒸发沉积材料，例如，碳
    疏水聚合物
    亲水聚合物
活性的
    抗凝剂
    抗菌剂
    负离子表面电荷
    血栓溶解剂

B.7 复合物

碳/碳
碳/聚合物

附 录 C
（资料性附录）
心脏瓣膜及其组件的物理和材料性能

C.1 原则

本附录描述了可能和心脏瓣膜和/或组件有关的物理和材料性能。因为材料及其组件组成最终产品，所以应对材料和组件进行所有检测。包括组装后的所有处理。如果可能，应对其性能进行评价。

C.2 原材料的物理性能

C.2.1 化学成分 chemical composition

化学成分和纯度，包括添加剂。

C.2.2 密度 density

单位体积的质量，即材料密度。

C.2.3 液体的扩散性（多孔性和渗透性） liquid diffusivity(porosity and permeability)

材料从周围组织液和液体环境中吸收生物成分的能力。

注：这种生物性能可能是导致瓣膜钙化和在特定应力作用下瓣膜早期损坏的原因。

C.2.4 材料硬度 material hardness

材料抵抗划伤和塑变的能力（通常和磨损有关）。

C.2.5 微观结构/形态学 microstructure/morphology

组成材料颗粒的大小和形状、缺陷、孔隙等。对于生物瓣，应包括细胞和胶原的形态。

C.2.6 撕裂强度 tear strength

引起纤维片撕裂和持续撕裂所需的力。

C.2.7 杨氏模量 young's modulus

反应材料的机械刚度。

注：当拉伸和压缩力施加到材料片上时，材料片趋向于伸长和缩短。可将施加的力和材料伸长率的比值定义为杨氏模量。在理论上模仿成品器械装置受动态和静态应力的作用时需要有杨氏模量这个参数。

C.2.8 泊松比 poisson's ratio

材料横向收缩应变和纵向拉伸应变的比率。

注：当对一片材料拉伸或施加一个非轴向的纵向压缩力，材料的横截面形状会发生变化。和杨氏模量一样，可用泊松比反应成品器械的力学性能。

C.2.9 复数模量 dynamic moduli

描述粘弹性材料力学性能的复数模量（贮存模量和损耗模量）。

C.2.10 热膨胀系数 coefficient of thermal expansion

材料在不同温度下物理尺寸的变化。

注：这个参数通常只对由各向同性热解碳复合材料制成的瓣叶非常重要。因为瓣叶从 1 300 ℃碳的沉积温度冷却到室温，所以沉积层内有残留应力，形变的大小和尺寸取决于基体材料和沉积层不同的热膨胀性。残留应力影响材料的强度，临界流量和裂纹扩展速度。

C.2.11 玻璃化转变温度 glass transition temperature

聚合物的特性温度，即在某温度以下，聚合物大分子链不再运动。

C.2.12 熔融指数 melt index

在规定的温度、时间和压力下，热塑性聚合物树脂通过一定尺寸孔径的质量克数。

C.2.13 熔点(melting point

材料由固体转变为液体的温度。

C.2.14 吸水性 hydraulic expansion

材料放入水中前和放入水中后的尺寸。

C.2.15 生物稳定性 biostability

材料在生理液环境下其化学成分的变化。

C.2.16 膜厚度 film thickness

沉积于基体材料表面膜的平均厚度。

注：测量薄膜厚度的技术有轮廓测量法和椭圆光度法。一些情况下，需要用钻孔测深方法测量。

C.2.17 薄膜元素成分的百分含量 percent elemental composition of a film

膜的元素组成，表示为百分含量。

C.3 表面物理性质

C.3.1 原则

当由材料和组件组成最终产品，应对材料和组件进行检测。包括器械组装后的所有处理过程，例如：灭菌。

C.3.2 临界表面张力 critical surface tension

表示生物植入体的表面形态。

注：植入物的表面粗糙度和化学组成对植入物和生物宿主反应起关键作用。临界表面张力是描述固体的表面特征的重要参数。材料的表面拓扑分布、化学组成和洁净度影响临界表面张力。临界表面张力和材料的表面自由能有关。

C.3.3 表面粗糙度 surface roughness

组件表面的显微形态。

C.3.4 表面化学组成 surface chemical composition

几个原子厚的表面材料化学组成。

注：材料表面化学成分的变化可能影响材料怎样和宿主反应。打磨、抛光、清洗和灭菌等工艺均可能改变材料表面的化学组成。

C.3.5 表面电荷和表面电荷密度 surface charge and surface charge density

附着在材料表面的电荷的电性和数量。

注：材料的表面电荷对材料的生物相容性有重要影响。

C.3.6 表面电阻 *R* surface resistance，*R*

材料的阻抗系数和膜厚度的比值。

$$R = \frac{p}{t} \qquad \cdots\cdots\cdots\cdots(C.1)$$

式中：

p——材料阻抗系数，Ω·cm；

t——样品的厚度，cm。

注：测量样品电阻的经典方法是四点探针测量法。这种方法应在样品的表面进行多次测量，然后求出平均电阻值。

C.4 机械和化学性能

C.4.1 通则

对材料的工程性质进行评价以评估材料或组件用于特定部位时能否发挥功能。

C.4.2 耐磨性 wear resistance

两种材料表面相互摩擦时的磨损率。

C.4.3 **摩擦系数 coefficient of friction**

两个紧密接触的面相互运动时消耗的能量。

C.4.4 **剥离强度 peel strength**

表示不同的材料层间的粘合力,通常是指薄层复合材料。

注:薄层材料包括薄膜表面层,目的是改变材料的界面化学条件。

C.4.5 **弯曲强度 flexural strength**

使样品弯曲破坏需要的力。

注:用本方法测定样品的弯曲强度时,试验结果经常出现很大的偏差。为了保证测得的数据反应材料的真实弯曲强度,试验数据应用适当的统计方法处理。

C.4.6 **压缩强度 compressive strength**

使样品压缩破坏需要的力。

注:用本方法测定样品的压缩强度时,试验结果经常出现很大的偏差。为了保证测得的数据反应材料的真实压缩强度,试验数据应用适当的统计方法处理。

C.4.7 **拉伸强度 tensile strength**

使样品拉伸破坏需要的力。

注:用此类方法测定样品的拉伸强度时,试验结果经常出现很大的偏差。为了保证测得的数据反应材料的真实拉伸强度,试验数据应用适当的统计方法处理。

C.4.8 **拉伸断裂应变(伸长) tensile strain to failure(elongation)**

样品在拉伸断裂时的应变或伸长。

C.4.9 **破坏应变能 strain energy to failure**

使样品变形直到达到破坏点时所需的能量。

注:应变能是反应材料韧性的一个指标,通常不了解疲劳机理。

C.4.10 **残余应力 residual stress**

产品加工完以后残余在材料中的应力。

C.4.11 **应力松弛 stress relaxation**

样品在保持一定的伸长或形变的条件下,其应力逐渐减小的现象。

C.4.12 **蠕变 creep**

在一定载荷的作用下,材料的尺寸发生不可恢复的变化。

C.4.13 **断裂韧度 fracture toughness**

材料抵抗裂纹增长的量度。

注:它是使材料产生不稳定裂纹增长所需的应力强度。

C.4.14 **裂纹扩展速度 crack growth velocity**

在一定的负荷条件下,材料产生裂纹后,保持扩展的速度。

注:材料的残余应力影响裂纹扩展速度。

C.4.15 **疲劳寿命 fatigue life**

材料承受一定载荷而不破坏的持续时间。

注:通常,材料的疲劳破坏由两个独立的时间段组成,第一是裂纹产生阶段,当材料受循环负载的作用下,材料会在某个位置发生应力集中,使材料在此位置产生缺陷,当此缺陷达到一临界尺寸时,可以认为材料开始被破坏。一旦此种破坏导致裂纹产生,就进入材料疲劳破坏的第二阶段,即裂纹增长阶段,材料的疲劳阶段开始。裂纹在重复负载的作用下继续增长直到负载超过抗裂韧度,材料完全破坏。

C.4.16 **应力腐蚀 stress corrosion potential**

材料因所加应力或残余应力的作用而产生腐蚀或加速腐蚀。

C.4.17 **电位腐蚀 galvanic corrosion potential**

两种不同材料间可能产生的腐蚀。

注:例如,热解碳壳体与钛支撑环的反应是电位腐蚀。

C.4.18 **摩擦腐蚀** **fretting corrosion potential**

两个表面由于在压力下紧密接触并发生轻微的相对运动而产生的表面损伤。

C.4.19 **孔隙度** **void concentration**

膜单位面积的孔隙数量。

注：孔隙密度特指孔隙的尺寸和孔隙尺寸的范围(例如：孔隙密度表示为一微米以下的孔隙数量为每平方厘米～100个)。

C.5 瓣膜设计参数

C.5.1 **计算机模拟** **computer modelling**

用计算机计算承受最大应力部位的应力。

注：这种方法要考虑峰值负载和动态情况。

C.5.2 **组织环直径和内孔面积测量** **tissue annulus diameter and internal orifice area measurements**

测量组织环直径和瓣口面积。

C.5.3 **瓣膜耐受力和疲劳寿命** **valve impact and fatigue life**

人工心脏瓣膜由于瓣阀的启闭而导致破坏的承受能力。

C.5.4 **静态压力:破坏试验** **static pressure:"burst" test**

心脏瓣膜在静态水载荷的作用下破坏时的负载大小。例如:瓣叶、瓣口破坏或瓣叶脱落。

C.5.5 **瓣环变形** **orifice deflection**

瓣膜环承受径向力或轴向力导致瓣叶脱落或运动阻碍所需的力。

C.5.6 **缝环推离** **sewing ring push-off**

将心脏瓣膜剥离缝环所需的力。

C.5.7 **缝环扭矩** **sewing ring torque**

在缝环中转动心脏瓣膜所需的扭矩。

C.5.8 **缝线保持强度** **suture retention strength**

缝环上的缝线保持强度。

C.5.9 **钙化(体内模型)** **calcification(in vivo model)**

瓣膜在体内的钙化速率和程度。

附 录 D
（资料性附录）
人工心脏瓣膜材料及其组件测试引用标准

D.1 金属材料

金属外科植入物原材料引用标准：

ISO 5832-1:1987 外科植入物 金属材料 第1部分:锻造不锈钢

ISO 5832-2:1993 外科植入物 金属材料 第2部分:纯钛

ISO 5832-3:1990 外科植入物 金属材料 第3部分:Ti6Al4V

ISO 5832-4:1978 外科植入物 金属材料 第4部分:铸造钴铬钼合金

ISO 5832-5:1993 外科植入物 金属材料 第5部分:钴铬钨镍锻造合金

ISO 5832-6:1980 外科植入物 金属材料 第6部分:钴镍铬锰锻造合金

ISO 5832-7:1994 外科植入物 金属材料 第7部分:钴铬镍锰可锻造冷却合金

ISO 5832-8:1987 外科植入物 金属材料 第8部分:钴镍铬锰钨铁锻造合金

利用牵伸试验机测定纺织物各种强度所引用标准：

ASTM E 8-95 金属材料拉伸性能测试方法

ASTM E 111-88 杨氏模量、剪切模量、弦向模量的测试方法

泊松比

ASTM E 132-92 室温下泊松比的测试方法

疲劳破裂初始强度、疲劳极限及S-N曲线：

ASTM E 466-82 金属材料于固定放大载荷下轴向疲劳试验指导方法

ASTM E 468-90 金属材料于固定放大载荷下轴向疲劳试验结果

ASTM E 739-91 疲劳试验中应力应变数据的线性化处理或统计分析

疲劳破裂发展速率及裂痕增长速度：

ASTM E 647-95 疲劳破裂发展速率测试方法

硬度

ASTM E 18-94 金属材料洛氏硬度及洛氏表面硬度测试方法

ASTM E 92-82 金属材料维氏硬度测试方法

微观结构

ASTM E 3-95 金相试验样品制备方法

ASTM E 112-88 颗粒平均尺寸的测试方法

热膨胀(热收缩加固环)

ASTM E 228-85 利用玻璃石英膨胀计测试固体材料线性热膨胀系数的方法

断裂韧性

ASTM E 399-90 金属材料断裂韧性测试方法

ASTM E 813-89 断裂韧性测试方法

疲劳寿命

ASTM E 466-82 金属材料于固定放大载荷下轴向疲劳试验指导方法

ASTM E 468-90 金属材料于固定放大载荷下轴向疲劳试验结果

ASTM E 739-91 疲劳试验中应力应变数据的线性化处理或统计分析

ASTM E 648-94a 利用辐射热能测试涂层体系临界辐射流的方法

D.2 高聚物材料

粘度

ASTM D 20-91 筑路焦油蒸馏物的测试方法

ISO 61:1976 塑料 无法通过一个特定的漏斗灌注而成的注模材料表观密度的测试方法

熔融指数

ASTM D 1238-94a 用熔融挤出机测定热塑性塑料流动速率的测试方法

高分子量聚乙烯

ISO 3834-1:1994 焊接质量要求 金属材料的氧炔焊 第1部分:选择和应用导则

ISO 3834-2:1994 焊接质量要求 金属材料的氧炔焊 第2部分:全面质量要求

ISO 3834-3:1994 焊接质量要求 金属材料的氧炔焊 第3部分:标准质量要求

ISO 3834-4:1994 焊接质量要求 金属材料的氧炔焊 第4部分:基本质量要求

静载荷下断裂强度的测试

ISO 5081:1977 纺织物 机织织物 断裂强度及断裂伸长率的测试

用拉伸机进行拉伸断裂试验

ASTM D 638-94b 塑料拉伸性能测试方法

拉伸性能

ISO/R 527:1966 塑料 拉伸性能的测定

泊松比

ASTM E 132-92 室温下泊松比的测试方法

动态机械性能的测定

ISO 6721-1:1994 塑料 动态机械性能的测定 第1部分:通则

ISO 6721-2:1994 塑料 动态机械性能的测定 第2部分:钟摆扭矩测试方法

表面磨损

ISO 4586-2:1995 高压装饰薄片 热固性树脂造薄片 第2部分:性能测定

BS 3962-6:1980 木质家具成品测试方法 抗机械损坏力的评价

柔韧性:动态弯曲载荷下的破裂强度的测定

ISO 178:1993 柔韧性的测试

疲劳破裂初始值及忍耐极限;S-N 曲线

ASTM E 466-82 金属材料轴向放大疲劳试验方法

ASTM E 468-90 金属材料轴向放大疲劳试验结果

疲劳裂痕增长率

ASTM E 647-95 疲劳裂痕增长率的测试方法

压缩性能

ISO 604:1993 塑料 压缩性能的测定

外科植入物用高密度硅橡胶

BS 7253-3:1990 非金属材料外科植入物 热塑性硅橡胶制外科植入物

密度

ASTM E 792-95 临床实验室管理系统信息选择导则

液体扩散性(多孔性、渗透性和吸水性)

ASTM D 570-81 塑料吸水性的试验方法

硬度

ASTM D 785-93 塑料和电绝缘材料的洛氏硬度测试方法

耐磨性

ASTM D 1044-94 透明塑料表面耐磨损性能测试方法

ASTM D 4060-90 利用磨损机测试有机涂层耐磨损性的试验方法

蠕变

ASTM D 2990-93a 塑料拉伸蠕变、压缩蠕变、弯曲蠕变及蠕变破裂的测试方法

韧性断裂

ASTM 399-90 金属材料平面张力韧性断裂测试方法

ASTM E813-89 一种韧性断裂的测试方法

液压扩张

ASTM F 1087-88 潮湿条件下密封材料线性尺寸稳定性的测试方法

D.3 陶瓷和碳材料

物理和化学性能

ISO 6474:1994 外科植入物 氧化铝制陶瓷材料

疲劳裂痕增长率

ASTM E 647-95 疲劳裂痕增长率的测试方法

硬度

ASTM E 92-82 金属材料维氏硬度测试方法

热膨胀

ASTM E 228-85 利用玻璃石英膨胀计测试固体材料线性热膨胀系数的方法

韧性断裂

ASTM 399-90 金属材料平面张力韧性断裂测试方法

D.4 生物材料

拉伸性能适用性

ISO/R 527(各个部分) 塑料 拉伸性能的测定

D.5 纺织品

撕裂力

DIN 53859-2:1979 纺织物裂痕增长试验 边缘裂痕增长试验

吸水性

DIN 53923:1978 纺织物测试 纺织物吸水性测定

附 录 E
（资料性附录）
人工心脏瓣膜组件的定义

E.1 涂层 coating

附着于心脏瓣膜组件上的用于改善瓣膜的物理和化学性能的薄层。

E.2 连接组件材料 component-joining material

一种材料，像缝线、粘合剂或粘接化合物用于组装人工心脏瓣膜的组件，因而成为植入物的一部分。

E.3 包附物 covering

用于包附或密封心脏瓣膜的组件。

E.4 瓣阀保持装置 occluder retention mechanism

用于支撑和保持瓣阀的装置。

E.5 孔环、支架 orifice ring; housing

支撑机械瓣瓣阀的组件。

E.6 缝环、缝沿 sewing ring; cuff

连接人工心脏瓣膜和心脏的组件。

E.7 缝环填充物 sewing-ring filler

缝环外侧的附着材料。

E.8 缝环固定材料 sewing-ring retaining material

避免缝环从支架上脱落的材料。

E.9 支架、框架、瓣体 stent; frame; body

支撑人工心脏瓣膜瓣阀的组件。

E.10 加强件 stiffening element

减少瓣膜孔环变形的组件。

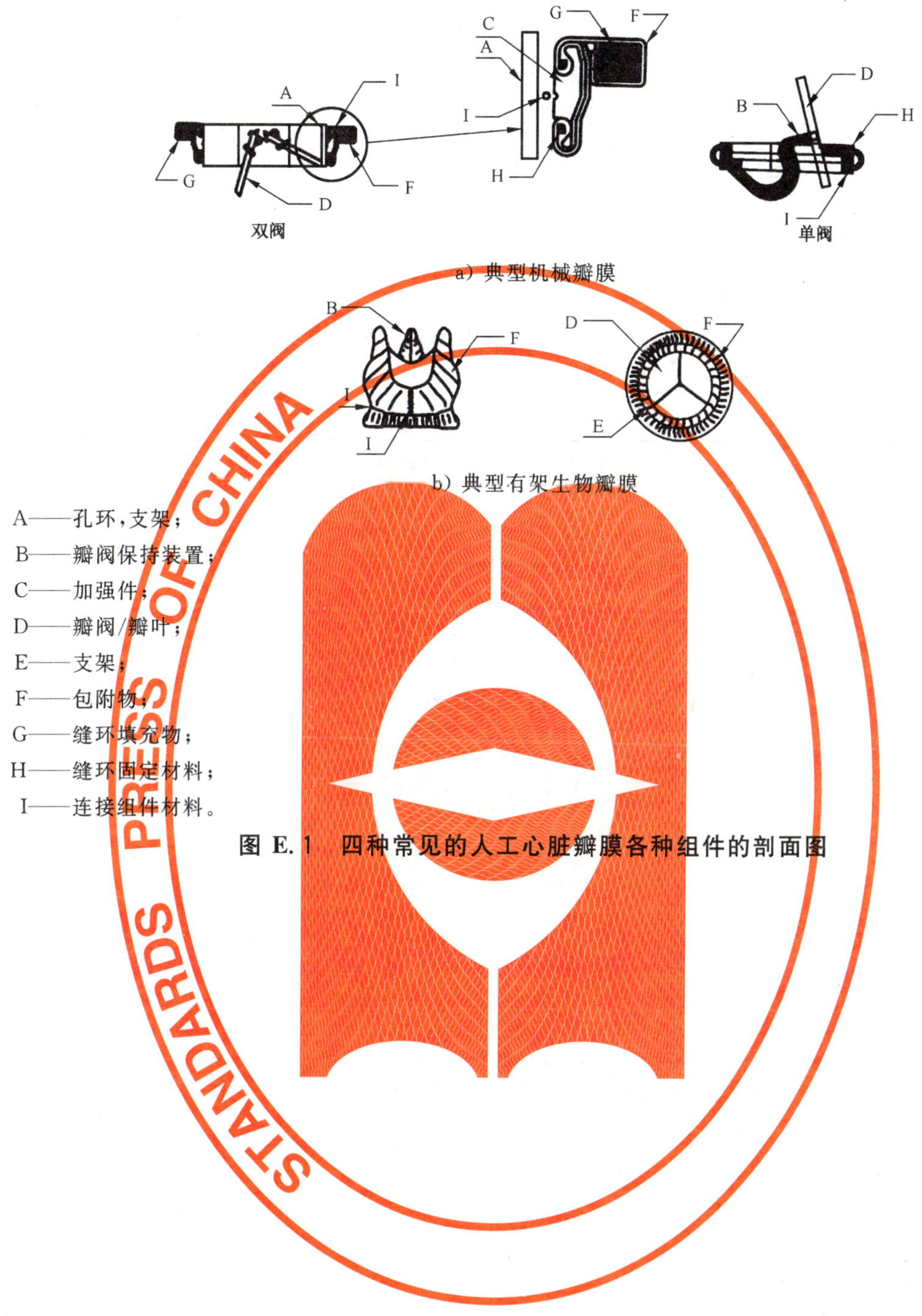

A——孔环，支架；
B——瓣阀保持装置；
C——加强件；
D——瓣阀/瓣叶；
E——支架；
F——包附物；
G——缝环填充物；
H——缝环固定材料；
I——连接组件材料。

图 E.1 四种常见的人工心脏瓣膜各种组件的剖面图

附 录 F
（资料性附录）
瓣 膜 描 述

F.1 人工心脏瓣膜描述

人工心脏瓣膜可以根据表 F.1 分类

表 F.1 人工心脏瓣膜主要分类

主要心脏瓣膜类别	动物来源	原解剖位置	瓣叶		植入位置
			数量	材料	
有架生物瓣				不适用	
无架生物瓣				不适用	
机械瓣	不适用	不适用			

下列是根据表 F.1 的分类例子：

a) 有架生物瓣，猪，主动脉瓣，3，不适用，二尖瓣的；

b) 无架生物瓣，牛，心包，3，不适用，主动脉的；

c) 机械瓣，不适用，不适用，2，热解碳的，主动脉的，二尖瓣的；

d) 机械瓣，不适用，不适用，1，陶瓷的，三尖瓣；

e) 机械瓣，不适用，不适用，3，聚氨酯，主动脉的或二尖瓣的。

F.2 人工心脏瓣膜组件

F.2.1 组件描述

人工心脏瓣膜组件的组分可根据表 F.2 分类。

表 F.2 人工心脏瓣膜组件的分类

组件	材料分类				
	生物的	合成聚合物	金属	陶瓷	纺织品
瓣口环					
瓣阀保持装置					
硬组分					
瓣阀					
支架					
覆盖物					
缝环填料					
缝环加固件					
组件连接材料					

F.2.2 组件材料

图 E.1 所示是典型的人工心脏瓣膜组件，可以通过制备组件的材料确认组件，这些材料又可以根据所含一种主要材料进行分类，材料分类在附录 B 中。

ICS 67.240
B 04

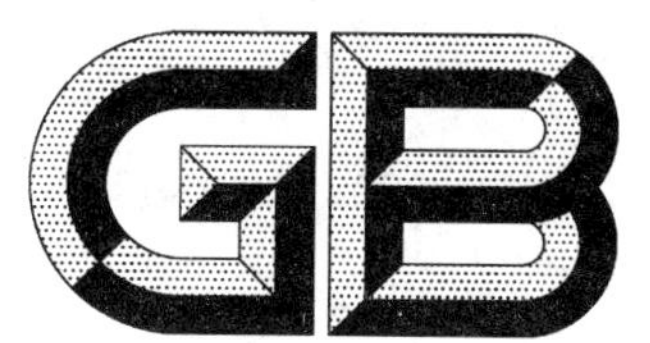

中华人民共和国国家标准

GB/T 12315—2008/ISO 8587:2006
代替 GB/T 12315—1990

感官分析　方法学　排序法

Sensory analysis—Methodology—Ranking

(ISO 8587:2006,IDT)

2008-06-25 发布　　2008-12-01 实施

中华人民共和国国家质量监督检验检疫总局
中国国家标准化管理委员会　发布

前 言

本标准等同采用国际标准 ISO 8587:2006《感官分析　方法学　排序法》(Sensory analysis—Methodology—Ranking)。

为便于使用,本标准做了下列编辑性修改:

a) “本国际标准”一词改为“本标准”。

b) 用小数点“.”代替作为小数点的逗号“,”。

c) 删除国际标准的前言。

d) 对标准中出现的公式进行了编号,以表述更明确。

e) 将 8.2.5 中的注,改为附注 3),以更突出重点、表达更清晰。

f) 对附录 A 中表 A.1 的第一列适当进行了拆分合并处理,以使检验目的更加明确。对附录 B 和附录 C 根据检验分析的步骤,划分出条,进行了编号,并根据每条的内容列出了标题,以表达更清晰,便于理解。

本标准代替 GB/T 12315—1990《感官分析方法　排序法》。本标准与 GB/T 12315—1990 相比,重大的技术内容变化主要有:

——对采标的国际标准原文处理不同,旧版标准参照采用 ISO 8587:1988,新版标准等同采用 ISO 8587:2006;

——增加了采用 Spearman 相关系数评判评价员个人表现和采用 Page 检验评判小组表现的技术内容;

——区分了不同试验设计进行结果表达与解释的差异,如完全区组设计和平衡不完全区组设计中,计算 LSD 最小显著差数值的不同公式;

——明确了不同检验目的所需的检验条件,如评价员水平、评价员人数以及可采用的统计方法等。

本标准的附录 A 为规范性附录,附录 B、附录 C、附录 D 为资料性附录。

本标准由中国标准化研究院提出并归口。

本标准主要起草单位:中国标准化研究院、北京工商大学、中国人民解放军总后勤部军需装备研究所、今麦郎食品有限公司。

本标准主要起草人:赵镭、刘文、汪厚银、宋焕禄、钱平、侯国友。

本标准所代替标准的历次版本发布情况为:

——GB/T 12315—1990。

感官分析　方法学　排序法

1　范围

本标准规定了将一系列被检样品按其某种特性或整体印象的顺序进行排列的感官分析方法。

本标准适用于评价样品间的差异，如样品某一种或多种[1]感官特性的强度，或者评价人员对样品的整体印象。该方法可用于辨别样品间是否存在差异，但不能确定样品间差异的程度。

本标准规定的方法适用于以下情况：

a）评价员评估：包括培训评价员以及测定评价员个人或小组的感官阈值；

b）产品评估：

1）在描述性分析或偏爱检验前，对样品初步筛选；

2）在描述性分析和偏爱检验时，确定由于原料、加工、包装、贮藏以及被检样品稀释顺序的不同，对产品一个或多个感官指标强度水平的影响；

3）在偏爱检验时，确定偏好顺序。

2　规范性引用文件

下列文件中的条款通过本标准的引用而成为本标准的条款。凡是注日期的引用文件，其随后所有的修改单（不包括勘误的内容）或修订版均不适用于本标准，然而，鼓励根据本标准达成协议的各方研究是否可使用这些文件的最新版本。凡是不注日期的引用文件，其最新版本适用于本标准。

GB/T 10221　感官分析　术语（GB/T 10221—1998，idt ISO 5492:1992）

GB/T 16860　感官分析方法　质地剖面检验（GB/T 16860—1997，idt ISO 11036:1994）

GB/T 16861　感官分析　通过多元分析方法鉴定和选择用于建立感官剖面的描述词（GB/T 16861—1997，idt ISO 11035:1994）

ISO 3534-1　统计学术语　第1部分：一般统计术语（Statistics—Vocabulary and symbols—Part 1:General statistical terms and terms used in probability）

ISO 6658　感官分析方法总论（Sensory analysis—Methodology—General guidance）

ISO 8586-1　感官分析　专家的选拔、培训和管理导则（Sensory analysis—General guidance for the selection training and monitoring of assessors—Part 1:Selected assessors）

ISO 8589　感官分析　建立感官分析实验室的一般导则（Sensory analysis—General guidance for the design of test rooms）

ISO 8586-2　感官分析　选拔与培训感官分析优选评价员导则（Sensory analysis—General guidance for the selection and training of selected assessors）

注：与本标准规范性引用的国际文件有一致性对应关系的我国标准如下：

——GB/T 3358.1—1993　统计学术语　第一部分　一般统计术语（ISO 3534-1:1993，NEQ）；

——GB/T 10220—1988　感官分析方法总论（ISO 6658:1985，NEQ）；

——GB/T 16291—1996　感官分析　专家的选拔、培训和管理导则（ISO 8586-1:1994，NEQ）；

——GB/T 13868—1992　感官分析　建立感官分析实验室的一般导则（ISO 8589:1988，EQV）。

1）在评价样品多种感官特性强度的差异时，被检的每一种感官特性都应通过不同的检验来排序，即检验时，同一样品被编上不同的编码，以不同的次序提供给同一评价员。

3 术语和定义

GB/T 10221 和 ISO 3534-1 中确立的感官分析和统计学的术语和定义适用于本标准。

4 方法提要

评价员同时接受三个或三个以上的样品,排列顺序是随机的。

注:虽然对两个样品也能进行排序,但此时通常采用成对比较法(参照 GB/T 12310)。

评价员按照规定的准则,对样品进行排序,给出每个样品的序位,即秩。秩既可按照某个属性或特性给出,也可按整体印象给出综合秩。

计算秩的和(秩和),然后进行统计比较(检验)。

5 检验的一般条件

检验时,对样品、实验室和检验用具的具体要求,见 ISO 6658 和 ISO 8589 等相关标准。

准备被检样品时,应注意以下三个方面:

a) 被检样品的制备、编码和提供。

b) 被检样品的数量。被检样品的数量应根据被检样品的性质(如饱和敏感度效应)和所选的试验设计来确定,并根据样品所归属的产品种类或采用的评价准则进行调整。如:优选评价员或专家最多一次只能评价 15 个风味较淡的样品 ,而消费者最多只能评价 3 个涩味的、辛辣的或者高脂的样品。甜味的饱和度较苦味的饱和度低,甜味样品的数量可比苦味样品的数量多。

c) 被检样品的说明。

6 评价员

6.1 条件

评价员应具备的条件依检验的目的而定,见附录 A。

参加检验的所有评价员应尽可能地具有同等的资格水平,所需水平的高低由检验的目的来决定。

a) 如要开展以下三方面的工作,需要选择优选评价员或专家:

   1) 培训评价员;

   2) 进行描述性分析,确定由于原料、加工、包装、贮藏以及被检样品稀释顺序的不同,而造成的对产品一个或多个感官指标强度水平的影响;

   3) 测试评价员个人或小组的感官阈值。

b) 只进行偏爱检验或者样品的初步筛选(即从大量的产品中挑选出部分产品作进一步更精细的感官分析),可选择未经培训的评价员或消费者,但要求他们接受过该方法的培训:所有参加检验的评价员均应符合 ISO 6658、ISO 8586-1 和 ISO 8586-2 的要求,并应接受关于排序法和所使用描述词的专门培训。

6.2 评价员人数

评价员人数依检验目的确定,见附录 A。

进行描述性分析时,按照可接受统计风险的水平以及标准 GB/T 16861 和 GB/T 16860 的要求,确定最少需要的评价人数,宜为 12 位~15 位优选评价员。

进行偏爱检验中确定偏好顺序时,同样依据可接受风险的水平,确定最少需要的评价员人数,一般每组至少 60 位消费者类型评价人员。

进行评价员工作检查、评价员培训以及测试评价员个人或小组的感官阈值时,评价员人数可不限定。

对结果统计分析时，除评价员人数外，其他条件也应一致，如评价员的水平同等，检测条件相同等。评价员数量越多，越能反映产品间的系统差异。

6.3 检验前的统一认识

检验前应向评价员说明检验的目的。必要时，可在检验前演示整个排序法的操作程序，确保所有评价员对检验的准则有统一的理解。检验前的统一认识不应影响评价员的下一步评价。

7 检验步骤

7.1 样品提供

提供样品时，不能使评价员从样品提供的方式中对样品的性质做出结论。

避免评价员看到样品准备的过程。按同样的方式准备样品，如采用相同的仪器或容器、同等数量的样品、同一温度和同样的提供方式等。应尽量消除样品间与检验不相关的差异，减少对排序检验结果的影响。宜在样品平常使用的温度下提供。

盛放样品的容器用三位数字随机编码，同一次检验中每个样品编码不同(评价员之间也不相同更好)。

提供样品时还应考虑检验时所采用的设计方案，尽量采用完全区组设计，将全部样品随机提供给评价员，参见附录B示例。但如果样品的数量和状态使其不能被全部提供时，可采用平衡不完全区组设计，以特定子集将样品随机提供给评价员，参见附录C示例。无论采用何种设计，都应保证所有的评价员能完成各自的检验任务，不遗漏任何样品。

注：平衡不完全区组试验设计，通常在区组间存在差异时使用，见参考文献[5]，从中预先选定区组。

每个评价员得到 p 个样品中的 k 个($k<p$)。k 样品子集数目由平衡不完全区组设计决定。每个样品由 j 个评价员中的 n 个评价员评定($n<j$)，而每两个样品由 g 个评价员评定。在研究中，应重复进行整个平衡不完全区组设计实验，以保证实验有足够的灵敏度。重复的次数用 r 表示。则每个样品总计由 $r\times n$ 个评价员评定，每两个样品总计由 $r\times g$ 个评价员评价。

7.2 参比样

检验中可使用参比样，参比样放入系列样品中不单独标示。

7.3 检验技术

评价员应在相同的检验条件下，将随机提供的被检样品，依检验的特性排成一定顺序。

评价员一般应避免将不同样品排在同一秩次[2)]。若无法区别两个或两个以上的样品时，评价员可将这几个样品排为同一秩次，并在回答表中注明。

如不存在感官适应性的问题，且样品比较稳定时，评价员可将样品初步排序，再进一步检验调整。

每次检验只能按一种特性进行排序。如要求对不同特性排序，则应按不同的特性安排不同的检验。

7.4 回答表

为防止样品编号影响评价员对样品排序的结果，样品编号不应出现在空白回答表中。

评价员应将每个样品的秩次都记录在回答表中。回答表式样参见附录D，可根据被检的样品和检验的目的对其作适当调整。

8 结果的表述与解释

8.1 排序结果与秩和计算

表1举例说明了由7名评价员对4个样品的某一特性进行排序的结果。如果需要对不同的特性进行排序，则一个特性对应一个回答表。

---

2) 应尽量避免将不同样品排列为同一秩次，除非评价员实在无法区分样品间的差异。

表 1 排序结果与秩和计算

评价员	样品				秩和
	A	B	C	D	
1	1	2	3	4	10
2	4	1.5	1.5	3	10
3	1	3	3	3	10
4	1	3	4	2	10
5	3	1	2	4	10
6	2	1	3	4	10
7	2	1	4	3	10
每个样品的秩和	14	12.5	20.5	23	70
注：每行秩和等于 0.5 $p(p+1)$，其中 p 为样品的数量。					

如果有相同秩次，取平均秩次(如：表 1 中，评价员 2 对样品 B、C 有相同秩次评价，评价员 3 对样品 B、C、D 有相同秩次评价)。

如无遗漏数据，且相同秩次能正确计算，则表中每行应有相同的秩和。将每一列的秩次相加，可得到每个样品的每列秩和。样品的每列秩和表示所有的评价员对样品排序结果的一致性。如果评价员的排序结果比较一致，则每列秩和的差异较大。反之，若评价员排序结果不一致时，每列秩和差异不大。因此，通过比较样品的秩和，可评估样品间的差异。

8.2 统计分析和解释

依据检验的目的选择统计检验方法，见附录 A。

8.2.1 个人表现判定：Spearman 相关系数

在比较两个排序结果，如：两位评价员所做出的评价结果之间或是评价员排序的结果与样品的理论排序之间的一致性时，可由式(1)计算 Spearman 相关系数，并参考表 2 列出的临界值 r_S 来判定相关性是否显著。

$$r_S = 1 - \frac{6\sum_i d_i^2}{p(p^2-1)} \quad \cdots\cdots(1)$$

式中：

d_i——样品 i 两个秩次的差；

p——参加排序的样品(产品)数。

表 2 Spearman 相关系数的临界值

样品数	显著性水平 α	
	α=0.05	α=0.01
6	0.886	—
7	0.786	0.929
8	0.738	0.881
9	0.700	0.833
10	0.648	0.794
11	0.618	0.755
12	0.587	0.727
13	0.560	0.703

表 2（续）

样品数	显著性水平 α	
	α=0.05	α=0.01
14	0.538	0.675
15	0.521	0.654
16	0.503	0.635
17	0.485	0.615
18	0.472	0.600
19	0.460	0.584
20	0.447	0.570
21	0.435	0.556
22	0.425	0.544
23	0.415	0.532
24	0.406	0.521
25	0.398	0.511
26	0.390	0.501
27	0.382	0.491
28	0.375	0.483
29	0.368	0.475
30	0.362	0.467

若 Spearman 相关系数接近+1，则两个排序结果非常一致；若接近 0，两个排序结果不相关；若接近−1，表明两个排序结果极不一致。此时应考虑是否存在评价员对评价指示理解错误或者将样品与要求相反的次序进行了排序。

8.2.2 小组表现判定：Page 检验

样品具有自然顺序或自然顺序已确认的情况下（例如样品成分的比例、温度、不同的贮藏时间等可测因素造成的自然顺序），该分析方法可用来判定评价小组能否对一系列已知或者预计具有某种特性排序的样品进行一致的排序。

如果 R_1、R_2、…、R_p 是以确定的排序排列的 p 个样品的理论上的秩和，那么若样品间没有差异。

a) 原假设可写成：

$H_0: R_1 = R_2 = \cdots = R_p$。

备择假设则是：$H_1: R_1 \leqslant R_2 \leqslant \cdots \leqslant R_p$，其中至少一个不等式是严格成立的。

b) 为了检验该假设，计算 Page 系数 L：

$L = R_1 + 2R_2 + 3R_3 + \cdots + pR_p$

其中 R_1 是已知样品顺序中排序为第一的样品的秩和，依次类推，R_p 就是排序为最后的样品的秩和。

c) 得出统计结论：

表 3 给出了在完全区组设计中 L 的临界值，其临界值与样品数、评价员人数以及选择的统计学水平有关（$\alpha=0.05$ 或者 $\alpha=0.01$），当评价员的结果与理论值一致时，L 有最大值。

表 3　完全区组设计中 Page 检验的临界值

评价员人数 j	样品(或产品)数 p											
	3	4	5	6	7	8	3	4	5	6	7	8
	显著性水平 $\alpha=0.05$						显著性水平 $\alpha=0.01$					
7	91	189	338	550	835	1 204	93	193	346	563	855	1 232
8	104	214	384	625	9 501	1 371	106	220	393	640	972	1 401
9	116	240	431	701	1 065	1 537	119	246	441	717	1 088	1 569
10	128	266	477	777	1 180	1 703	131	272	487	793	1 205	1 736
11	141	292	523	852	1 295	1 868	144	298	534	869	1 321	1 905
12	153	317	570	928	1 410	2 035	156	324	584	946	1 437	2 072
13	165	343*	615*	1 003*	1 525*	2 201*	169	350*	628*	1 022*	1 553*	2 240*
14	178	368*	661*	1 078*	1 639*	2 367*	181	376*	674*	1 098*	1 668*	2 407*
15	190	394*	707*	1 153*	1 754*	2 532*	194	402*	721*	1 174*	1 784*	2 574*
16	202	420*	754*	1 228*	1 868*	2 697*	206	427*	767*	1 249*	1 899*	2 740*
17	215	445*	800*	1 303*	1 982*	2 862*	218	453*	814*	1 325*	2 014*	2 907*
18	227	471*	846*	1 378*	2 097*	3 028*	231	479*	860*	1 401*	2 130*	3 073*
19	239	496*	891*	1 453*	2 217*	3 193*	243	505*	906*	1 476*	2 245*	3 240*
20	251	522*	937*	1 528*	2 325*	3 358*	256	531*	953*	1 552*	2 360*	3 406*
注：标"*"的值是通过正态分布近似计算得到的临界值。												

比较 L 与表 3 中的临界值：

如果 $L<L_\alpha$，产品间没有显著性差异。

如果 $L\geqslant L_\alpha$，则产品的秩和间存在显著性差异：拒绝原假设而接受备择假设(可以得出结论：评价员做出了与预知的次序相一致的排序)。

如果评价员的人数或样品数未在表 3 中列出，按式(2)计算 L'统计量：

$$L'=\frac{12L-3jp(p+1)^2}{p(p+1)\sqrt{j(p-1)}} \quad\cdots\cdots\cdots\cdots(2)$$

式中：

j——评价员人数；

p——参加排序的样品数。

L'统计量近似服从标准正态分布。

当 $L'\geqslant 1.64(\alpha=0.05)$或 $L'\geqslant 2.33(\alpha=0.01)$时，拒绝原假设而接受备择假设(见表 3)。

若试验设计为平衡不完全区组设计，则按式(3)计算 L'统计量：

$$L'=\frac{12L-3j\cdot k(k+1)(p+1)}{\sqrt{j\cdot k(k-1)(k+1)p(p+1)}} \quad\cdots\cdots\cdots\cdots(3)$$

式中：

j——评价员人数；

k——每个评价员排序的样品数；

p——参加排序的总样品数。

L'统计量近似服从标准正态分布 $N(0,1)$。

同样，当 $L'\geqslant 1.64(\alpha=0.05)$或 $L'\geqslant 2.326(\alpha=0.01)$时，拒绝原假设而接受备择假设(见表 3)。

因为原假设所有理论秩和都相等，所以即便统计的结果显示差异性显著，也并不表明样品间所有的差异都能区分。只能说明至少有一对样品的差异可以在预排序中被区分。

8.2.3 **产品理论顺序未知下的产品比较**

Friedman 检验能最大限度地显示评价员对样品间差异的识别能力。

8.2.3.1 **至少有两个产品存在显著性差异**

该检验应用于 j 个评价员对相同的 p 个样品进行评价。

R_1、R_2、…、R_p 分别是 j 个评价员给出的 1 个～p 个样品的秩和。

a) 原假设可写成：

H_0:$R_1=\cdots=R_p$ 即认为样品间无显著差异。

备择假设则是：$R_1=\cdots=R_p$ 中至少有一个等式不成立。

b) 为了检验该假设，计算 F_{test} 值：

完全区组设计中按式(4)计算 F_{test} 值。

$$F_{test}=\frac{12}{jp(p+1)}(R_1^2+\cdots+R_p^2)-3j(p+1) \qquad \cdots\cdots(4)$$

式中：

R_i——第 i 个产品的秩和。

平衡不完全区组设计中按式(5)计算 F_{test} 值。

$$F_{test}=\frac{12}{j\cdot p(k+1)}(R_1^2+\cdots+R_p^2)-\frac{3r\cdot n^2(k+1)}{g} \qquad \cdots\cdots(5)$$

式中：

k——每个评价员排序的样品数；

R_i——i 产品的秩和；

r——重复次数；

n——每个样品被评价的次数；

g——每两个样品被评价的次数。

c) 得出统计结论：

如果 $F_{test}>F$，根据表 4 中评价员人数，样品(产品)数和显著性水平($\alpha=0.05$ 或 $\alpha=0.01$)，就拒绝原假设，认为产品的秩次间存在显著差异，即产品间存在显著差异。

表 4 Friedman 检验的临界值(0.05 和 0.01 水平)

评价员人数 j	样品(或产品)数 p									
	3	4	5	6	7	3	4	5	6	7
	显著性水平 $\alpha=0.05$					显著性水平 $\alpha=0.01$				
7	7.143	7.8	9.11	10.62	12.07	8.857	10.371	11.97	13.69	15.35
8	6.250	7.65	9.19	10.68	12.14	9.000	10.35	12.14	13.87	15.53
9	6.222	7.66	9.22	10.73	12.19	9.667	10.44	12.27	14.01	15.68
10	6.200	7.67	9.25	10.76	12.23	9.600	10.53	12.38	14.12	15.79
11	6.545	7.68	9.27	10.79	12.27	9.455	10.60	12.46	14.21	15.89
12	6.167	7.70	9.29	10.81	12.29	9.500	10.68	12.53	14.28	15.96
13	6.000	7.70	9.30	10.83	12.37	9.385	10.72	12.58	14.34	16.03
14	6.143	7.71	9.32	10.85	12.34	9.000	10.76	12.64	14.40	16.09
15	6.400	7.72	9.33	10.87	12.35	8.933	10.80	12.68	14.44	16.14

表 4（续）

评价员人数 j	样品（或产品）数 p									
	3	4	5	6	7	3	4	5	6	7
	显著性水平 $\alpha=0.05$					显著性水平 $\alpha=0.01$				
16	5.99	7.73	9.34	10.88	12.37	8.79	10.84	12.72	14.48	16.18
17	5.99	7.73	9.34	10.89	12.38	8.81	10.87	12.74	14.52	16.22
18	5.99	7.73	9.36	10.90	12.39	8.84	10.90	12.78	14.56	16.25
19	5.99	7.74	9.36	10.91	12.40	8.86	10.92	12.81	14.58	16.27
20	5.99	7.74	9.37	10.92	12.41	8.87	10.94	12.83	14.60	16.30
∞	5.99	7.81	9.49	11.07	12.59	9.21	11.34	13.28	15.09	16.81

注 1：F 可能是不连续值，此不连续性是由于 j、p 值较小而造成，故在 $\alpha=0.05$ 和 $\alpha=0.01$ 的情况下，不能得到临界值。

注 2：使用 χ^2 分布的一个近似值得到用斜体表示的值即临界值。

如果样品（产品）数或者评价员人数未列在表中，可将 F_{test} 看作自由度为 $p-1$ 的 χ^2 分布，估算出临界值。χ^2 分布的临界值参照表 5，p 为样品（产品）数。

表 5 χ^2 分布临界值

样品（或产品）数 p	χ^2 自由度（$v=p-1$）	显著性水平 α	
		$\alpha=0.05$	$\alpha=0.01$
3	2	5.99	9.21
4	3	7.81	11.34
5	4	9.49	13.28
6	5	11.07	15.09
7	6	12.59	16.81
8	7	14.07	18.47
9	8	15.51	20.09
10	9	16.92	21.67
11	10	18.31	23.21
12	11	19.67	24.72
13	12	21.03	26.22
14	13	22.36	27.69
15	14	23.68	29.14
16	15	25.00	30.58
17	16	26.30	32.00
18	17	27.59	33.41
19	18	28.87	34.80
20	19	30.14	36.19
21	20	31.4	37.6

表 5（续）

样品(或产品)数 p	χ^2 自由度($v=p-1$)	显著性水平 α	
		$\alpha=0.05$	$\alpha=0.01$
22	21	32.7	38.9
23	22	33.9	40.3
24	23	35.2	41.6
25	24	36.4	43.0
26	25	37.7	44.3
27	26	38.9	45.6
28	27	40.1	47.0
29	28	41.3	48.3
30	29	42.6	49.6

8.2.3.2 检验哪些产品与其他产品存在显著性差异

如果 Friedman 检验的结论是产品之间存在显著性差异时，则可通过在选定的风险 α 下，计算最小显著差(LSD)来确定哪些产品与其他产品存在显著性差异($\alpha=0.05$，或 $\alpha=0.01$)。

在考虑风险 α 水平(显著性水平，即实际不存在差异，而检验结果存在差异的概率)时，应选用以下两种方法之一：

a) 当风险水平是应用于某特定产品对时，实际风险即是 α。例如当 $\alpha=0.05$，在计算 LSD 时的 z 值为 1.96(对应于双尾正概率为 α)，此时的风险称为比较风险或个别风险。

b) 当风险水平 α 应用于整个实验，则与每个产品对有关的实际风险为 $\alpha'=2\alpha/p(p-1)$。例如，当 $p=8$，$\alpha=0.05$ 时，$\alpha'=0.0018$，$z=2.91$(对应于双尾正概率为 α')。此时的风险称为实验风险或整体风险。

大多数情况下，往往选用实验风险去判定哪些产品与其他产品存在显著性差异。

在完全区组试验设计中，LSD 值由式(6)得出：

$$\mathrm{LSD}=z\sqrt{\frac{j\cdot p(p+1)}{6}} \qquad \cdots\cdots(6)$$

在平衡不完全区组试验设计中，LSD 值由式(7)得出：

$$\mathrm{LSD}=z\sqrt{\frac{r(k+1)(n\cdot k-n+g)}{6}} \qquad \cdots\cdots(7)$$

计算两两样品的秩和之差，并与 LSD 值比较。若秩和之差等于或者大于 LSD 值，则这两个样品之间存在显著性差异，即排序检验时，已区分出这两个样品之间的差异。反之，若秩和之差小于 LSD 值，则这两个样品之间不存在显著性差异，即排序检验时，未区分出这两个样品之间的差异。

8.2.4 同秩情况

若两个或多个样品同秩次，则完全区组设计中的 F 值应替换为 F'，由式(8)得出：

$$F'=\frac{F}{1-\{E/[j\cdot p(p^2-1)]\}} \qquad \cdots\cdots(8)$$

其中 E 值由式(9)得出：

令 n_1、n_2、…、n_k 为每个同秩组里秩次相同的样品数，则：

$$E=(n_1^3-n_1)+(n_2^3-n_2)+\cdots+(n_k^3-n_k) \qquad \cdots\cdots(9)$$

例如，表 1 中有两个组出现了同秩情况：

——第 2 行中 B、C 样品同秩次(评价结果来源于二号评价员)，则 $n_1=2$；

——第3行中B、C和D样品同秩次(评价结果来源于三号评价员),则 $n_2=3$。

故:$E=(2^3-2)+(3^3-3)=6+24=30$

因 $j=7$,$p=4$,先计算出 F,再按式(8)计算 F':

$$F' = \frac{F}{1-\{30/[7\times4(4^2-1)]\}} = 1.08F$$

然后将 F' 与表4或表5中的临界值比较,从而得出统计结论。

8.2.5 比较两个产品:符号检验

某些特殊的情况用排序法进行两个产品之间的差异比较时,可使用符号检验[3)]。

如比较两个产品A和B的差异。k_A 是产品A排序在产品B之前的评价次数。k_B 表示产品B排序在产品A之前的评价次数。k 则是 k_A 和 k_B 之中较小的那个数,即 $k=\min\{k_A,k_B\}$。而未区分出A和B差异的评价不在统计的评价次数之内。

原假设:$H_0:k_A=k_B$。

备择假设:$H_1:k_A\neq k_B$。

如果 k 小于表6中配对符号检验的临界值,则拒绝原假设而接受备择假设。表明A和B之间存在显著性差异。

表6 符号检验的临界值(双侧)

评价员人数 j	显著性水平 α		评价员人数 j	显著性水平 α	
	$\alpha=0.01$	$\alpha=0.05$		$\alpha=0.01$	$\alpha=0.05$
1			26	6	7
2			27	6	7
3			28	6	8
4			29	7	8
5			30	7	9
6		0	31	7	9
7		0	32	8	9
8	0	0	33	8	10
9	0	1	34	9	10
10	0	1	35	9	11
11	0	1	36	9	11
12	1	2	37	10	12
13	1	2	38	10	12
14	1	2	39	11	12
15	2	3	40	11	13
16	2	3	41	11	13
17	2	4	42	12	14
18	3	4	43	12	14
19	3	4	44	13	15
20	3	5	45	13	15
21	4	5	46	13	15
22	4	5	47	14	16
23	4	6	48	14	16
24	5	6	49	15	17
25	5	7	50	15	17

3) 这种情况更多采用成对比较检验(见GB/T 12310)。

表 6（续）

评价员人数 j	显著性水平 α		评价员人数 j	显著性水平 α	
	α=0.01	α=0.05		α=0.01	α=0.05
51	15	18	71	24	26
52	16	18	72	24	27
53	16	18	73	25	27
54	17	19	74	25	28
55	17	19	75	25	28
56	17	20	76	26	28
57	18	20	77	26	29
58	18	21	78	27	29
59	19	21	79	27	30
60	19	21	80	28	30
61	20	22	81	28	31
62	20	22	82	28	31
63	20	23	83	29	32
64	21	23	84	29	32
65	21	24	85	30	32
66	22	24	86	30	33
67	22	25	87	31	33
68	22	25	88	31	34
69	23	25	89	31	34
70	23	26	90	32	35

注：当 $j>90$ 时，临界值由公式 $L=(j-1)/2-k\sqrt{j+1}$ 计算，结果进行四舍五入取整。$\alpha=0.05$ 时，k 值为 0.980 0；$\alpha=0.01$ 时，k 值为 1.287 9。

9 检验报告

检验报告应包括以下内容：

a) 检验目的。

b) 样品确认所应包括的信息：

1) 样品数；

2) 是否使用参比样。

c) 采用的检验参数：

1) 评价员人数及其资格水平；

2) 检验环境；

3) 有关样品的情况说明。

d) 检验结果及其统计解释。

e) 注明根据本标准检验。

f) 如果实际实验中与本标准方法有偏差应予以说明。

g) 检验负责人的姓名。

h) 检验的日期与时间。

附 录 A
（规范性附录）
检验条件的确定

表 A.1 根据检验目的选择参数

<table>
<tr><th colspan="2" rowspan="3">检验目的</th><th rowspan="3">评价员水平</th><th rowspan="3">评价员人数</th><th colspan="3">统计方法</th></tr>
<tr><th rowspan="2">同已知顺序比较
（评价员表现评估）</th><th colspan="2">产品顺序未知
（产品比较）</th></tr>
<tr><th>两个产品</th><th>两个以上产品</th></tr>
<tr><td rowspan="2">评价员表现评估</td><td>个人表现评估</td><td>优选评价员或专家评价员</td><td>无限制</td><td>Spearman 检验</td><td rowspan="4">符号检验</td><td rowspan="4">Friedman 检验</td></tr>
<tr><td>小组表现评估</td><td>优选评价员或专家评价员</td><td>无限制</td><td rowspan="2">Page 检验</td></tr>
<tr><td rowspan="2">产品评估</td><td>描述性检验</td><td>优选评价员或专家评价员</td><td>12～15 为宜</td></tr>
<tr><td>偏好性检验</td><td>消费者</td><td>每组至少 60 位消费者类型的评价人员</td><td>—</td></tr>
</table>

附 录 B
（资料性附录）
应用实例——完全区组设计

14 个评价员评价 5 个样品。

B.1 结果的汇集

见表 B.1。

表 B.1 评价实例

评价员	样品				
	A	B	C	D	E
1	2	4	5	3	1
2	4	5	3	1	2
3	1	4	5	3	2
4	1	2	5	3	4
5	1	5	2	3	4
6	2	3	4	5	1
7	4	5	3	1	2
8	2	3	5	4	1
9	1	3	4	5	2
10	1	2	5	3	2
11	4	5	2	3	1
12	2	4	3	5	1
13	5	3	4	2	1
14	3	5	2	4	1
秩和	33	53	52	45	27

B.2 Friedman 检验

a） 计算统计量 F_{test}

$j=14, p=5, R_1=33, R_2=53, R_3=52, R_4=45, R_5=27$，

根据式(4)，

$$F_{test}=\frac{12}{14\times5\times(5+1)}(33^2+53^2+52^2+45^2+27^2)-3\times14\times(5+1)=15.3$$

b） 作统计结论

因 F_{test}(15.31)大于表 4 中对应 $j=14, p=5, \alpha=0.05$ 的临界值 9.32，故可认为，在显著性水平小于或等于 5%时，5 个样品之间存在显著性差异。

B.3 多重比较和分组

如果两个样品秩和之差的绝对值大于最小显著差 LSD，可认为二者有显著性差异。

a) 计算最小显著差 LSD

$$\mathrm{LSD}=1.96\times\sqrt{\frac{14\times5\times(5+1)}{6}}=16.40(\alpha=0.05)$$

b) 比较与分组

在显著性水平 0.05 下，A 和 B、A 和 C、E 和 B、E 和 C、E 和 D 的差异是显著的，它们秩和之差的绝对值分别为：

A—B：| 33—53 | =20

A—C：| 33—52 | =19

E—B：| 27—53 | =26

E—C：| 27—52 | =25

E—D：| 27—45 | =18

以上比较的结果表示如下：

$$\underline{E\ \ A}\ \ \underline{D\ \ C\ \ B}$$

（A 与 D 之间另有一条下划线）

下划线的意义表示：

——未经连续的下划线连接的两个样品之间有显著性差异（在 5%的显著性水平下）；

——由连续的下划线连接的两个样品无显著性差异；

——无显著性差异的 A 和 E 排在无显著性差异的 D、C、B 前面。

因此，5 个样品可分为三组，一组包括 A 和 E，另一组包括 A 和 D，第三组包括 B、D、C。

B.4 Page 检验

根据秩和顺序，可将样品初步排序为：E≤A≤D≤C≤B，Page 检验可检验该推论。

a) 计算 L 值

$L=(1\times27)+(2\times33)+(3\times45)+(4\times52)+(5\times53)=701$

b) 作统计结论

由表 3 可知，$p=5$，$j=14$，$\alpha=0.05$ 时，Page 检验的临界值为 661。

因为 $L>661$，所以当 $\alpha=0.05$ 时，拒绝原假设，样品之间存在显著性差异。

B.5 结论

a) 基于 Friedman 检验

在 5%的显著性水平下，E 和 A 无显著性差异；D 和 C、B 无显著性差异；A 和 D 无显著性差异，但 A 和 C、B 有显著性差异，E 和 D、C、B 有显著性差异。

b) 基于 Page 检验

在 5%的显著性水平下，评价员辨别出了样品之间存在差异，并且给出的排序与预先设定的顺序一致。

附 录 C
（资料性附录）
应用实例——平衡不完全区组设计

平衡不完全区组设计中，10 个评价员每人检验 5 个样品中的 3 个。

C.1 结果的汇集

见表 C.1。

表 C.1 评价实例

评价员	样品				
	A	B	C	D	E
1	1	2	3		
2	1	2		3	
3	2	3			1
4	1		2	3	
5	2		3		1
6	1			3	2
7		1	3	2	
8		2	3		1
9		3		2	1
10			1	3	2
秩和	8	13	15	16	8

C.2 Friedman 检验

a) 计算统计量 F_{test}

$j=14, p=5, k=3, n=6, g=3, r=1, R_1=8, R_2=13, R_3=15, R_4=16, R_5=8,$

$$F_{test}=12\times(8^2+13^2+15^2+16^2+8^2)/[1\times3\times5\times(3+1)]-[3\times1\times6^2\times(3+1)/3]=11.6$$

b) 作统计结论

因 F_{test}(11.6)大于表 4 中对应 $p=5, \alpha=0.05$ 的临界值 9.25，故可认为，在显著性水平小于或等于 5%时，5 个样品之间存在显著性差异。

C.3 利用最小显著差分组

如果两个样品秩和之差的绝对值大于最小显著差 LSD，可认为二者有显著性差异。

a) 计算最小显著差 LSD

$$\mathrm{LSD}=1.96\times\sqrt{\frac{1\times(3+1)\times(6\times3-6+3)}{6}}=6.2(\alpha=0.05)$$

b) 比较与分组

在显著性水平 0.05 下，A 和 C、A 和 D、C 和 E、D 和 E 之间的差异是显著的，其秩和之差的绝对值分别为：

A—C：| 8—15 | =7　　　　C—E：| 15—8 | =7

A—D：| 8—16 | =8　　　　D—E：| 16—8 | =8

以上比较的结果表示如下：

$$\underline{A\ E\ B}\ C\ D$$
$$\qquad\qquad \underline{B\ C\ D}$$

C.4 Page 检验

根据秩和顺序，可将样品初步排序为：E≤A≤D≤C≤B，Page 检验可检验该推论。

a) 计算 L 值

$L=(1\times8)+(2\times8)+(3\times16)+(4\times15)+(5\times13)=197$

$p=5,k=3,j=10$ 时，L'的值为：

$$L'=\frac{12\times197-3\times10\times3\times4\times6}{\sqrt{10\times3\times4\times5\times6}}=2.4$$

b) 作统计结论

因为 $L'>2.33$，所以当 $\alpha=0.01$ 时，拒绝原假设，样品之间存在极显著差异。

C.5 结论

a) 基于 Friedman 检验

在 5%的显著性水平下，A、E 的秩和显著小于 C、D，而 B 与其他 4 种样品均无显著性差异。

b) 基于 Page 检验

在 1%的显著性水平下，评价员辨别出了样品之间存在差异，并且给出的排序与预先设定的顺序一致。

附 录 D
（资料性附录）
检验回答表格式样

姓名：.................................... 日期：.................................... 检验号：....................................

请按从左至右顺序品尝每个样品：

请在下面表格中以甜味增加的顺序写出样品编码：

	最不甜			最甜
编码				

注释：

参 考 文 献

[1] ISO 5495 Sensory analysis—Methodology—Paired comparison test

[2] FRIEDMAN M. The use of ranks to avoid the assumptions of normality implicit in the analysis of variance,Journal of the American Statistical Association,32,1937:675-701.

[3] PAGE E B. Ordered hypotheses for multiple treatments:a significance test for linear ranks, Journal of the American Statistical Association, 58,1963:216-230.

[4] XP V09-500 Analyse sensorielle—Méthodologie—Directives générales pour la réalisation d'épreuves hédoniques en laboratoire d'évaluation sensorielle ou en salle en conditions contrôlées impliquant des consommateurs

[5] COCHRAN W G, COX G M. Experimental Designs. John Wiley & Sons, Inc. , Chapter 11, Balanced Incomplete Blocks,1950:315-346.

[6] LOTHAR S. Applied Statistics,a Handbook of Techniques,Springer Series in Statistics,Springer-Verlag,1982.

ICS 27.100
K 04

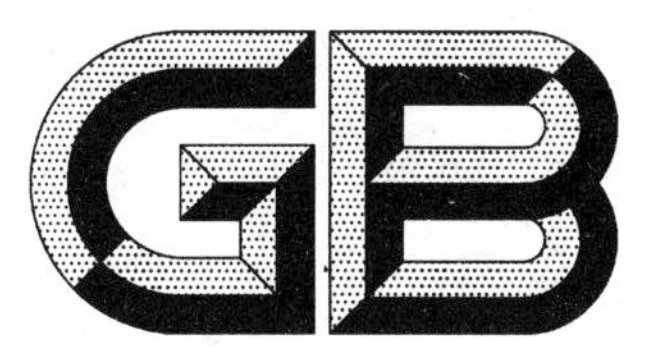

中华人民共和国国家标准

GB/T 12325—2008
代替 GB/T 12325—2003

电能质量　供电电压偏差

Power quality—Deviation of supply voltage

2008-06-18 发布　　2009-05-01 实施

中华人民共和国国家质量监督检验检疫总局
中国国家标准化管理委员会　发布

前 言

本标准代替 GB/T 12325—2003《电能质量 供电电压允许偏差》。

本标准与 GB/T 12325—2003 相比主要变化如下：

——标准名称改为《电能质量 供电电压偏差》；

——为便于理解和实施，前三个术语与 GB 156 协调一致（见 3.1～3.3），修改了“电压偏差”的定义（见 3.4），增加了“电压合格率”术语（见 3.5）；

——增加 20 kV 电压等级的电压偏差限值（见 4.2）；

——正文增加“供电电压偏差的测量”，以增强标准的可操作性；

——增加了“附录 A 电压合格率统计”、“附录 B 电网电压监测及地区电网电压合格率的统计”；

本标准的附录 A 和附录 B 都为资料性附录。

本标准由全国电压电流等级和频率标准化技术委员会提出并归口。

本标准起草单位：中国电力科学研究院、华北电力科学研究院有限公司、中机生产力促进中心、中国南方电网有限责任公司、中铁二院工程集团公司、中石化工程建设公司、煤炭科学研究总院上海分院、上海大众汽车、铁道第一勘察设计院。

本标准主要起草人：周胜军、于坤山、谭志强、刘迅、林海雪、吴琼、林宗良、宋建中、张健、方正辉、魏宏伟。

本标准所代替标准的历次版本发表情况为：

——GB 12325—1990、GB/T 12325—2003。

电能质量 供电电压偏差

1 范围

本标准规定了电网供电电压偏差的限值、测量和合格率统计。

本标准适用于交流 50 Hz 电力系统在正常运行条件下供电电压对系统标称电压的偏差。

2 规范性引用文件

下列文件中的条款通过本标准的引用而成为本标准的条款。凡是注日期的引用文件，其随后所有的修改单(不包括勘误的内容)或修订版均不适用于本标准，然而，鼓励根据本标准达成协议的各方研究是否可使用这些文件的最新版本。凡是不注日期的引用文件，其最新版本适用于本标准。

GB/T 156—2007 标准电压(IEC 60038:2002,MOD)

3 术语和定义

下列术语和定义适用于本标准。

3.1

系统标称电压 nominal system voltage

用以标志或识别系统电压的给定值。

[GB/T 156—2007,定义 3.1]

3.2

供电点 supply terminals

供电部门配电系统与用户电气系统的联结点。

[GB/T 156—2007,定义 3.3]

3.3

供电电压 supply voltage

供电点处的线电压或相电压。

[GB/T 156—2007,定义 3.4]

3.4

电压偏差 voltage deviation

实际运行电压对系统标称电压的偏差相对值，以百分数表示。

3.5

电压合格率 voltage qualification rate

实际运行电压偏差在限值范围内累计运行时间与对应的总运行统计时间的百分比。

4 供电电压偏差的限值

4.1 35 kV 及以上供电电压正、负偏差绝对值之和不超过标称电压的 10%。

注：如供电电压上下偏差同号(均为正或负)时，按较大的偏差绝对值作为衡量依据。

4.2 20 kV 及以下三相供电电压偏差为标称电压的±7%。

4.3 220 V 单相供电电压偏差为标称电压的+7%，-10%。

4.4 对供电点短路容量较小、供电距离较长以及对供电电压偏差有特殊要求的用户，由供、用电双方协议确定。

5 供电电压偏差的测量

5.1 测量仪器性能的分类

测量仪器性能分两类，分别定义如下：

A 级性能——用来进行需要精确测量的地方，例如合同的仲裁、解决争议等。

B 级性能——可以用来进行调查统计、排除故障以及其他的不需要较高精确度的应用场合。

应该根据每个具体应用场合来选择测量仪器性能的级别。

5.2 供电电压偏差的测量方法

获得电压有效值的基本的测量时间窗口应为 10 周波，并且每个测量时间窗口应该与紧邻的测量时间窗口接近而不重叠，连续测量并计算电压有效值的平均值，最终计算获得供电电压偏差值，计算公式如下：

$$\text{电压偏差}(\%) = \frac{\text{电压测量值} - \text{系统标称电压}}{\text{系统标称电压}} \times 100\% \quad \cdots\cdots(1)$$

对 A 级性能电压监测仪，可以根据具体情况选择 4 个不同类型的时间长度计算供电电压偏差：3 s、1 min、10 min、2 h。对 B 级性能电压监测仪制造商应该标明测量时间窗口、计算供电电压偏差的时间长度。时间长度推荐采用 1 min 或 10 min。

5.3 仪器准确度

A 级性能电压监测仪的测量误差不应超过±0.2%；B 级性能仪器的测量误差不应超过±0.5%。

附 录 A
（资料性附录）
电压合格率统计

被监测的供电点称为监测点，通过供电电压偏差的统计计算获得电压合格率。供电电压偏差监测统计的时间单位为 min，通常每次以月（或周、季、年）的时间为电压监测的总时间，供电电压偏差超限的时间累计之和为电压超限时间，监测点电压合格率计算公式如下：

$$\text{电压合格率}(\%)=\left(1-\frac{\text{电压超限时间}}{\text{总运行统计时间}}\right)\times 100\% \quad \cdots\cdots\cdots\cdots(\text{A.1})$$

附　录　B
（资料性附录）
电网电压监测及地区电网电压合格率的统计

B.1　电网电压监测

电网电压监测分为 A、B、C、D 四类监测点：

(1) A 类为带地区供电负荷的变电站和发电厂的 20 kV、10(6) kV 母线电压。

(2) B 类为 20 kV、35 kV、66 kV 专线供电的和 110 kV 及以上供电电压。

(3) C 类为 20 kV、35 kV、66 kV 非专线供电的和 10(6) kV 供电电压。每 10 MW 负荷至少应设一个电压监测点。

(4) D 类为 380/220 V 低压网络供电电压。每百台配电变压器至少设 2 个电压监测点。监测点应设在有代表性的低压配电网首末两端和部分重要用户处。

各类监测点每年应随供电网络变化进行调整。

B.2　地区电网电压年(季、月)度合格率的统计

(1) 各类监测点电压合格率为其对应监测点个数的平均值。

$$\text{月度电压合格率}(\%) = \sum_{1}^{n} \frac{\text{电压合格率}}{n} \qquad \cdots\cdots(\text{B.1})$$

式中：

n——各类监测点电压监测点数。

$$\text{年(季)度电压合格率}(\%) = \sum_{1}^{m} \frac{\text{月度电压合格率}}{m} \qquad \cdots\cdots(\text{B.2})$$

式中：

m——年(季)度电压合格率统计月数。

(2) 电网年(季、月)度综合电压合格率 γ

$$\gamma(\%) = 0.5\gamma_A + 0.5\left(\frac{\gamma_B + \gamma_C + \gamma_D}{3}\right) \qquad \cdots\cdots(\text{B.3})$$

式中：

γ_A、γ_B、γ_C、γ_D——A、B、C、D 类的年(季、月)度电压合格率。

参 考 文 献

［1］ GB/T 19862—2005 电能质量监测设备通用要求

［2］ IEC 61000-4-30 Testing and measurement techniques-Power quality measurement methods (International Standard 2003-02)

［3］ EN50160 Voltage characteristics of electricity supplied by public distribution system, 2000

ICS 27.100
F 020

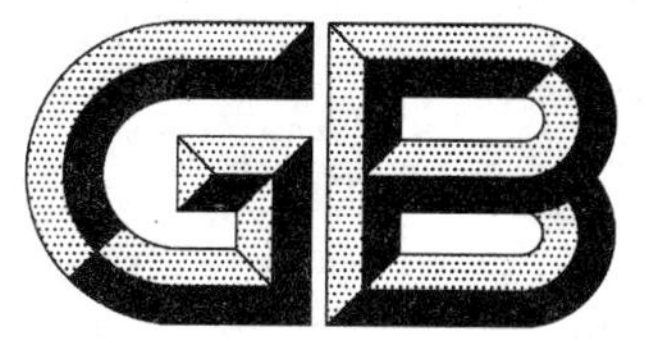

中华人民共和国国家标准

GB/T 12326—2008
代替 GB 12326—2000

电能质量　电压波动和闪变

Power quality—Voltage fluctuation and flicker

2008-06-18 发布　　2009-05-01 实施

中华人民共和国国家质量监督检验检疫总局
中国国家标准化管理委员会　发布

前　言

本标准代替 GB 12326—2000《电能质量　电压波动和闪变》。

与 GB 12326—2000 相比，本次修订的主要内容有：

——对闪变的限值进行了调整，以长时间闪变值 P_{lt} 作为闪变的限值，较原闪变限值有一定程度的放宽。对单个波动负荷引起的闪变，根据实际情况仍分三级处理，但有一定简化，并对超标用户提出明确的治理要求。

——对电压波动限值的判据进行了调整。对于电压变动频度较低或规则的周期性电压波动，仍采用现行限值作为其判据；对于随机性不规则的电压波动，规定了电压变动的最大值作为判据，并调整了原限值。这样增强了电压波动测量和判断是否合格的可操作性。

——对闪变的测量持续时间、取值方法进行了调整。电力系统公共连接点的闪变采用一个星期(168 h)测量，单个波动负荷引起的闪变采用一天(24 h)测量，都取最大值为合格判据。

——对闪变的估算方法进行了简化，删除了原标准中不常用的正弦波、三角波电压波动 $P_{st}=1$ 曲线分析法以及难于执行的仿真法和闪变时间分析法。

——简化了原标准附录 C 涉及的闪变分析实例和评估方法，用较简洁的方式给出了各种电弧炉闪变评估系数。

——电压波动和闪变的限值的适用范围扩展到超高压(EHV)系统，但不考虑 EHV 对下一电压等级的闪变传递。闪变的传递系数统一修改为推荐值 0.8。

——增加了闪变合格率的统计方法，以便于闪变状况的评估。

本标准的附录 A 为规范性附录，附录 B、附录 C、附录 D 为资料性附录。

本标准由全国电压电流等级和频率标准化技术委员会提出并归口。

本标准起草单位：中国电力科学研究院、广东电网公司电力科学研究院、中机生产力促进中心、浙江省电力试验研究院、北京电力公司北京电力试验研究院、中冶京诚工程技术有限公司、武汉国测科技股份有限公司。

本标准主要起草人：赵刚、梅桂华、刘迅、张建平、于希娟、林海雪、曾幼云、于坤山、卜正良。

本标准所代替标准的历次版本发表情况为：

——GB 12326—1990，GB 12326—2000。

电能质量　电压波动和闪变

1　范围

本标准规定了电压波动和闪变的限值及测试、计算和评估方法。

本标准适用于交流 50 Hz 电力系统正常运行方式下，由波动负荷引起的公共连接点电压的快速变动及由此可能引起人对灯光闪烁明显感觉的场合。

2　规范性引用文件

下列文件中的条款通过本标准的引用而成为本标准的条款。凡是注日期的引用文件，其随后所有的修改单（不包括勘误的内容）或修订版均不适用于本标准，然而，鼓励根据本标准达成协议的各方研究是否可使用这些文件的最新版本。凡是不注日期的引用文件，其最新版本适用于本标准。

GB/T 156—2007　标准电压（IEC 60038:2002，MOD）

GB 17625.2　电磁兼容　限值　对每相额定电流≤16 A 且无条件接入的设备在公用低压供电系统中产生的电压变化、电压波动和闪烁的限制（GB 17625.2—2007，IEC 61000-3-3:2005，IDT）

GB/Z 17625.3　电磁兼容　限值　对额定电流大于 16A 的设备在低压供电系统中产生的电压波动和闪烁的限制（GB/Z 17625.3—2000，idt IEC 61000-3-5:1994）

IEC 61000-4-15:1996　电磁兼容　试验和测量技术　闪变仪-功能和设计规范

3　术语和定义

下列术语和定义适用于本标准。

3.1

公共连接点　point of common coupling

PCC

电力系统中一个以上用户的连接处。

3.2

波动负荷　fluctuating load

生产（或运行）过程中周期性或非周期性地从供电网中取用变动功率的负荷。例如：炼钢电弧炉、轧机、电弧焊机等。

3.3

电压波动　voltage fluctuation

电压方均根值（有效值）一系列的变动或连续的改变。

3.4

电压方均根值曲线　R. M. S. voltage shape

$U(t)$

每半个基波电压周期方均根值（有效值）的时间函数。

3.5

电压变动　relative voltage change

d

电压方均根值曲线上相邻两个极值电压之差，以系统标称电压的百分数表示。

3.6

电压变动频度　rate of occurrence of voltage changes

r

单位时间内电压变动的次数(电压由大到小或由小到大各算一次变动)。不同方向的若干次变动，如间隔时间小于 30 ms，则算一次变动。

3.7

闪变　flicker

灯光照度不稳定造成的视感。

3.8

短时间闪变值　short term severity

P_{st}

衡量短时间(若干分钟)内闪变强弱的一个统计量值(见附录 A)，短时间闪变的基本记录周期为 10 min。

3.9

长时间闪变值　long term severity

P_{lt}

由短时间闪变值 P_{st} 推算出，反映长时间(若干小时)闪变强弱的量值(见附录 A)，长时间闪变的基本记录周期为 2 h。

3.10

累积概率函数　cumulative probability function

CPF

其横坐标表示被测量值，纵坐标表示超过对应横坐标值的时间占整个测量时间的百分数(见图 A.2)。

4　电压波动的限值

任何一个波动负荷用户在电力系统公共连接点产生的电压变动，其限值和电压变动频度、电压等级有关。对于电压变动频度较低(例如 $r\leqslant 1\,000$ 次/h)或规则的周期性电压波动，可通过测量电压方均根值曲线 $U(t)$ 确定其电压变动频度和电压变动值。电压波动限值见表 1。

表 1　电压波动限值

r/(次/h)	d/%	
	LV、MV	HV
$r\leqslant 1$	4	3
$1<r\leqslant 10$	3*	2.5*
$10<r\leqslant 100$	2	1.5
$100<r\leqslant 1\,000$	1.25	1

注 1：很少的变动频度(每日少于 1 次)，电压变动限值 d 还可以放宽，但不在本标准中规定。

注 2：对于随机性不规则的电压波动，如电弧炉负荷引起的电压波动，表中标有"*"的值为其限值。

注 3：参照 GB/T 156—2007，本标准中系统标称电压 U_N 等级按以下划分：

低压(LV)　$U_N\leqslant 1$ kV

中压(MV)　1 kV$<U_N\leqslant 35$ kV

高压(HV)　35 kV$<U_N\leqslant 220$ kV

对于 220 kV 以上超高压(EHV)系统的电压波动限值可参照高压(HV)系统执行。

5 闪变的限值

5.1 电力系统公共连接点，在系统正常运行的较小方式下，以一周(168 h)为测量周期，所有长时间闪变值 P_{lt}都应满足表2闪变限值的要求。

表 2 闪变限值

P_{lt}	
≤110 kV	>110 kV
1	0.8

5.2 任何一个波动负荷用户在电力系统公共连接点单独引起的闪变值一般应满足下列要求。

5.2.1 电力系统正常运行的较小方式下，波动负荷处于正常、连续工作状态，以一天(24 h)为测量周期，并保证波动负荷的最大工作周期包含在内，测量获得的最大长时间闪变值和波动负荷退出时的背景闪变值，通过下列计算获得波动负荷单独引起的长时间闪变值：

$$P_{lt2} = \sqrt[3]{P_{lt1}^3 - P_{lt0}^3} \quad \cdots\cdots(1)$$

式中：

P_{lt1}——波动负荷投入时的长时间闪变测量值；

P_{lt0}——背景闪变值，是波动负荷退出时一段时期内的长时间闪变测量值；

P_{lt2}——波动负荷单独引起的长时间闪变值。

波动负荷单独引起的闪变值根据用户负荷大小、其协议用电容量占总供电容量的比例以及电力系统公共连接点的状况，分别按三级作不同的规定和处理。

5.2.2 第一级规定。满足本级规定，可以不往闪变核算允许接入电网。

a) 对于LV和MV用户，第一级限值见表3。

表 3 LV和MV用户第一级限值

r/(次/min)	$k=(\Delta S/S_{sc})_{max}$/%
$r<10$	0.4
$10 \leqslant r \leqslant 200$	0.2
$200<r$	0.1
注：表中ΔS为波动负荷视在功率的变动；S_{sc}为PCC短路容量。	

b) 对于HV用户，满足$(\Delta S/S_{sc})$max<0.1%。

c) 满足$P_{lt}<0.25$的单个波动负荷用户。

d) 符合GB 17625.2和GB/Z 17625.3的低压用电设备。

5.2.3 第二级规定。波动负荷单独引起的长时间闪变值须小于该负荷用户的闪变限值。

每个用户按其协议用电容量S_i($S_i = P_i/\cos\varphi_i$)和总供电容量S_t之比，考虑上一级对下一级闪变传递的影响(下一级对上一级的传递一般忽略)等因素后确定该用户的闪变限值。单个用户闪变限值的计算方法如下：

首先求出接于PCC点的全部负荷产生闪变的总限值G：

$$G = \sqrt[3]{L_P^3 - T^3 L_H^3} \quad \cdots\cdots(2)$$

式中：

L_P——PCC点对应电压等级的长时间闪变值P_{lt}限值；

L_H——上一电压等级的长时间闪变值P_{lt}限值；

T——上一电压等级对下一电压等级的闪变传递系数，推荐为0.8。不考虑超高压(EHV)系统对下一级电压系统的闪变传递。各电压等级的闪变限值见表2。

单个用户闪变限值 E_i 为：

$$E_i = G\sqrt[3]{\frac{S_i}{S_t}\cdot\frac{1}{F}} \quad \cdots\cdots(3)$$

式中：

F——波动负荷的同时系数，其典型值 $F=0.2\sim0.3$(但必须满足 $S_i/F\leqslant S_t$)，高压(HV)系统 PCC 总供电容量 S_{tHV} 确定方法见附录 B。

5.2.4 第三级规定。不满足第二级规定的单个波动负荷用户，经过治理后仍超过其闪变限值，可根据 PCC 点实际闪变状况和电网的发展预测适当放宽限值，但 PCC 点的闪变值必须符合 5.1 的规定。

6 电压波动的测量和估算

电压波动可以通过电压方均根值曲线 $U(t)$ 来描述，电压变动 d 和电压变动频度 r 则是衡量电压波动大小和快慢的指标。

电压变动 d 的定义表达式为：

$$d = \frac{\Delta U}{U_N}\times 100\% \quad \cdots\cdots(4)$$

式中：

ΔU——电压方均根值曲线上相临两个极值电压之差；

U_N——系统标称电压。

当电压变动频度较低且具有周期性时，可通过电压方均根值曲线 $U(t)$ 的测量，对电压波动进行评估。单次电压变动可通过系统和负荷参数进行估算。

当已知三相负荷的有功功率和无功功率的变化量分别为 ΔP_i 和 ΔQ_i 时，可用下式计算：

$$d = \frac{R_L\Delta P_i + X_L\Delta Q_i}{U_N^2}\times 100\% \quad \cdots\cdots(5)$$

式中：R_L、X_L 分别为电网阻抗的电阻、电抗分量。

在高压电网中，一般 $X_L\gg R_L$，则：

$$d \approx \frac{\Delta Q_i}{S_{sc}}\times 100\% \quad \cdots\cdots(6)$$

式中：

S_{sc}——考察点(一般为 PCC)在正常较小方式下的短路容量。

在无功功率的变化量为主要成分时(例如大容量电动机启动)，可采用式(7)、式(8)进行粗略估算。

对于平衡的三相负荷：

$$d \approx \frac{\Delta S_i}{S_{sc}}\times 100\% \quad \cdots\cdots(7)$$

式中：

ΔS_i——三相负荷的变化量。

对于相间单相负荷：

$$d \approx \frac{\sqrt{3}\Delta S_i}{S_{sc}}\times 100\% \quad \cdots\cdots(8)$$

式中：

ΔS_i——相间单相负荷的变化量。

注：当缺正常较小方式的短路容量时，设计所取的系统短路容量可以用投产时系统最大短路容量乘系数 0.7 进行计算。

7 闪变的测量和计算

闪变是电压波动在一段时期内的累计效果，它通过灯光照度不稳定造成的视感来反映，主要由短时

间闪变 P_{st} 和长时间闪变值 P_{lt} 来衡量。短时间闪变值 P_{st} 的计算方法见附录 A，长时间闪变值 P_{lt} 由测量时间段内包含的短时间闪变值 P_{st} 计算获得：

$$P_{lt}=\sqrt[3]{\frac{1}{12}\sum_{j=1}^{12}(P_{stj})^3} \qquad (9)$$

式中：

P_{stj}——2 h 内第 j 个短时间闪变值。

各种类型电压波动引起的闪变均可采用符合 IEC 61000-4-15:1996 的闪变仪进行直接测量，这是闪变量值判定的基准方法。对于三相等概率的波动负荷，可以任意选取一相测量。

当负荷为周期性等间隔矩形波(或阶跃波)时，闪变可通过其电压变动 d 和频度 r 进行估算。已知电压变动 d 和频度 r 时，可以利用图 1(或表 4)用 $P_{st}=1$ 曲线由 r 查出对应于 $P_{st}=1$ 时的电压变动 d_{Lim}，计算出其短时间闪变值：

$$P_{st}=\frac{d}{d_{Lim}} \qquad (10)$$

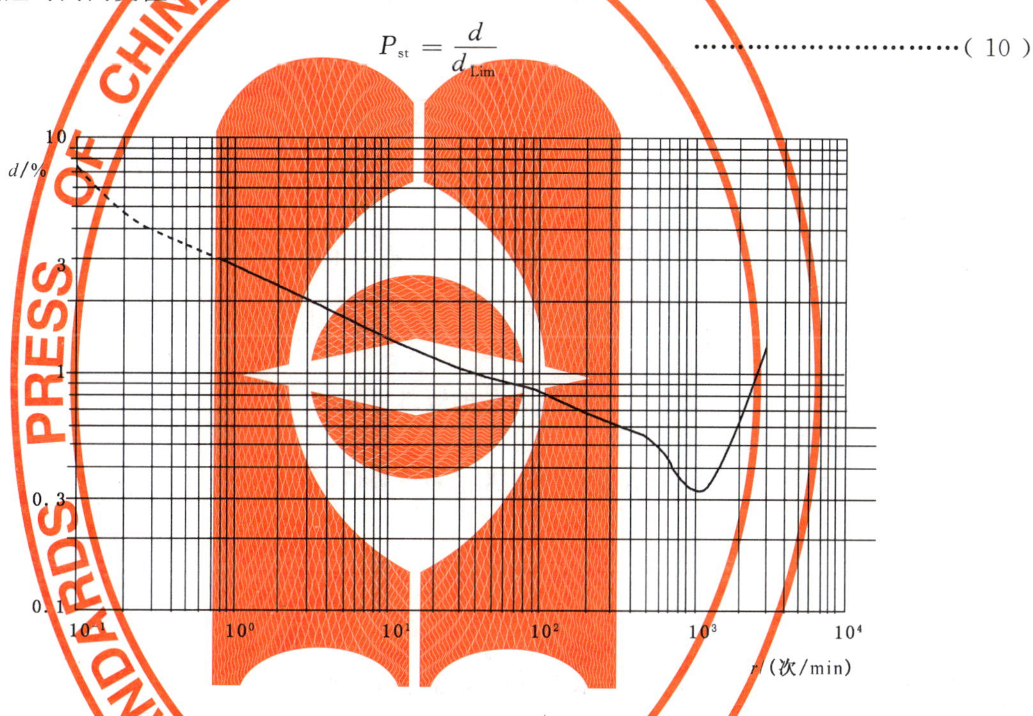

图 1　周期性矩形(或阶跃波)电压变动的单位闪变($P_{st}=1$)曲线

表 4　周期性矩形(或阶跃波)电压变动的单位闪变($P_{st}=1$)曲线对应数据

d/%	3.0	2.9	2.8	2.7	2.6	2.5	2.4	2.3	2.2	2.1	2.0	1.9	1.8
R/(次/min)	0.76	0.84	0.95	1.06	1.20	1.36	1.55	1.78	2.05	2.39	2.79	3.29	3.92
d/%	1.7	1.6	1.5	1.4	1.3	1.2	1.1	1.0	0.95	0.90	0.85	0.80	0.75
R/(次/min)	4.71	5.72	7.04	8.79	11.16	14.44	19.10	26.6	32.0	39.0	48.7	61.8	80.5
d/%	0.70	0.65	0.60	0.55	0.50	0.45	0.40	0.35	0.29	0.30	0.35	0.40	0.45
R/(次/min)	110	175	275	380	475	580	690	795	1 052	1 180	1 400	1 620	1 800

8　闪变的叠加和传递

8.1　n 个波动负荷各自引起的闪变及背景闪变在同一节点上相互叠加，其短时间闪变值可按下式计算：

$$P_{st}=\sqrt[m]{(P_{st1})^m+(P_{st2})^m+\cdots+(P_{stn})^m} \qquad (11)$$

式中：

m——值取决于主要闪变源的性质及其工况的重叠可能性；

$m=1$——用于波动负荷引起电压变动同时发生重叠率很高的状况；

$m=2$——用于随机波动负荷引起电压变动同时发生的状况(例如熔化期重叠的电弧炉)；

$m=3$——用于波动负荷引起的电压变动同时发生的可能性很小的状况(比较常用)；

$m=4$——仅用于熔化期不重叠的电弧炉所引起的电压变动合成。

8.2 电力系统不同母线结点上闪变的传递如图2所示，可按下式简化计算：

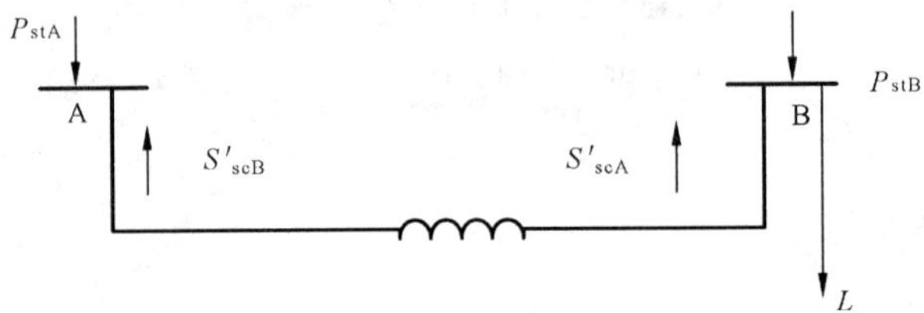

L——波动负荷。

图2 闪变传递计算示意

$$P_{stA} = T_{BA} \cdot P_{stB} \quad \cdots\cdots(12)$$

式中：

$T_{BA}=\dfrac{S'_{scA}}{S_{scA}-S'_{scB}}$为结点B短时间闪变值传递到结点A的传递系数；

P_{stA}——结点B短时间闪变值传递到结点A，在结点A引起的短时间闪变值；

P_{stB}——结点B上的短时间闪变值；

S'_{scA}——结点B短路时结点A流向结点B的短路容量；

S_{scA}——结点A的短路容量；

S'_{scB}——结点A短路时结点B流向结点A的短路容量；

当$S'_{scA}=0$，而$S_{scA}=S'_{scB}$时$P_{stA}=P_{stB}$

8.3 某台设备在系统短路容量为S_{sc0}时P_{st0}已知，当短路容量变为S_{sc1}时P_{st1}按下式计算：

$$P_{st1} = P_{st0} \cdot \frac{S_{sc0}}{S_{sc1}} \quad \cdots\cdots(13)$$

式(11)、式(12)、式(13)也可用于长时间闪变值的相关计算。

附 录 A
（规范性附录）
闪变的测量和计算式

根据 IEC 61000-4-15:1996 制造的 IEC 闪变仪是目前国际上通用的测量闪变的仪器，有模拟式的也有部分或全部是数字式的结构，其简化原理框图如图 A.1 所示。

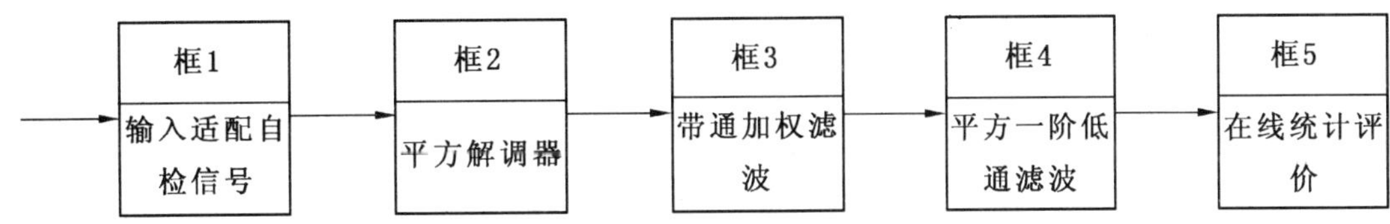

图 A.1 IEC 闪变仪模型的简化框图

框 1 为输入级，它除了用来实现把不同等级的电源电压（从电压互感器或输入变压器二次侧取得）降到适用于仪器内部电路电压值的功能外，还产生标准的调制波，用于仪器的自检。框 2、3、4 综合模拟了灯-眼-脑环节对电压波动的反应。其中框 2 对电压波动分量进行解调，获得与电压变动成线性关系的电压；框 3 的带通加权滤波器反映了人对 60 W 230 V 钨丝灯在不同频率的电压波动下照度变化的敏感程度，通频带为 0.05 Hz～35 Hz；框 4 包含一个平方器和时间常数为 300 ms 的低通滤波器，用来模拟灯-眼-脑环节对灯光照度变化的暂态非线性响应和记忆效应。框 4 的输出 $S(t)$ 反映了人的视觉对电压波动的瞬时闪变感觉水平。如图 A.2a）所示，可对 $S(t)$ 作不同的处理来反映电网电压引起的闪变情况。进入框 5 的 $S(t)$ 值是用积累概率函数 CPF 的方法进行分析。在观察期内（10 min），对上述信号进行统计。图中为了简明起见，分为 10 级。以第 7 级为例，由图 A.2a），$T_7=\sum_{i=1}^{5}t_i$，用 CPF_7 代表 S 值处于 7 级（或 1.2 p.u.～1.4 p.u.）的时间 T_7 占总观察时间的百分数，相继求出 CPF_i（$i=1\sim10$）即可作出图 A.2b）CPF 曲线。实际仪器分级数应不小于 64 级。

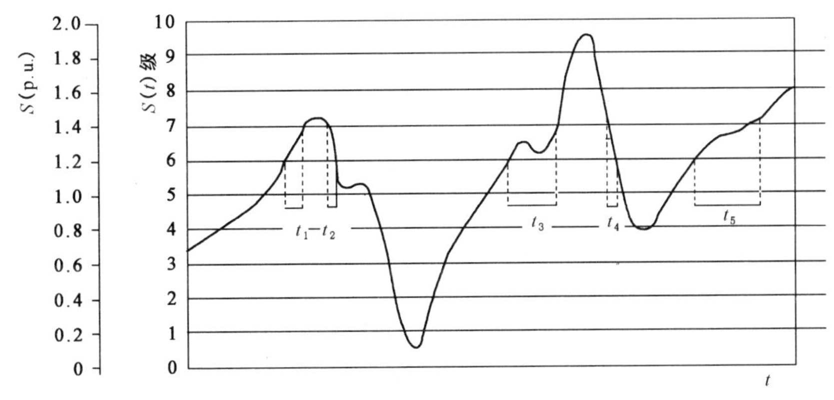

a)

图 A.2 由 $S(t)$ 曲线作出的 CPF 曲线示例

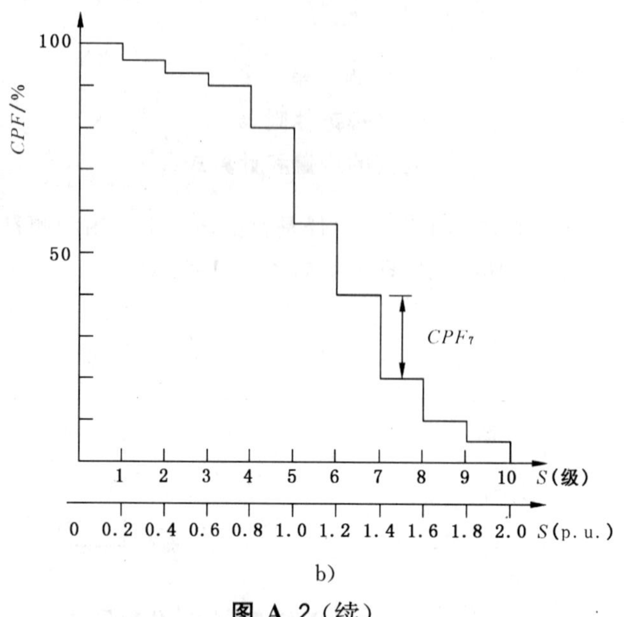

b)

图 A.2（续）

由 CPF 曲线获得短时间闪变值：

$$P_{st}=\sqrt{0.0314P_{0.1}+0.0525P_{1}+0.0657P_{3}+0.28P_{10}+0.08P_{50}} \quad\cdots\cdots\cdots(A.1)$$

式中：

$P_{0.1}$、P_{1}、P_{3}、P_{10}、P_{50}分别为 CPF 曲线上等于 0.1%、1%、3%、10%和 50%时间的 $S(t)$值。

长时间闪变值 P_{lt}由测量时间段内包含的短时间闪变值计算获得：

$$P_{lt}=\sqrt[3]{\frac{1}{n}\sum_{j=1}^{n}(P_{stj})^{3}} \quad\cdots\cdots\cdots(A.2)$$

式中：

n——长时间闪变值测量时间内所包含的短时间闪变值个数。

P_{st}和 P_{lt}由图 A.1 框 5 输出。

每计算获得一个 P_{st}可依据式(A.2)进行递推计算，获得一个 P_{lt}。

附 录 B
（资料性附录）
高压（HV）总供电容量 S_{tHV} 的估算方法

高压（HV）总供电容量 S_{tHV} 即为主变压器的供电容量。对于某些用户（特别是 220 kV 级用户），其 PCC 可能有多个供电电源，S_{tHV} 可以用下列方法估算：

第一种近似估算：在 PCC 最大需求日（或计及将来发展），所供给的 HV 用户总容量为 $\sum S_{iHV}$，就取为 S_{tHV}。但当 PCC 附近有较大的波动负荷时，则按第二种近似估算。

第二种近似估算：如图 B.1 所示。设 1 为所考虑的结点，2、3 为其附近有较大波动负荷的结点。先按第一种估算法，求出 S_{tHV1}、S_{tHV2}、S_{tHV3}。然后求出工频下传递系数 K_{2-1}、K_{3-1}。"传递系数"K_{j-i}是结点 j 注入 1 p.u. 电压时在 i 结点引起的电压。K_{j-i}计算一般需要计算机程序，但 8.2 给出简化的算法，在许多情况下能很快求出近似的结果。由此得：

$$S_{tHV}=S_{tHV1}+K_{2-1}\times S_{tHV2}+K_{3-1}\times S_{tHV3}。$$

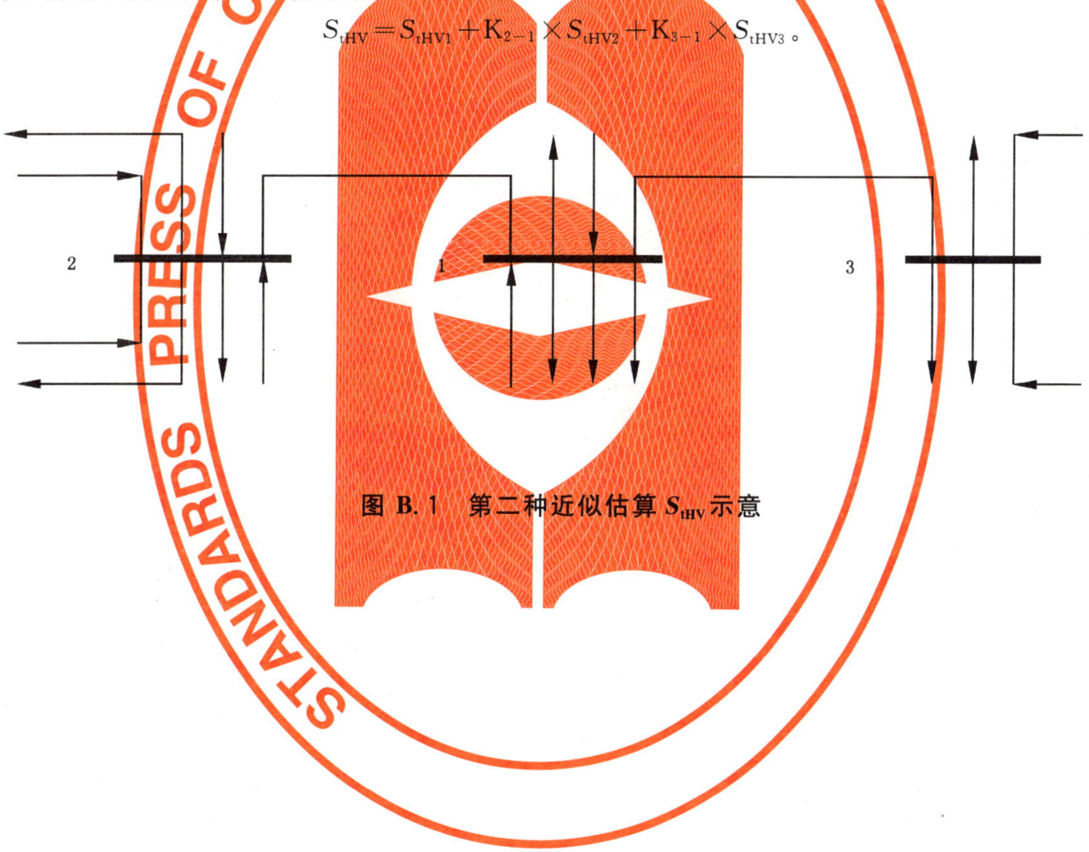

图 B.1 第二种近似估算 S_{tHV} 示意

附 录 C
(资料性附录)
电弧炉的闪变估算方法

电弧炉在运行过程中,特别是在熔化期,随机且大幅度波动的无功功率会引起供电母线严重的电压波动和闪变。电弧炉在熔化期电极和炉料(或熔化后钢水)接触可以有开路和短路两种极端状态,当相继出现这两种状态时,其最大无功功率变动量 ΔQ_{max} 就等于短路容量 S_d。

电弧炉在 PCC 点引起的最大电压变动 d_{max} 可通过其最大无功功率变动量 ΔQ_{max} 由式(6)计算获得。电弧炉在 PCC 点引起的闪变大小主要与 d_{max} 有关,也与电弧炉的类型、炉变参数、短网、冶炼的工艺、炉料的状况等有关。通过经验公式,由电弧炉的类型和其 d_{max} 可对其闪变值进行粗略地估算,经验公式如下:

$$P_{lt} = K_{lt} \cdot d_{max} \qquad \text{(C.1)}$$

式中:

K_{lt}——交流电弧炉一般取 0.48;

K_{t}——直流电弧炉一般取 0.30;

K_{l}——精炼电弧炉一般取 0.20;

康斯丁(CONSTEEL)电弧炉 K_{lt} 一般取 0.25。

附 录 D
（资料性附录）
闪变合格率统计方法

闪变合格率是指实际运行电压在闪变合格范围内累计运行时间与对应的总运行统计时间的百分比，计算式如下：

$$\text{闪变合格率} = \left(1 - \frac{\text{闪变超限时间}}{\text{总运行统计时间}}\right) \times 100\% \qquad \cdots\cdots(\text{D.1})$$

闪变状况通常可通过闪变合格率的统计方法进行评估。监测点的闪变合格率通常以月度的时间为闪变监测的总运行统计时间。

电网的闪变合格率为各监测点闪变合格率的平均值：

$$\text{电网闪变合格率}(\%) = \sum_{1}^{n} \text{监测点闪变合格率}/n \qquad \cdots\cdots(\text{D.2})$$

式中：

n——闪变监测点个数。

电网年（季）度闪变合格率计算式如下：

$$\text{年(季)度闪变合格率}(\%) = \sum_{1}^{m} \text{电网闪变合格率}/m \qquad \cdots\cdots(\text{D.3})$$

式中：

m——年（季）度的闪变合格率统计月数。

参 考 文 献

[1] GB/Z 17625.5—2000 电磁兼容 限值中、高压电力系统中波动负荷发射限值的评估(idt IEC 61000-3-7:1996)

[2] EN 50160:2000 Voltage characteristics of electricity supplied by public distribution system

ICS 25.220.40
A 29

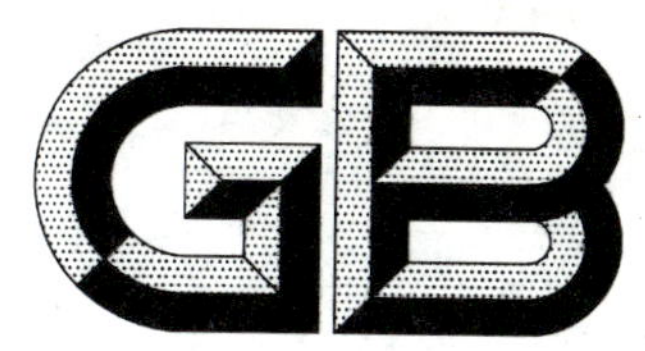

中华人民共和国国家标准

GB/T 12332—2008/ISO 4526:2004
代替 GB/T 12332—1990

金属覆盖层　工程用镍电镀层

Metallic coatings—Electroplated coatings of nickel for engineering purposes

(ISO 4526:2004,IDT)

2008-06-19 发布　　2009-01-01 实施

中华人民共和国国家质量监督检验检疫总局
中国国家标准化管理委员会　发布

前　言

本标准等同采用 ISO 4526:2004《金属覆盖层　工程用镍电镀层》(英文版)。

本标准根据 ISO 4526:2004 翻译起草。

为了便于使用,本标准做了下列编辑性修改:

——删除国际标准的前言,增加了我国标准前言;

——“本国际标准”一词改为“本标准”;

——引用了与国际标准相对应的国家标准。

本标准代替 GB/T 12332—1990《金属覆盖层　工程用镍电镀层》。

本标准与 GB/T 12332—1990 相比主要变化如下:

——增加了引言;

——增加了标识部分;

——删除了工程用镍电镀层的特性、用途及应用实例;

——修改了瓦特镍和氨基磺酸镍槽液中电镀层的力学性能;

——增加了热水孔隙率试验、改进型孔隙率试剂试验;

——增加了不同用途的附加资料。

本标准的附录 C、附录 D 为规范性附录,附录 A、附录 B、附录 E 为资料性附录。

本标准由中国机械工业联合会提出。

本标准由全国金属与非金属覆盖层标准化技术委员会(SAC/TC 57)归口。

本标准起草单位:武汉材料保护研究所、广州市达志化工科技有限公司、浙江新丰控股有限公司、杭州天堂伞业集团有限公司。

本标准主要起草人:张德忠、毛祖国、蔡志华、郑秀林、郑秀海、王奇伟、何杰、贾建新。

本标准所代替标准的历次版本发布情况为:

——GB/T 12332—1990。

引　　言

工程用镍电镀层具有多方面的应用，如提高硬度、耐磨性、耐蚀性、承载性能、抗热氧化性、抗腐蚀疲劳性能及其他表面性能的改进。电镀镍也在工程中用于修复磨损的或超差的机加工件以及与其他金属覆盖层组合为扩散阻挡层。工程用镍电镀层一般含镍高于99%，其通常采用不加添加剂的瓦特镍或氨基磺酸镍槽液进行电镀。附录A给出了典型槽液的组成、操作条件及镀层的力学性能。

要求提高硬度、增强耐磨性、改善电沉积内应力及增强整平性能时，可以向溶液中加入如碳化硅、碳化钨、氧化铝、碳化铬的微粒及其他物质。当镀层最终使用温度为低温或中温时，可添加含硫有机添加剂来提高硬度和降低残余内应力。含硫镍电镀层在高温下暴露会导致镀层变脆和开裂，其影响与温度有关。热处理时间足够长时，150℃下这种影响可能很明显。

一个显著的趋势是工程用镍合金电镀工艺的应用逐渐增多，这包括镍与钴、铁、锰、钼、磷、钨组成的二元合金。

金属覆盖层　工程用镍电镀层

1　范围

本标准规定了黑色和有色金属上的工程用镍和镍合金电镀层的要求。

本标准不适用于镍为小组分的二元镍合金电镀层。

标识提供了一种表示工程用镍及镍合金电镀层的类型和厚度的方法。

2　规范性引用文件

下列文件中的条款通过本标准的引用而成为本标准的条款。凡是注日期的引用文件，其随后所有的修改单(不包括勘误的内容)或修订版均不适用于本标准，然而，鼓励根据本标准达成协议的各方研究是否可使用这些文件的最新版本。凡是不注日期的引用文件，其最新版本适用于本标准。

GB/T 3138　金属镀覆和化学处理与有关过程术语(GB/T 3138—1995,neq ISO 2079:1981)

GB/T 4955　金属覆盖层　覆盖层厚度测量　阳极溶解库仑法(GB/T 4955—2005,ISO 2177:2003,IDT)

GB/T 5270　金属基体上的金属覆盖层　电沉积和化学沉积层　附着力强度试验方法评述(GB/T 5270—2005,ISO 2819:1980,IDT)

GB/T 6461　金属基体上金属和其他无机覆盖层　经腐蚀试验后的试样和试件的评级(GB/T 6461—2002,ISO 10289:1999,IDT)

GB/T 6462　金属和氧化物覆盖层　厚度测量　显微镜法(GB/T 6462—2005,ISO 1463:2003,IDT)

GB/T 6463　金属和其他无机覆盖层厚度测量方法评述(GB/T 6463—2005,ISO 3882:2003,IDT)

GB/T 9790　金属覆盖层及其他有关覆盖层　维氏和努氏显微硬度试验(GB/T 9790—1988,neq ISO 4516:1980)

GB/T 12334　金属和其他非有机覆盖层　关于厚度测量的定义和一般规则(GB/T 12334—2001,ISO 2064:1993,IDT)

GB/T 12609　电沉积金属覆盖层和相关精饰　计数检验抽样程序(GB/T 12609—2005,ISO 4519:1980,IDT)

GB/T 13744　磁性和非磁性基体上的镍电镀层厚度的测量(GB/T 13744—1992,idt ISO 2361:1982)

GB/T 15821　金属覆盖层　延展性测量方法(GB/T 15821—1995,eqv ISO 8401:1986)

GB/T 16921　金属覆盖层　覆盖层厚度测量　X射线光谱法(GB/T 16921—2005,ISO 3497:2000,IDT)

GB/T 19349　金属和其他无机覆盖层　为减少氢脆危险的钢铁预处理(GB/T 19349—2003,ISO 9587:1999,IDT)

GB/T 19350　金属和其他无机覆盖层　为减少氢脆危险的涂覆后钢铁的处理(GB/T 19350—2003,ISO 9588:1999,IDT)

GB/T 20015　金属和其他无机覆盖层　电镀镍、自催化镀镍、电镀铬及最后精饰　自动控制喷丸硬化前处理(GB/T 20015—2005,ISO 12686:1999,MOD)

GB/T 20018　金属和非金属覆盖层　覆盖层厚度测量　β射线背散射法(GB/T 20018—2005,ISO 3543:2000,IDT)

ISO 9220　金属覆盖层　厚度测量　扫描电镜法

ISO 10587　金属和其他无机覆盖层　涂覆和未涂覆金属覆盖层的螺栓和螺杆的残余氢脆试验　斜楔法

ISO 15274　金属和其他无机覆盖层　钢铁析氢的电化学测量　藤壶电极法

EN 12508　金属及合金的防护　表面处理、金属和其他无机覆盖层　词汇

3　术语和定义

GB/T 3138、GB/T 12334、EN 12508 确立的术语和定义适用于本标准。

4　向供方提供的资料

4.1　必要资料

按本标准订购电镀产品时，需方应在合同或订购合约中，或在工程图纸上书面提供以下资料：

a）标识(见第 5 章)；

b）替代试样的要求(见 6.1)；

c）主要表面，应在工件图纸上标明，也可用有适当标记的样品说明(见 6.2)；

d）最后的表面精饰状态，如电镀的、打磨的、机加工的或抛光的。也可用需方提供或认可的样品来表明所要求的精饰状态，以便于比较(见 6.2 和 6.3)；

e）缺陷的类型和大小，每类缺陷在表面或每平方分米表面上允许的数量(见 6.2)；

f）表面上最小厚度有要求的附加部分(见 6.4)；

g）测量厚度、结合强度、孔隙率的试验方法；如有需要，还应指明内应力和延展性的试验方法(依次见 6.4,6.6,6.7,6.11 和 6.12)；

h）工件的抗拉强度及电镀前为减少内应力的热处理的要求(见 6.8)；

i）电镀后降低氢脆的要求及氢脆试验方法(见 6.9)；

j）抽样方案和接收水平(见第 7 章)。

4.2　附加资料

适当时，需方应提供以下附加资料：

a）基体金属的标准组成或规格、冶金学状态以及硬度(见 5.3)；

注：修复工件时，很难提供这些资料，因此镀层的质量难以保证。

b）电镀前/后喷丸的必要性(见 6.10)；

c）前处理的任何要求或限制，如用蒸汽喷砂代替酸洗前处理；

d）底电镀层和/或面层的要求(见 5.5)；

e）表面精饰、硬度、结合力的要求(见 6.3、6.5 和 6.6)。

5　标识

5.1　概述

标识可能出现在工程图、订购单、合同或详细的产品说明中。

标识按照规定的顺序明确指出了基体材料及其标准牌号(非强制性的)、减小应力的要求、底镀层的类型和厚度、镍或镍合金镀层的类型和厚度、面镀层的类型和厚度以及包括热处理在内的后处理。

5.2　组成

标识应包括以下内容：

a）术语“电镀层”；

b）本标准的编号，即 GB/T 12332；

c）连字符；

d) 基体金属的化学符号(见 5.3);

e) 斜线(/);

f) 镍或镍合金镀层及底镀层和面镀层的符号,每一层之间按镀层的先后顺序用斜线分(/)开。镀层标识应包括镀层的以微米计的厚度(见 5.5)和热处理要求(见 5.4)。省去的或不作要求的步骤应用双斜线(//)标明。

注:特种合金建议用该基体金属的化学符号后加标准牌号注明,如:UNS 号,或等同的国家或地方牌号。其牌号置于〈 〉内。

例:Fe〈G43400〉是高强度钢的 UNS 牌号。

5.3 基体金属的标识

基体金属应用其化学符号表示。如果是合金,则应标明主要成分。例如:

a) Fe 表示铁和钢;

b) Zn 表示锌合金;

c) Cu 表示铜及铜合金;

d) Al 表示铝及铝合金。

注:为确保表面预处理合适及镀层与基体金属之间的结合力,标明特种合金的成分和冶金学状态(回火、渗氮等)尤为重要。

5.4 热处理要求的标识

热处理要求应按如下要求标注在方括号内:

a) SR 表示消除应力的热处理;ER 表示降低氢脆敏感性的热处理;HT 表示其他的热处理;

b) 在圆括号中标明最低温度,用℃计;

c) 热处理持续时间,用 h 计。

示例:[SR(210)1]表示在 210℃下消除应力处理 1 h。

热处理有规定时,标识中应包括其要求(见 5.6 中的第三实例)。

5.5 金属镀层的类型和厚度

电镀镍用镍的化学符号 Ni 后加以微米计的最小局部厚度表示。镍电镀层的类型用表 1 中给出的符号表示,并置于厚度数值的后面。

对于镍合金电镀层,表 2 给出了表示合金电镀层的符号,在其后面的圆括号中标注合金镀层的主要成分的数值,再注明规定的以微米计的最小局部厚度的数值。

示例:NiCo(35)25 表示厚度为 25 μm、含钴质量分数为 35%的镍-钴合金电镀层。

电沉积或以其他方式镀覆的金属底镀层和面镀层应用沉积金属的化学符号表示,后接镀层的最小局部厚度的数值(以微米计)。

表 1 不同类型的镍电镀层的符号、硫含量及延展性

镍电镀层的类型	符号	硫含量 (质量分数)/%	延展性/ %
无硫	sf	<0.005	>8
含硫	sc	>0.04	—
镍母液中分散有微粒的无硫镍	pd	<0.005	>8

表 2 电沉积二元镍合金的符号和主要成分

镍合金	符 号	主要成分	质量分数/%
镍-钴	NiCo	钴	5~50
镍-铁	NiFe	铁	10~30

表 2（续）

镍合金	符 号	主要成分	质量分数/%
镍-锰	NiMn	锰	约 0.5
镍-钼	NiMo	钼	5～40
镍-钨	NiW	钨	5～40
镍-磷	NiP	磷	1～30

注：工程用镍电镀层常由瓦特镍和氨基磺酸镍槽液电沉积，附录 A 给出了槽液的主要成分。符号 sf 表示槽液不含硬化剂、光亮剂和减小应力的添加剂，镀层不含硫。符号 sc 表示槽液中可能含有硫或其他共沉积元素或化合物，这些物质用来增加镍层的硬度、减小粗糙度或控制内应力。为了电沉积钴、铁、锰或磷的镍合金，可对瓦特槽和氨基磺酸镍槽液进行调整。无论是电沉积钼还是钨的镍合金槽液，都与瓦特镍和氨基磺酸盐槽液显著不同。据报道，已出现了适于电沉积镍-钼、镍-钨的槽液。关于镍合金电沉积的其他技术资料见参考文献[6]和[7]。

5.6 标识实例

碳钢上电沉积的最小局部厚度为 50 μm、无硫的工程用镍电镀层标识为：

电镀层　GB/T 12332-Fe//Ni50sf

铝合金上电沉积的最小局部厚度为 75 μm、无硫的、镍层含有共沉积的碳化硅颗粒的工程用镍电镀层标识为：

电镀层　GB/T 12332-Al//Ni75pd

高强度钢上电沉积的最小局部厚度为 25 μm、无硫的工程用镍电镀层，电镀前在 210℃下进行消除应力的热处理 2 h，电镀后在 210℃下进行降低脆性的热处理 22 h，该镍电镀层标识为：

电镀层　GB/T 12332-Fe/[SR(210)2]/Ni25sf/[ER(210)22]

为了便于订货，详细的产品说明书不仅包括标识，而且还应清楚地注明特定产品其他必要的使用要求。

注：前面两个实例中的双分隔号表明电镀前和电镀后对热处理不作要求。

6 要求

6.1 替代试样

当电镀件不适合进行试验，或因电镀件数量较少或价值昂贵而不可提交进行破坏性试验时，可用替代试样来测量结合力、厚度、孔隙率、腐蚀性、硬度和其他性能。替代试样的材质、冶金学状态、表面状态应与电镀件一样，并且与再提交的电镀件一起加工。

需方应明确规定代表性试验试样的使用方法以及所用替代试样的数量、材质、形状和大小〔见 4.1b)〕。

6.2 外观

主要表面上的电镀层应光滑且无明显缺陷，如麻点、裂纹、起泡、起皮、脱落、烧焦和露镀。表面上仅部分进行电镀的镀层边缘在经过需方规定的机加工和其他加工后，应没有颗粒、结瘤、晶粒粗大、锯齿边缘和其他缺陷〔见 4.1c)〕。

可用确认的样品进行对比〔见 4.1d)〕。

由基体金属的表面状态引起的缺陷或正常操作下仍存在的缺陷不应拒收。需方应规定基体金属缺陷的接收限〔见 4.1e)〕。

需要进行机加工的电镀层允许电沉积时产生轻微的缺陷，这些缺陷可通过机加工来消除。为满足尺寸要求镀后要进行打磨的电镀件，打磨时应使用不含硫的液体冷却剂，并采用足够轻的压力以免开裂。电镀方进行热处理和打磨时产生的肉眼可见的气泡和裂纹应拒收。

6.3 表面精饰

见 4.1d)和 4.2e)。

注：对于打磨精饰，表面粗糙度 Ra 为 0.4 μm 称为细抛，Ra 为 0.2 μm 称为精抛。

6.4 厚度

标识中规定的镀层厚度应是最小局部厚度。除非另有规定，否则电镀层的局部厚度应在主要表面上直径为 20 mm 的球所能接触到的任何一点上进行测量〔见 4.1f)〕。

镍电镀层的局部厚度应按附录 B 给出的方法进行测量。局部厚度通常为 5 μm～200 μm，其主要取决于具体的工程应用〔见 4.1g)〕。

附录 B 中给出的大多数方法可用于镍合金电镀层厚度的测量。

注：镍电镀层的厚度不受技术限制，但由于电镀件的尺寸和几何形状造成的实际影响，镍电镀层增厚时很难获得光滑的表面和一致的厚度。对镍电镀层进行机加工以满足外观和表面粗糙度的要求时，电镀操作要在工序间中断。当电镀工序中断时，经过机加工的镍电镀层表面必须进行合适的再活化以增强后续电沉积层的结合力。为提高电沉积层厚度的一致性，应采用辅助电极和/或选择适当的保护。

6.5 硬度

当硬度有规定时，应按 GB/T 9790 给出的方法进行测量〔见 4.2e)〕。

6.6 结合强度

电镀件或替代试样应通过 GB/T 5270 中描述的弯曲、挫刀或热振实验。具体采用的试验方法应由需方指明〔见 4.1g)〕。

注 1：供方有责任确定电镀前的表面预处理方法，以使表面能满足本条的要求。

注 2：为提高镀层的结合强度，铝合金电镀后应在 130℃ 下进行热处理。对于那些在等于或高于该温度时会变质的合金，本处理不作要求。

6.7 孔隙率

电镀铁件或代表性试验试样应进行附录 C 中描述的热水孔隙率试验或附录 D 中描述的改进型孔隙率试纸试验。试验后应根据 GB/T 6461 对电镀件进行评级。除非需方另有规定，如果发现孔隙率达到某一程度，工件就应报废〔见 4.1g)〕。

6.8 电镀前消除应力的热处理

当需方有规定时，最大抗拉强度等于或大于 1 000 MPa(31 HRC)及在机加工、研磨、锻造或冷成形过程中产生了张应力的钢铁件在清洗和电镀前应进行消除应力的热处理。热处理的工艺和等级应按需方的规定进行，也可由需方根据 GB/T 19349 来规定合适的工艺和等级〔见 4.1h)〕。

注：有氧化皮或污垢的钢铁在电镀前应进行清洗。对于高强度钢，为避免在清洗过程中产生氢脆危害，应采用化学碱性除油或阳极电解除油及机械除油。对高强度钢(抗拉强度大于 1 400 MPa)进行机械除油时，应考虑进行过热处理的可能性。

6.9 降低氢脆的热处理

最大抗拉强度等于或大于 1 000 MPa(31 HRC)的钢件及表面强化过的工件，应进行降低氢脆的热处理。热处理的工艺和等级按 GB/T 19350 进行或按需方的规定进行〔见 4.1h)〕。

降低氢脆的热处理的效果可按需方规定的实验方法进行测量，也可按国家标准或国际标准中描述的方法测量，例如：ISO 10587 描述的测量螺纹件降低残余氢脆的热处理试验方法；ISO 15724 描述的测量钢中相关析氢浓度的方法。

需要弯曲的电镀弹簧和其他工件，在降低氢脆的热处理前不应进行弯曲。

注：含少量硫的镍和镍合金电镀层在 200℃ 以上温度下热处理时会褪色和变脆。脆性发生的精确温度取决于镍镀层中硫的含量及在超高温度下的处理时间。

6.10 喷丸

如果需方规定电镀前或电镀后要进行自动控制的喷丸处理，则应按 GB/T 20015 执行。测量喷丸强度的方法在该标准中有描述〔见 4.2b)〕。

注：电镀前和电镀后的喷丸处理可将疲劳强度的降低减至最小，疲劳强度的降低产生于高强度钢电镀层受拉应力和工作复杂承载部件的重复使用过程中。其他影响疲劳寿命的因素包括镀层厚度和电镀层的残余内应力。镀层厚度应足够薄以适应所期望的使用条件，残余内应力也应该尽可能小。喷丸产生的压应力可提高工件耐蚀性和抗应力腐蚀开裂性能。

6.11 内应力

电沉积镍及镍合金层的内应力变化范围大。一般而言,高于 100 MPa 的高张应力或压应力可能导致加工困难。瓦特镍比氨基磺酸镍槽液电沉积时产生的内应力高。可用有机添加剂来降低内应力,但必须谨慎使用,因为这些添加剂增加电沉积层的硫含量,也可能产生压应力。含硫的镍及镍合金电镀层在高于 200℃时加工或使用可能变脆,这取决于在超高温度下的时间。整平剂往往会在张力方向上增加电镀层的内应力〔见 4.1g)〕。

螺旋压力测量计、刚性带及其他测量内应力的方法可用来测量内应力,但这些方法都未进行标准化。测量内应力的设备供应商可提供测量电镀层的内应力的详细说明。

6.12 延展性

电镀后须进行弯曲或加工成型的应用中,电沉积镍和镍合金层的延展性是重要的考虑因素,例如电气和电子方面的许多应用。延展性不好可导致镀层在加工成形时开裂。不含硫的镍电沉积层的延展性通常大于 8%。需方应规定所要求的延伸率(见注)和测量方法(见 GB/T 15821)。延伸率常按 GB/T 15821 中描述的圆柱心轴弯曲法进行测量〔见 4.1g)〕。

注:附录 A 表明,以拉伸的百分率测量,从瓦特镍槽液中电沉积镍的延展性在 10%～30%之间,从氨基磺酸镍槽液中电沉积镍的延展性在 5%～30%之间,这取决于 pH、温度和电流强度。不含硫的镍电沉积层的延展性可通过电镀后的热处理来提高。

7 抽样

抽样方案应从 GB/T 12609 规定的程序中选择。接收水平应由需方规定〔见 4.1j)〕。

附 录 A
（资料性附录）
瓦特镍和氨基磺酸镍槽液的典型组成和操作条件及镍电镀层的力学性能

	瓦特镍	氨基磺酸镍
电镀液组成/(g/L)		
硫酸镍($NiSO_4 \cdot 6H_2O$)	225～400	—
氨基磺酸镍[$Ni(SO_3NH_2)_2$]	—	300～450
氯化镍($NiCl_2 \cdot 6H_2O$)	30～60	0～10
硼酸(H_3BO_3)	30～45	30～45
温度/℃	50～65	40～65
搅拌	空气或机械	空气或机械
操作条件		
阴极电流密度/(A/dm^2)	3～8	0.5～30
阳极	镍	镍
pH	3.5～4.5	3.8～4.2
典型的力学性能		
抗拉强度/MPa	345～485	415～610
延伸率/%	10～30	5～30
维氏硬度(100 g 载荷)/HV	130～200	170～230
内应力/MPa	125～185 (张应力)	0～50 (张应力)
注：通常加入镀镍针孔抑制剂来控制针孔的产生。		

附 录 B
（资料性附录）
厚度测量的试验方法

B.1 概述

GB/T 6463 综述了金属及其他无机覆盖层厚度的测量方法。

B.2 破坏性实验

B.2.1 显微镜法

采用 GB/T 6462 规定的方法。如需浸蚀，则采用标准中规定的硝酸/冰醋酸浸蚀剂。对于铜＋镍电镀层，浸蚀剂体积为 1 的硝酸（相对密度 $\rho=1.4$ g/mL）和体积为 5 的冰醋酸的混合液。

B.2.2 库仑法

GB/T 4955 规定的库仑法可用于测量镍镀层和铜底镀层的总厚度。应用该方法时，可在主要表面上直径 20 mm 的小球可接触到的任何一点上测量。

B.2.3 扫描电镜法

ISO 9220 描述的扫描电镜法可用来测量镍电镀层和底镀层的厚度。

注：如遇争议，则库仑法用来测量 10 μm 以下的镍电镀层的厚度，显微镜法用来测量 10 μm 及以上厚度的镍电镀层和底镀层的厚度。

B.3 非破坏性试验

B.3.1 磁性法（仅用于镍电镀层）

采用 GB/T 13744 规定的方法。

注：这种方法的灵敏度随电镀层渗透性的变化而变化。

B.3.2 β 反向散射法（仅用于没有铜底层的电镀层）

采用 GB/T 20018 规定的方法。本方法适用于铝基体上单镍电镀层。如果用于测量有铜底层的电镀层，则本方法测量的是镀层（包括铜底层）的总厚度。

B.3.3 X 射线光谱法

采用 GB/T 16921 规定的方法。

附　录　C
（规范性附录）
热水孔隙率试验

C.1　概述

本方法考察铁件上镍电镀层的不连续和孔隙率，并对镍镀层无腐蚀性。

C.2　材料

不锈钢或衬胶容器，或玻璃容器，中间悬挂工件，并使工件与金属容器接触处隔热。电镀层的主要表面应全部浸入清洁的蒸馏水或去离子水中。水的 pH 值应保持在 6.0～7.5 之间，导电率不高于 0.5 μS/m。用于调节 pH 值的添加剂应对镍镀层无腐蚀性，并得到需方的认可。例如，pH 值可通过引入 CO_2 或加入 H_2SO_4 或醋酸或 NaOH 来调节。无油气源应能在水中产生足够的搅动，以免气泡依附在工件的主要表面上。

C.3　步骤

对待测电镀层表面进行清洗和脱脂，使其表面无水痕，然后将工件镀层表面全部浸入 85℃的水中。当工件和水在 85℃±3℃达到平衡时开始计时，保持试验 60 min，其间温度维持不变。试验结束时，将工件从热水中取出，并使水沥干，可用无油压缩空气加速干燥。黑点或红斑表明基体金属腐蚀或存在孔隙。

C.4　试验报告

试验报告应包括以下信息：

a)　被测表面的面积；

b)　肉眼可见的斑点的数量和直径；

c)　符合需方定义和规定的单位面积上可见斑点的最大数量。

附 录 D
（规范性附录）
改进型孔隙率试剂试验

D.1 概述

本方法考察铁件上的镍电镀层的不连续和孔隙率。

如果试验超出规定周期(10 min)3 min 及更长时间，试验对镍电镀层有轻微的腐蚀性。本试验对表面上存在的铁敏感，如镍电镀层表面与铁接触时，其表面上存在微量铁的地方会出现蓝色斑点。实验结果取决于表面精饰，*Ra* 大于 0.08 μm 的表面比粗糙度低于该值的表面可能展现更多的孔隙。

D.2 材料和试剂

D.2.1 溶液 A，将 50 g 明胶和 50 g 的氯化钠溶入 1 L 热(45℃)蒸馏水中。

D.2.2 溶液 B，将 50 g 的氯化钠和 1 g 非离子型润湿剂溶入 1 L 蒸馏水中。

D.2.3 溶液 C，将 50 g 铁氰化钾溶入 1 L 蒸馏水中。

D.2.4 滤纸，具有一定的润湿强度和条形。

D.3 步骤

保持溶液 A 在一定温度，使明胶溶解。将滤纸条浸入溶液 A 中，然后让滤纸干燥。使用前，将其浸入溶液 B 中足够长，使滤纸完全湿透。再将滤纸紧贴在彻底脱脂和清洗过的待测镍电镀层的表面。试验保持接触 10 min。其间，如滤纸变干，用溶液 B 重新润湿。试验结束时移开滤纸，并迅速将其浸入溶液 C 中。滤纸上的蓝色印记被认为基体金属腐蚀或存在孔隙。

D.4 试验报告

试验报告应包括以下信息：

a) 被测表面的面积；

b) 肉眼可见的斑点的数量和直径；

c) 符合需方定义和规定的单位面积上可见斑点的最大数量。

附 录 E
(资料性附录)
不同用途的附加资料

E.1 耐磨性

镍与包括镍表面和钢在内的某些金属接触滑动时,即使经过很好的润滑,也易磨损。镍与铬和磷青铜接触滑动也不能形成好的磨合。为避免该问题,可用其他金属作为镍层的表面镀层。

E.2 电镀前的清洗和准备

a) 对基体金属进行喷砂清洗可使表面光滑,但导致结合力不好。

b) 含铬的浸蚀液不适丁电镀前使用,因为共可能使镍电镀槽液污染,以致镀层产生起泡、麻点、起皮。

c) 镍不能在铅、锌、锌基合金、铝合金、含锌量超过 40%的铜合金上直接电镀。锌、锌基合金、含锌量超过 40%的铜合金电镀镍前需镀铜底层(最小厚度为 8 μm~10 μm)。铝及其合金在电镀镍前通常在锌酸盐或锡酸盐中浸镀,然后在浸镀层上电镀铜或其他中间层。

E.3 镀镍槽液中杂质的影响

a) 铝和硅使电镀层高中电流密度区域发雾和轻微粗糙。

b) 铁使镀层表面变粗糙。

c) 60℃时溶液中硫酸钙以钙计超过 0.5 g/L 时,产生硫酸钙沉淀,以致出现针状粗糙。

d) 以铬酸盐形式存在的铬造成暗条纹,高电流密度时析气,也可产生起皮。

e) 三价铬与铁、硅、铝一样可使镀层发雾、变粗糙。

f) 铜、锌、镉使低电流密度区域发雾、发暗/黑。

g) 有机污染物使光亮层发雾、变暗,也会造成暗镍变得半光亮或光亮。

参考文献

[1] ASTM DS-56H:2001 Metals and Alloys in the Unified Numbering System (UNS) 9th edition[1].

[2] EN 573-3:2003 Alumimium and alumimium alloys—Chemical composition and form of wrought products—Part 3:Chemical Composition[1].

[3] EN 1706:1998 Alumimium and alumimium alloys—Castings—Chemical composition and mechanical properties[1].

[4] EN 10088-1:1995 Stainless steels—Part 1:List of stainless stells[1].

[5] CR 13388:1998-11 Copper and copper alloys—Compendium of compositions and products[1].

[6] DI BARI, George A., Electrodeposition of Nickel (Chapter 3), and Nickel Alloys, Cobalt and Cobalt Alloys (Chapter 13), Modern Electroplating, fourth edited, edited by M. Schlesinger and M. Paunovic, John Wiley, New York, 2000.

[7] BRENNER. Abner, Electrodepodition of Alloys—Principles and Practice, Academic Press, New York, 1963, Volume Ⅱ, pp 194 to 483.

1) 金属和合金的标准牌号可在该文件中找到。

ICS 55.040
A 82

中华人民共和国国家标准

GB/T 12339—2008
代替 GB/T 12339—1990

防护用内包装材料

Inner packaging materials in preservation

2008-05-27 发布　　2009-01-01 实施

中华人民共和国国家质量监督检验检疫总局
中国国家标准化管理委员会　发布

前　言

本标准修改采用日本工业协会标准 JIS Z1705—1979。

本标准与 JIS Z1705—1979 相比，主要差异如下：

——在材料的分类中，"级"以下取消了"号"；

——删除了对材料的防水性和回弹性的要求；

——增加了对纸基材料的水抽出物 pH 值和对 1 类 A、C、D 种材料透湿度的要求；

——增加了对各类、种、级材料主要用途的说明；

——增加了防潮、防霉等材料及非耐油性包装材料的要求。

本标准代替 GB/T 12339—1990《防护用内包装材料》。

本标准与 GB/T 12339—1990 相比，主要变化如下：

——修改了防护用内包装材料的分类方式，由原来的"类、级、号"三个层次，修改为"类、种、级"三个层次；

——完善了防护用内包装材料的技术要求，增加了对 1 类 A、B 两种水分含量的试验要求，增加了对 1 类 D 种抗张强度的试验要求；增加了对 1 类 C 种耐粘连性的试验要求；

——修改"粘合性"的试验名称为"耐粘连性"；

——完善了试验方法的有关内容，重新明确部分试验参照标准；

——修改了热老化性试验中 1 类 B 种材料放置温度的技术要求，修改了热封合处透水性试验方法中使用材料的适用范围，修改了耐粘连性试验中 1 类 C 种材料放置温度的技术要求；

——修改了附录 A 操作中筛目的技术要求；

——删除了检验规则与标志、包装、运输、储存的内容。

本标准的附录 A、附录 B 为规范性附录。

本标准由全国包装标准化技术委员会(SAC/TC 49)提出并归口。

本标准起草单位：深圳市美盈森环保科技股份有限公司、中机生产力促进中心、沈阳防锈包装材料有限责任公司。

本标准主要起草人：黄雪、蔡少龄、戴佶、张晓建、刘萍。

本标准所代替标准的历次版本发布情况为：

——GB/T 12339—1990。

防护用内包装材料

1 范围

本标准规定了防护包装用内包装材料的分类、技术要求和试验方法等内容。

本标准适用于防潮、防锈、防霉等防护用内包装材料。

2 规范性引用文件

下列文件中的条款通过本标准的引用而成为本标准的条款。凡是注日期的引用文件，其随后所有的修改单(不包括勘误的内容)或修订版均不适用于本标准，然而，鼓励根据本标准达成协议的各方研究是否可使用这些文件的最新版本。凡是不注日期的引用文件，其最新版本适用于本标准。

GB/T 450 纸和纸板试样的采取(GB/T 450—2002,eqv ISO 186:1994)

GB/T 453 纸和纸板抗张强度的测定(恒速加荷法)(GB/T 453—2002,idt ISO 1924-1:1992)

GB/T 454 纸耐破度的测定(GB/T 454—2002,idt ISO 2758:2001)

GB/T 455 纸和纸板撕裂度的测定(GB/T 455—2002,eqv ISO 1974:1990)

GB/T 462 纸和纸板水分的测定(GB/T 462—2003,ISO 287:1985,MOD)

GB/T 1037 塑料薄膜和片材透水蒸气性试验方法 杯式法(GB/T 1037—1988,neq ASTM E96:1980)

GB/T 1040(所有部分) 塑料 拉伸性能的测定

GB/T 1545.2 纸、纸板和纸浆水抽提液 pH 的测定(GB/T 1545.2—2003,ISO 6588:1981,MOD)

GB/T 2679.2 纸和纸板透湿度与折痕透湿度的测定(盘式法)(GB/T 2679.2—1995,eqv ISO 2528:1974)

GB/T 4456 包装用聚乙烯吹塑薄膜(GB/T 4456—1996,neq JIS Z1702:1986)

GB/T 11999 塑料薄膜和薄片耐撕裂性试验方法 埃莱门多夫法(GB/T 11999—1989,eqv ISO 6383-2:1983)

GB/T 16266 包装材料试验方法 接触腐蚀

QB/T 2358 塑料薄膜包装袋热合强度试验方法

3 分类

3.1 防护用内包装材料按其用途分为三类：

——1 类：耐油性内包装材料，按其结构和材质分 A、B、C、D 四种；

——2 类：非耐油性内包装材料，按其材质分 A、B、C 三种；

——3 类：特种用途内包装材料，按其材质分 A、B、C 三种。

3.2 各种的防护用内包装材料，按其性能又分若干级，详见表 1。

3.3 实例及用途

各类防护用内包装材料的实例及用途见表 1。

表 1 实例及用途

类	种	级	实例	主要用途
1	A	a_1	铝塑布基复合材料 铝塑复合材料 塑铝塑复合材料 镀铝塑料薄膜 铝塑纸基复合材料	用于军工及精密产品的耐油、防潮、防锈、防霉包装，可热封、长期贮存
		a_2	复合或共挤出塑料薄膜	用于要求透湿、透气性小，不需避光时的耐油、防潮、防锈、防霉包装，可热封
		a_3	各种塑料加工纸 铝箔加工纸	用于一般耐油、防潮、防锈包装，可热封
	B	b_1	以塑料为基材的各种胶粘带	用于耐油、防潮、防锈、防霉包装，以及包装的紧固、封口和打包
		b_2	以纸为基的各种胶粘带	用于耐油、防潮、防锈包装，以及包装的紧固、封口和打包
	C	c_1	聚偏二氯乙烯薄膜	用于要求透湿、透气性均小的耐油、防潮、防霉包装，可热封
		c_2	聚乙烯(或聚丙烯)薄膜	用于要求透湿性小的耐油、防潮、防锈、防霉包装，可热封
		c_3	聚氯乙烯薄膜	用于要求透气性小的耐油、防潮、防霉包装，可热封
	D	d_1	防油纸	用于一般耐油、防潮、防锈包装
		d_2	仿羊皮纸	
		d_3	工业羊皮纸 中性石蜡纸	
		d_4	塑蜡纸	

表 1（续）

类	种	级	实例	主要用途
2	A	a_1	电容纸	用于军工及精密产品零备件的防潮、防锈包装
		a_2		
		a_3		
	B	b_1	中性包装纸 半透明包装纸	用于机电产品防潮、防锈包装
		b_2		
	C	c_1	牛皮纸 条纹牛皮纸	用于一般商品防潮包装
		c_2		
		c_3		
		c_4		
3	A	a_1	气相防锈纸	用于气相防锈包装
		a_2	气相防锈薄膜	
		a_3	气相防锈胶粘带	
	B	—	防霉剂处理的各种内包装材料	用于防霉包装
	C	—	其他专用内包装材料如 苯甲酸钠纸	用于特殊要求防潮、防锈包装。如苯甲酸钠纸用于金属制品防锈包装，起接触防锈作用
		—	防静电、防磁、防辐射等等 专用内包装材料	专门用途

4 技术要求

防护用内包装材料要求平整、均一，表面干净，各项技术指标应符合表 2 规定。

表 2　防护用内包装材料技术要求

类	1												2									3				
种	A			B		C			D				A			B		C				A			B	C
级	a_1	a_2	a_3	b_1	b_2	c_1	c_2	c_3	d_1	d_2	d_3	d_4	a_1	a_2	a_3	b_1	b_2	c_1	c_2	c_3	c_4	a_1	a_2	a_3	—	—
腐蚀性	不大于一级												不大于一级									不大于一级				
水分/%　≤	7	—	7	—	7	—			7				10									10	—	—	10	—
水抽出物 pH 值	6～8	—	6～8	—	6～8	—			6～8				6～8									—	—	—	—	—
耐油性	滤纸无污点												—									如需试验可按有关标准规定，无规定者供需双方商定				
透湿度/[g/(m²·24 h)]　<	2	20	40	—	—	2	10	50	120				—													
机械性能 抗张强度/(kN/m)(弱方向)　>	5.2	3.3	1.7	3.3	2.6	0.52			1.9				—													
机械性能 耐破度/kPa　>	295	195	165	295	195	—			148	79	59	50	—			68	—	295	215	135	80					
机械性能 撕裂度/N(弱方向)　>	1.47	0.98	0.74	4.9	2.9	1.57			0.49				—			0.07	—	0.59	0.37	0.32	0.15					
机械性能 裂断长/m(纵向)　≥	—												8 500	8 000	7 500	—										
热老化性	形状、材质无变化，尺寸允许误差±2%			—		形状、材质无变化，尺寸允许误差±2%			—				除腐蚀性、水分、水抽出物 pH 值外，其他试验项目可按产品行业标准执行													

表 2（续）

<table>
<tr><td>类</td><td colspan="12">1</td><td colspan="9">2</td><td colspan="5">3</td></tr>
<tr><td>种</td><td colspan="3">A</td><td colspan="2">B</td><td colspan="3">C</td><td colspan="4">D</td><td colspan="3">A</td><td colspan="2">B</td><td colspan="4">C</td><td colspan="3">A</td><td>B</td><td>C</td></tr>
<tr><td>级</td><td>a_1</td><td>a_2</td><td>a_3</td><td>b_1</td><td>b_2</td><td>c_1</td><td>c_2</td><td>c_3</td><td>d_1</td><td>d_2</td><td>d_3</td><td>d_4</td><td>a_1</td><td>a_2</td><td>a_3</td><td>b_1</td><td>b_2</td><td>c_1</td><td>c_2</td><td>c_3</td><td>c_4</td><td>a_1</td><td>a_2</td><td>a_3</td><td>—</td><td>—</td></tr>
<tr><td>低温柔软性</td><td colspan="3">形状、材质无变化，尺寸允许误差±2%</td><td colspan="2">—</td><td colspan="3">形状、材质无变化，尺寸允许误差±2%</td><td colspan="4">—</td><td colspan="9" rowspan="5">除腐蚀性、水分、水抽出物 pH 值外，其他试验项目可按产品行业标准执行</td><td colspan="5" rowspan="5">如需试验可按有关标准规定，无规定者供需双方商定</td></tr>
<tr><td>热封合强度，N ></td><td colspan="3">5.88</td><td colspan="2">—</td><td colspan="3">5.88</td><td colspan="4">—</td></tr>
<tr><td>热封合处耐油性</td><td colspan="3">滤纸无污点</td><td colspan="2">—</td><td colspan="3">滤纸无污点</td><td colspan="4">—</td></tr>
<tr><td>热封合处透水性</td><td colspan="3">滤纸无污点</td><td colspan="2">—</td><td colspan="3">滤纸无污点</td><td colspan="4">—</td></tr>
<tr><td>耐粘连性</td><td colspan="3">形状无变化</td><td colspan="2">—</td><td colspan="3">形状无变化</td><td colspan="4">—</td></tr>
<tr><td colspan="27">注：表中有删节号的表示该类、种或级的材料该项试验不要求做。</td></tr>
</table>

5 试验方法

5.1 取样和前处理

凡含纸或布基的材料按 GB/T 450 的规定进行取样和前处理,其他材料按 GB/T 4456 的规定进行取样和前处理。

5.2 腐蚀性

主要检查内包装材料对接触的金属是否产生腐蚀。按 GB/T 16266 的规定进行。

5.3 水分

按 GB/T 462 的规定进行。

5.4 水抽出物 pH 值

按 GB/T 1545.2 的规定进行。

5.5 耐油性

按附录 A 的规定进行。

5.6 透湿度

凡含纸或布基的材料按 GB/T 2679.2 的规定进行试验,其他材料按 GB/T 1037 的规定进行试验。

5.7 抗张强度

凡含纸或布基的材料按 GB/T 453 的规定进行试验,其他材料按 GB/T 1040 的规定进行试验。

5.8 耐破度

按 GB/T 454 的规定进行。

5.9 撕裂度

凡含纸或布基的材料按 GB/T 455 的规定进行试验,其他材料按 GB/T 11999 的规定进行试验。

5.10 裂断长

按 GB/T 453 的规定进行。

5.11 热老化性

将试样从纵向和横向各切取尺寸为 250 mm×300 mm 的试样各 10 片,共 20 片。第 1 类 A 种置于 70℃±1℃、第 1 类 C 种置于 57℃±1℃的鼓风烘箱中,短边朝下悬垂。注意不要与箱底部接触,经 336 h(14 d)后,再置于温度为 23℃±1℃,相对湿度 50%±2%的恒温箱中悬垂 24 h,然后检查试样表面有无肉眼可见的分层、裂纹、鼓泡、融化、破裂等异常现象,并进行纵、横向尺寸测定。

5.12 低温柔软性

将试样从纵、横向各切取尺寸为 100 mm×300 mm 的试样各 10 片,共 20 片。第 1 类 A 种置于 −30℃±5℃,第 1 类 B 种置于 −5℃±2℃环境中进行温度调节 3 h。预先准备好一根两端固定的直径为6 mm的圆钢棒,并将其冷却到与试样相同的温度。将温度调节好的试样取出,并立即将其在室温下按长度方向跨过圆钢棒对折,要使试样的耐油面折向内侧。使折好的试样与钢圆棒的轴互相垂直,并在圆钢棒上捋 3 次。打开试样,用肉眼检查有无分层现象。

5.13 热封合强度

按 QB/T 2358 的规定进行。

5.14 封合处耐油性

将试样切取尺寸为 150 mm×200 mm 试样 10 片,每两片耐油面互相贴合,将 150 mm 的一边热封合、200 mm 的两边热封合,封合宽度均在 10 mm 以上,做成 5 个袋。每个袋中注入油溶液 80 mL。该油溶液为每 100 mL 低粘度防锈润滑油 [37.8℃时的运动粘度为(20±2)mm^2/s] 中溶解有 1 g 红色油溶性染料的油溶液。用手挤出袋内残留空气并封口。将袋夹于两片直径大于 150 mm 的白色滤纸之间并放入金属盘或瓷盘中，盖上玻璃板，在玻璃板上压上 1 kg 的重物，然后一起置于 70℃±2℃的干燥箱中，经 7 h 后取出袋，用肉眼观察白色滤纸上有无渗油。

5.15 封合处透水性

按附录 B 的规定进行。

5.16 耐粘连性

将试样切取尺寸为 100 mm×100 mm 试样 20 片，将任意两片的耐油面重合及耐油面和另一面重合各五组，分别平放在平板玻璃上。各组的中部放大小为 50 mm×50 mm、厚度为 5 mm 的毛毡，毛毡上放 5 kg 的重物，然后置于烘箱中。1 类 A 级材料的烘箱温度为 70℃±1℃，1 类 C 种材料的烘箱温度为 40℃±1℃。经 20 h 后移去重物和毛毡，并置于温度 23℃±1℃、相对湿度 50%±2%的恒温恒湿箱中。冷却后将各组两片分开，检查试样有无肉眼可见的剥落和破裂。

附 录 A
（规范性附录）
耐油性试验方法

A.1 耐油性试验方法用于检查1类各种材料的耐油性能。

A.2 取松节油100 mL，加入干燥用无水氯化钙5 g和油溶性红色颜料1 g，盖好容器塞子，充分摇动均匀，经10 h静置后，用白色定性滤纸过滤。

取上述滤液100 g，对1类A、B、C种材料加锂基润滑脂25 g，对1类D种材料加入粘度为75～205的矿物油200 g，充分摇动混合，直至润滑脂或矿物油完全溶解以作试剂。

A.3 取1类材料，切成100 mm×100 mm的试样10片，以耐油面为内侧按对角线方向折合，放在平板玻璃上。以折痕中点为中心，放置下底面直径为100 mm、质量为2.5 kg的重物。30 s后撤去重物，打开试样，再按另一对角线方向折合，重复上述操作后此试样作为本试验试样。

A.4 将第A.3章准备好的试样，耐油面向上，放置在直径150 mm以上的圆形白色定性滤纸上。试样所有边角与下面滤纸紧密贴合，以折痕的交点为中心，放置外径145 mm±2 mm、内径90 mm±2 mm、质量为100 g～250 g的金属环。

将内径25 mm、高25 mm的无底圆筒，放在1类A、B或C种材料试样的折痕交点上。装入通过标准筛目840 μm，而未通过590 μm大小的砂粒5 g，用滴管将第A.2章的试剂1.5 mL滴在该砂粒上(1类D种不加砂粒，只将第A.2章的试剂滴于折痕交点)。放置24 h后，用肉眼观察垫在试样下面的圆形白色定性滤纸有无油迹污点。以上操作均应在23℃±1℃、相对湿度50%±2%的环境中进行。

附 录 B
（规范性附录）
热封合处耐油性试验方法

B.1 试剂

在 98 mL 蒸馏水中加入 1 g 硫代琥珀酸二辛基钠和 1 g 耐缩绒绿 BC(用于 1 类 A 种材料)或 1 g 赤藓红 B(用于 1 类 C 种材料)，充分摇动混合溶解。将该混合物一份用 4 份蒸馏水稀释作为试剂备用。

B.2 试样

按 5.14 的方法做 5 个袋。

B.3 操作

将细片状的白色定性滤纸装入第 B.2 章的小袋中，以填满袋而不绷紧为宜，并将袋口热封合。然后，将封好的袋浸入 23℃±1℃按第 B.1 章备好的试剂中，袋子离液面 25 mm，经 24 h 后取出，打开封口用肉眼检查白色定性滤纸上有无污点。

ICS 07.040
A 77

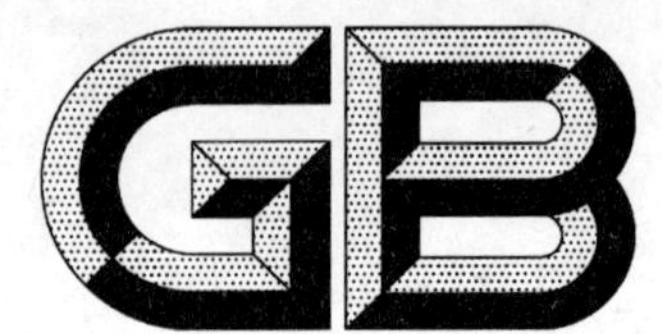

中华人民共和国国家标准

GB/T 12340—2008
代替 GB 12340—1990

1∶25 000 1∶50 000 1∶100 000 地形图航空摄影测量内业规范

Specifications for aerophotogrammetric office operation of 1∶25 000 1∶50 000 1∶100 000 topographic maps

2008-06-20 发布 2008-12-01 实施

中华人民共和国国家质量监督检验检疫总局
中国国家标准化管理委员会 发布

前　言

本标准代替 GB 12340—1990《1∶25 000　1∶50 000　1∶100 000 地形图航空摄影测量内业规范》。

本标准与 GB 12340—1990 相比较，内容的变化主要包括：

——标准的体例、措辞、语句按照 GB/T 1.1—2000 进行了全面修改；

——对原标准第 2 章进行了修改，增加或修改了相关标准的引用；

——对原标准 3.1.1 进行了修改，平面坐标系应采用国家规定的统一坐标系，投影、高程系统按 GB/T 18315 执行；

——对原标准 3.1.2 进行了修改，删除了表 1，分幅与编号按 GB/T 20257.3 执行；

——对原标准 3.1.6 进行了修改，地形图的符号与注记规格按 GB/T 20257.3 执行；

——对原标准 3.3 进行了修改，航摄资料应满足 GB/T 15661 的规定；

——对原标准 3.5 进行了修改，按 CH/T 1004 的规定编写技术设计书；

——增加了 5.1“准备工作”，与 GB/T 7930—2008《1∶500　1∶1 000　1∶2 000 地形图航空摄影测量内业规范》中第 5 章的章节号及内容协调一致；

——增加了 10.1 技术总结；

——对原标准 10.1 进行了修改，变为 10.2，航测内业测绘产品按 CH 1002 、CH 1003 规定进行检查验收。

本标准由国家测绘局提出。

本标准由全国地理信息标准化技术委员会归口。

本标准由国家测绘局测绘标准化研究所负责起草。

本标准主要起草人：马聪丽、王占宏、陈继良、姜翔鸾、杜筱霞、刘仁义。

本标准所代替标准的历次版本发布情况为：

——GB 12340—1990。

引　　言

随着科学技术的发展，测绘生产技术和生产体系发生了巨大变化。为保持原技术体系的完整性、现有标准之间的协调性以及标准体系的系统性、完整性，在本标准修订过程中，对经过实践检验的正确合理的技术方法和技术指标予以保留，对与相关标准不协调的内容进行了修改。有关新技术和新方法将另行制定标准。

1∶25 000 1∶50 000 1∶100 000 地形图航空摄影测量内业规范

1 范围

本标准规定了采用模拟、解析航空摄影测量方法测绘1∶25 000、1∶50 000、1∶100 000地形图的规格、精度及内业作业的基本要求。

本标准适用于1∶25 000、1∶50 000、1∶100 000地形图的航空摄影测量内业作业。

2 规范性引用文件

下列文件中的条款通过本标准的引用而成为本标准的条款。凡是注日期的引用文件，其随后所有的修改单(不包括勘误的内容)或修订版均不适用于本标准，然而，鼓励根据本标准达成协议的各方研究是否可使用这些文件的最新版本。凡是不注日期的引用文件，其最新版本适用于本标准。

GB/T 12341 1∶25 000、1∶50 000、1∶100 000地形图航空摄影测量外业规范

GB/T 15661 1∶5 000,1∶10 000,1∶25 000,1∶50 000,1∶100 000地形图 航空摄影规范

GB/T 18315 数字地形图系列和基本要求

GB/T 20257.3 国家基本比例尺地图图式 第3部分:1∶25 000、1∶50 000、1∶100 000地形图图式

CH/T 1001 测绘技术总结编写规定

CH 1002 测绘产品检查验收规定

CH 1003 测绘产品质量评定标准

CH/T 1004 测绘技术设计规定

3 总则

3.1 地形图的规格

3.1.1 空间坐标系

平面坐标系应采用国家规定的统一坐标系，投影、高程系统按GB/T 18315执行。

3.1.2 地形图的分幅及编号

分幅与编号按GB/T 20257.3执行。

3.1.3 地形类别

地形类别图幅范围内大部分的地面倾斜角和高差划分，规定见表1。

当高差与地面倾斜角矛盾时，以地面倾斜角为准。

表1 地形类别

单位为米

地形类别	地面倾斜角	高差
平地	2°以下	<80
丘陵地	2°～6°	80～300
山地	6°～25°	300～600
高山地	25°以上	>600

3.1.4 **基本等高距**

基本等高距依据地形类别划分，规定见表2，一幅图内一般采用一种基本等高距。当基本等高线不能显示地貌特征时，应加测间曲线，必要时可再加测助曲线。

平坦地区，根据用图需要，基本等高距可选用括号内的数值，其高程精度与括号外基本等高距的精度要求相同。

表2 基本等高距 单位为米

基本等高距		地形类别			
		平地	丘陵地	山地	高山地
成图比例尺	1∶25 000	5(2.5)	5	10	10
	1∶50 000	10(5)	10	20	20
	1∶100 000	20(10)	20	40	40

3.1.5 **高程注记点**

高程注记点应选在明显地物点和地形特征点上，其密度为图上每 100 cm^2 内平地、丘陵地为10～20个，山地、高山地为8～15个。

高程注记以米为单位，1∶25 000成图注至小数点后一位，1∶50 000、1∶100 000成图注至整米。

3.1.6 **地形图的符号和注记**

地形图的符号与注记规格按GB/T 20257.3执行。

3.2 地形图的精度

3.2.1 内业加密点和地物点对附近野外控制点的平面位置中误差以图比例尺计不应大于表3规定。

表3 平面位置中误差 单位为毫米

地形类别	平地、丘陵地	山地、高山地
加密点中误差	0.35	0.50
地物点中误差	0.5	0.75

3.2.2 内业加密点、高程注记点和等高线对附近野外控制点的高程中误差不应大于表4规定。

表4 高程中误差 单位为米

成图比例尺		1∶25 000				1∶50 000				1∶100 000			
地形类别		平地	丘陵地	山地	高山地	平地	丘陵地	山地	高山地	平地	丘陵地	山地	高山地
高程中误差	内业加密点	1.0	1.5	2.0	3.5	2.0	3.0	4.0	7.0	4.0	6.0	8.0	14.0
	高程注记点	1.2	2.0	3.0	5.0	2.5	4.0	6.0	10.0	5.0	8.0	12.0	20.0
	等高线	1.5	2.5	4.0 地形变换点	7.0 地形变换点	3.0	5.0	8.0 地形变换点	14.0 地形变换点	6.0	10.0	16.0 地形变换点	28.0 地形变换点

山地、高山地在图上不能直接找到衡量等高线高程精度的位置时，其高程精度可按公式(1)计算：

$$m_h = \pm\sqrt{a^2 + b^2 \cdot \tan^2\alpha} \qquad \cdots\cdots(1)$$

式中：

m_h——等高线高程中误差，单位为米(m)；

a——高程注记点高程中误差，单位为米(m)；

b——地物点平面位置中误差，单位为米(m)；

α——检查点附近的地面倾斜角，单位为度(°)。

3.2.3 特殊困难地区(大面积的森林、沙漠、戈壁、沼泽等)地物点平面位置中误差不应大于图上±0.75 mm，高程中误差按表4中相应地形类别放宽0.5倍，高山地一般不再放宽。

3.2.4 本规范取两倍中误差为最大误差。

3.2.5 图廓尺寸与理论尺寸之差不应大于表5规定。

表5 图廓尺寸与理论尺寸之差 单位为毫米

项目	边长	对角线
展点图	0.15	0.20
镶嵌图	0.20	0.30
清绘图 复照底图		

3.2.6 除使用本规范规定的方法外，还可采用经实践验证能满足本规范精度要求的其他新技术和新方法，但应在技术设计书中明确规定。

3.3 对航摄资料的要求

航摄资料应满足GB/T 15661的规定。

3.4 对航测外业成果的要求

航测外业成果应符合GB/T 12341的有关规定及项目设计书的要求。

3.5 技术设计

按CH/T 1004的规定编写技术设计书。

3.6 对仪器的要求

内业使用的各种作业仪器，应按照仪器检校标准进行检校，检校合格后有效期内方可用于生产。

3.7 对其他作业方法的要求

在满足本规范所规定的精度标准的前提下，可采用本规范未列入的新技术和新方法，但应在技术设计书中明确说明相关要求和规定。

4 摄影处理

4.1 晒像

4.1.1 片基的选择和要求

4.1.1.1 供内业加密和测图用的复制片及供正射影像图用的扫描片，采用涤纶软片，供外业调绘用的一般采用纸基像片，装片法用的调绘片，应采用裱板像片或白底涤纶软片。

4.1.1.2 涤纶软片和像纸的乳剂分解力不应低于80 lp/mm，涤纶软片经摄影处理后的不规则变形应小于3/10 000。

4.1.2 摄影处理的要求

4.1.2.1 根据航摄底片的反差，正确选择感光材料的型号，选配药液，显影液的温度宜在18 ℃～22 ℃之间。

4.1.2.2 供加密和测图用的复制片，反差一般为0.8～1.2，灰雾度不大于0.2，最大密度不超过1.5，最小密度不小于0.3；供制作影像平面图用的扫描片，反差一般为0.7～1.0，平均密度为0.8～0.9，灰雾度不大于0.2，最大密度不超过1.2，最小密度不小于0.3。

4.1.2.3 定影和水洗应充分，温度和时间应适当，防止感光药膜变软产生影像漂移。涤纶软片晾干时应注意放置方式，防止局部变形。

4.1.2.4 晒印像片片基的机械方向应与航摄底片的机械方向垂直，晒印时需采取必要的压平措施。

4.1.2.5 框标影像应清晰、完整、齐全。

4.1.3 放大和缩小晒像

4.1.3.1 用纠正仪放大晒印像片时，应保证纠正仪的底片平面、镜头平面和承影平面的平行性。

4.1.3.2 复制装片法的调绘片时，应使地物片的框标距离与相应地貌片的框标距离一致，其差不大于0.2 mm。

4.1.3.3 如需放大像片调绘，且放大倍数较大时，可将一张像片分成四片放大，相邻片之间的影像保证有适当的重叠，不产生漏洞。

4.1.3.4 摄影处理的要求同4.1.2。

4.1.4 彩色摄影处理

4.1.4.1 晒印彩色透明软片和像片，应使用色温稳定的曝光光源，曝光定时器，光谱带窄的钠光灯和稳压电源。

4.1.4.2 彩色像片的冲洗要求：显影的温度和时间按配方要求控制，显影液温度与配方所要求的温度之差不超过±0.5 ℃，漂定液温差不超过±1 ℃，中间水洗温差不超过±3 ℃。且应及时添加补充液，保证液体成分和 pH 值不变。

4.1.4.3 彩色像片校色：晒印真彩色片应利用滤光片进行校色，以标准彩色样片为准，晒印假彩色像片，以正确表达光楔中性灰值或反映本地区特定景观的假彩色样片为准。

4.1.4.4 彩色感光材料的总感光度误差应小于GB1°，各乳剂层灰雾度不大于0.3，其他物理特性要求同黑白感光材料。

4.1.4.5 彩色透明软片和纸基像片应在85 ℃～95 ℃的条件下进行快速干燥。

4.2 复照

4.2.1 复照仪的光屏、镜头和承影板三平面应严格平行。

4.2.2 被复照的图版、像片等图件应严格压平。

4.2.3 原图复照后，图廓边长、对角线长与理论值之差不应超过表5的规定，复照图边的宽度不应小于1.5 cm。

4.2.4 摄影处理的要求同4.1.2。

4.3 透光缩小和反光缩小

4.3.1 透光缩小

4.3.1.1 供透光缩小的干版药膜表面的不平度应小于0.02 mm，乳剂分解力应不低于100 lp/mm。

4.3.1.2 航摄负片焦距改正，量测框标要求和计算公式分别参照5.3.5和5.4.1中公式(7)执行。

4.3.1.3 透光缩小作业要求如下：

a) 缩小倍数和垫板厚度，按公式(2)计算：

$$\left.\begin{aligned} n &= \frac{f'_k}{f_n} \\ D &= n \cdot d \\ \Delta D &= D - D_0 \end{aligned}\right\} \qquad \cdots\cdots(2)$$

式中：

n——缩小倍数；

f'_k——航摄仪改正焦距，单位为毫米(mm)；

f_n——多倍仪投影器主距，单位为毫米(mm)；

D——缩小仪物距，单位为毫米(mm)；

d——缩小仪像距，单位为毫米(mm)；

ΔD——垫板厚度，单位为毫米(mm)；

D_0——缩小仪未加垫板时的固定物距，单位为毫米(mm)。

b) 缩小时底片框标对准误差应小于 0.05 mm。如底片上框标不能严格通过缩小仪底片盘上的框标线时，应作合理配赋。

c) 缩小片的框标距应作抽查，用立体坐标量测仪量测的框标距与按公式(3)计算的框标距之差应不超过 0.05 mm。

$$l_x = \frac{f_n}{f_k} L_x \quad \cdots\cdots (3)$$

式中：

l_x——缩小片 x 方向的框标距，单位为米(m)；

L_x——航摄仪 x 方向的框标距，单位为毫米(mm)；

f_n——缩小时采用的多倍仪投影器主距，单位为毫米(mm)；

f_k——航摄仪焦距，单位为毫米(mm)。

d) 摄影处理的要求同 4.1.2。

4.3.2 反光缩小

4.3.2.1 反光缩小根据地物、地貌和影像密度可采用漂白、不漂白或拷贝后缩小。线划不清楚的像片应在缩小前进行加工，保证投影时影像清晰。

4.3.2.2 投影器高度按公式(4)计算：

$$Z = \frac{M}{m} Z' \quad \cdots\cdots (4)$$

式中：

Z——反光缩小时投影器高度，单位为毫米(mm)；

M——成图比例尺分母；

m——像片比例尺分母；

Z'——投影转绘时投影器高度，单位为毫米(mm)。

4.3.2.3 投影器主距的安置

如投影器主距可调时，按公式(5)计算主距安置值，并在仪器上直接安置。

$$f'_n = \frac{ZF}{Z - F} \quad \cdots\cdots (5)$$

式中：

f'_n——投影器主距安置值，单位为毫米(mm)；

Z——投影器安置高度，单位为毫米(mm)；

F——投影器焦距，单位为毫米(mm)。

如采用固定主距缩小，按公式(6)计算垫板厚度：

$$\Delta f_n = f'_n - f_n \quad \cdots\cdots (6)$$

式中：

Δf_n——垫板厚度，单位为毫米(mm)；

f'_n——投影器主距安置值，单位为米(m)；

f_n——投影器固定主距，单位为毫米(mm)。

4.3.2.4 摄影处理要求同 4.1.2。

4.4 照像植字

4.4.1 照像植字的文字、数字和符号的规格应符合图式和技术设计的要求。

4.4.2 文字、数字要求排列整齐、字隔均匀、字迹清楚、黑度和笔划粗细一致。

4.4.3 照像植字要求灰雾度 D_0 小于 0.2，黑度 D 大于 2.0。

4.4.4 显影、定影和水洗应充分，摄影处理应防止药膜脱落。

5 解析法空中三角测量

5.1 准备工作

5.1.1 解析空中三角测量（电算加密），为纠正和测图提供了定向点或注记点（碎部点），以及作业时所需要的仪器安置元素数据。电算加密前需取得以下各种资料：航摄质量鉴定书，涤纶片（透明正片），图历表（卡），野外控制、调绘像片，布点略图，各种观测计算手簿，前一工序的技术设计书等。测区中如有大的江河湖泊水网地段，还需搜集水文资料。

5.1.2 根据规范、图式和技术设计书的精度要求，分析所搜集的资料，确认其是否能满足内业作业要求，再依据航空摄影资料和外业布点情况，合理选用量测仪器和平差计算程序，编制电算加密计划。

5.2 转点和选点

5.2.1 转刺点应在立体观察下进行，刺孔的大小和误差不应大于 0.1 mm。

5.2.2 外业实刺的三角点、埋石点、水准点、平面控制点、高程控制点、外业施测的水位点等均应转刺到加密片上，并标注点位说明。相邻航线，相邻区域网之间接边点应相互转刺。

5.2.3 各种成图方法对加密点数量和位置的要求：

精密立体测图仪测图、解析测图仪测图、多倍仪测图、微分纠正的定向点如图 1 所示；立体量测仪测图、视差测图仪测图的定向点如图 2 所示；纠正仪每片纠正点如图 3 所示；供纠正仪和单投影器隔片纠正点如图 4 所示。测图定向点、纠正点为平高点，检查点可为高程点。

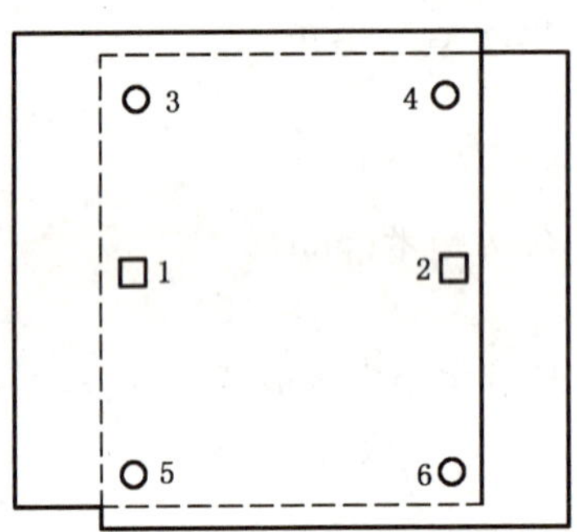

图 1 精密立体测图仪、解析测图仪、多倍仪测图、微分纠正点位分布图

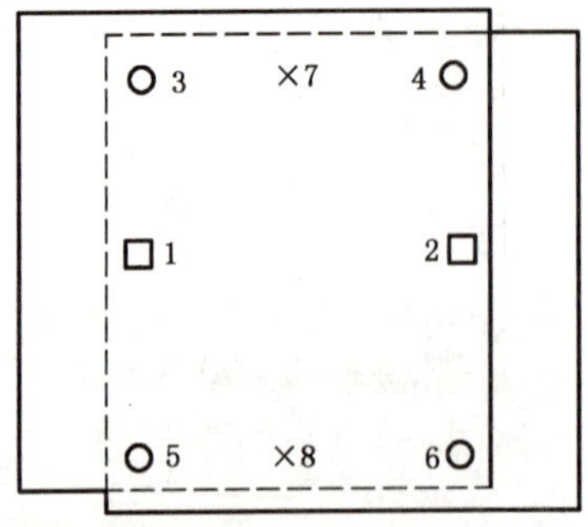

图 2 立体量测仪测图、视差测图仪测图点位分布图

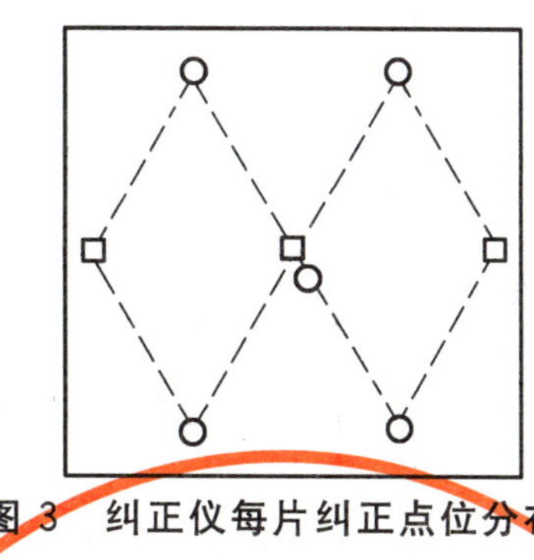

图 3 纠正仪每片纠正点位分布图

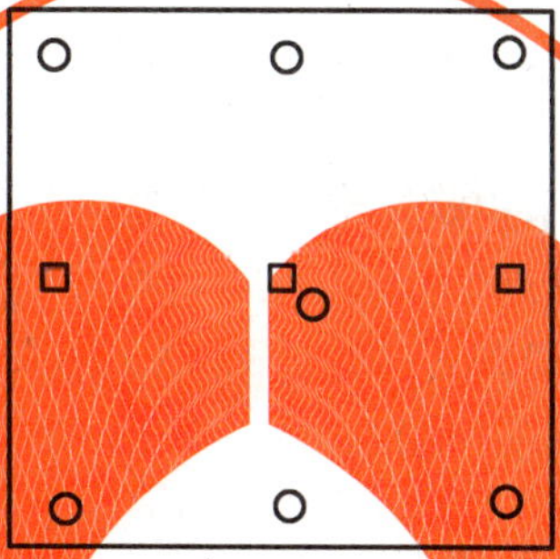

图 4 纠正仪和单投影器隔片纠正点位分布图

图 1～图 4 中“□”代表像主点；“○”代表平高点；“×”代表高程点。

在重叠正常情况下，图 1、图 2、图 4 中定向点、纠正点应在过主点且垂直于方位线的直线与旁向重叠中线的交点 1 cm 范围内选取；图 2 中的高程检查点（7、8 点）应在两定向点连线中点 1 cm 范围内选取，图 3 中的纠正点应在过两主点连线（方位线）中点且垂直于方位线的直线与旁向重叠中线的交点 1 cm 范围内选取；图 3，图 4 中主点附近的纠正点（中心点亦可用主点或底点代替）应在距离主点 1 cm 范围内选取。

不同成图方法、不同像片比例尺，不同航区测图接边处的点位和点数均应满足各自的要求，并相互转刺。

5.2.4 加密点的选刺除了应按 5.2.2 规定执行外，还应该注意以下各点：

a) 加密本身需要的连接点，选刺在位于图 1 所示的 1、3、5、2、4、6 六个标准点位附近。1、2 点选在距离像主点 1 cm 范围内的明显点上，选点困难时，亦应在 1.5 cm 的范围内选点。当像主点影像清晰、易于量测，1、2 点可用主点代替。3、4、5、6 点一般情况下应与测图定向点，隔片纠正点一致，像幅为 18 cm×18 cm 时距离方位线应大于 3.5 cm，距离像片边缘不小于 1 cm，离开各类标志大于 1 mm；像幅为 23 cm×23 cm 时距离方位线应大于 5 cm，距离像片边缘不应小于 1.5 cm。当有特殊需要增加连接强度时，可增选连接点的数量。

b) 当旁向重叠过大，连结点距离方位线小于 a）规定时，应分别选点并互相转刺；当旁向重叠过小，在重叠中线处选点难以保证量测精度时，亦可分别选点，点位距离旁向重叠中线不应大于 1 cm，但须在非标准点位处加选航线间连接点，每片不少于 1 个。

c) 选点目标在本片和邻片上都应位于影像清晰、明显，易于转刺和量测的地形点上，所选点位构成的图形大致呈矩形为宜，并应照顾调绘面积。

d) 两个立体像对（中间一张像片）覆盖一幅图时，选在像片上距离图廓点或图廓线 1 cm 的范围内；偏离通过主点且垂直于方位线的直线一般不大于 1 cm，最大不应大于 1.5 cm。

e) 森林地区的点位应尽量选在林间空地的明显点上，如选不出时，可选在相邻航线和左右立体像对都清晰的树顶上。

f) 在地形平坦的江河(图上为双线河)和大型水库、湖泊等地区,图板上每隔 10 cm～15 cm 选刺水位点,备水系平差使用。

g) 为便于航测原图的室内抽样检查,各测图单位可依据抽样检验的方法,自行规定选刺备查点的数量和要求。

h) 自由图边的加密点选在图廓线以外。

5.3 坐标量测

5.3.1 像点坐标采用立体坐标量测仪、精密坐标量测仪、精密立体测图仪、解析测图仪等仪器进行量测。

5.3.2 像片定向可采用解析框标定向、辅助点(近似框标)定向、方位线定向等方法。

5.3.3 像点坐标的量测采用一人单测切读两次取中数。在立体坐标量测仪上作业,两次读数之较差,坐标 x、y 不大于 0.05 mm;左右视差 p、上下视差 q 不大于 0.03 mm。在精密坐标仪和解析测图仪上量测两次读数之较差不大于 0.01 mm。

5.3.4 平行航线方向的自由图边,若采用联机空中三角测量系统作业,可只观测一次,脱机作业则需对测对算,对测后的对算较差不超过加密点中误差时,用主测成果,大于中误差而在两倍中误差以内,取中数作为使用值。若采用辅助点或方位线定向可只对测,两人对测的 x、y 较差不大于 0.06 mm,p、q 较差不大于 0.04 mm,用中数或主测数据计算均可。

5.3.5 量测野外控制点,应对照野外控制片上的刺孔位置、点位说明和点位略图。野外控制点和内业加密点的点位不明显或在树顶、房顶、塔顶等非地表位置时,应将观测位置记入手簿,或绘出点位略图。

5.4 平差计算和成果整理

5.4.1 计算前应熟悉加密资料,正确编写信息、数据和标志。航摄仪改正焦距 f'_k 按公式(7)进行计算:

$$f'_k = \frac{l_{x中} + l_{y中}}{L_x + L_y} f_k \qquad \cdots\cdots(7)$$

式中:

f_k——航摄仪焦距,单位为毫米(mm);

$l_{x中}$、$l_{y中}$——分别为量测像片上 x 方向和 y 方向框标距离平均值,单位为毫米(mm);

L_x、L_y——分别为航摄仪 x 方向和 y 方向框标距离,单位为毫米(mm)。

改正后的 f_k' 取至小数后第二位。

5.4.2 计算的各项限差应符合下列要求:

a) 相对定向中,平地、丘陵地标准点残余上下视差 Δq 不大于 0.02 mm;检查点残余上下视差 Δq 不大于 0.03 mm;山地、高山地标准点残余上下视差 Δq 不大于 0.03 mm,检查点残余上下视差 Δq 不大于 0.04 mm;

b) 模型连接较差按公式(8)、(9)进行计算:

$$\Delta S \leqslant 0.1 \times m_{像} \times 10^{-3} \qquad \cdots\cdots(8)$$

$$\Delta Z \leqslant 0.05 \times \frac{m_{像} \cdot f_k}{b} \times 10^{-3} \qquad \cdots\cdots(9)$$

式中:

ΔS——平面位置较差,单位为米(m);

ΔZ——高程较差,单位为米(m);

$m_{像}$——像片比例尺分母;

f_k——航摄仪焦距,单位为毫米(mm);

b——像片基线长度,单位为毫米(mm)。

当式(9)中 b 小于或等于 50 mm 时,按 50 mm 代入计算。

c) 绝对(大地)定向后,基本定向点残差,多余控制点(检查控制点)的不符值及公共点的较差不应大于表 6 的规定。

表 6 绝对定向后平面位置与高程限差

地形类别	点别	平面位置限差/mm			高程限差/m		
		1∶25 000	1∶50 000	1∶100 000	1∶25 000	1∶50 000	1∶100 000
平地	基本定向点	0.26	0.26	0.26	0.8	1.5	3.0
	多余控制点	0.35	0.35	0.35	1.0	2.0	4.0
	公共点	0.70	0.70	0.70	2.0	4.0	8.0
丘陵地	基本定向点	0.26	0.26	0.26	1.1	2.2	4.5
	多余控制点	0.35	0.35	0.35	1.5	3.0	6.0
	公共点	0.70	0.70	0.70	3.0	6.0	12.0
山地	基本定向点	0.38	0.38	0.38	1.5	3.0	6.0
	多余控制点	0.50	0.50	0.50	2.0	4.0	8.0
	公共点	1.0	1.0	1.0	4.0	8.0	16.0
高山地	基本定向点	0.38	0.38	0.38	2.6	5.2	10.5
	多余控制点	0.50	0.50	0.50	3.5	7.0	14.0
	公共点	1.0	1.0	1.0	7.0	14.0	28.0
注 1:基本定向点残差为加密点中误差的 0.75 倍; 注 2:多余控制点不符值为加密点中误差的 1.0 倍; 注 3:公共点的较差为加密点中误差的 2.0 倍。							

5.4.3 依据成图方法和下工序的要求,整理下列各项成果:加密点的坐标和高程,底点(主点)坐标,航高及各种定向元素。

5.4.4 水系平差时应注意下列事项:

a) 应把外业施测的水位点高程换算至摄影时期的水位高度,作为控制定向点直接参于大地平差;

b) 全区大地定向平差后,根据外业施测的水位点和内业选刺的水位点,在立体观察下,依据地势变化状况,加减配赋改正,其加减改正数不应大于平地加密点高程中误差;

c) 成果表、像片注记应注水系平差后的高程值。

5.4.5 加密点的中误差按公式(10)、(11)进行计算:

$$m_{控} = \pm\sqrt{\sum_{i=1}^{n}(\Delta_i\Delta_i)/n} \qquad \cdots\cdots(10)$$

$$m_{公} = \pm\sqrt{\sum_{i=1}^{n}(d_i d_i)/3n} \qquad \cdots\cdots(11)$$

式中:

Δ——多余野外控制点的不符值,单位为米(m);

d——相邻航线、区域网之间公共点较差,单位为米(m);

n——用以评定精度的点数。

5.4.6 填写图历表:原始数据、作业方法、精度统计、作业过程中重大技术处理情况等,按项目要求逐项填写,填写者、检查者签名。

5.5 构架航线

5.5.1 构架航线只适用于高山地及野外作业难以到达的困难地区测制 1∶100 000 地形图使用。

5.5.2 构架航线的像片比例尺比测图航线像片比例尺大 15%～20%左右，航向重叠在 80%以上，分别按单双号进行两次加密，其限差不应大于表 7 的规定。

表 7 构架航线平面位置与高程限差

点　　别	平面限差/mm	高程限差/m	
		地面坡度<6°	地面坡度>6°
基本定向点	0.38	4.5	6.0
多余控制点	0.50	6.0	8.0
两次加密较差	1.0	12.0	16.0

5.5.3 构架航线加密点的两次加密较差不超过表 7 规定时，取中数作为测图航线定向点使用。

5.6 加密接边规定

5.6.1 同比例尺、同地形类别的相邻航线、相邻图幅或区域网之间公共点接边，平面和高程的较差均不应大于表 6 的规定，并取中数作为最后值。与已成图或出版图接边，当较差小于规定限差的 1/2 时，以已成图或出版图为准；当较差大于规定限差的 1/2 且小于规定限差时，应取中数作为最后值。超限时，应认真检查原因，确系已成图或出版图错误，可用正确的单值；并在图历表中注明。

5.6.2 同比例尺，不同地形类别接边时，平面位置较差不应大于图上 1.0 mm。高程较差不应大于两种地形类别加密点中误差之和的 1.25 倍，然后将实际较差按中误差的比例进行配赋作为使用成果。

5.6.3 不同比例尺接边，平面的较差不应大于表 3 规定的加密点中误差化为实地长度之和的 1.25 倍，然后将实际较差按中误差的实地值的比例进行配赋作为最后值。高程的较差规定与 5.6.2 相同。

5.6.4 不同带之间公共点接边，先将平面坐标换算到同一带后，在限差以内取中数，再将中数值换算到邻带，各带用中数值展点。

5.7 展点

5.7.1 展点精度要求：展点误差不应大于 0.1 mm，刺孔不大于 0.15 mm，图廓边长、对角线长与理论值之差不应大于表 5 的规定。恢复图板定向对点误差不应大于 0.15 mm。

5.7.2 依据成图方法要求，原图板可选用裱糊图板，聚脂薄膜或刻图膜。要求图板平整无折痕。

5.7.3 处于邻带交界的图幅，按 GB/T 20257.3 的规定展绘邻带图幅的图廓点与公里网点。

6 像片平面图和正射影像图

6.1 纠正仪编制影像平面图

6.1.1 像片纠正基本要求

6.1.1.1 在纠正点控制的像片测绘面积内，当高差满足公式(12)规定限值时，采用一带纠正。

$$\Delta h \leqslant 0.000\,8\frac{f_k}{r}M \qquad \cdots\cdots(12)$$

式中：

Δh——高差限值(带距)，单位为米(m)；

f_k——航摄仪焦距，单位为毫米(mm)；

r——像主点(底点)至最远纠正点距离，单位为毫米(mm)；

M——成图比例尺分母。

6.1.1.2 纠正镶嵌各项限差不应大于表 8 规定。

表 8 纠正镶嵌作业限差

单位为毫米

项目	限差
透点图	严格重合
纠正、镶嵌对点，打孔大小	一般 0.4，最大 0.5
镶嵌线、重叠、裂缝	0.2
片与片、带与带接边差	一般 0.8，最大 1.0
相邻图幅接边差	一般 1.0，最大 1.2

6.1.1.3 根据航摄资料和地面高差情况，可采用每片纠正或隔片纠正。影像平面图应晒出图廓线外 1 cm。

6.1.1.4 底片刺点：中心点（主点或底点）、纠正点、野外控制点在底片上的转刺误差不应大于0.1 mm。

6.1.2 分带纠正

6.1.2.1 当纠正像片面积内的高差超出公式(12)规定的限值时，采用分带纠正，一般不宜超过三带，各纠正点在图板上对起始带中间平面的投影差改正数按公式(13)计算。

$$\Delta = \frac{\Delta h}{H_1 - \Delta h} R \qquad \cdots\cdots(13)$$

式中：

Δ——图板上投影差改正数，单位为毫米(mm)；

R——图板上辐射中心（底点）至纠正点的距离，单位为毫米(mm)；

H_1——起始带中间平面的相对航高，单位为米(m)；

Δh——纠正点对起始带中间平面的高差，单位为米(m)；

H_1 一般由解析空中三角测量加密提供，若用图解法求算。同一片两组线段求得的航高较差不应大于 $H/200$，在限差内取中数作为最后值。

6.1.2.2 分带纠正的带间边缘曲线，一般用立体测图仪测定，其高程量测误差不超过带距的四分之一，或者根据已有地形图确定分带线。

6.1.2.3 纠正像片的摄影处理要求同 4.1.2。

6.1.3 镶嵌

6.1.3.1 光学镶嵌

光学镶嵌时应先切割好分带或分片界线，贴好镶嵌纸条，不应出现重叠和裂缝。在纠正对点后，直接将影像晒印在有感光材料的图板上。

公里网点、图廓点、外业控制点、纠正点、底点等在暗室安全灯下展绘，若采用透点法，影像平面图上刺孔位置应达到展点精度。光学镶嵌和纠正对点的误差不应大于表 8 的规定，摄影处理要求同 4.1.2。

6.1.3.2 切割镶嵌

切割镶嵌时利用经纠正后的多张像片或分带纠正晒印后的像片编制影像平面图。像片上的纠正点、底点、控制点的打孔中心位置与底图上展点位置的对点误差应符合表 8 的规定。

片与片之间的镶嵌切割线，应选在像片纠正点连线附近，偏离不应大于 1 cm；带与带之间的切割线应以分带线为依据。切割线应在接边差小、色调一致的地方通过，避免通过重要地物，不允许沿线状地物切割。

6.1.4 影像质量要求

影像平面图的影像应清晰，带与带、片与片之间影像尽量保持色调均匀、反差适中。图面上不应有划痕、折裂以及摄影处理缺陷。

6.2 正射投影仪编制影像平面图

6.2.1 采集断面数据

6.2.1.1 供断面扫描的立体模型的相对定向，绝对定向，与第7章精密立体测图仪测图和解析测图仪测图要求相同。

6.2.1.2 采集断面数据面积应覆盖扫描晒像面积。一般情况下，断面间隔按影像平面图成图比例尺缩小后，应等于或小于所采用的扫描缝隙长度，根据需要可增加地形特征线和特征点的采集。

6.2.1.3 断面扫描时，测标应与模型表面相切，按模型比例尺计一般不大于0.1 mm，破碎地形不大于0.2 mm。

6.2.2 正射投影仪作业规定

6.2.2.1 正射投影仪上扫描像片的平面定向点，不应少于四个，且具有最大控制范围。经定向配赋后，测标位置与点位不符值，以像片比例尺计不大于0.03 mm。

6.2.2.2 扫描缝隙长度按公式(14)进行选择：

$$W=\frac{2\Delta\gamma f_{k}}{\gamma}\mathrm{ctg}\theta_{x} \qquad \cdots\cdots(14)$$

式中：

W——缝隙长度，单位为毫米(mm)；

f_k——航摄仪焦距，单位为毫米(mm)；

γ——像片使用面积内最大辐射距，单位为毫米(mm)；

$\Delta\gamma$——影像位移限差，单位为毫米(mm)；

θ_x——缝隙方向地面坡度 x 方向分量，单位为度(°)。

6.2.2.3 缝隙宽度的选择可参照公式(15)计算。正射底片的分辨率应不少于9 lp/mm。

$$D=\frac{1-\tan\beta\cdot\tan\theta_{y}}{2R_{y}\cdot\tan\beta\cdot\tan\theta_{y}} \qquad \cdots\cdots(15)$$

式中：

D——缝隙宽度，单位为毫米(mm)；

R_y——正射底片因地形坡度 θ_y 影响后的分辨率，单位为线对每毫米(lp/mm)；

β——投影光线在 yz 平面的投影和 z 轴的夹角，单位为度(°)；

θ_y——地面坡度角 y 方向分量，单位为度(°)。

6.2.2.4 测定并安置灰楔。量测扫描片上的最大和最小密度，按公式(16)计算平均密度 $D_{平均}$ 和灰楔安置值。

$$\left.\begin{aligned}D_{平均}&=\frac{D_{最大}+D_{最小}}{2}\\ 灰楔安置值&=D_{平均}-K\end{aligned}\right\} \qquad \cdots\cdots(16)$$

式中：

$D_{最大}$——最大密度值；

$D_{最小}$——最小密度值；

K——作业中试验得出的密度常数。

6.2.2.5 影像平面图的扫描，应超出图廓线外1.0 cm。

6.2.2.6 摄影处理要求同4.1.2。

6.2.3 接边限差要求

6.2.3.1 采用零级正射投影仪作业，各项限差规定见表9。

表 9 零级正射投影仪作业接边限差

单位为毫米

项　　目	限　　差	
	平地、丘陵地	山　　地
扫描带间接边差	一般 0.2，最大 0.4	一般 0.4，最大 0.8
片与片接边差	一般 0.8，最大 1.0	一般 0.8，最大 1.2
图幅接边差	一般 1.0，最大 1.2	一般 1.5，最大 1.8

6.2.3.2 采用一级正射投影仪作业，各项限差规定见表 10。

表 10 一级正射投影仪作业接边限差

单位为毫米

项　　目	限　　差		
	平地、丘陵地	山　　地	高　山　地
扫描带间接边差	0.1	0.1	0.1
片与片接边差	一般 0.8，最大 1.0	一般 0.8，最大 1.2	一般 1.0，最大 1.5
图幅接边差	一般 1.0，最大 1.2	一般 1.5，最大 1.8	一般 2.0，最大 2.5

6.3 影像平面图整饰

6.3.1 凡用于外业测绘地物地貌的影像平面图，按展点位置整饰图廓点、外业控制点和公里网点，并标注图号和比例尺。

6.3.2 作为专题用途的影像平面图的整饰，根据用图单位的需要，在技术设计书中规定。

7 立体测图

7.1 一般要求

7.1.1 准备工作

测图前应进行如下准备工作：

a) 准备测图所需的各种资料；

b) 熟悉规范、图式、测区技术设计书，了解内、外业成果情况，填写、转抄已知数据，选择恰当的模型比例尺确定缩放仪安置值(缩放仪的传动比)，以及上仪器前的必要计算工作；

c) 确定测图范围，测绘面积以控制定向点连线为准，最大不大于连线外 1 cm，且像幅为 18 cm×18 cm 时离像片边缘不小于 1 cm，像幅为 23 cm×23 cm 时离像片边缘不小于 1.5 cm。

7.1.2 测绘地物

测绘地物要求如下：

a) 测绘地物采用判读测绘、装片测绘和投影转绘等方法。

b) 一般情况宜采用判读法测绘地物，作业时，对照外业调绘片同时观测立体模型仔细辨认和测绘。测绘依比例尺表示的地物时，测标应立体照准地物轮廓线；测绘半依比例尺及不依比例尺表示的地物符号时，测标应立体照准地物中心位置(定位点、定位线)。地物的性质、数量以调绘片为准，位置形状以模型为准。避免出现错漏、移位、变形。

c) 当地物复杂(如居民地)、新增地物较多，或者部分地物影像不清时，可采用装片法测绘地物。采用装片法作业时，一般先测绘地貌，随之用判读测绘的方法先测绘有定位意义的、影像清晰的地物(如水系、道路等)，然后再进行装片测绘。装片法决对定向后平面对点误差方向与测绘地貌时的平面对点误差方向应大致相同，以判读测绘的地物和地貌元素为基准，合理套合后测绘地物，其套合误差一般不超过 0.4 mm，局部最大不应大于 0.5 mm，并将误差合理配赋。

d) 微分法成图和全能法成图遇到新增地物较多，地物复杂时，可采用投影转绘法测绘地物，作业要求见 7.6.4。

e) 仪器上测绘地物可以用统一的简化符号及分项着色。

7.1.3 测绘地貌

7.1.3.1 地貌表示以等高线为主，同时恰当的配置地貌符号及注记(等高线注记、高程点注记和比高注记)。等高线应在仪器上实测，相邻两计曲线间距在图上小于 4 mm 的等倾斜地段可不实测首曲线。山头、鞍部、倾斜变换处、山脚等首曲线不能表示出地貌特征和碎貌形态时，应加测间曲线，乃至助曲线。

7.1.3.2 测绘地貌时，真实地反映各种地貌形态及其特征，要求如下：

a) 分水线、合水线、谷缘线、倾斜变换线、山脚线、山顶、山脊、鞍部等应位置准确、走向分明、形态逼真、坡度变化清楚、割切程度表示确切，图面显示重点突出，取舍恰当，清晰易读；

b) 依据成图比例尺显示的可能性，突出表示地貌特征，描绘时进行必要的综合取舍，其原则是取大舍小、取主舍次、突出总貌、显示细貌、反映实地的真实性、保持地貌的完整性，合理实用；

c) 用符号表示的各种地貌要素如冲沟、陡石山、陡崖、岩峰、沙丘、冰塔、坎、堤、坝等在图上的位置、形状、方向、大小等应准确，与等高线、地物符号配置合理，不应出现矛盾；

d) 陡崖、陡石山、陡岸，一般用符号配合等高线表示，外业调绘的地貌符号与其立体模型不相符合，或坡度不足规定时，内业测图可以改正；

e) 不固定的沙地地貌可用草绘曲线表示总貌的起伏和走向，绘出范围线，在范围内绘出相应沙地类型符号，并适当测注比高，不固定沙地高程注记点允许与等高线矛盾；

f) 对于典型地貌如雪山地貌、黄土地貌、沙丘地貌、喀斯特地貌和海岸地貌等以及沿国境线附近的地貌，应在技术设计书、编辑指示书中提出具体要求，必要时应制作地貌样片。

7.1.3.3 立体观测难以照准的阴影、云影地段，尽量利用相邻航线、相邻像对进行补测，实在无法测出的部分，图上面积大于 2 cm^2 用草绘曲线表示。

7.1.3.4 森林密集覆盖区，测标无法切准地表面，而只能沿树冠描绘时，应加树高改正。

7.1.3.5 自由图边测出图廓线外 4 mm。

7.1.3.6 高程注记点应在仪器上立体观测测定。注记点点位的选取以易于识别、能迅速判定方位和利于量测为原则。有名称的山头，隘口，山脊上最高山头，山脊汇合处，地形变换点，沟谷底部，沟谷汇合处，居民地出入口，独立地物，主要堤、坝的顶部，道路河流交叉点、转弯处等应测定高程注记点。等高线不能显示出地貌特征的平坦地区和河流两岸的平坦地段的高程注记点可适当增多。特征明显的像片控制点，加密点应作高程注记点使用。

7.1.3.7 岩峰、堤、坎、土堆、陡崖、陡坎、陡岸、干沟等应测注比高。1∶25 000 成图时，比高大于 3 m，1∶50 000、1∶100 000 成图时，比高大于 5 m 由内业测定；比高小于 3 m 或 5 m 者由外业测定。比高与等高线配合应合理。

7.1.4 接边和结尾工作

接边和结尾工作要求如下：

a) 像对间的地物接边差不应大于表 3 规定的地物点中误差的 2 倍。等高线接边差，平地、丘陵地一般不大于 1/2 基本等高距，最大不应大于 1 个基本等高距；山地、高山地不大于 1 个基本等高距。当相邻基本等高线在图上间距小于地物接边限差规定时，按地物接边限差要求执行。

b) 每像对测完后，应经自校检查方能从仪器上取下。

c) 每幅图测完后，应认真进行资料清理工作。图历表、手簿应齐全，并填写完整。

7.2 精密立体测图仪测图

7.2.1 选求模型比例尺

模型比例尺可按公式(17)求得：

$$M_{模} = \frac{H}{Z} \quad \cdots\cdots(17)$$

式中：

H——相对航高，单位为米(m)；

Z——仪器上的相应航高，单位为毫米(mm)；

$M_{模}$——模型比例尺分母。

作业时应根据 H 与 Z 的最大值和最小值分别计算最小和最大的模型比例尺，在此范围内，应尽可能选择最大的模型比例尺，且应考虑便于直接读出高程和仪器与坐标仪的传动比。

7.2.2 装片

不论采用透明正片、负片或裱板片，都应通过放大镜仔细观察，使框标标志对准像片盘的相应标志，其对准误差不应大于 0.05 mm。

7.2.3 安置焦距

安置投影器主距，使之等于航摄仪改正焦距 f'_{k}。当相邻片间 f'_{k} 值相差大于 0.03 mm(宽角、特宽角)或 0.06 mm(常角)时，应分别安置。

7.2.4 安置概略基线

概略基线 b_x 可根据解析空中三角测量加密提供的数据进行安置，亦可按公式(18)计算安置：

$$b_x = \frac{M_{像}}{M_{模}} \cdot b + MO_{b_x} \qquad \cdots\cdots(18)$$

式中：

b_x——模型概略基线，单位为毫米(mm)；

b——像片基线，单位为毫米(mm)；

MO_{b_x}——b_x 的零位置，单位为毫米(mm)；

$M_{像}$——像片比例尺分母；

$M_{模}$——模型比例尺分母。

7.2.5 恢复光束测图定向

恢复光束测图定向应满足：

a) 若利用解析空中三角测量加密提供的外方位元素成果时，应将成果化算为适应测图仪坐标轴系及分划尺的安置值，并在安置基线与绝对倾角的基础上进行相对定向与绝对定向；

b) 相对定向后，标准点位的残余上下视差不应大于 0.03 mm，高山地区不应大于 0.04 mm，但主点附近不应有残余上下视差；

c) 绝对定向后的平面对点误差：平地、丘陵地一般不大于图上 0.4 mm，最大不应大于 0.5 mm；山地，高山地一般不大于 0.5 mm，最大不应大于 0.6 mm。高程定向误差不大于表 4 中相应地形类别加密点高程中误差。绝对定向的残余误差应合理配赋，不应出现系统性误差。

7.2.6 变换光束测图定向

变换光束测图定向应满足：

a) 装片，归心、近似相对定向和绝对定向，力求残余上下视差为最小，模型尽量置平；

b) 离心距按公式(19)计算：

$$\left.\begin{aligned} e'_x &= \frac{f'_k}{\rho'}\left(1-\frac{1}{K^2}\right)\varphi_x \\ e'_y &= \frac{f'_k}{\rho'}\left(1-\frac{1}{K^2}\right)\varphi_y \\ K &= \frac{f_n}{f'_k} \end{aligned}\right\} \qquad \cdots\cdots(19)$$

式中：

e'_x、e'_y——底片上的横、纵向离心值，单位为毫米(mm)；

φ_x、φ_y——初步定向后的倾角值，单位为分(′)；

f_n——投影器主距，单位为毫米(mm)；

f'_k——航摄仪改正焦距，单位为毫米(mm)；

K——变换光束系数；

ρ'——3 438′(360°制)或 6 366°(400 g 制)。

当利用电算加密成果 $\alpha_x \cdot \alpha_y$ 时，离心距按公式(20)计算：

$$\left.\begin{aligned} e'_x &= \frac{f'_k}{\rho'}(K^2-1)\alpha_x \\ e'_y &= \frac{f'_k}{\rho'}(K^2-1)\alpha_y \end{aligned}\right\} \qquad \cdots\cdots(20)$$

根据 e'_x、e'_y 和偏心方向准确刺出偏心点 O'，并将 O' 点精确对准承片盘中心，重新进行相对定向和绝对定向。再计算离心距，直至两次离心距之差不大于 0.2 mm，标准点位残余上下视差小于 0.04 mm 时，相对定向即告完成。

c) 高程比例尺可按公式(21)计算：

$$M_{模高} = \frac{1}{K}M_{模平} \qquad \cdots\cdots(21)$$

式中：

$M_{模高}$——模型垂直比例尺分母；

$M_{模平}$——模型水平比例尺分母；

K——变换光束系数。

d) 绝对定向要求同 7.2.5c)。

7.2.7 测绘地物地貌

7.2.7.1 采用装片法测绘地物时，相对定向、绝对定向的平面限差要求同 7.2.5，高程定向限差不大于表 4 中相应地形类别加密点高程中误差的 1.25 倍。

7.2.7.2 高程注记点应切读两次，较差不大于 0.03 H/b 时取中数。

7.3 解析测图仪联机测图

7.3.1 解析测图仪适用于各种摄影资料的测图，仪器应保持良好的作业状态，定期检校，鉴定合格后方可进行作业。

7.3.2 输入参数，如仪器类型、像片号、基线、焦距、框标距、定向点数据、模型号等软件所需要的各种参数。

7.3.3 内定向时测标严格对准框标，框标坐标量测误差不应大于 0.01 mm。相对定向标准点位的残余上下视差不大于 0.005 mm，最大不应大于 0.008 mm。

7.3.4 绝对定向后的平面误差(DXG、DYG)，平地、丘陵地一般不大于图上 0.3 mm，最大不应大于图上 0.4 mm；山地、高山地一般不大于图上 0.4 mm，最大不应大于图上 0.5 mm，高程定向误差不大于表 4 中相应地形类别加密点高程中误差。

7.3.5 绘图桌定向平面误差同 7.3.4。

7.4 多倍仪测图

7.4.1 多倍仪适用于丘陵地、山地和高山地测图，仪器应保持良好的作业状态，定期检校，鉴定合格后方可进行作业。

7.4.2 相邻投影器主距的较差，宽角、特宽角不应大于 0.03 mm，常角不应大于 0.05 mm。

7.4.3 相对定向时归心误差不应大于 0.2 mm，若用归心器归心时，归心器应保持同一方位。标准点位残余上下视差不大于 0.2 mm，高山地不大于 0.3 mm，主点附近不应有上下视差。其他各点不应有系统性误差出现。双模型作业时，连接点在主点上下距离方位线不小于 6 cm(像片上)，高程读数较差不应大于 0.3 mm。连接差应合理配赋。

7.4.4 单、双模型绝对定向后的平面位置对点误差和高程误差要求同 7.2.5c)。

7.4.5 测绘地物、地貌

多倍仪测绘地物、地貌，除执行 7.1 外，测图时还有如下要求：

a) 缩放仪安置值 L 按公式(22)计算：

$$L = 960 \cdot \frac{M_{模平}}{M} \quad \cdots\cdots\cdots\cdots (22)$$

式中：

L——缩放仪安置值，单位为毫米(mm)；

$M_{模平}$——模型水平比例尺分母；

M——成图比例尺分母；

960——仪器常数，单位为毫米(mm)。

上式适应缩放仪的极点在一边的情况。缩放仪杠杆夹角不应小于 35°或大于 145°。

b) 如采用装片法测绘地物，相对定向、绝对定向的平面限差要求同 7.4.3、7.4.4。高程定向限差不大于表 4 中相应地形类别加密点高程中误差的 1.25 倍。

c) 高程注记点应切读两次，其较差不大于 0.3 mm×$M_{模高}$时取中数。

7.5 *X*-2 型、*X*-3 型视差测图仪测图

7.5.1 高程定向

a) 高程定向若 γ_1、γ_2 由电算加密提供可直接安置，定向时只需用 σ_F、σ_r、θ 改除剩余的不符值；

b) 高程定向精度：定向点和检查点误差不大于表 4 中相应地形类别加密点高程中误差值，高差和 β 角值较大时，检查点误差可放宽至加密点高程中误差值的 1.2 倍。

7.5.2 平面定向

a) 按像对内左右视差的大致范围选择和安置联系齿轮，联系齿轮的选择应满足公式(23)要求：

$$\left.\begin{aligned} &X\text{-2 型} \quad P_{最大} < \frac{185Z_1}{3Z_2}, P_{最小} > \frac{125Z_1}{3Z_2} \\ &X\text{-3 型} \quad P_{最大} < \frac{230Z_1}{3Z_2}, P_{最小} > \frac{160Z_1}{3Z_2} \end{aligned}\right\} \quad \cdots\cdots\cdots\cdots (23)$$

式中：

$P_{最大}$、$P_{最小}$——像对内最高点、最低点的左右视差，单位为毫米(mm)；

185、125、230、160——仪器常数，为空间导杆上中间关节 mP 的变化范围；

Z_1——联结在垂直丝杆上的齿轮齿数；

Z_2——联结在左右视差螺丝上的齿轮齿数。

安置联系齿轮时应使中间关节的 mP 值调整到与左右视差值相应的位置。

b) 确定和安置缩放仪安置数 L 值，按公式(24)计算：

$$\left.\begin{aligned} &X\text{-2 型} \quad L = 552/\left(\frac{C}{B}+1\right) \\ &X\text{-3 型} \quad L = 762/\left(\frac{C}{B}+1\right) \end{aligned}\right\} \quad \cdots\cdots\cdots\cdots (24)$$

式中：

$C=\frac{nb_0}{K}M$，单位为米(m)；

K——联系齿轮齿数比值，为 $3Z_2/Z_1$；

nb_0——仪器常数，X-2 型为 195 mm～215 mm；X-3 型为 253 mm～277 mm；

$\left.\begin{matrix}552\\762\end{matrix}\right\}$——缩放仪杠杆全长，单位为毫米(mm)；

B——空间基线,单位为米(m);

M——成图比例尺分母。

缩放仪安置数可凑整至整毫米数安置。安置缩放仪极点时,应避免测绘面积内出现缩放仪杠杆的夹角小于35°或大于145°的情况。

c) 初步定向

d) 计算偏心值,按公式(25)计算:

$$\left.\begin{array}{l}\text{X-2 型}\quad x_n = \dfrac{f_k^2}{nb_0} \cdot \dfrac{d_x}{80} \quad y_n = \dfrac{f_k^2}{nb_0} \cdot \dfrac{d_y}{80} \\ \text{X-3 型}\quad x_n = \dfrac{f_k^2}{nb_0} \cdot \dfrac{d_x}{100} \quad y_n = \dfrac{f_k^2}{nb_0} \cdot \dfrac{d_y}{100}\end{array}\right\} \qquad (25)$$

式中:

x_n、y_n——偏心值,单位为毫米(mm);

d_x、d_y——D_x、D_y 螺旋上的读数,单位为毫米(mm);

f_k——航摄仪焦距,单位为毫米(mm)。

e) 平面定向精度:定向点误差,平地、丘陵地不大于图上0.4 mm,山地、高山地不大于图上0.5 mm;检查点误差分别不大于图上0.5 mm和0.6 mm。

7.5.3 测绘地物、地貌

7.6 立体量测仪测图

7.6.1 转绘误差

绘制测绘工作边和转绘地物,地物、地貌可一次投影转绘,也可分别投影转绘,一次投影的地物转绘误差和分别投影的控制点、纠正点转绘误差均不应大于像片上0.1 mm。

7.6.2 定向

7.6.2.1 定向时左右视差较按公式(26)计算:

$$\Delta P' = \frac{\Delta h}{H_T - \Delta h} \cdot P'_T \qquad (26)$$

式中:

$\Delta P'$——对起始面(点)的左右视差较,单位为毫米(mm);

Δh——对起始面(点)的高差,单位为米(m);

P'_T——起始面(点)的模型基线,单位为毫米(mm);

H_T——起始面(点)的相对航高,单位为米(m)。

模型基线 P'_T 一般由电算加密供给,特殊情况只有 B 或全野外布点供给 P_T^0 时,可用公式(27)转化为 P'_T:

$$\left.\begin{array}{l}P_T^0 = \dfrac{f'_k}{H_T} B \\ P'_T = P_T^0 - \dfrac{2(P_T^0)^2}{f'_k \cdot \rho'} \varphi_1 \\ P'_T = P_T^0 - \dfrac{\Delta F}{F} P_T^0\end{array}\right\} \qquad (27)$$

式中:

P'_T——起始面(点)的水平基线,单位为毫米(mm);

B——摄影基线 B 在 X、Y 轴坐标平面上的投影,单位为米(m);

φ_1——左像片的偏角,单位为分(′);

ρ'——3 438,单位为分(′);

f'_k——航摄仪改正焦距，单位为毫米(mm)；

ΔF——一次定向后 ΔF 分划尺读数，单位为毫米(mm)；

F——仪器常数为 100，单位为毫米(mm)。

7.6.2.2 一次定向后，当 $\Delta P'$ 与 ΔF 之积的绝对值大于或等于 2，$\Delta P'$ 与 γ 之积的绝对值大于或等于 1.2 时，应进行二次定向。其中一项达到时，可只安置相应这一项的补充校正机械。

注 1：ΔP 为像对内最高点或最低点对起始面(点)的左右视差较。

注 2：ΔF、γ 为一次定向后分划尺读数。

γ_1、γ_2 角值若有电算加密提供时，可直接安置。亦可按公式(28)计算：

$$\left.\begin{aligned}\gamma_1 &= \frac{\Delta F}{P'_T}\cdot\rho' \\ \gamma_2 &= \frac{\gamma}{P'_T}\cdot R_2\end{aligned}\right\} \qquad\cdots\cdots(28)$$

式中：

γ_1、γ_2——补充校正机械安置值，单位为分($'$)；

ρ'——3 438，单位为分($'$)；

R_2——仪器常数为 135 mm；

ΔF——一次定向后 ΔF 分划尺读数，单位为毫米(mm)；

P'_T——起始面(点)的模型基线，单位为毫米(mm)。

7.6.2.3 定向限差按下列规定执行：

a) 定向点和检查点误差不大于表 4 中相应地形类别加密点高程中误差值、高差和 β 角值较大时，检查点误差可放宽至加密点高程中误差值的 1.2 倍；

b) 定向后，β 值与计算值之差不大于 10$'$，Q 值不大于 8$'$，ΔF 值不大于 0.3 mm；

c) 定向后，dP'_T 计算值不应大于±0.5 mm。按公式(29)计算：

$$dP'_T = VP'_T + \frac{F^2 - f_k^2}{F\rho'}\beta - \frac{P'^2_T}{f_k}\varphi_1 - P'_T + MP \qquad\cdots\cdots(29)$$

式中：

VP'_T——起始面(点)在左右视差螺丝上的读数，单位为毫米(mm)；

P'_T——起始面(点)的模型基线，单位为毫米(mm)；

β——定向后 β 分划尺的读数，单位为分 ($'$)；

φ_1——左像片的偏角，单位为分($'$)；

MP——仪器指标差，单位为毫米(mm)；

F——仪器常数为 100，单位为毫米(mm)；

f_k——航摄仪焦距，单位为毫米(mm)；

ρ'——3 438，单位为分($'$)。

7.6.3 测绘地貌

7.6.3.1 选测高程注记点和比高注记时，注记点应测定两次取中数，两次读数较差不大于 0.03 mm。量测点的高程 h 按公式(30)计算：

$$h = h_T + \frac{\Delta P'}{P'_T + \Delta P'}\cdot H_T \qquad\cdots\cdots(30)$$

式中：

h——量测点的高程，单位为米(m)；

h_T——为起始面(点)的高程，单位为米(m)；

P'_T——起始面(点)的模型基线，单位为毫米(mm)；

$\Delta P'$——量测点对起始面(点)的左右视差较，单位为毫米(mm)；

H_T——起始面(点)的相对航高,单位为米(m)。

7.6.3.2 测绘地貌按7.1.3和7.1.4规定执行。

7.6.4 **投影转绘**

7.6.4.1 **作业准备**

作业准备要求如下:

a) 选择起始带面,投影差按公式(31)计算:

$$\left.\begin{aligned}\sigma &= \frac{\Delta h}{H_T}\cdot r \quad \text{(像片上改正)}\\ \Delta &= \frac{\Delta h}{H_T-\Delta h}\cdot R \quad \text{(图版上改正)}\end{aligned}\right\} \qquad (31)$$

式中:

H_T——起始带面相对航高,单位为米(m);

σ——像片上投影差改正数,单位为毫米(mm);

r——像片上底点至纠正点间距离,单位为毫米(mm);

Δ——图板上投影差改正数,单位为毫米(mm);

R——图板上底点至纠正点间距离,单位为毫米(mm);

Δh——纠正点对起始带面的高差,单位为米(m)。

b) 带距值Q按公式(32)计算:

$$Q = 0.000\,8\,\frac{f_k}{r}\cdot M \qquad (32)$$

式中:

Q——带距值,单位为米(m);

r——像片上底点至最远纠正点间距离,单位为毫米(mm);

M——成图比例尺分母;

f_k——航摄仪焦距,单位为毫米(mm)。

c) 投影差改正:像片比例尺小于成图比例尺,投影差在图板上改正;像片比例尺大于成图比例尺,应在像片上改正,当纠正点对起始面高差超过公式(33)规定时,仍应在图板上改投影差。

$$\Delta h \geqslant \frac{\sigma'\cdot M\cdot f_k^2}{r^2\alpha}\cdot\rho' \qquad (33)$$

式中:

σ'——像片上改投影差产生的误差(设为0.15 mm);

α——像片倾斜角,单位为分(′);

M——成图比例尺分母;

r——底点至纠正点间的距离,单位为毫米(mm);

f_k——航摄仪焦距,单位为毫米(mm);

ρ'——3 438,单位为分(′)。

7.6.4.2 **转绘地物、地貌**

转绘地物、地貌要求如下:

a) 仪器上每带改正数ΔZ按公式(34)计算:

$$\Delta Z = \frac{Q}{H_T}\cdot Z_T \qquad (34)$$

式中:

ΔZ——仪器上每带改正数,单位为毫米(mm);

Q——带距值,单位为米(m);

Z_T——起始带面投影高度，单位为毫米(mm)；

H_T——起始带面相对航高，单位为米(m)。

b) 投影差改正和换带后恢复图板应以底点作为辐射中心，当像片内高差不大于公式(35)时，也可用主点作为近似底点；

$$\Delta h \leqslant \frac{\sigma'}{\alpha} \cdot \rho' \cdot M \qquad \cdots\cdots(35)$$

式中：

Δh——对起始带面的高差，单位为米(m)；

σ'——以主点还原图板产生的误差(设为0.15mm)；

ρ'——3 438，单位为分(′)；

M——成图比例尺分母；

α——像片倾斜角，单位为分(′)。

c) 投影转绘较大的居民地和等倾斜地段的等高线，为了保持相关位置正确，可按每带改正数 ΔZ 的一半进行分带投影。重要地物可在其所在高程面上投影。

7.6.4.3 限差规定

限差规定要求如下：

a) 对点误差平地、丘陵地一般不大于0.4 mm，最大不应大于0.5 mm；山地、高山地一般不大于0.5 mm，最大不应大于0.6 mm。底点(主点)对点误差一般不大于0.5 mm，最大不应大于0.6 mm；

b) 带与带接边差不大于0.8 mm；片与片接边差不大于1.0 mm；

c) 地物、地貌分别投影时，应尽量使纠正点的误差方向一致，其套合差不大于0.6 mm，地物、地貌相关位置应正确合理；

d) 地物、地貌各要素的转绘误差一般不大于图上0.1 mm，最大不应大于0.2 mm。

8 航测原图的编绘

8.1 原图编绘和着色(刻绘)整饰

8.1.1 原图比例尺一般与成图比例尺等大，当成图比例尺为1∶100 000时，原图比例尺可放大至1∶75 000或1∶80 000。

8.1.2 原图编绘可采用着色法或刻绘法。着色法一般为三色清绘，刻绘法可采用一版刻绘或分版刻绘。当采用分版刻绘时，其套版误差不大于0.1 mm，各有关要素的相关位置应正确，配置合理。

8.1.3 各类要素应按测绘位置并对照野外调绘像片进行整饰，图廓点和各类控制点中心位置移位误差不大于图上0.1 mm，其他线划及符号的移位误差一般不大于图上0.1 mm，最大不应大于0.2 mm，应正确显示地物、地貌特征。

8.1.4 测绘铅稿原图上对不清楚、不合理的地物、地貌可适当修改，个别地物可在0.2 mm～0.3 mm范围内进行修改；对少量等高线平地在1/6等高距、丘陵地在1/4等高距、山地和高山地在1/2等高距范围内进行修改，当基本等高距间隔小于0.5 mm及密林地区，可在一个基本等高距范围内进行修改，但不应将整组等高线移位和变形。

8.1.5 各种注记应准确无误，位置恰当，指示明确，且不压盖重要地物、地貌。

8.1.6 可采用统一规定的简化符号。

8.1.7 编绘整饰后的原图应准确、清晰、易读，满足复照、晒蓝和下工序的要求。

8.2 利用影像平面图编制航测原图

8.2.1 地物复杂的平坦地区和荒漠地区测图常利用影像平面图着墨整饰编制航测原图。

8.2.2 影像平面图应影像清晰，密度均匀，反差和色调适中。

8.2.3 地物转绘采用可变换放大倍数的立体镜进行，地物影像清晰时，也可目视转绘。转绘误差一般不大于 0.1 mm，最大不应大于 0.2 mm。

8.2.4 地貌一般采用立体测图仪直接测绘在影像平面图上，也可由立体量测仪测绘，立体镜转绘或单投影器投影转绘。

8.2.5 编绘和着色整饰同 8.1 规定。

8.3 利用野外调绘像片编制航测原图

8.3.1 当像片有效面积内高差不大于公式(12)规定且调绘质量又符合原图清绘质量的要求时，内业可以用调绘像片纠正镶嵌编制成航测原图。

8.3.2 镶嵌前先将调绘像片用复照仪复制成负片，用负片在纠正仪上纠正镶嵌成成图比例尺图，然后转绘或测绘等高线。野外单张像片测图，可直接纠正镶嵌成航测原图。

8.3.3 限差要求：复照、纠正、镶嵌、拼接的限差要求同 4.2 和 6.1 规定。

8.4 编制影像地图

8.4.1 在影像平面图上加绘等高线、制图符号和注记，编绘成影像地图原图，其原则如下：

a) 影像能清楚显示，容易识别的要素，不绘符号(如居民地、河流等)；
b) 影像虽能清楚显示，但性质识别困难易混淆的要素(如烟囱、亭、公路、土堤等)，用符号或文字注记表示；
c) 影像难以识别的要素(如电力线、控制点)，用符号表示；
d) 无影像的要素(如等高线、各种数字和名称注记等)用符号利注记表示；
e) 影像色调已反映出地面各要素的分布范围，图上不再绘地类界，只在影像上加绘少量相应的符号和注记。

8.4.2 地貌是采用立体测图仪测绘在影像平面图上，也可测绘在刻图膜或薄膜上进行套合。根据等高线在图上的密度，等高距可按表 2 规定放大一至二倍。

8.4.3 影像地图的编绘可在影像平面图上直接着色清绘，也可采用分版清绘，分版清绘各版套版差不应大于 0.1 mm，各要素的相关位置应正确合理。

8.4.4 为了便于读图，符号的尺寸，线划的粗细和注记字大，可按现行相应比例尺图式符号尺寸适当放大。各类线划和符号规格应严格按统一放大后规定尺寸整饰，墨色饱满，光滑均匀。

8.4.5 各种注记采用植字方法，粘贴牢固、干整、清洁、正确，注记位置恰当，不应盖压重要地物、地貌的影像。

8.4.6 等高线清绘应顾及与相应影像的套合，个别明显不套合的部分可在测图定向平面限差以内作适当的修改，注记点点位应在相应影像上。

8.4.7 影像地图上显示的要素以摄影时间为准，摄影后新增的地物，图上一般不表示。

8.5 原图接边规定

8.5.1 同比例尺同精度图幅接边，地物平面位置的接边较差和等高线高程接边较差，一般不大于表 3、表 4 地物点平面中误差和等高线高程中误差的二倍，最大不应大于 2.5 倍。当基本等高线在图上间隔小于地物接边差时，其接边限差按地物接边规定。

8.5.2 同比例尺不同精度的图幅接边，地物平面位置接边较差和等高线高程接边较差不大于表 3、表 4 中相应中误差之和，最大不应大于其和的 1.5 倍，然后按中误差值的比例进行配赋接边。

8.5.3 不同比例尺的图幅接边，应将小比例尺图放大成等比例图后进行接边，平面位置接边较差和等高线高程接边较差一般不大于表 3、表 4 中相应中误差(地物平面中误差化为同一比例尺)之和，最大不应大于其和的 1.5 倍，然后按中误差值之比例化在同比例尺图上进行配赋接边。

8.5.4 与已成图、出版图接边的接边较差不大于 8.5.1、8.5.2、8.5.3 规定的限差时，只改新图，如大于上述限差规定，应认真检查，确认新图无误，以新图为准，不接边部分在两幅图的图历表内和原图上分别注明，并上报备案。

8.5.5 不同单位同期成图图幅的接边，后成图单位负责接边，接边发生问题时，应认真检查，确认本图无误后，通知先成图单位进行检查，并拼接完善。

8.5.6 各类地物的拼接，不应改变其形状和相关位置，直线地物应从离图廓最近的转折点进行拼接，地貌拼接不应产生变形。

8.5.7 自由图边地物、地貌应测出图廓外 4 mm，图廓外的地物、地貌及各种注记用铅线整饰。

9 一次成图

9.1 编制原图的要求

9.1.1 一次成图的测绘和清绘工作，除满足第 7 章立体测图和第 8 章航测原图的编绘中所规定的各项要求和精度外，还应满足印刷原图的规定和要求。

9.1.2 刻绘法清绘可根据需要和条件，地物、地貌的特征，采用一次刻绘（全要素刻绘）或分版刻绘。当采用分版刻绘时，各版的套版线应严密重合，有条件的应采用销钉套版，套版误差不大于 0.1 mm。

9.1.3 采用分版刻绘，地物、地貌应测绘在同一版上晒蓝后分别刻绘，特殊情况采用透绘法时，图廓点、公里网线、各级控制点、高程点和独立地物的定位点应严密重合，其他要素的透绘误差不应大于图上 0.1 mm。分版刻绘各要素应正确套合，相关位置合理。除应实交的外，各符号间的间隔不小于0.2 mm。

9.1.4 各种符号和线划应准确、统一，严格按相应图式规格整饰。刻绘线划应边缘平滑、光洁、透亮，不留残渣。

9.1.5 各种注记采用植字方法，粘贴应牢固、平整、清洁、正确，注记位置恰当，不压盖重要地物地貌。未经国家正式公布的简化字不应在图上使用，透明注记和透明符号，其黑部密度应大于 2.0，白部灰雾度应小于 0.2，膜的厚度不超过 0.02 mm。

9.2 制作分色样图

分色样图用印刷原图晒印的软纸蓝图制作，一般有地物分色样图，注记分色样图，普染样图。分别标出黑色线划、蓝色线划、蓝色注记、蓝色普染面积、绿色套色植被及翻版应涂去的各种范围线等。要求颜色对比明显，普染色透明易于判读，并分别在图廓外作出图例说明。当分版清绘时，应在每版图外标注印刷颜色。

分色样图应进行接边和检查。

10 检查验收及资料上交

10.1 技术总结

按 CH/T 1001 的规定编写技术总结。

10.2 检查验收

航测内业测绘产品按 CH 1002、CH 1003 规定进行检查验收。

10.3 资料上交

上交的各项成果成图资料应整理装订齐全，数据准确、字迹端正清楚，保证下工序和用图单位能顺利进行工作。

ICS 07.040
A 77

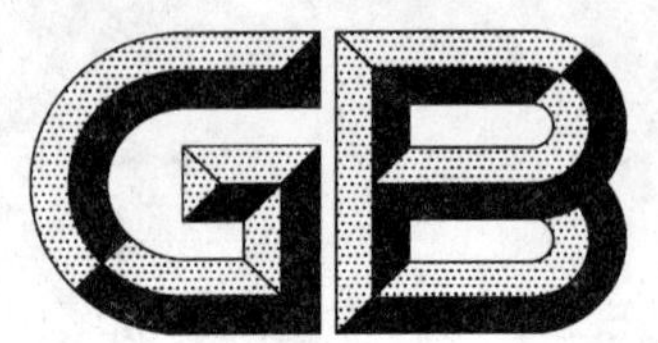

中华人民共和国国家标准

GB/T 12341—2008
代替 GB 12341—1990

1∶25 000 1∶50 000 1∶100 000 地形图航空摄影测量外业规范

Specifications for aerophotogrammetric field work of 1∶25 000 1∶50 000 1∶100 000 topographic maps

2008-06-20 发布 2008-12-01 实施

中华人民共和国国家质量监督检验检疫总局
中国国家标准化管理委员会 发布

前　言

本标准代替 GB 12341—1990《1：25 000、1：50 000、1：100 000 地形图航空摄影测量外业规范》。

本标准与 GB 12341—1990 相比主要变化如下：

——按 GB/T 1.1—2000《标准化工作导则　第 1 部分：标准的结构和编写规则》对标准进行了修订；

——修改了标准的适用范围；

——增加了 8 项规范性引用文件；

——对地形图的规格中的内容进行了修改；

——增加了调绘的内容。

本标准的附录 C、附录 D、附录 E、附录 F、附录 G 为规范性附录。

本标准的附录 A、附录 B 为资料性附录。

本标准由国家测绘局提出。

本标准由全国地理信息标准化技术委员会归口。

本标准起草单位：国家测绘局测绘标准化研究所。

本标准主要起草人：兀伟、邓国庆、宋英贤、许卓群、吴孟起。

本标准所代替标准的历次版本发布情况为：

——GB 12341—1990。

引　言

随着科学技术的发展，测绘生产技术和生产体系发生了巨大变化。为保持原技术体系的完整性、现有标准之间的协调性以及标准体系的系统性、完整性，在标准修订过程中，对经过实践检验的正确合理的技术方法和技术指标予以保留，对与相关标准不协调的内容进行了修改。有关新技术和新方法将另行制定标准。

1∶25 000 1∶50 000 1∶100 000 地形图航空摄影测量外业规范

1 范围

本标准规定了采用模拟、解析航空摄影测量方法测绘1∶25 000、1∶50 000、1∶100 000地形图的外业作业基本要求。

本标准适用于1∶25 000、1∶50 000、1∶100 000地形图的航空摄影测量外业生产作业。

2 规范性引用文件

下列文件中的条款通过本标准的引用而成为本标准的条款。凡是注日期的引用文件，其随后所有的修改单(不包括勘误的内容)或修订版均不适用于本标准，然而，鼓励根据本标准达成协议的各方研究是否可使用这些文件的最新版本。凡是不注日期的引用文件，其最新版本适用于本标准。

GB/T 13923 基础地理信息要素分类与代码

GB/T 13989 国家基本比例尺地形图分幅和编号

GB/T 15661 1∶5 000，1∶10 000，1∶25 000，1∶50 000，1∶100 000地形图 航空摄影规范

GB/T 18315 数字地形图系列和基本要求

GB/T 20257.3 国家基本比例尺地图图式 第3部分 1∶25 000 1∶50 000 1∶100 000地形图图式

CH/T 1001 测绘技术总结编写规定

CH 1002 测绘产品检查验收规定

CH 1003 测绘产品质量评定标准

CH/T 1004 测绘技术设计规定

3 总则

3.1 地形图规格

3.1.1 空间参考系

平面坐标系统采用国家规定的统一坐标系；如有必要时，可采用依法批准的独立坐标系。投影、高程系统按GB/T 18315执行。

3.1.2 分幅与编号

分幅与编号按GB/T 13989执行。

3.1.3 基本等高距

基本等高距按GB/T 18315执行。地形类别按图幅范围内大部分地面坡度和高差划分(见表1)。当高差与地面坡度矛盾时，以地面坡度为准。一幅图宜采用一种基本等高距，基本等高距不能显示地貌特征时应加测间曲线、助曲线。

3.1.4 高程注记

高程注记点应选在明显地物点和地形特征点上，其密度是图上每100 cm^2内，平地、丘陵地为10～20个，山地、高山地及地形特征点稀少地区为8～15个。

高程注记以米为单位，1∶25 000成图应注至0.1 m，1∶50 000、1∶100 000成图应注至整米。

3.1.5 符号与注记

地形图符号及各种注记均按GB/T 20257.3的规定。

表 1 地形类别的确定

地形类别	地面坡度 (°)	高差 m
平地	<2	<80
丘陵地	2～6(含 2)	80～300(含 80)
山地	6～25(含 6)	300～600(含 300)
高山地	≥25	≥600

3.2 精度

3.2.1 平面位置精度、高程精度、最大误差按 GB/T 18315 的规定执行。

3.2.2 山地、高山地不能直接找到衡量等高线高程精度的位置时，等高线高程精度可按式(1)计算。

$$m_h = \pm\sqrt{a^2 + b^2\tan^2\alpha} \qquad \cdots\cdots(1)$$

式中：

m_h——等高线高程中误差，单位为米(m)；

a——高程注记点高程中误差，单位为米(m)；

b——地物点平面位置中误差，单位为米(m)；

α——检查点附近的地面倾斜角，单位为度(°)。

3.2.3 像片平面控制点相对邻近基础控制点的平面位置中误差不应大于图上±0.1 mm。基础控制点指可用作首级像片控制测量起闭点的控制点。

3.2.4 像片高程控制点相对邻近基础控制点的高程中误差不应大于表 2 的规定。特殊困难地区可相应放宽 0.5 倍。

表 2 像片高程控制点对于基础控制点的中误差规定　　单位为米

地形类别	成图比例尺		
	1∶25 000	1∶50 000	1∶100 000
平地	0.4	0.8	1.5
丘陵地	0.5	1.0	2.0
山地	0.6	1.2	2.5
高山地	1.2	2.5	5.0

3.3 像片调绘的基本要求

3.3.1 调绘方式可采用全野外调绘法或室内外综合判调法(以下简称综合判调法)。

3.3.2 按 GB/T 13923 规定的要素类进行调查和注记。

3.3.3 调绘时，对地物、地貌要素要进行综合取舍，使地物、地貌主次分明、符号运用恰当、图面清晰易读、能形象地反映地区的总貌特征。

3.3.4 调绘在像片上有影像的地形要素，按影像准确绘出，最大移位差不应大于像片上 0.3 mm，像片上无影像的重要地形要素应补测，其与四周明显地物相关位置的移位差不应大于图上 0.5 mm，特殊困难地区不能大于图上 0.75 mm。

3.3.5 当所调绘要素没有合适的符号时，可用类似的符号代替，或增设符号，并应加注说明。

3.4 对大地资料的要求

3.4.1 一般地区三角点(包括精密导线点)的密度不少于：1∶25 000 地形图每幅 2 点，1∶50 000 地形图每幅 3 点，1∶100 000 地形图每幅 6 点。一般地区四等以上水准路线的间距，在平地不超过 30 km，丘陵地，山地、高山地可根据情况适当放宽。点数不足及间距不满足要求的图幅，可进行基础控制点测量，但应以满足测图需要为原则。

3.4.2 三角点和水准点成果表、网图及点之记等资料应齐全。

3.5 对航摄资料的要求

航摄资料应符合 GB/T 15661 的规定。

3.6 对其他作业方法的要求

在满足本规范所规定的精度标准的前提下，可采用本规范未列入的新技术和新方法，但在技术设计书中应明确说明。

3.7 技术设计

按 CH/T 1004 的规定编写技术设计书。

4 像片控制点的布设

4.1 像片控制点条件

像片控制点应满足下列条件：

a) 像片控制点的目标影像应清晰，易于判别；目标条件与其他像片条件矛盾时应着重考虑目标条件；

b) 布设的控制点宜能公用；

c) 控制点距像片边缘不应小于 1 cm(18 cm×18 cm 像幅)或 1.5 cm(23 cm×23 cm 像幅)，综合法成图的控制点距航向边缘不应小于上述规定的 1/2；

d) 控制点距像片的各类标志应大于 1 mm；

e) 控制点应选在旁向重叠中线附近，离开方位线的距离一般应大于 3 cm(18 cm×18 cm 像幅)或 5 cm(23 cm×23 cm 像幅)，旁向重叠过大时，可大于 2 cm(18 cm×18 cm 像幅)或 3 cm(23 cm×23 cm 像幅)；因旁向重叠较小，使相邻航线的点不能公用时，应分别布点，两点裂开的垂直距离在像片上不能大于 2 cm；

f) 位于自由图边、待成图边以及其他方法成图的图边控制点，应布设在图廓线外 4 mm 以上。

4.2 航线网布点

4.2.1 加密点的平面和高程中误差

空中三角测量中加密点的平面和高程中误差应按式(2)、式(3)进行估算。

$$m_s = \pm 0.28 \times k m_q \sqrt{n^3 + 2n + 46} \qquad \cdots\cdots(2)$$

式中：

m_s——加密点的平面中误差，单位为毫米(mm)；

k——像片放大成图的倍数；

m_q——视差量测的单位权中误差，单位为毫米(mm)；

n——航线方向相邻控制点的间隔基线数。

$$m_h = \pm 0.088 \times \frac{H}{b} m_q \sqrt{n^3 + 23n + 100} \qquad \cdots\cdots(3)$$

式中：

m_h——加密点的高程中误差，单位为米(m)；

H——相对航高，单位为米(m)；

b——像片基线长度，单位为毫米(mm)；

m_q——视差量测的单位权中误差，单位为毫米(mm)；

n——航线方向相邻控制点的间隔基线数。

4.2.2 航线布点

4.2.2.1 一般以两幅图为单位，困难地区 1∶100 000 以三幅图为单位。每条航线应布设 6 个平高点(见图 1)。当使用宽角航摄仪进行摄影时(焦距 100 mm 以上)，应在航线两排平高点的中线附近加布 1 个高程点，如图 1 的“×”处。(图 1～图 12 中：· 高程点、○平面点、⊙平高点、□像主点)

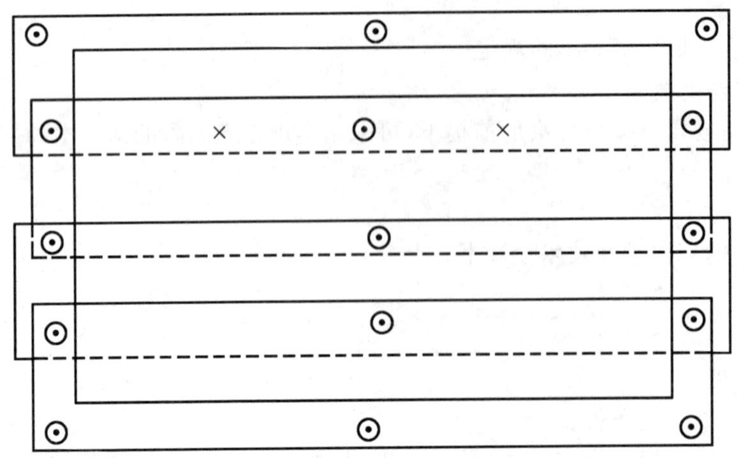

图 1

4.2.2.2 每条航线相邻两点或两对控制点之间的距离可按式(2)、(3)计算,也可参照附录A执行。当平面与高程允许距离发生矛盾时,应以高程为准。

4.2.2.3 控制点的点位除满足4.1的要求外,还应满足下列条件:

a) 航线两端的上下对点应位于通过像主点且垂直于方位线的直线上,互相偏离一般不应大于半条基线,个别最大不能超过1条基线;

b) 航线中间的两控制点,布设在两端控制点的中线上,其偏离一般不超过左右2条基线的范围;困难地区偏离不超过左右3条基线,其中一个控制点位于中线上或两个控制点同时等距离向中线异侧偏离,两控制点同时向中线一侧偏离时,不能超过1条基线。

4.2.2.4 航线较短时(只有3～5条基线),可布设4个平高点加1个高程点(见图2)。中间的高程点应布在中线上,其偏离不能大于1条基线。

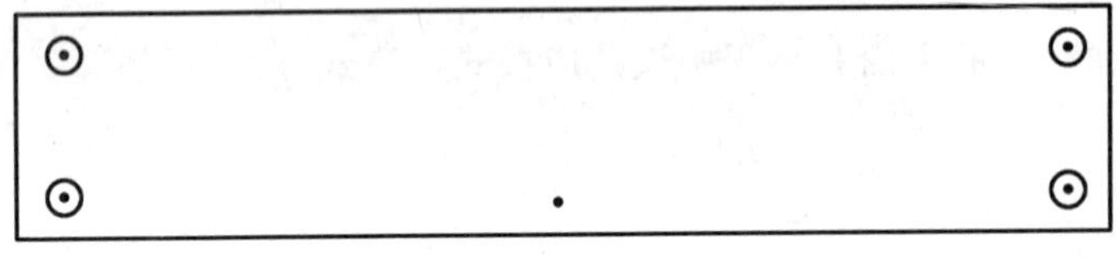

图 2

4.2.3 构架航线布点

4.2.3.1 困难地区1∶100 000测图,采用垂直于测图航线的构架航线进行加密成图。

4.2.3.2 每条控制航线应布设6个平高点。相邻两个控制点或两对控制点之间的距离按4.2.2.2规定执行。控制航线之间的距离根据测图航线加密要求按4.2.2.2规定执行。

4.2.3.3 控制航线控制点的点位要求应符合4.2.2.3的规定。

4.3 区域网布点

4.3.1 区域网的划分

4.3.1.1 区域网的划分应依据成图比例尺、航摄比例尺、测区地形特点、航区的实际分划、程序具有功能等全面进行考虑,根据具体情况选择最优实施方案。

4.3.1.2 为方便作业和保持图内加密精度基本一致,区域网宜以横两幅纵两幅进行划分。也可不按图幅而按航线段或航摄分区划分区域网。

4.3.2 区域网平高点的布设

4.3.2.1 区域网平高点应按周边进行布设。

4.3.2.2 当航摄比例尺等于或小于成图比例尺,区域网航线数为6条及以下时,周边按不少于6个平高点进行布设(见图3、图4)。当航摄比例尺大于成图比例尺时,区域网航线数为4条及以下,周边按不少于6个平高点布设(见图5、图6)。

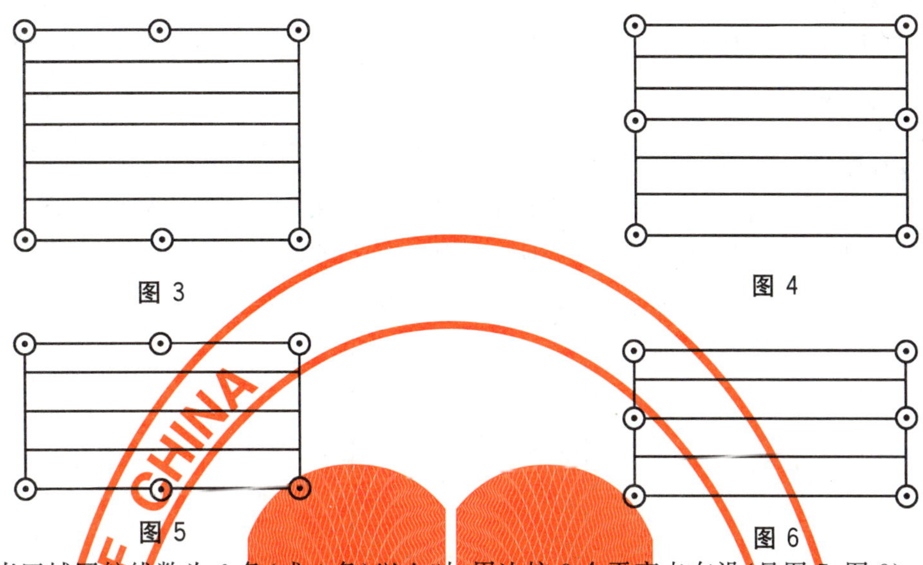

图3

图4

图5

图6

4.3.2.3 当区域网航线数为6条(或4条)以上时,周边按8个平高点布设(见图7、图8)。

图7

图8

4.3.3 **控制点间的基线数**

区域网中,平高点间和高程点间的基线数可按式(2)、式(3)计算后适当放宽。区域网每条航线首末上下均应布设高程点,参见附录B。

4.3.4 **图幅分区布点**

按图幅分区布点的要求如下:

a) 控制点的布设应符合4.3.1.2和4.3.2的规定;

b) 布设图形参见附录B中图B.1、B.2;

c) 周边控制点的点位要求应符合4.2.2.3的规定,内部点位可在左右2条基线范围选取,并宜位于旁向重叠处。

4.3.5 **航线段分区布点**

按航线段分区布点的要求如下:

a) 控制点间基线数应符合4.3.3的规定,或参见附录B中表B.1;

b) 布设图形参见附录B中图B.3、图B.4;

c) 两端控制点的点位与航线网布点要求相同,中间点可左右偏离1条基线,最大不能偏离2条基线。

4.3.6 **不规则区域网布点**

4.3.6.1 因受地形等条件限制时,可采用不规则区域网布点,在凸角转折处布平高点,凹角转折处布高程点。

4.3.6.2 若凹角转折点与凸角转折点之间距离超过4条基线,在凹角转折处应布设平高点,参见附录B中图B.5。

4.3.6.3 区域周围两控制点间沿航向方向的跨度超过7条基线时，应在中间补加1个高程点。

4.3.7 **补飞航线结合处布点**

区域网中补飞航线结合处的布点应保证连接精度，一般可在结合处加布1个平高点，参见附录B中图B.6。

4.4 全野外布点

4.4.1 综合法成图

像片纠正时，每一隔号像片四个角上各布设1个平面点(见图9)。若需分带纠正，图9的平面点均应改为平高点。当航线间像片交错，控制点不能共用时，应分别布点。

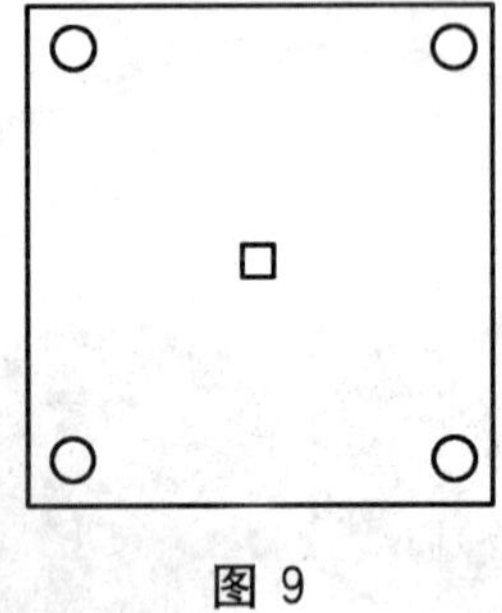

图 9

4.4.2 微分法成图

每个立体像对应布设4个平高点和1个高程检查点(见图10)。高程检查点应位于垂直于航向的两行平高点的大致中央。左右偏离时，距垂直于航向的两行平高点连线应分别大于基线长的1/3。如果检查点在方位线两侧的两个高程点连线之外时，离开连线不应大于1 cm(见图11)。

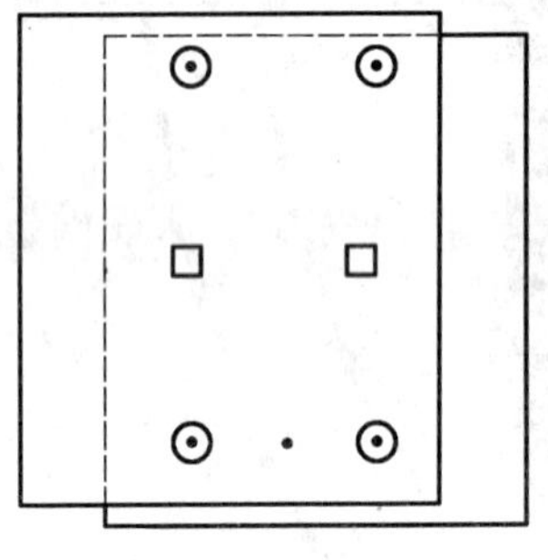

图 10

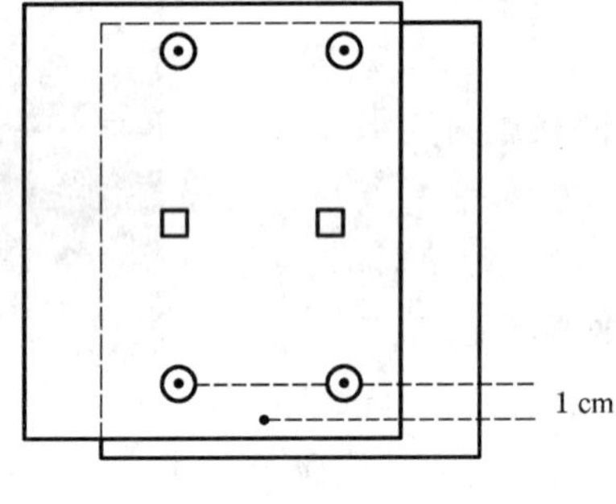

图 11

4.4.3 全能法成图

每个立体像对的测绘范围内布设4个平高点(见图12)。多倍仪测图时，可采用每隔号像片测绘范围内四个角上各布1个平高点的双模型布点。

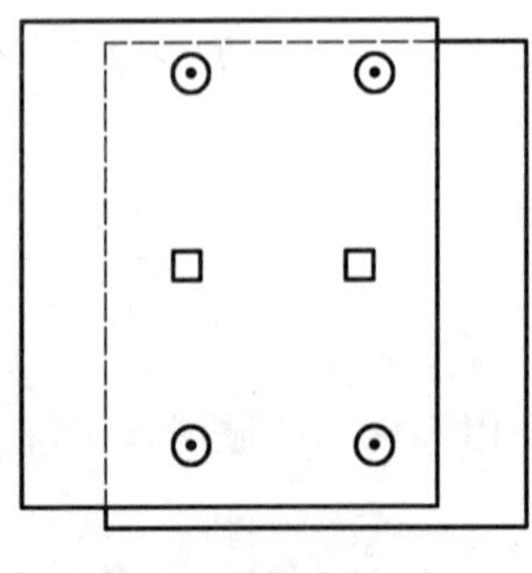

图 12

4.4.4 高程全野外布点

微分法成图和全能法成图所布设控制点，如果平面位置由内业加密完成，则仅高程部分由全野外施测，图10～图12中的平高控制点改为高程控制点。

4.4.5 点位的要求

除满足4.1规定外，用于立体测图的四个定向点点位离通过像主点且垂直于方位线的直线不大于1 cm，困难时个别点可不大于1.5 cm。四个基本定向点宜尽量成矩形分布，相互间高差应尽量小，微分法成图中高程检查点与像对内四个定向点的高差应尽量大。

4.5 特殊情况的布点

4.5.1 航摄分区接合处的布点

两航摄分区使用同一类型的航摄仪器，焦距之差小于0.03 mm，航向重叠正常，旁向衔接错开小于10%，衔接后的弯曲度在3%以内，航高差在摄影时平均相对航高的1/50以内时，可视为同一航线布点。否则，控制点应布在航摄分区分界的重叠部分内，相邻航线应尽可能公用，如果不能公用，应分别布点，并注意避免产生控制漏洞。

4.5.2 航向重叠不够的布点

存在航摄漏洞时（航向重叠度小于53%），应以漏洞为界分段布点，漏洞部分采用单张像片测图或平板仪测图方法解决。

4.5.3 旁向重叠不够的布点

航线个别像片旁向重叠小于2 cm而大于1 cm，且影像清楚时，应在该重叠部分补测1～2个高程点；如果影像不清楚或重叠小于1 cm，重叠不够部分可采用单张像片测图或平板仪测图方法解决。

4.5.4 像主点和标准点位落水的布点

像主点和标准点位落水的布点要求：

a) 点位落水时（像主点或标准点位处于水域内，或被云影、阴影、雪影等覆盖，或无明显地物时），当落水范围的大小或位置尚不影响立体模型连接时，按正常航线布点。当落水范围的大小或位置影响立体模型连接时，应分段布点。
b) 像主点1 cm范围内选不出明显目标时，落水像对应全野外布点。
c) 定向点的标准点位为落水区，在离开像主点4 cm以外的三片重叠范围内选不出连接点时，落水像对应全野外布点。

4.5.5 水滨与岛屿的布点

水滨和岛屿地区，应按全野外布点，以能最大限度控制测绘面积为原则。超过控制点连线1 cm以外的陆地部分应加测平高点。

当一张像片内大部分是水域，只有个别零星分布小岛，难以按规定布点时，外业布点应以能控制岛屿的大小、方位和高程为原则酌情布设2～4个平高点。

5 基础控制点测量

5.1 5″级平面控制测量

5.1.1 精度要求

除使用国家等级点外，可根据测区的实际情况和具体要求，合理布设测角中误差小于或等于5″的小三角点和光电测距导线点，以及施测等外水准、三角高程导线，作为像片控制测量的基础。

5″级平面控制测量中的光电测距导线测量和小三角测量，最弱点的点位中误差不应大于图上0.02 mm。

5.1.2 光电测距导线测量

5.1.2.1 导线类型和仪器要求

光电测距导线宜布设成单一附合导线或有结点的导线网。仪器应采用每公里测距中误差（标称精度）不大于10 mm的Ⅱ级光电测距仪。

5.1.2.2 **附合导线技术要求**

光电测距附合导线的主要技术要求见表3。

表3 光电测距附合导线的主要技术要求

测角中误差 ″	平均边长 km	成图比例尺	边数	导线全长 km	导线全长相对闭合差	方位角闭合差 (″)	水平角测回数	
							DJ_2	DJ_6
5	3	1∶25 000	17	50	1/15 000	$10\sqrt{n}$	3	6
		1∶50 000	27	80	1/12 000			
	5	1∶25 000	12	60	1/17 000			
		1∶50 000	18	90	1/14 000			
		1∶100 000	28	140	1/11 000			
	10	1∶50 000	10	100	1/16 000			
		1∶100 000	15	150	1/14 000			
注：n 为转折角个数。								

5.1.2.3 **结点导线技术要求**

结点至起始点之间的长度为表3中规定导线全长的0.7倍。结点与结点之间的长度不大于导线全长的0.5倍。

5.1.2.4 **光电测距导线布设要求**

光电测距导线的布设要求如下：

a) 用光电测距仪施测的附合导线或有结点的导线网，在等级点间、等级点与结点间、结点与结点间，应尽量布设成等边直伸形式，其转折角与180°之差一般不大于45°；

b) 导线边两端点的高差不应大于按式(4)计算的值。

$$h \leqslant 250 \times s \qquad \cdots\cdots (4)$$

式中：

h——导线边两端高差，单位为米(m)；

s——导线边长，单位为公里(km)。

5.1.2.5 **光电测距导线测距**

光电测距导线的测距要求如下：

a) 作业前应对所使用的光电测距仪进行认真检验；

b) 测距工作应在大气稳定和成像清晰的条件下进行，在测距过程中如遇到大气湍流影响严重时，应停止观测；

c) 照准一次读四次数为一测回，导线边单程测回数应不少于两测回，同一测回的读数间较差应小于10 mm，单程测回较差应小于15 mm；

d) 每边应测定一次气象数据，温度应读至0.5 ℃，气压应读至133.32 Pa。

5.1.3 **小三角测量**

5.1.3.1 **小三角点的精度和规格**

小三角点的测量精度及规格应按表4规定。

表4 小三角点的测量精度

测角中误差 (″)	起始边边长相对中误差	最弱边边长相对中误差	水平角测回数	
			DJ_2	DJ_6
5	1/40 000	1/20 000	3	6

5.1.3.2 线形锁

线形锁宜近于直伸状，锁内各三角形边长应尽量相等。求距角一般不小于40°，困难时不应小于30°，锁的图形强度系数总和不应大于85，线形双锁不应大于100(图形强度系数 R 见附录C)。有条件时，线形锁应加测检查角。线形锁的三角形个数、边长及全长不应大于表5的规定。

表5 线形锁的要求

成图比例尺	三角形个数	三角形边长 km	线形锁全长 km
1∶25 000	6～8	7	25
1∶50 000	6～8	12	50
1∶100 000	10～12	15	100

5.1.3.3 插网

插网应布置均匀，各三角形内角一般不小于30°，在网的中部个别内角可不小于20°。插网的三角形各边应对向观测，困难地区个别边方向可单向观测。

5.1.3.4 插点

插点的交角不应小于30°。交会边长1∶25 000成图不应超过7 km，1∶50 000成图不应超过12 km，1∶100 000成图不应超过15 km。插点与国家等级点或两插点间的距离短于平均边长时，应尽量组成联测图形。插点边应双向观测，困难地区个别边可单向观测。

5.1.4 选点和埋石

选点和埋石要求如下：

a) 选点的点位应保证通视良好，便于观测和扩展；
b) 5″点根据需要适当埋石，一般不造标；
c) 点名宜采用附近地理名称。

5.1.5 水平角观测

5.1.5.1 水平角观测采用方向观测法。应选择通视良好、目标清晰的方向作为起始方向。方向数大于3个时，每半测回应闭合于起始方向(归零)。方向数大于7个时，应分组观测，每组应采用共同的起始方向。各测回度盘位置变换度数值为180°除以规定的测回数。

5.1.5.2 当测站点或照准点的偏心距大于测站至最近观测点距离的八万分之一时，应在水平方向内进行归心改正。

5.1.5.3 水平角观测限差见表6。

表6 水平角观测限差

单位为秒

限差	DJ_2	DJ_6
半测回归零差	12	24
$2C$ 变动范围	18	36
各测回同一方向的较差	12	24
三角形闭合差	15	15

5.1.5.4 观测结果超限时，应按下列规定进行重测：

a) $2C$ 变动范围或测回较差超限，可重测超限方向，重测时应联测同一起始方向；
b) 一测回中重测方向数超过所测方向数的1/3，或归零差超限，以及一测回中起始方向的 $2C$ 变动范围超限时，该测回应重测；
c) 一个测站上重测测回数超过总测回数1/3或因闭合差超限而需重测时，该测站应全部重测。

5.1.6 **平面坐标计算**

平面坐标计算要求如下：

a) 小三角测量的平差计算可采用简化的方法在高斯平面上进行，方向改正值大于1″时应进行方向改正；

b) 线形锁(网)和三角锁平差可不包括坐标条件，但应包括极条件和圆周条件，在两端有起始边的三角锁中应包括边条件；

c) 插网平差宜采用严密平差，在急需坐标时，可分区或分割成线形锁进行计算，重合点的坐标较差应小于图上0.1 mm；

d) 插点可采用各种典型图形平差计算；

e) 导线点的平差可按路线或组成有结点的导线网，采用简化方法进行，导线边长应归算到平均海水面和高斯投影面上的长度改正；

f) 平差计算取位按表7的规定。

表7 平差计算的取位

观测方向值 ″	各项改正数 ″	对数或函数	坐标计算 m	最后坐标值 m	坐标方位角 ″
1	1	6位	0.01	0.1	1

5.1.7 **外业观测资料限差检验**

对外业观测资料应进行下列限差检验：

a) 小三角测量的测角中误差按式(5)计算；

$$m_\beta = \pm\sqrt{\sum_{i=1}^{n}(W_iW_i)/3n} \qquad \cdots\cdots(5)$$

式中：

m_β——测角中误差，单位为秒(″)；

W_i——三角形闭合差，单位为秒(″)；

n——三角形个数。

b) 导线(网)测量的测角中误差按式(6)计算；

$$m_\beta = \pm\sqrt{\sum_{i=1}^{n}(f_\beta{}^i/f_\beta{}^i/n_\beta{}^i)/n} \qquad \cdots\cdots(6)$$

式中：

m_β——测角中误差，单位为秒(″)；

f_β——附合导线或闭合环的方位角闭合差，单位为秒(″)；

n_β——计算 f_β 的测站数；

n——附合导线和(或)闭合环的个数。

c) 方位角条件闭合差限差按式(7)计算；

$$W_{方} \leqslant 10\times\sqrt{n} \qquad \cdots\cdots(7)$$

式中：

$W_{方}$——方位角条件闭合差，单位为秒(″)；

n——传递方位角个数。

d) 极条件闭合差限差按式(8)计算。

$$W_{限} \leqslant 10\times\sqrt{\sum_{i=1}^{n}\delta_i\delta_i} \qquad \cdots\cdots(8)$$

式中：

$W_{限}$——极条件闭合差限差，单位为秒(″)；

δ_i——求距角正弦对数秒差(以对数第6位为单位)；

n——传递方位角个数。

5.2 高程控制测量

5.2.1 精度要求

基础高程控制点的高程中误差不应大于表2规定的1/2。

5.2.2 等外水准测量

5.2.2.1 等外水准测量适用于平坦地区。等外水准路线应起闭于国家四等以上的水准点或四等水准联测过的平面基础控制点。

5.2.2.2 等外水准测量一般采用单程观测，支线应采用往返观测或单程双测的方法施测。

5.2.2.3 等外水准施测中，仪器至标尺的距离一般不应超过100 m；成像特别清晰、稳定时，可放宽至150 m，如遇跨越沟渠或河流时，可放宽至200 m～250 m。

5.2.2.4 等外水准测附合路线全长不应超过40 km，支线全长不应超过12 km，往返或单程双测的较差、附合路线闭合差不应超过$40\sqrt{L}$ mm(L为路线总长，单位为公里)。

5.2.2.5 工作间歇时，应在固定点上结束观测，也可用打入地下的三个木桩作为间歇点。间歇后，检测两个转进点高差之差在6 mm以内时，可继续向前施测。

5.2.2.6 观测时使用双面标尺黑红面读数或单面标尺两次读数，读至毫米。立尺时应使用尺垫。

5.2.2.7 等外水准测量的观测限差不应超过表8的规定。

表8 等外水准测量的观测限差

同一标尺读数之差 mm	两读数高差之差 mm	一站之前后视距差 m	前后视距差总和 m	视线最低高度 m
4	6	20	100	0.2

5.2.2.8 等外水准测量计算应以线路的公里数的倒数为权，按线路进行平差。计算过程中应取位至0.001 m，最后结果应取位至0.01 m。

5.2.3 三角高程导线测量

5.2.3.1 三角高程导线测量适用于丘陵地、山地和高山地。三角高程导线应起闭于国家四等以上水准点或四等水准联测过的平面基础控制点。

5.2.3.2 三角高程导线的垂直角应对向观测。

5.2.3.3 三角高程导线测量的垂直角观测记录应取位至秒，仪器高和觇标高应量至厘米。

5.2.3.4 垂直角的观测测回数及限差应符合表9的规定。

表9 三角高程导线测量垂直角的测回数及限差

仪器类型	测回数		垂直角测回较差及指标差之差 (″)
	中丝法	三丝法	
DJ_2	2	1	15
DJ_6	4	2	24

5.2.3.5 三角高程导线的各项限差应符合表10的规定。

表 10 三角高程导线的限差

成图比例尺	三角高程导线全长 km			全长高程闭合差 m	往返测高差较差 m
	丘陵地	山地	高山地		
1∶25 000	40	60	60	$0.05\sqrt{\sum_{i=1}^{n}S_i^2}$	0.1 S
1∶50 000	75	100	100		
1∶100 000	150	200	200		
注：S 为边长(km)，n 为边长总数。					

5.2.4 光电测距高程导线测量

5.2.4.1 光电测距高程导线可代替等外水准测量。光电测距高程导线应起闭于国家四等以上水准点或四等水准联测过的平面基础控制点。

5.2.4.2 光电测距高程导线可单独施测，也可与光电测距导线同时施测。

5.2.4.3 光电测距高程导线的垂直角应往返观测。垂直角观测测回数及限差按 5.2.3.4 执行。

5.2.4.4 光电测距高程导线的施测要求见表 11。

表 11 光电测距高程导线的施测要求

成图比例尺	光电测距高程导线全长 km				全长高程闭合差 m	往返测高差较差 m
	平 地	丘陵地	山 地	高山地		
1∶25 000	50	60	80	80	$0.04\sqrt{\sum_{i=1}^{n}S_i^2}$	0.08 S
1∶50 000	90	100	150	150		
1∶100 000	140	150	200	200	$0.05\sqrt{\sum_{i=1}^{n}S_i^2}$	0.10 S
注：S 为边长(km)，n 为边长总数。						

5.3 记簿

水平角、垂直角、距离测定等的记录应符合 6.7.5 的规定。

6 像片控制点测量

6.1 像片控制点刺点的精度和要求

6.1.1 平面控制点和平高控制点的刺点误差，不应大于像片上 0.1 mm。高程控制点应准确刺出。

6.1.2 刺点应在点位影像最清晰的控制像片上刺，刺孔直径不大于 0.1 mm，并应刺透。刺偏时应换片重刺，不能有双孔。

6.1.3 国家等级三角点、水准点，精度符合国家等级并有国家统一平面坐标和高程系统的地方三角点，测角中误差为 5″级的埋石点，应在控制像片上按平面控制点的刺点精度刺出；当不能准确刺出时，水准点可按测定碎部点的方法刺出，三角点、埋石点应在像片正反面的概略位置上用虚线以相应符号表示，并说明点的位置和绘点位略图。

6.1.4 像片控制点的刺点应经第二人在实地检查。

6.2 像片控制点的刺点目标

6.2.1 平面控制点应选在能准确判点的位置上，如线状地物的交角或地物拐角上，交角应良好(30°～150°)。在地物稀少地区，也可选在线状地物的端点、稍尖的山顶或影像小于 0.3 mm 的点状地物中心。

森林地区可选刺在能准确判别的树冠上。

6.2.2 高程控制点的刺点目标应选在高程变化不大的地方，以线状地物的交点和平山头为宜。狭沟、太尖的山顶和高程变化急剧的斜坡等，均不宜选作刺点目标。

6.2.3 平高控制点刺点目标，应同时满足平面控制点和高程控制点的要求。

6.2.4 当控制点刺在树冠上或刺点位置上有 1 m 以上的植被覆盖，且像片上看不清地面影像时，应量注刺点处的植被高度至 0.1 m。当点位选刺在高于地面的地物顶部时，应量注顶部与地面的比高至 0.1 m。量注的数值应在像片的反面注明。点位刺在陡坎等地物边缘时，应在像片反面注明刺在坎上或坎下。

6.2.5 各类控制点应实地打桩或作出标志。

6.3 像片控制点的整饰

6.3.1 控制像片的正面，三角点用正三角形表示，埋石点用正方形表示，像片控制点用圆圈表示，水准点用⊗符号表示。不能准确刺出的点位，用相应虚线符号表示，水准点用实线符号表示。符号的边长或直径为 5 mm。水准点、高程控制点的符号用绿色表示，其他符号及注记用红色表示。

在控制像片的反面，应实地绘制点位略图，说明刺点位置，略图大小为 2 cm×2 cm。刺点目标明显的高程控制点，可不绘略图，只加说明。像片反面整饰一律用铅笔，符号的形状及大小应与正面相同。

其他控制像片上，可只在其正面以直径或边长为 1 cm 的相应符号转标控制点点位，在相邻航线一片上应注记点名(或点号)及刺点片号。

6.3.2 相邻区域的控制点公用时，邻区一张控制像片应从实刺片上转刺，转刺点应进行整饰，加注实刺片的图幅编号和像片编号。其他控制像片可只转标不转刺。

6.3.3 刺点者、转刺者、检查者应在像片反面签名。

6.3.4 控制像片的正反面整饰格式见附录 D。

6.4 像片控制点的编号

像片控制点的编号由技术设计书作出具体规定。

6.5 像片控制点的平面测量

6.5.1 一般规定

测定像片控制点的平面坐标，一般采用光电测距附合导线、支导线、锁网形、交会及引点等方法，其测量精度应符合 3.2.4 的规定。

6.5.2 光电测距附合导线

6.5.2.1 光电测距附合导线可从基础控制点起发展至 3 级(无定向附合导线可发展至 2 级)，各级控制点均可发展引点。一级、二级附合导线点可发展交会点。一级双定向附合导线或单定向附合导线点可发展一次锁网形。

6.5.2.2 导线的技术要求不应大于表 12 的规定。无定向附合导线允许的全长和边数不应大于表 12 规定的 0.7 倍。

表 12 光电测距附合导线的技术要求

成图比例尺	导线全长 km	边数	方位角闭合差 (″)	导线全长 相对闭合差
1∶25 000	60	30	$25\sqrt{n}$	1/5 000
1∶50 000	80	40		
1∶100 000	100	50		
注：n 为转折角个数。				

6.5.2.3 在附合导线的起闭点应观测连接角(双定向附合导线),困难时可只在起(或闭)点观测连接角(单定向附合导线)或两端均不测连接角(无定向附合导线)。单定向或无定向附合导线宜在待定点上加测检查角。

6.5.2.4 困难时可采用回归导线,起算点应经过检核,证实无误,且待定点上宜加测检查角。回归导线不能再发展。

6.5.2.5 按结点布设附合导线时,结点与起算点间路线长度和边数不应大于表12规定的0.7倍。

6.5.3 支导线

6.5.3.1 支导线可从一、二级附合导线或锁网形点上发展,距离应往返测定,待定点上宜加测检查角。支导线只允许在作业条件困难时使用,且支导线不能再发展。支导线有光电测距支导线和视距支导线。

6.5.3.2 光电测距支导线的技术要求不应大于表13的规定。

表13 光电测距支导线的技术要求

成图比例尺	支导线全长 km	边数	距离往返测较差
1∶25 000	10	3	$2(a+bD)$
1∶50 000	15	3	
1∶100 000	20	4	
a 为测距仪标称精度中的固定误差(mm),b 为测距仪标称精度中的比例误差(mm/km),D 为测距边长度(km)。			

6.5.3.3 视距支导线的技术要求不应大于表14的规定。

表14 视距支导线的技术要求

成图比例尺	支导线全长 km	边数	距离往返测较差
1∶25 000	0.5	4	1/200
1∶50 000	1	4	
1∶100 000	2	4	

6.5.4 锁网形

6.5.4.1 锁网形可起始于两点,闭合于两点或一点,也可起始于一点,闭合于另一点(线形锁)。

6.5.4.2 锁网形可从基础控制点起发展至二级,各级锁网形点均可发展引点。锁网形点可发展交会点。除线形锁外,一级锁网形点可发展一次光电测距附合导线点。

6.5.4.3 锁网形的三角形个数不应超过15个,全长不应大于图上80 cm。点位闭合差不应超过图上0.2 mm,方位角闭合差不应超过 $25''\sqrt{n}$ (n 为转折角个数)。锁网形内的三角形各内角,一般不应小于30°,困难时,个别角最小不应小于20°。线形锁应加测检查角。

6.5.5 交会法

6.5.5.1 交会法可从基础控制点起发展至三级,当交会点连续配合基础控制点发展时,交会点可至四级,第四级交会点不能发展引点。交会点不能作为锁网形或导线、支导线的起闭点。

6.5.5.2 各种交会点的交会角一般不应小于30°或大于150°。困难时,个别交会角不能小于20°或大于160°。后方交会所求点,不能位于三个已知点构成的圆周附近,即两个交会角 α、β 与所对已知角 c 之和不应在160°~200°之间,折叠图形中辅助角 γ 与 δ 之差不能小于20°。

6.5.5.3 交会边长,不需要联测高程时,其边长值不限。

6.5.5.4 前方、侧方、后方交会应按二组图形计算坐标,不取中数。其中一组图形可不受交会角条件的限制，所计算的坐标作检查用。二组坐标允许差：1∶25 000 测图为 2 m，1∶50 000 测图为 4 m，1∶100 000 测图为 8 m。

横向移位相应的检查角允许误差 $\Delta\epsilon''$ 见附录 E。检查方向的等级不影响发展点的等级。

6.5.6 **引点**

6.5.6.1 通视条件困难，不能直接用交会法求出点位时才可使用引点。

6.5.6.2 光电测距附合导线，锁网形和交会法施测的各级控制点（不含第四级交会点），可作为引点的起始点。

6.5.6.3 引点应在本点观测两个连接角。

6.5.6.4 测定引点可采用光电测距和视距法，其技术要求不应大于表 15 的规定。

表 15 引点测定的技术要求

种类	全长	距离测定方法	测定距离的较差
光电测距	仪器最大测程的 1/2	往返测或二次测定	$2(a+bD)$
视距法	图上 2 cm	往返测定	1/200
a 为测距仪标称精度中的固定误差（mm），b 为测距仪标称精度中的比例误差（mm/km），D 为测距边长度（km）。			

6.6 像片控制点的高程测量

6.6.1 一般规定

6.6.1.1 测定像片控制点的高程，通常可采用测图水准、光电测距高程导线、支导线高程、三角高程导线、独立交会高程和引点高程等方法，其测定精度应符合 3.2.4 的规定。

6.6.1.2 高程测量的发展次数，从基础控制点起：

a) 测图水准可发展至三级；

b) 光电测距高程导线，当平面位置采用无定向附合导线测定时，高程可发展至二级，单定向或双定向附合导线，高程可发展至三级；

c) 独立交会高程可发展至三级，当交会点连续配合基础控制点发展时，高程可至四级；

d) 三角高程导线可发展至二级；

e) 测图水准、光电测距高程导线和三角高程导线的各级控制点均可发展引点，但第四级独立交会高程点不能发展引点。

6.6.1.3 测图水准、光电测距高程导线、三角高程导线可交替使用，其总长（不含测图水准的长度）不能大于图上 80 cm，高程闭合差与光电测距高程导线相同。

6.6.1.4 测图水准点、光电测距高程导线点、三角高程导线点可发展独立交会高程点，交会高程点不应作为导线的起闭点。

6.6.1.5 困难时可采用回归导线，起算点高程应经过检核，证实无误，应在待定点上观测其他点进行检查。回归导线不能再发展。

6.6.1.6 按结点布设高程路线时，结点与起算点间路线长度和边数可为附合路线的 0.7 倍。

6.6.2 测图水准

测图水准可采用水准标尺单面一次读数，应读记至厘米，不读距离，不限路线长度。水准仪的 i 角不应大于 20″。观测时仪器应安置在前后标尺的大致中间位置。

测图水准的高程闭合差不应超过 $50\sqrt{n}$ mm（n 为测站数）。

6.6.3 光电测距高程导线

光电测距高程导线每边的高差应往返测定，技术要求不应大于表 16 的规定。当平面位置采用无定向附合导线测定时，高程导线所允许的全长和边数不应大于表 16 规定的 0.7 倍。

表 16　光电测距高程导线的技术要求

<table>
<tr><th>成图比例尺</th><th>地形类别</th><th>等高距
m</th><th>导线全长
km</th><th>边数</th><th>高程闭合差
m</th><th>往返测高差较差
m</th></tr>
<tr><td rowspan="4">1∶25 000</td><td>平地</td><td>5(2.5)</td><td rowspan="4">60</td><td rowspan="4">30</td><td>1.0</td><td rowspan="8">0.2 S(当边长小于 1 km 时，按 0.2 m)</td></tr>
<tr><td>丘陵</td><td>5</td><td>1.5</td></tr>
<tr><td>山地</td><td>10</td><td>2.0</td></tr>
<tr><td>高山</td><td>10</td><td>3.0</td></tr>
<tr><td rowspan="4">1∶50 000</td><td>平地</td><td>10(5)</td><td rowspan="4">80</td><td rowspan="4">40</td><td>2.0</td></tr>
<tr><td>丘陵</td><td>10</td><td>3.0</td></tr>
<tr><td>山地</td><td>20</td><td>4.0</td></tr>
<tr><td>高山</td><td>20</td><td>6.0</td></tr>
<tr><td rowspan="4">1∶100 000</td><td>平地</td><td>20(10)</td><td rowspan="4">100</td><td rowspan="4">50</td><td>4.0</td><td rowspan="4">0.2 S(当边长小于 1 km 时，按 0.2 m)</td></tr>
<tr><td>丘陵</td><td>20</td><td>6.0</td></tr>
<tr><td>山地</td><td>40</td><td>8.0</td></tr>
<tr><td>高山</td><td>40</td><td>12.0</td></tr>
<tr><td colspan="7">注：S 为边长(km)。</td></tr>
</table>

6.6.4　支导线高程

支导线高程可从一级或二级附合导线、三角高程导线和测图水准点上发展，高差应往返测定。支导线高程点不应再发展。支导线高程允许的路线长度和边数，分别不应大于表 13 和表 14 的规定；往返测高差较差不应大于表 18 的规定。

6.6.5　独立交会高程

独立交会高程点，可根据三个已知高程点用单向测定，或根据两个已知高程点，一边用往返测，另一边用单向测定，最后高程取二值的中数。独立交会高程的技术要求见表 17。

表 17　独立交会高程的技术要求

<table>
<tr><th>成图比例尺</th><th>地形类别</th><th>等高距
m</th><th>允许边长
km</th><th>高程较差
m</th><th>往返测高差较差
m</th></tr>
<tr><td rowspan="4">1∶25 000</td><td>平地</td><td>5(2.5)</td><td>4</td><td>1.0</td><td rowspan="12">0.2 S(当边长小于 1 km 时，按 0.2m)</td></tr>
<tr><td>丘陵</td><td>5</td><td>6</td><td>1.5</td></tr>
<tr><td>山地</td><td>10</td><td>9</td><td>2.0</td></tr>
<tr><td>高山</td><td>10</td><td>10</td><td>3.0</td></tr>
<tr><td rowspan="4">1∶50 000</td><td>平地</td><td>10(5)</td><td>6</td><td>2.0</td></tr>
<tr><td>丘陵</td><td>10</td><td>9</td><td>3.0</td></tr>
<tr><td>山地</td><td>20</td><td>12</td><td>4.0</td></tr>
<tr><td>高山</td><td>20</td><td>15</td><td>6.0</td></tr>
<tr><td rowspan="4">1∶100 000</td><td>平地</td><td>20(10)</td><td>9</td><td>4.0</td></tr>
<tr><td>丘陵</td><td>20</td><td>12</td><td>6.0</td></tr>
<tr><td>山地</td><td>40</td><td>15</td><td>8.0</td></tr>
<tr><td>高山</td><td>40</td><td>18</td><td>12.0</td></tr>
<tr><td colspan="6">注：S 为边长(km)。</td></tr>
</table>

6.6.6 三角高程导线

三角高程导线的路线长度不应大于图上 80 cm，高差应往返测定。导线的边长和往返测高差较差按表 17 的规定，高程闭合差按表 17 的规定。

6.6.7 引点高程

测图水准、光电测距高程导线、三角高程导线和独立交会高程的各级控制点，除第四级独立交会高程点外均可作为引点的高程起始点。引点和本点间的高差应往返测定。

测定引点的高程，可用光电测距或视距法。其全长按应表 15 的规定，往返测高差较差不应大于表 18 的规定。

表 18 引点高程往返测高差较差规定

方法	往返测高差较差
光电测距	0.2 m/km，边长在 1 km 以内不超过 0.2 m
视距法	4 cm/100 m，边长在 500 m 以内不超过 20 cm

6.7 像片控制点的观测、记簿与计算

6.7.1 光电测距

光电测距要求如下：

a) 导线的边长可用标称精度为Ⅲ级的测距仪施测；导线边长单程应测定二测回，照准一次读两次数为一测回。同一测回两次读数之差应小于 20 mm，测回间较差应小于 30 mm；

b) 每边应测定一次气象数据，温度应读至 1 ℃，气压应读至 133.32 Pa。

6.7.2 水平角观测

水平角观测要求如下：

a) 水平角测回数：DJ_2 型经纬仪为一测回，DJ_6 型经纬仪为二测回。观测引点的水平角，不论何种仪器，可为一测回；

b) 导线、锁网形、各种交会法的水平角应按方向观测法观测，一次读数，应读记至秒；

c) 零方向应选择边长适中、目标清晰的方向；观测应在目标成像清晰、稳定的时间内进行；

d) 四个以上（包括四个）的方向观测应归零，当方向多于十个时，应分组观测，并采用同一零方向；补测或重测方向数超过总方向数的 1/3 时，则该测回应全部重测；

e) 观测时应注意仪器对中和觇标竖直；当测站点或照准点的偏心距大于测站点至最近观测点距离的二万分之一时，应进行归心改正。

6.7.3 垂直角观测

垂直角观测要求如下：

a) 垂直角测回数：中丝法二测回，三丝法一测回。观测引点可用中丝法一测回；

b) 每次照准目标，一次读数、读记至秒；

c) 垂直角观测应在目标清晰、成像稳定时进行；应在手簿中注明照准位置；仪器高和觇标高应量记至厘米。

6.7.4 水平角和垂直角观测限差

水平角和垂直角观测限差不应大于表 19 的规定。

6.7.5 记薄

记薄的要求：

a) 手簿的记载应字体正规、字迹清晰，内容齐全；如果读错、量错、记错，应在实地立即改正。错字应正规划去，在其旁边应重记，并在附注栏中注明原因；

b) 观测手簿不应连环涂改，不能字改字和擦刮；观测成果应一律保持原始记载，不应重抄；零方向的水平角读数不应改动；

c) 观测手簿记载不应空页,垂直角记载不应空格,作废的观测数据和空页应正规划去并说明原因;补测数据不应记在原观测数据之前;

d) 引点距离和归心元素的测定,应记于手簿中距离记录表或记事用纸上。

表 19 水平角和垂直角的观测限差

类别	限差名称	限差值 (″)	
		DJ$_2$	DJ$_6$
水平角观测	半测回归零差	12	24
	两个半测回同一方向较差	18	26
	二测回同一方向较差	—	24
	三角形闭合差	35	25
垂直角观测	测回垂直角较差	15	24
	同一测站指标差较差	15	24

6.7.6 平面坐标和高程的计算

计算像片控制点的平面坐标和高程时应注意:

a) 平面坐标计算应取至 0.1 m,高程计算应取至 0.01 m。光电测距高程导线、三角高程导线和独立交会高程点的高程计算,垂直角应取至秒,边长应取至 0.1 m。计算中闭合差应以坐标增量、边长、转折角或测站数按比例进行配赋;

b) 各种计算应按各自规定的检核条件和检核方法进行检查验算,并应保证上交成果符合各项限差要求;计算成果应经第二人检查;

c) 位于 6°投影带分带线附近的公用平面控制点或平高控制点,应进行坐标换带计算。

6.8 图幅平均磁偏角及子午线收敛角的确定

平均磁偏角由图廓点的磁偏角值,取平均数(取位至分)作为该图幅的平均磁偏角。平均子午线收敛角可采用上代图的注记值或从《图廓坐标表》中查取。

磁偏角也可在野外实测,读记至分。测量时,同一方向两个半测回间的较差不应大于 30′;两方向间的磁方位夹角与其相应水平角的较差不应大于 30′。

6.9 水位点高程的测定

地形平坦地区的较大江河、大型水库和湖泊,应测定水位点的高程,供内业水系平差用。测定方法及精度按 6.6.1.1 的规定。水位点在图上应每隔约 40 cm 测定一个,点位应选在河流拐弯、交叉等明显特征处。若河流长度不足 40 cm,则应分别在上下游各测注一个水位点。

水位点的高程应测定在摄影时的水位处,若不是摄影时水位,则应加水位差改正。

7 综合法测图

7.1 一般规定

7.1.1 综合法测图的适用范围

综合法测图应在内业立体测图达不到精度要求时使用。一般用于平坦地区,或在补测云影、阴影、航摄漏洞时使用。

7.1.2 综合法测图的种类

综合法测图分为自由比例尺单张像片测图、固定比例尺单张像片测图、固定比例尺像片图测图和野外桩点法测图。

7.1.3 地物地貌的移位差

综合法测图时,像片图上地物位置对于附近野外控制点的移位差不应大于图上 1 mm。单张像片测图时，补测地物的移位差应符合 3.3.4 的规定。等高线对于附近野外控制点或测站点的移位差不应大于 3/10 基本等高距。

7.1.4 测绘等高线

测绘等高线的要求如下：

a) 等高线在图上的位置、形状、走向、坡度等，应与实地一致，并应处理好等高线与用符号表示的地貌要素的关系；

b) 山头、鞍部、倾斜变换处等用首曲线不能表示地貌特征或平地首曲线间隔大于 5 cm 时，应加测间曲线，必要时还应加测助曲线；

c) 为明确显示某一地形特征，等高线可按测定位置略为移动，但不应大于基本等高距的 1/5，平地区域的小山头，不能依比例表示时，可略为扩大表示；

d) 十分平坦地区，图上地物点的高程注记与附近等高线允许存在矛盾。

7.2 自由比例尺单张像片测图

7.2.1 平地像片的平均比例尺测定

当像片倾斜角(α)小于 1°时，可用解析法、视距法、辐射三角法求像片比例尺。两组比例尺分母之差(以对角线上两个比值为一组)，不应大于成图比例尺分母的 1%。

7.2.2 在每个测站上求像片比例尺

当像片倾斜角(α)大于 1°时，受像片倾斜误差的影响，不能用一个平均比例尺来代表整张像片，应在每个测站上求像片比例尺。在测站上采用视距法求像片比例尺时，两个方向比例尺分母的较差，不应超过其中较大一个分母的 1/50。

7.2.3 标定像片的磁子午线

标定像片磁子午线时，首先应准确标定像片的方向，这时测站点位置应设在以像主点为中心，平坦地区以 1 cm 为半径，丘陵地区以 f/40 为半径的圆圈范围内明显地物点或小山头中心(f 为航摄仪焦距)，测站点至目标点的距离应大于像片上 4 cm，像片标定后还应用附近明显地物点进行检查。然后利用方框罗针在像片上绘出磁子午线。

7.2.4 测站点平面位置的确定

测站点的设置，是为了测绘等高线或补测地物，设站的密度应视实际作业需要确定。使用下列方法测定测站的平面位置：

a) 利用像片上各类控制点。

b) 利用像片上明显地物点。

c) 利用平面控制点和明显地物点进行图解交会，交会时用交角在 30°～150°之间的三个以上方向进行。

d) 用视距读出距离，用圆规在像片上交会测站，其视距长度应按表 20 规定。应选择与测站点同高的明显地物点进行交会，当起始点和测站点的高差大于表 21 规定的 1/2 时，应进行投影差改正。

表 20 视距长度的规定

单位为米

成图比例尺	1∶25 000	1∶50 000	1∶100 000
视距长度	400	700	700

e) 单觇测图导线测站点平面位置(可同时测定高程)的测定，可与测图同时进行，也可用罗针标定方向，其全部距离用视距法测定。导线全长不应超过图上 10 cm，长度相对闭合差不应超过全长的 1%，高程闭合差与像片控制点测量的要求相同。平面及高程闭合差应配赋于最后三个导线点上，导线视距长度不应超过表 20 的规定。

7.2.5 测站点高程的测定

用下列方法测定测站点高程：

a) 利用各类已知高程的控制点；

b) 用两个起始点的独立交会法、高程导线、三角高程导线及测图水准等方法测定，推算高程的边长如果采用像片上量距时，不应大于像片上 4 cm，在像片上量距测定的三角高程导线的全长，一般不应超过图上 40 cm。

其他各项限差按 6.6 的规定。

7.2.6 碎部点的测定

碎部点是测图时描绘地物、地貌的依据，应选择在地物、地貌的特征点上，测定碎部点数量的多少，应视地形的具体情况和高程注记点的要求而定。

用视距法测定碎部点时，测站点至标尺点的距离按表 20 的规定。如果在像片上量距，并直接照准地面观测垂直角时，距离可按表 20 放长 1/2。垂直角只需观测半测回。

单张像片测绘地貌和补测地物时，直接在像片上量距。当测站点与标尺点的高差超过表 21 的规定时，应进行投影差改正。

表 21 测站点与标尺点的高差限值

单位为米

成图比例尺	r=2 cm	r=3 cm	r=4 cm	r=5 cm	r=6 cm	r=7 cm
1∶25 000	35	23	17	14	11	10
1∶50 000	70	46	35	28	23	20
1∶100 000	140	93	70	56	46	40

表中高差限值按公式 $\delta_h = \frac{\Delta h}{mf} r$ 进行计算。

式中：

δ_h——投影差改正值，不应大于图上 0.4 mm；

Δh——标尺点对于测站点的高差；

r——测站点至像主点的距离，统一改斜体字母；

m——测站点像片比例尺分母；

f——航摄仪焦距，取 70 mm。

7.3 固定比例尺单张像片测图

固定比例尺单张像片测图像片应经内业加密和纠正后，不镶嵌成像片图，以单张像片形式在野外测绘地貌和补测地物，然后由内业镶嵌成图。其要求应符合 7.4 的规定。

7.4 固定比例尺像片图测图

7.4.1 像片图质量

对像片图质量的要求如下：

a) 成图比例尺与像片图比例尺的关系见表 22；

表 22 成图比例尺与像片图比例尺的关系

成图比例尺	像片图比例尺
1∶25 000	1∶20 000～1∶25 000
1∶50 000	1∶40 000～1∶50 000
1∶100 000	1∶75 000～1∶80 000

b) 像片图影像应清晰，色调应均匀；

c) 像片拼接线上的地物移位较差不应超过图上 1 mm，拼接线不应通过居民地；

d) 像片图图廓大小与理论尺寸之差，均匀变形时，不应超过 0.5 mm，不均匀变形时，不应超过 0.3 mm；

e) 展绘三角点、控制点间的距离与反算的相应边长的较差，不应超过图上 0.2 mm；

f) 在测图前或测图过程中，应在三角点或控制点上检查像片图上的明显地物点，其移位差一般不应超过图上 1 mm，特殊困难地区不应超过图上 1.5 mm。

7.4.2 测站点和碎部点的测定

像片图测站点和碎部点的测定应按 7.2.4、7.2.5、7.2.6 的规定。在像片图上标定磁子午线，应以每个象限为单位，测站点与目标点的距离应大于图上 8 cm。

用三角点、平面控制点和明显地物点标定图板方向时，测站点与目标点的距离应大于图上 4 cm。

像片图内独立山头或地面的投影差大于图上 0.4 mm 时，应用平板仪测图的方法进行测绘。

7.5 野外桩点法测图

在十分平坦地区，可用野外桩点法测图。野外桩点法测图时，应全野外测定各桩点的高程，然后描绘等高线。桩点的分布和密度要求，应根据地形特征及等高线走向等具体情况来决定。

7.6 特殊情况的补测

7.6.1 采用立体测图法时，遇到有云影、阴影、航摄漏洞、绝对漏洞等情况时，应进行补测。

7.6.2 云影、阴影在像片上的面积小于 4 cm^2（特殊困难地区 10 cm^2）且位于地形简单的等倾斜面上，除补测地物外，可在实地像片上将影像不清部分的地貌用任意等高线描绘，在像片上说明，供内业联测修改。当云影、阴影面积大于上述规定，或面积虽不大但遮盖了山头、鞍部、山谷等明显的地形特征点时，应用单张像片或平板仪测图的方法补测。

7.6.3 补测航摄漏洞和绝对漏洞时，首先应进行立体观察，明确补测范围。补测内容应与立体测图区域内的地物、地貌相衔接，保持 4 mm 以上的重叠，应在漏洞边缘的立体测图区域内，选择能控制住漏洞范围的 4 个以上明显地物点，刺出点位和测注高程以便内业接边。

7.6.4 补测新增地物或无影像地物时，用调绘方法达不到 3.3.4 规定的要求时，应按单张像片测图或按平板仪测图方法补测。

8 像片调绘

8.1 像片调绘的基本要求

8.1.1 调绘像片的比例尺不应小于成图比例尺。

8.1.2 采用综合判调法时，应具备下列条件：

a) 航摄像片的质量应符合 3.5 的规定；

b) 测区样片等各种作业资料应比较齐全且有良好的现势性，并应配有必要的判绘仪器。

8.1.3 地形要素综合取舍要求如下：

a) 根据地形图的用途进行综合取舍；在图上突出表示或保留经济意义及用图意义较大的地物地貌（如能反映地区经济文化状况，或对发展经济比较重要的资源、水系、交通，确定方位等的地物地貌），舍去或移位表示那些经济意义及用图意义相对不大的，或易于变化的地物地貌；

b) 根据成图比例尺进行综合取舍；为保持合适的图负面载量，同一地区用不同比例尺成图时，综合取舍的尺度也可不同；对于图上不能按真实位置表示的地物地貌，应进行综合取舍或移位表示；主要的地物地貌应准确表示，次要的可移位或舍去，综合取舍后应保持其总貌特征及地物之间的相互位置关系；综合取舍不能改变地物地貌的性质，如河流、湖泊、道路，岛屿等只能取舍不能综合；

c) 依据地物地貌所处的地理位置和分布的疏密程度进行综合取舍；例如某一地物（如高烟囱）在经济发达地区可能是次要的，调绘时可不表示，在地物稀少地区成为主要的应表示；又如在湖泊密集地区的某一小湖泊，可不表示，但在缺水地区，它是难得的水源和方位物故应表示，而且当湖泊面积较小时，可放大表示。

8.1.4 调绘面积的划分不能产生漏洞。

8.1.5 调绘像片应以黑、棕、绿三种颜色清绘，其整饰格式见附录 F。

8.1.6 各种说明注记和数字注记应准确可靠。宽度、深度和比高等注记小于 3 m 的应注到 0.1 m、3 m 及以上的应注到整米。立体测图法成图时的比高注记，1∶100 000 比例尺 10 m 以下，1∶25 000、1∶50 000 比例尺 5 m 以下或因立体影像不清晰内业量测有困难时，由外业测量并标注。

8.1.7 保密设施的表示，应符合附录 G 的规定。

8.2 测量控制点

标石完好的三角点、水准点、天文点及埋石的高级地形控制点应以相应符号精确表示，以分子注点名，分母注高程。高程注记精度应注至 0.1 m，经四等水准以上精度联测的高程应注至 0.01 m。

居民地内的测量控制点，如影响居民地或街区形状时，其点名、高程可省略，水准点可以同时省略其符号。用古塔、水塔，烟囱等地物作控制点时，应以相应的地物符号绘出，并按图式规定注记。

8.3 水系

8.3.1 水系调绘的要求

应正确调绘水系类型、主次关系、附属设施情况及名称，合理反映水系要素的基本形态和状况。

8.3.2 陆地水域的调绘

8.3.2.1 河流、湖泊、水库等的水涯线按摄影时期的水位调绘。若摄影时期为枯水期或洪水期，水涯线应按常水位(一年中大部分时间的平稳水位)调绘。固定的岸线、河床的曲折处、河交叉口等处位置应准确。

8.3.2.2 高水界用相应符号表示。高水界与水涯线间的地段，用相应土质、植被符号表示。高水界与堤、陡岸相遇或与水涯线的间隔小于图上 2 mm 时，高水界应省略。实地界线不明显的高水界不应表示，水库高水界不应表示。

8.3.2.3 池塘水涯线应按影像沿池塘边缘绘出。

8.3.3.4 湖泊、水库、池塘等在图上面积大于 1 mm^2 时，应表示。小于 1 mm^2 但有方位作用或缺水地区的淡水湖，以及在工业和医疗上具有重要意义的矿泉湖等，可放大至图上 1 mm^2 表示。非淡水的湖泊应加注水质。湖塘密集地区，在图上不能逐一表示时，可适当取舍，池塘间只有田埂相隔，可适当综合，综合和取舍应保持其特征和与其他地物地貌的位置关系。

8.3.2.5 河、湖，水库中的岛屿，应全部准确绘出。当小岛密集，图上无法全部表示时，可进行取舍。

8.3.2.6 通航的河流、湖泊中，只表示有方位、障碍作用的明礁和对航行安全有危害的暗礁和干出礁。

8.3.2.7 较大的河流、湖泊中，常水位时淹没，枯水时露出的岸滩、水中滩，可用相应土质干出滩符号表示。较固定和面积较大的人工水产养殖滩或场所，可用贝类养殖滩或水产养殖场符号表示。

8.3.2.8 时令河、时令湖调绘时应以其新沉积物的上方边界为水涯线，并加注有水月份。时令河描绘宽度的划分同河流。

8.3.2.9 河流、运河、沟渠以单线或双线表示、在图上描绘宽度的要求应符合 GB/T 20257.3 的规定。

8.3.2.10 河流，沟渠密集的水网地区规则分布的河渠，可按规律(如单数，双数或隔几条)进行取舍，取舍后图上密度不应大于 2 mm。非规划地区，主要的应表示，次要的可取舍，并应保持河渠的形象特征。一般地区的小溪流和图上长度短于 1 cm 沟渠，可不表示。

8.3.2.11 水系沿岸的地物地貌以及桥梁、水闸、渡口，堤坝等附属设施应着重表示，其中有方位作用的应准确表示。

8.3.2.12 有固定流向的河流、运河及较大沟渠应表示流向，在山区水流方向明显的河流可不逐条表示流向。通航河段应表示流速，较长的河渠一般每隔 15 cm～20 cm 重复表示。

8.3.2.13 干河床描绘宽度的划分与河流相同。干河床很多时，可选择主要的表示，戈壁滩上无一定规律的干河床，可根据实地情况描绘，不应硬性连成“干河系”。干河床岸边有陡坎，高 2 m 以上时，应用陡岸符号表示。

8.3.2.14 干沟描绘宽度的划分与沟渠相同，深度大于 2 m，且图上长度大于 1.5 cm 时才表示。

8.3.2.15 新增沟渠、水库的调绘按以下要求进行：

a) 在平地可利用四周明显地物精确判读航摄后新增沟渠转折点，然后连接各转折点；检查补绘的沟渠与周围地物、地貌的位置关系是否符合实地情况；

b) 丘陵地，山地新增沟渠调绘时要进行立体观察，使沟渠走向与实地一致；沿新增沟渠在像片上每隔 3 cm～5 cm 刺一个点，刺孔应在像片反面用直径 2 cm 的红色圆圈进行整饰，并在像片边缘加以说明；新增沟渠经过其他调绘地物，地貌时，其相互位置关系应符合实地情况；沟渠经过穿山洞或用输水槽跨过谷地，以及深挖地段，用相应符号表示或刺出点位，位置应准确；

c) 航摄后新增水库的调绘，岸线与实地应保持一致；调绘时应在水库周围选刺 3 个以上常水位点，然后在立体镜下根据这些点描绘岸线；如不能刺准常水位点，应在附近刺出明显地物点并量取其至常水位点的比高；刺孔应在像片反面用直径 2 cm 的红色圆圈进行整饰，并在像片边缘加以说明。

8.3.3 水利附属设施的调绘

8.3.3.1 灌渠和排渠可分别用高于地面的和一般沟渠符号表示。

8.3.3.2 运河沟渠应注意两旁土堤、沟堑的表示。环山的沟渠不能和地貌发生矛盾。沟底高于地面的沟渠，堤高 2 m 以上时应测注比高。

8.3.3.3 容量一千万立方米以上的水库或重要的小型水库，应注水库容量和水库名称。

8.3.3.4 陡岸在图上长度大于 5 mm 且比高大于 2 m 以上的应表示，陡岸应区分土质和石质，并加注比高。陡岸符号的实线应绘在陡崖上边缘，有滩陡岸与岸线间的图上距离大于 1 mm 时，应填绘相应土质符号。单线表示的河流不表示无滩陡岸。

8.3.3.5 水闸、船闸应按相应符号表示，水闸应区分能否通行汽车。水闸上如果有其他建筑，应按相应符号表示。

8.3.3.6 滚水坝、拦水坝位于双线表示的河流及单线表示的主要河流上的均应表示，拦水坝长 100 m 以上或高 30 m 以上的，应加注坝长、坝顶高程和建筑材料。其他河流上的应择要表示，有重要意义的应加注名称。

8.3.3.7 水库的溢洪道应用干沟符号表示，有陡岸的应配合陡岸符号绘出。

8.3.3.8 加固岸在图上长 2 mm～5 mm 以上的应表示。单线表示的河流和图上宽度小于 0.7 mm 的双线表示的河流上的加固岸不表示。

8.3.3.9 有重要防洪、防潮作用或堤顶宽度大于 0.3 mm 的或堤高大于 5 m 的应用干堤符号表示，其他应用一般堤表示。在 1∶25 000、1∶50 000 图上长 5 mm 且比高 1.5 m 以上的堤一般应表示；1∶100 000 图上干堤均应表示，一般堤根据地区特点、方位意义、堤大小等因素进行取舍。当堤与水涯线间距在图上小于 0.2 mm 时，水涯线可不表示。干堤应注堤顶高程。堤高在 2 m 以上时应注比高，重要的大型防洪堤、防潮堤应加注名称注记。

8.3.4 水源的调绘

水源的调绘要求如下：

a) 居民地外的水井，水池(窖)，一般地区宜表示有方位作用的，居民地内的可不表示，缺水地区一般应全部表示，每幅图应选取 1～3 个主要的水井注出井口至水面的深度及地面高程，不能饮用的水井需注记水质；

b) 泉一般应表示，位置应正确，不能饮用的应注水质；

c) 干旱地区的坎儿井应用相应符号表示。

8.3.5 沼泽地的调绘

沼泽地的调绘要求如下：

a) 沼泽地应区分能通行和不能通行两类，沼泽地能否通行应通过实地进行调查确定；

b) 沼泽地内的植被应用相应植被符号配合表示，但不能超过两种；

c) 沼泽地内固定的季节性道路，用时令路符号表示，并应加注通行月份；

d) 沼泽地内的树丛、独立树,棚房等有一定方位作用的地物应准确表示;

e) 沼泽地内河流、湖泊的水涯线明显的用实线表示;不明显的用时令河、时令湖符号表示;

f) 盐碱沼泽应加注"碱"字。

8.3.6 海岸带的调绘

8.3.6.1 海岸带由沿岸地带、潮浸地带及沿海地带组成,见图 13。沿岸地带应表示海岸线的轮廓和位置。潮浸地带(又称海涂地带)应表示干出滩和海中滩的性质及分布范围。沿海地带应表示浅海地形和岛礁。

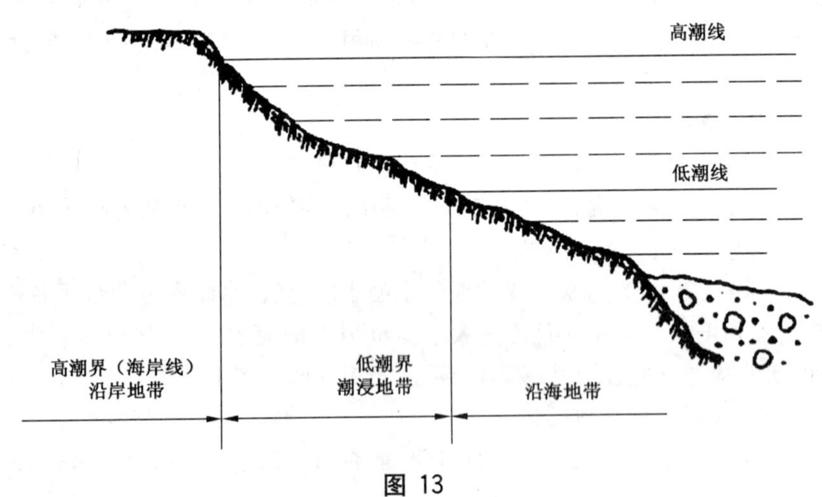

图 13

8.3.6.2 海岸线可根据当地的海蚀坎部、海滩堆积物或海滨植被等确定。调绘海岸线时应反映各类海岸(如基岩海岸、沙泥质海岸,生物海岸等)的特征,海岸线在图上弯曲小于 0.5 mm×0.6 mm 时可以综合。

8.3.6.3 陡岸在图上长度大于 5 mm,比高大于 2 m 时,一般应表示,并测注比高。无滩陡岸处海岸线应合并用无滩陡岸表示。有滩陡岸处干出滩应合并用有滩陡岸表示,陡岸应区分土质或石质。

8.3.6.4 危险岸应按实地分布范围用相应符号表示。

8.3.6.5 海岸边的海堤应分别用干堤、一般堤表示,堤的调绘按 8.3.3.9 的规定。堤上的水闸等设施及堤旁的树林、草地等植被应表示。

8.3.6.6 对航行有方位作用的海岸(如突出岬角等)应反映其形状和位置。突出岬角处的岩石、陡岸图上长度不足 3 mm 时,可适当扩大表示。

8.3.6.7 应概略绘出干出线位置。

8.3.6.8 各类型干出滩应绘出范围并配置相应的土质和植被符号表示。面积较大和较固定的水产养殖滩,可用贝类养殖滩符号表示。海水中的水产养殖场应以地类界符号绘出范围,并注产品名称。

8.3.6.9 干出滩上的各种管线和工业设施(如海中管道、海底电缆等)应表示。干出滩上的潮水沟应只表示固定和较大的。图上宽度窄于 1 mm 的干出滩应用狭窄干出滩符号表示。

8.3.6.10 孤立的干出滩不应舍去,当长、宽小于图上 2 mm 时,岩石滩、珊瑚滩可改绘沙滩符号,其他滩可适当扩大表示。

8.3.6.11 河流入海部分,受潮汐影响水面随海水涨落的河段,应加绘潮流向符号。

8.3.6.12 海岸边的盐田、盐场应以相应符号表示。有名称的应加注名称。

8.3.6.13 沿海地带的岛屿应全部精确表示。孤立的小岛不应舍去,面积很小时可适当扩大表示。当岛屿密集图上无法全部表示时,可在保持其外缘轮廓和密度对比进行取舍,但不能合并。

8.3.6.14 图上有方位、障碍作用的明礁,以及对航行安全有危害的干出礁和暗礁应表示。礁石可参考海图等有关资料转绘。

8.3.6.15 海岸线以下的浅海地形可根据海图等资料转绘，深度基准面应采用理论最低潮面（理论深度基准面）。零米等深线以下的地形只表示到水深 15 m 以内，零米等深线以上的地形（干出滩部分）仅注记干出高度，注记密度应为每 10 mm～20 mm 一个。

8.3.6.16 航海用助航标志应表示。灯塔灯桩应准确表示。灯塔应加注灯高。

8.3.6.17 防洪堤、制水坝、浮动和固定码头、停泊场、干船坞等港湾附属设施应以相符号表示。港口内的库房、办公室及生活区等用相应符号描绘。

8.3.6.18 港口内规模较大或较固定的直升机机场用飞机场符号并加注"直"字表示。集装箱货场等应绘出范围并应加注"货"字。

8.3.6.19 图幅内浅海石油、天然气钻井平台，可根据有关资料或像片影像，用石油井符号表示，有名称的应加注名称。

8.4 居民地及设施

8.4.1 居民地及设施的调绘要求

应正确表示居民地及设施的平面位置、轮廓形状、基本结构、通行情况及名称，反映居民地及设施类型、分布特征以及与其他地形要素的关系。

8.4.2 居民地调绘

8.4.2.1 街区式居民地

8.4.2.1.1 街区式居民地的外轮廓应按像片影像描绘。其凸凹部分在图上小于 0.5 mm～1 mm 时，可综合表示。当外轮廓是土堤、围墙等地物时，用相应符号绘出，不再另绘轮廓线；当外围的零散房屋或夹有的打谷场、牲圈与街区的距离在图上 0.4 mm 以内的，可与街区合并；离开居民地大于 0.4 mm 的零散房屋，可视情况用适当符号综合表示或舍去。

8.4.2.1.2 街区式居民地内部应进行较大综合，要求如下：

a) 应考虑建筑物的稀疏与密集，图上建筑面积之比（及密度）大于 40%～60% 时宜合并为街区；

b) 街区内的广场、空地等应视居民地的特点及成图比例尺的大小，一般图上面积大于 2 mm^2～8 mm^2 时应表示；

c) 街区内独立地物较多时，应选择主要和对经济建设较为重要的表示，其余可并入街区；

d) 城市中方位意义不大的高烟囱、水塔以及一般寺庙等均可与街区合并。

8.4.2.1.3 街区式居民地应准确反映通道分布情况。主次街道及与相关居民地通道的连接情况应分清。主次街道的划分应按街道的宽度、经济、文化等方面的繁荣和重要程度决定。街区式居民地中主要街道一般应表示，次要街道可进行取舍。若主要街道过多时，可选择较次要的主要街道降低为次要街道绘出。

8.4.2.1.4 居民地内能起方位作用的房屋，可用突出房屋符号准确表示。城市中十层以上的高层建筑区用相应符号表示。

8.4.2.1.5 分割居民地的河流、沟渠应表示。单线表示的河流通过居民地，两岸无通行地段时，河流符号可压盖街区符号绘出。

8.4.2.1.6 有定位作用的单幢房屋，应用普通房屋符号按真方向准确绘出。

8.4.2.2 散列式居民地

8.4.2.2.1 分为分散式及行列式两种。分散式居民地一般未形成街区，房屋常依天然地势建筑，无分布规律。行列式居民地一般沿河渠、道路、山谷等线状地物有规律地分布，大部分未成街区。二者的共同点是房屋分布稀疏，到处可以通行。

8.4.2.2.2 散列式居民地与道路、水系及其他地物、地貌的关系应正确表示。为保持散列式居民地的特征，道路可直接通过居民地，而不绘成街区。

8.4.2.2.3 应保持居民地内外特征，真实反映房屋的疏密程度。当房屋分布密集成团，图上不能逐个表示时，其外围的房屋应按真实位置绘出，内部可适当取舍。应注意表示分散的房屋，在取舍时应着重选择表示有方位作用的单独房屋。

8.4.2.2.4 当实地房屋呈均匀而稀疏分布时，应在保持分布特征的前提下进行取舍，取舍时应总体衡量，选择道路和河流两旁，以及有明显方位作用的房屋表示。

8.4.2.2.5 当实地房屋排列整齐(如工人新村及规划的新农村)时，应注意保持外围特征，内部的排数可适当取舍。

8.4.2.2.6 散列式居民地内外特征明显的房屋或其他独立地物应准确表示。

8.4.2.3 **窑洞式居民地**

8.4.2.3.1 窑洞式居民地应根据其分布特征按真方向表示。成排窑洞不能逐个表示时，应保持两端特征，中间可描绘符号；成排多层分布的窑洞不能逐层表示时，应保持首末两层的真实位置，中间各层可适当综合；散列分布的窑洞，应在其分布范围内摘要表示，无方位作用的零散窑洞可不表示。窑洞和街区联结时应将窑洞符号紧靠街区符号的边线绘出。窑洞分布区内的房屋应用相应的符号表示。

8.4.2.3.2 窑洞与冲沟、道路、陡崖、房屋等的相互位置关系应准确形象地反映。

8.4.2.3.3 石窟是在岩石陡壁上人工凿成的石洞，应择要的以窑洞符号表示，并加注"石"字，著名石窟应加注名称。

8.4.2.4 **其他类型居民地**

牧区比较固定和季节性的蒙古包、帐篷，南方的棚房和沿海渔村等居民地具有一定方位作用的，一般应表示。这一类居民地可根据调绘时分布的多少而适当配置符号。1∶100 000 地形图上不应表示季节性的棚房、渔村。

8.4.2.5 **居民地与其他地物关系的一般处理原则**

8.4.2.5.1 高架在水面上的房屋应按真实位置表示。伸入水面的房屋，水涯线至房屋符号的边缘应间断。紧靠河湖等岸边的房屋，其间隔小于图上 0.2 mm 且无主要通道时房屋边缘可代替水涯线，否则房屋应移位表示，并与水涯线应保留 0.2 mm 的间隔。房屋与干沟、水渠等的关系也应按以上原则处理。

8.4.2.5.2 房屋在堤上，堤面不能依比例尺表示时，应间断堤的符号，房屋按真实位置绘出；房屋在堤坡时，干堤可间断房屋所在一边的符号，房屋按真实位置绘出，一般堤可省去房屋所在一边的线，房屋可略移位，符号之间保留 0.2 mm 间隔；房屋在堤脚，则堤按真实位置绘出，房屋可略移位表示。

8.4.2.5.3 居民地周围的树林和竹林一般应表示。居民地内和周围的零星树木一般不应表示。居民地内的湖泊、池塘图上面积大于 1 mm^2 的一般应表示，数量较多时可适当取舍。

8.4.2.6 **建筑中居民地的表示**

建筑中的各种居民地或其他建筑物，短期内可以竣工的，按建成处理，短期内难以建成，而且未成型的不应表示。城市中计划建筑区，已初具规模的道路，可按街道绘出。

8.4.2.7 **乡、镇政府所在居民地调绘**

乡、镇政府所在居民地应调注行政区内的人口数。人口数应注在乡、镇名称下方。当乡，镇政府驻在同一居民地。并且图上只注出其中一个名称时，则只注出该行政区内的人口数。县级(含县级)以上行政区不调注人口数。

8.4.3 **工矿建筑物、公共设施和独立地物**

8.4.3.1 工矿建筑物、公共设施和独立地物(以下简称独立地物)在图上表示时，位置应准确，并反映地区的经济文化特征或有利于判定方位。

8.4.3.2 独立地物的取舍应从测区的实际情况出发。在地物密集地区，应选择其中特别突出的加以表示，其余的可综合或舍去；地物稀少地区应特别重视独立地物的表示，有的地物即使是低矮的，如小土堆、独立树、小棚房、敖包、经堆等，在实地仍显得很突出时，也应表示。

8.4.3.3 独立地物与其他地物不能同时按真实位置表示时，应以独立地物为主，其他地物可视具体情况移位，舍去或间断符号表示。

8.4.3.4 在地物密集地区，旧碉堡、贮草场、打谷场，零星坟地不表示。

8.4.3.5 地热井、地热池、地热泉、地热田均应表示。

8.4.3.6 污水处理场应注记名称,并应其范围内分别表示出污水池、净化池及房屋等设施。

8.4.3.7 较大的风力发电塔,应用塔形建筑物符号表示,并加注“电”字。潮汐发电站应用发电厂符号表示,并加注“潮”字。

8.4.3.8 楼房建筑形式的多层停车场,应绘出房屋轮廓线,其内应以停车场符号表示。

8.4.3.9 大中城市内应调绘体育场、汽车站、民航飞机场及码头。1∶25 000、1∶50 000 地形图还应调绘游乐场、古遗址及居民地外围独立的不依比例尺表示的医院、学校(可作适当取舍)等。

8.4.3.10 水文站应表示。经国家等级水准联测的水文站基点,应以水准点符号表示。

8.4.4 垣栅的表示

8.4.4.1 砖石城墙一般均应表示。旧山寨、旧城堡、高大的土城墙等应以城墙或围墙符号表示,著名的应加注名称。城墙符号的底线应与实地中心一致,城墙上的城楼、城门、豁口、独立房屋等要准确表示。钟楼、鼓楼、古关塞等应用城楼符号表示。

8.4.4.2 高 2 m 以上的围墙、累石围等图上长于 3 mm 时应表示,高 1.5 m 以上的栅栏、篱笆、铁丝网,图上长于 10 mm 时应表示。高度不足 2 m 和 1.5 m,但确有方位作用的围墙和栅栏等亦可表示。居民地内的围墙、栅栏等不应表示。

8.4.4.3 围墙、栅栏与双线表示的道路重合时,可断开道路的一条边线来表示;紧靠单线表示的道路绘不下两个符号时,可将道路略移位,离围墙、栅栏 0.2 mm 绘出。

8.5 交通

8.5.1 交通的调绘要求

应正确表示道路的类别、等级、位置,能反映出道路网的结构特征通行状况和运行能力,以及道路附属设施的情况。

8.5.2 道路的取舍原则

8.5.2.1 铁路均应表示。复线铁路某段分为两条单线铁路时,其间隔在图上能绘出两条单线铁路符号时,应以单线铁路按真实位置表示,否则应以复线铁路表示。车站及其附属建筑物应按图式要求表示,车站内未被车站符号等压盖的建筑物,应按实际情况用相应符号表示。如车站建筑物庞大(铁路在建筑物下通过),可按依比例尺突出房屋符号绘出车站建筑物主体,通往各站台的通道式狭长建筑可酌情取舍,铁路符号距车站建筑物符号应保留 0.2 mm 间隔断开表示。车站均应注记站名。

8.5.2.2 公路应按高速、国道、省道、县道、乡道的等级分类调绘。公路应注出技术等级代码,公路的技术等级可向当地公路管理部门了解或索取有关资料。

8.5.2.3 机耕路应表示。机耕路密集地区,可将次要的机耕路降为乡村路表示。较短或通往耕地的机耕路可进行取舍。

8.5.2.4 乡村路根据实地情况和道路网的疏密程度,可进行取舍或降为小路表示。

8.5.2.5 小路应视具体情况进行取舍。应选取通向较远、彼此能贯通、通达双线路以及居民地间的主要小路。在人烟稠密地区小路可适当舍去,在山区,森林、荒漠、沼泽等通行困难地区和通往边境、渡口、山隘、缺水地区水源的小路应表示。

8.5.3 调绘道路的注意事项

8.5.3.1 道路符号之间配合关系的处理

8.5.3.1.1 双线表示的道路因并行不能同时绘出各自符号时,应以高一级道路为主按真实位置绘出,可省略次一级道路的一条边线。如果是同一级道路则各自可稍加移位,两符号的相邻边线可公用。不在同一水平面的平行道路,铁路在上时,铁路应按真实位置并加路堤符号绘出,公路可省略一条边线,公路在上时,公路应移位加路堤符号绘出。

8.5.3.1.2 道路等级应区分明确。公路,机耕路在中途变换等级,可按实际情况处理。虚线表示的道路不能中途变换等级。

8.5.3.1.3 与铁路并行的道路除小路外，均应表示。

8.5.3.2 道路与居民地及独立地物之间关系处理

8.5.3.2.1 铁路不能移位表示，通过居民地时不能缩小符号尺寸。当突出的独立地物紧靠铁路时（如信号灯），独立地物应按真实位置表示，铁路符号可断开。两条铁路接近会合部分，可缩小符号尺寸，但应保持两路中心位置不变。

8.5.3.2.2 铁路两旁的附属建筑物、道路交叉口、拐弯点应按实际情况准确表示。

8.5.3.2.3 双线表示的道路两边紧靠的独立房屋，在描绘时可稍移位但不必保留间隔。单线表示的道路旁的房屋应按真实位置绘出，道路可略移位，保留 0.2 mm 间隔。

8.5.3.2.4 公路两旁的路标，有方位作用的应表示。里程碑一般不表示，但在地物稀少地区可选择表示，并应注公里数。

8.5.3.3 道路与水系的关系处理

铁路、公路与单线或双线表示的河渠并行，两种符号不能同时按真实位置绘出时，应以铁路、公路为主，按真实位置绘出。河渠可适当移位绘出。

8.5.3.4 道路与堤的关系处理

8.5.3.4.1 双线表示的道路在堤上通过时，应按路堤表示。单线表示的道路在一般堤或干堤上通过时，道路应绘至堤头。

8.5.3.4.2 道路、水系和堤三者在一起不能同时按真实位置绘出时，主要的应按真实位置表示，次要的可移位或舍去。

8.5.3.5 道路与地貌关系的处理

8.5.3.5.1 道路与双线表示的冲沟、干河床重合时，如不能同时按真实位置绘出符号，冲沟、干河床可适当放宽符号；或以陡崖符号表示。道路与单线表示的冲沟、干河床重合时，后者可视情况舍去或适当表示两岸陡崖。

8.5.3.5.2 山区道路与地貌的关系表示应合理，描绘时可配合立体镜进行。

8.5.3.6 建筑中道路的调绘

路基已基本形成的铁路、高速公路和等级公路应分别用相应建筑中道路符号表示。

8.5.3.7 图边处道路通向地调绘

铁路、公路及人烟稀少地区的主要道路，在自由图边出图廓处应注出通往附近主要集镇的名称和公里数（铁路注至下一车站），如无居民地时，可选择注出其他较出名的自然名称注记。

8.5.3.8 废弃道路调绘

已废弃的铁路、公路，实地路基较明显，视通行及障碍情况，可用道路或一般堤符号表示。

8.5.4 道路附属设施

8.5.4.1 桥梁分车行桥、人行桥、立交桥等，铁路、公路上的桥梁应表示。其他道路上表示的桥梁可择要表示。一般公路上的桥梁应加注载重吨数，著名的桥梁应加注名称。水网地区单线表示的河渠上的人行桥可适当取舍，道路可压盖通过单线表示的河渠。

8.5.4.2 铁路、公路应择要表示涵洞。隧道（包括过江隧道）图上长于 1 mm 以上的应用依比例尺符号表示，短于 1 mm 的用不依比例尺符号表示。路堤、路堑比高 2 m 以上，且图上长度大于 5 mm 时应表示，并择注比高。

8.5.4.3 山隘一般应测注高程，季节性通过的应注通行月份，著名的应加注名称。

8.5.5 助航标志的调绘

8.5.5.1 灯塔、灯桩在图上应准确表示，灯塔应加注灯高，一般可根据水文资料注出。

8.5.5.2 江、河，港湾中固定的灯船、灯浮标用相应符号表示，可适当取舍。

8.5.5.3 在江、河、港湾的岸上，指示航行、风讯而设立的信号杆、信号台等应用信号杆符号表示。立标用立标符号表示。

8.5.6 其他交通设施的调绘

渡口应区分“车渡”和“人渡”，车渡应加注载重吨数。可跨步过河的跳墩及漫水路面等应以徒涉场符号表示。

8.6 管线

8.6.1 管线的调绘要求

管线调绘应正确反映管线的种类、位置及走向特征。管线应表示地面上的，重要的地下(或水下)管线且能够判别其出入口的，应以地下管道出入口符号表示出入口。

8.6.2 电力线、通信线的表示

8.6.2.1 电力线应表示3.5万伏以上固定架设的高压电线，3.5万伏以下的可酌情表示干线。一般地区通信线不表示，在地物稀少地区，凡是较固定的或有方位作用的线路可适当表示。

8.6.2.2 居民地内的电力线、通信线不表示。

8.6.2.3 表示电力线、通信线有方位作用的转折点、分岔点时位置应准确。

8.6.2.4 沿铁路、公路两侧图上3 mm范围以内的电力线、通信线不表示。但其分岔、转折处应绘一段符号，以示走向。图上距离在2 mm以内的并行电力线、通信线可选出其中高一级的线路按真实位置绘出，其他的可舍去。

8.6.3 管道的表示

8.6.3.1 居民地内的管道不表示，图上长度短于2 cm的管道不表示。

8.6.3.2 管道的转折、分岔处应准确表示。

8.6.3.3 当管道通过河流、冲沟、道路等并架空跨越时符号应连续，否则管道符号绘至上述地物符号边缘保留0.2 mm间隔断开。管道与沟渠相互接替，应用相应符号表示。

8.7 境界

8.7.1 境界的调绘要求

调绘境界应在实地进行，并经慎重调查，多方核实确认无误后方可绘于图上。

8.7.2 国界的调绘

8.7.2.1 国界应根据国家正式签订的边界条约或边界议定书及附图，会同边防人员一起经实地踏勘后，按实地位置不间断地精确绘出。

8.7.2.2 国界上的界标(界桩、界碑)应按坐标值展绘图上，注明编号。无坐标的界标应测出坐标。界标应根据实际情况尽量测注高程。坐标和高程精度的要求应与控制点相同。同号双立或三立的界标同时表示有困难时，可用空心小圆圈按实地相对位置关系绘出，并应注出各自的编号。

8.7.2.3 国界线上的各种注记不得压盖国界符号，并应注在本国界内。

8.7.2.4 国界线的直线部分应用直尺描绘；转折处的点线符号应用点或直线描绘；国界经过地带的所有地物、地貌均应详细表示，对有特征意义的细貌部分更应详细表示。

8.7.2.5 国界通过河流、湖泊、海域时，应明确表示水域和岛屿、沙滩、礁石的归属。国界为河流主航道时，河流内能绘出国界符号时，国界符号应不间断绘出，并正确表示岛屿、沙洲、水中滩等的归属。河流内不能绘出国界或共有河流为国界时，国界符号在河流两侧不间断地交错绘出，岛屿等应用附注表明归属。

8.7.3 国内各级境界的调绘

8.7.3.1 国内各级政区境界只表示县级以上的境界，其位置应准确绘出。遇到因行政区域界线不明确而发生边界争议的地段，可在相应的部分加注“待定界”或按政府部门公布的权宜画法表示；调绘无明显界线的各级政区境界时，其走向可根据当地政府和群众介绍的情况描绘，但应明确表示出居民地的隶属关系。

8.7.3.2 国内政区境界与线状地物重合时(电力线、通信线、地类界等除外)，可沿地物两侧每隔3 cm～5 cm交错绘出3～4节符号，以线状地物一侧为界时，可沿一侧每隔3 cm～5 cm绘出3～4节符号，在转折点、交接点和图边处应绘出符号以示走向；不与明显地物重合的境界，其界桩、界标、界线应以相应符号准确绘出。

8.7.3.3 国内政区境界通过河流、湖泊、海洋等，所绘符号应明确表示其中的岛屿、沙洲、沙滩等的隶属关系。境界通往湖泊、海峡时应在岸边水部绘出一段符号。湖泊、海峡为三个省、市、县所共有时，应在境界交会处各绘一段符号。

8.7.3.4 两级以上境界重合时，只绘高一级境界符号，但在图上应同时注出两级名称，如××省、××县。

8.7.3.5 飞地的界线应用其隶属的行政单位的境界符号表示，并应在其范围内加隶属说明注记。

8.7.4 其他境界的调绘

8.7.4.1 政区境界以外的特殊地区界，如我国的经济特区界、高新技术开发区、农业开发区、保税区、一国两制地区的境界等分别用相应的符号表示。并应加注区域名称。

8.7.4.2 国家及省级颁布的自然保护区、国家森林公园的地界，应用自然、文化保护区界符号表示，并应在其范围内加注名称。

8.8 地貌

8.8.1 调绘地貌的基本要求

8.8.1.1 应正确表示各类地貌的基本形态特征和分布，反映地面的切割程度，保持地貌特征点、地性线位置的正确。

8.8.1.2 未受破坏或长有植物的泥土斜坡，应用等高线表示。陡坡上的等高线间隔小于0.2 mm时，其中一条可断开表示，但计曲线不应中断。二条计曲线间的间隔较小，其中不能通过4条首曲线时，能绘出的首曲线应尽量绘出，其余可中断。

8.8.1.3 岩峰、岩溶漏斗、崩崖、陡崖、岩墙、梯田坎、陡石山、冲沟、滑坡、雪山、沙地、石块地和山洞等地貌应用相应地貌符号表示。

8.8.1.4 有明显特征和方位作用的地貌应准确表示。

8.8.1.5 沿主要交通线两侧和地物稀少地区的地貌应详细表示。

8.8.2 一般地貌的调绘

8.8.2.1 图上长5 mm且比高2 m以上的陡崖应表示，并应加注比高。调绘时应区分土质和石质的，崖壁边缘位置应准确。

8.8.2.2 崩崖调绘时应区分沙土和石质的，分别用相应符号描绘；崩崖的上缘和它的周围应准确描绘，若上边缘是陡崖，则应加绘陡崖符号。

8.8.2.3 梯田坎高2 m以上时一般应表示，并应择要量注比高。密集时，分布区域内最高及最低一层田坎按实地位置绘出，中间各层可适当取舍。

8.8.2.4 图上6 mm以上的冲沟应表示，图上宽度小于0.4 mm的用0.1 mm～0.4 mm的单线表示，宽度在0.4 mm～1.5 mm的用双线依比例尺表示，超过1.5 mm是沟壁应用陡崖符号表示，超过3 mm时应表示沟底等高线。调绘时应按像片影像准确描绘沟壁上边缘线，并在立体镜下检查沟头、沟口、拐弯处及与其他地物地貌的相互位置关系；大面积冲沟地区，冲沟可适当取舍，并应显示出该地区冲沟的分布特点。

8.8.2.5 调绘滑坡时，滑坡上缘应按影像用陡崖符号描绘，其余轮廓用棕色点线描绘。监视中滑坡也用此符号表示并应加注“监”字。

8.8.2.6 调绘泥石流时应按实地分布范围用泥石流符号表示。

8.8.2.7 活火山口或死火山口应用火山口符号表示。

8.8.3 石山地貌的调绘

8.8.3.1 石山地貌调绘时应注意表示反映其特征的岩溶漏斗、溶洞、岩峰等。

8.8.3.2 岩峰应区分孤峰和峰丛，用相应符号表示，并择要测注比高。

8.8.3.3　山洞、溶洞应在洞口位置上按真方向绘出符号，著名的洞应加注名称。

8.8.3.4　小面积的岩溶漏斗用符号表示，大面积的应按实地情况用陡崖符号配合等高线表示，其中心仍应绘出岩溶漏斗符号。

8.8.3.5　调绘大面积的露岩地和陡石山，可按实地情况，用简化符号表示，小面积的陡石山应绘出符号，如果符号长度超过图上 3 mm，宽度小于 2 mm，改用陡崖符号表示，若长度和宽度分别小于 3 mm、2 mm，应用露岩地或孤峰符号表示。小面积露岩地可用三个石块符号表示。

8.8.3.6　岩墙图上长 5 mm 以上的应表示，比高 2 m 以上的应加注比高。

8.8.4　沙地地貌的调绘

沙地应按性质分为固定的和不固定的两类。固定沙地应用等高线、地貌及植被符号配合表示；不固定沙地的总貌用草绘等高线表示，细貌用符号表示。沙漠地区应着重调绘水源、牲圈、时令性小房、蒙古包、沙漠与绿洲的交界线。图上面积大于 10 cm^2 应加注沙地类型名称(平沙地除外)。沙地若长有植被时，应用相应的植被符号配合表示。

8.8.5　雪山地貌的调绘

雪山地貌的调绘应根据当地雪源溶化情况，确定粒雪原及冰川的范围，用相应符号表示。冰斗湖、冰裂隙、冰陡崖，冰碛，及比高 10 m 以上的冰塔应表示。冰塔丛立地区可进行取舍。

8.9　植被与土质

8.9.1　植被与土质的调绘要求

8.9.1.1　图上应准确地反映出植被与土质的类型、分布范围、轮廓特征以及与其他要素的关系。

8.9.1.2　植被的表示，应从各地区不同情况出发，应着重考虑其面积的大小、经济价值高低或方位作用的大小。在植被较多地区，应着重表示大面积植被、取价值较大的植被，对于疏林、稀疏灌木林等可酌情表示，行树一般应表示图上长度在 3 cm 以上且实地比较明显的；在植被稀少地区，凡有方位作用的植被都应尽量表示，零星树木可选择表示。

8.9.1.3　同一地面生长多种植物时，小面积的应只表示主要植被，大面积的最多可表示其中主要的三种(连同土质符号)。一般应舍去经济价值不高或数量较少的。但符号的配置应与实地植被的主次和疏密相适应。

8.9.1.4　成林、幼林、竹林、灌木林、经济林、经济作物地、稻田、有方位作用旱地的明显轮廓线应用地类界描绘。大面积植被被线状地物分割时，在各隔开部分内，至少应绘一个符号。

8.9.1.5　用地类界表示的植被轮廓应清晰易读、反映特征、避免过于琐碎和杂乱。对于实地轮廓变化在图上小于 1.5 mm 的弯曲部分可以进行综合，为显示轮廓的主要凸凹部分，大面积植被的地类界综合可酌情放大。对于支叉很多的轮廓，可将其中主要的或较长的支叉部分准确表示，宽度不足 1.5 mm 不能绘出符号时，可把宽度放大到 1.5 mm 表示，而次要的、短小的支叉可综合或舍去。

8.9.1.6　独立树、独立树丛及有方位作用的小面积植被，应准确描绘，有名称的应加注名称。

8.9.1.7　图上宽度小于 1.5 mm 的林带、灌木林、竹林应分别用狭长林带、狭长灌木林、狭长竹林符号表示。

8.9.1.8　图上面积大于 25 mm^2 或有方位作用的林中空地应表示。

8.9.1.9　各类土质(沙砾地、石块地等)图上面积大于 1 cm^2 时一般应表示。

8.9.1.10　有明显特征和方位作用的土质应准确表示。

8.9.2　森林、灌木林、经济林等木本植物的表示

8.9.2.1　成林和幼林的表示要求如下：

a)　成林图上面积大于 10 mm^2 时应绘出相应符号；图上面积大于 2 cm^2 时，应按实地林木种类配置针叶林或阔叶林符号，如实地为针叶和阔叶混交林时，则两种符号同时绘出；图上面积小于 10 mm^2 的林地应用小面积树林符号表示；

b)　森林中杂有竹林、灌木林时，可用相应小面积符号按实地分布情况配置；

c) 图上面积小于 10 mm^2 的幼林应以小面积树林符号表示，图上面积大于 10 mm^2 时应用幼林符号表示，图上面积大于 2 cm^2 的固定苗圃应加注“苗”字。

8.9.2.2 疏林应按实地树木稀疏情况配置符号表示，不绘地类界。

8.9.2.3 图上面积小于 10 mm^2 或有方位作用的灌木丛应用小面积灌木林符号表示，图上面积大于 10 mm^2时应用密集灌木林符号表示。稀疏灌木丛杂生在疏林、竹林、草地、荒草地、沼泽地、盐碱地中，用小面积灌木林符号配置表示。

8.9.2.4 覆盖度在 40%以下，图上面积大于 10 mm^2 的灌木林，应用稀疏灌木林符号根据实地情况配置符号表示。

8.9.2.5 林区调绘时，应注意表示防火带，加注宽度。防火带宽于符号尺寸时应依比例尺表示。

8.9.2.6 图上面积大于 10 mm^2 的经济林，应用经济林符号表示；图上面积大于 2 cm^2 时，应加注相应名称，如“橡胶”、“苹果”等字；图上面积小于 10 mm^2 时，应用小面积经济林符号表示；图上宽度小于 1.5 mm 时，应用经济林符号以狭长林带表示，不绘地类界。

8.9.3 竹林的表示

图上面积大于 10 mm^2 的竹林应以大面积竹林符号表示，图上面积小于 10 mm^2 或有方位作用的竹林应以小面积竹林符号表示。

8.9.4 芦苇地、草地等草本植物的表示

8.9.4.1 高草地包括芦苇、席草、芒草和芨芨草等，图上面积大于 50 mm^2 时应用高草地符号表示；图上面积大于 2 cm^2 时，应注“芦苇”、“席草”、“芒草”“芨芨草”等字。

8.9.4.2 干旱地区的草原、山地和丘陵地区的草地、沼泽和湖滨地区的草甸、湿草地等草类生长旺盛，覆盖度在 50%以上的地区应用草地符号表示。草类生长比较稀疏，覆盖度在 20%～50%的地区应以半荒草地符号表示。位于气候特别干旱和土壤贫脊地区，植物稀少地区覆盖度在 5%～20%的土地，用荒草地符号表示。各类草地中如生长着其他植物，可配合相应符号表示。

8.9.5 田地和经济作物地的表示

8.9.5.1 稻田图上面积大于 50 mm^2 时应表示。稻田不区分常年有水或季节性有水，用一种符号表示。图上宽度小于 2 mm 的稻田，可不绘地类界。图上应表示有方位作用的小块旱地，大面积的旱地不表示。

8.9.5.2 图上面积大于 50 mm^2 的经济作物地应以相应符号表示；大于 2 cm^2 时应加注作物名称，如“麻”、“药”等；图上面积小于 50 mm^2 时，可用小面积符号表示。经济作物地与其他作物轮种，不应按经济作物地表示。

8.9.5.3 河、湖、池塘中面积大于 50 mm^2 的水生作物地，如菱角、莲藕、茭白等应以水生作物地符号表示，图上面积大于 2 cm^2 的，应加注品种名称。

8.9.6 土质的表示

8.9.6.1 盐碱地、小草丘地、龟裂地、沙砾地、石块地、残丘地等，当其图上面积大于 1 cm^2 时均应用相应符号表示。

8.9.6.2 沙砾地、盐碱地、沙地等，若长有植被时，应用相应的植被符号配合表示。

8.10 地理名称调绘

8.10.1 地理名称调绘的要求

地理名称的调查和注记应真实、准确、无错，无漏。

8.10.2 地理名称调绘的内容

8.10.2.1 居民地名称应包括城市、集镇、村庄、经国务院批准的经济特区以及远离居民地的机关、学校、企业、事业、工矿和 1∶25 000、1∶50 000 地形图上大城市中主要街道等。

8.10.2.2 山地名称应包括山脉、山岭、山峰、山隘、山口、山谷，山坡、独立山、山洞、高地等。

8.10.2.3 水系名称应包括江河、河口，滩、沱，沙洲、岸滩、运河、渠道、湖泊、水库、池塘、海洋、海角、港湾、海峡、泉、井等。

8.10.2.4 其他名称应包括森林,沙漠,草原、戈壁、沼泽、半岛、岛屿、礁石、堤围、道路、桥梁、码头、渡口、名胜古迹、行政区划、著名独立地物以及其他专有名称等。

8.10.3 地理名称的确定原则

8.10.3.1 居民地名称

调绘居民地名称应按下列要求进行:

a) 居民地的名称应以经地名办公室确认的为准。

b) 乡、镇所在地名称与自然名称相同时,应只注乡、镇名称。如不相同,应以乡、镇名称为主,自然名称作副名注记。

c) 居民地有两个以上通用名称时,主名应注地名办公室确认的名称,乡、镇级以上居民地应注副名。

d) 居民地是两个以上政府驻地时,应只注高一级的名称。居民地的总名、分名一般均应取注;但居民地内部的相关位置名称(如前街、后街),不应作为分名注出;总名称的位置在图上比分名称应醒目些,而且字体应更大一些。

e) 名称注记中的简化字,应以国务院颁布的为准。对简化名称和代用字,如本村、外村和政府都已承认的可以调注,否则仍用原来的名称和文字;对地方沿用的方言和罕见字,应在调绘片外和图历表中加注读音和拼音。

8.10.3.2 山地名称

注意调绘山脉、山谷、山岭等的名称,比较著名的地貌特征点应调注名称。已有三角点、小三角点点名与实地名称不一致时,应注记实地名称。

8.10.3.3 水系名称

调绘水系名称应按下列要求进行:

a) 河流(水渠)凡有固定名称的应注记,如当地的习惯称呼与水利航运部门使用的名称不一致时,习惯名称应作副名注出或舍去;

b) 同一条河流不同河段的不同名称,应按实际情况注出,当不能一一注出时,应优先取下游名称,其次按上、中游的顺序选注;

c) 湖泊、水库有名称的应注记,缺水地区和山区的湖泊应注记名称;一个湖泊不同地段有不同名称时,若不能全部注出,应选取主要部分和著名的名称注记;

d) 著名的泉和井的名称应注记。

8.10.3.4 其他地理名称

沙漠、戈壁、草原、岛屿、名胜古迹、冰川、重要和著名的独立地物的名称应注记。

8.10.3.5 少数民族地区地理名称

少数民族地区的地理名称,翻译成汉字注记时,按有关的少数民族地名译音规则执行。

8.10.3.6 无人区地名

大面积的无人烟地区,应注意调查地理名称。无地理名称时,是否命名,应上报有关主管部门审批。

8.10.4 地理名称的注记密度及取舍

地理名称的注记密度,应在保证用图需要和不影响地形图判读的前提下,尽量详细注记,一般宜图上1.5 cm^2～2.0 cm^2 注记一个。在人烟稠密、地物众多地区,地理名称过密时,应按下列原则适当取舍:

a) 取总名,适当舍去分名、副名;

b) 取靠近主要交通线的名称,舍去离主要交通线较远的名称;

c) 取房屋较多而连成一片的,舍房屋较少且分散的地名;

d) 取远近著名而固定的名称,舍一般和临时性的名称。

8.10.5 **地理名称注记的要求**

注记地理名称应满足下列要求：

a) 各种注记的字体应正规清晰、字隔分明、同一名称的字体、大小和字隔应一致；

b) 名称注记排列一般应以水平字列和垂直字列为主。使用雁行排列时，应注意字要均匀，倾斜角度要一致，除线状地物和山脉名称外，不应使用屈曲字列；

c) 为避免内业注记及用图时产生误解和错误，名称注记应指向明确；

d) 独立高地、独立山、山隘等名称应按山体大小和著名程度分级注出，外业调绘时应在比较著名的名称下划一红线，以供内业区别；

e) 名称注记的字向和最大字隔应按 GB/T 20257.3 中的规定；

f) 线状地物注一组名称不能概括显示时，可分段注记；面积较大的总名一般可注在该面的大致中央；两个测绘面共有一个名称时，应在两个面内分别注出；在名称较多的地区，可在调绘面积线外说明总名与所属各分名的关系。

8.10.6 **图幅名称**

图幅名称的确定要求如下：

a) 图幅名称应选择图幅内最大居民地的名称，没有居民地时，可选注其他地理名称；

b) 同一测区内，不应有相同的图名；

c) 如果所调绘图幅内确无名称时，可只注图幅编号，或以图幅内最高的高地及其高程作为图名，如 576.8 高地；

d) 如果所调绘图幅已有解放后的出版图，则图名一般应与其一致，当发生重大变动须更改图名时，应报有关主管部门批准。

9 图幅接边、检查验收和上交成果

9.1 图幅接边

9.1.1 图幅接边应在相同比例尺的相邻图幅间进行。同期作业图边应在实地严密接好，不能产生漏洞；自由图边除应保证成图满幅外，还应测绘出图廓线外 4 mm。图幅接边应由第二人检查、签名。自由图边应经第二人实地检查。

9.1.2 各类地物的接边，不能改变其真实形状及相关位置，直线地物应从离图廓线最近的转折点处进行拼接。跨越两个图幅的线状地物和面状地物，如河流、道路、大居民地、植被、土质等，应注意名称、等级、要素注记等的一致性。

9.1.3 固定比例尺像片图图边的接合差，不能大于本规范 3.2 中规定的平面、高程中误差的 2.5 倍。小于限差时可平均配赋，但应保持地物，地貌相互位置和走向的正确性，超过限差时，应到实地检查纠正。

9.1.4 与已出版地图接边，如果接边差不超过 9.1.3 的规定，应仅在新测图幅上进行改正。如果因地物、地貌变化较大或已出版地图质量差，接边确有困难时，新测图边应按自由图边处理，并在图历簿中说明。

9.1.5 自由图边应转绘图边。固定比例尺像片图可描绘在透明纸上，其他成图方法应转绘在多余像片上。转绘图边时应用红墨水绘出图廓线，并沿图廓线两侧转绘 14 mm(图廓内 10 mm，图廓外 4 mm)的地物、地貌，并应转刺图边附近的基础控制点和像片控制点，注明本幅和邻幅图号。转刺点整饰与控制像片整饰格式应相同，但应在像片正面或透明纸上的点位旁边用红色注出点的坐标和高程。

9.2 检查验收

检查验收按 CH 1002 和 CH 1003 的规定执行。

9.3 上交成果

9.3.1 上交成果的要求

上交的成果应经最终检查验收后，交下一工序使用。上交的成果应准确、清楚、齐全。

9.3.2 上交成果资料项目

上交成果资料包括以下内容：

a) 控制像片；

b) 调绘像片、像片图；

c) 计算手簿；

d) 图历簿(少数民族地区作业，应附少数民族语地理名称调查表)；

e) 观测手簿；

f) 自由图边抄边资料；

g) 技术总结(按 CH/T 1001 的规定编写)；

h) 检查验收报告。

9.3.3 计算手簿的装订

基础控制点测量成果应单独整理装订。计算手簿应按以下顺序装订：

a) 封面；

b) 目次；

c) 控制点点位联测略图(应表示出控制点的概略位置、平面测定方法和高程联测路线)；

d) 起始点成果表；

e) 坐标换带计算；

f) 控制点成果表；

g) 归心计算；

h) 方位角及边长反算；

i) 锁网形计算；

j) 光电测距导线计算；

k) 单三角形计算；

l) 前方交会计算；

m) 侧方交会计算；

n) 后方交会计算；

o) 引点和支导线计算；

p) 间接高程计算(包括独立交会高程点计算)；

q) 高程平差计算；

r) 封底。

9.3.4 成果整理

9.3.4.1 调绘成果应分幅上交。

9.3.4.2 全野外布点和航线网布点的控制成果应分幅上交。

9.3.4.3 区域网布点的控制成果，应以每一个布点区域为单位整理，并随该区域左上角的图幅上交，其中应包括控制像片、观测手簿，计算手簿。全区域网的控制点成果及控制点分布略图，应填写在每个布点区域的左上角图幅的图历簿内，其他图幅应标出本幅在区域中的位置。

9.3.5 图历簿填写的要求

图历簿各项内容的填写应做到项目齐全、数据准确、字迹清楚、说明简要明确。

特殊情况说明应阐述作业过程中对一些特殊问题的处理和有待下工序弥补、注意的问题。编写时应实事求是，经检查验收后，填入图历簿。

附 录 A
(资料性附录)
航线网布点控制点间的间隔基线数

A.1 间隔基线数

间隔基线数,1818 坐标量测仪类型仪器见表 A.1,PSK 解析仪类型仪器见表 A.2。在表 A.1 和表 A.2 中,"/"前的数值为平面控制点间的间隔基线数,"/"后的数值为高程控制点间的间隔基线数。计算间隔基线数采用的参数为:23 cm ×23 cm 像幅,焦距 f=88 mm,基线 b=90 mm、85 mm,80 mm、75 mm;18 cm×18 cm 像幅,焦距 f=70 mm,基线 b=70 mm、65 mm、60 mm、55 mm。

表 A.1 m_q=0.025 mm 时航线网布点控制点间的间隔基线数

成图比例尺	地形类别	航摄比例尺							
		1∶25 000		1∶35 000		1∶50 000		1∶75 000	
		23×23 像幅	18×18 像幅	23×23 像幅	18×18 像幅	23×23 像幅	18×18 像幅	23×23 像幅	18×18 像幅
1∶25 000	平地	13/5	13/4	10/4	10/2	8/全野外	8/全野外		
	丘陵地	13/7	13/7	10/6	10/4	8/2	8/2		
	山地	17/9	17/8	13/8	13/6	10/4	10/3		
	高山地	17/13	17/12	13/12	13/9	10/7	10/7		
1∶50 000	平地			17/9	17/7	13/5	13/4	10/2	10/2
	丘陵地			17/12	17/9	13/7	13/7	10/4	10/4
	山地			21/14	21/11	17/9	17/8	13/6	13/5
	高山地			21/20	21/17	17/13	17/12	13/9	13/9
1∶100 000	平地							17/7	17/5
	丘陵地							17/10	17/7
	山地							21/11	21/9
	高山地							21/17	21/13

表 A.2 m_q=0.015 mm 时航线网布点控制点间的间隔基线数

成图比例尺	地形类别	航摄比例尺							
		1∶25 000		1∶35 000		1∶50 000		1∶100 000	
		23×23 像幅	18×18 像幅	23×23 像幅	18×18 像幅	23×23 像幅	18×18 像幅	23×23 像幅	18×18 像幅
1∶25 000	平地	19/8	19/8	14/6	14/6	11/3	11/3		
	丘陵地	19/11	19/11	14/8	14/8	11/6	11/5		
	山地	24/13	24/13	18/10	18/10	15/7	15/7		
	高山地	24/20	24/19	18/15	18/14	15/11	15/11		

表 A.2（续）

成图比例尺	地形类别	航摄比例尺							
		1∶25 000		1∶35 000		1∶50 000		1∶100 000	
		23×23 像幅	18×18 像幅	23×23 像幅	18×18 像幅	23×23 像幅	18×18 像幅	23×23 像幅	18×18 像幅
1∶50 000	平地			24/11	24/11	19/8	19/8	14/5	14/5
	丘陵地			24/15	24/14	19/11	19/11	14/8	14/7
	山地			30/18	30/17	24/13	24/13	18/10	18/9
	高山地			30/26	30/24	24/20	24/19	18/14	18/14
1∶100 000	平地							24/11	24/10
	丘陵地							24/14	24/14
	山地							30/18	30/18
	高山地							30/28	30/24

附 录 B
（资料性附录）
区域网布点图形

B.1 按图幅分区布点图形

平地、丘陵地按图 B.1 布设，山地、高山地按图 B.2 布设。

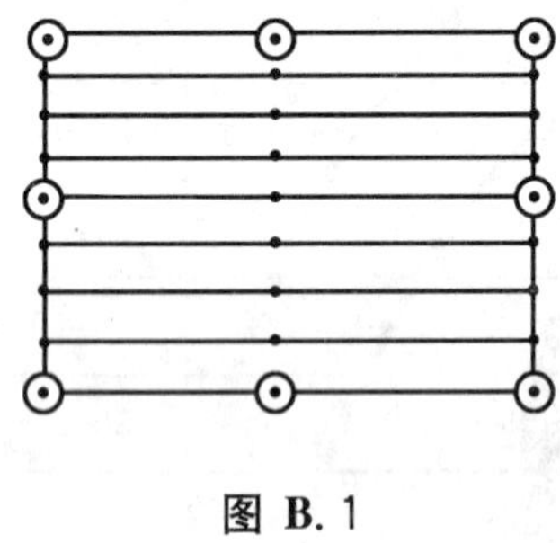

图 B.1

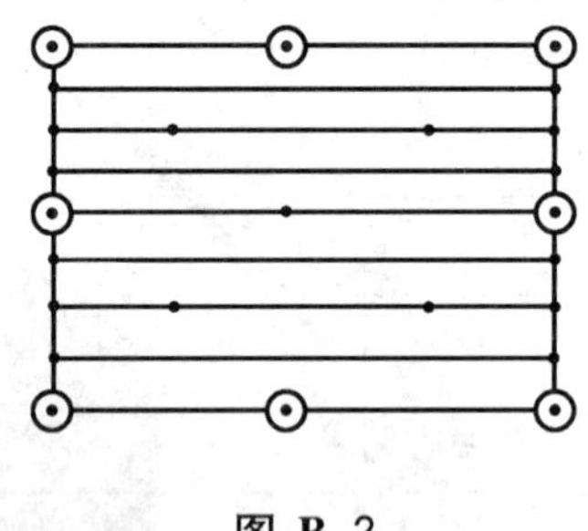

图 B.2

B.2 按航线段分区布点图形

平地、丘陵地、山地按图 B.3 布设，高山地按图 B.4 布设。控制点间基线数按表 B.1 的规定。

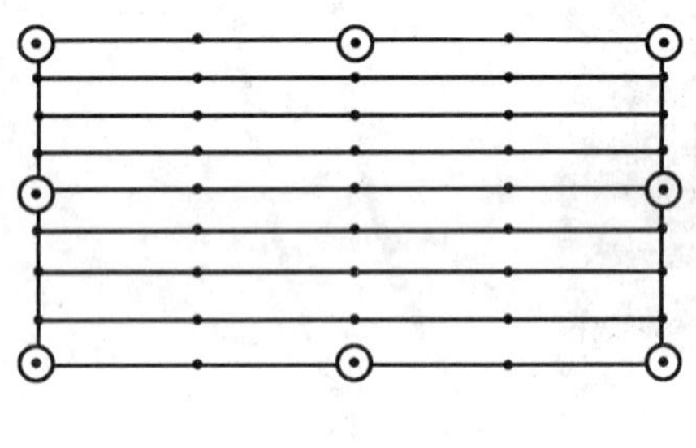

图 B.3

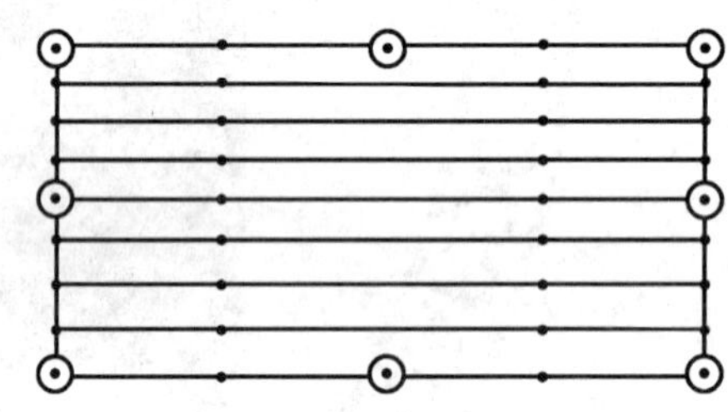

图 B.4

表 B.1 控制点间基线数

成图比例尺	地形类别	平高点间基线数	高程点间基线数
1∶25 000	平地	12	6
	丘陵地	16	8
	山地	18	9
	高山地	18	12
1∶50 000	平地	12	6
	丘陵地	16	8
	山地	18	9
	高山地	18	12

表 B.1（续）

成图比例尺	地形类别	平高点间基线数	高程点间基线数
1∶100 000	平地	16	8
	丘陵地	20	10
	山地	22	11
	高山地	24	16

B.3 不规则区域网布点

不规则区域网布点见图 B.5。

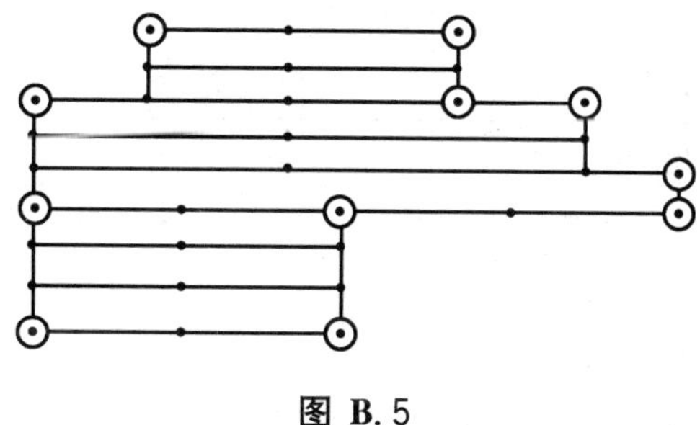

图 B.5

B.4 补飞航线结合处布点

补飞航线结合处布点见图 B.6。

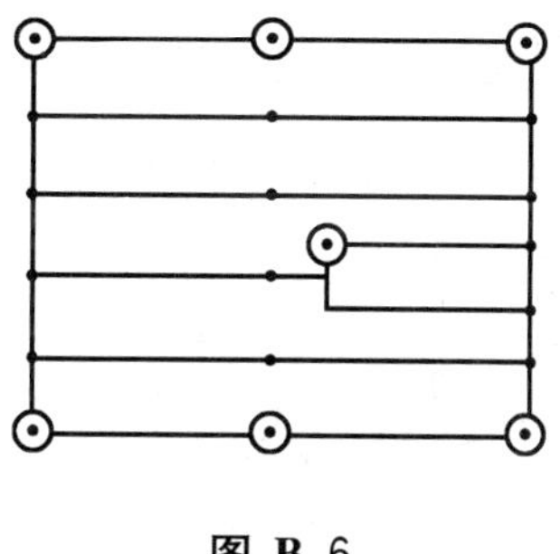

图 B.6

附 录 C
（规范性附录）
R 值表

C.1 *R* 值表

R 值表见表 C.1。

表 C.1 *R* 值表

单位为对数第六位

B 角值（°）	*A* 角值（°）																															
	30	31	32	33	34	35	36	37	38	39	40	41	42	43	44	45	46	47	48	49	50	52	54	56	58	60	65	70	75	80	85	90
30	39	38	37	35	34	33	32	31	30	29	28	27	27	27	26	25	24	24	23	23	23	21	21	20	19	19	18	16	15	15	14	13
35	33	32	31	29	28	27	26	25	24	24	23	22	21	21	20	20	19	19	18	18	18	16	16	15	15	14	13	12	11	10	10	9
40	28	27	26	24	24	23	22	21	20	20	19	18	17	17	17	16	15	15	15	14	14	13	12	12	11	11	10	9	8	7	7	6
45	25	24	23	21	20	20	19	18	17	17	16	15	15	15	14	13	13	13	12	11	11	10	10	9	9	8	8	7	6	5	5	4
50	23	22	21	19	18	18	17	16	15	15	14	13	13	13	12	11	11	11	10	10	10	9	8	8	7	7	6	5	5	4	4	3
55	21	20	19	17	17	16	15	14	14	13	12	12	11	11	10	10	9	9	9	8	8	7	7	6	6	5	5	4	4	3	3	2
60	19	18	17	16	15	14	13	13	12	11	11	10	9	9	9	8	8	8	7	7	7	6	5	5	5	4	4	3	3	2	2	1
65	18	17	16	14	14	13	12	12	11	10	10	9	9	9	8	8	7	7	7	6	6	6	5	4	4	4	3	2	2	2	1	1
70	16	16	15	13	13	12	11	11	10	9	9	8	8	8	7	7	6	6	6	5	5	4	4	4	3	3	2	2	1	1	1	1
75	15	15	14	13	12	11	11	10	9	9	8	8	7	7	7	6	6	6	5	5	5	4	4	3	3	3	2	1	1	1	1	
80	15	14	13	12	11	10	10	9	9	8	7	7	6	6	6	5	5	5	5	4	4	3	3	3	2	2	2	1	1			
85	14	13	12	11	10	10	9	8	8	7	7	6	6	6	5	5	4	4	4	4	4	3	3	2	2	2	1	1	1			
90	13	12	12	10	10	9	8	8	7	7	6	6	5	5	5	4	4	4	4	3	3	3	2	2	2	1	1	1				
95	12	12	11	10	9	8	8	7	7	6	6	5	5	5	4	4	4	4	3	3	3	2	2	2	1	1						
100	12	11	10	9	8	8	7	7	6	6	5	5	5	5	4	4	3	3	3	3	3	2	2	2								
105	11	11	10	9	8	8	7	7	6	6	5	5	4	4	4	4	3	3	3	3	3	2										
110	11	10	9	8	8	7	7	6	6	5	5	4	4	4	4	3	3	3	3	2	2											
115	10	10	9	8	8	7	7	6	6	5	5	4	4	4	4	3																
120	10	9	9	8	7	7	6	6	5	5	5	4	4	4	4	3																

附　录　D
（规范性附录）
控制像片整饰格式

D.1　控制像片整饰格式

图 D.1 为控制像片正面整饰示例，图 D.2 为控制像片反面整饰示例。

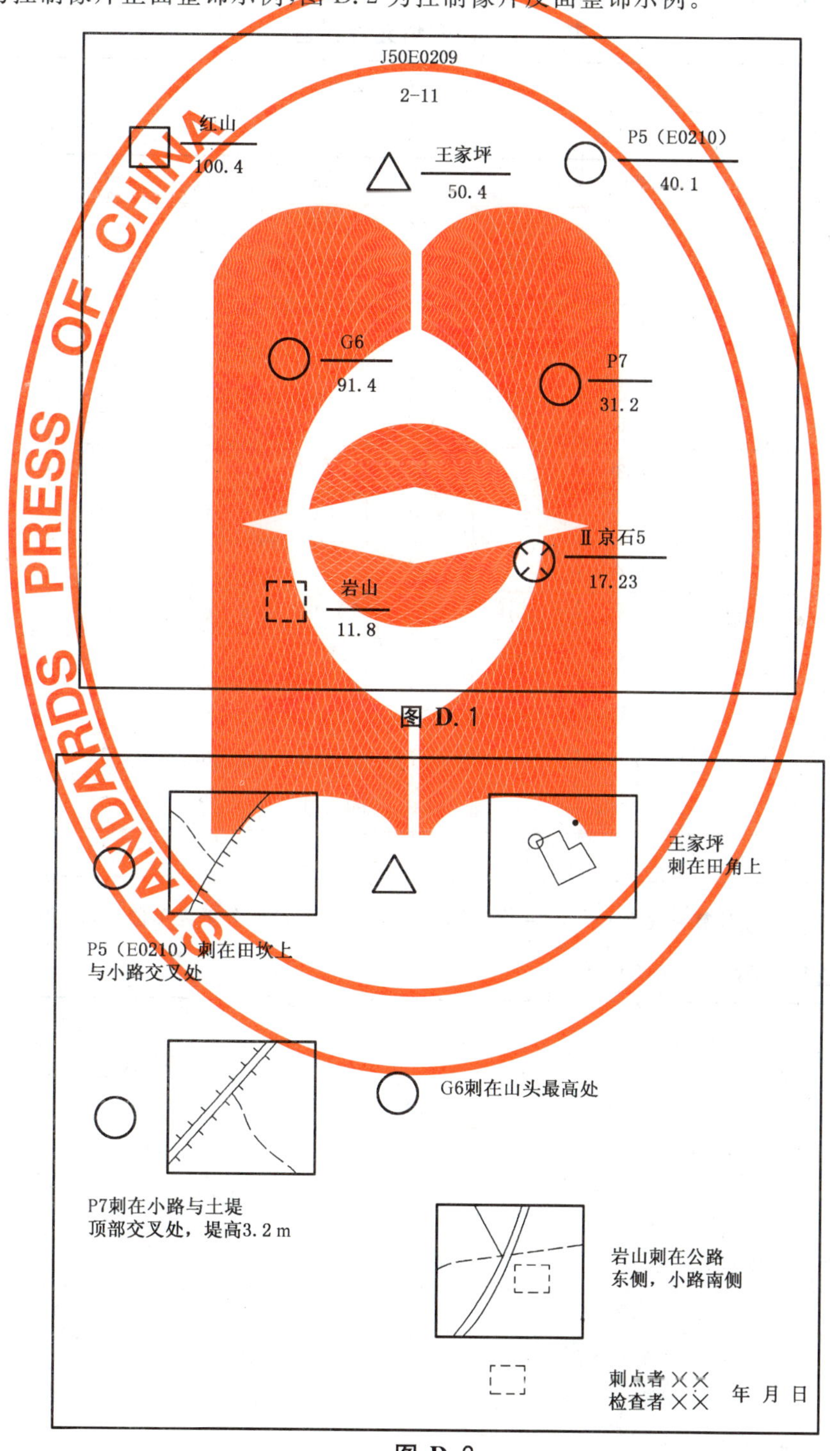

图 D.1

图 D.2

附　录　E
（规范性附录）
检查角允许误差

E.1　检查角的允许误差

检查角的允许误差见表 E.1。

表 E.1　检查角允许误差

单位为秒

D 的整数部分	D 的小数部分									
	0	0.1	0.2	0.3	0.4	0.5	0.6	0.7	0.8	0.9
1.0	1 031	937	859	793	736	687	644	606	572	542
2.0	515	491	468	448	429	412	396	381	368	355
3.0	342	332	322	312	303	294	286	278	271	264
4.0	257	251	245	239	234	229	224	219	214	210
5.0	206	202	198	194	190	187	184	180	177	174
6.0	171	169	166	163	161	158	156	153	151	149
7.0	147	145	143	141	139	137	135	133	132	130
8.0	128	127	125	124	122	121	119	118	117	115
9.0	114	113	112	110	109	108	107	106	105	104
10.0	103	102	101	100	99	98	97	96	95	94
11.0	93	92	92	91	90	90	89	88	87	87
12.0	86	85	84	84	83	82	82	81	80	80
12.0	79	79	78	78	77	76	76	75	75	74
14.0	74	73	73	72	72	71	71	70	70	69
15.0	69	69	68	67	67	66	66	66	65	65

表中检查角的允许误差计算公式为 $\Delta\varepsilon'' = \frac{e \cdot \rho''}{D}$，其中 e=5 m，表中 D 以公里为单位。如 e 为 2.5 m 或 10 m 时，则 $\Delta\varepsilon''$ 可按表 E.1 查得之数除以 2 或乘以 2。

附　录　F
（规范性附录）
调绘像片整饰格式

F.1　调绘像片整饰格式

图F.1为调绘像片整饰示例。测图或调绘面积线，本图幅用蓝色，图廓线用红色。图F.1中“Ⅱ—2”，Ⅱ为航线号码，2为像片号码。因有投影差的影响，规定调绘面积线东、南边用直线；西、北边用曲线。图幅编号，调绘者等字用黑色，航线及像片号码，图边及接边检查者等均用蓝色。

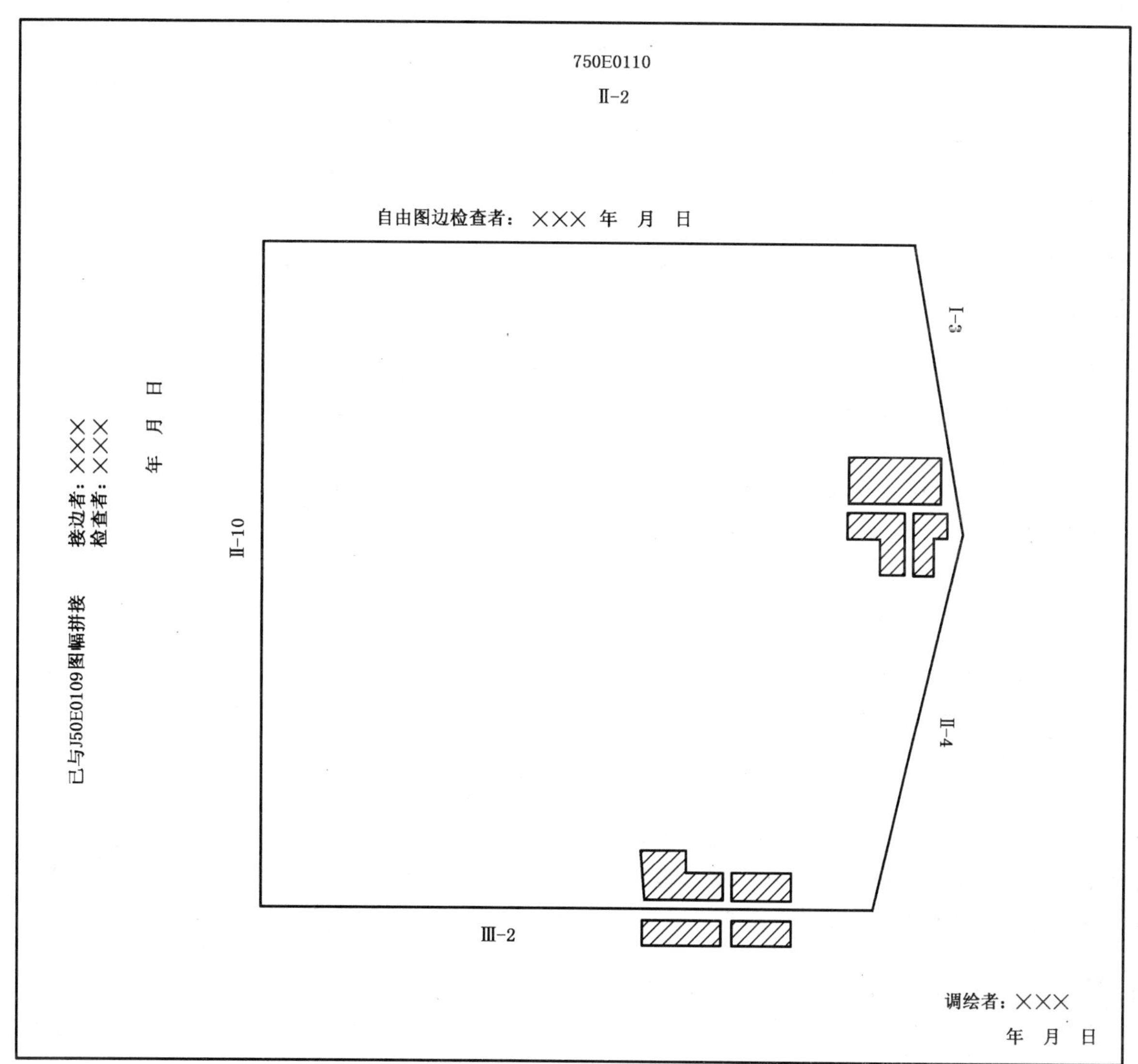

图F.1

附 录 G
（规范性附录）
地形图上军事设施和国家保密单位的表示规定

G.1 基本原则

G.1.1 军事设施和国家保密单位的调绘工作，应事先与有关单位联系，经同意后方可进入内部进行实地调绘；如果不同意进入内部进行实地调绘，作业人员可采用航摄像片内判技术在室内直接判调的方法解决。

G.1.2 作业人员在工作过程中听看到的军事禁区和国家保密单位情况，不得转告无关人员，严防口头泄密。

G.1.3 图上不表示的军事设施，须用与周围地形、地物相适应的符号进行伪装（如：稻田，旱地、房屋、森林、沙漠等），不能看出破绽。

G.1.4 除本规定中对某些具体地物提出的表示方法以外，其他均应如实反映地面的地物状况。

G.1.5 保密单位，图上一般不注记真实名称。

G.1.6 利用自然地形作掩体的洞库（如，武器库、弹药库、飞机库等）以及地下的设施，图上不表示。

G.2 各种试验基地

G.2.1 导弹发射阵地、原子弹氢弹试验基地、火箭发射基地，卫星发射基地、炮兵基地、坦克基地等，具体的发射，试验位置图上不表示，用周围的相应植被进行伪装。

G.2.2 通往基地的专用道路：单线道路可如实表示；双线道路绘至最近的较大村庄，从村庄至基地的双线道路降为大车路表示。铁路绘至最近的城镇为止。

G.2.3 双线道路和铁路不是专用道路，经过各种试验基地通往其他城镇时，道路在图上应如实表示。

G.2.4 试验基地内的地面观测站、办公室、生活区等用普通房屋符号表示。

G.2.5 试验基地内的油库，仓库（包括洞内的油库、仓库进出口）气象站、雷达天线、指示灯塔等，有房屋的用普通房屋符号表示，其他不表示。

G.2.6 图上名称可用公开名称进行注记。

G.3 飞机场

G.3.1 飞机场需表示。在总范围内绘一飞机符号。

G.3.2 通往飞机场的道路如实表示，内部道路择要表示。

G.3.3 显示机场总范围的铁牡网、围墙等垣栅，图上如实表示。

G.3.4 机场内的生活区以及其他类似的房屋，用一般居民地符号描绘。

G.3.5 机场内的机窝（机库），油库、气象站、管线、指示灯、雷达天线，指挥塔以及其他反映机场性质的设施，有房屋的用普通房屋符号表示，没有房屋的不表示。

G.3.6 民用飞机场的名称以真实名称注记。军用和军民合用的飞机场不注真名称，可用附近较大城镇名称作为机场名称进行注记。

G.4 港口

G.4.1 军港不表示码头。

G.4.2 通往港口的道路如实表示，内部道路择要表示。

G.4.3 港口内的办公区、生活区用一般居民地符号描绘。

G.4.4 军港内的船坞，油库，气象站、雷达天线以及其他反映港口性质的设施，图上不用符号表示，有房屋的用普通房屋符号表示，没有房屋的不表示。

G.4.5 图上港口名称，商港用真名称注记，军港用自然名称注记。

G.5 军队营房、兵工厂、对外保密的国家机关

G.5.1 位于城镇居民地内部或周围时，图上用一般居民地符号表示。远离城镇单独构成一个建筑群时，图上可表示出其范围，内部建筑进行较大综合，外围的铁丝网、围墙等用相应符号表示。

G.5.2 外部道路如实表示，内部道路择要表示。

G.5.3 图上名称：位于城镇内部或周围的，一般可不注记，远离城镇的可用公开名称注记。

G.6 军用仓库

G.6.1 洞库、地下库(包括洞库地下库的进出口)，图上不表示。

G.6.2 地面上的武器库、弹药库、油库等，有房屋的用普通房屋符号表示，没有房屋的不表示。仓库周围的围墙等垣栅用相应符号表示。

G.6.3 通往仓库的道路如实表示。

G.6.4 图上不注记任何名称。

G.7 靶场

G.7.1 靶道、炮位，掩体等图上不表示。

G.7.2 图上用公开名称注记。

G.7.3 靶场内其他地物如实表示。

G.8 监狱、劳改机构

G.8.1 位于城镇内部或周围的监狱、劳改机构，用一般居民地符号表示。远离城镇单独构成建筑群的，应如实表示，内部进行较大综合。

G.8.2 外部道路如实表示，内部道路择要表示。

G.8.3 图上采用公开名称进行注记。

G.9 军用通讯设备

G.9.1 军事专用的通讯线和通讯电缆，图上不表示。

G.9.2 军事专用的微波通讯站只表示普通房屋。天线位置在图上不表示。

G.9.3 军事专用的无线电发射天线，图上不表示。

G.10 稀有金属矿

G.10.1 图上不表示矿井出入口。

G.10.2 露天采掘的矿场用乱掘地符号表示。

G.10.3 图上不注任何名称。

G.10.4 其他地物可如实表示。

G.11 兵要地志

G.11.1 地图上一般不表示直接与军队行动有关的兵要地志内容。

G.11.2 取消“制高点”名称，改为“地形特征点”，主要指山顶，鞍部等位置。

G.11.3 岗楼、旧碉堡，旧地堡，图上如实表示。基地或阵地的岗楼、碉堡，地堡等，图上不表示。

ICS 07.040
A 79

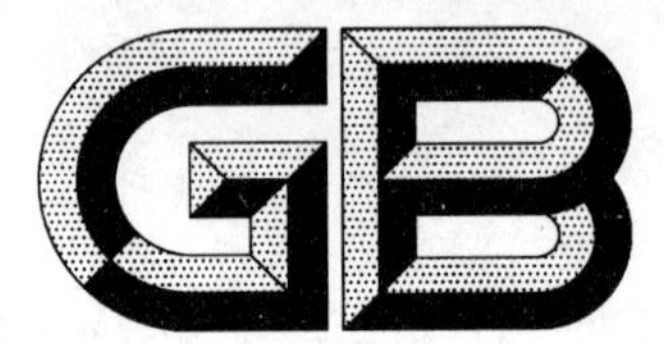

中华人民共和国国家标准

GB/T 12343.1—2008
代替 GB 12343—1990,GB 12344—1990

国家基本比例尺地图编绘规范 第1部分:1∶25 000 1∶50 000 1∶100 000 地形图编绘规范

Compilation specifications for national fundamental scale maps—Part 1: compilation specifications for 1∶25 000 1∶50 000 1∶100 000 topographic maps

2008-06-20 发布 2008-12-01 实施

中华人民共和国国家质量监督检验检疫总局
中国国家标准化管理委员会 发布

前　言

GB/T 12343《国家基本比例尺地图编绘规范》分为三个部分：

——第 1 部分：1∶25 000　1∶50 000　1∶100 000 地形图编绘规范；

——第 2 部分：1∶250 000 地形图编绘规范；

——第 3 部分：1∶500 000　1∶1 000 000 地形图编绘规范。

本部分为 GB/T 12343 的第 1 部分。本部分代替 GB 12343—1990《1∶25 000　1∶50 000 地形图编绘规范》和 GB 12344—1990《1∶100 000 地形图编绘规范》。本部分与 GB 12343—1990、GB 12344—1990 相比主要变化如下：

——"编辑准备工作"章节改称为"准备工作"，其中删除了区域编辑设计书中有关清、刻绘作业方法的说明；

——在编绘技术方法章节中修改了地图编绘技术方法，规定了"先采集地形数据后符号化编辑"和"采集地形数据与符号化编辑同时进行"两种编绘方法，并增加了编绘流程图，删除展点、拼贴、编绘等传统的作业方法；

——原"地形图内容各要素的编绘"章节改称为"地形图数据综合要求"，移至"准备工作"章节后，增加了 GB/T 20257.3 地形图图式中所增加的地物要素的选取指标，并对一些地物要素的综合选取指标作了适当修改；

——删除原第 7 章印刷原图制作章节中有关清、刻绘的内容，增加了要素关系处理等内容。

本部分的附录 A 为资料性附录。

本部分由国家测绘局提出并归口。

本部分由国家测绘局测绘标准化研究所负责起草。

本部分主要起草人：马晓萍，肖国雄，段怡红。

本部分所代替标准的历次版本发布情况为：

——GB 12343—1990，GB 12344—1990。

引　言

地形图编绘规范国家标准 GB 12343《1∶25 000　1∶50 000 地形图编绘规范》、GB 12344《1∶100 000地形图编绘规范》、GB 15944《1∶250 000 地形图编绘规范及图式》、GB/T 14512《1∶1 000 000地形图编绘规范及图式》和行业标准 CH/T 4011《1∶500 000 地形图编绘规范及图式》均已实施多年，它们在我国国民经济建设和测绘生产工作中起到了重要的作用。为了适应数字测绘生产的需要，保持与相应比例尺地形图图式标准结构的协调性，有必要调整地形图编绘规范的标准结构。调整后的结构如前言所述。

本部分是 GB 12343—1990、GB 12344—1990 调整后修订完成的。

国家基本比例尺地图编绘规范
第1部分:1∶25 000 1∶50 000 1∶100 000地形图编绘规范

1 范围

GB/T 12343的本部分规定了编绘1∶25 000、1∶50 000、1∶100 000地形图的基本要求、技术方法和地形图各要素的综合要求和技术指标。

本部分适用于编绘1∶25 000、1∶50 000、1∶100 000地形图，编绘相应比例尺专题地图的地理底图亦可参照使用。

2 规范性引用文件

下列文件中的条款通过GB/T 12343的本部分的引用而成为本部分的条款。凡是注日期的引用文件，其随后所有的修改单(不包括勘误的内容)或修订版本均不适用于本部分，然而，鼓励根据本部分达成协议的各方研究是否可使用这些文件的最新版本。凡是不注日期的引用文件，其最新版本适用于本部分。

GB/T 13989 国家基本比例尺地形图分幅和编号

GB/T 20257.3 国家基本比例尺地图图式 第3部分:1∶25 000 1∶50 000 1∶100 000地形图图式

CH/T 1004 测绘技术设计规定

3 术语和定义

下列术语和定义适用于本部分。

3.1

地形图编绘 topographic map compilation

利用大于成图比例尺地形图数据和更新资料，通过拼接与坐标转换、内容取舍与更新、制图综合与编辑等编绘技术获取符合成图比例尺要求的地形图的过程。

3.2

地形数据 topographic data

地物、地貌的空间坐标及几何信息数据，指非符号化的数据。

3.3

印刷原图 printing original

对地形数据进行符号化编辑后符合印刷要求的地形图图件。

3.4

制图综合 cartographic generalization

对地形图内容按照一定的规律和法则进行选取、概括、夸大、移位，用以反映制图对象的基本特征的典型特点及其内在联系的过程。

4 地形图基本要求

4.1 数学基础

地形图的定位参考系统为：

a) 坐标系统采用2000国家大地坐标系;

b) 投影采用高斯—克吕格投影,按6°分带;

c) 高程系统采用1985国家高程基准。

4.2 图幅规格

4.2.1 地形图图幅范围

1∶25 000、1∶50 000、1∶100 000地形图的图幅分幅与编号按GB/T 13989规定执行,其图幅范围见表1。

表1 地形图图幅范围

成图比例尺	1∶25 000	1∶50 000	1∶100 000
经差	7′30″	15′00″	30′00″
纬差	5′00″	10′00″	20′00″

由经纬线构成的图廓线,其东西两边的图廓线为直线表示;南北两边的图廓线以折线表示,每经差3′45″点为折点。

4.2.2 合幅图及破图廓图

位于国境线附近或以海域为主的图幅,当图内在靠近邻图处仅有少部分领土、陆地或海部要素,并且该图又不作连接其他图幅用时,可将其并入邻图,采取合幅编绘成图。合幅图的内图廓长一般为:东西不超过700 mm,南北不超过485 mm。并入部分的图廓线仍以经纬线构成,不应采用凸形或其他折线形。并入图幅若为邻投影带图,应进行换带处理。

合幅图图号采用复合形式注出:整幅图图号在前,并入图图号在后,中间用顿号分开,如K51 E 005002、005001。当合幅图位于两个百万分之一地图时,其图号应分别注记完整。若并入的要素仅在内外图廓间时,则破内图廓绘出,不注邻图图号。

4.2.3 图名

每幅图除注图号外,还应注出图名。确定图名时应注意不与其他图幅图名重名,一般选用图幅内的主要居民地名称。无居民地的图幅可采用其他地理名称或图内最高高程点注记作为图名。

4.3 基本等高距

基本等高距依据制图区域地形类别不同而有所不同,具体规定见表2。其中地形类别按图幅范围内大部分地面坡度和高差划分,当高差与地面坡度发生矛盾时,以地面坡度为准。一幅图内一般只采用一种基本等高距。

表2 基本等高距

单位为米

地形类别	基本等高距		
	1∶25 000	1∶50 000	1∶100 000
平地 (地面坡度<2°,高差<80 m)	5(2.5)	10(5)	20(10)
丘陵地 (地面坡度2°～6°,高差80 m～300 m)	5	10	20
山地 (地面坡度6°～25°,高差300 m～600 m)	10	20	40
高山地 (地面坡度>25°,高差>600 m)	10	20	40

当地势十分平坦或用图需要时,基本等高距可选用括号内的数值。确定等高距时,应注意其区域统一性,不宜出现一幅图的等高距与其周边图幅等高距均不相同的现象。

4.4 地形图精度

4.4.1 数学精度

地形图上的地物点对于附近野外控制点的平面位置中误差和等高线对于附近野外控制点的高程中误差不大于表3规定。

表3 地形图精度

地形类别	地物点平面位置中误差	等高线高程中误差/m		
		1∶25 000	1∶50 000	1∶100 000
平地	图上± 0.5 mm	±1.5	±3.0	±6.0
丘陵		±2.5	±5.0	±10.0
山地	图上± 0.75 mm	±4.0	±8.0	±16.0
高山地		±7.0	±14.0	±28.0

4.4.2 综合合理性

a) 地形图的内容及符号应符合GB/T 20257.3的规定；

b) 地物地貌各要素的综合取舍和图形概括应符合制图区域的地理特征，各要素之间关系协调、层次分明，注记正确、位置指向明确。

4.4.3 完备性

地形图的各内容要素、要素属性、要素关系应正确、无遗漏。

4.4.4 现势性

应正确、充分地使用各种补充、参考资料对水库、道路、境界、居民地及地名等要素进行增补、更新，符合制图时的实地情况，地形图现势性强。

5 地形数据综合要求

5.1 测量控制点

测量控制点一般均应表示，密集时埋石点可适当取舍或作为高程点表示。位于居民地内的测量控制点，如影响居民地的清晰时，水准点可不表示，其他控制点可只表示符号，不注高程。用古塔、水塔、烟囱等地物作控制点时以相应的地物符号表示，并按图式规定予以注记。

5.2 水系

5.2.1 编绘水系的要求

正确表示水系类型、主次关系、附属设施及名称，合理反映水系要素的分布特点和不同地区的密度对比，充分表示水利设施；处理好水系与其他要素的关系。

5.2.2 岸线、高水界、岸滩

5.2.2.1 岸线

岸线包括海岸线、河岸线、湖岸线及其他水体的岸线。综合岸线图形时，应正确反映岸线的形态特征，注意保持岸线主要转折点位置正确、岸线弯曲程度的对比以及水陆面积的对比。图上小于0.5 mm×0.6 mm的弯曲可适当化简，特征弯曲应夸大到0.5 mm×0.6 mm表示。岸线与等高线紧靠时，应注意与等高线图形协调一致。

岸线与防护堤相重时，岸线可省略不表示。

5.2.2.2 高水界、岸滩

高水界与水涯线间的距离在图上大于2 mm时应表示高水界。当其间距大部分大于2 mm仅局部不足2 mm时，高水界应视为连续整体全部表示。高水界与水涯线之间的岸滩地段应配置相应的土质、植被符号。

高水界与陡岸、堤重合时，高水界省略不表示；与等高线重合时，则省略等高线。

5.2.3 **河流、运河、沟渠**

5.2.3.1 **河流、运河、沟渠的表示**

图上宽 0.4 mm 以上的河流用双线依比例尺表示，不足 0.4 mm 的用单线表示。以单线表示的河流应视其图上长度由源头起用 0.1 mm～0.4 mm 逐渐变化的线粗表示。同一条河单、双线变化频繁时应视其整体用单线或双线表示。主支流要区分明显，支流入主流注意不应倒流。

图上宽度大于 0.4 mm 的沟渠、运河用双线依比例尺表示，不足 0.4 mm 的用单线表示，并视其主次分别用 0.3 mm 和 0.15 mm 线粗表示。

5.2.3.2 **河流、运河、沟渠的选取与综合**

1∶25 000、1∶50 000 地形图上河流、运河、沟渠一般均应表示，河网密集地区，图上长度不足 1 cm 的可酌情舍去，特别密集区不足 1.5 cm 的支渠可舍去；1∶100 000 地形图上长度大于 1 cm 的一般均应表示。

对构成网络系统的河、渠，应根据河渠网平面图形特征进行取舍。密集河渠的间距一般不应小于 3 mm，老年河床河漫滩地带的岔流以及沟渠密集地区，间距不应小于 2 mm。

选取河流、运河、沟渠时，应按从大到小、由主及次的顺序进行。界河、独流河、连通湖泊及荒漠缺水地区的小河应选取。

5.2.3.3 **河流、运河、沟渠的流向**

河流、运河及有固定流向或往复流向的沟渠一般应表示流向，在山区水流方向明显的河流可不逐条表示流向。通航河段应表示流速。较长的河、渠一般每隔 15 cm～20 cm 重复表示。

5.2.3.4 **河流、运河、沟渠的名称注记**

名称注记一般均应注出。较长的河、渠每隔 15 cm～20 cm 重复注出。注记应按河流上下游、主支流关系并保持一定的级差。当河(渠)名很多时，可舍去次要的小河(渠)名。

5.2.4 **地下河段、消失河段、干河床、时令河**

图上长 1 mm 以上的地下河段、2 mm 以上的消失河段、1.5 cm 以上的干河床以及时令河应表示。作为河源的时令河，当长度不足 5 mm 时，以常年河表示。

图上宽度小于 0.4 mm 的干河床、时令河用 0.1 mm～0.4 mm 的渐变单虚线表示，大于 0.4 mm 干河床、时令河用双虚线依比例尺表示。宽度大于 3 mm 的河床内应表示等高线及相应的土质符号；时令河应注出有水月份，如果一幅图内有水月份相同，可在图外加附注说明，图内不注记。

无明显河床的漫流干河用相应的土质符号表示。

5.2.5 **坎儿井、输水渡槽、渠首、输水隧道、倒虹吸、涵洞、干沟**

坎儿井：一般均应表示。

输水渡槽、渠首、输水隧道及倒虹吸：干渠上的一般应表示，支渠上的选择表示，有名称的加注名称。

干沟：图上长度大于 1.5 cm 且深度大于 1.5 m 的一般应表示，深度大于 2 m 的应加注沟深。有方位意义的旧战壕用干沟符号表示，并加注"战壕"注记。

涵洞：铁路、公路附属的一般应表示，较多时可适当取舍；机耕路及其以下道路附属的涵洞一般不表示。

5.2.6 **湖泊、水库、池塘**

图上面积大于 1 mm^2 的湖泊、水库、池塘应表示，不足此面积但有重要意义的小湖，如位于国界附近的小湖、作为河源的小湖及缺水地区的淡水湖应夸大到 1 mm^2 表示。湖泊、池塘密集成群时，应保持其分布范围和特点。适当选取一些小于 1 mm^2 的湖泊、池塘，但不能合并，相邻水涯线间隔在图上小于 0.2 mm 时可共线表示。

湖泊、水库、池塘一般应注出名称，群集的湖泊可选其主要的注出名称。名称注记应按湖泊、水库面积大小或库容量大小保持一定的级差。

非淡水湖泊应加注水质注记。

容量为 1 000 万 m^3 以上的水库和重要的小型水库应加注库容量。

5.2.7 时令湖、干涸湖

面积 2 mm^2 以上时令湖、干涸湖应表示。在地物稀少区有名称的应加注名称。时令湖应注出有水月份。干涸湖应填绘相应的土质符号。

5.2.8 干出滩

图上面积大于 4 mm^2 的干出滩应表示,面积小于 4 mm^2 的可适当合并到相距 2 mm 以内的较大滩地中,类型可不区分。孤立的小于 4 mm^2 的滩地可根据情况扩大表示或舍去。成片分布的小面积滩地可进行取舍。宽度窄于 1 mm 的干出滩用狭窄干出滩符号表示。

干出滩内的河道及潮水沟密集时可取舍。图上宽度不足 0.4 mm 的双排点线河道和潮水沟可改为单排点线表示,并注意与相连接的以单、双线表示的河流协调一致。

5.2.9 礁石、危险岸区

明礁、暗礁、干出礁均应表示,密集时可适当取舍。依比例尺表示的礁石应加注说明注记。比例尺缩小后不能依比例尺表示的礁石可改用相应的不依比例尺的符号表示。图上面积大于 25 mm^2 的危险岸区应表示。

有名称的礁石应注出名称。

5.2.10 岛屿

图上面积大于 0.5 mm^2 的岛屿(沙洲)应表示。表示岛屿时应注意保持其位置精确和基本轮廓形状。当岛屿密集不能逐个表示时,可在保持其外缘轮廓和密度对比的基础上进行取舍,但不能合并。孤立的、著名的或位于国界两侧的小岛,一般不宜舍去,可夸大到 0.5 mm^2 表示。

有名称的岛屿(沙洲)应注出名称,密集时个别次要小岛可省注,但位于国界两侧的岛屿应尽量注出名称。

5.2.11 水中滩

图上面积大于 4 mm^2 的沙滩、石滩应表示,小于此面积或宽度窄于 2 mm 的可舍去。密集时间隔小于 2 mm 的可适当合并表示,但不应合并成片。

5.2.12 井、泉、贮水池、瀑布

缺水地区的井、泉、贮水池均应表示;其他地区的在 1∶25 000、1∶50 000 地形图上适当选取;在 1∶100 000地形图上仅表示有方位意义的、有特殊性质(如温、矿等)及著名的井、泉,不表示贮水池。不能饮用的水井应加注水的性质。主要的水井可选注井口地面高程,自流井、温泉井、矿井、温泉、间歇泉、毒泉等应分别加注性质说明注记。有专有名称的井、泉,在人烟稀少地区应注出名称,其他地区择要注出。

地热井、地热池均应表示。

瀑布、跌水在双线表示的河流中及单线表示的主要河流中应表示,其他河段内可以取舍。1∶25 000、1∶50 000 地形图上瀑布应加注比高,1∶100 000 地形图上落差 5m 以上的瀑布应加注比高。著名的瀑布应注出名称。

5.2.13 沼泽

图上面积大于 25 mm^2 沼泽应表示,盐碱沼泽、泥炭沼泽应加注说明注记。沿河流分布的狭长沼泽,长 1 cm 以上的应选取。

5.2.14 潮汐流向及海洋名称注记

表示潮汐川及海水潮流向,1∶100 000 地形图上可只表示出主要的潮流方向。

海洋、海峡、海湾、海口、海沟、海槽、海角等均应注记名称,注记大小应保持一定的级差。

5.2.15 水系附属设施

堤:有重要防洪、防潮作用或堤顶宽度在图上大于 0.3 mm 的或比高大于 5 m 的用干堤符号表示,其他用一般堤符号表示。在 1∶25 000、1∶50 000 地形图上长 5 mm 且比高 1.5 m 以上的堤一般应表示;1∶100 000 地形图上干堤均应表示,一般堤根据地区特点、方位意义、堤大小等因素进行取舍。当堤与水涯线间距在图上小于 0.2 mm 时，水涯线可不表示。干堤应加注堤顶高程，一般每隔 10 cm～15 cm注一点。堤高大于 2 m 时应注比高，重要的大型防洪堤、防潮堤应加注名称注记。

沟堑：图上长 5 mm 且比高 1.5 m 以上的应表示，高于 2 m 的加注比高。

水闸、船闸、滚水坝、拦水坝：位于双线表示的河流及单线表示的主要河流上的均应表示，其他河流上的择要表示。有重要意义的加注名称。

扬水站、抽水机站：表示有固定设施的。

加固岸：图上长 2 mm 以上的应表示。图上宽度小于 0.7 mm 的双线表示的河流和单线表示的河流上的加固岸不表示。

陡岸：图上长 5 mm 且比高 2 m 以上的陡岸应表示，并注出比高。无滩陡岸符号在双线表示的河内表示不下时可移至岸线外侧紧靠水涯线表示；单线表示的河流不表示无滩陡岸。有滩陡岸与水涯线间在图上应保持 0.2 mm 间距，小于此间距时陡岸符号可稍移动；间距大于 1 mm 时其间应填绘相应的土质符号。

防波堤、制水坝：在双线表示的河流中且图上长度大于 2 mm 的一般应表示。

5.3 居民地及设施

5.3.1 编绘居民地及设施的要求

应正确表示居民地及设施的位置、轮廓图形、基本结构、通行情况、行政意义及名称，反映居民地及设施的类型、分布特征以及与其他要素的关系。

5.3.2 居民地的选取与表示

5.3.2.1 居民地的选取

5.3.2.1.1 1∶25 000、1∶50 000 地形图上居民地基本上全部表示，在居民地稠密地区，可适当舍弃个别小居民地，但位于道路交叉口、河流交汇处、山隘、渡口、制高点、国境线、重要矿产资源地、文物古迹等处的居民地均应详细表示。

5.3.2.1.2 1∶100 000 地形图上乡、镇以上各级行政中心及集、街、圩、场、坝和主要村庄应全部表示，其他以普通房屋为主体的居民地的选取原则为：

a) 由主到次、逐渐加密；

b) 应优先选取位于道路交叉口、交通线旁、河流交汇处、山隘、渡口、制高点、国境线、重要矿产资源地、文物古迹等处的有政治、经济、历史和文化意义的居民地；

c) 居民地选取时，密集区可多舍，稀疏区可少舍，但应能正确反映其居民地的疏密对比。一般的选取指标为：人烟稀少区全取，其他地区选取 60%～70%。

5.3.2.2 居民地的表示

5.3.2.2.1 街区式居民地

综合街区时，应注意保持街区图形总的形态特征（如矩形、梯形、不规则形）、房屋建筑密度对比及街区单元（指图上被街道分割的街区块）大小对比，并正确显示街区内部的通行情况。

a) 街区单元面积

街区单元面积综合指标一般应按表 4 规定，最小图斑一般不小于图上 1.5 mm^2 或长宽不小于图上 1.2 mm×1.0 mm。小于上述尺寸的或改用普通房屋符号表示或舍去。

表 4 街区单元面积综合指标

比例尺	城镇式房屋密集区	城市外围房屋稀疏区、街区式农村居民地
1∶25 000	16 mm^2～50 mm^2	4 mm^2～16 mm^2
1∶50 000、1∶100 000	8 mm^2～25 mm^2	2 mm^2～8 mm^2

b） 街区的综合

应清晰反映居民地外围轮廓，街区凸凹拐角在图上小于0.5 mm的可综合。街区内空地（如广场）面积在图上大于2 mm^2 的一般应表示，大于10 mm^2 的绿化种植地还应配置相应的植被符号。

对于密集街区应采用合并为主、删除为辅的原则进行图形概括。

1∶25 000、1∶50 000地形图上对于整齐排列、成行列分布的单幢房屋，应固定两端位置，中间内插房屋符号，不合并为街区。街区外缘的普通房屋不应并入街区，应进行适当取舍。

1∶100 000地形图上居民地内部的普通房屋与其相邻街区间隔小于0.3 mm时，可合并到街区表示；街区外缘的普通房屋一般不应并入街区，优先选取与居民地外围轮廓形状有关的普通房屋，其他可作较大的舍弃；如果城市附近的工厂、学校、医院等单位图上建筑面积与总面积之比（即密度）大于40%时可合并为街区表示。

高层房屋比例达到60%，且图上面积大于4 mm^2 的高层房屋区应表示。

破坏房屋：图上面积大于1 mm^2 的应表示。

c） 街道的表示

1∶100 000地形图上主、次干道过密时可将一部分次干道改为支线表示。

选取街道时，宜选取与公路相接的街道，选取与火车站、飞机场、码头、桥梁、广场、工矿企业等相联系的街道。对于构成矩形街区的街道网，宜选取相互垂直的两组街道。

5.3.2.2.2 散列式居民地

散列式居民地多由普通房屋分布所组成，但有明显的村庄范围，有的村庄还有一个比较集中的中心。应注意保持居民地分布区的范围、形状及房屋密度对比。优先选取依比例尺表示的房屋以及位于居民地的中心和外围特征处的房屋。对于沿道路、河流等要素呈带状分布的居民地，一般应首先选取两端的房屋，中间依其密度情况适当选取。

5.3.2.2.3 分散式居民地

分散式居民地多由普通房屋组成，房屋依天然地势建筑，无分布规律，有的村庄还有一个稍集中的范围。应正确反映居民地的大体分布范围、房屋分布特征及密度对比，对于根据地形、名称能明显确定范围的居民地应适当强调表示。

5.3.2.2.4 窑洞式居民地

注意反映散列分布窑洞的分布范围及中心位置。成排分布的窑洞不能逐个表示时，应保持两端窑洞位置准确，中间内插表示，并反映出连续的和间断排列的不同情况。多层分布的窑洞应保持上下层位置准确，中间层次内插表示。窑洞与房屋混合组成的居民地，应保持窑洞与房屋符号的密度对比。窑洞符号应顺坡壁方向配置，并与等高线协调一致。无方位意义的窑洞或废弃窑洞可不表示。

5.3.2.2.5 蒙古包及棚房

蒙古包、牧区帐篷及依比例尺表示的棚房一般应表示。有名称的加注名称，季节性的应注出居住月份，临近或密集并且居住月份一致的季节性蒙古包，可选取标注居住月份。

不依比例尺的棚房仅在地物较少地区并具有方位意义的才表示。1∶100 000地形图上不表示季节性的棚房。

5.3.2.3 居民地的名称注记

凡选取的居民地一般均应注记名称，并正确表示其行政等级。

乡、镇级以上居民地按行政名称注出，“乡”字可省略，但民族乡、自治乡应全名注出。当镇级以上行政名称与驻地自然名称不一致时，驻地自然名称作为副名注出，副名用比正名小二级的同体字在正名下方或右方加括号注出。

当一居民地是两个以上政府驻地时，只注高一级名称。

农、林、牧、渔场应全名注出。村庄按自然名称注出。工厂、学校、陵园等单位用专用名称注出。

居民地名称应配置适当，指示明确，并避免注记压盖居民地出入口、道路交叉口及其他重要地物。

分散式居民地名称注记，当其指向不明时，应按房屋符号的分布状况和资料上名称注记的位置注出。

居民地有总名和分名时，一般应优先选取总名及一部分分名；当总名指示不明确时，也可保留分名舍去总名。

居民地名称冠以上、下、东、西、南、北、前、后、大、小等时，一般不按总名和分名处理，密集时，应选注其中较大村庄的名称。

居民地注记密集时，个别较小居民地名称可适当省注。

5.3.3 居民地设施的选取与表示

5.3.3.1 居民地设施选取原则

工矿、农业、公共服务、名胜古迹、宗教设施、科学测站和其他独立地物应视不同的地物密度和地形情况进行取舍：

a) 在街区式居民地内部一般仅表示高大明显、有一定方位意义的突出地物，或有一定历史、文化意义的文物古迹以及能反映现代科学技术和经济建设发展水平的地物，如电视发射塔、体育馆、钟(鼓、城)楼、宝塔、各类科学测站等。

b) 在城市外围及居民地密集区，应选取有方位意义和有重要意义的地物，如发电厂(站)、水厂、污水处理厂、水塔、纪念碑、气象台(站)及各类科学测站等。既无方位意义、又无明显经济意义的地物符号，在1∶50 000地形图上可作适当取舍，在1∶100 000地形图上可大量舍去，如窑，不依比例尺的打谷场、饲养场、坟地、磨房等。

c) 在居民地及地物稀少地区，独立地物一般均应表示，在1∶100 000地形图上，矮小不突出的地物酌情选取表示，如坟地等。

5.3.3.2 居民地设施表示原则

有定位点的独立地物应保持位置的准确，与居民地、水系、道路等地物相重时，可间断街区、水系、道路边线，将独立地物符号完整表示。

基本资料上依比例尺表示的地物，由于比例尺的缩小而不能依比例尺表示或图上容纳不下名称注记时，可改用不依比例尺的符号表示，如学校、医院、陵园、地震台、科学试验站等。

5.3.3.3 露天采掘场、盐田、饲养场、水产养殖场的表示

露天采掘场：图上面积大于10 mm^2 的应表示，小于此面积但有方位意义的可适当放大到10 mm^2 表示。采掘场应加注开采品种说明，如“沙”、“石”等。

盐田：图上面积大于2 mm^2 的盐田应表示，面积在2 mm^2～5 mm^2 的盐田用不依比例尺的符号表示，大于5 mm^2 的依比例尺表示。依比例尺表示的盐田，其内部各部分格线应反映实地堤与田埂的疏密程度和规划特征；有名称的加注名称，无名称的加注“盐田”。

饲养场、打谷场、贮草场、贮煤场、水泥预制场：一般仅表示图上面积大于1.5 mm^2 的，小于1.5 mm^2的在地物稀少区可酌情选取表示。

水产养殖场：面积大于16 mm^2 且固定的一般应表示，并注出产品名称。

5.3.3.4 垣栅的表示

长城、砖石城墙：一般均应表示，并加注比高。

土城墙、围墙：图上长3 mm且比高2 m以上的应表示。围墙短于3 mm但又必须表示时，可改用细实线表示。围墙与街道线重合或间距小于0.3 mm时，只表示街道线。

栅栏、铁丝网、篱笆：图上长1 cm且比高1.5 m以上的一般应表示，地物稠密时可取舍。高度不足1.5 m，但确有方位作用的铁丝网、电网也应表示。当符号与街道线重合或间距小于0.3 mm时，只表示街道线。

地类界：图上小于1.5 mm的弯曲可适当化简。地类界与地面有形的线状地物如道路、河流重合或相距窄于1 mm时，可以线状地物为界，但当与地面无形的线状地物如境界、架空的线状地物(如电力线等)重合时，应适当移动地类界以保持0.2 mm的间距；与等高线重合时可压盖等高线。

5.4 交通

5.4.1 编绘交通的要求

正确表示道路的类别、等级、位置，反映道路网的结构特征、通行状况和分布密度，表示水运、空运及其他交通设施，正确反映交通与其他要素的关系。

5.4.2 铁路

5.4.2.1 铁路的选取与表示

单线、复线铁路和建筑中的铁路均应表示。通往工矿区及工厂内的支线铁路，短于 1 cm 的可酌情舍去。当岔线较密不能全部表示时，可只选取主要的线路表示。当某段两条线路不在一条路基上，但间隔不能按真实位置分别表示时，用复线铁路符号表示，符号配置在两条线路的中间处。

铁路一般不予以化简。电气化铁路应加注说明注记，路段很长时，可每隔 15 cm～20 cm 重复注出。

窄轨铁路和建筑中的窄轨铁路应表示。

5.4.2.2 车站及附属设施

火车站、会让站应全部表示。车站符号表示在主要站台进出口位置上，符号中的黑块应在站房的一边。被车站符号压盖的其他地物符号可移位或省略。车站内的站线不能逐条表示时，外侧站线准确表示，中间站线均匀配置，但间距不应小于 0.3 mm。

车站应注出名称，但当车站名称与所在居民地名称一致且靠得很近时，车站名称可省略。当站线宽度不超过车站符号时，不表示站线符号。

机车转盘、车挡和有方位意义的信号灯、柱在 1∶25 000、1∶50 000 地形图上应表示，在 1∶100 000 地形图上选取表示。

车站内的天桥，当图上长不足 3 mm 时可不表示。

5.4.3 公路及其他道路

5.4.3.1 城际公路

高速、国、省、县、乡等城际间的各等级公路均应选取。1∶100 000 地形图上在城市近郊公路过密地区，图上长度不足 1 cm 且平行间距不足 3 mm 的短小岔线可酌情舍去。公路应注出技术等级及行政等级代码和编号，每隔 15 cm～20 cm 重复注出，长度不足 5 cm 的可不注出。

匝道应表示，当其匝道网格小于 1 mm^2 时可综合，但应保持其基本平面图形特征。

具有两个以上公路代码的路段其道路编号按管理等级高的注出公路代码，管理等级相同的按道路编号小的注出公路代码。

5.4.3.2 乡村道路

1∶25 000 地形图上的小路，1∶50 000 地形图上的乡村路、小路及 1∶100 000 地形图上的机耕路、乡村路、小路可适当取舍。在人烟稀少地区道路一般全部选取。

选取道路时，应按由重要到次要、由高级到低级的原则进行，并注意保持道路网的密度差别和形状特征。1∶25 000、1∶50 000 地形图上道路网格一般为 2 cm^2～4 cm^2，最密不应小于 1 cm^2；1∶100 000 地形图上道路网格一般不应小于 1 cm^2。优先选取连接乡、镇、大村庄之间的道路，通往高等级道路、车站、码头、矿山的道路，作为行政界线的道路，穿越国境线的道路以及连接水源的道路。一般应使居民地之间、居民地与主要地物之间均有道路连接。两居民地之间有数条道路相连接时，应优先选取等级较高、距离较短的道路。

时令路及无定路：仅在交通不发达地区予以表示，密集时可取舍。时令路应注出通行月份。

山隘：一般应表示，并应注出高程，有名称的加注名称，季节性通行的应加注通行月份。

5.4.3.3 道路的图形概括

公路一般不予化简。山区公路的“之”字形弯道，如双线表示有困难时可采用共边表示或缩小符号宽度；当有多个“之”字形弯道并联，图上无法逐一表示时，应在保持两端位置准确和“之”字形特征的条件下作适当化简。概括后的道路形状应与地貌、水系等要素协调。当道路与水系要素发生争位时，宜保持水系要素的位置准确,移动道路,保持图上 0.2 mm 间距。

机耕路、乡村路和小路可适当概括,舍去一些无特征意义的小弯曲。时令路、无定路可进行较大程度的图形概括,只着重表示其走向。

虚线表示的道路交叉点应以实部衔接,变换等级时,应以地物点为变换点。

5.4.4 道路附属设施

5.4.4.1 长途汽车站、加油站、停车场、收费站

长途汽车站:城区内县级以上的一般应表示。

加油站、大型停车场、收费站及高速公路上的服务区:居民地外公路旁的一般表示。

5.4.4.2 桥梁

铁路、公路上的桥梁应表示,其他道路上的桥梁择要表示。公路上的桥梁应加注载重吨数。重要桥梁应加注名称。漫水桥、铁索桥等应加注说明注记。立交桥一般应表示,密集时不依比例尺的可适当取舍。

5.4.4.3 隧道、明峒、路堤、路堑

隧道、明峒:图上长 1 mm 以上的应表示,小于 1 mm 的可适当选取。

路堤、路堑:图上长 5 mm 且比高 2 m 以上的应表示,并择注比高。连续分布且间隔小于图上 2 mm 时可连续表示。

5.4.4.4 零公里公路标志、路标、里程碑

中国及各省、市级公路零公里标志均应表示;公路上的有方位作用的路标应表示;在缺少方位物的地区,公路上的里程碑应选择表示,其间隔一般不大于 10 km,并注出公里数。

5.4.4.5 水运设施

码头、干船坞、停泊场:在双线表示的河流中一般应表示。当河流宽度较窄难以表示时,可缩小符号尺寸或舍去。

助航标志:1∶25 000、1∶50 000 地形图上一般均应表示,1∶100 000 地形图上选取表示。灯塔应注出灯高。

通航河段起止点:一般均应表示,其箭头方向朝向通航河段。

5.4.4.6 空运设施

飞机场应表示,符号配置在机场适中位置上。机场范围内的房屋建筑和垣栅如围墙、铁丝网等均用相应符号表示,其他设施一律不表示。民用机场应注记名称。

5.4.4.7 其他交通设施

简易轨道、架空索道:图上长度大于 1 cm 以上的应表示。

渡口、徒涉场:与道路相连接的应表示,其他的可舍去。

5.5 地貌

5.5.1 编绘地貌的要求

正确表示各类地貌的基本形态特征,保持地貌特征点、地性线的位置和高程的正确,反映地面切割程度,处理好地貌与其他要素的关系。

5.5.2 等高线

根据制图区域地形特征及资料情况,按表 2 选择基本等高距。

凡高程为等高距 $5n$ 倍(n 为整数,下同)的等高线表示为计曲线。采用 2.5 m 作为基本等高距时,等高距 $4n$ 倍的等高线表示为计曲线。

在基本等高距不能反映有特征意义的地形起伏和微地貌形态地区,如平原面、高原面、盆地面、平缓的山顶、鞍部、凹地、河流阶地、河漫滩等应表示间曲线或助曲线。

无法实测地区,可用草绘等高线表示。

5.5.3 等高线图形的综合

5.5.3.1 等高线图形综合要求

综合等高线图形时应根据不同地区地貌类型特点,正确表示山脊、山头、谷地、斜坡及鞍部的形态特征。一般情况下是删除次要的负向地貌碎部,但在概括刃脊、角峰、冰斗、凹地、方山、盆地等的图形时,则可删除次要的正向地貌碎部。为强调地貌特征,个别等高线可局部适当移位(最大不超过表3中规定的等高线高程中误差值),但需注意避免等高线与附近控制点和高程点之间出现矛盾。

相邻两条等高线间距不应小于0.2 mm,不足时可以间断个别等高线,但不应成组断开。

等高线遇到房屋、窑洞、公路、双线表示的沟渠、冲沟、陡崖、路堤等符号时应断开。

5.5.3.2 基本地貌形态的综合

a) 山脊

正确表示山脊的形状、延伸方向及主脊与支脊之间的相互关系。山脊顶部等高线间距不小于0.3 mm。尖窄山脊的等高线可呈尖角形弯曲,等高线一般不应向下坡方向移位;浑圆形山脊上部等高线可稍向下坡方向移位,以适当扩大山脊部分。

b) 山头

注意反映小山头的形状。表示山脊上的山头和独立高地的闭合等高线最小直径一般不小于0.5 mm,有境界通过的小山头可适当放大。有高程注记的小山头,等高线表示不下时,可省去一条等高线。

1∶100 000地形图上山脊上的小山头当距离小于0.3 mm而又为同走向时可适当合并。

小山头群集地区一般只取舍不合并。取舍时应注意反映其分布密度和排列特征。位于交通要道、河流、宽阔谷地、平地、重要桥梁和主要居民地旁的独立小山头以及有国家级测量标志、界标等的小山头应优先选取。

表示山头的等高线应反映不同地貌形态,保持其原来的尖角形、浑圆形等特征。

c) 谷地

正确表示谷地大小、形态以及主支谷关系。图上相邻谷的谷口间距在一般情况下按表5规定。

表5 谷口间距

地貌类型	谷口间距	
	1∶25 000 1∶50 000	1∶100 000
中山、高山	4 mm～8 mm	4 mm～6 mm
丘陵、低山	3 mm～6 mm	3 mm～5 mm
黄土、风成	2 mm～4 mm	2 mm～4 mm

选取谷地时应按从大到小、由主及次的原则进行。有河流通过的谷地、主要鞍部以及道路通过的谷地应优先选取。

概括谷地等高线图形时应反映出谷地纵横剖面的形态特征。正确显示出谷底线、谷缘线的位置。在一般情况下主谷的等高线比支谷的等高线向谷源方向伸入的长一些。

d) 斜坡

注意反映出等齐斜坡、凹形坡、凸形坡、阶形坡、斜陡坡及受冰蚀的三角面、受风化的岩石坡面、受流水冲蚀的扇状坡面等特征。

e) 鞍部

注意反映鞍部的对称与不对称特征。鞍部两侧最高两条对应等高线距离一般不应小于0.3 mm。地形复杂、鞍部很多的地区,可舍去一些小而次要的鞍部,强调表示有道路通过的鞍部及能显示分水岭特征的鞍部。

f) 凹地及示坡线

图上面积大于1 mm^2 的凹地应予以选取,小于此面积的但有特征意义的可选择夸大表示。如群集凹地应选取能反映其分布特征的其面积小于 1 mm^2 的凹地夸大表示。

凹地的边缘最高一条等高线和底部最低一条等高线应表示示坡线，独立小山头、斜坡方向不易判读处、图廓边的丘岗及谷地也应表示示坡线。

5.5.4 高程点及等高线高程注记

高程点应按地貌特征进行选取，其个数在地貌形态比较破碎复杂的地区应较多，比较完整简单的地区可较少。一般图上每 100 cm^2 范围内的选取数量见表 6。

表 6 高程点及等高线高程注记选取指标

高程点数量	平原、丘陵	10～20 个/100 cm^2
	山地、高山地	8～15 个/100 cm^2
等高线高程注记数量		5～10 个/100 cm^2

应优先选取测量控制点、水位点、图幅内最高点、凹地最低点、区域最高点、河流交汇处、主要湖泊岸线旁、道路交叉处及有名称的山峰、山隘等处的高程点，并注意协调处理高程点与等高线、测量控制点等要素的矛盾。

等高线高程注记选取数量见表 6，注记字头朝向高处。

5.5.5 等深线、水深注记

表示水深为 2 m、5 m、10 m、20 m、30 m、50 m、100 m、200 m 的各条等深线。等深线应加注记，注记一般成组配置，字头指向浅水处。在斜坡方向不易判读处和最低一条封闭等深线上应表示示坡线。陡坡地段的等深线间距小于 0.2 mm 时可中断个别等深线。

水深注记的密度按浅水密、深水稀的原则，并根据海底地形确定。图上每 4 cm^2 内选取数量见表 7。

表 7 水深注记选取指标

水深/m		<5	5～10	10～20	20～40	>40
选取个数	1∶25 000 1∶50 000	4	2～3	1		
	1∶100 000	4			2～3	1

一般航道两侧浅滩、河口、岛、礁周围及地形陡变处的水深注记要优先选取，并可略密于表 7 规定的指标。水深注记的中心表示测深点的位置，注记注至整米。

5.5.6 地貌符号的使用

5.5.6.1 岩峰、溶斗

一般应表示，并择注比高。

以等高线表示的岩峰当其等高线表示不下时可改用岩峰符号表示；以等高线表示的溶斗(封闭洼地)，当其面积小于 1 mm^2 时可改用溶斗符号选取表示。

5.5.6.2 独立石、土堆、坑穴

一般仅选取比高大于 2 m 的土堆、坑穴及具有方位作用的独立石；在居民地及地物密集区可大量舍去，在稀少区应酌情选取表示。

5.5.6.3 山洞、溶洞、火山口

一般均应表示，著名的应加注名称。

5.5.6.4 冲沟

图上长 6 mm 以上的冲沟应表示，图上宽度小于 0.4 mm 的用 0.1 mm～0.4 mm 的单线符号表示，宽度在 0.4 mm～1.5 mm 的用双线符号依比例尺表示，超过 1.5 mm 时沟壁应用陡崖符号表示，超过 3 mm 时应表示沟底等高线。冲沟深度大于 2 m 时应注比高。

冲沟之间的间距一般不应小于 2 mm，密集时应优先选取以双线表示的冲沟，舍去一些短小的单线表示的冲沟。

5.5.6.5 陡崖、陡坎

图上长 5 mm 且比高 2 m 以上的应表示，有比高的应注比高。连续分布且间隔小于 0.3 mm 的各段短陡崖可适当合并表示。

5.5.6.6 露岩地、陡石山、岩墙

露岩地：成片分布的在其范围内均匀配置符号，小块独立分布的其符号一般配置在原资料的位置上。

陡石山：图上长度在 5 mm 且宽 2 mm 以上的应表示，小于此尺寸时可改用等高线表示。

岩墙：图上长 5 mm 以上的应表示，比高 2 m 以上的加注比高。

5.5.6.7 沙地地貌

图上面积大于 1 cm^2 的各类沙地地貌应用相应的符号表示，大于 10 cm^2 的沙地(除平沙地外)应加注相应的类型注记。基本资料上用等高线表示的各类沙地地貌，因缩小后等高线显示不清或等高线落选时，可改用相应的符号表示。

5.5.6.8 粒雪原、冰裂隙、冰陡崖、冰碛、冰塔

应表示出雪山范围，其内表示粒雪原、冰川、冰裂隙、冰陡崖、冰碛、冰塔。

雪山范围的概括应与等高线图形相适应。粒雪原图上面积大于 10 mm^2 的应表示，零散分布的面积不足 10 mm^2 的可适当夸大一部分表示。粒雪原之间间隔小于 1 mm 时可合并。雪山内的非冰雪区面积大于 10 mm^2 的应表示，小于此面积的可合并到雪山内。

冰斗湖、冰裂隙、冰陡崖、冰碛及比高 10m 以上的冰塔应表示。冰斗湖小于 1 mm^2 时可放大至 1 mm^2 表示。

5.5.6.9 崩崖、滑坡、泥石流、熔岩流

泥石流、熔岩流及图上面积大于 25 mm^2 的崩崖、滑坡一般均应表示。

5.5.6.10 梯田坎

图上长 5 mm 且比高 2 m 以上的梯田坎在 1：25 000、1：50 000 地形图上一般应表示；在 1：100 000地形图上适当选取表示，优先选取位于主要交通线两侧的梯田坎。梯田坎应择注比高。梯田坎符号密集时，梯田分布区域的上、下层按实地位置表示，其他各层适当取舍。

5.5.6.11 岸垄、土垄

图上长 5 mm 且比高 1.5 m 以上的应表示，比高 2 m 以上的应加注比高。

5.5.7 地理名称注记

a) 山峰、山顶、独立山头等的名称一般应注出，地物密集地区较小的山峰名可不注。注记字大一般按山体大小和著名情况分级注出。

b) 山岭、山脉名称一般应注出，着重注记山脊走向明显的山脉、山岭名称，注记大小应保持一定级差。注记位置沿山脊走向排列。主山脉名称在一幅图内不便加注时，可注其支脉名称。山岭、山脉的名称和分级应参考有关的山脉、水系资料图确定。

c) 凹地、草地、沙地、沙漠、山峡、山谷、冰川等名称按其范围、方向注出，并保持一定级差。

5.6 管线

5.6.1 编绘管线的要求

正确反映管线的种类、位置以及走向特征。

5.6.2 高压输电线、变电站(所)

图上长 5 cm 且电压 35 kV 以上的应表示。在地物稀少地区，35 kV 以下的酌情表示。街区内不表示高压输电线，其符号表示至街区边缘处中断，当其在图上距道路符号边线 3 mm 以内时可只在分岔、转折处和出图廓时表示出一段高压电线符号，以示走向。

变电站(所)一般仅表示街区外围的。

5.6.3 通信线

地物稀少地区且较固定的或有方位意义的一般应表示，多行并行的择要表示。街区内不表示通信线，其符号表示至街区边缘处中断。当通信线在图上距铁路、公路符号边线 3 mm 以内时，只在分岔、转折处和出图廓时表示出一段通信线符号，以示走向。

5.6.4 管道

图上长 1.5 cm 以上的用于输送石油、煤气、蒸气、天然气、水等的管道应表示，并加注相应的说明注记。地下管道只表示出入口。街区内的管道不表示。

5.7 境界

5.7.1 编绘境界的要求

正确反映境界的等级、位置以及与其他要素的关系。不同等级的境界重合时应表示高等级境界符号，与其他地物不重合的境界线应连续表示；境界的交汇处和转折处应以点或实线表示。境界符号两侧的地物符号及其注记不宜跨越境界线。

5.7.2 国界

国界线应根据国家正式签订的边界条约(议定书)及其附图准确表示出，并在出版前按规定履行报批手续。

a) 表示国界时应注意：
   1) 国界应准确表示，在能表示清楚的情况下一般不应综合。国界的转折点、交叉点应用国界符号的点部或实线段表示。
   2) 国界上的界标(界桩、界碑)应按坐标值定位，注明编号并尽量注出高程。同号双立或同号三立的界标在图上不能同时按实地位置表示时，应用空心小圆圈按实地的相对关系表示出，并注出各自的序号。
   3) 位于国界线上和紧靠国界线的居民地、道路、山峰、山隘、河流、岛屿和沙洲等均应详细表示，并明确其领属关系。
   4) 边界条约上提到的名称应严格按条约附图表示，各种注记不应压盖国界符号。
b) 以河流及线状地物为界的国界表示方法：
   1) 以河流中心线或主航道为界的国界，当河流用双线表示且其间能表示出国界符号时，国界符号应不间断表示出，并正确表示岛屿和沙洲的归属；河流符号内表示不下国界符号时，国界符号应在河流两侧不间断地交错表示出，岛屿、沙洲归属用说明注记括注(国名简注)。
   2) 以共有河流或线状地物为界时，国界符号应在其两侧每隔 3 cm～5 cm 交错表示 3～4 节符号，岛、洲归属用说明注记括注(国名简注)。
   3) 以河流或线状地物一侧为界时，国界符号在相应的一侧不间断地表示出。

5.7.3 国内各级行政境界

县级以上各级境界应用最新编绘出版的地图或最新勘界成果和行政区划变动资料进行校核。两级以上的境界重合时只表示高一级的境界。界桩、界标要准确表示，界标若为石碑，又有方位意义的则以纪念碑符号表示。

各级境界以线状地物为界时，能在其线状地物中心表示出符号的，在其中心每隔 3 cm～5 cm 表示 3～4 节符号；不能在其中心表示出符号的，可在线状地物两侧每隔 3 cm～5 cm 交错表示 3～4 节符号。在明显转折点、境界交接点以及出图廓处应表示境界符号。应明确岛屿、沙洲等的隶属关系。

“飞地”界线用其所属的行政单位的境界符号表示，并加隶属说明注记，如“属××省××县”或“属××县”，注记大小根据飞地在图上的面积而定。

5.7.4 其他界线

行政等级以外的特殊地区、国家及省级自然保护区以及国家森林公园等范围界线分别用相应的符号表示，并在范围内注记名称。

当自然保护区界线无法确定时，可只在中心部分加注名称。若一幅图均位于自然保护区内，则可用附注说明。

5.8 植被与土质

5.8.1 编绘植被与土质的要求

应正确反映出植被和土质的类型、分布范围、轮廓特征以及与其他要素的关系。

毗连成片的同类土质、同类植被其间距小于图上 1 mm 时可以适当合并。同一地段生长有多种植物时可配合表示，但植被连同土质符号不宜超过三种，符号的配置应与实地植被的主次和稀密情况相适应。荒漠地区植被选取指标可低于下述规定。

5.8.2 耕地

稻田：图上面积大于 50 mm^2 的应表示，沿沟谷狭长分布的稻田宽度窄于 2 mm，但长度大于 1 cm 的应表示。

旱地：表示分布在草地、稻田、林地中有方位作用的小块旱地。大面积的旱地可不用符号表示，在其范围内加注“旱地”注记；如一幅图均为旱地，则可加附注说明。

水生作物地：图上面积大于 50 mm^2 的应表示，大于 2 cm^2 时加注品种名称。

台田、条田：图上面积大于 50 mm^2 的应表示，并加注“台田”或“条田”注记。

5.8.3 园地

图上面积大于 10 mm^2 的经济林、经济作物地分别用相应的符号表示，小于此面积的一般不表示，仅在植被稀少地区或小面积分布成片地区适当选取，并分别用其小面积符号表示。图上面积大于 50 mm^2时应加注相应的产品名称。

5.8.4 林地

成林、幼林、灌木林、竹林、迹地：图上面积大于 10 mm^2 的分别用相应的符号表示，小于此面的一般不表示，仅在植被稀少地区或小面积分布成片地区适当选取，并分别用其小面积符号表示。图上宽度不足 1.5 mm、长度大于 8 mm 的狭长林地可分别用狭长符号选取表示。图上面积大于 25 mm^2 林中空地应表示。

疏林、稀疏灌木林：按实地树木稀密情况在其范围内配置符号，并可与其底层的土质、植被符号配合表示。

防火带：均应表示，并加注防火带宽度。

零星树木：杂生在灌木林、竹林、草地中的应选择表示，田间及居民地内、外的零星树木仅在树木稀少地区选择表示。

行树：图上长 2 cm 以上应表示，但当地物、植被密集处可适当舍去。

独立树、独立树丛：仅表示有方位意义的或古树名木。古树名木应加注名称。

5.8.5 草地

图上面积大于 50 mm^2 的高草地、草地，大于 10 mm^2 的人工绿地以及大于 1 cm^2 的半荒草地、荒草地应表示。1∶25 000、1∶50 000 地形图上面积大于 2 cm^2 的高草地应加注植物名称，如“芦苇”、“芒草”等。

5.8.6 土质

盐碱地、小草丘地、龟裂地、沙砾地、石块地、残丘地等，当其图上面积大于 1 cm^2 时均应用相应符号表示，其范围内长有其他植被时，用相应的植被符号配合表示。

残丘地平均比高大于 2 m 的应适当加注平均比高。

6 编绘技术方法及要求

6.1 编绘技术方法

图 1 显示了先采集地形数据，再进行符号化编辑后形成的印刷原图的编绘流程图；图 2 显示了采集地形数据与符号化编辑同时进行所形成印刷原图的编绘流程图。

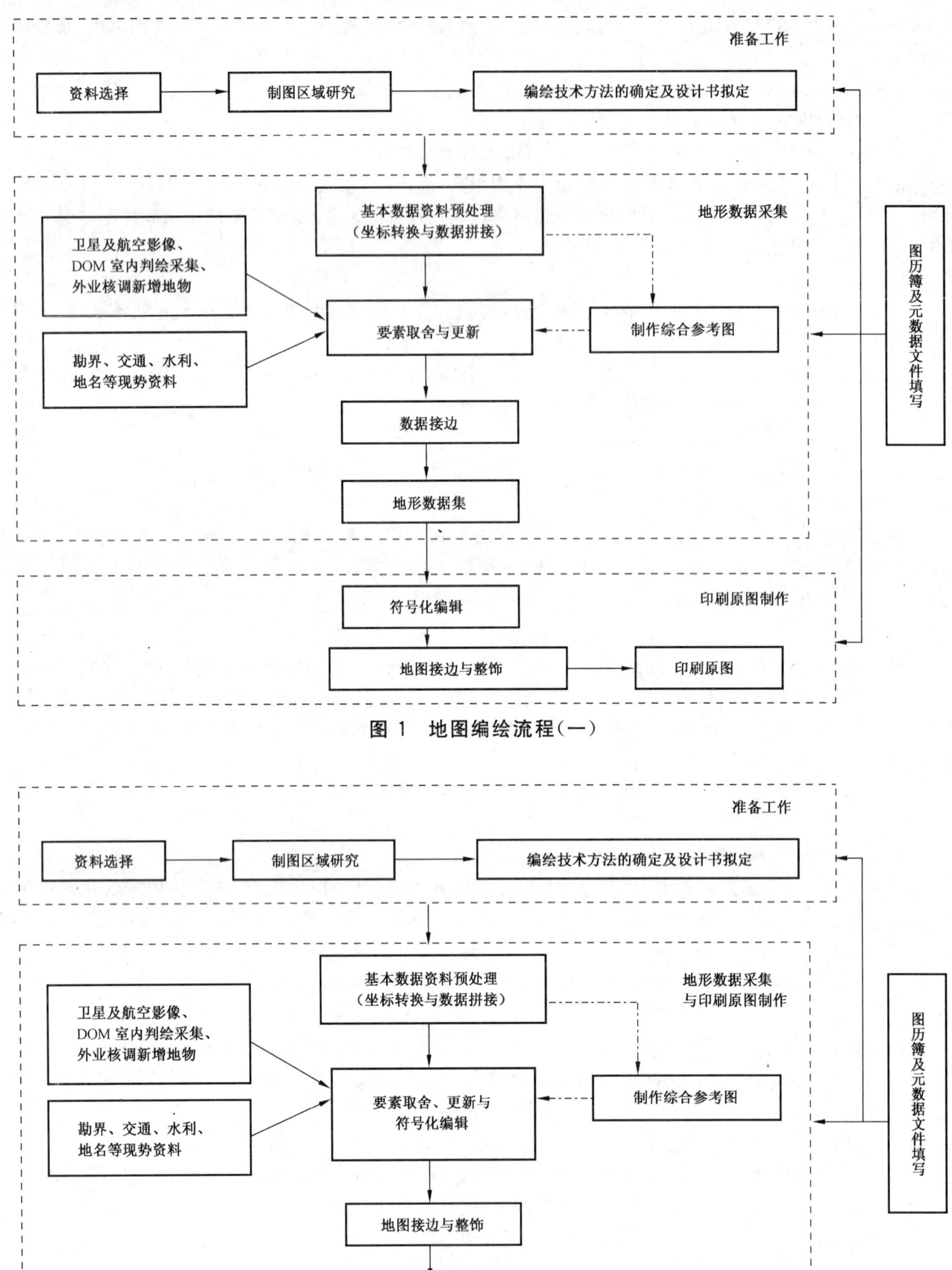

图 1　地图编绘流程（一）

图 2　地图编绘流程（二）

如采用图 2 所示的技术方法制作印刷原图，在进行地形数据采集时，应兼顾第 5 章、第 8 章与第 9 章的规定。附录 A 给出了地形图各要素的综合示例。

6.2 编绘顺序

编绘应按有利于要素关系协调原则和重要要素在先、次要要素在后的顺序进行。一般顺序为：内图廓线、控制点、高程点、独立地物、水系、铁路、主要居民地、公路及附属物、次要居民地、一般道路、管线、地貌、境界、植被与土质、注记、直角坐标网、图幅接边、图廓整饰。

6.3 元数据文件录入及图历簿的填写

元数据文件及图历簿应能全面、正确反映每幅地形图的编绘过程。应详细记载所编图幅的数学基础、平面控制点坐标、数据源、数据分层、图幅编绘说明、图幅接边、资料使用情况、主要问题的处理情况和成图质量评定等内容。

7 准备工作

7.1 制图资料的选择

7.1.1 应搜集大于成图比例尺、地图精度符合相应比例尺地形图精度要求、现势性强的地形图全要素矢量数据或地形图。一般 1∶25 000 地形图应以 1∶10 000 地形图作为基本资料；1∶50 000 地形图应以 1∶25 000 地形图或 1∶10 000 地形图作为基本资料；1∶100 000 地形图应以 1∶50 000 地形图作为基本资料。在特殊情况下，图幅局部地区可搜集与成图比例尺相同的地形图作为基本资料。现势性即成图时间一般应在 5 年以内。

7.1.2 作为基本资料的补充或参考，还应搜集以下资料：

a) 测量控制点成果、基本资料的元数据文件或图历簿；
b) 最新航摄或卫星影像制作的数字正射影像图（或航摄像片）、卫星遥感数据；
c) 与成图比例尺相同的数字栅格图；
d) 道路数据、勘界资料等以及有关的行政区划、水利、交通、海图、滩涂、电力、通讯、石油、地名等现势性强的数据库或专题地图和文字资料等。

7.1.3 基本资料的搜集应截止至编绘作业之前。对于县级以上居民地的行政等级、政区变动，铁路，省道以上公路，重大水利工程等重要要素，其现势资料的搜集一般截止至成图检查完成之时。

7.2 制图资料的分析与评价

对于确定为编图所需使用的资料，应进行分析，并做出简明评价和确定其使用程度。评价内容一般包括：

a) 测制单位、数学基础、成图年代等；
b) 地图内容精度、现势性、可靠性与完备性等；
c) 各地物要素同本部分及 GB/T 20257.3 中符号分类分级的符合程度及转换原则。

根据以上分析、评价，确定基本资料、补充资料、参考资料的使用程度及方法。

7.3 制图区域的研究

制图区域的研究是以基本资料为基础，结合补充资料和参考资料，从整体上了解制图区域的地理概况和基本特征。研究的主要内容为：

a) 居民地的分布特点和密度差别，居民地平面图形的基本特征及行政意义等；
b) 道路的等级、通行情况、分布特点和密度差别、道路附属设施的分布情况；
c) 各级境界状况，特别是国界、省界有无待处理的问题；
d) 水系的结构特征及河网密度，湖泊类型及分布特点，运河、沟渠等人工水系物体的分布状况；
e) 海岸类型，岛、礁、航海设施分布特点，海底地貌的形态特征；
f) 陆地地貌的类型及形态特征；
g) 各种植被的分布特点；

h) 有特殊文化、历史或经济价值的地物和国家重大工程项目的分布情况；

i) 其他要素的分布情况。

通过以上分析研究，针对编绘作业的需要，写出制图区域地理特征的简要说明。

7.4 编绘技术方法的确定及专业设计书拟定

7.4.1 根据资料情况、图幅的难易程度等因素确定图1或图2中所示的编绘技术方法。对于困难类别较高的图幅，应确定是否制作综合参考图；对于卫星及航空影像、DOM室内判绘采集和外业核调新增地物以及勘界、交通、水利、地名等现势资料应确定其补充至图上的方法。

7.4.2 专业设计书是指导制图区域各图幅编绘作业的专业技术文件。其内容应按CH/T 1004有关要求编写，并应提供设计书附件。附件一般包括制图区域图幅接合表、基本资料略图、行政区划略图、综合样图、新旧图式符号对照表，相邻图幅接边关系等。

8 地形数据采集

8.1 基本数据资料预处理

将数据按照成图比例尺的图幅范围进行坐标转换、数据拼接；如基本资料数据为3°分带，应将拼接后的数据进行投影转换为6°分带。对于纸质地形图资料，应预先进行扫描，矢量化后再进行坐标转换和拼接处理。

8.2 制作综合参考图

根据图幅的难易，确定是否制作综合参考图。即按照成图比例尺打印出图，在图上根据编绘各要素的技术要求及综合指标标绘居民地街区分块、水系取舍、等高线综合等，同时将需补充、修改的要素也标绘在综合参考图上。

8.3 地形数据的取舍与概括

按第5章规定的地形数据的综合指标和设计书的要求进行地形数据的选取和图形的概括(有综合参考图的可对照综合参考图)，根据补充、参考资料进行要素的修改和补充。

大比例尺地图数据用于缩编时，应注意在保持几何形状不失真的情况下进行光滑处理。

内图廓线及公里格网、北回归线等要素应正确无误，采用理论数据计算生成。北回归线以折线表示，折点为经差3′45″。

要素取舍时，为了更准确地把握取舍尺度，可将与成图比例尺相同的DRG数据放在数据下面作为背景参考对照。

8.4 地形数据接边

相邻图幅的地形数据应进行接边处理，包括跨投影带相邻图幅的接边。接边内容包括要素的几何图形、属性和名称注记等，原则上本图幅负责西、北图廓边与相邻图廓边的接边工作，但当相邻的东、南图幅已验收完成，后期生产的图幅也应负责与前期图幅的接边。

相邻图幅之间的接边要素不应重复、遗漏，在图上相差0.3 mm以内的，可只移动一边要素直接接边；相差0.6 mm以内的，应图幅两边要素平均移位进行接边；超过0.6 mm的要素应检查和分析原因，由技术负责人根据实际情况决定是否进行接边，并需记录在元数据及图历簿中。

接边处因综合取舍而产生的差异应进行协调处理。经过接边处理后的要素应保持相对位置的正确性，属性一致、线划光滑流畅、关系协调合理。

9 印刷原图制作

9.1 地形数据符号化编辑

9.1.1 按GB/T 20257.3规定的符号、线型、色彩等要求对地形数据进行符号化，并按照第5章中有关各要素关系处理和图形概括的规定进行图形编辑。

9.1.2 对于地物符号化后出现的压盖、符号间应保留的空隙或小面积重要地物夸大表示等情况引起的地物要素的位移时，位移值一般不超过 0.5 mm，特殊情况下最大位移值不应超过两倍中误差。

9.1.3 应正确处理好水系、道路、居民地、地貌等要素之间的关系，保持其各要素间的相离、相切、相割关系。地物要素避让关系的处理原则一般为：自然地理要素与人工建筑要素矛盾时，移动人工建筑要素；主要要素与次要要素矛盾时，移动次要要素；独立地物与其他要素矛盾时，移动其他要素；双线表示的线状地物其符号相距很近时，可采用共线表示。

9.1.4 地物密度过大时可根据地物重要性进行适当的再取舍或将符号略为缩小；连续排列和分布的同类点状要素（如窑洞）符号化后若相互压盖，优先选取两端或外围的地物以反映其分布特征，中间依其疏密情况适当取舍；而不同类点状要素（如宝塔与亭）符号化后若相互压盖，根据其分布特征优先选取有重要意义、有定位意义的地物。

9.1.5 地物要素图形概括后的形状应与其相邻的地物要素相协调。如概括后的道路形状应与地貌、水系相协调、水系岸线应与等高线图形相协调等。

9.2 地图接边

对符号化后的地图数据应进行相邻图幅图形的再接边，经过接边处理后的要素应保持图形过渡自然、形状特征和相对位置工确。

9.3 地图图廓尺寸

地图图廓尺寸应符合下列要求：

a） 图廓边长与理论值之差不大于±0.2 mm；

b） 图廓对角线长度与理论值之差不大于±0.3 mm。

9.4 地图整饰

按 GB/T 20257.3 的规定对地图数据进行图廓整饰，并正确注出图廓间的名称注记：

a） 图廓间的道路通达注记

铁路、公路以及人烟稀少地区的主要道路出图廓处应注通达地及里程。铁路应注出前方到达站名；公路或其他道路应注出通达邻图的乡、镇级以上居民地，如邻图内无乡、镇级以上居民地时，可选择较大居民地进行量注。当道路很多时可只注干线或主要道路的通达注记。

铁路或公路通过内外图廓间复又进入本图幅时，应在图廓间将道路图形连续表示出，不注通达注记。

b） 界端注记

境界出图廓时应按 GB/T 20257.3 规定加界端注记，但当境界穿过内外图廓间复又进入本图幅时，可在图廓间连续表示出境界符号，不注界端注记。

c）图廓间的居民地、湖泊、水库名称注记

居民地、湖泊、水库其面积跨两幅图时，面积较大的注在本图幅内，面积较小的应将名称注在该图幅的图廓间。

9.5 地图分色

根据图式要求和/或印刷工艺设计要求进行分色和专色设定，完成印刷原图的制作。

附 录 A
（资料性附录）
样 图 示 例

图 A.1～图 A.16 给出了地形图各要素的综合示例。

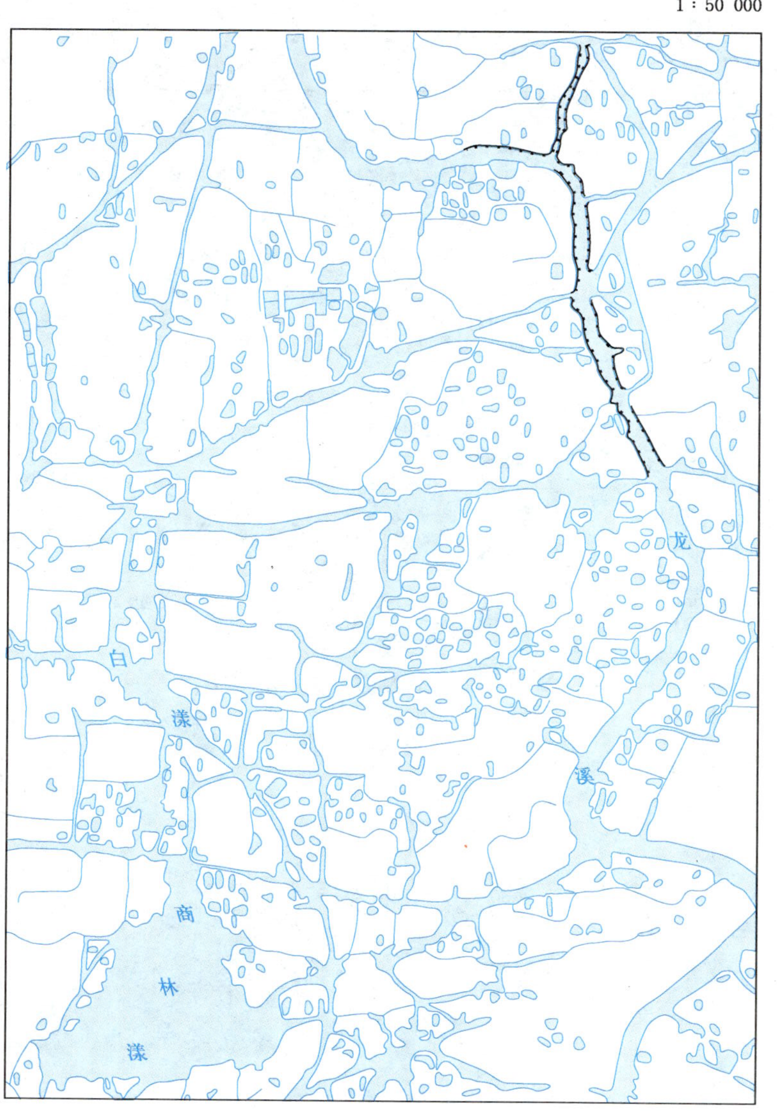

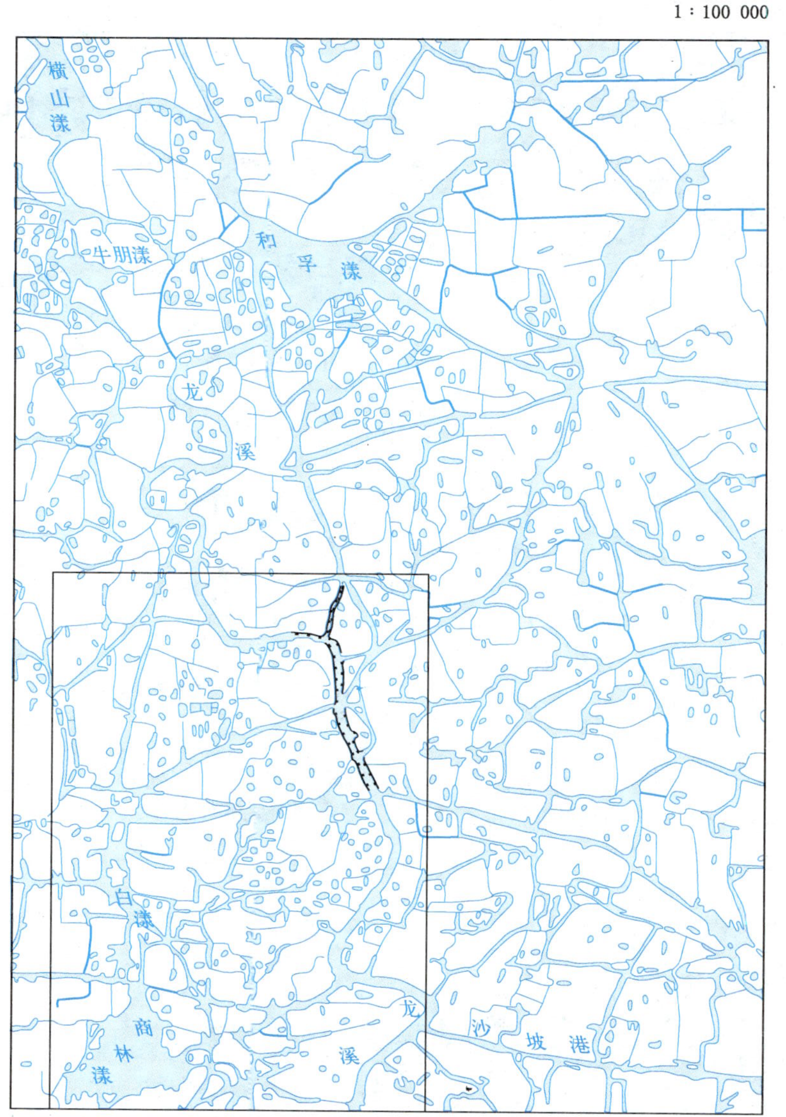

图 A.1 河网综合示例

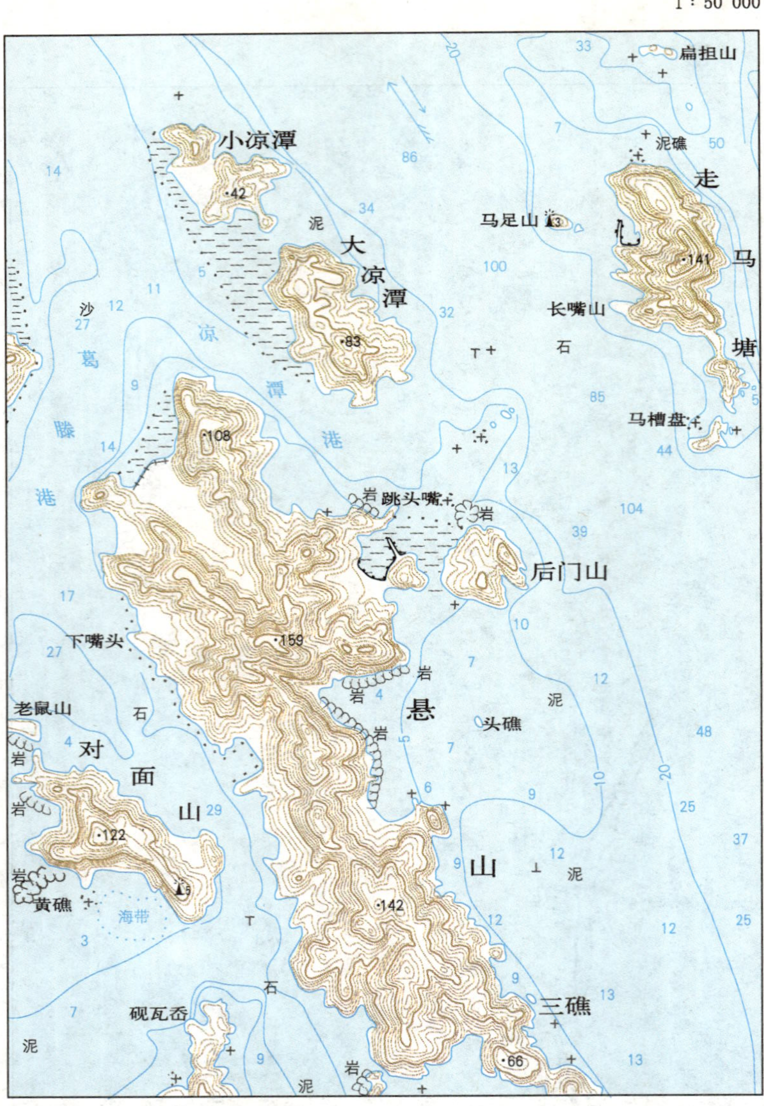
1 : 50 000
扁担山
泥礁
小凉潭
马足山
走
马
塘
大
凉
潭
长嘴山
马槽盘
跳头嘴
后门山
下嘴头
老鼠山
对
面
山
悬
头礁
山
黄礁
砚瓦岙
三礁
等高距为10 m

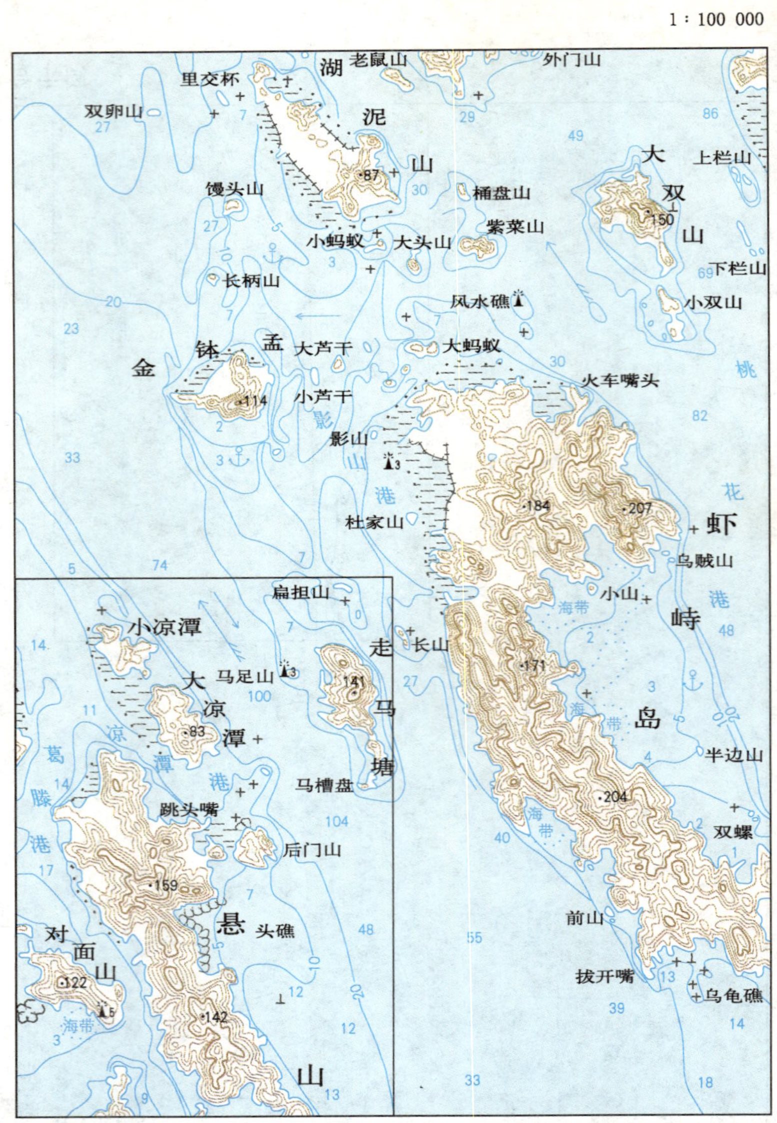
1 : 100 000
湖
老鼠山
外门山
里交杯
双卵山
泥
山
大
双
山
上栏山
下栏山
小双山
馒头山
桶盘山
紫菜山
小蚂蚁
大头山
长柄山
风水礁
金
钵
盂
大芦干
小芦干
大蚂蚁
火车嘴头
影山
杜家山
虾
峙
岛
乌贼山
小山
长山
半边山
双螺
前山
拔开嘴
乌龟礁
扁担山
小凉潭
马足山
走
马
塘
大
凉
潭
马槽盘
跳头嘴
后门山
对
面
山
悬
头礁
山
等高距为20 m

图 A.2 岛屿综合示例

1∶50 000

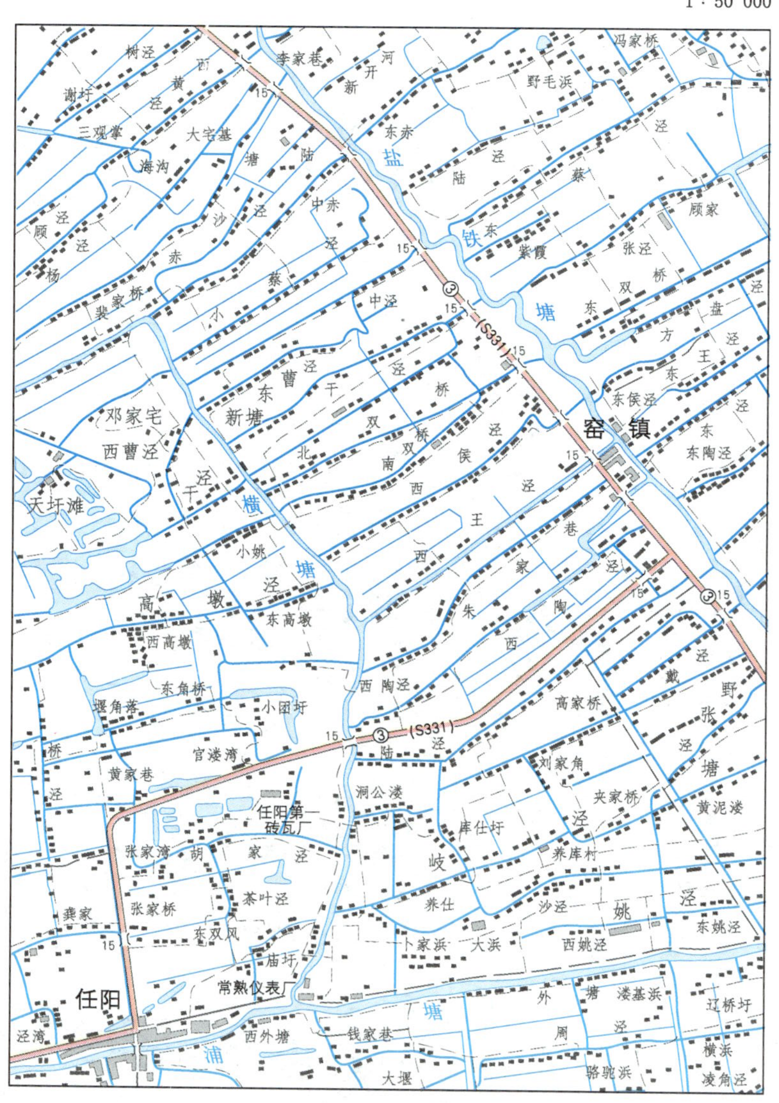

1∶100 000

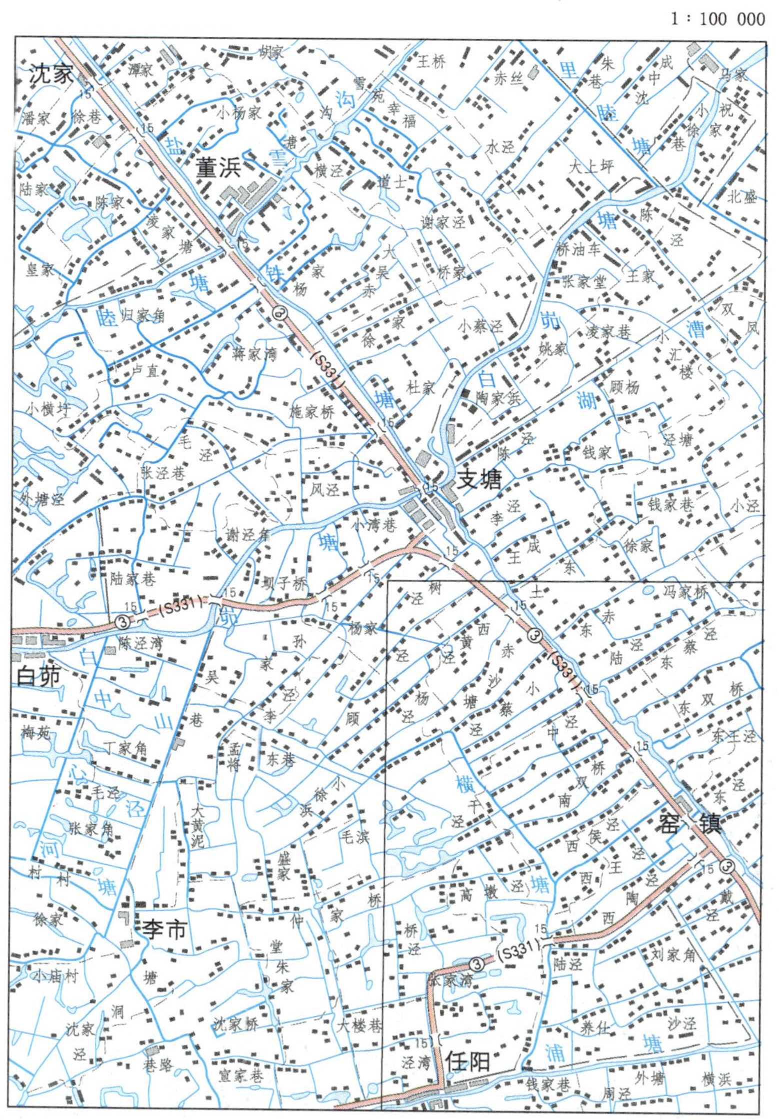

图 A.3　渠网与散列式居民地综合示例

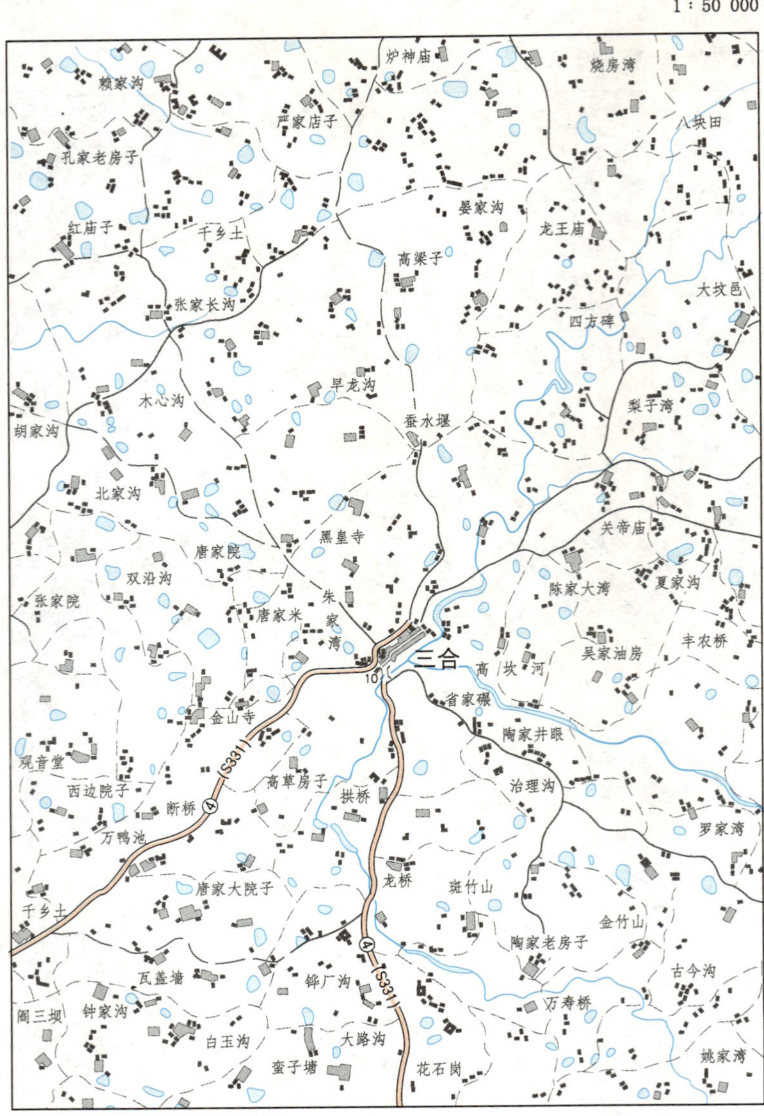

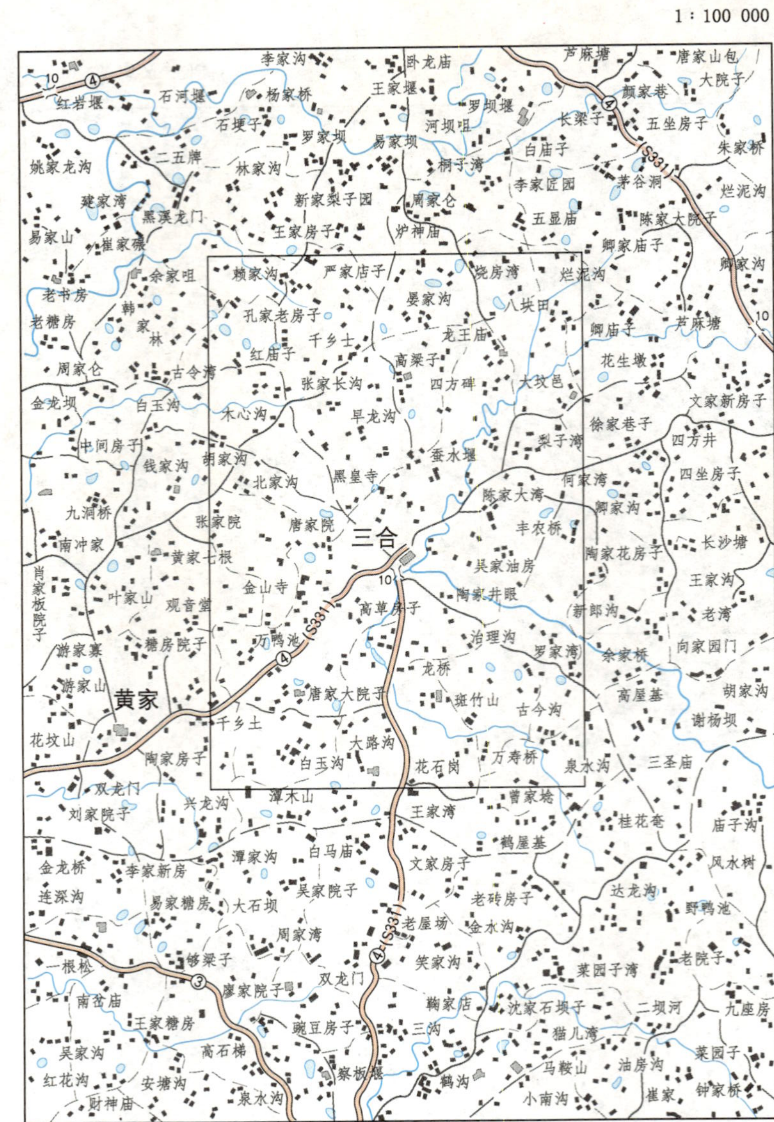

图 A.4 分散式农村居民地综合示例

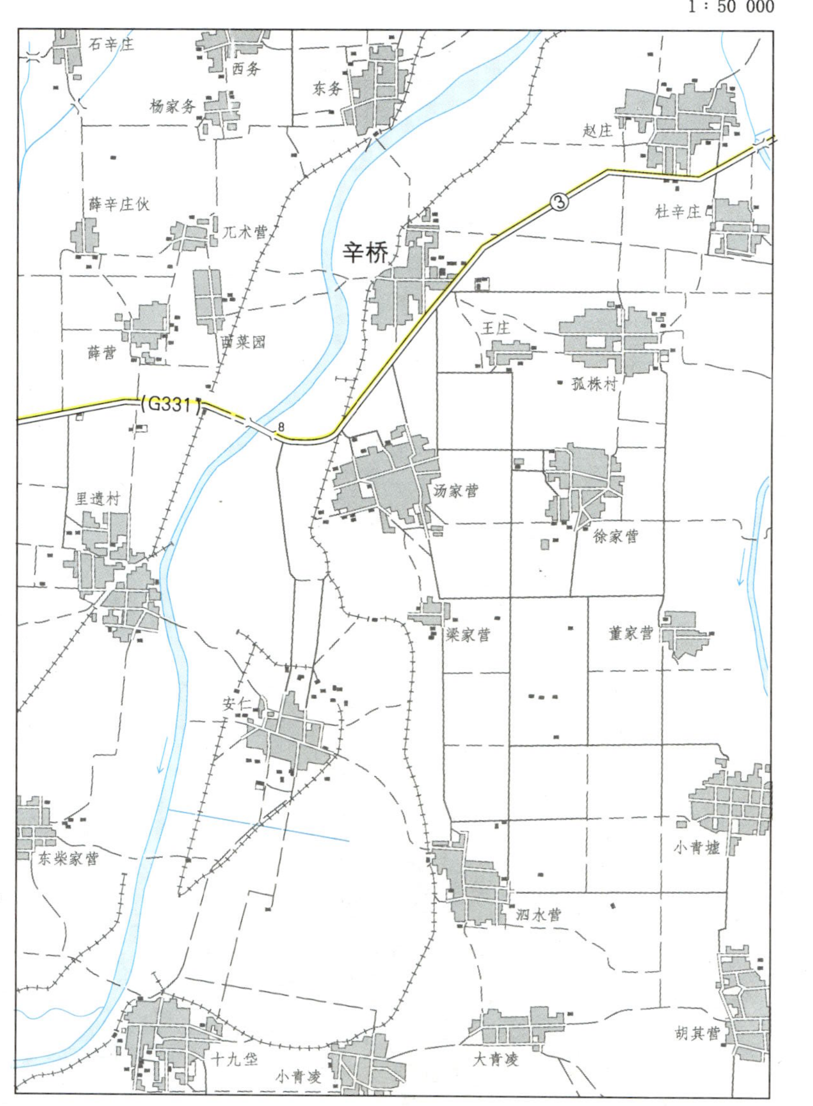

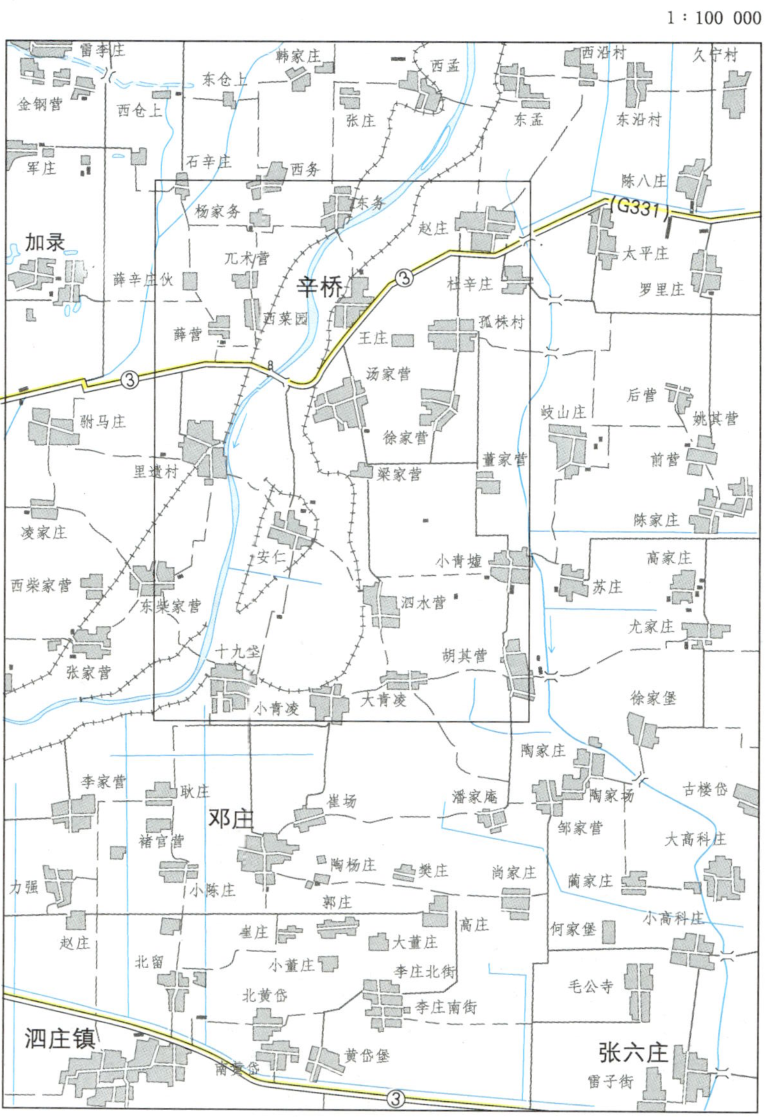

图 A.5 街区式农村居民地综合示例

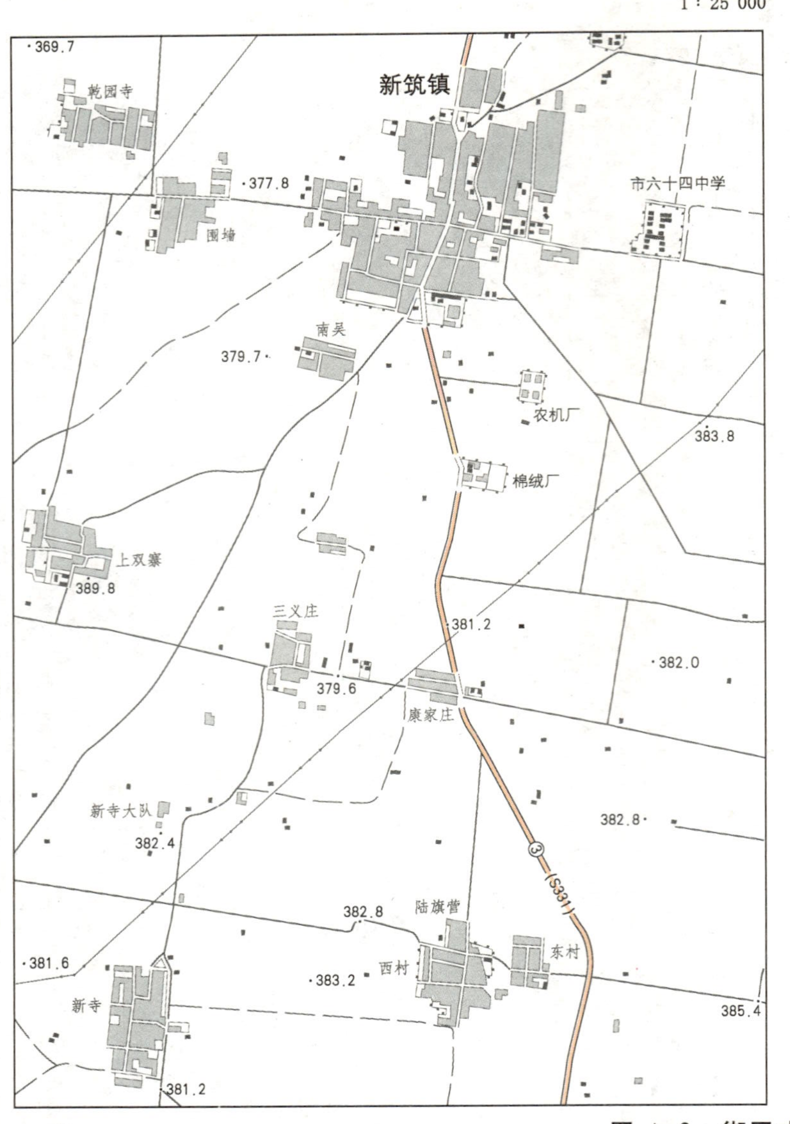

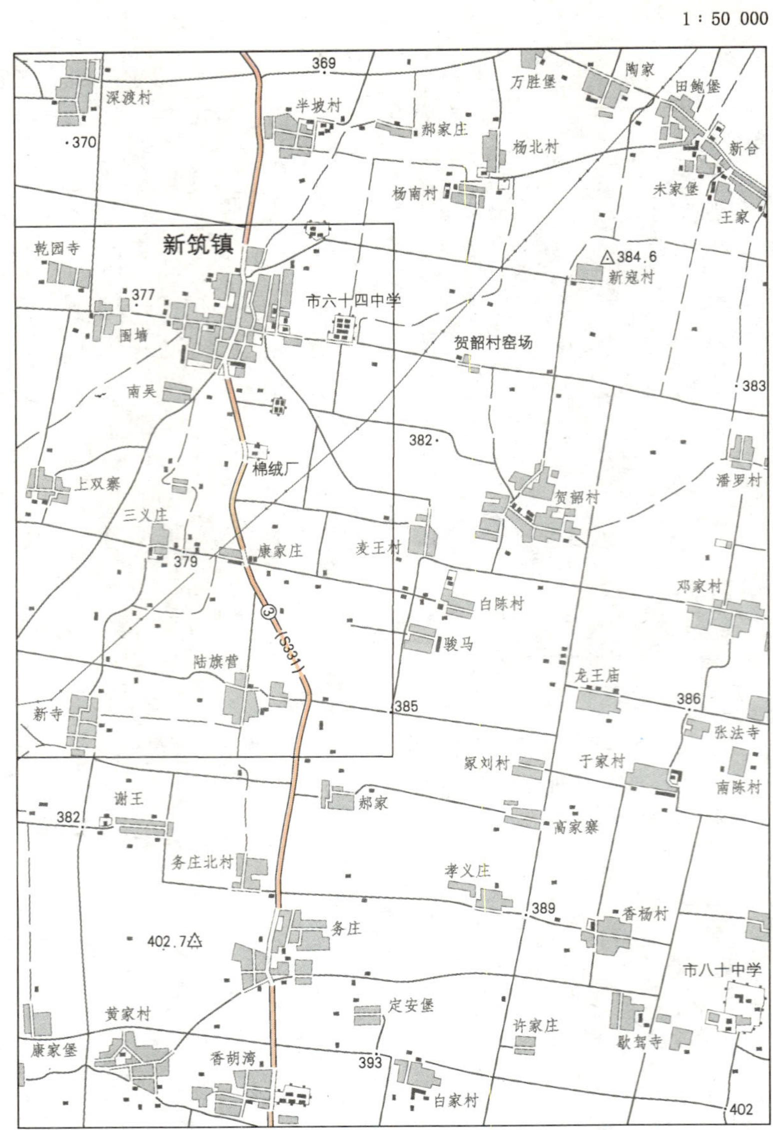

图 A.6　街区式农村居民地综合示例

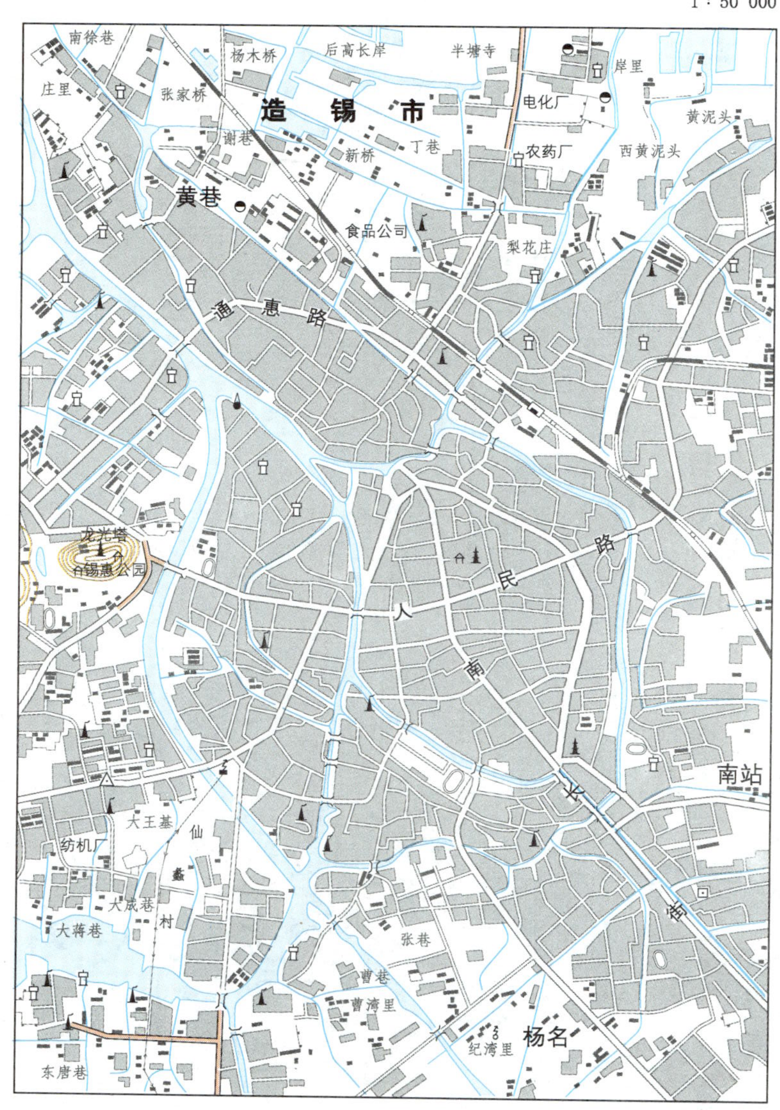

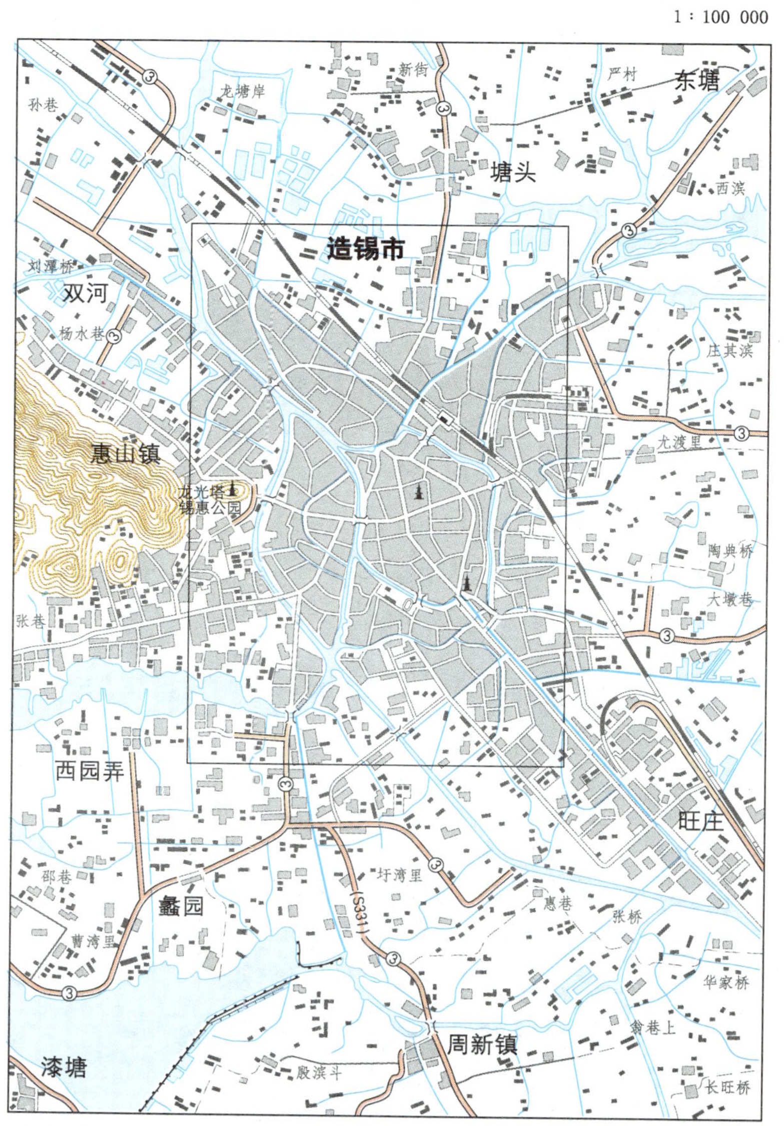

图 A.7 城市居民地综合示例

1∶50 000

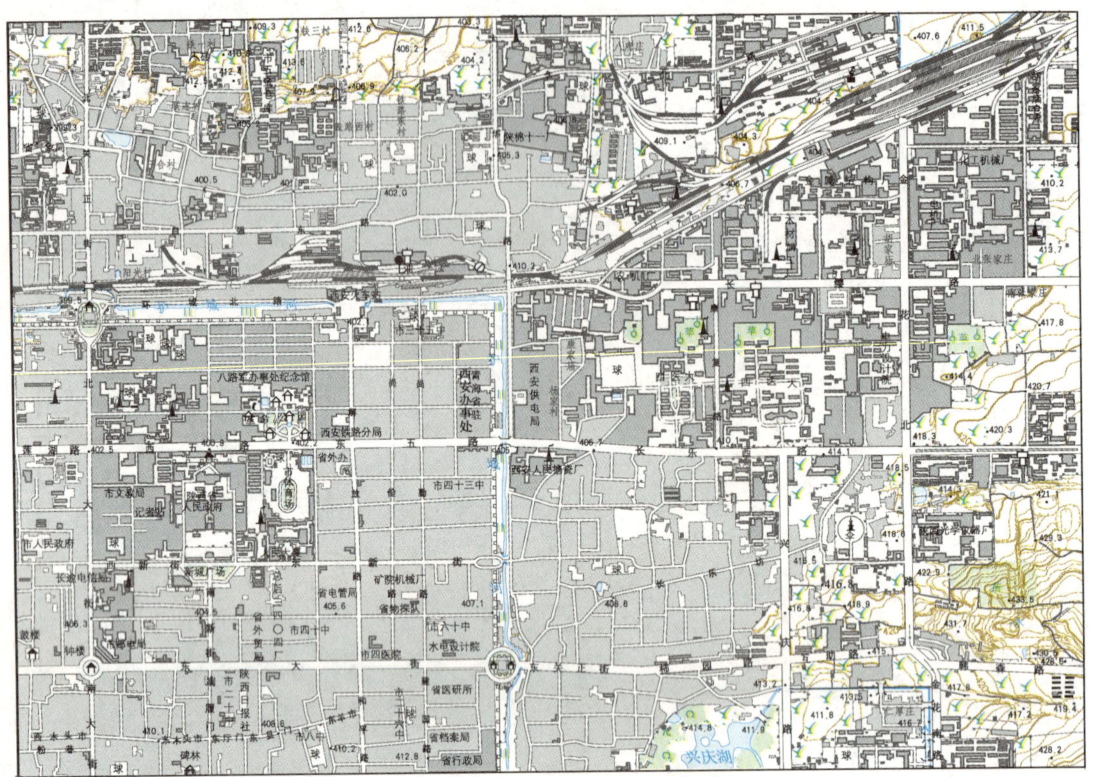

注： 此图系 1∶10 000 图缩至 1∶50 000 图

等高距为1 m

1∶50 000

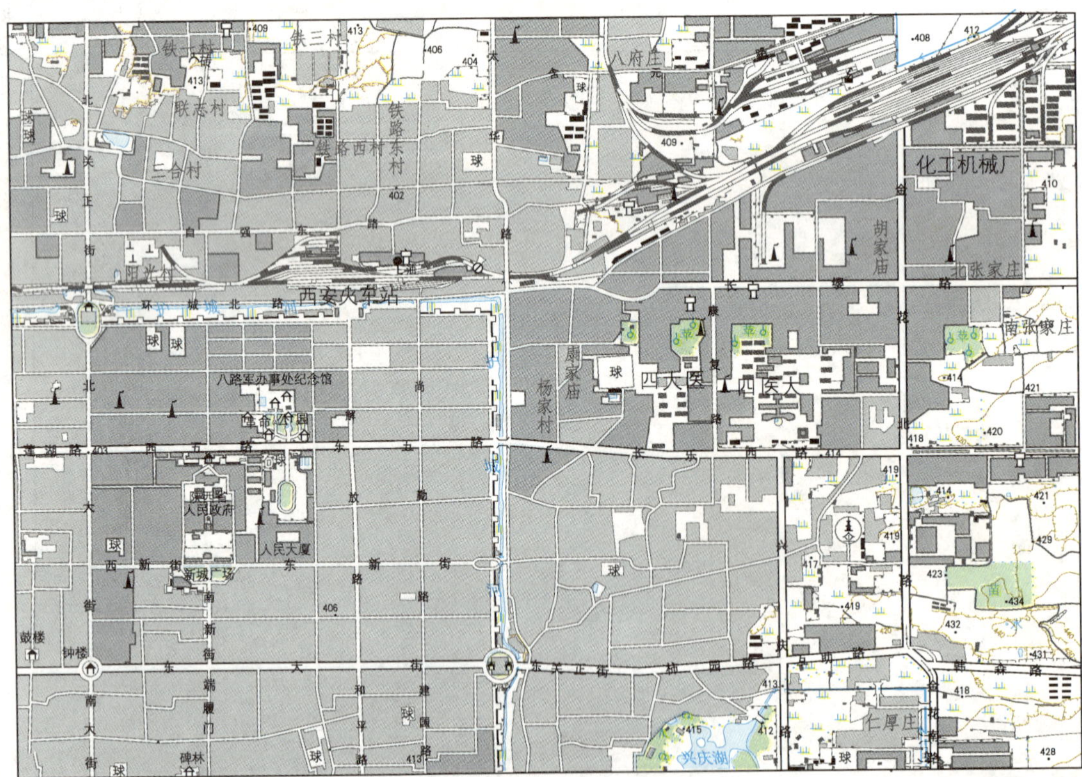

等高距为10 m

图 A.8 城市居民地综合示例

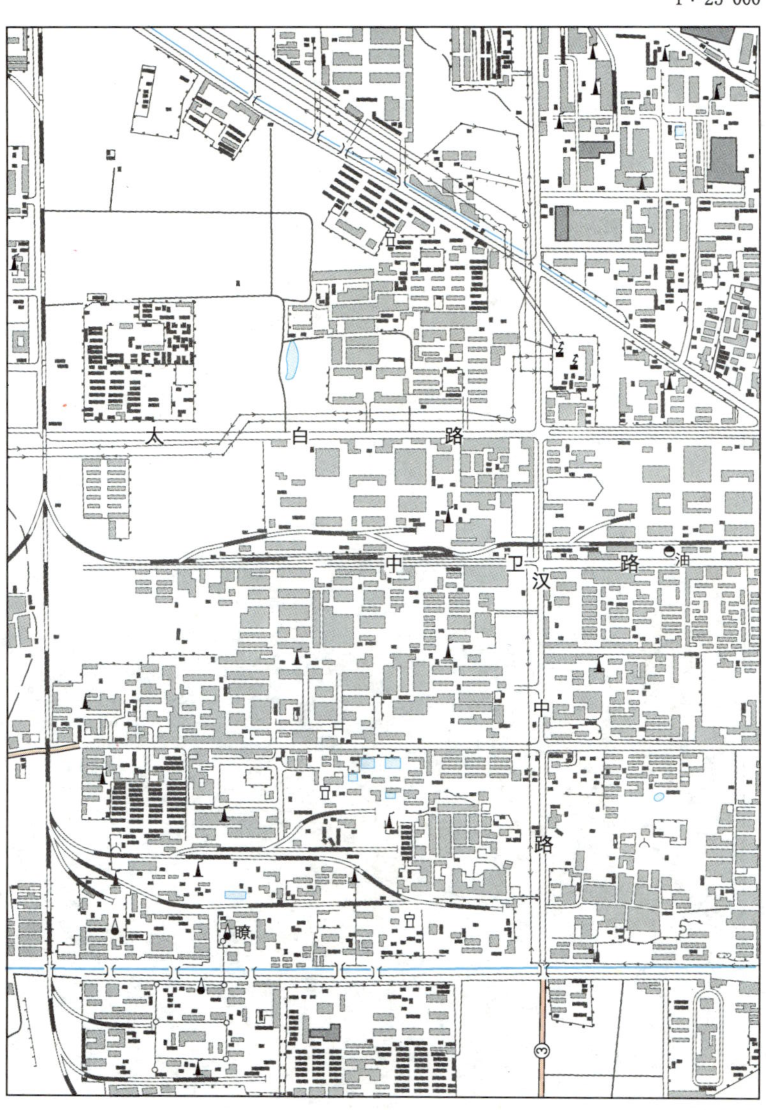
1∶25 000
太白路
卫汉中路

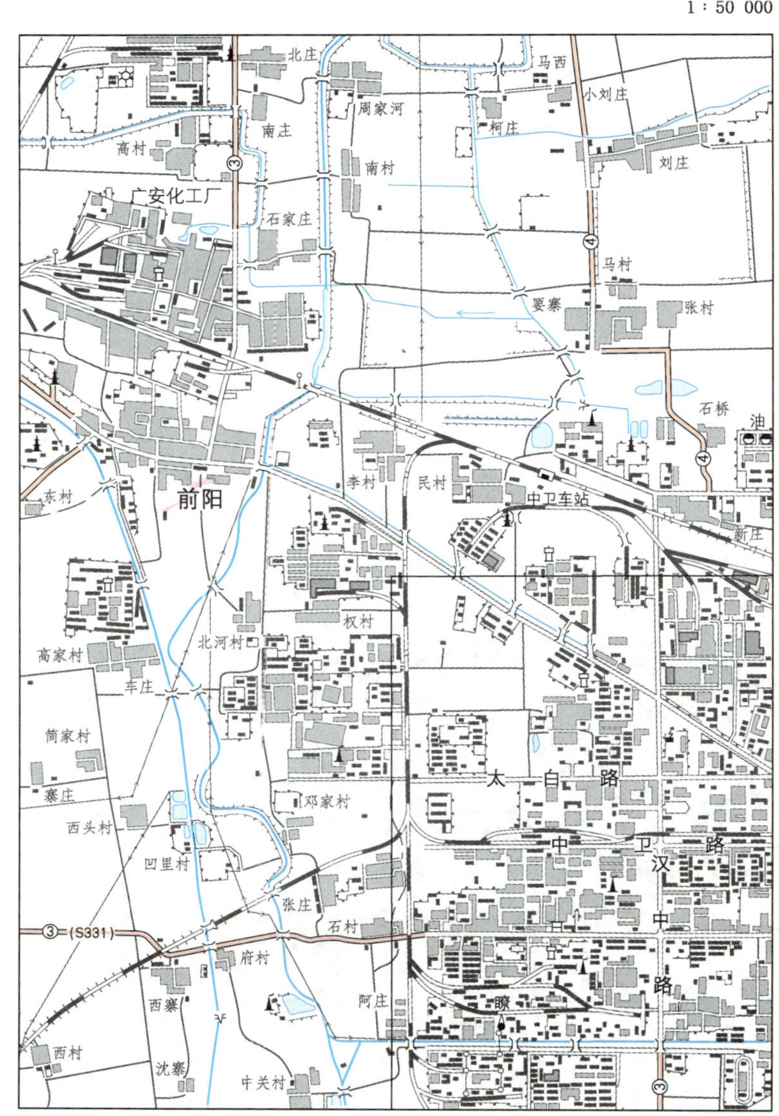
1∶50 000
广安化工厂
前阳
中卫车站
太白路
卫汉中路
北庄
马西
小刘庄
周家河
柯庄
南庄
高村
南村
刘庄
石家庄
马村
要寨
张村
石桥
东村
李村
民村
新庄
权村
北河村
高家村
车庄
简家村
寨庄
邓家村
西头村
凹里村
张庄
石村
府村
西寨
阿庄
西村
沈寨
中关村
(S331)

图 A.9 工厂区综合示例

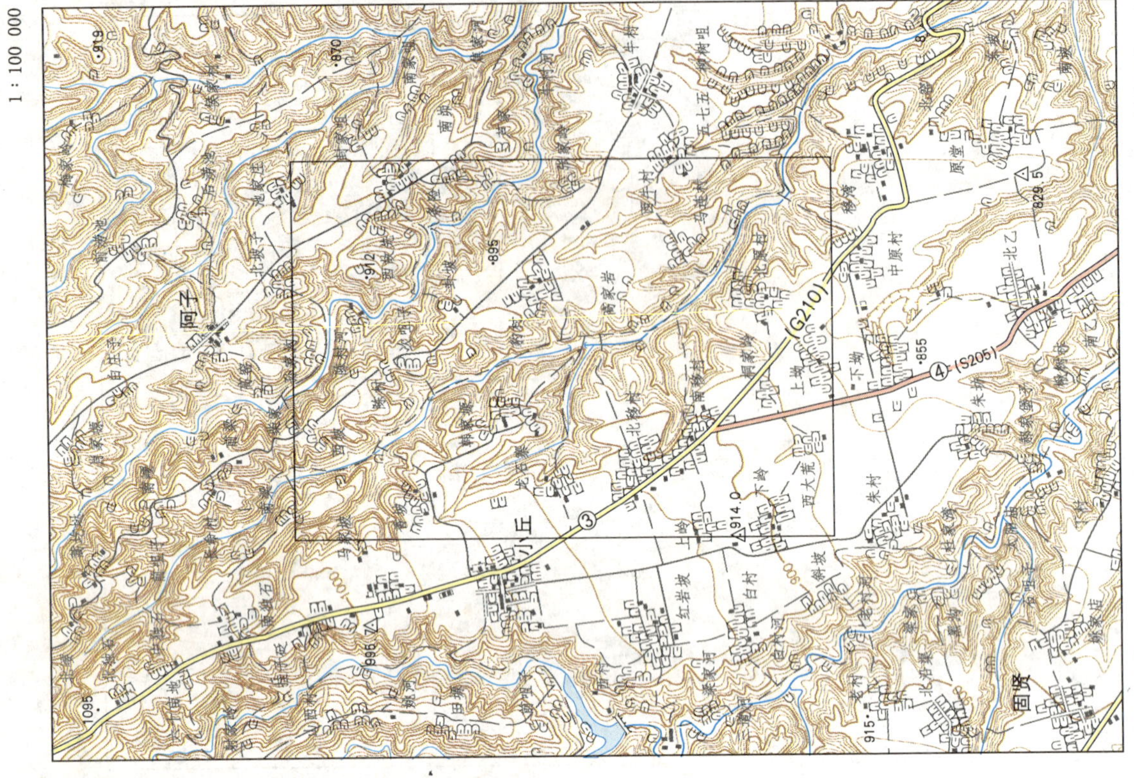

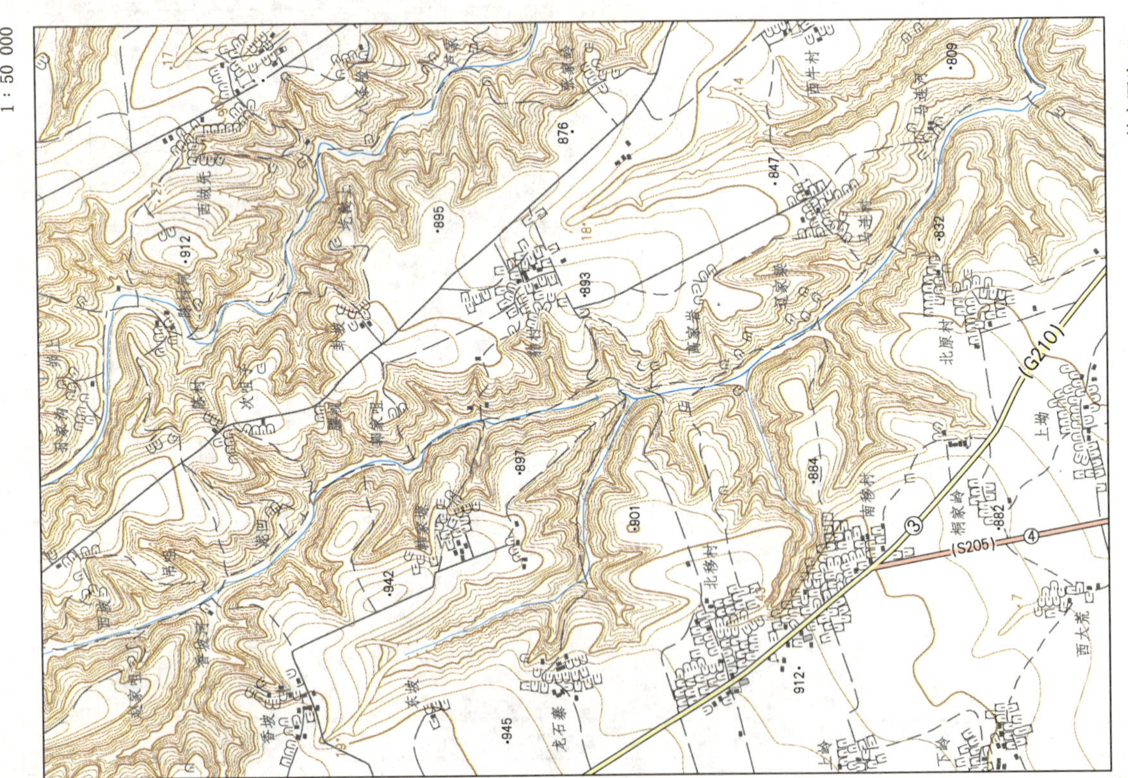

图 A.10 黄土沟谷及窑洞综合示例

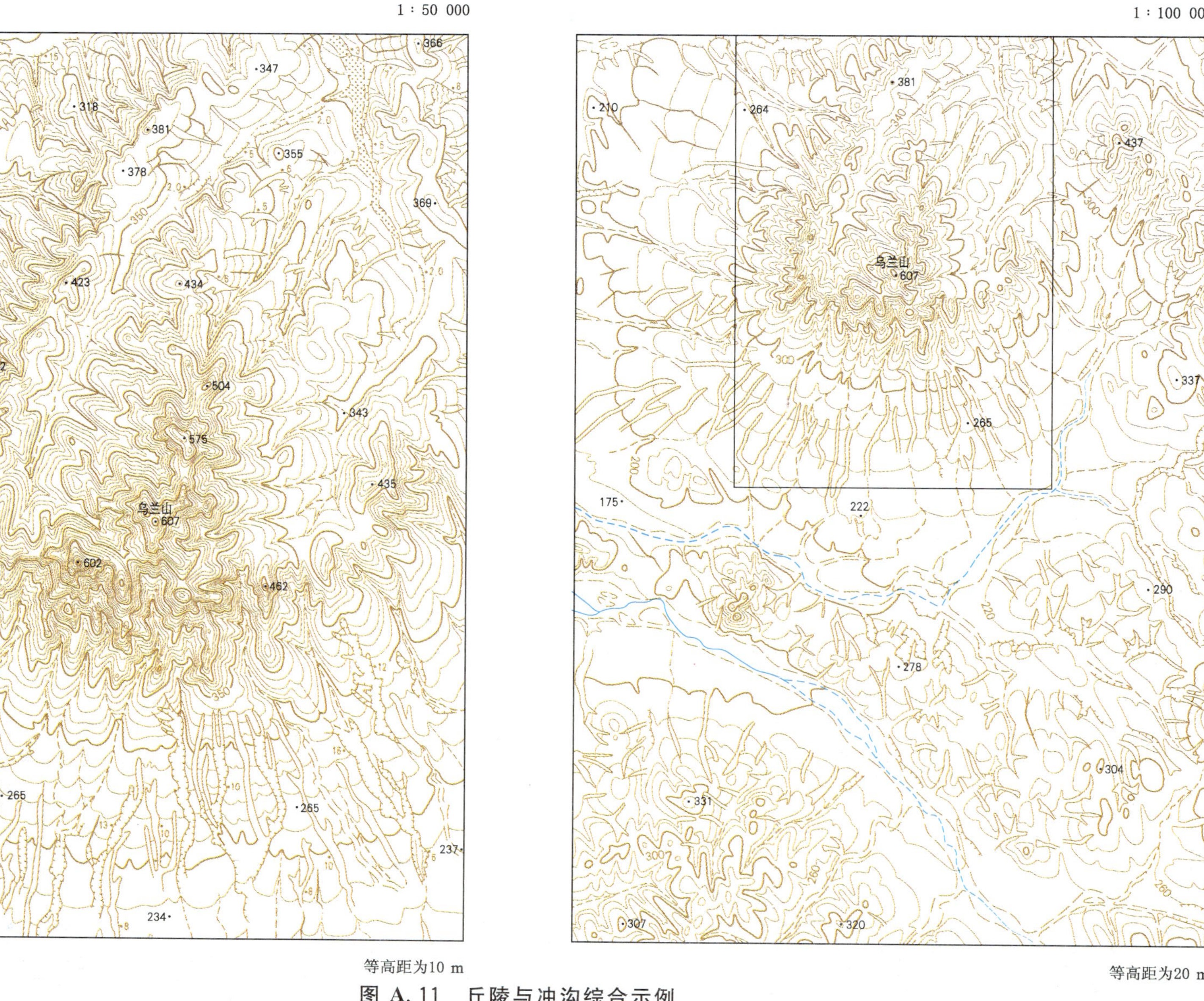

图 A.11 丘陵与冲沟综合示例

1∶50 000

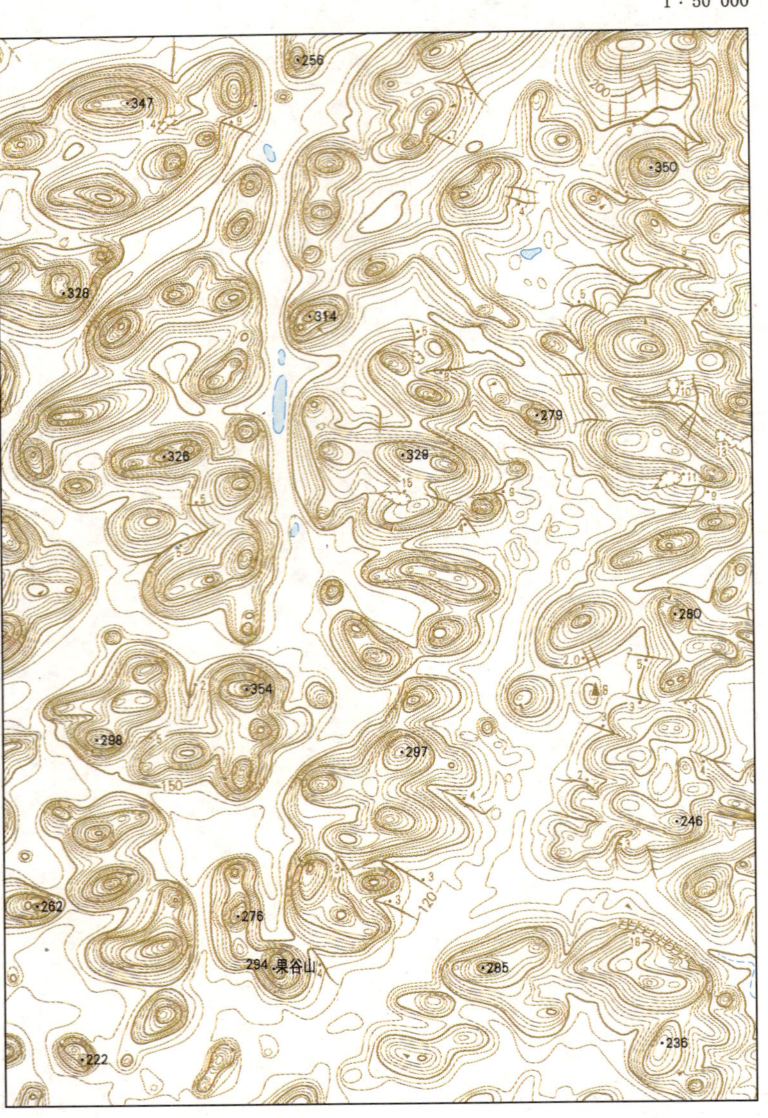

等高距为10 m

1∶100 000

等高距为20 m

图 A.12　岩溶地貌综合示例

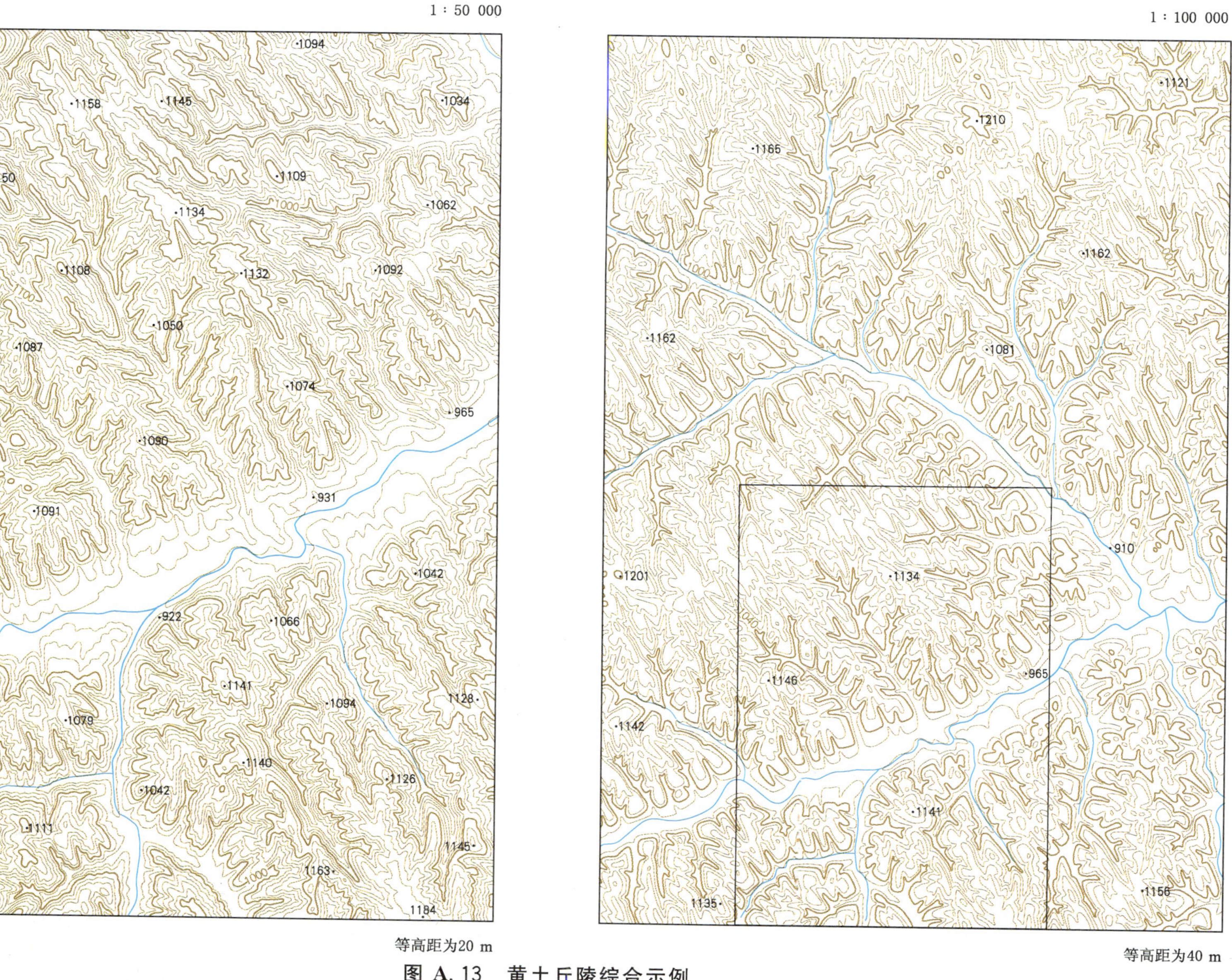

图 A.13 黄土丘陵综合示例

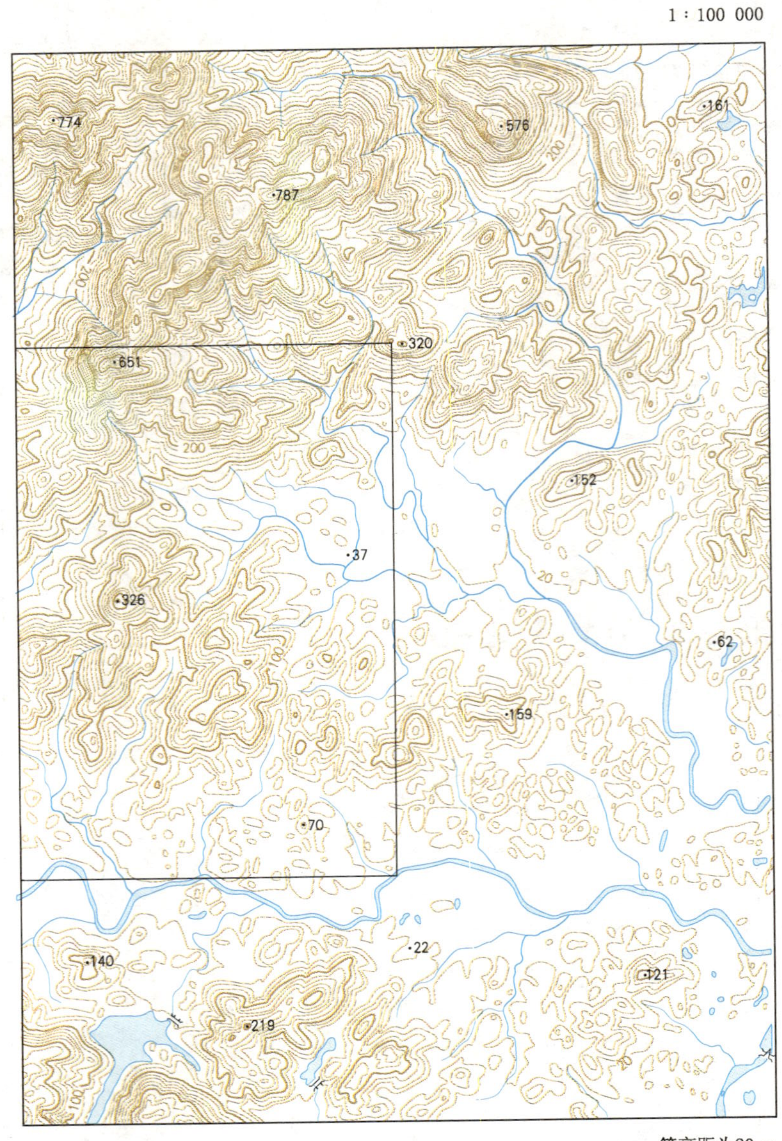

图 A.14 低山丘陵综合示例

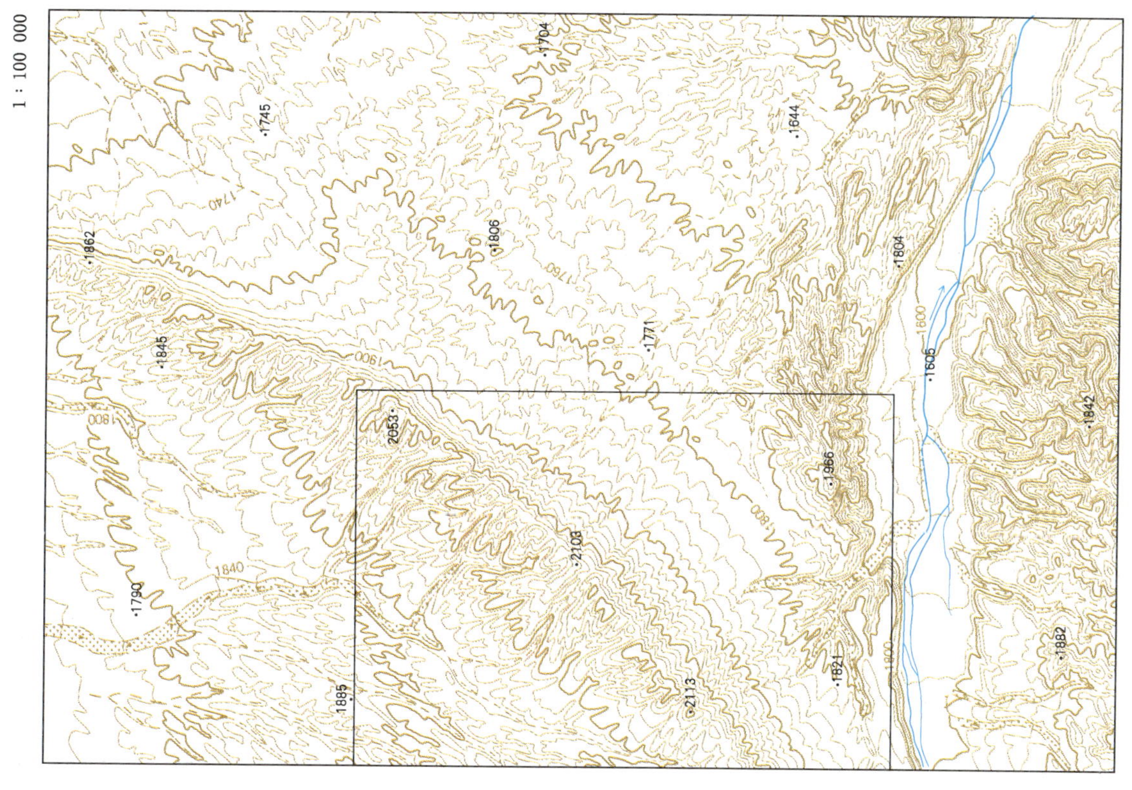

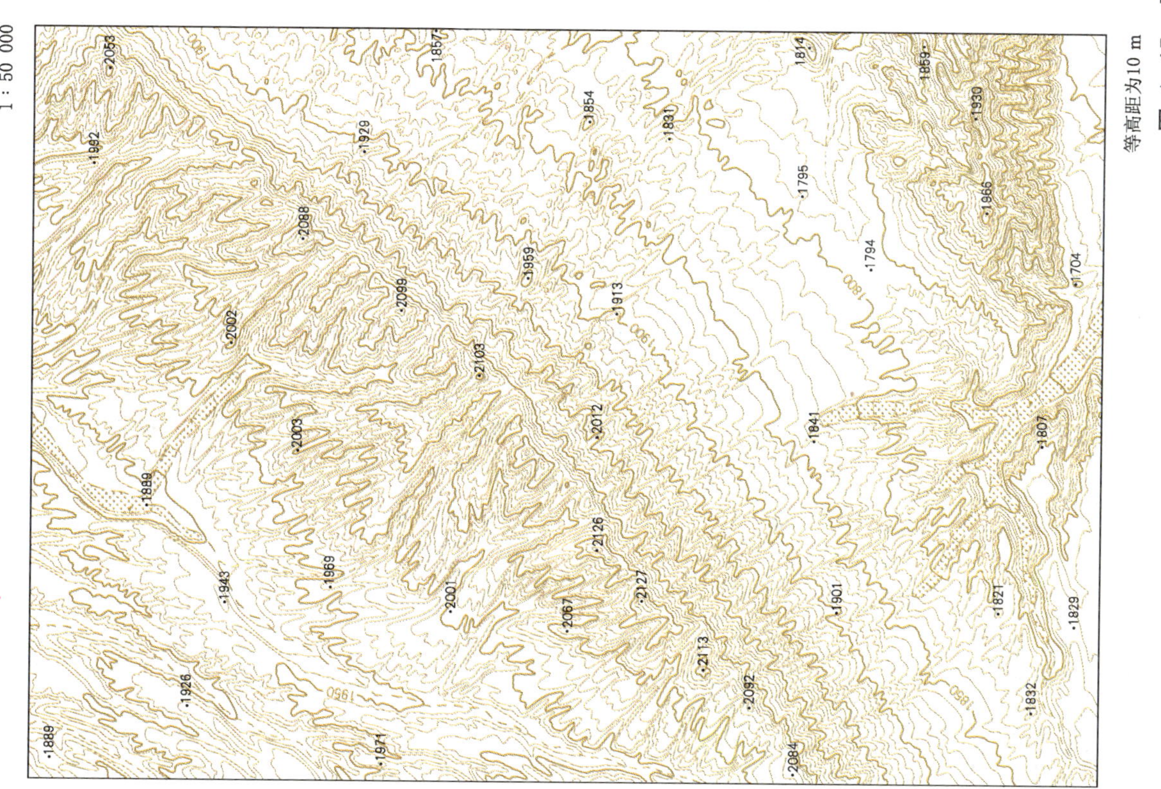

图 A.15 风成地貌综合示例

1∶100 000

等高距为40 m

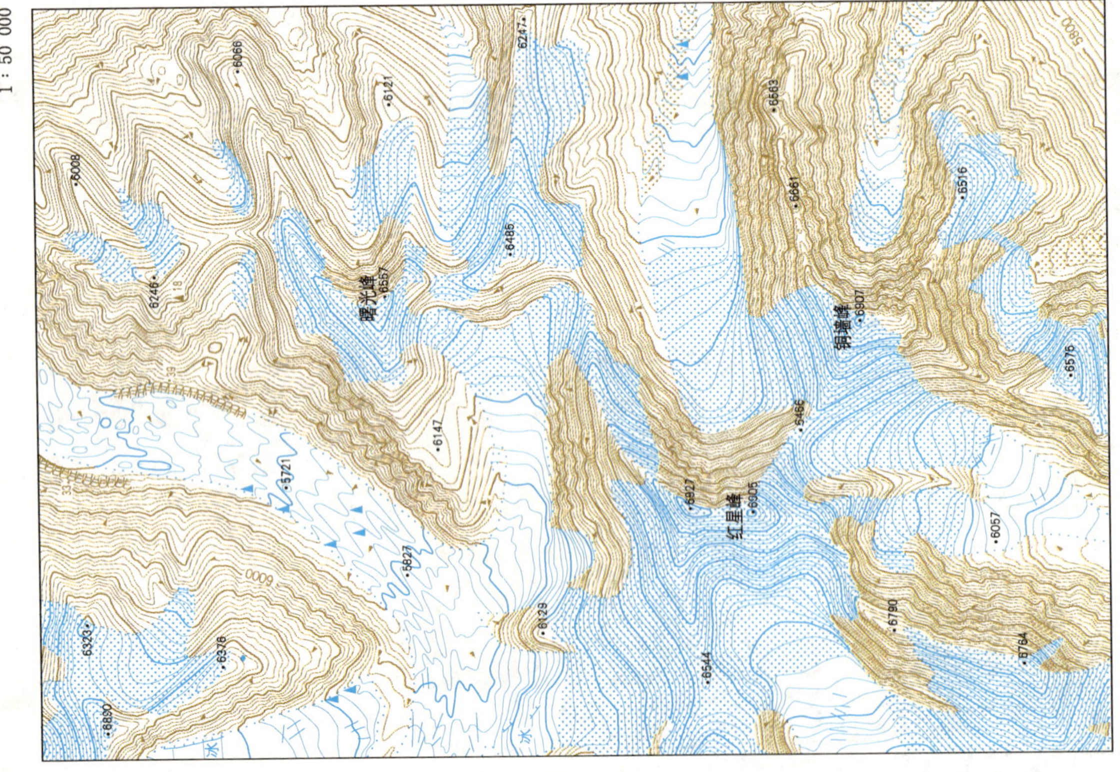

图 A.16 雪山冰川地貌综合示例

ICS 07.040
A 79

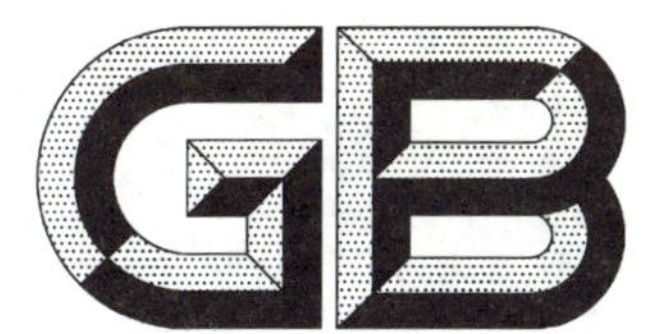

中华人民共和国国家标准

GB/T 12343.2—2008
部分代替 GB 15944—1995

国家基本比例尺地图编绘规范 第2部分：1∶250 000 地形图编绘规范

Compilation specifications for national fundamental scale maps—Part 2：Compilation specifications for 1∶250 000 topographic maps

2008-07-02 发布　　　　2008-12-01 实施

中华人民共和国国家质量监督检验检疫总局
中国国家标准化管理委员会　发布

前　言

GB/T 12343《国家基本比例尺地图编绘规范》分为三个部分：

——第1部分：1∶25 000　1∶50 000　1∶100 000 地形图编绘规范；

——第2部分：1∶250 000 地形图编绘规范；

——第3部分：1∶500 000　1∶1 000 000 地形图编绘规范。

本部分为GB/T 12343的第2部分。本部分代替GB 15944—1995《1∶250 000 地形图编绘规范及图式》中的编绘规范部分。

本部分与GB 15944—1995相比主要变化如下：

——按照GB/T 1.1—2000《标准化工作导则　第1部分：标准的结构和编写规则》对标准进行修订；

——在编辑准备工作章节中删除了区域编辑设计书中有关清刻绘作业方法的说明；

——在编绘技术方法章节中增加了地形图编绘流程图和"先要素选取后符号化编辑"和"要素选取与符号化编辑同时进行"的编绘方法，删除展点、拼贴、标编等传统的作业方法；

——在地形图各要素的编绘章节中增加GB/T 20257.4地形图图式中所增加的地物要素的选取指标，并对一些地物要素的综合选取指标作适当修改；

——删除有关印刷原图制作的清、刻绘内容，增加了要素关系处理等内容；

——将"乡级居民地以驻地名称注出"改为"乡级居民地按行政名称注出"；

——增加了图廓间整饰中对居民地、湖泊、水库注记字大的规定；

——删除原第6章"地图的出版"章节。

本部分的附录A为资料性附录。

本部分由国家测绘局提出。

本部分由全国地理信息标准化技术委员会归口。

本部分起草单位：国家测绘局测绘标准化研究所。

本部分主要起草人：马晓萍、肖国雄、刘小强。

本部分所代替标准的历次版本发布情况为：

——GBCH IV-302-85；

——GB 15944—1995。

引　言

在现行地形图编绘规范中，国家标准有：GB 12343《1∶25 000、1∶50 000 地形图编绘规范》、GB 12344《1∶100 000 地形图编绘规范》、GB 15944《1∶250 000 地形图编绘规范及图式》、GB/T 14512《1∶1 000 000 地形图编绘规范及图式》，行业标准有：CH/T 4011《1∶500 000 地形图编绘规范及图式》。这些标准的实施均已近 20 年，它们在我国国民经济建设和测绘生产工作中起到了重要的作用。为了适应数字测绘生产的需要，保持与相应比例尺地形图图式标准结构的协调性，有必要调整地形图编绘规范的标准结构。调整后的结构如前言所述。

本部分是 GB 15944—1995 调整后修订完成的。

国家基本比例尺地图编绘规范
第2部分:1∶250 000地形图编绘规范

1 范围

GB/T 12343的本部分规定了编绘1∶250 000地形图的基本要求、技术方法和地形图各要素的综合要求和技术指标。

本部分适用于编绘1∶250 000地形图,编绘相应比例尺专题地图的地理底图亦可参照使用。

2 规范性引用文件

下列文件中的条款通过GB/T 12343的本部分的引用而成为本部分的条款。凡是注日期的引用文件,其随后所有的修改单(不包括勘误的内容)或修订版本均不适用于本部分,然而,鼓励根据本部分达成协议的各方研究是否可使用这些文件的最新版本。凡是不注日期的引用文件,其最新版本适用于本部分。

GB/T 13989 国家基本比例尺地形图分幅和编号

GB/T 20257.4 国家基本比例尺地图图式 第4部分:1∶250 000 1∶500 000 1∶1 000 000地形图图式

CH/T 1004 测绘技术设计规定

3 术语

下列术语和定义适用于GB/T 12343的本部分。

3.1

地形图编绘 topographic map compilation

利用不小于本成图比例尺的地形图数据和更新资料,通过拼接、内容取舍与更新、制图综合与编辑等编绘技术获取符合成图比例尺要求的地形图的过程。

3.2

地形图制图数据 topographic map cartographic data

地形图要素的平面位置、属性和图形符号的数据集,指符号化的地图数据。

3.3

地形图数据库数据 topographic map database data

地形图要素的空间坐标、属性和几何信息的数据集,指非符号化的地图要素数据。

3.4

制图综合 cartographic generalization

对地形图内容按照一定的规律和法则进行选取、概括、夸大、移位,用以反映制图对象的基本特征的典型特点及其内在联系的过程。

4 地形图基本要求

4.1 数学基础

地形图的定位参考系统为:

a) 坐标系统采用2000国家大地坐标系;

b） 投影采用高斯—克吕格投影，按6°分带；

c） 高程系统采用1985国家高程基准。

4.2 图幅规格

4.2.1 地形图图幅范围

1：250 000地形图的图幅分幅与编号按GB/T 13989规定执行，其图幅范围为经差1°30′、纬差1°。

由经纬线构成的图廓线，其东西两边的图廓线为直线；南北两边的图廓线以折线代替，每经差15′点为折点。

4.2.2 合幅图及破图廓图

位于国境线附近或以海域为主的图幅，当图内在靠近邻图处仅有少部分领土、陆地或海部要素，并且该图又不作连接其他图幅用时，可将其并入邻图，采取合幅编绘成图。合幅图的内图廓长一般为：东西不超过680 mm，南北不超过460 mm，并入部分的图廓线仍以经纬线构成，不应采用凸形或其他折线形。并入图幅若为邻投影带图，应进行换带处理。

合幅图图号采用复合形式注出：整幅图图号在前，并入图图号在后，中间用顿号分开，如K51 C 003003、003002。当合幅图位于两个百万分之一地形图时，其图号应分别注记完整。若并入的要素仅在内外图廓间时，则破内图廓绘出，不注邻图图号。

4.2.3 图名

每幅图除注出图号外，还应注出图名。一般选用图幅内的主要居民地名称，无居民地的图幅可采用其他地理名称或图内最高高程点注记作为图名。确定图名时应注意不与其他图幅图名重名，并尽量选用原地形图图名。

4.3 基本等高距

基本等高距一般为50 m，在中山、高山区等高线过密时，可采用100 m，但一幅图内只采用一种基本等高距。若局部地区等高线过稀而不能显示地区地形形态时，可采用任意等高线补充表示。确定等高距时，应注意其区域统一性，不宜出现一幅图的等高距与其周边图幅等高距均不相同的现象。

4.4 其他要求

地形图还应满足以下要求：

a） 地形图的内容及符号应符合GB/T 20257.4的规定；

b） 地物地貌各要素的综合取舍和图形概括应符合制图区域的地理特征，各要素之间关系协调、层次分明，重要道路、居民地、大的河流、地貌等内容应明显表示，注记正确、位置指向明确；

c） 地形图的各内容要素、要素属性、要素关系应正确、无遗漏；

d） 应正确、充分地使用各种补充、参考资料对各要素，特别是水库、道路、境界、居民地及地名等要素进行增补、更新，符合制图时的实地情况，地形图现势性强。

5 地形图要素的综合及表示

5.1 测量控制点

表示一、二等三角点，卫星定位连续运行站点及独立天文点，其他等级三角点和测量控制点改为高程点表示。

5.2 水系

5.2.1 编绘水系的要求

正确反映不同地区的水系类型和形状特征。正确表示河流主支流关系、岸线弯曲程度及河渠网、湖泊的形状特征、分布特点和不同地区的密度对比；充分表示水利设施；正确反映海岸的类型，显示出海底地貌的基本形态和岛礁分布，表示海底性质和其他海洋要素；正确表示水系与其他要素的关系。

5.2.2 陆地水系岸线

综合岸线图形时，应正确反映岸线的形态特征，注意保持岸线基本转折点位置正确、岸线弯曲程度的对比以及水陆面积的对比。图上小于 0.5 mm×0.6 mm 的弯曲可适当化简，特征弯曲应夸大到 0.5 mm×0.6 mm 表示。岸线与等高线紧靠时，应注意与等高线图形协调一致。

岸线与堤相重时，岸线可省略不表示。

5.2.3 河流、运河、沟渠

5.2.3.1 河流、运河、沟渠的表示

河流：图上宽 0.4 mm 以上的河流用双线依比例尺表示，不足 0.4 mm 的用单线表示。以单线表示的河流应视其图上长度，由源头起用 0.1 mm～0.4 mm 逐渐变化的线粗表示。同一条河，单、双线变化频繁时应视其整体用单线或双线表示。主、支流要区分明显，支流入主流注意不应倒流。

运河：京杭运河用线粗 0.35 mm 的单线符号表示，其他运河均用线粗 0.25 mm 的单线符号表示。南水北调工程用运河符号表示，并加注相应的名称注记，或加注"南水北调工程"注记。

沟渠：凡实地宽度大于 20 m 的用 0.25 mm 线粗的干渠符号表示，宽度小于 20 m 的用 0.15 mm 线粗的支渠符号表示。在沟渠宽度均不足 20 m 的地区，对于宽度在 10 m 以上的主要沟渠，视具体情况也可用 0.25 mm 线粗表示。排碱渠的表示同沟渠。

5.2.3.2 河流、运河、沟渠的选取与综合

图上长度 5 mm 以上的一般应表示。对构成网络系统的河、渠，应根据河渠网平面图形特征进行取舍。密集河渠的间距一般不应小于 3 mm，老年河床河漫滩地带的叉流以及沟渠密集地区，间距不应小于 1 mm。图上长大于 5 mm 的牛轭湖应视其宽度用双线或单线表示。

选取河流、运河、沟渠时，应按从大到小、由主及次的顺序进行。界河、独流河、连通湖泊及荒漠缺水地区的短小河流应选取。

5.2.3.3 河流、运河、沟渠的流向

河流、运河、沟渠的流向难以判别时应表示流向符号。

5.2.3.4 河流、运河、沟渠的名称注记

图上长度大于 5 cm 的河流、运河、沟渠应注记名称。较长的河、渠每隔 15 cm～20 cm 重复注出。大河上著名的峡谷名称均应注出。一条河流当其在图上长 10 cm 以内有不同名称时，可选择注出。

河流注记字大应根据河流的大小、主支流和上下流关系保持一定的级差，上游和支流不能大于下游和主流。注记的字隔一般不应超过字大的五倍。

主要河流、运河名称注记的分级应参照有关的水系资料图确定。

5.2.4 地下河段、消失河段、干河床、时令河

图上长 1 mm 以上的地下河段、3 mm 以上的消失河段、2 cm 以上的干河床以及 1 cm 以上的时令河应表示。作为河源的时令河，当长度不足 5 mm 时，以常年河表示。

图上宽度小于 0.4 mm 的干河床、时令河用 0.1 mm～0.4 mm 的渐变单虚线表示，大于 0.4 mm 干河床、时令河用双虚线依比例尺表示。宽度大于 1 mm 的河床内应表示等高线及相应的土质符号。

5.2.5 坎儿井、输水渡槽、输水隧道、干沟

坎儿井：图上长度大于 1 cm 的应表示。

输水渡槽、输水隧道：干渠上的择要表示。

干沟：图上长度大于 2 cm 的一般应表示。

5.2.6 湖泊、池塘

选取表示湖泊时应着重反映其面积、轮廓形状基本特征、水质和分布特点。

图上面积大于 1 mm^2 的湖泊、池塘一般应表示，位于国界附近的小湖、作为河源的小湖及缺水地区的淡水湖即使面积小于 0.5 mm^2 也应夸大到 0.5 mm^2 表示。湖泊、池塘密集成群时，应保持其分布范围和特点。适当选取一些小于 0.5 mm^2 的湖泊、池塘，但不能合并，相邻水涯线间隔在图上小于 0.2 mm 时可共线表示。

湖泊、池塘一般应注出名称，位于国界 2 cm 以内的湖泊有名称的应注出名称。群集的湖泊可选其主要的注出名称。名称注记应按湖泊面积大小保持一定的级差。主要湖泊名称注记的分级应参照有关的水系资料图确定。

非淡水湖泊应加注水质注记。

5.2.7 **时令湖、干涸湖**

面积 2 mm^2 以上时令湖、干涸湖应表示。在地物稀少区有名称的应加注名称。干涸湖应填绘相应的土质符号。

5.2.8 **水库**

凡图上面积大于 2 mm^2 的水库依比例尺表示，小于此面积的用不依比例尺的水库符号选取表示。库容量为 1 000 万立方米以上的水库应注出库容量、主坝坝长、坝高和建筑材料。

建筑中的水库只表示水库坝址，范围线为设计洪水位时的水涯线。

水库及建筑中的水库一般应注出名称，根据大、中、小型类型选用相应等级的字大注出。

5.2.9 **海岸线**

表示海岸线时应保持主要转折点位置准确和岸段间弯曲程度对比。对于以下各类型海岸线的表示，应注意：

a) 泥沙质海岸的岸线应以柔和的弯曲反映其岸线平缓、圆滑的图形特点，注意保持沙咀、沙堤、沙坝的形状方向。图上小于 0.5 mm×0.6 mm 的岸线弯曲一般可舍去，但对于显示沙咀特征的小于上述尺寸的弯曲可适当夸大表示。

b) 岩质海岸的岸线应用带棱角转折的曲线反映其岸线生硬、曲折的图形特点，保持尖窄岩岬呈尖角形。图上小于 0.3 mm×0.4 mm 的岸线弯曲一般可舍去，但对于显示岬角特征的小于上述尺寸的弯曲可适当夸大表示。凸向海域的岸线一般夸大陆地、舍去海域碎部；凹入陆地的岸线则应夸大海域、舍去陆地碎部。

5.2.10 **干出滩**

干出滩一般应详细表示。图上面积小于 4 mm^2 的可适当合并到相距 2 mm 以内的较大滩地中，孤立的小于 4 mm^2 的滩地可根据情况扩大表示或舍去。长度大于 5 mm 且宽度大于 1 mm 的按其性质分别用相应的符号表示，长度大于 1 cm 且宽度窄于 1 mm 的改用狭窄干出滩符号表示。

5.2.11 **礁石、危险海区**

明礁、暗礁、干出礁均应表示，密集时可适当取舍，但以礁石为领海基线点的须表示。对航行有危险的礁石其范围应加点线表示。

有名称的礁石应选择注出名称。

5.2.12 **岛屿**

河流、湖泊与海洋中岛屿的表示应注意保持岛屿的位置及其基本轮廓特征，并应注意：

a) 以双线表示的河流、湖泊、水库中的岛屿(沙洲)在图上面积大于 0.5 mm^2 应表示，密集时可取舍。孤立的、著名的或位于国界两侧的小岛，一般不宜舍去，可夸大到 0.5 mm^2 表示。

b) 海洋中的岛屿在图上面积大于 0.35 mm^2 应依比例尺表示，小于此面积时用不依比例尺的点状岛屿符号表示。当小岛成群，分布密集图上不能逐个表示时，应在保持其分布范围、排列规律和疏密对比的情况下进行取舍。

c) 应选择注出岛屿(沙洲)名称，位于国界两侧的岛屿应尽量注出名称。群岛名称注记应比其中最大岛名称字大 1～2 级。岛屿名称注记分级应参照有关的水系资料图确定。

5.2.13 **水中滩**

图上面积大于 4 mm^2 的水中滩应表示，小于此面积或宽度窄于 2 mm 的可舍去。密集时间隔小于 2 mm 的可适当合并表示，但不应合并成一大片，应正确反映其分布范围和排列方向。

5.2.14 **海底底质**

海底底质按海图资料上分类表示，注记按原位置注出。注记密度一般每 100 cm^2 内 5～10 个，按浅水密、深水稀的原则注出。

5.2.15 **井、泉、贮水池、瀑布**

缺水地区的井、泉、贮水池均应表示，其他地区的仅表示有方位意义的、有特殊性质（如温、矿等）及著名的井、泉，一般不表示贮水池。不能饮用的水井应加注水的性质，如“咸”、“苦”。自流井、温泉井、矿井、温泉、间歇泉、毒泉等应分别加注性质说明注记。

有专有名称的井、泉，在人烟稀少地区应注出名称，其他地区择要注出。

瀑布择要表示，落差 5 m 以上的瀑布应加注比高。著名的瀑布应注出名称。

5.2.16 **沼泽**

图上面积大于 25 mm^2 沼泽应表示，盐碱沼泽、泥炭沼泽应加注说明注记。

沿河流分布的狭长沼泽，图上宽 2 mm 且长 1 cm 以上的应选取。

5.2.17 **潮汐、海流流向及海洋名称注记**

潮流海流和流速等一般应表示，密集时可适当取舍。

海洋、海峡、海湾、海口、海沟、海槽、海角等均应注记名称，注记大小应保持一定的级差。

5.2.18 **水利附属设施**

堤：图上长 1 cm 且比高 3 m 以上的堤一般应表示；堤高大于 5 m 时应注比高。

水闸、船闸、滚水坝、拦水坝、防波堤、制水坝：择要选取表示。

行、蓄、滞洪区：图上面积大于 1 cm^2 的一般应表示。当范围线与等高线重合时，可压盖等高线表示。

陡岸：图上长 1 cm 且比高 3 m 以上的应表示，比高 5 m 以上的应注比高。

5.3 **居民地及设施**

5.3.1 **编绘居民地及设施的要求**

应正确表示居民地及设施的位置、基本形状特征、通行情况、行政意义及名称，反映各地区居民地分布特征以及居民地密度的对比，处理好居民地与其他要素的关系。

5.3.2 **居民地的选取原则**

乡、镇级以上居民地全部表示，乡、镇级以下居民地视各地区密度状况根据表 1 规定的选取指标，按由主到次、逐渐加密的原则进行选取。沿主要道路分布的居民地应详细表示，优先选取位于道路交叉口、河流交汇处、山隘、渡口、制高点、国境线、重要矿产资源地、文物古迹等处的及有政治、经济、历史和文化意义的居民地；在人烟稀少地区的居民地一般应全部表示。

表 1 居民地密度分区选取指标

密度分区		实地每 100 km^2 内居民地数量	图上每 100 cm^2 选取数量
大中型居民地地区	稀疏区	15 个以下	60 个以下
	中密区	16～60 个	60～80 个
	较密区	61～110 个	80～100 个
	稠密区	110 个以上	100～120 个
中小型居民地地区	极稀区	15 个以下	60 个以下
	稀疏区	16～35 个	60～80 个
	中密区	36～110 个	80～100 个
	较密区	111～200 个	100～115 个
	稠密区	200 个以上	115～130 个

5.3.3 **居民地的表示**

5.3.3.1 **用街区式图形表示的居民地**

居民地街区面积大于 2 mm^2 的用街区式图形符号表示，概括街区平面图形时应注意：

a) 街区单元面积在城镇房屋密集区的最大面积不超过 12 mm^2，城市外围房屋稀疏区及乡村居民地街区单元的面积一般不超过 4 mm^2。最小图斑一般不小于图上 1 mm^2，小于上述尺寸改用普通房屋符号表示或舍去。
b) 应清晰反映居民地外围轮廓，街区凸凹拐角在图上小于 0.5 mm～1.0 mm 的可综合。街区外轮廓附近的小居住区，图上距离小于 0.3 mm 的可并入街区图形，大于 0.3 mm 的可单独以平面图形表示。城镇郊区分布零散的普通房屋可大量舍去。
c) 选取街道时，宜选取与公路相接的街道，并应注意反映其矩形、放射形或不规则形等街区类型。
d) 河流、铁路、高速公路可通过街区，其他道路不直接通过街区图形，道路应对准街道线中心表示出，并保持 0.2 mm 的距离。

5.3.3.2 用圈式图形符号表示的居民地

居民地街区面积小于 2 mm^2 的用单圈式图形符号表示。圈形符号中心一般配置在居民地的结构中心；若居民地结构分散则配置在主要建筑区中，或居民地内线状地物交叉点处，或普通房屋符号密集处。用圈形表示的居民地应正确反映其与道路、河流等地物之间的相切、相割、相离的位置关系。

5.3.3.3 普通房屋、窑洞式房屋、蒙古包、放牧点

位于道路交叉口、隘口、桥梁、渡口附近及其他有方位意义的一般应表示。

5.3.4 居民地的名称注记

5.3.4.1 居民地行政等级

居民地按行政等级分为：①首都；②省级政府驻地；③地级政府驻地；④县级政府驻地；⑤乡、镇政府驻地；⑥村庄。

凡选取的居民地一般均应注记名称，并以不同的字体与字大区分居民地的行政等级。

5.3.4.2 居民地名称注记的表示

镇及县级以上居民地按行政名称全名注出。当行政名称与驻地自然名称不一致时，驻地自然名称作为副名注出，副名用比正名小二级的同体字在正名下方或右方加括号注出。

乡、镇级居民地按行政名称注出，“乡”、“街道”可省略，但民族乡、自治乡应全名注出。

自治州人民政府驻地，地区、盟行政公署以驻地名称注出，并在其名称下方绘一横线。

农、林、牧、渔场应全名注出，村庄按自然名称注出。位于居民地外的工厂、学校、陵园等单位用专用名称注出。

居民地名称应配置适当，指示明确，并避免注记压盖居民地出入口、道路交叉口及其他重要地物。

以平面图形表示的居民地跨图幅时，面积较小部分其名称以细等线体字注于图廓间。

人烟稀少地区县、乡、镇、村庄名称宜放大一级注出。

5.3.5 居民地设施的选取与表示

5.3.5.1 居民地设施选取原则

工矿、农业、公共服务、名胜古迹、宗教设施、科学测站和其他独立地物应视不同的地物密度和地形情况进行取舍：

a) 在街区式居民地内部一般不表示。
b) 在城市外围及居民稀疏区，应选取表示高大明显、有一定方位意义的突出地物，或有一定历史、文化意义的文物古迹以及能反映现代科学技术和经济建设发展水平的地物，如发电厂(站)、电视发射塔、陵园、省级保护以上的文物古迹、纪念碑、钟(鼓、城)楼、庙宇、宝塔、各类科学测站等，有名称的选注名称。
c) 在居民地及地物稀少区地区，独立地物应详细表示，有名称的应选注名称。矿井、露天采掘场应加注开采品种说明；图上面积在 2 mm^2～4 mm^2 的盐田用不依比例尺的符号表示，大于 4 mm^2 的盐田依比例尺表示。依比例尺表示的盐田，其内部各部分格线应反映实地堤的疏密程度和规划特征。有名称盐场应加注名称。

5.3.5.2 长城、砖石城墙及地类界的表示

长城:应表示,并加注比高。

砖石城墙:图上长度大于5 mm的应表示。

地类界:图上小于2 mm的弯曲可适当化简。地类界与地面有形的线状地物,如道路、河流重合或相距窄于1 mm时,可以线状地物为界,但当与地面无形的线状地物如境界、架空的线状地物(如高压输电线等)重合时,应适当移动地类界以保持0.2 mm的间距;与等高线重合时可压盖等高线。

5.4 交通

5.4.1 编绘交通的要求

正确表示道路的类别、等级、位置,反映道路网的结构特征、通行状况、分布密度,表示水运、空运及其他交通设施,正确反映交通与其他要素的关系。

5.4.2 铁路

5.4.2.1 铁路的选取与表示

单线、复线、窄轨铁路和建筑中的铁路均应表示。通往工矿区及工厂内的支线铁路,短于1 cm的可酌情舍去。当岔线较密不能全部表示时,可只选取主要的线路表示。当某段两条线路不在一条路基上,但间隔不能按真实位置分别表示时,用复线铁路符号表示,符号配置在两条线路的中间处。

铁路一般不予以化简。电气化铁路、城际间客运专线应加注说明注记,路段很长时,可每隔15 cm~20 cm重复注出。

5.4.2.2 火车站

火车站应全部表示,符号表示在站台一边。当地物密集无法完整表示出车站时,可舍去个别车站符号。

车站应注出名称,但当车站名称与所在居民地名称一致且靠得很近时,车站名称可省略。

5.4.3 公路及其他道路

5.4.3.1 城际公路

城际间的高速、国、省、县等各级公路均应选取。在城市近郊、工矿区等公路过密地区,图上长度不足1 cm,平行间距不足5 mm的短小岔线可酌情舍去。

公路应注出技术等级代码,每隔15 cm~20 cm重复注出,长度不足5 cm的可不注出。一条公路技术等级变化频繁时,应选择较低级的代码注出。

具有两个以上公路代码的路段其道路编号按管理等级高的注出公路代码,管理等级相同的按道路编号小的注出公路代码。

5.4.3.2 乡村道路

机耕路、乡村路、小路视各地区不同情况决定其取舍程度。在人烟稀少地区道路一般全部选取。

选取道路时,应按由重要到次要、由高级到低级的原则进行,并注意保持道路网的密度差别和形状特征。道路网格大小见表2。

表2 道路网格大小

居民地密度分区	居民地稠密区和较密区	居民地中密区	居民地稀疏区
道路网格大小	1 cm^2~3 cm^2	2 cm^2~4 cm^2	3 cm^2 以上

优先选取连接乡、镇、大村庄之间的道路,通往高等级道路、车站、码头、矿山的道路,作为行政界线的道路,穿越国境线的道路以及连接水源的道路。一般应使乡镇级居民地有道路通往、居民地与主要地物之间均有道路连接。两居民地之间有数条道路相连接时,应优先选取等级较高、距离较短的道路。

山隘:各级道路通过的山隘一般应表示。

5.4.3.3 道路的图形概括

公路一般不予化简。山区公路的"之"字形弯道,如双线表示有困难时可采用共边表示或缩小符号

宽度;当有多个“之”字形弯道并联,图上无法逐一表示时,应在保持两端位置准确和“之”字形特征的条件下作适当化简。概括后的道路形状应与地貌、水系等要素协调。当道路与水系要素发生争位时,宜保持水系要素的位置准确,移动道路,保持图上 0.2 mm 间距。

机耕路、乡村路和小路可进行较大程度的图形概括,只着重表示其走向。

虚线表示的道路交叉点应以实部衔接,变换等级时,应以地物点为变换点。

5.4.4 道路附属设施

5.4.4.1 桥梁

连接铁路与公路的桥梁一般应表示,但以单线表示的河流其桥梁不表示。桥梁有名称的可加注名称;连接技术等级四级以上公路的桥梁、且图上长度大于 2 mm 的应加注载重吨数。

5.4.4.2 隧道、明峒、路堤、路堑

隧道、明峒:图上长 2 mm 以上的依比例尺表示,短于 2 mm 的适当选取用不依比例尺符号表示。

路堤、路堑:图上长 5 mm 且比高 3 m 以上的应表示,5 m 以上的加注比高。连续分布且图上间隔小于 2 mm 时可连续表示。

5.4.4.3 水运设施

码头、停泊场:在双线表示的河流、湖泊、海洋中的一般应表示。当河流宽度较窄难以表示时,可缩小符号尺寸或舍去。

助航标志:一般均应表示,密集时可取舍。

通航河段起止点:双线表示的河流其通航河段起止点均应表示,其箭头方向朝向通航河段。当河内表示不下符号时可表示在河流外侧。

5.4.4.4 空运设施

飞机场应表示,符号配置在机场适中位置上。机场范围内的房屋建筑应表示,其他设施一律不表示。民用机场应注记名称。

5.5 地貌

5.5.1 编绘地貌的要求

正确表示各类地貌的基本形态特征,清晰显示山脉和分水岭走向,保持地貌结构线、特征点位置和名称注记的正确,处理好地貌与其他要素的关系。

5.5.2 等高线

根据制图区域地形特征及资料情况,选择基本等高距。

等高距为 50 m 时,每 250 m 整倍数的等高线表示为计曲线;采用 100 m 作为基本等高距时,每 500 m 整倍数的等高线表示为计曲线。

在基本等高距不能反映有特征意义的地形起伏和微地貌形态地区,如高原面、盆地边缘、阶梯等,可表示任意曲线。任意曲线应加注等高线高程注记。

当基本资料上的等高线精度不符合要求时,可用草绘等高线符号表示。

5.5.3 等高线图形的综合

5.5.3.1 等高线图形综合要求

综合等高线图形时应根据不同地区地貌类型特点,正确表示山脊、山头、谷地、斜坡及鞍部的形态特征,反映不同类型地貌切割程度。图上小于 0.5 mm×0.6 mm 的弯曲可化简,一般情况下是删除次要的负向地貌碎部,但在概括刃脊、角峰、冰斗、凹地、方山、盆地等的图形时,则可删除次要的正向地貌碎部。为强调地貌特征,个别等高线可局部适当移位,但应保持山脊线、谷底线位置正确,并需注意避免等高线与附近控制点和高程点之间出现矛盾。

相邻两条等高线图上间距不应小于 0.2 mm,不足时可以间断个别等高线,但不应成组断开。

等高线遇到房屋、窑洞、公路、双线表示的沟渠、冲沟、陡崖、路堤等符号时应断开。

5.5.3.2 **基本地貌形态的综合**

a) 山脊

正确表示山脊的形状、延伸方向及主脊与支脊之间的相互关系。山脊顶部等高线间距不小于0.3 mm。尖窄山脊的等高线可呈尖角形弯曲，等高线一般不应向下坡方向移位；浑圆形山脊上部等高线可稍向下坡方向移位，以适当扩大山脊部分。

b) 山头

注意反映小山头的形状。表示山脊上的山头和独立高地的闭合等高线最小直径一般不小于0.5 mm，有境界通过的小山头可适当放大。有高程注记的小山头，等高线表示不下时，可省去一条等高线。小山头群集处当距离小于0.3 mm而又为同走向时可适当合并。表示山头的等高线应反映不同地貌形态，保持其原来的尖角形、浑圆形等特征。

c) 谷地

正确表示谷地大小、形态以及主支谷关系。图上相邻谷的谷口间距在一般情况下按表3规定。

表 3 谷口间距

地貌类型	谷口间距
中山、高山	4 mm～6 mm
丘陵、低山	3 mm～5 mm
黄土、风成	2 mm～3 mm

选取谷地时应按从大到小、由主及次的原则进行。有河流通过的谷地、主要鞍部以及道路通过的谷地应优先选取。

概括谷地等高线图形时应反映出谷地纵横剖面的形态特征。正确显示出谷底线、谷缘线的位置。在一般情况下主谷的等高线比支谷的等高线向谷源方向伸入得长一些。

d) 斜坡

注意反映出等齐斜坡、凹形坡、凸形坡、阶形坡、斜陡坡及受冰蚀的三角面、受风化的岩石坡面、受流水冲蚀的扇状坡面等特征。

e) 鞍部

注意反映鞍部的对称与不对称特征。鞍部两侧最高两条对应等高线距离一般不应小于0.3 mm。

f) 凹地及示坡线

图上面积大于1 mm^2 的凹地应予以选取，小于此面积的但有特征意义的可选择夸大表示。群集凹地应注意保持其分布特征。

凹地的边缘最高一条等高线和底部最低一条等高线应表示示坡线，独立小山头、斜坡方向不易判读处、图廓边的丘岗及谷地也应表示示坡线。

5.5.4 **高程点及等高线高程注记**

高程点应按地貌特征进行选取，其个数在地貌形态比较破碎复杂的地区应较多，比较完整简单的地区可较少。一般图上选取数量见表4。

表 4 高程点、等高线高程注记选取指标

高程点数量		等高线高程注记数量
平原	丘陵、山地	
10 个/100 cm^2	15～20 个/100 cm^2	5～10 个/100 cm^2

应优先选取测量控制点、图幅内最高点、凹地最低点、区域最高点(每 1∶100 000 图幅范围内选取 1 个)、河流交汇处、主要湖泊岸线旁、道路交叉处及有名称的山峰、山隘等处的高程点,并注意协调处理高程点与等高线、测量控制点等要素的矛盾。

等高线高程注记选取数量见表 4,注记字头朝向高处。

5.5.5 等深线、水深注记

表示水深为 5 m、10 m、20 m、30 m、50 m、100 m、200 m、500 m、1 000 m、1 500 m、2 000 m、2 500 m、3 000 m 的各条等深线。等深线应加注记,注记一般成组配置,字头指向浅水处。在斜坡方向不易判读处和最低一条封闭等深线上应表示示坡线。在概括等深线时一般扩大浅水区,缩小深水区。陡坡地段的等深线间距小于 0.2 mm 时可中断个别等深线。

注记的密度按浅水密、深水稀的原则,并根据海底地形确定。一般近海岸区每 100 cm^2 内选取 50～100 个。在航道两侧浅滩、河口、岛、礁周围及地形陡变处的水深注记要优先选取,并可略密于上述指标。水深注记的中心表示测深点的位置,注记注至整米。

5.5.6 几种典型地貌的编绘

5.5.6.1 冰川地貌的编绘

用地类界表示出雪山范围,其内应表示粒雪原、冰川、冰裂隙、冰陡崖、冰碛、冰塔。

地类界的概括应与等高线图形相适应。粒雪原图上面积大于 4 mm^2 的应表示,零散分布的面积不足 4 mm^2 时也应夸大表示一部分,以反映雪区与非雪区面积对比和粒雪原分布的特点。粒雪原之间间距小于 1 mm 时可合并。

雪被内的非雪区面积大于 4 mm^2 的应表示,小于此面积的可合并到雪被内。

图上长小于 4 mm 且宽度小于 1 mm 的冰川用不依比例尺符号选取表示,作为河源的冰川应优先选取。

雪山内的冰面等高线、冰裂隙、冰陡崖、冰碛、冰塔能清晰表示的均应表示,冰塔比高 5 m 以上的应注出比高。

5.5.6.2 黄土地貌的编绘

正确反映黄土高原沟壑区和黄土丘陵沟壑区不同的形态特征。黄土高原沟壑区沟谷网稠密,切割较深,谷间地面积较大,顶部平坦。黄土丘陵沟壑区沟谷十分稠密,切割较浅,谷间地顶部呈明显的穹形,沿分水岭有较大的起伏。当用基本等高线不能反映上述特征时,可加绘任意曲线表示。在黄土阶地和山麓倾斜平原地带,由于等高线落选而使沟谷不能完整显示,可改用双线或单线冲沟符号表示。

冲沟图上长 4 mm 以上的应表示,冲沟之间的间距一般不应小于 2 mm～3 mm。冲沟宽度小于 0.4 mm 的用 0.1 mm～0.4 mm 的单线符号表示,宽度在 0.4 mm～1 mm 的用双线符号依比例尺表示,超过 1 mm 时沟壁应用陡崖符号表示,冲沟深度大于 5 m 时应注比高。

黄土溶洞用溶斗符号选择表示,以显示该地貌的特征。

5.5.6.3 岩溶地貌的编绘

通过对溶斗(封闭洼地)、残丘、峰丛、峰林的取舍和等高线图形的综合以表示溶蚀高原、溶蚀山地、溶蚀丘陵和溶蚀平原的不同形态特征。

溶斗、洼地:溶斗选取表示,图上面积小于 0.7 mm^2 的洼地可改用溶斗符号表示;

残丘:面积小于 0.35 mm^2 的应选择予以夸大表示;

峰丛、峰林:以取舍为主,在有明显走向的峰林地区,位于同一基底的峰体可合并表示。图上面积小于 0.35 mm^2 的峰丛、峰林可选择夸大表示。比较突出的孤立峰体应加注比高,峰丛比高选择最高的标注。注意反映坡立谷的不同形态特征和分布特点。

5.5.6.4 风成地貌的编绘

风成地貌其地面物质组成和形态差异分为：风成山地、风蚀残丘、戈壁和沙漠等主要类型：

a) 风成山地

应反映基岩裸露，地貌破碎，棱角明显，沟脊狭窄以及山麓地带遍布洪积物的特征。

b) 风蚀残丘

残丘地符号的配置应正确显示其分布范围和该地区的主导风向。

c) 戈壁

图上面积大于 1 cm^2 的沙砾地、石块地均应表示，符号配置应正确反映其分布范围。

d) 沙漠

表示沙漠时应反映其稳定程度、分布范围、规模大小、形态特征及其与风向的关系。

图上面积大于 1 cm^2 的各种沙地地貌应用相应的符号表示。基本资料上用等高线表示的各类沙地地貌，因缩小后等高线显示不清或等高线落选时，可改用相应的符号表示。

5.5.7 地貌符号的使用

不能用等高线表示的地貌，可选择重要的、面积较大的用相应的符号表示。

a) 山洞、溶洞、火山口

一般均应表示，著名的应加注名称。依比例尺表示的火山口可用等高线或陡崖符号表示，并在其中心配置火山口符号。

b) 陡崖、陡坎

图上长 3 mm 且比高 3 m 以上的应表示，不区分石质与土质。比高 5 m 以上的应注出比高。

c) 露岩地、陡石山

露岩地：成片分布的在其范围内均匀配置符号，小块独立分布的其符号一般配置在原资料的位置上。

陡石山：图上长度在 5 mm 且宽 2 mm 以上的应表示，小于此尺寸时可改用等高线表示。

d) 崩崖、滑坡

图上面积大于 5 mm^2 的崩崖、滑坡一般应表示。

5.5.8 地理名称注记

地理名称注记包括山峰、山脉、谷地、盆地等。

a) 重要山峰、山隘、独立山头等的名称一般应注出，注记字大根据山体大小和著名情况分级注出。
b) 山岭、山脉名称一般应注出，注记大小应保持一定级差。注记位置沿山脊走向排列。若山脉名称在基本资料上未注出者，应根据有关的参考资料加注。山岭、山脉名称分级应参考有关的山脉、水系资料图确定。
c) 凹地、草地、沙地、沙漠、山峡、山谷、冰川等名称按其范围、方向注出，并保持一定级差。

5.6 管线

5.6.1 编绘管线的要求

正确反映管线的种类、位置以及走向特征。

5.6.2 高压输电线、变电站(所)

高压输电线：选取表示图上长 5 cm 且电压 35 千伏以上的，当其在图上平行于道路符号边线 3 mm 以内时可不表示，但在分岔、转折处和出图廓时应表示出一段高压电线符号，以示走向。多条高压线平行且较近时取舍表示。

变电站(所)：一般仅表示街区外围的。

5.6.3 海底光缆、电缆

表示敷设于海底用于传输光、电通信信号的缆线，并分别加注“光”、“电”注记。

5.6.4　管道

表示矿区通往港口及大城市的输送石油、天然气、水等的大型管道，并加注相应的说明注记。

5.7　境界

5.7.1　编绘境界的要求

正确反映境界的等级、位置以及与其他要素的关系。不同等级的境界重合时应表示高等级境界符号，与其他地物不重合的境界线应连续表示；境界的交汇处和转折处应以点或实线表示。境界符号两侧的地物符号及其注记不宜跨越境界线。

5.7.2　国界

国界线应根据国家正式签订的边界条约（议定书）及其附图准确表示出，并在出版前按规定履行报批手续。

a）表示国界时应注意：

1）国界应准确表示，在能表示清楚的情况下一般不应有较大综合或位移。国界的转折点、交叉点应用国界符号的点部或实线段表示。

2）国界上的界标（界桩、界碑）应按坐标值定位，并注明编号。

3）位于国界线上和紧靠国界线的居民地、道路、山峰、山隘、河流、岛屿和沙洲等地物均应详细表示，并明确其领属关系。

4）边界条约上提到的名称应按条约附图尽量表示，各种注记不应压盖国界符号，并应注在本国界内。

b）以河流及线状地物为界的国界表示方法：

1）以河流中心线或主航道为界的国界，当河流用双线表示且其间能表示出国界符号时，国界符号应不间断表示出，并正确表示岛屿和沙洲的归属；河流符号内表示不下国界符号时，国界符号应在河流两侧不间断地交错表示出，岛屿、沙洲归属用说明注记括注（国名简注）。

2）以共有河流或线状地物为界时，国界符号应在其两侧每隔 3 cm～5 cm 交错表示 3～4 节符号，岛、洲归属用说明注记括注（国名简注）。

3）以河流或线状地物一侧为界时，国界符号在相应的一侧不间断地表示出。

5.7.3　国内各级行政境界

县级以上各级境界应用最新编绘出版的地图或最新勘界成果和行政区划变动资料进行校核，两级以上的境界重合时只表示高一级的境界。界桩、界标要准确表示，界标若为石碑，又有方位意义的则以纪念碑符号表示。

各级境界以线状地物为界时，能在其线状地物中心表示出符号的，在其中心每隔 3 cm～5 cm 表示 3～4 节符号；不能在其中心表示出符号的，可在线状地物两侧每隔 3 cm～5 cm 交错表示 3～4 节符号。在明显转折点、境界交接点以及出图廓处应表示境界符号。应明确岛屿、沙洲等的隶属关系。

“飞地”界线用其所属的行政单位的境界符号表示，并加隶属说明注记，如“属××省××县”或“属××县”，飞地范围太小注不下说明注记时，可用带圈数字编号，图廓外加附注说明：“图内编号①：属××省××县（或属××县）”。

5.7.4　国外界线

国外地区表示国界、外国一级行政区划界（用国内省界符号表示）。克什米尔地区界用特殊地区界表示。

5.7.5　自然、文化保护区界线

国家及省级自然保护区以及国家森林公园等范围界线应表示，并在范围内注记名称。

当自然保护区界线无法确定时，可只在中心部分加注名称。如一幅图均位于自然保护区内，则可用附注说明。

5.8 植被与土质

5.8.1 编绘植被与土质的要求

应正确反映出植被和土质的类型、分布范围以及与其他要素的关系。

毗连成片的同类土质、同类植被其图上间距小于 1 mm 时可以适当合并。同一地段生长有多种植物时可配合表示，但植被连同土质符号不宜超过三种，符号的配置应与实地植被的主次和稀密情况相适应。荒漠地区植被选取指标可低于下述规定。

5.8.2 经济林

图上面积大于 16 mm^2 的经济林应表示，小于此面积的一般不表示，仅在植被稀少地区或小面积分布成片地区适当选取，并用其小面积符号表示。

5.8.3 林地

成林、灌木林、竹林：图上面积大于 16 mm^2 的分别用相应的符号表示，小于此面积的一般不表示，仅在植被稀少地区或小面积分布成片地区适当选取，并分别用其小面积符号表示。图上宽度不足 1 mm、长度大于 8 mm 的狭长林地可分别用狭长符号选取表示。图上面积大于 25 mm^2 的林中空地应表示。大面积的成林中夹有灌木林的只表示成林。

幼林、苗圃：图上面积大于 7 mm^2 应表示。

5.8.4 草地

图上面积大于 1 cm^2 的高草地、草地应表示。

5.8.5 土质

盐碱地、小草丘地、龟裂地，当其图上面积大于 1 cm^2 时均应用相应符号表示。

沙砾地、石块地、残丘地等的表示见 5.5.6.4 的规定。

6 编绘技术方法及要求

6.1 编绘技术流程

6.1.1 地形图编绘一般应使用比例尺大于 1∶250 000 的地形图数据进行缩编，如已有的 1∶250 000 地形图数据质量较好时，可利用现势资料对其进行要素的更新。编绘时可先要素选取再符号化编辑，也可要素选取与符号化编辑同时进行。图 1 显示了以地形图数据库数据为基础，先要素选取再符号化编辑的编绘流程和以地形图制图数据为基础，要素选取与符号化编辑同时进行的编绘流程。

6.1.2 采用要素选取与符号化编辑同时进行时，应兼顾第 5 章、第 8 章与第 9 章的规定。附录 A 给出了地形图各要素的综合示例。

6.2 编绘顺序

编绘应按有利于要素关系协调原则和重要要素在先、次要要素在后的顺序进行。一般顺序为：内图廓线、控制点、高程点、水系、铁路、主要居民地、公路及附属物、次要居民地、其他道路、管线、地貌、境界、植被与土质、独立地物、注记、直角坐标网、图幅接边、图廓整饰。

6.3 元数据文件录入及图历簿的填写

元数据文件及图历簿应能全面、正确反映每幅地形图的编绘过程。应详细记载所编图幅的数学基础、平面控制点坐标、数据源、数据分层、图幅编绘说明、图幅接边、资料使用情况、主要问题的处理情况和成图质量评定等内容。

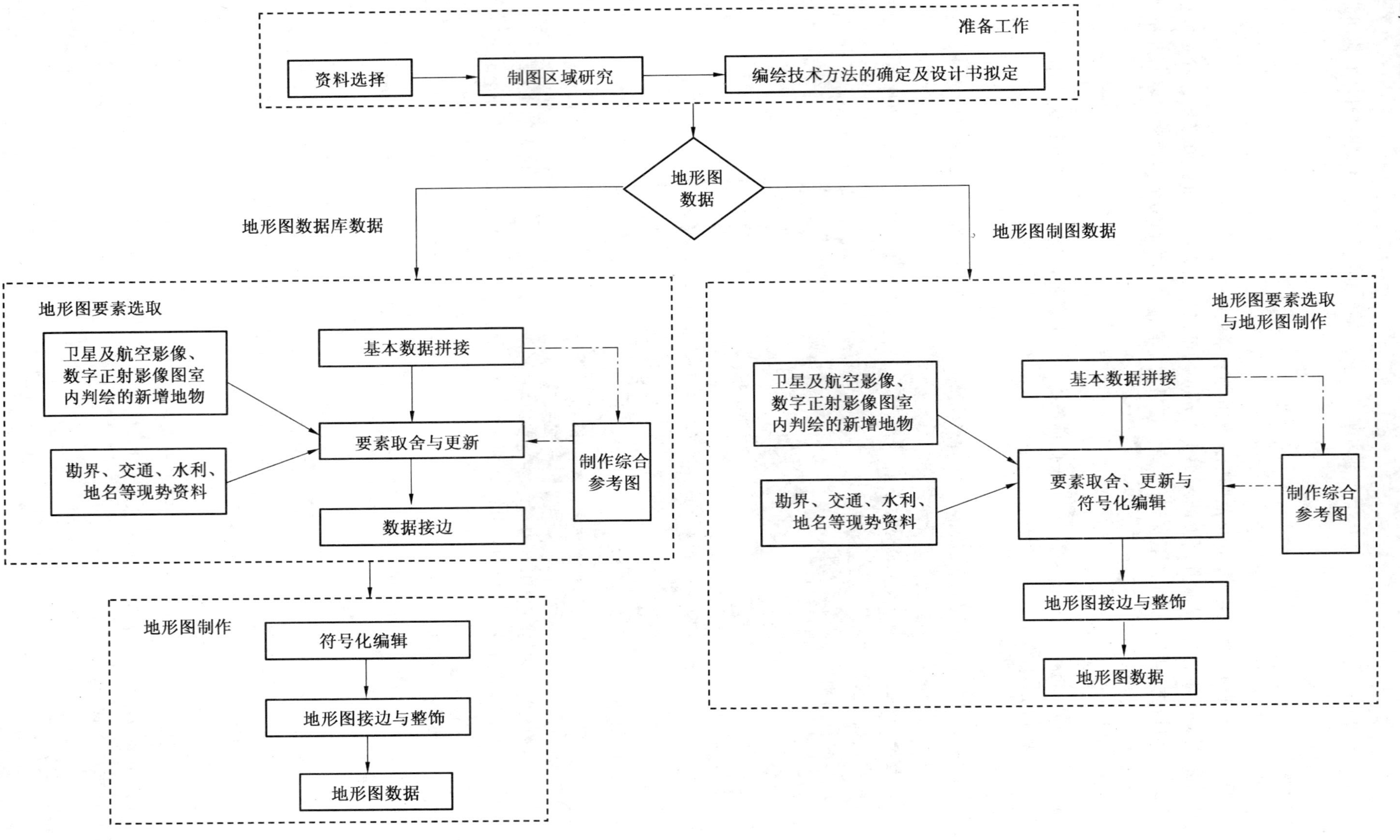
准备工作
资料选择
制图区域研究
编绘技术方法的确定及设计书拟定
地形图数据
地形图数据库数据
地形图制图数据
地形图要素选取
卫星及航空影像、数字正射影像图室内判绘的新增地物
勘界、交通、水利、地名等现势资料
基本数据拼接
要素取舍与更新
数据接边
制作综合参考图
地形图制作
符号化编辑
地形图接边与整饰
地形图数据
地形图要素选取与地形图制作
卫星及航空影像、数字正射影像图室内判绘的新增地物
勘界、交通、水利、地名等现势资料
基本数据拼接
要素取舍、更新与符号化编辑
制作综合参考图
地形图接边与整饰
地形图数据

图 1　地形图编绘流程图

7 准备工作

7.1 制图资料的选择

7.1.1 应搜集不小于本成图比例尺、地形图精度符合要求、现势性强的地形图数据。一般应以同比例尺或 1∶100 000 地形图数据作为基本资料，在有最新实测的 1∶50 000 地形图地区，或地形复杂、等高距为 50 m 地区，则应采用 1∶50 000 地形图数据作为基本资料。

7.1.2 作为基本资料的补充或参考，还应搜集以下资料：

a) 测量控制点成果、基本资料的元数据文件或图历簿；

b) 最新航空、航天遥感影像及数字正射影像图；

c) 已有 1∶250 000 地形图资料；

d) 具有权威性的、现势性强的与地形图要素有关的专题资料；

e) 最新编绘出版的省、地、县地图和地图集。

7.1.3 基本资料的搜集应截止至编绘作业之前。对于县级以上居民地的行政等级、政区变动，铁路，省道以上公路，重大水利工程等重要要素，其现势性资料的搜集一般截止至成图提交验收之前。

7.2 制图资料的分析与评价

对于确定为制图所需使用的资料，应进行分析，并做出简明评价和确定其使用程度。评价内容一般包括：

a) 测制单位、数学基础、成图年代等；

b) 地形图内容精度、现势性、可靠性与完备性等；

c) 各地物要素同本部分及 GB/T 20257.4 标准中符号分类分级的符合程度及转换原则。

根据以上分析、评价，确定基本资料、补充资料、参考资料的使用程度及方法。

7.3 制图区域的研究

制图区域的研究是以基本资料为基础，结合补充资料和参考资料，从整体上了解制图区域的地理概况和基本特征。研究的主要内容为：

a) 居民地的分布特点和密度差别，居民地平面图形的基本特征及行政意义等；

b) 道路的等级、通行情况、分布特点和密度差别、道路附属设施的分布情况；

c) 各级境界状况，特别是未定的国界、省界；

d) 水系的结构特征及河网密度，湖泊类型及分布特点，运河、沟渠等人工水系物体的分布状况；

e) 海岸类型，岛、礁、航海设施分布特点，海底地貌的形态特征；

f) 陆地地貌的类型及形态特征；

g) 各种植被的分布特点；

h) 有特殊文化、历史或经济价值的地物和国家重大工程项目的分布情况；

i) 其他要素的分布情况。

通过以上分析研究，针对编绘作业的需要，写出制图区域地理特征的简要说明。

7.4 编绘技术方法的确定及专业设计书拟定

7.4.1 根据资料情况、图幅的难易程度等因素确定编绘技术方法。对于困难类别较高的图幅，应确定是否制作综合参考图；对于新增地物以及勘界、交通、水利、地名等现势资料应确定其补充至图上的方法。

7.4.2 专业设计书是指导制图区域各图幅编绘作业的专业技术文件。其内容应按 CH/T 1004 有关要求编写，并应提供设计书附件。附件一般包括制图区域图幅接合表、基本资料略图、行政区划略图、综合样图、新旧图式符号对照表，相邻图幅接边关系等。

8 地形图要素编辑处理

8.1 基本数据预处理

将数据按照成图比例尺的图幅范围进行数据拼接；对于纸质地形图资料，应预先进行扫描、矢量化后再进行坐标转换和拼接处理。

8.2 制作综合参考图

根据图幅的难易，确定是否制作综合参考图。即按照成图比例尺打印出图，在图上根据编绘各要素的技术要求及综合指标标绘居民地街区分块、水系取舍、等高线综合等，同时将需补充、修改的要素也标绘在综合参考图上。

8.3 要素的取舍与概括

按第5章规定的地形图要素的综合指标和设计书的要求进行要素的选取和图形的概括（有综合参考图的可对照综合参考图），根据补充、参考资料进行要素的修改和补充。

大比例尺地形图数据用于缩编时，应注意在保持几何形状不失真的情况下进行光滑处理。

内图廓线及公里格网、北回归线等要素应正确无误，采用理论数据计算生成。

要素取舍时，为了更准确地把握取舍尺度，可将原1∶250 000数字栅格地图放在基本数据下面作为背景参考对照。

8.4 数据接边

相邻图幅的地形图要素应进行接边处理，包括跨投影带相邻图幅的接边。接边内容包括要素的几何图形、属性和名称注记等，原则上本图幅负责西、北图廓边与相邻图廓边的接边工作，但当相邻的东、南图幅已验收完成，后期生产的图幅也应负责与前期图幅的接边。

相邻图幅之间的接边要素不应重复、遗漏，在图上相差0.3 mm以内的，可只移动一边要素直接接边；相差0.6 mm以内的，应图幅两边要素平均移位进行接边；超过0.6 mm的要素应检查和分析原因，由技术负责人根据实际情况决定是否进行接边，并需记录在元数据及图历簿中。

接边处因综合取舍而产生的差异应进行协调处理。经过接边处理后的要素应保持相对位置的正确性，属性一致、线划光滑流畅、关系协调合理。

9 地形图制作

9.1 要素符号化编辑

9.1.1 按GB/T 20257.4规定的符号、线型、色彩等要求对地形图要素进行符号化，并按照第5章中有关各要素关系处理和图形概括的规定进行图形编辑。

9.1.2 对于地物符号化后出现的压盖、符号间应保留的空隙或小面积重要地物夸大表示等情况引起的地物要素的位移时，位移值一般不超过0.5 mm。

9.1.3 应正确处理好水系、道路、居民地、地貌等要素之间的关系，保持其各要素间的相离、相切、相割关系。地物要素避让关系的处理原则一般为：自然地理要素与人工建筑要素矛盾时，移动人工建筑要素；主要要素与次要要素矛盾时，移动次要要素；独立地物与其他要素矛盾时，移动其他要素；双线表示的线状地物其符号相距很近时，可采用共线表示。

9.1.4 地物密度过大时可根据地物重要性进行适当的再取舍或将符号略为缩小；连续排列和分布的同类点状要素（如窑洞）符号化后若相互压盖，优先选取两端或外围的地物以反映其分布特征，中间依其疏密情况适当取舍；而不同类点状要素（如电视塔与水塔）符号化若相互压盖，应优先选取有高大、有重要意义的地物。

9.1.5 地物要素图形概括后的形状应与其相邻的地物要素相协调。如概括后的道路形状应与地貌、水系相协调，水系岸线应与等高线图形相协调等。

9.2 地形图接边

对符号化后的地形图数据应进行相邻图幅图形的接边，经过接边处理后的要素应保持图形过渡自然、形状特征和相对位置正确。

9.3 地形图图廓整饰

按 GB/T 20257.4 的规定对地形图进行图廓整饰，并正确注出图廓间的名称注记：

a) 图廓间的道路通达注记

铁路、公路以及人烟稀少地区的主要道路出图廓处应注通达地及里程。铁路应注出前方到达站名；公路或其他道路应注出通达邻图的乡、镇级以上居民地，如邻图内无乡、镇级以上居民地时，可选择较大居民地进行量注。当道路很多时可只注干线或主要道路的通达注记。

铁路或公路通过内外图廓间复又进入本图幅时，应在图廓间将道路图形连续表示出，不注通达注记。

b) 界端注记

境界出图廓时应按 GB/T 20257.4 规定加界端注记，但当境界穿过内外图廓间复又进入本图幅时，可在图廓间连续表示出境界符号，不注界端注记。

c) 图廓间的居民地、湖泊、水库名称注记

居民地、湖泊、水库其平面图形跨两幅图时，面积较大的注在本图幅内，面积较小的应将名称注在该图幅的图廓间。县级以上居民地名称用比原字大小二级的细等线体注出，县级以下居民地名称用相应等级字大的细等线体注出。湖泊、水库名称选择用 2.0 mm～2.5 mm 左斜细等线体注出。

9.4 成果形式

数据生产完成后应形成如下成果：

a) 地形图成果数据集（数字地形图、元数据）；

b) 纸质地形图等。

附 录 A
(资料性附录)
样 图 示 例

图 A.1～图 A.15 给出了地形图各要素的综合示例。

1∶100 000

天花荡 长白荡 白蚬江 太史田 沙田荡 孙家荡 元荡 山白荡

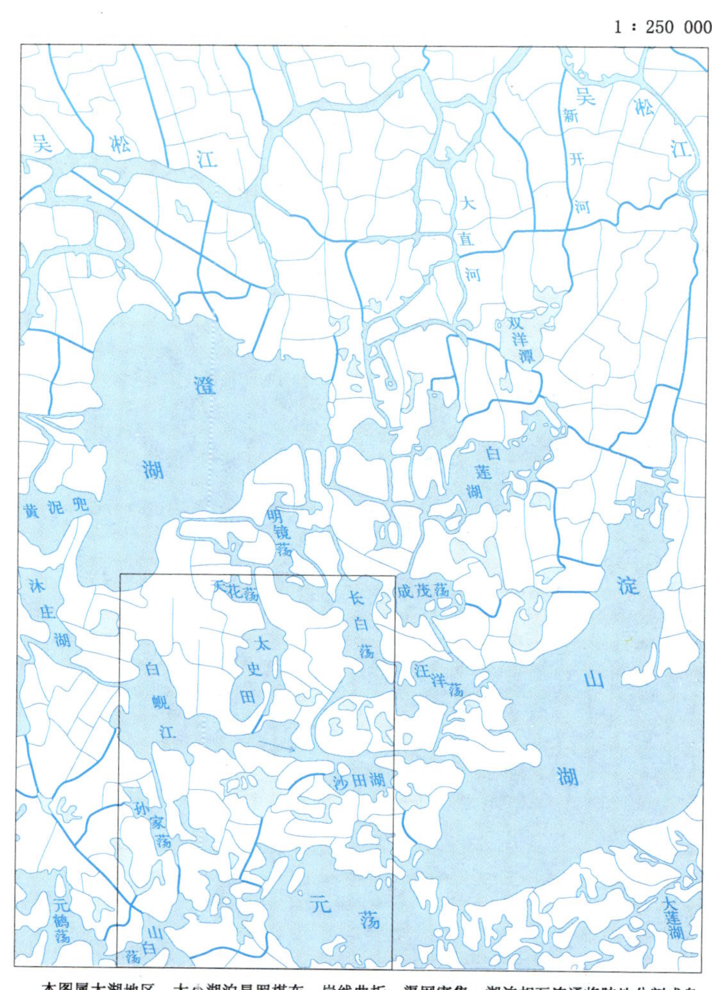

本图属太湖地区，大小湖泊星罗棋布，岸线曲折，渠网密集，湖泊相互连通将陆地分割成岛状。综合时，注意保持湖泊轮廓形状特征，小于0.5 mm×0.6 mm的岸线弯曲可以化简;优先选出连通湖泊的渠道；适当合并小块陆地，但仍应保持岛状陆地的特征。

图 A.1　湖泊综合示例

1∶100 000

1∶250 000

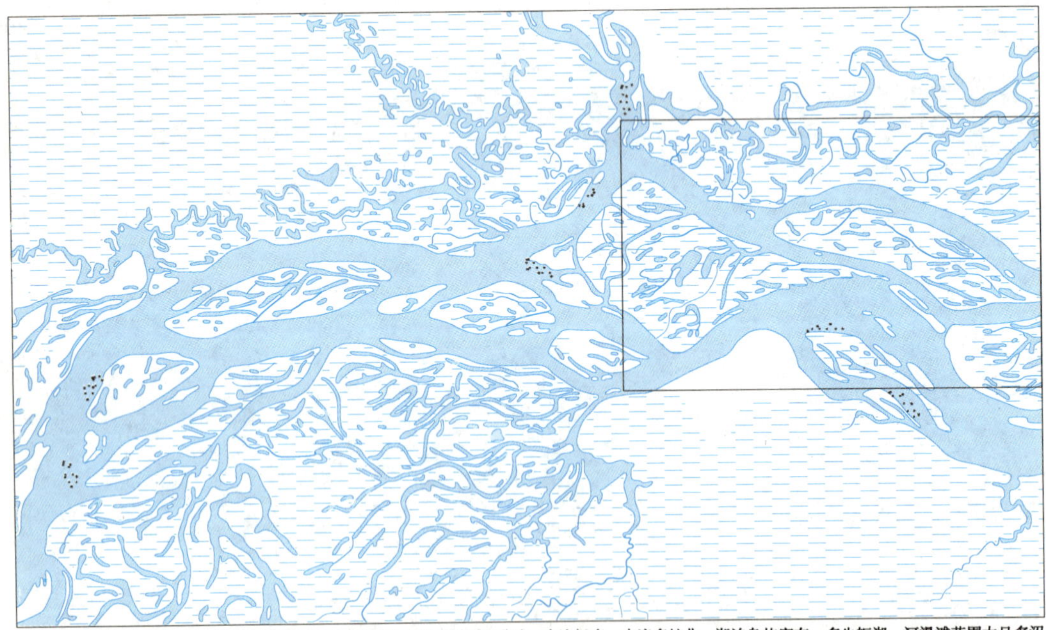

本图为黑龙江下游地区，河流为辫状水系，河流宽阔，河中多浅滩，岔流、支流极多，支流多蛇曲，湖泊岛屿密布，多牛轭湖，河漫滩范围大且多沼化，是典型的老年河。综合时应用圆、缓的弯曲绘水涯线，保持河流弯曲特征，小于0.5 mm×0.6 mm的弯曲应予化简，选取大于1 mm^2以上的湖泊及0.5 mm^2以上的岛屿，适当夸大成条状的湖泊及牛轭湖。

图 A.2　老年河综合示例

1：100 000

1：250 000

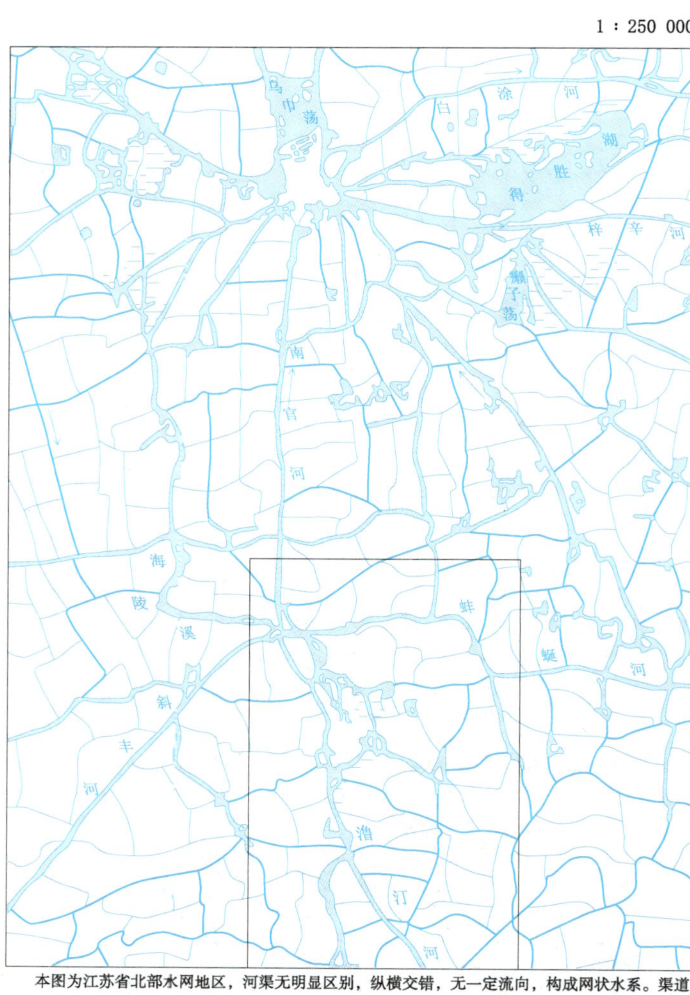

本图为江苏省北部水网地区，河渠无明显区别，纵横交错，无一定流向，构成网状水系。渠道宽在20 m以上的很多。综合时应按由主及次的原则进行选取，首先表示连接主要湖泊的双线河渠，个别双线河渠虽不足10 m宽仍应用双线夸大表示；其次选取部分有控制意义的、连系双线河渠或湖泊的干渠道，并将一部分短小的干渠降为支渠表示，使渠网层次分明，密度适中。

图 A.3　不规则渠网综合示例

1：100 000

1：250 000

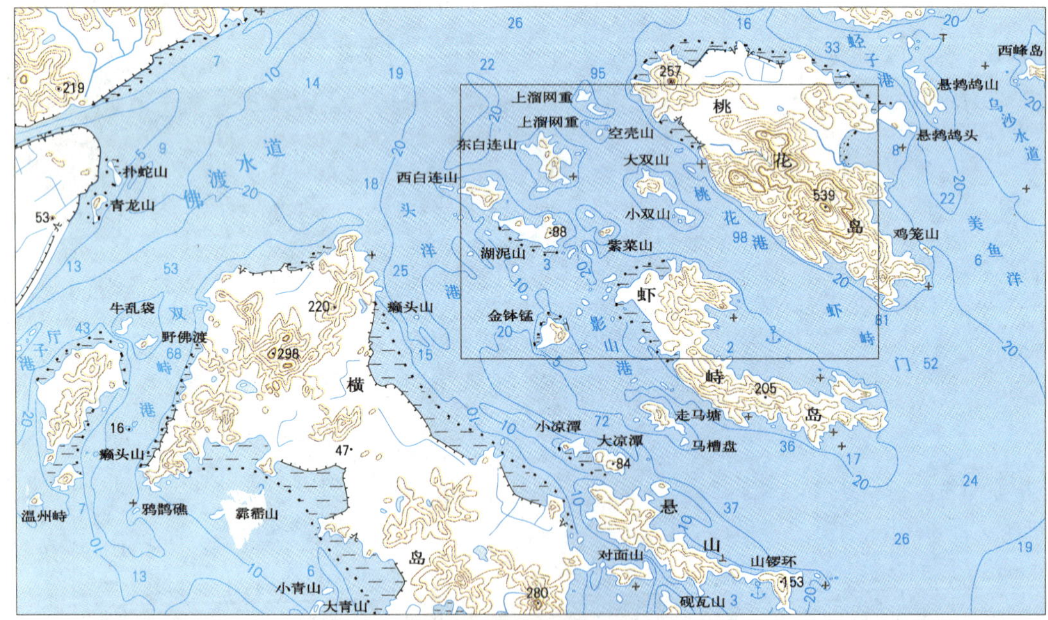

本图为舟山群岛地区。岛屿众多，大小不一。属山地丘陵海岸，岸线由岩石组成，曲折多港湾，有尖窄的岬角。部分海岸有淤泥滩、石滩。岛上有丘陵，绝对高程最高达539 m。综合时宜用平直的岸线和露角的弯曲以显示海岸曲折、岬角突露的特点，并用稍微圆滑的弯曲岸线表示港湾。详细表示沿岸的堤岸、海滩、礁石、轮船停泊场等。表示5 m、10 m、20 m、50 m等深线，40个左右的水深点。等高距为50 m。

图 A.4　岛屿综合示例

1∶100 000

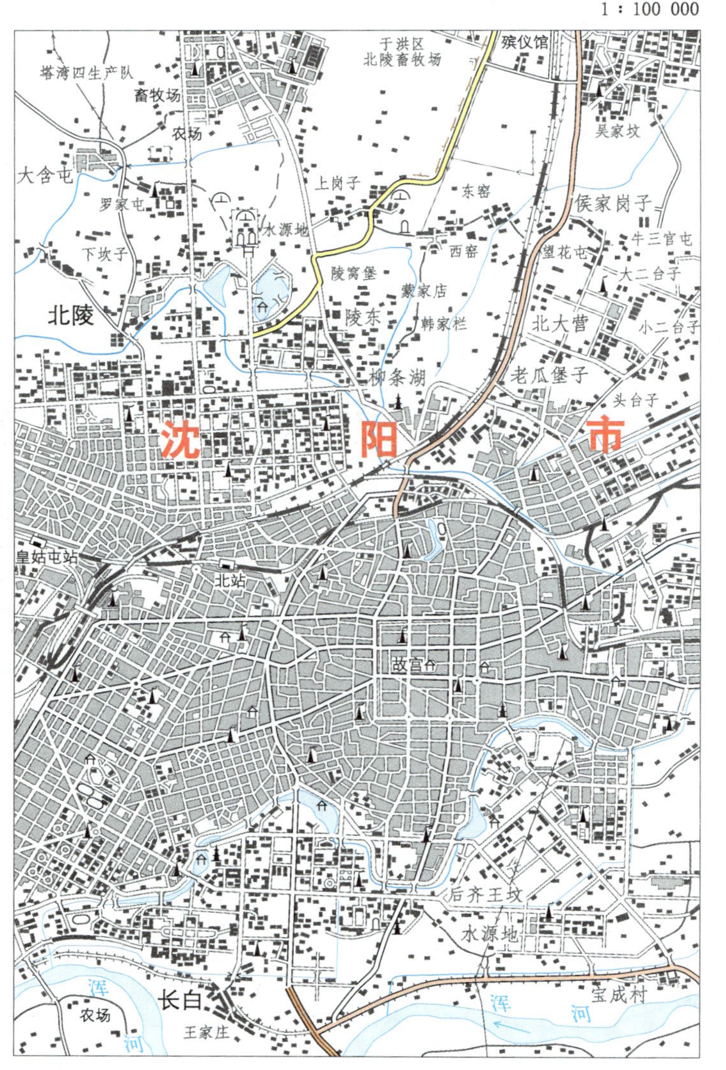

1∶250 000

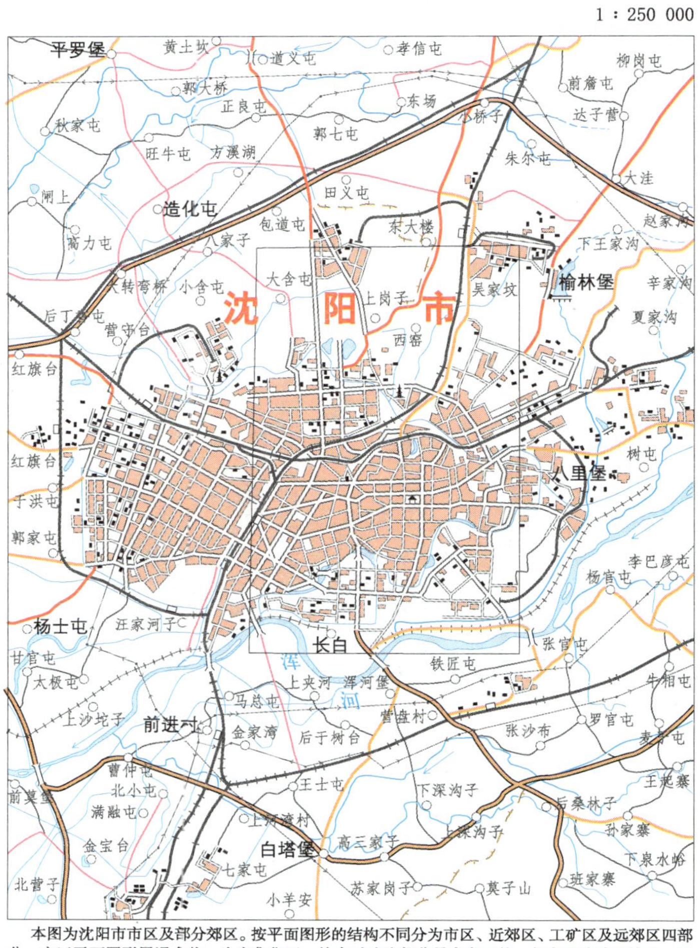

本图为沈阳市市区及部分郊区。按平面图形的结构不同分为市区、近郊区、工矿区及远郊区四部分。市区平面图形属混合状，为密集街区，综合时选取部分贯穿市区的、与主要公路连接的、反映街区平面图形特征的主干道，将其他主干道改为次干道优先选取，合并街区后面积最大不超过12 mm^2,一般为2 mm^2~4 mm^2。近郊区属稀疏街区，街道密度应比市区小1~2倍,在主、次干道控制下，填绘依比例的街区平面图形及普通房屋符号，房屋密度大于70 %时,可合并为街区。工矿区以街区表示。远郊区农村居民地基本上以圈形符号表示，面积大于4 mm^2的依比例表示。

图 A.5　城市式居民地综合示例

1：100 000

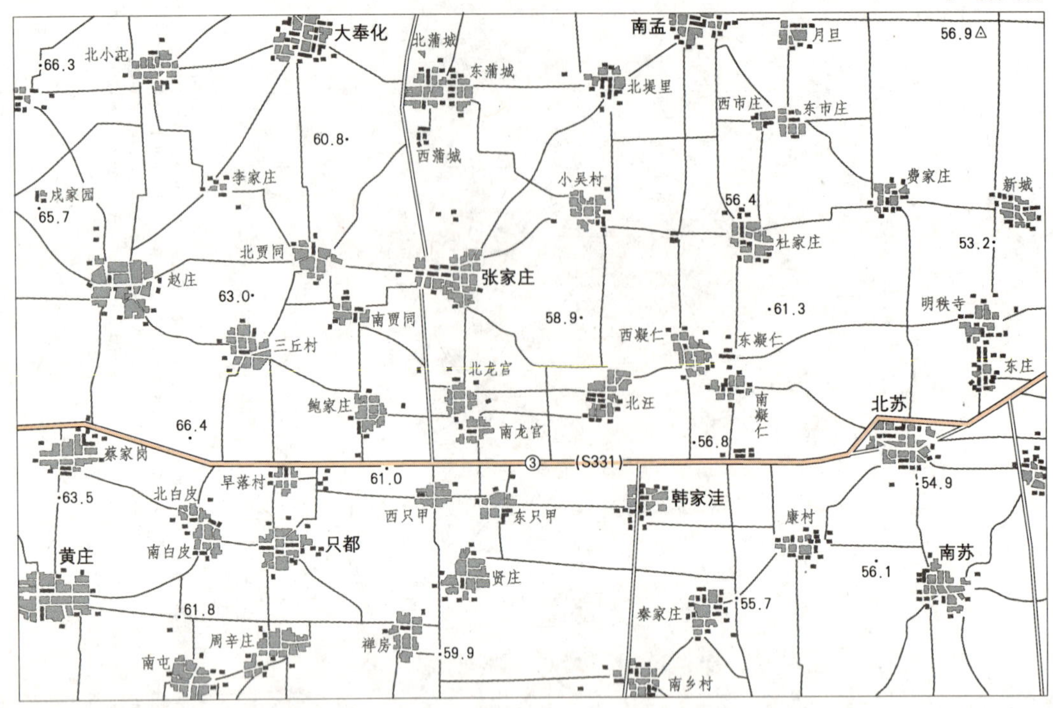

1：250 000

本图为华北平原大中型农村式居民地，平均100 km²约36个居民地，属中等密度区。本图选取居民地86个。乡以上居民地全取，乡以下居民地优先选取平面图形大的、位于铁路公路旁的。凡平面图形大于2 mm²的依比例尺街区式符号表示，小于2 mm²的用单圈符号表示。居民地外围的普通房屋舍去。铁路、公路全取，选取联系居民地的主要大车路，道路网格为2 cm²~4 cm²。

图 A.6　街区式居民地综合示例

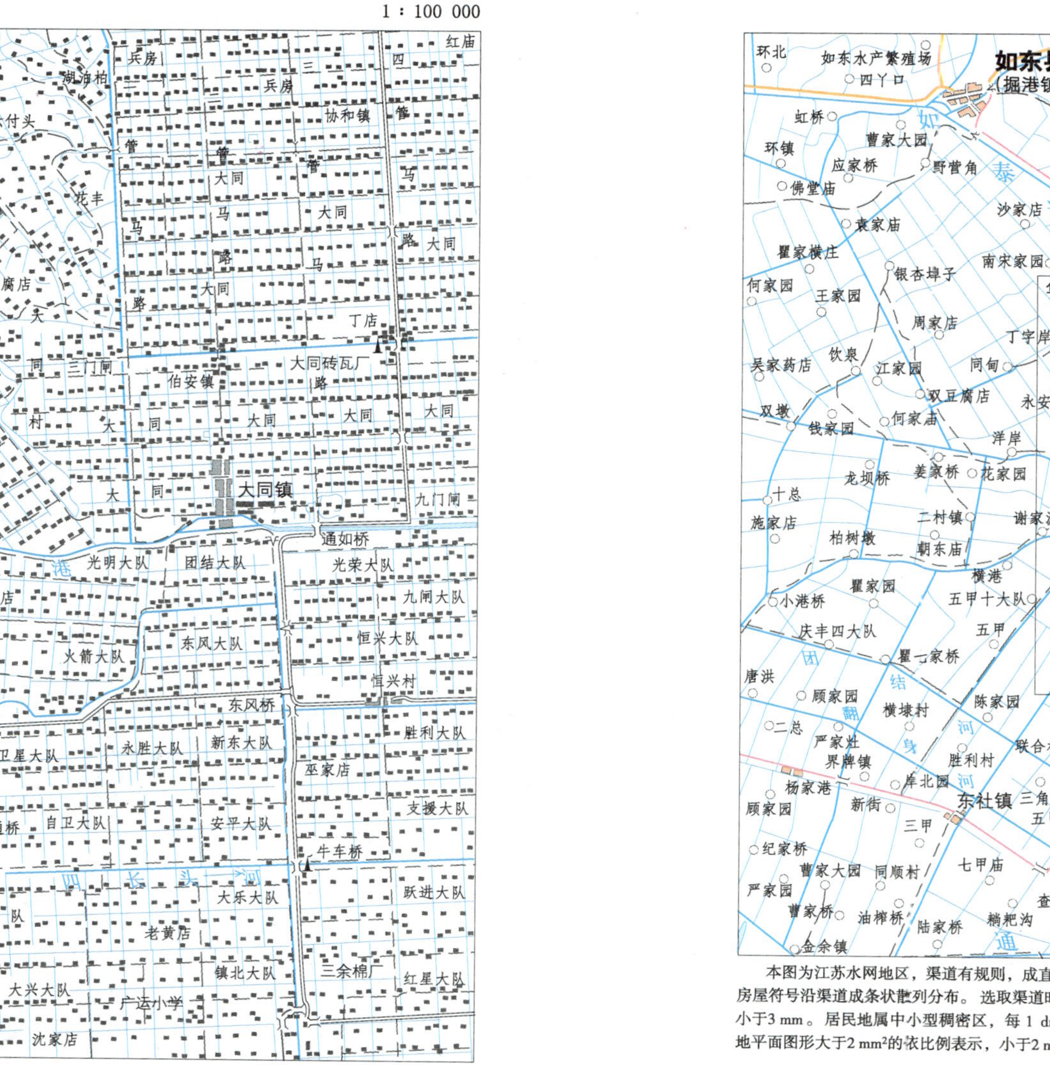

本图为江苏水网地区，渠道有规则，成直线状，且互相平行构成矩形水网。居民地稠密，普通房屋符号沿渠道成条状散列分布。选取渠道时应反映出渠网的主次及密度对比，渠网平行间距不小于3 mm。居民地属中小型稠密区，每 1 dm^2应选取115～130个，本图选取140个。街区式居民地平面图形大于2 mm^2的依比例表示，小于2 mm^2的改用圈形符号表示。

图 A.7　规则渠网及散列式居民地综合示例

1 : 100 000

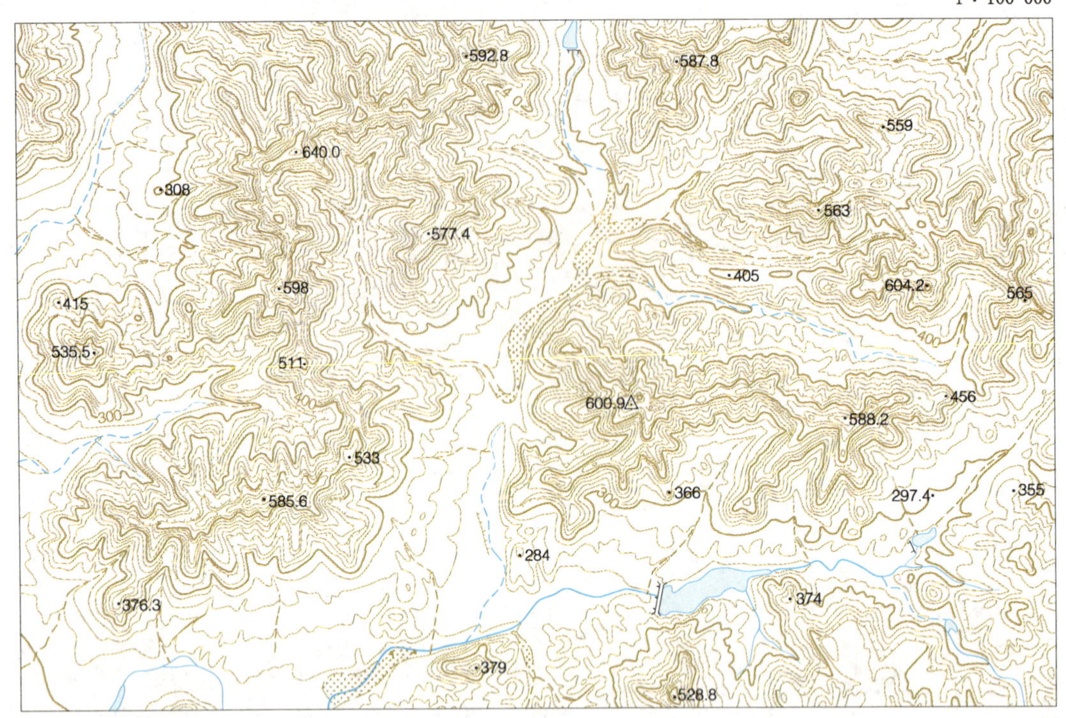

1 : 250 000

本图属沂蒙山地区，绝对高程200 m~650 m，相对高程400 m，外力作用以流水侵蚀为主。东西部为丘体较小，分布零乱的丘陵，中部为山体较大且山脊连贯的低山。山体切割较破碎，小型汇水谷地较多，谷口呈喇叭形，山坡多为凹形坡,山间盆地宽敞，发育有常年河。描绘该地貌的等高线上密下稀、圆滑、套合协调，基部等高线可适当向上移位。等高距50 m，谷间距3 mm~5 mm，高程点24个，等高线注记4个。

图 A.8　低山丘陵地貌综合示例

1∶100 000

654.5 807.3 695.0 702.0 649.2 688.0 629.0 356.0 705.4 653.0 582.0 681.3 584.7 543.4 538.0 343.0

1∶250 000

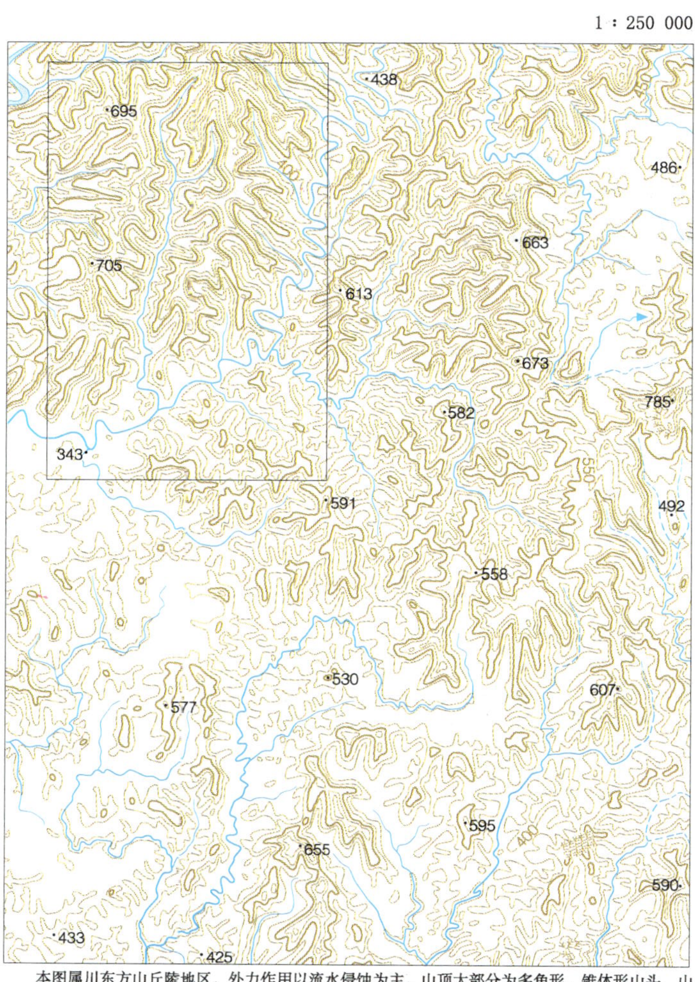

本图属川东方山丘陵地区，外力作用以流水侵蚀为主。山顶大部分为多角形、锥体形山头，山脊较窄，山脊线明显。山坡多呈凹形坡。支脊之间为圆弧形宽谷，主脊之间为山间盆地。因方山地貌以负向地貌为主，综合时一般采用舍去小山脊、合并小谷地的方法。等高线宜圆滑平缓、套合好。谷地呈槽形。等高距50 m，谷间距3 mm~5 mm，高程点21个，等高线注记4个。

图 A.9 方山丘陵地貌综合示例

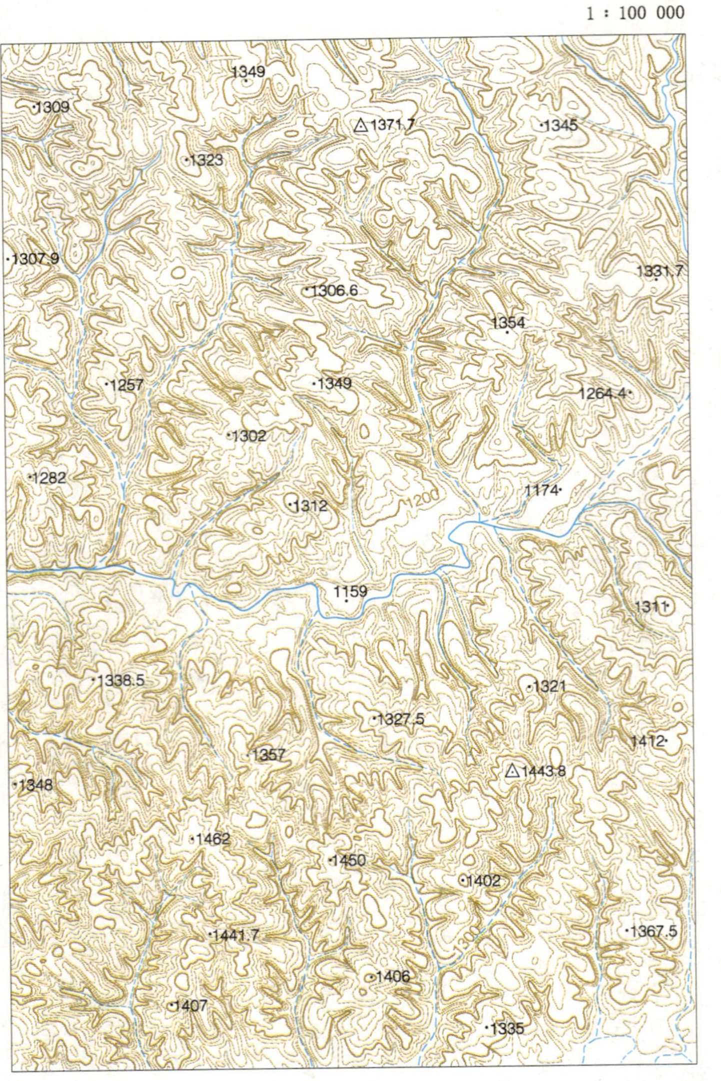

本图属晋北黄河东岸黄土丘陵地貌区。以黄土峁为主；是黄土梁被沟谷强烈切割而成。峁顶成穹形，斜坡多呈凸形坡，山脊明显清晰，沟谷极多，切割破碎。综合时，注意峁顶平坦，斜坡棱线明显，V形谷地多呈巷形、楔形，等高线圆滑、套合协调等特点。等高距为50 m，谷间距2 mm~3 mm，高程点17个，等高线注记5个。

图 A.10　黄土丘陵地貌综合示例

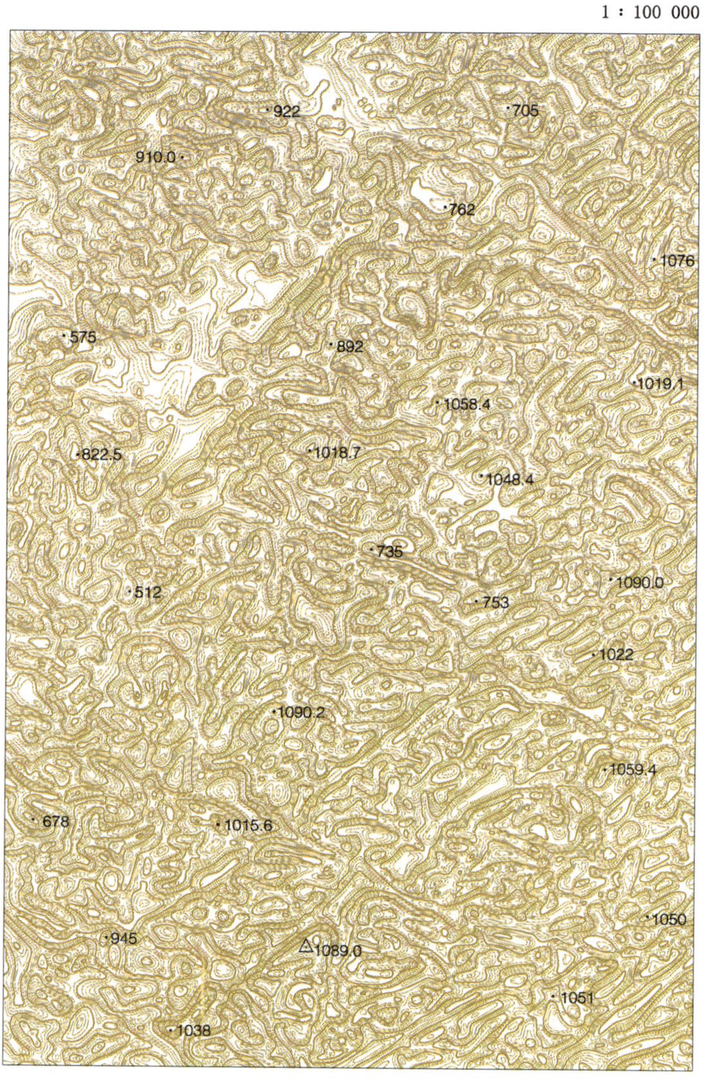

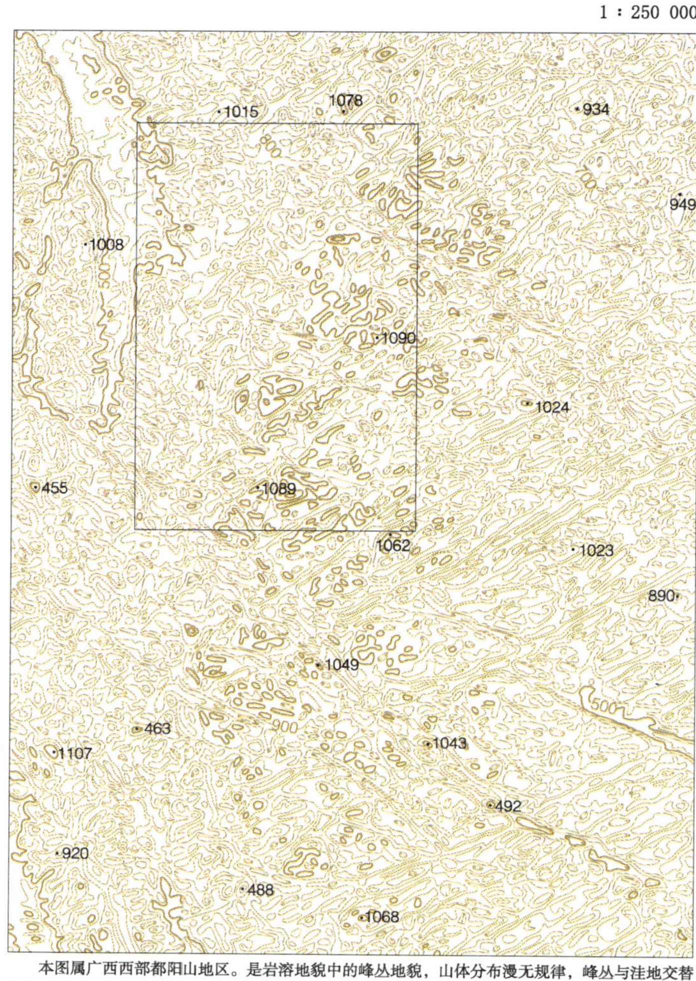

本图属广西西部都阳山地区。是岩溶地貌中的峰丛地貌，山体分布漫无规律，峰丛与洼地交替出现，形态较为复杂。综合时，等高线宜用平滑浑圆的形态表现，注意反映正负向地貌的对比，正向地貌采取扩正压负的方法，而负向地貌则采取扩负压正的方法。负向地貌必须加绘示坡线。等高距为100 m，高程点20个，等高线注记5个。

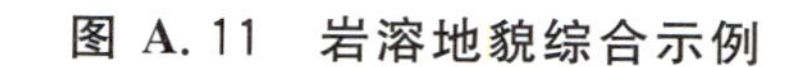
图 A.11　岩溶地貌综合示例

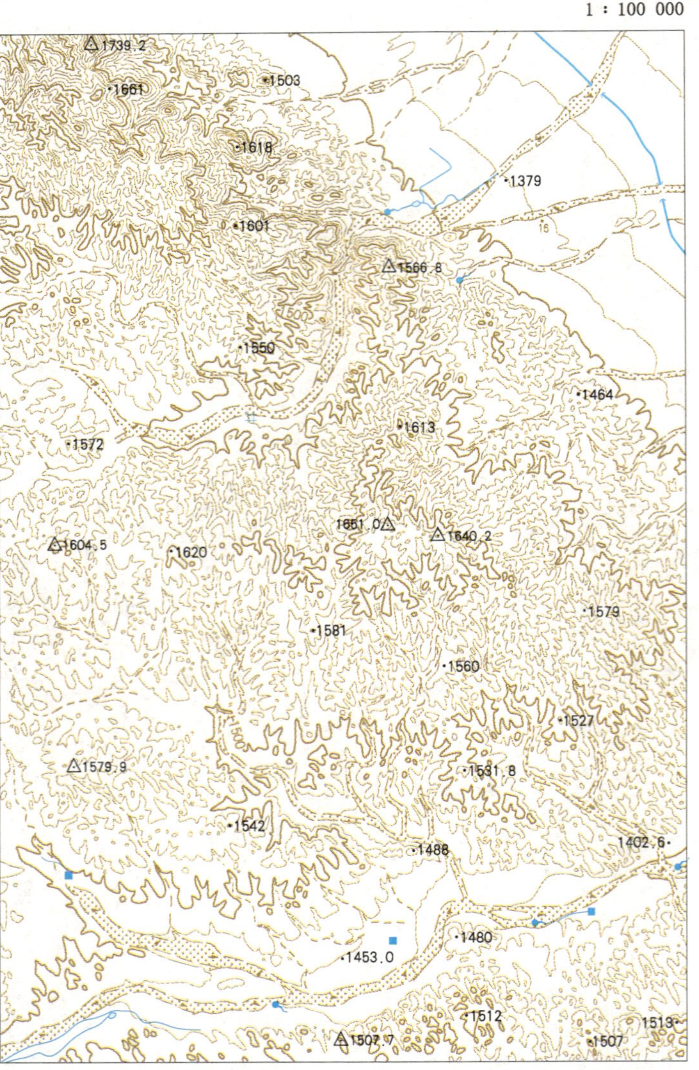

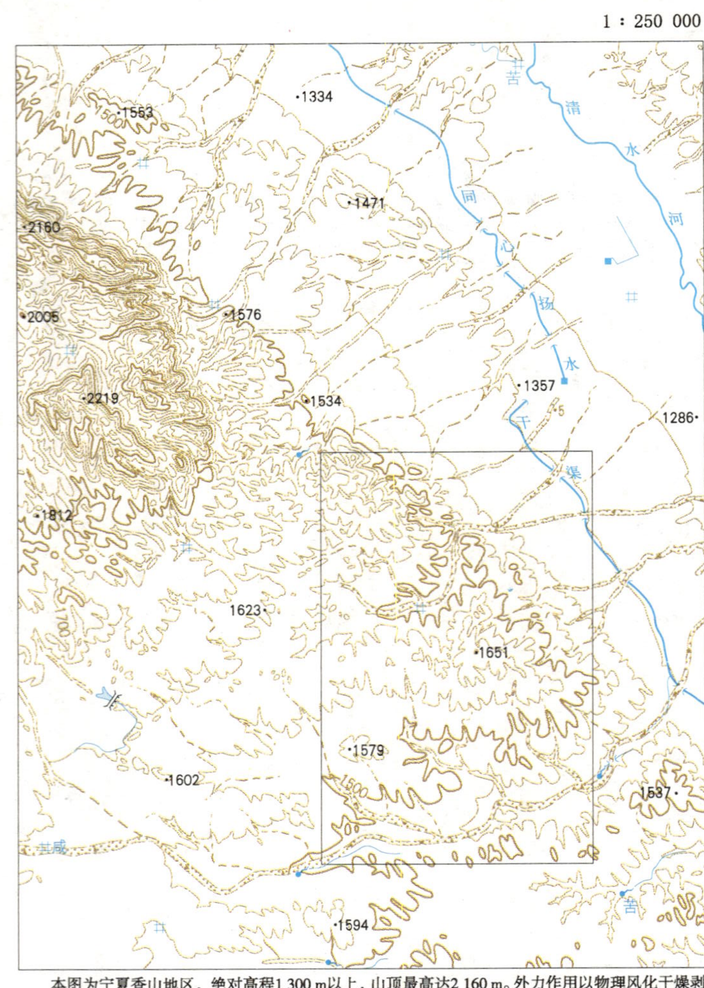

本图为宁夏香山地区，绝对高程1 300 m以上，山顶最高达2 160 m。外力作用以物理风化干燥剥蚀为主。该图地貌形态分为三部分：西部山体较完整，中部山坡干燥剥蚀强烈，东北部为山前冲积地带。综合时，应用折线状或角状弯曲的等高线描绘出干燥剥蚀山地地貌破碎、尖硬的特点，除西部完整山体外，等高线不必过于强求套合。山前冲积地带应多选取干河床。等高距50 m，谷间距2 mm~3 mm，高程点17个，等高线注记3个。

图 A.12　干燥剥蚀山地地貌综合示例

1：100 000

1581.9
1387.2
1568.3
1336.0
1291.6
1080.1
1710.2△
1640.1
1275.0
1666.0
1681.2
1334.4
1092.8
583.0
1482.8

1：250 000

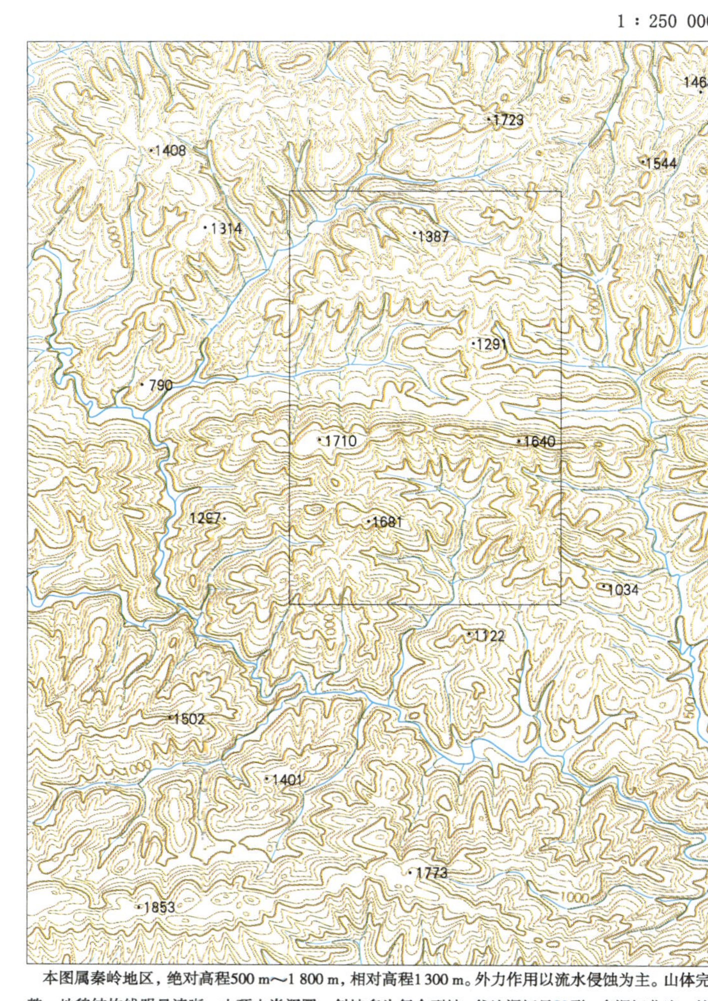

本图属秦岭地区，绝对高程500 m～1 800 m，相对高程1 300 m。外力作用以流水侵蚀为主。山体完整，地貌结构线明显清晰，山顶山脊浑圆，斜坡多为复合型坡，谷地深切呈V形，多深切曲流。综合时反映山顶山脊斜坡的等高线要既有套合浑圆的特点，又有明显棱脊特征，反映谷地的等高线呈V形，谷头圆滑。等高距100 m，谷间距4 mm~6 mm，高程点18个，等高线注记6个。

图 A.13　中山地貌综合示例

1：100 000

1：250 000

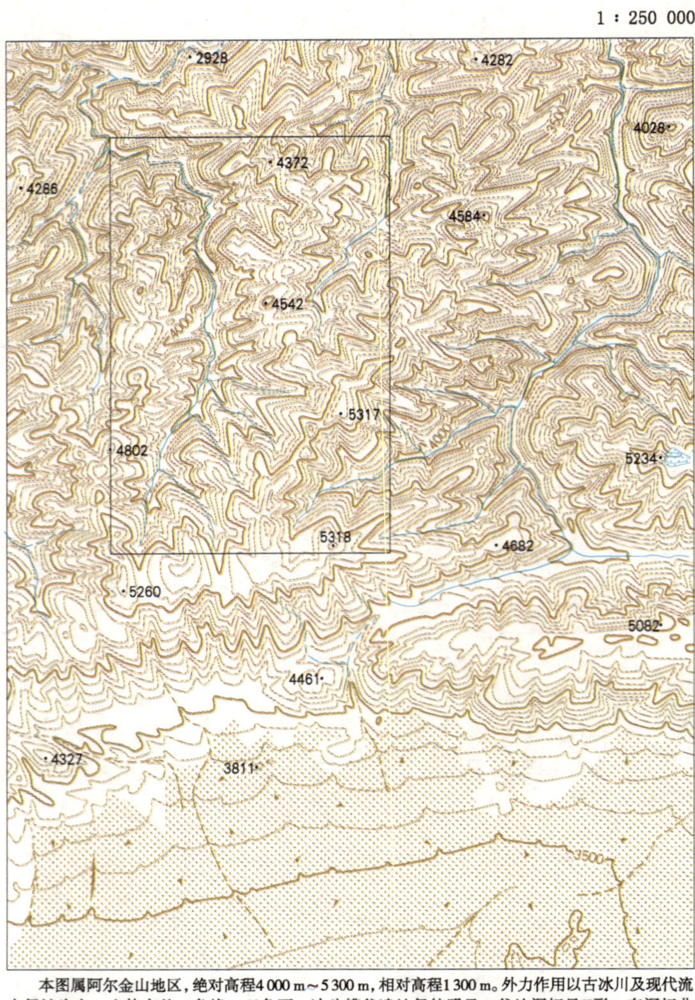

本图属阿尔金山地区，绝对高程4 000 m～5 300 m，相对高程1 300 m。外力作用以古冰川及现代流水侵蚀为主。山体完整，角峰、三角面，冰斗槽谷遗址仍较明显，谷地深切呈V形，有深切曲流，谷口有山麓冲积扇。综合时宜图形较平直，有较明显的转折，坡棱线突出，等高线套合协调。山麓冲积扇等高线虽然稀疏，但谷地仍应上下对应。等高距100 m，谷间距4 mm～6 mm，高程点17个，等高线注记4个。

图 A.14　高山地貌综合示例

1∶100 000

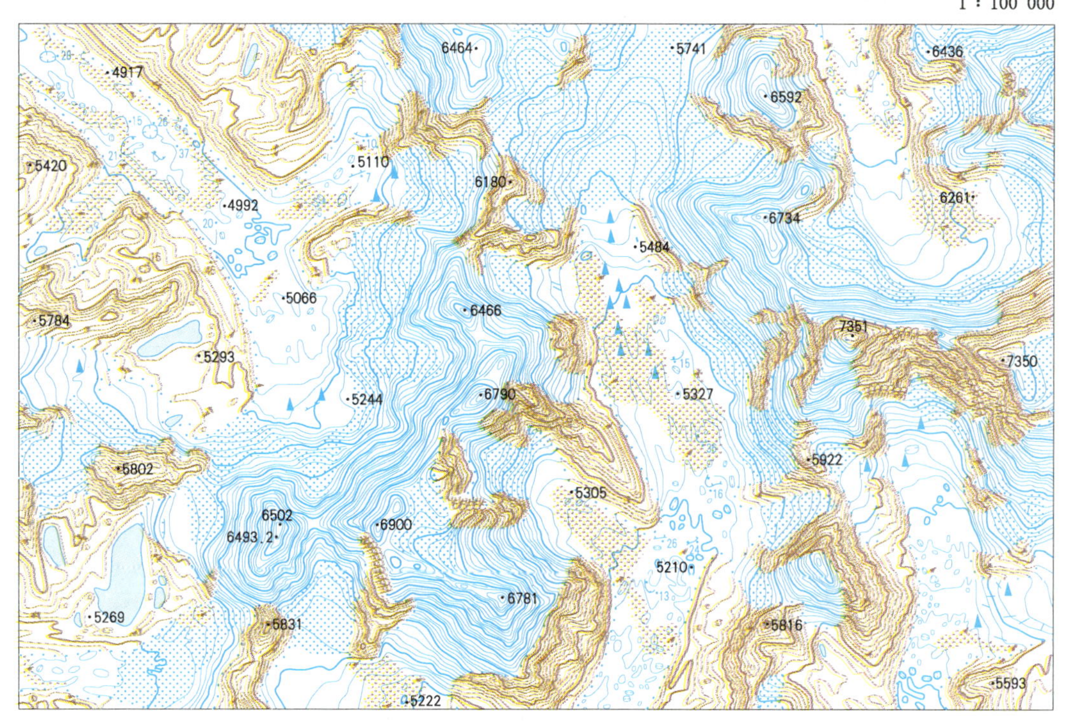

1∶250 000

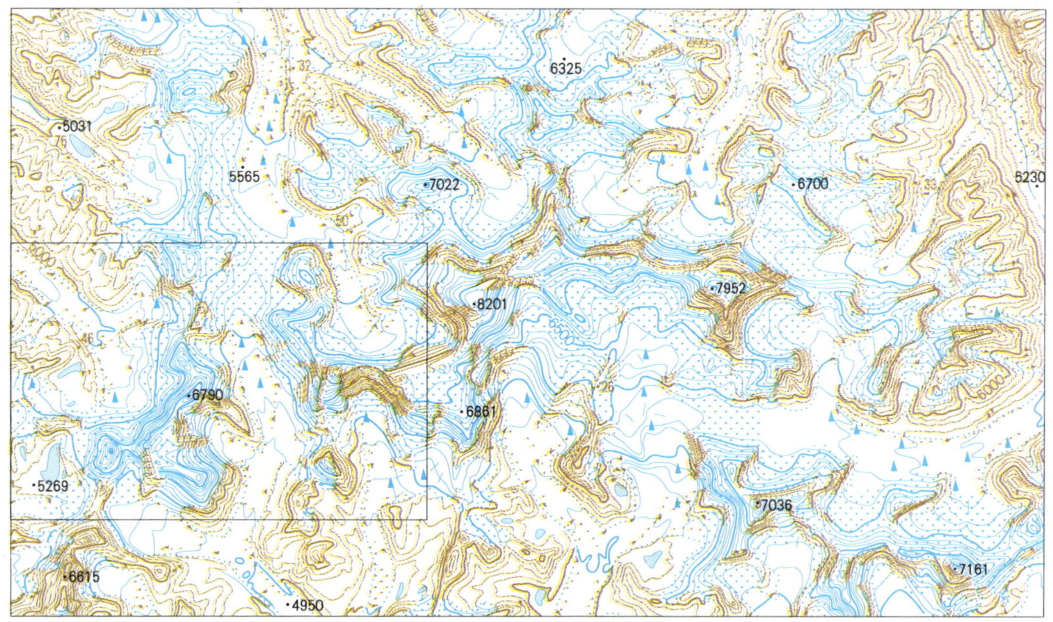

本图属喜马拉雅山地区，绝对高程5 000 m以上，最高点达8 201 m，是为现代冰川所覆盖的极高山。冰雪区中雪被、冰斗、冰川、冰碛、冰塔、冰蚀湖，冰面凹坑等现代冰川地貌极典型，裸露区中角峰、刃脊、三角面很突出。综合时，冰雪区宜用平缓圆滑的等高线描绘，裸露区宜用平直带棱的等高线描绘。等高距100 m，谷间距4 mm~6 mm，高程点15个，等高线注记3个。

图 A.15 现代冰川地貌综合示例

ICS 77.040.10
H 22

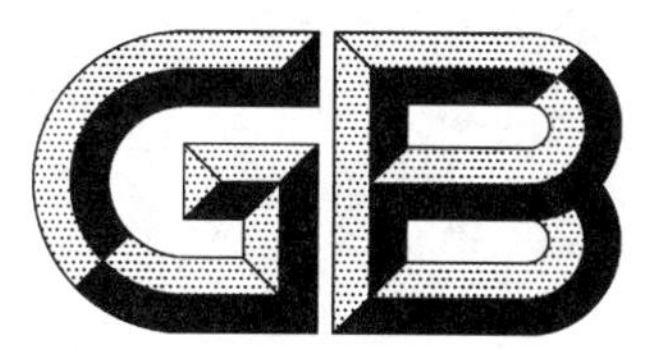

中华人民共和国国家标准

GB/T 12347—2008
代替 GB/T 12347—1996

钢丝绳弯曲疲劳试验方法

Steel wire ropes—Bending fatigue testing

2008-08-19 发布　　2009-04-01 实施

中华人民共和国国家质量监督检验检疫总局
中国国家标准化管理委员会　发布

前　言

本标准参考 ГОСТ 2387—1980《钢丝绳疲劳试验法》进行修订，本标准与 ГОСТ 2387—1980 的一致性程度为非等效。

本标准代替 GB/T 12347—1996《钢丝绳弯曲疲劳试验方法》。

本标准与 GB/T 12347—1996 相比主要变化如下：

——增加了包角、弯曲疲劳频率、弯曲疲劳循环、弯曲疲劳次数等术语；

——术语“弯曲滑轮”修改为“试验轮 ”；

——删除了疲劳试验机 A、B、C、D、E 型的分类；

——给出了试验参数的选择原则；

——删去了附录 A。

本标准由中国钢铁工业协会提出。

本标准由全国钢标准化技术委员会归口。

本标准起草单位：国家金属制品质量监督检验中心、贵州钢绳股份有限公司、宝钢集团上海二钢有限公司。

本标准主要起草人：刘桂森、衡俊华、何光成、张钫、周代义。

本标准所代替标准的历次版本发布情况为：

——GB/T 12347—1990、GB/T 12347—1996。

钢丝绳弯曲疲劳试验方法

1 范围

本标准规定钢丝绳弯曲疲劳试验的术语及定义、试验原理、试验机、试样、试验程序及试验报告。

本标准适用于直径 60 mm 以下钢丝绳在规定条件下的平面反复弯曲疲劳试验。

2 术语及定义

下列术语及定义适用于本标准。

2.1

平面单向弯曲疲劳 plane single bending fatigue

试样在同一平面内通过试验轮向一个方向弯曲一定角度的疲劳试验。其原理见图 1。

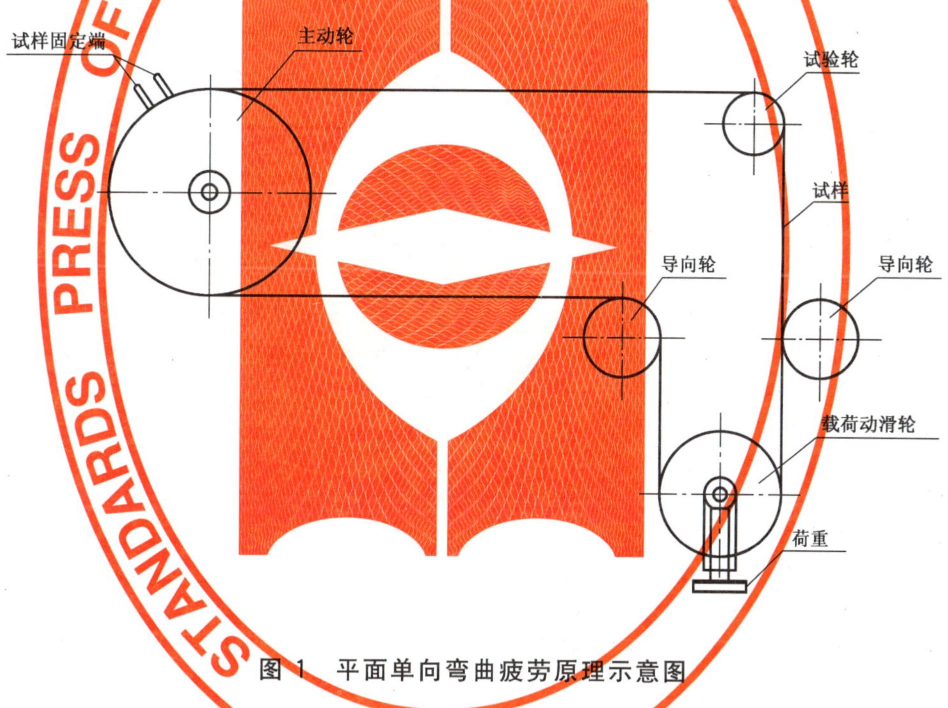

图 1 平面单向弯曲疲劳原理示意图

2.2

平面双向(S 型)弯曲疲劳 plane two-way bending fatigue

试样在同一平面内通过试验轮向一个方向弯曲一定角度后再反方向弯曲一定角度(即 S 型弯曲)的疲劳试验。其原理见图 2。

2.3

主动轮 drivering pulley

安装在弯曲疲劳试验机上,并可左右转动一定弧度,以便带动试样在有效长度内反复弯曲运动的滑轮或卷筒。

2.4

试验轮 testing pulley

安装在弯曲疲劳试验机上,并可使试样反复弯曲一定角度的滑轮,它是疲劳试验机的关键部件,其轮槽形状一般如图 3 所示。

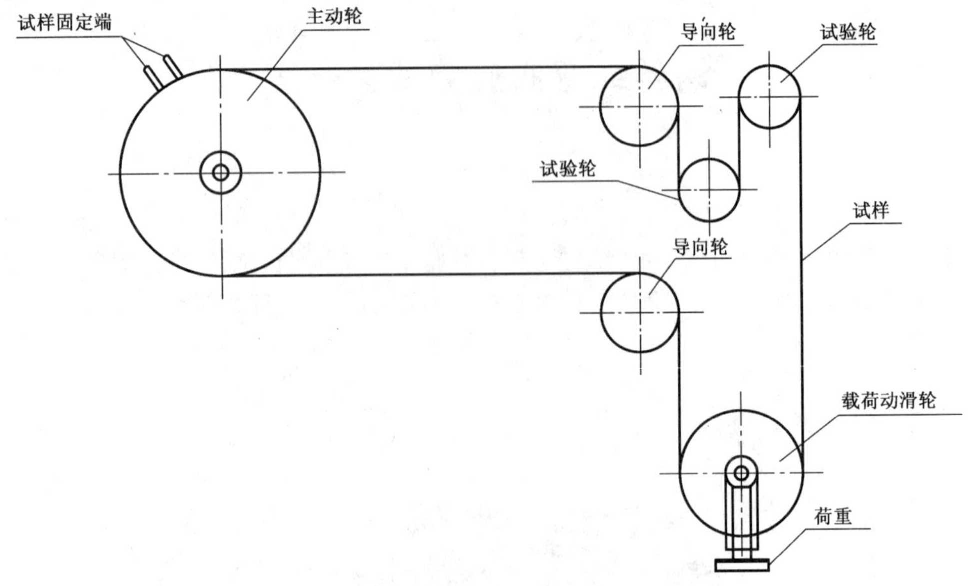

图 2 平面双向(S型)弯曲疲劳原理示意图

单位为毫米

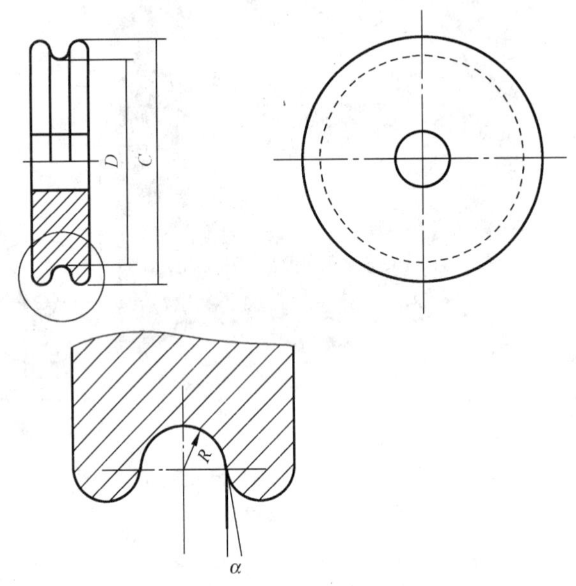

D——试验轮内径；
C——试验轮外径；
R——轮槽圆弧半径；
α——切角。

图 3 试验轮轮槽形状示意图

2.5

载荷动滑轮 load free-running pulley

安装在弯曲疲劳试验机上，挂在试样上的滑轮，它与荷重一起，使试样承受规定张力。

2.6

弯曲疲劳循环 cycles of bending fatigue

试样在同一平面内，完成一个从起点到终点再到起点的单向弯曲或双向弯曲疲劳的过程。

2.7

弯曲疲劳次数　reversals of bending fatigue

每个弯曲疲劳循环计为弯曲疲劳2次。

2.8

包角　angle of contact

平面单向弯曲疲劳试验中，试样绕入和绕出试验轮两点法线所形成的角度。如图4所示。

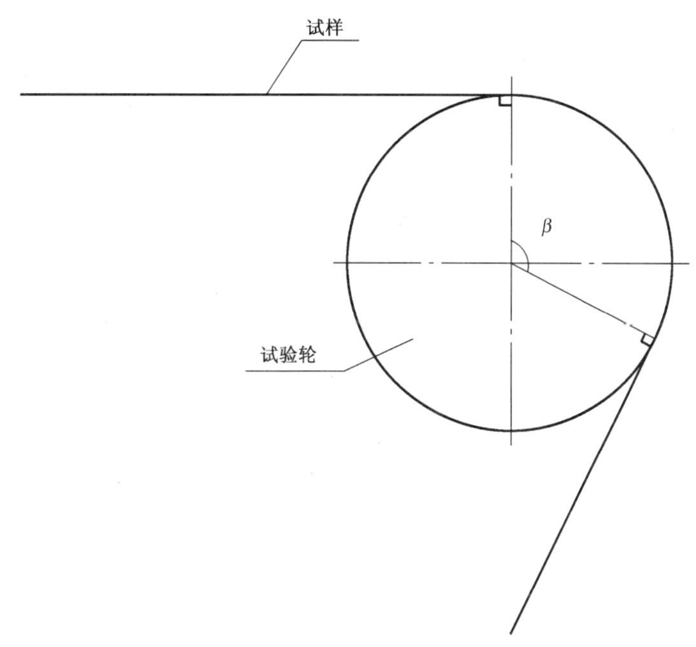

β——包角。

图4　包角示意图

2.9

有效长度　effective length

钢丝绳弯曲疲劳试验过程中，通过试验轮，承受疲劳的那一段钢丝绳长度。

2.10

弯曲疲劳频率　bending fatigue rate

试样每分钟完成的弯曲疲劳次数。

3　试验原理

钢丝绳试样以一定的包角绕过试验轮，并对其施加张力，以一定的频率反复弯曲，考核钢丝绳承受弯曲疲劳的性能。

4　试验机

4.1　试验机一般由试验轮、主动轮、导向轮、计数装置、传动系统、加载系统、控制系统等部分组成。

4.2　试验轮

4.2.1　试验轮材质一般为铸钢或工具钢，当试验轮内径 $D \leqslant 100$ mm 时，轮槽内表面硬度应不小于 55 HRC，当 $D > 100$ mm 时，轮槽内表面硬度应不小于 40 HRC。有特殊要求时，也可采用其他材质或硬度的试验轮 。

4.2.2　当试验轮内径 $D \leqslant 500$ mm 时，轮槽内表面粗糙度 Ra 应不大于 0.8 μm；当试验轮内径 $D > 500$ mm 时，轮槽内表面粗糙度 Ra 应不大于 1.6 μm。

4.2.3 轮槽一般采用圆弧形，经供需双方协商也可采用其他形状的轮槽。

4.2.4 圆弧形试验轮各部分尺寸允许偏差见表1。

表1 试验轮尺寸偏差

单位为毫米

钢丝绳直径 d	试验轮外径 C	试验轮内径 D	轮槽圆弧半径 R
$d \leqslant 1.5$	$^{+0.05}_{0}$	$^{+0.03}_{0}$	$^{+0.01}_{0}$
$1.5 < d \leqslant 10$	$^{+0.5}_{0}$	$^{+0.1}_{0}$	$^{+0.05}_{0}$
$d > 10$	$^{0}_{-2‰C}$	$^{+1‰D}_{0}$	$^{+1.0}_{0}$

4.2.5 试验轮应转动灵活。

4.3 主动轮、导向轮尺寸应不小于试验轮；导向轮的布置应合理，不得接触试样的有效长度。

4.4 试验机应有自动计数装置。

4.5 试验机主动轮的摆动频率应能满足弯曲疲劳频率要求。

4.6 试验机加载系统应能满足试验的要求，可以采用机械或荷重对试样施加张力，张力允许偏差为±3%。

4.7 主动轮上试样固定装置应牢固可靠，以保证试验过程中试样不发生松动。

4.8 试验装置应保证试样位于同一平面上，并避免试样与试验轮轮槽两侧产生摩擦。

4.9 根据试验条件，控制系统应能调节弯曲疲劳频率，允许偏差为±1次/分钟。

5 试样

5.1 试样应从外观检查合格的钢丝绳上截取，长度根据试验机确定。

5.2 试样两端在截取之前，应用软金属丝或专用夹头紧固。

5.3 试验前，试样应去除表面的污渍。

6 试验程序

6.1 一般情况下，试验应在10 ℃～35 ℃的室温下进行。如有特殊要求，试验温度为23 ℃±5 ℃。

6.2 试验参数应依据相应产品标准或技术要求的规定选取，如无规定，可按以下原则选定。

6.2.1 试验轮

根据试样的直径确定试验轮的尺寸：

试验轮外径 $C \approx D + 3d$；

轮槽圆弧半径 $R = (0.52 \sim 0.55)d$；

当试样直径 $d \leqslant 10$ mm 时，试验轮内径 $D = (9 \sim 12)\ d$；

$d > 10$ mm 时，试验轮内径 $D = (25 \sim 50)d$。

6.2.2 张力

张力按照式(1)计算：

$$F' = \frac{F}{K} \qquad (1)$$

式中：

F——试样的最小破断拉力值，单位为千牛(kN)；

F'——试样施加的张力值，单位为千牛(kN)；

K——安全系数，可根据相关的标准或规范选取。

6.2.3 包角

包角一般不超过180°，允许偏差为±2°。

6.2.4 弯曲疲劳频率

一般取 20 次/min～120 次/min。

6.2.5 弯曲疲劳次数

应符合相应标准或技术要求的规定，或由双方协议确定。

6.3 试验前应检查试验轮轮槽表面及尺寸，不得有影响使用的缺陷。

6.4 试验轮槽内应清洁干净，不得涂油，但在试验过程中由绳芯挤出的油脂是允许的。

6.5 根据所选取的试验参数，将试样安装到试验机上，固定端头，标记有效长度，施加张力。

6.6 启动电源，计数器复位回零。

6.7 试验过程中，各种参数应在允许偏差范围内。

6.8 试验过程一般不应中断，下列情况允许中途停机，但停机时间应不超过 15 min：

——检查钢丝绳出现第一根断丝；

——同时试验几根试样，取下试验完成的试样；

——检查钢丝绳是否达到规定断丝根数。

6.9 根据有关标准或协议，试验至下列情况停机，试验结束。

——试样出现第一根断丝时；

——试样一股或全部断裂时；

——试样一捻距内断丝根数达到规定值时；

——试样弯曲疲劳次数达到规定值时；

——其他中止试验的条件达到时。

7 试验报告

试验报告一般包括下列内容：

a) 本标准编号；

b) 试样标记(规格、结构、表面状态、强度及产品标准编号)；

c) 试验条件(有效长度、主动轮直径、试验轮直径、试验轮轮槽半径、张力、弯曲疲劳频率、包角、试验环境温度等)；

d) 试验结果(第一根钢丝断裂时弯曲疲劳次数、试样一股或全部断裂时弯曲疲劳次数、一捻距内断丝数达到规定值时弯曲疲劳次数或其他试验结果)。

ICS 29.160.01
K 20

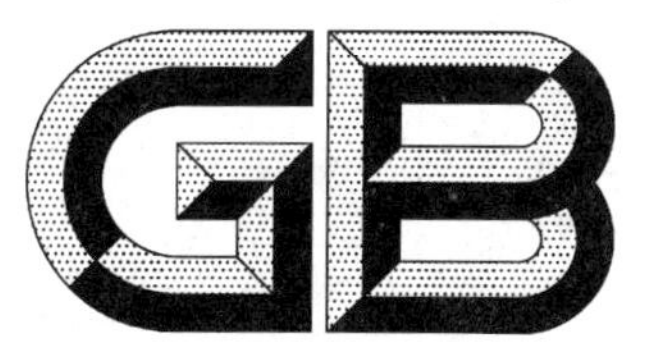

中华人民共和国国家标准

GB/T 12351—2008
代替 GB/T 12351—1990

热带型旋转电机环境技术要求

Environmental technical requirements of rotating electric machines for tropical use

2008-06-13 发布 2009-03-01 实施

中华人民共和国国家质量监督检验检疫总局
中国国家标准化管理委员会 发布

前　言

本标准代替 GB/T 12351—1990《热带型旋转电机环境技术要求》。

本标准与原 GB/T 12351—1990 相比，主要不同之处有：

——引用标准进行了更新；

——增加了"4.2.5　泄漏电流"条款；

——增加了 4.3.3　有关户外电机零部件的自然暴露试验的条款；

——删除了附录 A，其内容直接引用 GB/T 9286《色漆和清漆　漆膜的划格试验》的相关内容。

本标准由中国电器工业协会提出。

本标准由全国旋转电机标准化技术委员会归口。

本标准起草单位：中国电器科学研究院。

本标准主要起草人：颜景莲、廖国清。

本标准所代替标准的历次版本发布情况为：

——GB/T 12351—1990。

热带型旋转电机环境技术要求

1 范围

本标准规定了电机的防护类型、使用环境条件、技术要求、试验方法、检验规则及标志等。

本标准适用于热带地区固定使用的旋转电机。

热带型旋转电机(包括大、中、小型及小功率电机,以下简称电机)应符合本标准的规定。凡本标准未作规定及说明者,应符合 GB 755—2000、GB/T 5171—2002 及其相应产品的专用技术条件的规定。

2 规范性引用文件

下列文件中的条款通过本标准的引用而成为本标准的条款。凡是注日期的引用文件,其随后所有的修改单(不包括勘误的内容)或修订版均不适用于本标准,然而,鼓励根据本标准达成协议的各方研究是否可使用这些文件的最新版本。凡是不注日期的引用文件,其最新版本适用于本标准。

GB 755—2000 旋转电机 定额和性能(idt IEC 60034-1:1996)

GB/T 2423.4—1993 电工电子产品基本环境试验规程 试验 Db:交变湿热试验方法(eqv IEC 60068-2-78:1985)

GB/T 2423.16—1999 电工电子产品环境试验 第 2 部分:试验方法 试验 J 和导则:长霉(eqv IEC 60068-2-10:1988)

GB/T 2423.17—1993 电工电子产品基本环境试验规程 试验 Ka:盐雾试验方法(eqv IEC 60068-2-11:1981)

GB/T 4798.3—2007 电工电子产品应用环境条件 第 3 部分:有气候防护场所固定使用(IEC 60721-3-3:2002,MOD)

GB/T 4798.4—2007 电工电子产品应用环境条件 第 4 部分:无气候防护场所固定使用(IEC 60721-3-4:1995,MOD)

GB/T 4942.1—2006 旋转电机整体结构的防护等级(IP 代码) 分级(IEC 60034-5:2000,IDT)

GB/T 5171—2002 小功率电动机通用技术条件

GB/T 9286—1998 色漆和清漆 漆膜的划格试验(eqv ISO 2409:1992)

GB/T 13384—1992 机电产品包装通用技术条件

GB/T 16422.1—2006 塑料实验室光源暴露试验方法 第 1 部分:总则(ISO 4892-1:1999,IDT)

JB/T 4159—1999 热带电工产品 通用技术要求

3 电机的气候防护类型和使用环境条件

3.1 气候防护类型

电机的气候防护类型分为:

a) 热带湿热型,有气候防护场所(TH);热带湿热型,无气候防护场所(THW);

b) 热带干热型,有气候防护场所(TA);热带干热型,无气候防护场所(TAW);

c) 热带普通型,有气候防护场所(T);热带普通型,无气候防护场所(TW)。

3.2 使用环境条件

使用环境条件包括:气候条件(K),特殊气候条件(Zh——热辐射、Za——周围空气流速、Zw——除雨以外的水源),生物条件(B),化学活性物质条件(C),机械活性物质条件(S)和机械条件(M)等共六类。

根据防护情况，电机的使用场所分为：

a) 有气候防护场所——户内或具有较好隐蔽(其建筑建构能防止或减少室外气候日变化的影响，包括棚下条件)的场所。

b) 无气候防护场所——全露天或仅有简单遮蔽(几乎不能防止室外气候日变化的影响)的场所。

热带湿热型、热带干热型、热带普通型电机在不同场所的使用环境条件等级的参数如下：

——气候环境条件等级参数见表1；

——特殊气候环境条件等级参数见表2；

——生物环境条件等级参数见表3；

——化学活性物质环境条件等级参数见表4；

——机械活性物质环境条件等级参数见表5；

——机械环境条件由产品技术条件规定。

表1 气候环境条件等级参数[a]

<table>
<tr><th rowspan="3" colspan="2">电机的气候防护类型</th><th rowspan="2">使用场所</th><th rowspan="2">等级</th><th colspan="15">环境参数</th></tr>
<tr><th colspan="2">环境温度/℃</th><th rowspan="2">温度变化率/℃/min</th><th colspan="2">相对湿度/%</th><th rowspan="2">冷却水最高温度/℃</th><th rowspan="2">雷暴</th><th rowspan="2">气压/kPa</th><th rowspan="2">太阳辐射强度/W/m²</th><th rowspan="2">凝露条件</th><th rowspan="2">降水条件(雨，雪雹等)</th><th rowspan="2">降雨强度/(mm/min)</th><th rowspan="2">雨水温度/℃</th><th rowspan="2">结冰(霜)条件</th></tr>
<tr><th></th><th></th><th>年最高</th><th>年最低</th><th>高</th><th>低</th></tr>
<tr><td rowspan="2">热带湿热型</td><td>TH</td><td>有气候防护场所</td><td>3K5L[b]</td><td>40</td><td>−5</td><td>0.5</td><td rowspan="2">95
(33 ℃
或
28 ℃[f])</td><td>—</td><td>33</td><td>—</td><td>90[g]</td><td>700</td><td>有</td><td>无</td><td>—</td><td>—</td><td>有</td></tr>
<tr><td>THW</td><td>无气候防护场所</td><td>4K3Hs[c]</td><td>40</td><td>−5
−10[e]</td><td>0.5</td><td>—</td><td>33</td><td>频繁</td><td>90[g]</td><td>1 000</td><td>有</td><td>有</td><td>6.15[h]</td><td>5</td><td>有</td></tr>
<tr><td rowspan="2">热带干热型</td><td>TA</td><td>有气候防护场所</td><td>3K5[b]</td><td>45</td><td>−5</td><td>0.5</td><td>—</td><td>10</td><td>33</td><td>—</td><td>90[g]</td><td>700</td><td>有</td><td>无</td><td>—</td><td>—</td><td>有</td></tr>
<tr><td>TAW</td><td>无气候防护场所</td><td>4K4H</td><td>55</td><td>−10</td><td>0.5</td><td>—</td><td>10</td><td>33</td><td>有</td><td>90[g]</td><td>1 120</td><td>有</td><td>有</td><td>—</td><td>—</td><td>有</td></tr>
<tr><td rowspan="2">热带普通型</td><td>T</td><td>有气候防护场所</td><td>—[d]</td><td>45</td><td>−5</td><td>0.5</td><td rowspan="2">95
(33 ℃
或
28 ℃[f])</td><td>10</td><td>33</td><td>—</td><td>90[g]</td><td>700</td><td>有</td><td>无</td><td>—</td><td>—</td><td>有</td></tr>
<tr><td>TW</td><td>无气候防护场所</td><td>—[d]</td><td>55</td><td>−10</td><td>0.5</td><td>10</td><td>35</td><td>频繁</td><td>90[f]</td><td>1 120</td><td>有</td><td>有</td><td>6.15[h]</td><td>5</td><td>有</td></tr>
<tr><td colspan="19">a 气候环境等级的参数中对电机使用无明显影响的参数未列入，表中所列参数值均采用年极值的多年平均值。
b 参见GB/T 4798.3。
c 4K3Hs的低温、太阳辐射强度、相对湿度等参数因湿热地区的实际情况与GB/T 4798.4中的4K3H有所不同，故在代号中增加“s”以示区别。
d 热带普通型的气候环境参数是选用湿热型和干热型中最严酷的参数，故不存在等级标记。
e 国内地区应采用−10 ℃。
f 国内地区应采用95%(28 ℃时)。
g 相当于海拔1 000 m。
h 国内地区应采用6 mm/min。</td></tr>
</table>

表 2 特殊气候环境条件等级参数

<table>
<tr><th rowspan="2">使用场所</th><th rowspan="2">等级</th><th colspan="3">环境参数</th></tr>
<tr><th>热辐射</th><th>周围空气流速/(m/s)</th><th>除雨以外的其他水源</th></tr>
<tr><td rowspan="7">户内条件</td><td>3Zh1</td><td>可以忽略</td><td rowspan="2">—</td><td rowspan="3">—</td></tr>
<tr><td>3Zh3</td><td>有热辐射条件，如加热系统或工业炉，商业炉附近</td></tr>
<tr><td>3Za5</td><td>—</td><td>10</td></tr>
<tr><td>3Zw7</td><td>—</td><td>—</td><td>滴水</td></tr>
<tr><td>3Zw8</td><td>—</td><td>—</td><td>淋水</td></tr>
<tr><td>3Zw9</td><td>—</td><td>—</td><td>溅水</td></tr>
<tr><td>3Zw10</td><td>—</td><td>—</td><td>喷水</td></tr>
<tr><td rowspan="5">户外条件</td><td>4Zh1</td><td>可以忽略</td><td rowspan="2">—</td><td rowspan="3">—</td></tr>
<tr><td>4Zh2</td><td>有热辐射条件，例如由生产条件引起的热辐射</td></tr>
<tr><td>4Za4</td><td>—</td><td>30</td></tr>
<tr><td>4Zw7</td><td>—</td><td>—</td><td>溅水</td></tr>
<tr><td>4Zw8</td><td>—</td><td>—</td><td>喷水</td></tr>
</table>

表 3 生物环境条件等级参数

<table>
<tr><th rowspan="2">电机的气候防护类型</th><th rowspan="2">使用场所</th><th rowspan="2">等级</th><th colspan="2">环境参数</th></tr>
<tr><th>植物</th><th>动物</th></tr>
<tr><td rowspan="2">热带湿热型(TH)</td><td rowspan="6">有气候防护场所</td><td>3B2</td><td rowspan="4">霉菌、真菌等</td><td rowspan="6">3B2：啮齿类动物和其他有害动物，白蚁除外
3B3：啮齿类动物和其他有害动物，包括白蚁</td></tr>
<tr><td>3B3</td></tr>
<tr><td rowspan="2">热带普通型(T)</td><td>3B2</td></tr>
<tr><td>3B3</td></tr>
<tr><td rowspan="2">热带干热型(TA)</td><td>3B2</td><td rowspan="2">—</td></tr>
<tr><td>3B3</td></tr>
<tr><td rowspan="2">热带湿热型(THW)</td><td rowspan="6">无气候防护场所</td><td>4B1</td><td rowspan="4">霉菌、真菌等</td><td rowspan="6">4B1：啮齿类动物和其他有害动物，白蚁除外
4B2：啮齿类动物和其他有害动物，包括白蚁</td></tr>
<tr><td>4B2</td></tr>
<tr><td rowspan="2">热带普通型(TW)</td><td>4B1</td></tr>
<tr><td>4B2</td></tr>
<tr><td rowspan="2">热带干热型(TAW)</td><td>4B1</td><td rowspan="2">—</td></tr>
<tr><td>4B2</td></tr>
</table>

表 4　化学活性物质环境条件等级参数

使用场所	等级		环境参数[a]/(mg/m^3)							
			盐雾条件	二氧化硫	硫化氢	氯气	氯化氢	氟化氢	氨气	氧化氮[c]
有气候防护场所	3C1	最大值	—[b]	0.1	0.01	0.1	0.1	0.003	0.3	0.1
	3C2	平均值	有	0.3	0.1	0.1	0.1	0.01	1.0	0.5
		最大值		1.0	0.5	0.3	0.5	0.03	3.0	1.0
无气候防护场所	4C1	最大值	—[b]	0.1	0.01	0.1	0.1	0.003	0.1	0.1
	4C2	平均值	有	0.3	0.1	0.1	0.1	0.01	1.0	0.5
		最大值		1.0	0.5	0.3	0.5	0.03	3.0	1.0

a 在环境空气中的化学气体浓度值符合本表中的数值即属于该等级，如有一种以上化学气体则按最高值考虑其等级，最大值时在每天不超过 30 min 期间的极限值。

b 仅在近海和海边存在的盐雾。

c 相当于二氧化氮的值。

表 5　机械活性物质环境条件等级参数

电机的气候防护类型	使用场所	等级	环境参数		
			砂/(mg/m^3)	尘(漂浮)/(mg/m^3)	尘(沉降)/(mg/m^3)
热带湿热型(TH)	有气候防护场所	3S1	—	0.01	10
		3S2	30	0.2	35
热带干热型(TA)		3S1	—	0.01	10
		3S2	30	0.2	35
热带普通型(T)		3S3	300	0.4	350
		3S4	3 000	4.0	1 000
热带湿热型(THW)	无气候防护场所	4S1	30	0.5	350
		4S2	300	5.0	500
热带干热型(TAW)		4S1	30	0.5	350
		4S2	300	5.0	500
热带普通型(TW)		4S3	1 000	15	1 000
		4S4	4 000	20	2 000

4　技术要求

4.1　温升限值

4.1.1　热带干热型和热带普通型电机在不超过表 1 所规定的环境温度年最高值及额定负载下，电机各部位的温升限值应按 GB 755—2000 或 GB/T 5171—2002 的规定值作相应的降低，在有气候防护场所降低 5 K，无气候防护场所降低 15 K，除非相关的标准另有规定。

4.1.2　对采用水冷或空冷的电机，当电机冷却器进口处的介质温度超过表 1 中规定的空气年最高温度或冷却水最高温度时，则须按超过温度的差值降低电机各部位的温升限值，除非相关的标准另有规定。

4.1.3　在无气候防护场所使用的电机，应考虑太阳辐射对电机温升的影响，当电机表面的油漆颜色有比较明显的吸热效应时，其铁芯、绕组温升限值及外壳表面允许的最高温度应按 4.1.1 规定的基础上作相应的降低，其降低值见表 6，除非相关的标准另有规定。

表 6　无气候防护场所（全露天）使用的电机各部位温升限值的降低值 (K)

电机表面状况及冷却方式	光滑表面的空冷式电机		具有散热筋的封闭外扇风冷式电机	
电机部位	铁芯、绕组	外壳表面	铁芯、绕组	外壳表面
TAW 型、TW 型	15	20	5	10
THW 型	13.5	18	4.5	9.0

4.2　抗潮湿性能

4.2.1　概述

电机应具有足够的抗潮湿能力，按 GB/T 2423.4—1993 进行交变湿热试验后，应满足下列要求。

4.2.2　热带湿热型和热带普通型电机

4.2.2.1　小功率电机的绝缘电阻不低于 0.5 MΩ。

4.2.2.2　除小功率电机外，中心高在 630 mm 及以下的交流电机和电枢直径在 990 mm 及以下的直流电机（简称中小型电机）：

a）额定电压为 3 000 V 及以上的电机和额定电压为 110 V 及以上到 3 000 V 以下的外壳防护等级为 IP22 及以上至 IP44 以下的电机（简称防护式电机），绝缘电阻值按式（1）计算：

$$R = 2 \times \frac{U}{1\,000 + \frac{P}{100}} \quad (\mathrm{M\Omega}) \qquad \cdots\cdots(1)$$

式中：

R——电机绕组的绝缘电阻，单位为兆欧（MΩ）；

U——电机额定电压，单位为伏特（V）；

P——电阻额定功率，交流电机和直流电机，单位为千瓦（kW）；交流发电机，单位为千伏安（kVA），调相机，kVAR。

按式（1）计算的绝缘电阻低于 0.33 MΩ 时，则按 0.33 MΩ 考核。

b）额定电压 110 V 以上到 3 000 V 以下的外壳防护等级为 IP44 及以上的电机（简称为封闭式电机），绝缘电阻值按式（2）计算：

$$R = 3 \times \frac{U}{1\,000 + \frac{P}{100}} \quad (\mathrm{M\Omega}) \qquad \cdots\cdots(2)$$

c）额定电压 110 V 以下的电机，绝缘电阻不低于 0.33 MΩ。

4.2.2.3　中心高在 630 mm 以上的交流电机和电枢外径在 990 mm 以上的直流电机（简称大型电机），绝缘电阻值按式（3）计算：

$$R = \frac{U}{1\,000 + \frac{P}{100}} \quad (\mathrm{M\Omega}) \qquad \cdots\cdots(3)$$

按式（3）计算的绝缘电阻低于 0.25 MΩ 时，则按 0.25 MΩ 考核。

4.2.2.4　对大型电机，若因设备条件有限，允许以同结构、同材料和同工艺的零部件进行湿热试验。以零部件做湿热试验时，折算到整机的绝缘电阻值按式（4）计算。

$$R' = \frac{1}{\sum_{1}^{n} \frac{1}{R_n}} \geqslant \frac{U}{1\,000 + \frac{P}{100}} \quad (\mathrm{M\Omega}) \qquad \cdots\cdots(4)$$

式中：

R'——折算到整机的绝缘电阻，单位为兆欧（MΩ）；

n——定子或转子回路的主要分路数（分路数按表 7 确定）；

R_n——每一分路的绝缘电阻值，其计算按试样中的最低绝缘电阻值(对于条式线圈的绝缘电阻应为最低测量值的一半)除以该分路的支路数(支路数按表8确定)；

$\sum_1^n \frac{1}{R_n}$——定子或转子回路主要并联分路绝缘电阻倒数之和。

表7 定、转子回路的分路数选用表

名 称	主要部件	分 路 数
直流电机定子回路	磁极装配、电子控制及其类似部件	1
直流电机电枢回路	换向器、电枢绕组、刷架装配、换向极装配、补偿绕组、励磁绕组、电子控制及其类似部件	按电枢回路中实际具有的主要部件数计算
交流电机定子回路	定子绕组	1
绕线式异步电机转子回路	刷架装配、集电环、转子绕组	3
同步电机转子回路	刷架装配、集电环、磁极装配(或磁极绕组)	3

表8 零部件试样的支路数选用表

名 称	支 路 数
换向器、集电环	1
磁极装配、换向极装配、补偿绕组、励磁绕组	与极数相同
绕线式异步电机转子绕组、直流电机电枢绕组、交流电机定子绕组	与槽数相同
刷架装配	与刷架个数相同

4.2.3 热带干热型电机

绕组之间和绕组对机壳的绝缘电阻应不低于下列数值：

a) 小功率电机绝缘电阻为0.5 MΩ；

b) 中小型和大型电机，绝缘电阻值按式(5)计算：

$$R=\frac{U}{1\,000+\frac{P}{100}} \quad (\mathrm{M}\Omega) \qquad \cdots\cdots(5)$$

c) 以零部件进行湿热试验的大型电机绝缘电阻同4.2.2.4。

4.2.4 耐电压试验

4.2.4.1 电机绕组对机壳及绕组之间应能承受相应普通型电机85%的标准试验电压，历时1 min的耐电压试验，无击穿现象，除非相关的标准另有规定。

4.2.4.2 以零部件进行湿热试验的大型电机，应能承受相应普通型电机零部件85%的标准试验电压，历时1 min的耐电压试验，无击穿现象，除非相关的标准另有规定。

若普通型电机零部件的试验电压低于整机试验电压时，应按整机85%标准试验电压进行耐电压试验，除非相关的标准另有规定。

4.2.5 泄漏电流

电机必须有良好的绝缘性能，在热带环境下工作时，其泄漏电流应符合产品标准的规定。

电机经受湿热试验后，其泄漏电流也应符合产品标准的规定。

4.2.6 外观

电镀件和化学处理件外观应不低于JB/T 4159—1999中5.4.1的3级要求。

表面油漆的外观应不低于JB/T 4159—1999中5.4.2.1的3级要求。

表面油漆附着力应不低于JB/T 4159—1999中5.4.2.2的3级要求。

4.2.7 小功率电机经湿热试验后，尚需满足以下要求：

——电机进行通电检测应能正常转动；

——单相电容运转和单相电容起动电机所用的交流电动机电容器应满足热带地区使用要求，湿热试验后交流电动机电容器应通过耐压试验而不发生击穿。

4.2.8 电机应选用耐热、耐潮性能良好的润滑剂。湿热试验后润滑性能应不受影响。

4.3 电机的零部件应有足够的耐腐蚀能力和抗曝晒能力，不应出现损坏而影响电机的安全使用和可靠运行。

4.3.1 热带湿热型和热带普通型电机应具有耐霉蚀性能，外露于空气中的非金属零部件经长霉试验后，应不超过 GB/T 2423.16—1999 规定的三级要求，即长霉面积不超过 25%～50%。

4.3.2 电机的电镀件和化学处理件应按 GB/T 2423.17—1993 进行盐雾试验，试验后外观要求应符合 4.2.6 的规定。

4.3.3 无气候防护场所场合使用的电机应能承受规定光源曝晒试验，塑料件的光源曝晒试验按 GB/T 16422.1—2006 进行，其他非金属件的光源曝晒试验可参照类似标准进行。

4.4 电机的外壳防护等级根据不同场所及环境等级从表 9 中选用相应的等级，经外壳防护试验后，除符合 GB/T 4942.1—2006 的要求外，尚应满足以下要求：

——经防尘试验后，电机内部应无尘进入；

——防护式电机经防水试验后，电机内部不应有积水；封闭式电机经防水试验后，电机内部应无水进入，如有排水装置，允许少量水进入，但不应有积水；

——对于气候防护型电机的防护等级、试验及认可条件，由制造厂和用户协商解决。

表 9 不同使用场所和环境条件等级要求的外壳防护等级

使用场所和环境条件等级参数		外壳防护等级
有气候防护	无气候防护	
3S1		IP2×
3S1,3B2	4S1	IP3×
3S2,3B2	4S1,4B2	IP4×
3S3	4S2	IP5×
3S4	4S3	IP5×
	4S4	IP5×
3Zw7		IP×2
3Zw8		IP×3
3Zw9	4Zw7,4K3Hs	IP×4
3Zw10	4Zw8	IP×5

4.5 装有防潮加热部件的电机，其加热部件应能使机壳内部的空气温度高于周围环境温度 5 K，加热部件的安装位置不应影响其邻近的绝缘超过耐热温度。

加热部件的安装和使用不应对电机有不利的影响，加热部件的绝缘可不进行湿热试验，对电机上的电镀件及化学处理件的表面油漆仍应符合本标准 4.2.6 的规定，但可用零部件和模拟件进行湿热试验。

5 试验方法

5.1 湿热试验

按 GB/T 2423.4—1993 进行 40 ℃交变湿热试验，有关细节规定如下。

5.1.1 试验前的检测

试样在正常试验大气条件下(温度 15 ℃～35 ℃、相对湿度 45%～75%)放置 24 h 以上，进行下列检测：

——电机表面油漆外观质量；

——电机表面油漆附着力；

——电镀件和化学处理件的外观质量；

——非金属零部件的外观；

——绝缘电阻检测。

对不同额定电压的电机，应采用相应的电压等级的绝缘电阻测试仪（见表10）进行绝缘电阻的测量。

表10 绝缘电阻测试仪的电压等级

电机额定电压/V	绝缘电阻测试仪的电压等级/V
<36	250
≥36～500	500
≥500～1 000	1 000
≥1 000	2 000

对大型电机的零部件绝缘电阻测试，若因绝缘电阻测试仪量程所限，难以判断合格与否时，则应采用高绝缘电阻测试仪进行测量。

5.1.2 试验前的预处理

试样按正常状态静止安放在试验箱内进行预处理，预处理的条件如下：

a) 温度：25 ℃±3 K；

b) 相对湿度：45%～75%；

c) 时间：大型电机不等少于8 h；
中小型电机不得少于6 h；
小功率电机不得少于3 h。

5.1.3 试验的周期数

热带干热型电机和中心高45 mm以下（或外径90 mm以下）的小功率电机为6周期，其他电机均为12周期。

5.1.4 每周期的降温阶段相对湿度下限值为85%。

5.1.5 试验的检测条件

在试验的最后一个周期，低温高湿阶段保持6 h后进行测试。测试时的温度为25 ℃±3 K，相对湿度95%～98%。

a) 在试验箱内进行电机绕组的绝缘电阻测量、耐压试验和泄漏电流测量，若同一试验箱的试样较多时，测试的时候不得超过8 h；

对于3 000 V及以上的高电压电机，若试验箱的安全措施不足时，可将试样取出箱外，于正常试验大气条件，在保持试样潮湿情况下尽快完成耐电压试验（不得超过2 h）；

b) 在试样取出试验箱外应立即检查试样表面油漆外观，然后进行电镀件和化学处理件、非金属零部件及轴承润滑剂的检测，这些检查应在24 h内完成；

c) 在试样取出试样箱外的24 h～48 h内完成试样表面油漆附着力检测，检测方法参考GB/T 9286—1998；

d) 小功率电机检查在试样取出试样箱外3 h后进行，应符合4.2.7的规定。

5.2 长霉试验

按GB/T 2423.16—1999的规定对非金属零部件进行28 d的试验，试验结束后立即对试样进行检测。

5.3 盐雾试验

按 GB/T 2423.17—1993 的规定对电镀件和化学处理件进行试验。

5.4 外壳防护试验

电机外壳防护试验按 GB/T 4942.1—2006 的规定进行。试样按正常安装方位放置并处于非工作状态，除非相关的标准另有规定。试验结束后，立即清除试样外表的尘或水，拆开试样检查内部进尘或进水的情况。

6 检验规则

6.1 电机的交变湿热试验、长霉试验、盐雾试验、外壳防护试验等人工模拟环境试验均为电机型式试验项目。

电机的人工模拟环境试验应在相应普通电机型式试验项目合格后进行。

6.2 电机的人工模拟环境试验，在下列情况之一时进行：

a) 产品或老产品转厂生产的试制定型鉴定时；

b) 正式生产后，当电机设计、工艺或使用的材料改变，可能影响到电机的气候防护性能时；

c) 批量生产的电机进行定期抽试或间隔生产的电机超过抽试期限时。

6.3 电机的人工模拟环境试验的试样数量和抽试期限应符合表 11 的规定。

以零部件进行湿热试验时，应在同一规格中抽取试样，试样数见表 12。其中高压定子绕组，直流电机补偿绕组的测量电极采用铝箔半叠包，电极长度与实际铁芯长度相同。也可采用相同材料、相同绝缘结构、相同工艺的较小尺寸的试件进行试验。

表 11 人工模拟环境试验的试样数量和抽试期限

人工模拟环境试验项目	试样名称及数量	定期抽试或间隔生产试验的期限
盐雾试验	电镀件和化学处理件，每种镀层三件	每批零件或一年抽试一次
长霉试验	非金属零部件，每种三件	三年抽试一次
外壳防护试验	装配完整的电机一台，若以模拟件或零部件试验时，每种各一件	在 6.2 规定的 a、b 情况下进行
交变湿热试验	装配完整的电机 小功率电机三台 小型电机二台 中、大型电机一台	按 GB 755—2000 和 GB/T 5171—2002 规定的型式试验期限
注 1：小型电机指中心高 280 mm 以下的交流电机（Y 系列为 351 mm 及以下）和电枢外径为 368 mm 及以下的直流电机。		

表 12 零部件湿热试验数量选用表

零部件名称	数　　量
交流电机定、转子线圈及直流电机电枢绕组	各三件
交流电机及直流电机磁极装配、换向极装配、补偿绕组及励磁绕组	各二件
集电环、换向器、刷架装配、铭牌、电子控制及其类似部件	各一件
各种镀层的电镀件和化学处理件及表面油漆零部件	各三件

6.4 试验结果的判断及复试要求

6.4.1 对于在 6.2 规定的 a)、b)项情况下进行的人工模拟环境试验，若有一台（件）试验结果不合格者，则该电机或零件应当作不合格处理。

在 6.2 规定的 c)项情况下进行的人工模拟环境试验，若有一台（件）试验结果不合格时，允许从该产品或零部件中抽取双倍数量进行复试，若再有不合格时，则该批电机或零件仍应当作不合格处理。

6.4.2 电机的型式试验项目允许在相同结构、相同工艺、相同材料的系列产品中，以具有代表性的典型规格电机进行试验，若试验结果合格，则认为该系列电机试验结果均为合格。

6.4.3 对大、中型电机或单台订货的电机，在型式试验项目的结果不合格时，允许在整改后，仍按本标准进行复试，若试验合格，则认为该电机试验结果合格。

6.4.4 以零部件进行型式试验项目时，试样的零部件种类必须齐全，当试验结果不合格时，则代表整台电机的试验结果不合格。

复试时，可只对试验结果不合格的零部件重新进行试验，其余零部件的试验结果仍有效。

7 标志、包装与贮存

7.1 电机的标志与普通型电机相同，但在铭牌上的产品型号后应加上“T”、“TW”、“TH”、“THW”或“TA”、“TAW”等。如 Y280M-8TH。

7.2 电机及所附备件在包装前，凡未经涂漆或电镀保护的裸露金属，应采用适当的防锈措施处理。

7.3 电机的包装应符合 GB/T 13384—1992 的要求，除非相关的标准另有规定。

7.4 包装后的电机，应贮存在有顶盖的仓库内，库内不得存在有腐蚀性气体及其类似有害气体。

凡经拆箱检查后，仍需要继续贮存的产品，应按原有的要求重新包装。

ICS 37.080
A 14

中华人民共和国国家标准

GB/T 12355—2008
代替 GB/T 12355—1990

缩微摄影技术
有影像缩微胶片的连接

Micrographics—Splices of microfilm with image—Dimensions and operational constraints

2008-07-16 发布 2009-01-01 实施

中华人民共和国国家质量监督检验检疫总局
中国国家标准化管理委员会 发布

前　言

本标准代替 GB/T 12355—1990《缩微摄影技术　有影像缩微胶片的连接》。

本标准与 GB/T 12355—1990 相比，重大技术变动如下：

——增加了“连接类型”一章(第 4 章)；

——增加了“不同类型连接的应用”(第 5.6 条)；

——将缩微胶片连接边缘倾斜角度的“偏移值不应大于 2.65 mm”(原 2.4 条和表中的 E 值)改为“偏移值不应大于 2.63 mm”(现 5.4 条和表中的 E 值)；

——将“这种偏移，在同一条缩微胶片上有多处连接时不应进行累加计算”(原 2.4 条)改为“这种偏移，在同一条缩微胶片上有多处连接时，累积的偏移值不应大于 2.63 mm”(现 5.4 条)。

本标准的附录 A 为资料性附录。

本标准由全国文献影像技术标准化技术委员会(SAC/TC 86)提出并归口。

本标准起草单位：全国文献影像技术标准化技术委员会四分会。

本标准主要起草人：张阳、张文增。

本标准所代替标准的历次版本发布情况为：

——GB/T 12355—1990。

缩微摄影技术 有影像缩微胶片的连接

1 范围

本标准规定了有影像的 16 mm 和 35 mm 卷式缩微胶片的连接要求。

本标准适用于有影像的 16 mm 和 35 mm 卷式缩微胶片的连接。

2 规范性引用文件

下列文件中的条款通过本标准的引用而成为本标准的条款。凡是注日期的引用文件，其随后所有的修改单(不包括勘误的内容)或修订版均不适用于本标准，然而，鼓励根据本标准达成协议的各方研究是否可使用这些文件的最新版本。凡是不注日期的引用文件，其最新版本适用于本标准。

GB/T 6159.1—2003 缩微摄影技术 词汇 第1部分:一般术语(ISO 6196-1:1993,MOD)

GB/T 6159.3—2003 缩微摄影技术 词汇 第3部分:胶片处理(ISO 6196-3:1997,MOD)

GB/T 6159.4—2003 缩微摄影技术 词汇 第4部分:材料和包装物(ISO 6196-4:1998,MOD)

GB/T 6159.5—2000 缩微摄影技术 词汇 第五部分:影像的质量、可读性和检查(eqv ISO 6196-5:1987)

GB/T 6159.6—2003 缩微摄影技术 词汇 第6部分:设备(ISO 6196-6:1992,MOD)

GB/T 6159.8—2003 缩微摄影技术 词汇 第8部分:应用(ISO 6196-8:1998,MOD)

GB/T 6159.22—2000 缩微摄影技术 词汇 第二部分:影像的布局和记录方法(eqv ISO 6196-2:1993)

3 术语和定义

GB/T 6159.1—2003、GB/T 6159.3—2003、GB/T 6159.4—2003、GB/T 6159.5—2000、GB/T 6159.6—2003、GB/T 6159.8—2003、GB/T 6159.22—2000 中确立的术语和定义适用于本标准。

4 连接类型

本标准不限制连接的类型。在实际应用中，连接后的胶片作为一个整体使用。连接材料与连接工艺见附录 A。

5 缩微胶片的连接

5.1 缩微胶片连接部位的宽度

缩微胶片连接部位的宽度(见图1尺寸 A)超出胶片原宽度的部分不应大于 0.05 mm。被连接的两段缩微胶片边缘横向位移不应大于 0.05 mm(见图1尺寸 D 和表1)，即使两段缩微胶片横向收缩量有差异时，也应保持在允许的范围内。为保持胶片边缘光滑，在位移允许范围内可以对移位的边缘进行整修。

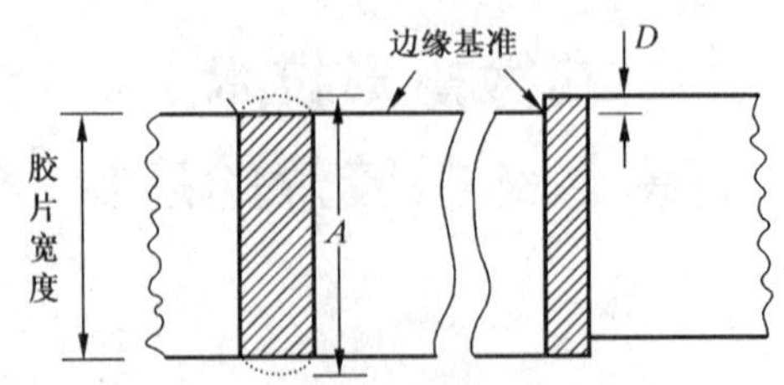

图 1 胶片连接部位的宽度

5.2 缩微胶片连接部位的厚度

缩微胶片搭接或对接，其连接部位的厚度超出原胶片最大厚度的部分不应大于 0.15 mm(见图 2 和图 3 中的尺寸 B 和表 1)。缩微胶片端头的未被粘合处不应超过 1 mm。

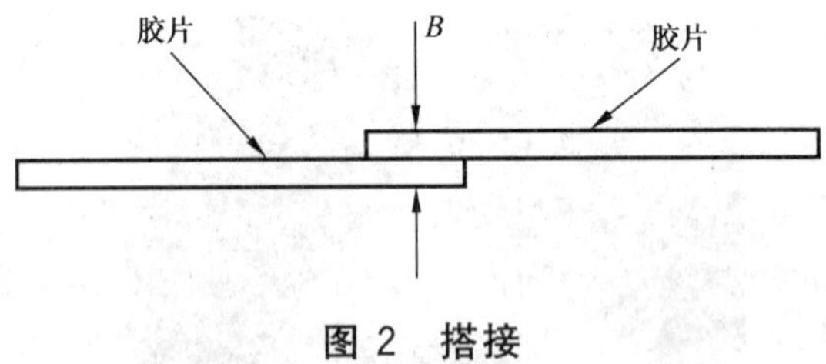

图 2 搭接

5.3 缩微胶片端头间的距离

缩微胶片的接头进行对接时，两段缩微胶片端头间的距离不超过 1 mm(见图 3 尺寸 C)。

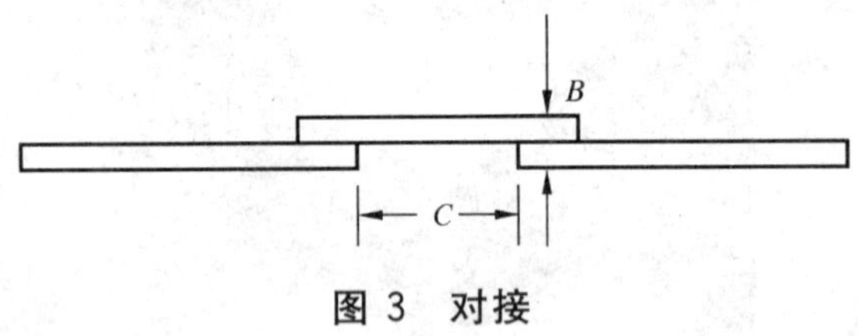

图 3 对接

5.4 缩微胶片连接边缘的倾斜度

两段缩微胶片连接的相应边缘之间的倾斜度不应超过(180±1)°。即对一段被接缩微胶片直边进行测量时，应测量从连接部位起到另一段缩微胶片 150 mm 处，其偏移值不应大于 2.63 mm(见图 4 尺寸 E 和表 1)。这种偏移，在同一条缩微胶片上有多处连接时，累积的偏移值不应大于 2.63 mm。

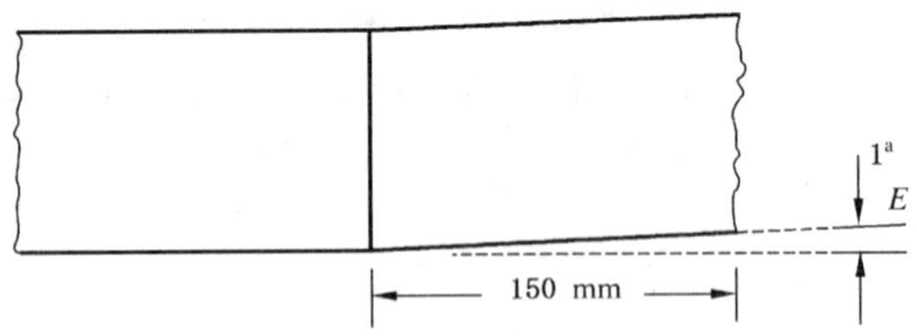

图 4 胶片边缘的倾斜度

5.5 抗拉和断裂强度

通过滑动离合器加在胶片上的张力为 0.23 N/m，运行速度为 1.5 m/s 的条件下，接头应能承受 100 次停机而不断开。

注：实验环境条件为相对湿度(50±15)%，温度(23±5)℃。实验前，试样应在上述环境中放置 24 h。

表 1 图 1～图 4 的尺寸

单位为毫米

符号(最大值)	尺 寸
A	0.05+胶片宽度
B	0.15+胶片厚度
C	1.0
D	0.05
E	2.63

5.6 不同类型连接的应用

在大多数情况下，醋酸片基的胶片推荐使用热熔法连接，聚酯片基的胶片推荐使用超声波连接。如果使用粘合剂，粘合剂中不应包括醋酸或其他损害缩微胶片影像长期保存质量的化学物质。除非粘合剂的配方不会影响长期保存的胶片质量，且粘合剂不会从接头下渗出，否则不应使用透明胶纸和压敏性胶带。

6 每盘胶片的连接数

为了在阅读和复制设备上达到最好的效果，胶片的影像区域不应超过六个连接处。这在保存缩微胶片中尤为重要。

附　录　A
（资料性附录）
连接材料与连接工艺

A.1　用于缩微胶片连接的粘合剂不应含有损害胶片影像或胶片长期保存质量的化学物质。

A.2　如果在有影像区域使用胶带，那么胶带宜具有高透明度。如果是无影像的区域，也可以使用不透明的胶带。在使用条件下，连接部位不宜出现类似丙烯酸强力粘合剂那样的粘合剂渗出。胶带的材料不宜随着时间和环境的条件而收缩。

连接部位不宜有气泡或杂质微粒。胶带的边缘必须牢固地粘接在胶片上。要避免胶带末端重叠。为了保证连接部位牢固，建议在胶片的每面都贴上胶带。见5.2“缩微胶片连接部位的厚度”。

A.3　如果用胶带来修补胶片上有影像区域的破损部分，需要拷贝的，胶带只能贴在胶片的片基面上。如果胶带贴在胶片的药膜面上，拷贝影像将是模糊的。

A.4　缩微胶片的连接不应影响影像的完整性，也不应影响检索光点或其他编码方法的使用。在影像和连接部位之间宜留出至少25 mm的间隔。

A.5　接片机必须保持良好的工作状态。建议每天都用与正在接片所用同样的胶片材料来测试接头的强度。

参 考 文 献

[1] AIIM MS 18—1992 缩微摄影技术——有影像缩微胶片的连接——尺寸与操作规范

ICS 37.080
A 14

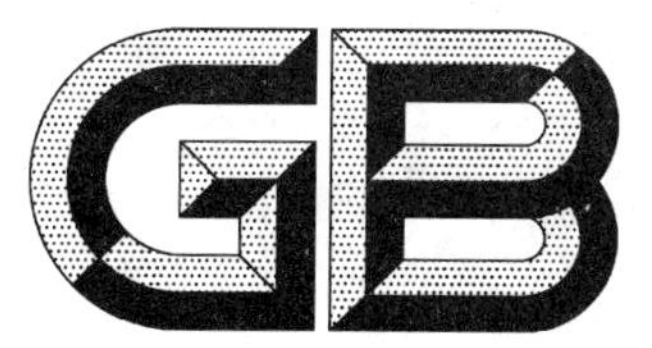

中华人民共和国国家标准

GB/T 12356—2008
代替 GB/T 12356—1990

缩微摄影技术 16 mm 平台式缩微摄影机用测试标板的特征及其使用

Micrographics—16 mm planetary cameras—Test target for checking performance

2008-07-16 发布

2009-01-01 实施

中华人民共和国国家质量监督检验检疫总局
中国国家标准化管理委员会 发布

前　言

本标准代替 GB/T 12356—1990《缩微摄影技术　16 mm 平台式缩微摄影机用测试标板的特征及其使用》。

本标准与 GB/T 12356—1990 相比重大技术变化如下：

——删去了关于测试图放置位置偏离误差的规定；

——增加了有关使用 ISO 1 号测试图的内容；

——增加了关于可读性测定方法和缩率测定方法的规定。

本标准由全国文献影像技术标准化技术委员会(SAC/TC 86)提出并归口。

本标准起草单位：全国文献影像技术标准化技术委员会一分会。

本标准主要起草人：孙跃军、李铭。

本标准所代替标准的历次版本发布情况为：

——GB/T 12356—1990。

缩微摄影技术　16 mm 平台式缩微摄影机用测试标板的特征及其使用

1　范围

本标准规定了检查 16 mm 平台式缩微摄影机性能用的测试标板的特征及其使用方法。

本标准适用于 16 mm 平台式缩微摄影机和 A6 缩微平片摄影机。

本标准不适用于轮转式缩微摄影机和 COM 记录器。

2　规范性引用文件

下列文件中的条款通过本标准的引用而成为本标准的条款。凡是注日期的引用文件，其随后所有的修改单(不包括勘误的内容)或修订版均不适用于本标准，然而，鼓励根据本标准而达成协议的各方研究是否可使用这些文件的最新版本。凡是不注日期的引用文件，其最新版本适用于本标准。

GB/T 6159.1—2003　缩微摄影技术　词汇　第 1 部分：一般术语(ISO 6196-1:1993,MOD)

GB/T 6159.6—2003　缩微摄影技术　词汇　第 6 部分：设备(ISO 6196-6:1992,MOD)

GB/T 6159.7—2000　缩微摄影技术　词汇　第七部分：计算机缩微摄影技术(eqv ISO 6196-7:1992)

GB/T 6159.8—2003　缩微摄影技术　词汇　第 8 部分：应用(ISO 6196-8:1998,MOD)

GB/T 6161—2008　缩微摄影技术　ISO 2 号解像力测试图的描述及其应用(ISO 3334:2006,IDT)

GB/T 8987—2008　缩微摄影技术　缩微摄影时检验负像光学密度用测试标板

GB/T 18405—2008　缩微摄影技术　ISO 字符和 1 号测试图的特征及其使用(ISO 446:1991,IDT)

3　术语和定义

GB/T 6159.1—2003、GB/T 6159.6—2003、GB/T 6159.7—2000 和 GB/T 6159.8—2003 确立的术语和定义适用于本标准。

4　测试标板的特征

4.1　标板的构成

标板应包含以下各部分(见图 1)。

——五个 ISO 1 号测试图或五个 ISO 2 号测试图，用于影像可读性或解像力的测定；

——一个缩率数字卡，用于表示缩微拍摄所用的缩率；

——一个缩率测试尺，用于测定缩微拍摄缩小的比率。

4.2　测试图

组成测试标板所用的 ISO 1 号测试图应符合 GB/T 18405—2008 的要求，组成测试标板所用的 ISO 2 号测试图应符合 GB/T 6161—2008 的要求，测试图的摆放位置如下：

——标板的中央设置一个；

——每个半对角线上各设置一个，测试图中心到标板中心的距离为 0.35 d (d 表示对角线的长度)，测试图的一边与对角线平行；

——从标板中心位置观察时，所有测试图上的数字均处于正常阅读位置。

4.3 缩率卡

缩率卡以 1∶R 的形式表示缩微拍摄所用的缩率，例如 1∶24。缩率卡宜使用黑底白字，字体应采用等线体，字高不小于 15 mm。

缩率卡设在中央测试图的正下方。

4.4 缩率测试尺

缩率测试尺的尺寸应为 10 mm×100 mm。测试尺以毫米标示出度量单位，字高不小于 2 mm。

缩率测试尺设在中央测试图的正上方。

4.5 基板材料

测试标板的基板应使用尺寸稳定的白色或黑色材料，厚度应小于 2 mm。

4.6 标板尺寸

测试标板分以下两种尺寸：

——A 板：应为 297 mm×210 mm；

——B 板：应为 297 mm×420 mm。

单位为毫米

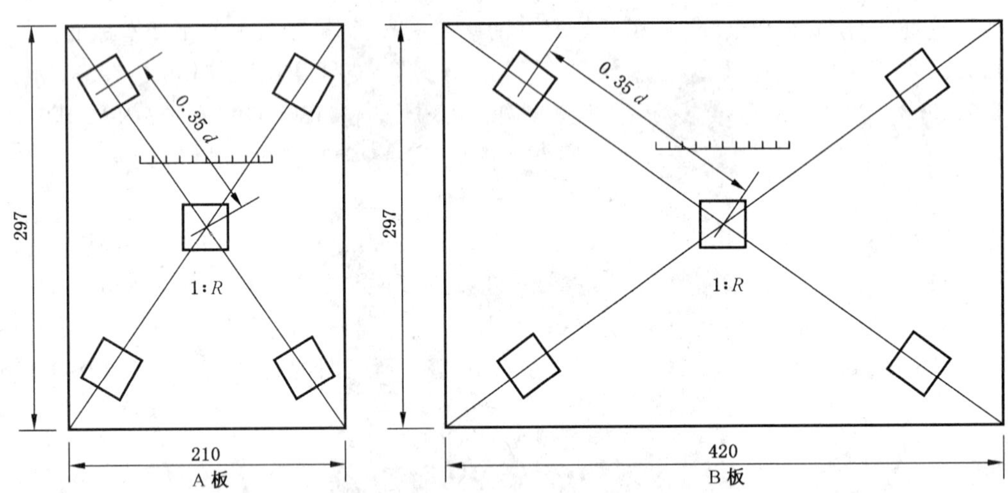

图 1 测试标板的构成

5 使用方法

5.1 A 板与 B 板的使用

A 板用于半幅缩微摄影，B 板用于全幅缩微摄影。

使用 A 板、B 板时，应在相同曝光条件下使用 GB/T 8987—2008 规定的标板，另拍摄一个画幅。

5.2 解像力或可读性的测定

根据 GB/T 6161—2008 规定的方法，对缩微摄影机拍摄影像的解像力进行测定。

根据 GB/T 18405—2008 规定的方法，对缩微摄影机拍摄影像的可读性进行测定。

5.3 缩率的测定

用具有测微计的显微镜测量缩率测试尺影像的实际长度，再用测出的实际长度除以 100，所得商 R' 为 R 的实际值。

(1∶R')即为实际的缩率。

ICS 21.040.10
J 04

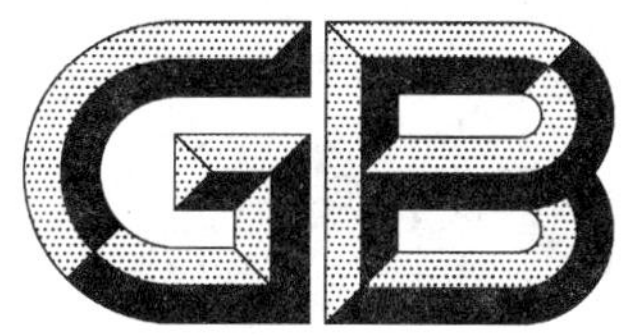

中华人民共和国国家标准

GB/T 12359—2008
代替 GB/T 12359—1990

梯形螺纹　极限尺寸

Metric trapezoidal screw threads—Limits of sizes

2008-07-30 发布　　2009-02-01 实施

中华人民共和国国家质量监督检验检疫总局
中国国家标准化管理委员会　发布

前　言

本标准代替 GB/T 12359—1990《梯形螺纹　极限尺寸》。

本标准与 GB/T 12359—1990 相比，删除了 7h 外螺纹公差带，螺纹规格也按 GB/T 5796.2—2005 所规定的系列进行了部分调整。

本标准为梯形螺纹系列标准中的极限尺寸标准。梯形螺纹系列标准包括：

——GB/T 5796.1—2005　梯形螺纹　基本牙型；

——GB/T 5796.2—2005　梯形螺纹　直径与螺距系列；

——GB/T 5796.3—2005　梯形螺纹　基本尺寸；

——GB/T 5796.4—2005　梯形螺纹　公差；

——GB/T 12359—2008　梯形螺纹　极限尺寸。

本标准由全国螺纹标准化技术委员会（SAC/TC 108）提出并归口。

本标准起草单位：中机生产力促进中心、宁波九龙紧固件制造有限公司。

本标准主要起草人：李晓滨、徐勇。

本标准所代替标准的历次版本发布情况为：

——GB/T 12359—1990。

梯形螺纹　极限尺寸

1　范围

本标准依据 GB/T 5796.2—2005《梯形螺纹　直径与螺距系列》和 GB/T 5796.4—2005《梯形螺纹　公差》规定了梯形螺纹的极限尺寸。梯形螺纹牙型符合 GB/T 5796.1—2005《梯形螺纹　牙型》的规定。

本标准适用于公称直径 8 mm～300 mm，公差带为 7H、8H、9H、7e、8e、8c 和 9c 的常用梯形螺纹。

2　规范性引用文件

下列文件中的条款通过本标准的引用而成为本标准的条款。凡是注日期的引用文件，其随后所有的修改单(不包括勘误的内容)或修订版均不适用于本标准，然而，鼓励根据本标准达成协议的各方研究是否可使用这些文件的最新版本。凡是不注日期的引用文件，其最新版本适用于本标准。

GB/T 5796.1—2005　梯形螺纹　第 1 部分：牙型(ISO 2901:1993，ISO metric trapezoidal screw threads—Basic profile and maximum material profiles，MOD)

GB/T 5796.2—2005　梯形螺纹　第 2 部分：直径与螺距系列(ISO 2902:1977，ISO metric trapezoidal screw threads—General plan，MOD)

GB/T 5796.4—2005　梯形螺纹　第 4 部分：公差(ISO 2903:1993，ISO metric trapezoidal screw threads—Tolerances，MOD)

GB/T 14791　螺纹术语(GB/T 14791—1993，neq ISO 5408:1983)

3　术语和定义

GB/T 14791 所规定的术语和定义适用于本标准。

4　内螺纹的极限尺寸

4.1　内螺纹公差带及其各直径位置见图 1。

4.2　内螺纹极限尺寸计算式

$$D_{4\min} = D + 2a_c$$

$$D_{2\min} = D - 0.5P$$

$$D_{2\max} = D_{2\min} + T_{D_2}$$

$$D_{1\min} = D - P$$

$$D_{1\max} = D_{1\min} + T_{D_1}$$

4.3　内螺纹的极限尺寸

7H：公称直径 8 mm～300 mm 内螺纹的极限尺寸见表 1；

8H：公称直径 8 mm～300 mm 内螺纹的极限尺寸见表 2；

9H：公称直径 8 mm～100 mm 内螺纹的极限尺寸见表 3。

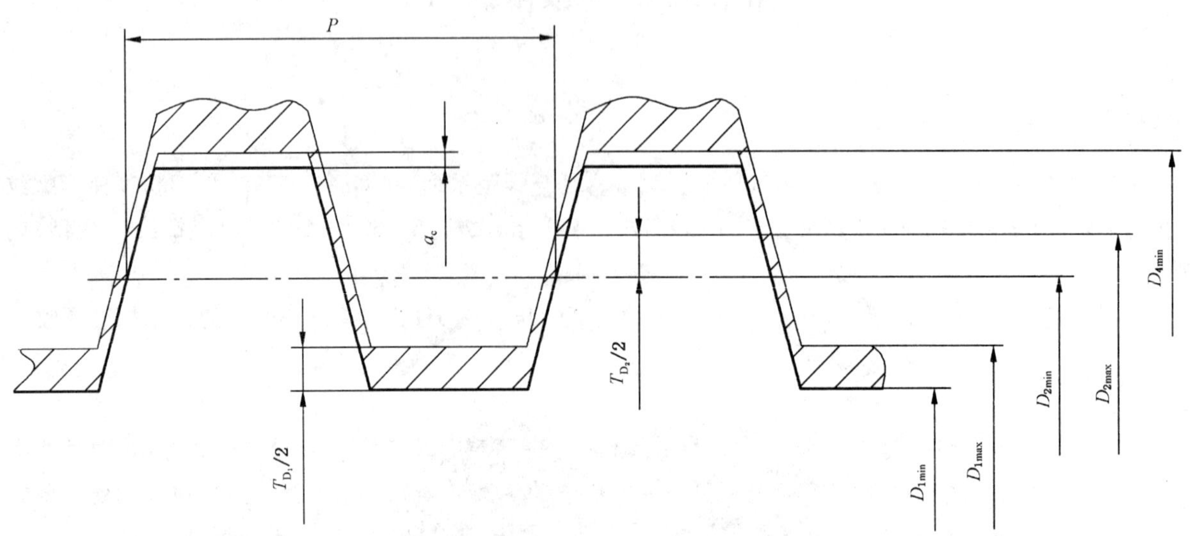

D_{4min}——内螺纹大径的最小值；
D_{2max}——内螺纹中径的最大值；
D_{2min}——内螺纹中径的最小值；
D_{1max}——内螺纹小径的最大值；
D_{1min}——内螺纹小径的最小值；
T_{D_2}——内螺纹中径公差；
T_{D_1}——内螺纹小径公差；
a_c——牙顶间隙。

图 1　内螺纹公差带及其各直径位置

表 1　7H 内螺纹的极限尺寸

单位为毫米

公称直径 D	螺　距 P	大径 D_{4min}	中　径		小　径	
			D_{2max}	D_{2min}	D_{1max}	D_{1min}
8	1.5	8.300	7.474	7.250	6.690	6.500
9	1.5	9.300	8.474	8.250	7.690	7.500
	2	9.500	8.250	8.000	7.236	7.000
10	1.5	10.300	9.474	9.250	8.690	8.500
	2	10.500	9.250	9.000	8.236	8.000
11	2	11.500	10.250	10.000	9.236	9.000
	3	11.500	9.780	9.500	8.315	8.000
12	2	12.500	11.265	11.000	10.236	10.000
	3	12.500	10.800	10.500	9.315	9.000
14	2	14.500	13.265	13.000	12.236	12.000
	3	14.500	12.800	12.500	11.315	11.000
16	2	16.500	15.265	15.000	14.236	14.000
	4	16.500	14.355	14.000	12.375	12.000
18	2	18.500	17.265	17.000	16.236	16.000
	4	18.500	16.355	16.000	14.375	14.000
20	2	20.500	19.265	19.000	18.236	18.000
	4	20.500	18.355	18.000	16.375	16.000
22	3	22.500	20.800	20.500	19.315	19.000
	5	22.500	19.875	19.500	17.450	17.000
	8	23.000	18.475	18.000	14.630	14.000
24	3	24.500	22.835	22.500	21.315	21.000
	5	24.500	21.900	21.500	19.450	19.000
	8	25.000	20.500	20.000	16.630	16.000
26	3	26.500	24.835	24.500	23.315	23.000
	5	26.500	23.900	23.500	21.450	21.000
	8	27.000	22.500	22.000	18.630	18.000
28	3	28.500	26.835	26.500	25.315	25.000
	5	28.500	25.900	25.500	23.450	23.000
	8	29.000	24.500	24.000	20.630	20.000
30	3	30.500	28.835	28.500	27.315	27.000
	6	31.000	27.450	27.000	24.500	24.000
	10	31.000	25.530	25.000	20.710	20.000

表 1（续） 单位为毫米

公称直径 D	螺 距 P	大径 D_{4min}	中 径		小 径	
			D_{2max}	D_{2min}	D_{1max}	D_{1min}
32	3	32.500	30.835	30.500	29.315	29.000
	6	33.000	29.450	29.000	26.500	26.000
	10	33.000	27.530	27.000	22.710	22.000
34	3	34.500	32.835	32.500	31.315	31.000
	6	35.000	31.450	31.000	28.500	28.000
	10	35.000	29.530	29.000	24.710	24.000
36	3	36.500	34.835	34.500	33.315	33.000
	6	37.000	33.450	33.000	30.500	30.000
	10	37.000	31.530	31.000	26.710	26.000
38	3	38.500	36.835	36.500	35.315	35.000
	7	39.000	34.975	34.500	31.560	31.000
	10	39.000	33.530	33.000	28.710	28.000
40	3	40.500	38.835	38.500	37.315	37.000
	7	41.000	36.975	36.500	33.560	33.000
	10	41.000	35.530	35.000	30.710	30.000
42	3	42.500	40.835	40.500	39.315	39.000
	7	43.000	38.975	38.500	35.560	35.000
	10	43.000	37.530	37.000	32.710	32.000
44	3	44.500	42.835	42.500	41.315	41.000
	7	45.000	40.975	40.500	37.560	37.000
	12	45.000	38.560	38.000	32.800	32.000
46	3	46.500	44.855	44.500	43.315	43.000
	8	47.000	42.530	42.000	38.630	38.000
	12	47.000	40.630	40.000	34.800	34.000
48	3	48.500	46.855	46.500	45.315	45.000
	8	49.000	44.530	44.000	40.630	40.000
	12	49.000	42.630	42.000	36.800	36.000
50	3	50.500	48.855	48.500	47.315	47.000
	8	51.000	46.530	46.000	42.630	42.000
	12	51.000	44.630	44.000	38.800	38.000
52	3	52.500	50.855	50.500	49.315	49.000
	8	53.000	48.530	48.000	44.630	44.000
	12	53.000	46.630	46.000	40.800	40.000

表 1（续）

单位为毫米

公称直径 D	螺 距 P	大径 D_{4min}	中 径		小 径	
			D_{2max}	D_{2min}	D_{1max}	D_{1min}
55	3	55.500	53.855	53.500	52.315	52.000
	9	56.000	51.060	50.500	46.670	46.000
	14	57.000	48.670	48.000	41.900	41.000
60	3	60.500	58.855	58.500	57.315	57.000
	9	61.000	56.060	55.500	51.670	51.000
	14	62.000	53.670	53.000	46.900	46.000
65	4	65.500	63.400	63.000	61.375	61.000
	10	66.000	60.560	60.000	55.710	55.000
	16	67.000	57.710	57.000	50.000	49.000
70	4	70.500	68.400	68.000	66.375	66.000
	10	71.000	65.560	65.000	60.710	60.000
	16	72.000	62.710	62.000	55.000	54.000
75	4	75.500	73.400	73.000	71.375	71.000
	10	76.000	70.560	70.000	65.710	65.000
	16	77.000	67.710	67.000	60.000	59.000
80	4	80.500	78.400	78.000	76.375	76.000
	10	81.000	75.560	75.000	70.710	70.000
	16	82.000	72.710	72.000	65.000	64.000
85	4	85.500	83.400	83.000	81.375	81.000
	12	86.000	79.630	79.000	73.800	73.000
	18	87.000	76.750	76.000	68.120	67.000
90	4	90.500	88.400	88.000	86.375	86.000
	12	91.000	84.630	84.000	78.800	78.000
	18	92.000	81.750	81.000	73.120	72.000
95	4	95.500	93.425	93.000	91.375	91.000
	12	96.000	89.670	89.000	83.800	83.000
	18	97.000	86.800	86.000	78.120	77.000
100	4	100.500	98.425	98.000	96.375	96.000
	12	101.000	94.670	94.000	88.800	88.000
	20	102.000	90.800	90.000	81.180	80.000
105	4	105.500	103.425	103.000	101.375	101.000
	12	106.000	99.670	99.000	93.800	93.000
	20	107.000	95.800	95.000	86.180	85.000

表 1（续）

单位为毫米

公称直径 D	螺距 P	大径 D_{4min}	中径 D_{2max}	中径 D_{2min}	小径 D_{1max}	小径 D_{1min}
110	4	110.500	108.425	108.000	106.375	106.000
	12	111.000	104.670	104.000	98.800	98.000
	20	112.000	100.800	100.000	91.180	90.000
115	6	116.000	112.500	112.000	109.500	109.000
	14	117.000	108.710	108.000	101.900	101.000
	22	117.000	104.850	104.000	94.250	93.000
120	6	121.000	117.500	117.000	114.500	114.000
	14	122.000	113.710	113.000	106.900	106.000
	22	122.000	109.850	109.000	99.250	98.000
125	6	126.000	122.500	122.000	119.500	119.000
	14	127.000	118.710	118.000	111.900	111.000
	22	127.000	114.850	114.000	104.250	103.000
130	6	131.000	127.500	127.000	124.500	124.000
	14	132.000	123.710	123.000	116.900	116.000
	22	132.000	119.850	119.000	109.250	108.000
135	6	136.000	132.500	132.000	129.500	129.000
	14	137.000	128.710	128.000	121.900	121.000
	24	137.000	123.900	123.000	112.320	111.000
140	6	141.000	137.500	137.000	134.500	134.000
	14	142.000	133.710	133.000	126.900	126.000
	24	142.000	128.900	128.000	117.320	116.000
145	6	146.000	142.500	142.000	139.500	139.000
	14	147.000	138.710	138.000	131.900	131.000
	24	147.000	133.900	133.000	122.320	121.000
150	6	151.000	147.500	147.000	144.500	144.000
	16	152.000	142.750	142.000	135.000	134.000
	24	152.000	138.900	138.000	127.320	126.000
155	6	156.000	152.500	152.000	149.500	149.000
	16	157.000	147.750	147.000	140.000	139.000
	24	157.000	143.900	143.000	132.320	131.000
160	6	161.000	157.500	157.000	154.500	154.000
	16	162.000	152.750	152.000	145.000	144.000
	28	162.000	146.950	146.000	133.500	132.000

表 1（续）

单位为毫米

公称直径 D	螺距 P	大径 D_{4min}	中径		小径	
			D_{2max}	D_{2min}	D_{1max}	D_{1min}
165	6	166.000	162.500	162.000	159.500	159.000
	16	167.000	157.750	157.000	150.000	149.000
	28	167.000	151.950	151.000	138.500	137.000
170	6	171.000	167.500	167.000	164.500	164.000
	16	172.000	162.750	162.000	155.000	154.000
	28	172.000	156.950	156.000	143.500	142.000
175	8	176.000	171.560	171.000	167.630	167.000
	16	177.000	167.750	167.000	160.000	159.000
	28	177.000	161.950	161.000	148.500	147.000
180	8	181.000	176.560	176.000	172.630	172.000
	18	182.000	171.800	171.000	163.120	162.000
	28	182.000	166.950	166.000	153.500	152.000
185	8	186.000	181.600	181.000	177.630	177.000
	18	187.000	176.850	176.000	168.120	167.000
	32	187.000	170.060	169.000	154.600	153.000
190	8	191.000	186.600	186.000	182.630	182.000
	18	192.000	181.850	181.000	173.120	172.000
	32	192.000	175.060	174.000	159.600	158.000
195	8	196.000	191.600	191.000	187.630	187.000
	18	197.000	186.850	186.000	178.120	177.000
	32	197.000	180.060	179.000	164.600	163.000
200	8	201.000	196.600	196.000	192.630	192.000
	18	202.000	191.850	191.000	183.120	182.000
	32	202.000	185.060	184.000	169.600	168.000
210	8	211.000	206.600	206.000	202.630	202.000
	20	212.000	200.900	200.000	191.180	190.000
	36	212.000	193.120	192.000	175.800	174.000
220	8	221.000	216.600	216.000	212.630	212.000
	20	222.000	210.900	210.000	201.180	200.000
	36	222.000	203.120	202.000	185.800	184.000
230	8	231.000	226.600	226.000	222.630	222.000
	20	232.000	220.900	220.000	211.180	210.000
	36	232.000	213.120	212.000	195.800	194.000

表 1(续)

单位为毫米

公称直径 D	螺 距 P	大径 D_{4min}	中 径		小 径	
			D_{2max}	D_{2min}	D_{1max}	D_{1min}
240	8	241.000	236.600	236.000	232.630	232.000
	22	242.000	229.900	229.000	219.250	218.000
	36	242.000	223.120	222.000	205.800	204.000
250	12	251.000	244.710	244.000	238.800	238.000
	22	252.000	239.900	239.000	229.250	228.000
	40	252.000	231.120	230.000	211.900	210.000
260	12	261.000	254.710	254.000	248.800	248.000
	22	262.000	249.900	249.000	239.250	238.000
	40	262.000	241.120	240.000	221.900	220.000
270	12	271.000	264.710	264.000	258.800	258.000
	24	272.000	258.950	258.000	247.320	246.000
	40	272.000	251.120	250.000	231.900	230.000
280	12	281.000	274.710	274.000	268.800	268.000
	24	282.000	268.950	268.000	257.320	256.000
	40	282.000	261.120	260.000	241.900	240.000
290	12	291.000	284.710	284.000	278.800	278.000
	24	292.000	278.950	278.000	267.320	266.000
	44	292.000	269.250	268.000	248.000	246.000
300	12	301.000	294.710	294.000	288.800	288.000
	24	302.000	288.950	288.000	277.320	276.000
	44	302.000	279.250	278.000	258.000	256.000

表 2 8H 内螺纹的极限尺寸

单位为毫米

公称直径 D	螺 距 P	大径 D_{4min}	中 径		小 径	
			D_{2max}	D_{2min}	D_{1max}	D_{1min}
8	1.5	8.300	7.530	7.250	6.690	6.500
9	1.5	9.300	8.530	8.250	7.690	7.500
	2	9.500	8.315	8.000	7.236	7.000
10	1.5	10.300	9.530	9.250	8.690	8.500
	2	10.500	9.315	9.000	8.236	8.000
11	2	11.500	10.315	10.000	9.236	9.000
	3	11.500	9.855	9.500	8.315	8.000
12	2	12.500	11.335	11.000	10.236	10.000
	3	12.500	10.875	10.500	9.315	9.000

表 2（续）

单位为毫米

公称直径 D	螺　距 P	大径 D_{4min}	中　径		小　径	
			D_{2max}	D_{2min}	D_{1max}	D_{1min}
14	2	14.500	13.335	13.000	12.236	12.000
	3	14.500	12.875	12.500	11.315	11.000
16	2	16.500	15.335	15.000	14.236	14.000
	4	16.500	14.450	14.000	12.375	12.000
18	2	18.500	17.335	17.000	16.236	16.000
	4	18.500	16.450	16.000	14.375	14.000
20	2	20.500	19.335	19.000	18.236	18.000
	4	20.500	18.450	18.000	16.375	16.000
22	3	22.500	20.875	20.500	19.315	19.000
	5	22.500	19.975	19.500	17.450	17.000
	8	23.000	18.600	18.000	14.630	14.000
24	3	24.500	22.925	22.500	21.315	21.000
	5	24.500	22.000	21.500	19.450	19.000
	8	25.000	20.630	20.000	16.630	16.000
26	3	26.500	24.925	24.500	23.315	23.000
	5	26.500	24.000	23.500	21.450	21.000
	8	27.000	22.630	22.000	18.630	18.000
28	3	28.500	26.925	26.500	25.315	25.000
	5	28.500	26.000	25.500	23.450	23.000
	8	29.000	24.630	24.000	20.630	20.000
30	3	30.500	28.925	28.500	27.315	27.000
	6	31.000	27.560	27.000	24.500	24.000
	10	31.000	25.670	25.000	20.710	20.000
32	3	32.500	30.925	30.500	29.315	29.000
	6	33.000	29.560	29.000	26.500	26.000
	10	33.000	27.670	27.000	22.710	22.000
34	3	34.500	32.925	32.500	31.315	31.000
	6	35.000	31.560	31.000	28.500	28.000
	10	35.000	29.670	29.000	24.710	24.000
36	3	36.500	34.925	34.500	33.315	33.000
	6	37.000	33.560	33.000	30.500	30.000
	10	37.000	31.670	31.000	26.710	26.000

表 2（续）

单位为毫米

公称直径 D	螺距 P	大径 D_{4min}	中径 D_{2max}	中径 D_{2min}	小径 D_{1max}	小径 D_{1min}
38	3	38.500	36.925	36.500	35.315	35.000
	7	39.000	35.100	34.500	31.560	31.000
	10	39.000	33.670	33.000	28.710	28.000
40	3	40.500	38.925	38.500	37.315	37.000
	7	41.000	37.100	36.500	33.560	33.000
	10	41.000	35.670	35.000	30.710	30.000
42	3	42.500	40.925	40.500	39.315	39.000
	7	43.000	39.100	38.500	35.560	35.000
	10	43.000	37.670	37.000	32.710	32.000
44	3	44.500	42.925	42.500	41.315	41.000
	7	45.000	41.100	40.500	37.560	37.000
	12	45.000	38.710	38.000	32.800	32.000
46	3	46.500	44.950	44.500	43.315	43.000
	8	47.000	42.670	42.000	38.630	38.000
	12	47.000	40.800	40.000	34.800	34.000
48	3	48.500	46.950	46.500	45.315	45.000
	8	49.000	44.670	44.000	40.630	40.000
	12	49.000	42.800	42.000	36.800	36.000
50	3	50.500	48.950	48.500	47.315	47.000
	8	51.000	46.670	46.000	42.630	42.000
	12	51.000	44.800	44.000	38.800	38.000
52	3	52.500	50.950	50.500	49.315	49.000
	8	53.000	48.670	48.000	44.630	44.000
	12	53.000	46.800	46.000	40.800	40.000
55	3	55.500	53.950	53.500	52.315	52.000
	9	56.000	51.210	50.500	46.670	46.000
	14	57.000	48.850	48.000	41.900	41.000
60	3	60.500	58.950	58.500	57.315	57.000
	9	61.000	56.210	55.500	51.670	51.000
	14	62.000	53.850	53.000	46.900	46.000
65	4	65.500	63.500	63.000	61.375	61.000
	10	66.000	60.710	60.000	55.710	55.000
	16	67.000	57.900	57.000	50.000	49.000

表 2（续）

单位为毫米

公称直径 D	螺　距 P	大径 D_{4min}	中　径		小　径	
			D_{2max}	D_{2min}	D_{1max}	D_{1min}
70	4	70.500	68.500	68.000	66.375	66.000
	10	71.000	65.710	65.000	60.710	60.000
	16	72.000	62.900	62.000	55.000	54.000
75	4	75.500	73.500	73.000	71.375	71.000
	10	76.000	70.710	70.000	65.710	65.000
	16	77.000	67.900	67.000	60.000	59.000
80	4	80.500	78.500	78.000	76.375	76.000
	10	81.000	75.710	75.000	70.710	70.000
	16	82.000	72.900	72.000	65.000	64.000
85	4	85.500	83.500	83.000	81.375	81.000
	12	86.000	79.800	79.000	73.800	73.000
	18	87.000	76.950	76.000	68.120	67.000
90	4	90.500	88.500	88.000	86.375	86.000
	12	91.000	84.800	84.000	78.800	78.000
	18	92.000	81.950	81.000	73.120	72.000
95	4	95.500	93.530	93.000	91.375	91.000
	12	96.000	89.850	89.000	83.800	83.000
	18	97.000	87.000	86.000	78.120	77.000
100	4	100.500	98.530	98.000	96.375	96.000
	12	101.000	94.850	94.000	88.800	88.000
	20	102.000	91.000	90.000	81.180	80.000
105	4	105.500	103.530	103.000	101.375	101.000
	12	106.000	99.850	99.000	93.800	93.000
	20	107.000	96.000	95.000	86.180	85.000
110	4	110.500	108.530	108.000	106.375	106.000
	12	111.000	104.850	104.000	98.800	98.000
	20	112.000	101.000	100.000	91.180	90.000
115	6	116.000	112.630	112.000	109.500	109.000
	14	117.000	108.900	108.000	101.900	101.000
	22	117.000	105.060	104.000	94.250	93.000
120	6	121.000	117.630	117.000	114.500	114.000
	14	122.000	113.900	113.000	106.900	106.000
	22	122.000	110.060	109.000	99.250	98.000

表 2（续）

单位为毫米

公称直径 D	螺　距 P	大径 D_{4min}	中　径		小　径	
			D_{2max}	D_{2min}	D_{1max}	D_{1min}
125	6	126.000	122.630	122.000	119.500	119.000
	14	127.000	118.900	118.000	111.900	111.000
	22	127.000	115.060	114.000	104.250	103.000
130	6	131.000	127.630	127.000	124.500	124.000
	14	132.000	123.900	123.000	116.900	116.000
	22	132.000	120.060	119.000	109.250	108.000
135	6	136.000	132.630	132.000	129.500	129.000
	14	137.000	128.900	128.000	121.900	121.000
	24	137.000	124.120	123.000	112.320	111.000
140	6	141.000	137.630	137.000	134.500	134.000
	14	142.000	133.900	133.000	126.900	126.000
	24	142.000	129.120	128.000	117.320	116.000
145	6	146.000	142.630	142.000	139.500	139.000
	14	147.000	138.900	138.000	131.900	131.000
	24	147.000	134.120	133.000	122.320	121.000
150	6	151.000	147.630	147.000	144.500	144.000
	16	152.000	142.950	142.000	135.000	134.000
	24	152.000	139.120	138.000	127.320	126.000
155	6	156.000	152.630	152.000	149.500	149.000
	16	157.000	147.950	147.000	140.000	139.000
	24	157.000	144.120	143.000	132.320	131.000
160	6	161.000	157.630	157.000	154.500	154.000
	16	162.000	152.950	152.000	145.000	144.000
	28	162.000	147.180	146.000	133.500	132.000
165	6	166.000	162.630	162.000	159.500	159.000
	16	167.000	157.950	157.000	150.000	149.000
	28	167.000	152.180	151.000	138.500	137.000
170	6	171.000	167.630	167.000	164.500	164.000
	16	172.000	162.950	162.000	155.000	154.000
	28	172.000	157.180	156.000	143.500	142.000
175	8	176.000	171.710	171.000	167.630	167.000
	16	177.000	167.950	167.000	160.000	159.000
	28	177.000	162.180	161.000	148.500	147.000

表 2（续）

单位为毫米

公称直径 D	螺距 P	大径 D_{4min}	中径 D_{2max}	中径 D_{2min}	小径 D_{1max}	小径 D_{1min}
180	8	181.000	176.710	176.000	172.630	172.000
	18	182.000	172.000	171.000	163.120	162.000
	28	182.000	167.180	166.000	153.500	152.000
185	8	186.000	181.750	181.000	177.630	177.000
	18	187.000	177.060	176.000	168.120	167.000
	32	187.000	170.320	169.000	154.600	153.000
190	8	191.000	186.750	186.000	182.630	182.000
	18	192.000	182.060	181.000	173.120	172.000
	32	192.000	175.320	174.000	159.600	158.000
195	8	196.000	191.750	191.000	187.630	187.000
	18	197.000	187.060	186.000	178.120	177.000
	32	197.000	180.320	179.000	164.600	163.000
200	8	201.000	196.750	196.000	192.630	192.000
	18	202.000	192.060	191.000	183.120	182.000
	32	202.000	185.320	184.000	169.600	168.000
210	8	211.000	206.750	206.000	202.630	202.000
	20	212.000	201.120	200.000	191.180	190.000
	36	212.000	193.400	192.000	175.800	174.000
220	8	221.000	216.750	216.000	212.630	212.000
	20	222.000	211.120	210.000	201.180	200.000
	36	222.000	203.400	202.000	185.800	184.000
230	8	231.000	226.750	226.000	222.630	222.000
	20	232.000	221.120	220.000	211.180	210.000
	36	232.000	213.400	212.000	195.800	194.000
240	8	241.000	236.750	236.000	232.630	232.000
	22	242.000	230.120	229.000	219.250	218.000
	36	242.000	223.400	222.000	205.800	204.000
250	12	251.000	244.900	244.000	238.800	238.000
	22	252.000	240.120	239.000	229.250	228.000
	40	252.000	231.400	230.000	211.900	210.000
260	12	261.000	254.900	254.000	248.800	248.000
	22	262.000	250.120	249.000	239.250	238.000
	40	262.000	241.400	240.000	221.900	220.000

表 2（续） 单位为毫米

公称直径 D	螺距 P	大径 D_{4min}	中径 D_{2max}	中径 D_{2min}	小径 D_{1max}	小径 D_{1min}
270	12	271.000	264.900	264.000	258.800	258.000
	24	272.000	259.180	258.000	247.320	246.000
	40	272.000	251.400	250.000	231.900	230.000
280	12	281.000	274.900	274.000	268.800	268.000
	24	282.000	269.180	268.000	257.320	256.000
	40	282.000	261.400	260.000	241.900	240.000
290	12	291.000	284.900	284.000	278.800	278.000
	24	292.000	279.180	278.000	267.320	266.000
	44	292.000	269.500	268.000	248.000	246.000
300	12	301.000	294.900	294.000	288.800	288.000
	24	302.000	289.180	288.000	277.320	276.000
	44	302.000	279.500	278.000	258.000	256.000

表 3 9H 内螺纹的极限尺寸 单位为毫米

公称直径 D	螺距 P	大径 D_{4min}	中径 D_{2max}	中径 D_{2min}	小径 D_{1max}	小径 D_{1min}
8	1.5	8.300	7.605	7.250	6.690	6.500
9	1.5	9.300	8.605	8.250	7.690	7.500
	2	9.500	8.400	8.000	7.236	7.000
10	1.5	10.300	9.605	9.250	8.690	8.500
	2	10.500	9.400	9.000	8.236	8.000
11	2	11.500	10.400	10.000	9.236	9.000
	3	11.500	9.950	9.500	8.315	8.000
12	2	12.500	11.425	11.000	10.236	10.000
	3	12.500	10.975	10.500	9.315	9.000
14	2	14.500	13.425	13.000	12.236	12.000
	3	14.500	12.975	12.500	11.315	11.000
16	2	16.500	15.425	15.000	14.236	14.000
	4	16.500	14.560	14.000	12.375	12.000
18	2	18.500	17.425	17.000	16.236	16.000
	4	18.500	16.560	16.000	14.375	14.000
20	2	20.500	19.425	19.000	18.236	18.000
	4	20.500	18.560	18.000	16.375	16.000

表 3（续）

单位为毫米

公称直径 D	螺　距 P	大径 D_{4min}	中　径		小　径	
			D_{2max}	D_{2min}	D_{1max}	D_{1min}
22	3	22.500	20.975	20.500	19.315	19.000
	5	22.500	20.100	19.500	17.450	17.000
	8	23.000	18.750	18.000	14.630	14.000
24	3	24.500	23.030	22.500	21.315	21.000
	5	24.500	22.130	21.500	19.450	19.000
	8	25.000	20.800	20.000	16.630	16.000
26	3	26.500	25.030	24.500	23.315	23.000
	5	26.500	24.130	23.500	21.450	21.000
	8	27.000	22.800	22.000	18.630	18.000
28	3	28.500	27.030	26.500	25.315	25.000
	5	28.500	26.130	25.500	23.450	23.000
	8	29.000	24.800	24.000	20.630	20.000
30	3	30.500	29.030	28.500	27.315	27.000
	6	31.000	27.710	27.000	24.500	24.000
	10	31.000	25.850	25.000	20.710	20.000
32	3	32.500	31.030	30.500	29.315	29.000
	6	33.000	29.710	29.000	26.500	26.000
	10	33.000	27.850	27.000	22.710	22.000
34	3	34.500	33.030	32.500	31.315	31.000
	6	35.000	31.710	31.000	28.500	28.000
	10	35.000	29.850	29.000	24.710	24.000
36	3	36.500	35.030	34.500	33.315	33.000
	6	37.000	33.710	33.000	30.500	30.000
	10	37.000	31.850	31.000	26.710	26.000
38	3	38.500	37.030	36.500	35.315	35.000
	7	39.000	35.250	34.500	31.560	31.000
	10	39.000	33.850	33.000	28.710	28.000
40	3	40.500	39.030	38.500	37.315	37.000
	7	41.000	37.250	36.500	33.560	33.000
	10	41.000	35.850	35.000	30.710	30.000
42	3	42.500	41.030	40.500	39.315	39.000
	7	43.000	39.250	38.500	35.560	35.000
	10	43.000	37.850	37.000	32.710	32.000

表 3（续） 单位为毫米

公称直径 D	螺　距 P	大径 D_{4min}	中　径		小　径	
			D_{2max}	D_{2min}	D_{1max}	D_{1min}
44	3	44.500	43.030	42.500	41.315	41.000
	7	45.000	41.250	40.500	37.560	37.000
	12	45.000	38.900	38.000	32.800	32.000
46	3	46.500	45.060	44.500	43.315	43.000
	8	47.000	42.850	42.000	38.630	38.000
	12	47.000	41.000	40.000	34.800	34.000
48	3	48.500	47.060	46.500	45.315	45.000
	8	49.000	44.850	44.000	40.630	40.000
	12	49.000	43.000	42.000	36.800	36.000
50	3	50.500	49.060	48.500	47.315	47.000
	8	51.000	46.850	46.000	42.630	42.000
	12	51.000	45.000	44.000	38.800	38.000
52	3	52.500	51.060	50.500	49.315	49.000
	8	53.000	48.850	48.000	44.630	44.000
	12	53.000	47.000	46.000	40.800	40.000
55	3	55.500	54.060	53.500	52.315	52.000
	9	56.000	51.400	50.500	46.670	46.000
	14	57.000	49.060	48.000	41.900	41.000
60	3	60.500	59.060	58.500	57.315	57.000
	9	61.000	56.400	55.500	51.670	51.000
	14	62.000	54.060	53.000	46.900	46.000
65	4	65.500	63.630	63.000	61.375	61.000
	10	66.000	60.900	60.000	55.710	55.000
	16	67.000	58.120	57.000	50.000	49.000
70	4	70.500	68.630	68.000	66.375	66.000
	10	71.000	65.900	65.000	60.710	60.000
	16	72.000	63.120	62.000	55.000	54.000
75	4	75.500	73.630	73.000	71.375	71.000
	10	76.000	70.900	70.000	65.710	65.000
	16	77.000	68.120	67.000	60.000	59.000
80	4	80.500	78.630	78.000	76.375	76.000
	10	81.000	75.900	75.000	70.710	70.000
	16	82.000	73.120	72.000	65.000	64.000

表 3（续）

单位为毫米

公称直径 D	螺距 P	大径 D_{4min}	中径 D_{2max}	中径 D_{2min}	小径 D_{1max}	小径 D_{1min}
85	4	85.500	83.630	83.000	81.375	81.000
	12	86.000	80.000	79.000	73.800	73.000
	18	87.000	77.180	76.000	68.120	67.000
90	4	90.500	88.630	88.000	86.375	86.000
	12	91.000	85.000	84.000	78.800	78.000
	18	92.000	82.180	81.000	73.120	72.000
95	4	95.500	93.670	93.000	91.375	91.000
	12	96.000	90.060	89.000	83.800	83.000
	18	97.000	87.250	86.000	78.120	77.000
100	4	100.500	98.670	98.000	96.375	96.000
	12	101.000	95.060	94.000	88.800	88.000
	20	102.000	91.250	90.000	81.180	80.000

5 外螺纹的极限尺寸

5.1 外螺纹公差带及其各直径位置见图 2。

5.2 外螺纹极限尺寸计算式

$$d_{max} = d$$
$$d_{min} = d_{max} - T_d$$
$$d_{2max} = d - 0.5P + es$$
$$d_{2min} = d_{2max} - T_{d_2}$$
$$d_{3max} = d - P - 2a_c$$
$$d_{3min} = d_{3max} - T_{d_3}$$

5.3 外螺纹的极限尺寸

7e：公称直径 8 mm～300 mm 外螺纹的极限尺寸见表 4；

8e：公称直径 8 mm～300 mm 外螺纹的极限尺寸见表 5；

8c：公称直径 8 mm～300 mm 外螺纹的极限尺寸见表 6；

9c：公称直径 8 mm～100 mm 外螺纹的极限尺寸见表 7。

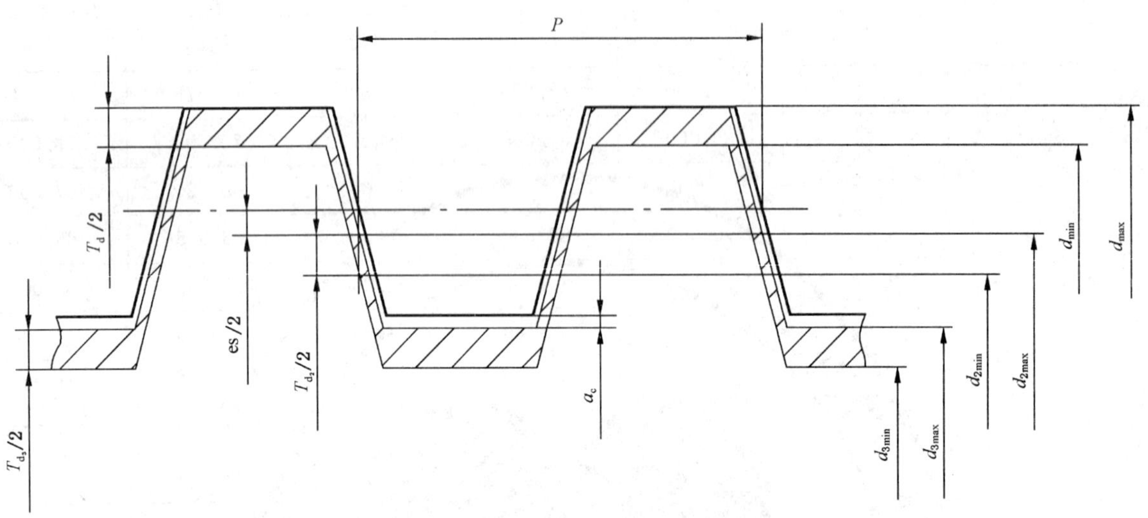

d_{max}——外螺纹大径的最大值；
d_{min}——外螺纹大径的最小值；
d_{2max}——外螺纹中径的最大值；
d_{2min}——外螺纹中径的最小值；
d_{3max}——外螺纹小径的最大值；
d_{3min}——外螺纹小径的最小值；
T_d——外螺纹大径公差；
T_{d_2}——外螺纹中径公差；
T_{d_3}——外螺纹小径公差；
a_c——牙顶间隙；
es——外螺纹中径基本偏差。

图 2　外螺纹公差带及其各直径位置

表 4　7e 外螺纹的极限尺寸

单位为毫米

公称直径 d	螺距 P	大径		中径		小径	
		d_{max}	d_{min}	d_{2max}	d_{2min}	d_{3max}	d_{3min}
8	1.5	8.000	7.850	7.183	7.013	6.200	5.921
9	1.5	9.000	8.850	8.183	8.013	7.200	6.921
	2	9.000	8.820	7.929	7.739	6.500	6.191
10	1.5	10.000	9.850	9.183	9.013	8.200	7.921
	2	10.000	9.820	8.929	8.739	7.500	7.191
11	2	11.000	10.820	9.929	9.739	8.500	8.191
	3	11.000	10.764	9.415	9.203	7.500	7.150
12	2	12.000	11.820	10.929	10.729	9.500	9.179
	3	12.000	11.764	10.415	10.191	8.500	8.135
14	2	14.000	13.820	12.929	12.729	11.500	11.179
	3	14.000	13.764	12.415	12.191	10.500	10.135
16	2	16.000	15.820	14.929	14.729	13.500	13.179
	4	16.000	15.700	13.905	13.640	11.500	11.074
18	2	18.000	17.820	16.929	16.729	15.500	15.179
	4	18.000	17.700	15.905	15.640	13.500	13.074
20	2	20.000	19.820	18.929	18.729	17.500	17.179
	4	20.000	19.700	17.905	17.640	15.500	15.074
22	3	22.000	21.764	20.415	20.191	18.500	18.135
	5	22.000	21.665	19.394	19.114	16.500	16.044
	8	22.000	21.550	17.868	17.513	13.000	12.424
24	3	24.000	23.764	22.415	22.165	20.500	20.103
	5	24.000	23.665	21.394	21.094	18.500	18.019
	8	24.000	23.550	19.868	19.493	15.000	14.399
26	3	26.000	25.764	24.415	24.165	22.500	22.103
	5	26.000	25.665	23.394	23.094	20.500	20.019
	8	26.000	25.550	21.868	21.493	17.000	16.399
28	3	28.000	27.764	26.415	26.165	24.500	24.103
	5	28.000	27.665	25.394	25.094	22.500	22.019
	8	28.000	27.550	23.868	23.493	19.000	18.399
30	3	30.000	29.764	28.415	28.165	26.500	26.103
	6	30.000	29.625	26.882	26.547	23.000	22.463
	10	30.000	29.470	24.850	24.450	19.000	18.350

表 4（续）

单位为毫米

公称直径 d	螺　距 P	大　径		中　径		小　径	
		d_{max}	d_{min}	d_{2max}	d_{2min}	d_{3max}	d_{3min}
32	3	32.000	31.764	30.415	30.165	28.500	28.103
	6	32.000	31.625	28.882	28.547	25.000	24.463
	10	32.000	31.470	26.850	26.450	21.000	20.350
34	3	34.000	33.764	32.415	32.165	30.500	30.103
	6	34.000	33.625	30.882	30.547	27.000	26.463
	10	34.000	33.470	28.850	28.450	23.000	22.350
36	3	36.000	35.764	34.415	34.165	32.500	32.103
	6	36.000	35.625	32.882	32.547	29.000	28.463
	10	36.000	35.470	30.850	30.450	25.000	24.350
38	3	38.000	37.764	36.415	36.165	34.500	34.103
	7	38.000	37.575	34.375	34.020	30.000	29.431
	10	38.000	37.470	32.850	32.450	27.000	26.350
40	3	40.000	39.764	38.415	38.165	36.500	36.103
	7	40.000	39.575	36.375	36.020	32.000	31.431
	10	40.000	39.470	34.850	34.450	29.000	28.350
42	3	42.000	41.764	40.415	40.165	38.500	38.103
	7	42.000	41.575	38.375	38.020	34.000	33.431
	10	42.000	41.470	36.850	36.450	31.000	30.350
44	3	44.000	43.764	42.415	42.165	40.500	40.103
	7	44.000	43.575	40.375	40.020	36.000	35.431
	12	44.000	43.400	37.840	37.415	31.000	30.309
46	3	46.000	45.764	44.415	44.150	42.500	42.084
	8	46.000	45.550	41.868	41.468	37.000	36.368
	12	46.000	45.400	39.840	39.365	33.000	32.246
48	3	48.000	47.764	46.415	46.150	44.500	44.084
	8	48.000	47.550	43.868	43.468	39.000	38.368
	12	48.000	47.400	41.840	41.365	35.000	34.246
50	3	50.000	49.764	48.415	48.150	46.500	46.084
	8	50.000	49.550	45.868	45.468	41.000	40.368
	12	50.000	49.400	43.840	43.365	37.000	36.246
52	3	52.000	51.764	50.415	50.150	48.500	48.084
	8	52.000	51.550	47.868	47.468	43.000	42.368
	12	52.000	51.400	45.840	45.365	39.000	38.246

表 4（续）

单位为毫米

公称直径 d	螺距 P	大径		中径		小径	
		d_{max}	d_{min}	d_{2max}	d_{2min}	d_{3max}	d_{3min}
55	3	55.000	54.764	53.415	53.150	51.500	51.084
	9	55.000	54.500	50.360	49.935	45.000	44.329
	14	55.000	54.330	47.820	47.320	39.000	38.195
60	3	60.000	59.764	58.415	58.150	56.500	56.084
	9	60.000	59.500	55.360	54.935	50.000	49.329
	14	60.000	59.330	52.820	52.320	44.000	43.195
65	4	65.000	64.700	62.905	62.605	60.500	60.030
	10	65.000	64.470	59.850	59.425	54.000	53.319
	16	65.000	64.290	56.810	56.280	47.000	46.147
70	4	70.000	69.700	67.905	67.605	65.500	65.030
	10	70.000	69.470	64.850	64.425	59.000	58.319
	16	70.000	69.290	61.810	61.280	52.000	51.147
75	4	75.000	74.700	72.905	72.605	70.500	70.030
	10	75.000	74.470	69.850	69.425	64.000	63.319
	16	75.000	74.290	66.810	66.280	57.000	56.147
80	4	80.000	79.700	77.905	77.605	75.500	75.030
	10	80.000	79.470	74.850	74.425	69.000	68.319
	16	80.000	79.290	71.810	71.280	62.000	61.147
85	4	85.000	84.700	82.905	82.605	80.500	80.030
	12	85.000	84.400	78.840	78.365	72.000	71.246
	18	85.000	84.200	75.800	75.240	65.000	64.100
90	4	90.000	89.700	87.905	87.605	85.500	85.030
	12	90.000	89.400	83.840	83.365	77.000	76.246
	18	90.000	89.200	80.800	80.240	70.000	69.100
95	4	95.000	94.700	92.905	92.590	90.500	90.011
	12	95.000	94.400	88.840	88.340	82.000	81.215
	18	95.000	94.200	85.800	85.200	75.000	74.050
100	4	100.000	99.700	97.905	97.590	95.500	95.011
	12	100.000	99.400	93.840	93.340	87.000	86.215
	20	100.000	99.150	89.788	89.188	78.000	77.038
105	4	105.000	104.700	102.905	102.590	100.500	100.011
	12	105.000	104.400	98.840	98.340	92.000	91.215
	20	105.000	104.150	94.788	94.188	83.000	82.038

表 4（续） 单位为毫米

公称直径 d	螺距 P	大径		中径		小径	
		d_{max}	d_{min}	d_{2max}	d_{2min}	d_{3max}	d_{3min}
110	4	110.000	109.700	107.905	107.590	105.500	105.011
	12	110.000	109.400	103.840	103.340	97.000	96.215
	20	110.000	109.150	99.788	99.188	88.000	87.038
115	6	115.000	114.625	111.882	111.507	108.000	107.413
	14	115.000	114.330	107.820	107.290	99.000	98.157
	22	115.000	114.100	103.776	103.146	91.000	89.989
120	6	120.000	119.625	116.882	116.507	113.000	112.413
	14	120.000	119.330	112.820	112.290	104.000	103.157
	22	120.000	119.100	108.776	108.146	96.000	94.989
125	6	125.000	124.625	121.882	121.507	118.000	117.413
	14	125.000	124.330	117.820	117.290	109.000	108.157
	22	125.000	124.100	113.776	113.146	101.000	99.989
130	6	130.000	129.625	126.882	126.507	123.000	122.413
	14	130.000	129.330	122.820	122.290	114.000	113.157
	22	130.000	129.100	118.776	118.146	106.000	104.989
135	6	135.000	134.625	131.882	131.507	128.000	127.413
	14	135.000	134.330	127.820	127.290	119.000	118.157
	24	135.000	134.050	122.764	122.094	109.000	107.926
140	6	140.000	139.625	136.882	136.507	133.000	132.413
	14	140.000	139.330	132.820	132.290	124.000	123.157
	24	140.000	139.050	127.764	127.094	114.000	112.926
145	6	145.000	144.625	141.882	141.507	138.000	137.413
	14	145.000	144.330	137.820	137.290	129.000	128.157
	24	145.000	144.050	132.764	132.094	119.000	117.926
150	6	150.000	149.625	146.882	146.507	143.000	142.413
	16	150.000	149.290	141.810	141.250	132.000	131.110
	24	150.000	149.050	137.764	137.094	124.000	122.926
155	6	155.000	154.625	151.882	151.507	148.000	147.413
	16	155.000	154.290	146.810	146.250	137.000	136.110
	24	155.000	154.050	142.764	142.094	129.000	127.926
160	6	160.000	159.625	156.882	156.507	153.000	152.413
	16	160.000	159.290	151.810	151.250	142.000	141.110
	28	160.000	158.940	145.750	145.040	130.000	128.862

表 4（续）

单位为毫米

公称直径 d	螺距 P	大径		中径		小径	
		d_{max}	d_{min}	d_{2max}	d_{2min}	d_{3max}	d_{3min}
165	6	165.000	164.625	161.882	161.507	158.000	157.413
	16	165.000	164.290	156.810	156.250	147.000	146.110
	28	165.000	163.940	150.750	150.040	135.000	133.862
170	6	170.000	169.625	166.882	166.507	163.000	162.413
	16	170.000	169.290	161.810	161.250	152.000	151.110
	28	170.000	168.940	155.750	155.040	140.000	138.862
175	8	175.000	174.550	170.868	170.443	166.000	165.337
	16	175.000	174.290	166.810	166.250	157.000	156.110
	28	175.000	173.940	160.750	160.040	145.000	143.862
180	8	180.000	179.550	175.868	175.443	171.000	170.337
	18	180.000	179.200	170.800	170.200	160.000	159.050
	28	180.000	178.940	165.750	165.040	150.000	148.862
185	8	185.000	184.550	180.868	180.418	176.000	175.305
	18	185.000	184.200	175.800	175.170	165.000	164.013
	32	185.000	183.880	168.735	167.935	151.000	149.735
190	8	190.000	189.550	185.868	185.418	181.000	180.305
	18	190.000	189.200	180.800	180.170	170.000	169.013
	32	190.000	188.880	173.735	172.935	156.000	154.735
195	8	195.000	194.550	190.868	190.418	186.000	185.305
	18	195.000	194.200	185.800	185.170	175.000	174.013
	32	195.000	193.880	178.735	177.935	161.000	159.735
200	8	200.000	199.550	195.868	195.418	191.000	190.305
	18	200.000	199.200	190.800	190.170	180.000	179.013
	32	200.000	198.880	183.735	182.935	166.000	164.735
210	8	210.000	209.550	205.868	205.418	201.000	200.305
	20	210.000	209.150	199.788	199.118	188.000	186.950
	36	210.000	208.750	191.720	190.870	172.000	170.657
220	8	220.000	219.550	215.868	215.418	211.000	210.305
	20	220.000	219.150	209.788	209.118	198.000	196.950
	36	220.000	218.750	201.720	200.870	182.000	180.657
230	8	230.000	229.550	225.868	225.418	221.000	220.305
	20	230.000	229.150	219.788	219.118	208.000	206.950
	36	230.000	228.750	211.720	210.870	192.000	190.657

表 4（续） 单位为毫米

公称直径 d	螺　距 P	大　径		中　径		小　径	
		d_{max}	d_{min}	d_{2max}	d_{2min}	d_{3max}	d_{3min}
240	8	240.000	239.550	235.868	235.418	231.000	230.305
	22	240.000	239.100	228.776	228.106	216.000	214.938
	36	240.000	238.750	221.720	220.870	202.000	200.657
250	12	250.000	249.400	243.840	243.310	237.000	236.177
	22	250.000	249.100	238.776	238.106	226.000	224.938
	40	250.000	248.680	229.700	228.850	208.000	206.637
260	12	260.000	259.400	253.840	253.310	247.000	246.177
	22	260.000	259.100	248.776	248.106	236.000	234.938
	40	260.000	258.680	239.700	238.850	218.000	216.637
270	12	270.000	269.400	263.840	263.310	257.000	256.177
	24	270.000	269.050	257.764	257.054	244.000	242.876
	40	270.000	268.680	249.700	248.850	228.000	226.637
280	12	280.000	279.400	273.840	273.310	267.000	266.177
	24	280.000	279.050	267.764	267.054	254.000	252.876
	40	280.000	278.680	259.700	258.850	238.000	236.637
290	12	290.000	289.400	283.840	283.310	277.000	276.177
	24	290.000	289.050	277.764	277.054	264.000	262.876
	44	290.000	288.600	267.685	266.785	244.000	242.560
300	12	300.000	299.400	293.840	293.310	287.000	286.177
	24	300.000	299.050	287.764	287.054	274.000	272.876
	44	300.000	298.600	277.685	276.785	254.000	252.560

表 5　8e 外螺纹的极限尺寸 单位为毫米

公称直径 d	螺　距 P	大　径		中　径		小　径	
		d_{max}	d_{min}	d_{2max}	d_{2min}	d_{3max}	d_{3min}
8	1.5	8.000	7.850	7.183	6.971	6.200	5.868
9	1.5	9.000	8.850	8.183	7.971	7.200	6.868
	2	9.000	8.820	7.929	7.693	6.500	6.134
10	1.5	10.000	9.850	9.183	8.971	8.200	7.868
	2	10.000	9.820	8.929	8.693	7.500	7.134
11	2	11.000	10.820	9.929	9.693	8.500	8.134
	3	11.000	10.764	9.415	9.150	7.500	7.084
12	2	12.000	11.820	10.929	10.679	9.500	9.117
	3	12.000	11.764	10.415	10.135	8.500	8.065

表 5（续）

单位为毫米

公称直径 d	螺 距 P	大 径		中 径		小 径	
		d_{max}	d_{min}	d_{2max}	d_{2min}	d_{3max}	d_{3min}
14	2	14.000	13.820	12.929	12.679	11.500	11.117
	3	14.000	13.764	12.415	12.135	10.500	10.065
16	2	16.000	15.820	14.929	14.679	13.500	13.117
	4	16.000	15.700	13.905	13.570	11.500	10.986
18	2	18.000	17.820	16.929	16.679	15.500	15.117
	4	18.000	17.700	15.905	15.570	13.500	12.986
20	2	20.000	19.820	18.929	18.679	17.500	17.117
	4	20.000	19.700	17.905	17.570	15.500	14.986
22	3	22.000	21.764	20.415	20.135	18.500	18.065
	5	22.000	21.665	19.394	19.039	16.500	15.950
	8	22.000	21.550	17.868	17.418	13.000	12.305
24	3	24.000	23.764	22.415	22.100	20.500	20.021
	5	24.000	23.665	21.394	21.019	18.500	17.925
	8	24.000	23.550	19.868	19.393	15.000	14.274
26	3	26.000	25.764	24.415	24.100	22.500	22.021
	5	26.000	25.665	23.394	23.019	20.500	19.925
	8	26.000	25.550	21.868	21.393	17.000	16.274
28	3	28.000	27.764	26.415	26.100	24.500	24.021
	5	28.000	27.665	25.394	25.019	22.500	21.925
	8	28.000	27.550	23.868	23.393	19.000	18.274
30	3	30.000	29.764	28.415	28.100	26.500	26.021
	6	30.000	29.625	26.882	26.457	23.000	22.351
	10	30.000	29.470	24.850	24.350	19.000	18.225
32	3	32.000	31.764	30.415	30.100	28.500	28.021
	6	32.000	31.625	28.882	28.457	25.000	24.351
	10	32.000	31.470	26.850	26.350	21.000	20.225
34	3	34.000	33.764	32.415	32.100	30.500	30.021
	6	34.000	33.625	30.882	30.457	27.000	26.351
	10	34.000	33.470	28.850	28.350	23.000	22.225
36	3	36.000	35.764	34.415	34.100	32.500	32.021
	6	36.000	35.625	32.882	32.457	29.000	28.351
	10	36.000	35.470	30.850	30.350	25.000	24.225

表 5（续）

单位为毫米

公称直径 d	螺　距 P	大　径		中　径		小　径	
		d_{max}	d_{min}	d_{2max}	d_{2min}	d_{3max}	d_{3min}
38	3	38.000	37.764	36.415	36.100	34.500	34.021
	7	38.000	37.575	34.375	33.925	30.000	29.312
	10	38.000	37.470	32.850	32.350	27.000	26.225
40	3	40.000	39.764	38.415	38.100	36.500	36.021
	7	40.000	39.575	36.375	35.925	32.000	31.312
	10	40.000	39.470	34.850	34.350	29.000	28.225
42	3	42.000	41.764	40.415	40.100	38.500	38.021
	7	42.000	41.575	38.375	37.925	34.000	33.312
	10	42.000	41.470	36.850	36.350	31.000	30.225
44	3	44.000	43.764	42.415	42.100	40.500	40.021
	7	44.000	43.575	40.375	39.925	36.000	35.312
	12	44.000	43.400	37.840	37.310	31.000	30.177
46	3	46.000	45.764	44.415	44.080	42.500	41.996
	8	46.000	45.550	41.868	41.368	37.000	36.243
	12	46.000	45.400	39.840	39.240	33.000	32.090
48	3	48.000	47.764	46.415	46.080	44.500	43.996
	8	48.000	47.550	43.868	43.368	39.000	38.243
	12	48.000	47.400	41.840	41.240	35.000	34.090
50	3	50.000	49.764	48.415	48.080	46.500	45.996
	8	50.000	49.550	45.868	45.368	41.000	40.243
	12	50.000	49.400	43.840	43.240	37.000	36.090
52	3	52.000	51.764	50.415	50.080	48.500	47.996
	8	52.000	51.550	47.868	47.368	43.000	42.243
	12	52.000	51.400	45.840	45.240	39.000	38.090
55	3	55.000	54.764	53.415	53.080	51.500	50.996
	9	55.000	54.500	50.360	49.830	45.000	44.197
	14	55.000	54.330	47.820	47.190	39.000	38.033
60	3	60.000	59.764	58.415	58.080	56.500	55.996
	9	60.000	59.500	55.360	54.830	50.000	49.197
	14	60.000	59.330	52.820	52.190	44.000	43.033
65	4	65.000	64.700	62.905	62.530	60.500	59.936
	10	65.000	64.470	59.850	59.320	54.000	53.187
	16	65.000	64.290	56.810	56.140	47.000	45.972

表 5（续）

单位为毫米

公称直径 d	螺 距 P	大 径		中 径		小 径	
		d_{max}	d_{min}	d_{2max}	d_{2min}	d_{3max}	d_{3min}
70	4	70.000	69.700	67.905	67.530	65.500	64.936
	10	70.000	69.470	64.850	64.320	59.000	58.187
	16	70.000	69.290	61.810	61.140	52.000	50.972
75	4	75.000	74.700	72.905	72.530	70.500	69.936
	10	75.000	74.470	69.850	69.320	64.000	63.187
	16	75.000	74.290	66.810	66.140	57.000	55.972
80	4	80.000	79.700	77.905	77.530	75.500	74.936
	10	80.000	79.470	74.850	74.320	69.000	68.187
	16	80.000	79.290	71.810	71.140	62.000	60.972
85	4	85.000	84.700	82.905	82.530	80.500	79.936
	12	85.000	84.400	78.840	78.240	72.000	71.090
	18	85.000	84.200	75.800	75.090	65.000	63.912
90	4	90.000	89.700	87.905	87.530	85.500	84.936
	12	90.000	89.400	83.840	83.240	77.000	76.090
	18	90.000	89.200	80.800	80.090	70.000	68.912
95	4	95.000	94.700	92.905	92.505	90.500	89.905
	12	95.000	94.400	88.840	88.210	82.000	81.053
	18	95.000	94.200	85.800	85.050	75.000	73.862
100	4	100.000	99.700	97.905	97.505	95.500	94.905
	12	100.000	99.400	93.840	93.210	87.000	86.053
	20	100.000	99.150	89.788	89.038	78.000	76.850
105	4	105.000	104.700	102.905	102.505	100.500	99.905
	12	105.000	104.400	98.840	98.210	92.000	91.053
	20	105.000	104.150	94.788	94.038	83.000	81.850
110	4	110.000	109.700	107.905	107.505	105.500	104.905
	12	110.000	109.400	103.840	103.210	97.000	96.053
	20	110.000	109.150	99.788	99.038	88.000	86.850
115	6	115.000	114.625	111.882	111.407	108.000	107.288
	14	115.000	114.330	107.820	107.150	99.000	97.982
	22	115.000	114.100	103.776	102.976	91.000	89.776
120	6	120.000	119.625	116.882	116.407	113.000	112.288
	14	120.000	119.330	112.820	112.150	104.000	102.982
	22	120.000	119.100	108.776	107.976	96.000	94.776

表 5（续）

单位为毫米

公称直径 d	螺距 P	大径		中径		小径	
		d_{max}	d_{min}	d_{2max}	d_{2min}	d_{3max}	d_{3min}
125	6	125.000	124.625	121.882	121.407	118.000	117.288
	14	125.000	124.330	117.820	117.150	109.000	107.982
	22	125.000	124.100	113.776	112.976	101.000	99.776
130	6	130.000	129.625	126.882	126.407	123.000	122.288
	14	130.000	129.330	122.820	122.150	114.000	112.982
	22	130.000	129.100	118.776	117.976	106.000	104.776
135	6	135.000	134.625	131.882	131.407	128.000	127.288
	14	135.000	134.330	127.820	127.150	119.000	117.982
	24	135.000	134.050	122.764	121.914	109.000	107.701
140	6	140.000	139.625	136.882	136.407	133.000	132.288
	14	140.000	139.330	132.820	132.150	124.000	122.982
	24	140.000	139.050	127.764	126.914	114.000	112.701
145	6	145.000	144.625	141.882	141.407	138.000	137.288
	14	145.000	144.330	137.820	137.150	129.000	127.982
	24	145.000	144.050	132.764	131.914	119.000	117.701
150	6	150.000	149.625	146.882	146.407	143.000	142.288
	16	150.000	149.290	141.810	141.100	132.000	130.922
	24	150.000	149.050	137.764	136.914	124.000	122.701
155	6	155.000	154.625	151.882	151.407	148.000	147.288
	16	155.000	154.290	146.810	146.100	137.000	135.922
	24	155.000	154.050	142.764	141.914	129.000	127.701
160	6	160.000	159.625	156.882	156.407	153.000	152.288
	16	160.000	159.290	151.810	151.100	142.000	140.922
	28	160.000	158.940	145.750	144.850	130.000	128.625
165	6	165.000	164.625	161.882	161.407	158.000	157.288
	16	165.000	164.290	156.810	156.100	147.000	145.922
	28	165.000	163.940	150.750	149.850	135.000	133.625
170	6	170.000	169.625	166.882	166.407	163.000	162.288
	16	170.000	169.290	161.810	161.100	152.000	150.922
	28	170.000	168.940	155.750	154.850	140.000	138.625
175	8	175.000	174.550	170.868	170.338	166.000	165.205
	16	175.000	174.290	166.810	166.100	157.000	155.922
	28	175.000	173.940	160.750	159.850	145.000	143.625

表 5（续）

单位为毫米

公称直径 d	螺　距 P	大　径		中　径		小　径	
		d_{max}	d_{min}	d_{2max}	d_{2min}	d_{3max}	d_{3min}
180	8	180.000	179.550	175.868	175.338	171.000	170.205
	18	180.000	179.200	170.800	170.050	160.000	158.862
	28	180.000	178.940	165.750	164.850	150.000	148.625
185	8	185.000	184.550	180.868	180.308	176.000	175.168
	18	185.000	184.200	175.800	175.000	165.000	163.800
	32	185.000	183.880	168.735	167.735	151.000	149.485
190	8	190.000	189.550	185.868	185.308	181.000	180.168
	18	190.000	189.200	180.800	180.000	170.000	168.800
	32	190.000	188.880	173.735	172.735	156.000	154.485
195	8	195.000	194.550	190.868	190.308	186.000	185.168
	18	195.000	194.200	185.800	185.000	175.000	173.800
	32	195.000	193.880	178.735	177.735	161.000	159.485
200	8	200.000	199.550	195.868	195.308	191.000	190.168
	18	200.000	199.200	190.800	190.000	180.000	178.800
	32	200.000	198.880	183.735	182.735	166.000	164.485
210	8	210.000	209.550	205.868	205.308	201.000	200.168
	20	210.000	209.150	199.788	198.938	188.000	186.725
	36	210.000	208.750	191.720	190.660	172.000	170.395
220	8	220.000	219.550	215.868	215.308	211.000	210.168
	20	220.000	219.150	209.788	208.938	198.000	196.725
	36	220.000	218.750	201.720	200.660	182.000	180.395
230	8	230.000	229.550	225.868	225.308	221.000	220.168
	20	230.000	229.150	219.788	218.938	208.000	206.725
	36	230.000	228.750	211.720	210.660	192.000	190.395
240	8	240.000	239.550	235.868	235.308	231.000	230.168
	22	240.000	239.100	228.776	227.926	216.000	214.713
	36	240.000	238.750	221.720	220.660	202.000	200.395
250	12	250.000	249.400	243.840	243.170	237.000	236.002
	22	250.000	249.100	238.776	237.926	226.000	224.713
	40	250.000	248.680	229.700	228.640	208.000	206.375
260	12	260.000	259.400	253.840	253.170	247.000	246.002
	22	260.000	259.100	248.776	247.926	236.000	234.713
	40	260.000	258.680	239.700	238.640	218.000	216.375

表 5（续）

单位为毫米

公称直径 d	螺距 P	大径		中径		小径	
		d_{max}	d_{min}	d_{2max}	d_{2min}	d_{3max}	d_{3min}
270	12	270.000	269.400	263.840	263.170	257.000	256.002
	24	270.000	269.050	257.764	256.864	244.000	242.639
	40	270.000	268.680	249.700	248.640	228.000	226.375
280	12	280.000	279.400	273.840	273.170	267.000	266.002
	24	280.000	279.050	267.764	266.864	254.000	252.639
	40	280.000	278.680	259.700	258.640	238.000	236.375
290	12	290.000	289.400	283.840	283.170	277.000	276.002
	24	290.000	289.050	277.764	276.864	264.000	262.639
	44	290.000	288.600	267.685	266.565	244.000	242.285
300	12	300.000	299.400	293.840	293.170	287.000	286.002
	24	300.000	299.050	287.764	286.864	274.000	272.639
	44	300.000	298.600	277.685	276.565	254.000	252.285

表 6　8c 外螺纹的极限尺寸

单位为毫米

公称直径 d	螺距 P	大径		中径		小径	
		d_{max}	d_{min}	d_{2max}	d_{2min}	d_{3max}	d_{3min}
8	1.5	8.000	7.850	7.110	6.898	6.200	5.795
9	1.5	9.000	8.850	8.110	7.898	7.200	6.795
	2	9.000	8.820	7.850	7.614	6.500	6.055
10	1.5	10.000	9.850	9.110	8.898	8.200	7.795
	2	10.000	9.820	8.850	8.614	7.500	7.055
11	2	11.000	10.820	9.850	9.614	8.500	8.055
	3	11.000	10.764	9.330	9.065	7.500	6.999
12	2	12.000	11.820	10.850	10.600	9.500	9.038
	3	12.000	11.764	10.330	10.050	8.500	7.980
14	2	14.000	13.820	12.850	12.600	11.500	11.038
	3	14.000	13.764	12.330	12.050	10.500	9.980
16	2	16.000	15.820	14.850	14.600	13.500	13.038
	4	16.000	15.700	13.810	13.475	11.500	10.891
18	2	18.000	17.820	16.850	16.600	15.500	15.038
	4	18.000	17.700	15.810	15.475	13.500	12.891
20	2	20.000	19.820	18.850	18.600	17.500	17.038
	4	20.000	19.700	17.810	17.475	15.500	14.891

表 6（续）

单位为毫米

公称直径 d	螺距 P	大径		中径		小径	
		d_{max}	d_{min}	d_{2max}	d_{2min}	d_{3max}	d_{3min}
22	3	22.000	21.764	20.330	20.050	18.500	17.980
	5	22.000	21.665	19.288	18.933	16.500	15.844
	8	22.000	21.550	17.735	17.285	13.000	12.172
24	3	24.000	23.764	22.330	22.015	20.500	19.936
	5	24.000	23.665	21.288	20.913	18.500	17.819
	8	24.000	23.550	19.735	19.260	15.000	14.141
26	3	26.000	25.764	24.330	24.015	22.500	21.936
	5	26.000	25.665	23.288	22.913	20.500	19.819
	8	26.000	25.550	21.735	21.260	17.000	16.141
28	3	28.000	27.764	26.330	26.015	24.500	23.936
	5	28.000	27.665	25.288	24.913	22.500	21.819
	8	28.000	27.550	23.735	23.260	19.000	18.141
30	3	30.000	29.764	28.330	28.015	26.500	25.936
	6	30.000	29.625	26.764	26.339	23.000	22.233
	10	30.000	29.470	24.700	24.200	19.000	18.075
32	3	32.000	31.764	30.330	30.015	28.500	27.936
	6	32.000	31.625	28.764	28.339	25.000	24.233
	10	32.000	31.470	26.700	26.200	21.000	20.075
34	3	34.000	33.764	32.330	32.015	30.500	29.936
	6	34.000	33.625	30.764	30.339	27.000	26.233
	10	34.000	33.470	28.700	28.200	23.000	22.075
36	3	36.000	35.764	34.330	34.015	32.500	31.936
	6	36.000	35.625	32.764	32.339	29.000	28.233
	10	36.000	35.470	30.700	30.200	25.000	24.075
38	3	38.000	37.764	36.330	36.015	34.500	33.936
	7	38.000	37.575	34.250	33.800	30.000	29.187
	10	38.000	37.470	32.700	32.200	27.000	26.075
40	3	40.000	39.764	38.330	38.015	36.500	35.936
	7	40.000	39.575	36.250	35.800	32.000	31.187
	10	40.000	39.470	34.700	34.200	29.000	28.075
42	3	42.000	41.764	40.330	40.015	38.500	37.936
	7	42.000	41.575	38.250	37.800	34.000	33.187
	10	42.000	41.470	36.700	36.200	31.000	30.075

表 6（续）

单位为毫米

公称直径 d	螺距 P	大径		中径		小径	
		d_{max}	d_{min}	d_{2max}	d_{2min}	d_{3max}	d_{3min}
44	3	44.000	43.764	42.330	42.015	40.500	39.936
	7	44.000	43.575	40.250	39.800	36.000	35.187
	12	44.000	43.400	37.665	37.135	31.000	30.002
46	3	46.000	45.764	44.330	43.995	42.500	41.911
	8	46.000	45.550	41.735	41.235	37.000	36.110
	12	46.000	45.400	39.665	39.065	33.000	31.915
48	3	48.000	47.764	46.330	45.995	44.500	43.911
	8	48.000	47.550	43.735	43.235	39.000	38.110
	12	48.000	47.400	41.665	41.065	35.000	33.915
50	3	50.000	49.764	48.330	47.995	46.500	45.911
	8	50.000	49.550	45.735	45.235	41.000	40.110
	12	50.000	49.400	43.665	43.065	37.000	35.915
52	3	52.000	51.764	50.330	49.995	48.500	47.911
	8	52.000	51.550	47.735	47.235	43.000	42.110
	12	52.000	51.400	45.665	45.065	39.000	37.915
55	3	55.000	54.764	53.330	52.995	51.500	50.911
	9	55.000	54.500	50.220	49.690	45.000	44.057
	14	55.000	54.330	47.645	47.015	39.000	37.858
60	3	60.000	59.764	58.330	57.995	56.500	55.911
	9	60.000	59.500	55.220	54.690	50.000	49.057
	14	60.000	59.330	52.645	52.015	44.000	42.858
65	4	65.000	64.700	62.810	62.435	60.500	59.841
	10	65.000	64.470	59.700	59.170	54.000	53.037
	16	65.000	64.290	56.625	55.955	47.000	45.787
70	4	70.000	69.700	67.810	67.435	65.500	64.841
	10	70.000	69.470	64.700	64.170	59.000	58.037
	16	70.000	69.290	61.625	60.955	52.000	50.787
75	4	75.000	74.700	72.810	72.435	70.500	69.841
	10	75.000	74.470	69.700	69.170	64.000	63.037
	16	75.000	74.290	66.625	65.955	57.000	55.787
80	4	80.000	79.700	77.810	77.435	75.500	74.841
	10	80.000	79.470	74.700	74.170	69.000	68.037
	16	80.000	79.290	71.625	70.955	62.000	60.787

表 6（续） 单位为毫米

公称直径 d	螺距 P	大径		中径		小径	
		d_{max}	d_{min}	d_{2max}	d_{2min}	d_{3max}	d_{3min}
85	4	85.000	84.700	82.810	82.435	80.500	79.841
	12	85.000	84.400	78.665	78.065	72.000	70.915
	18	85.000	84.200	75.600	74.890	65.000	63.712
90	4	90.000	89.700	87.810	87.435	85.500	84.841
	12	90.000	89.400	83.665	83.065	77.000	75.915
	18	90.000	89.200	80.600	79.890	70.000	68.712
95	4	95.000	94.700	92.810	92.410	90.500	89.810
	12	95.000	94.400	88.665	88.035	82.000	80.878
	18	95.000	94.200	85.600	84.850	75.000	73.662
100	4	100.000	99.700	97.810	97.410	95.500	94.810
	12	100.000	99.400	93.665	93.035	87.000	85.878
	20	100.000	99.150	89.575	88.825	78.000	76.637
105	4	105.000	104.700	102.810	102.410	100.500	99.810
	12	105.000	104.400	98.665	98.035	92.000	90.878
	20	105.000	104.150	94.575	93.825	83.000	81.637
110	4	110.000	109.700	107.810	107.410	105.500	104.810
	12	110.000	109.400	103.665	103.035	97.000	95.878
	20	110.000	109.150	99.575	98.825	88.000	86.637
115	6	115.000	114.625	111.764	111.289	108.000	107.170
	14	115.000	114.330	107.645	106.975	99.000	97.807
	22	115.000	114.100	103.550	102.750	91.000	89.550
120	6	120.000	119.625	116.764	116.289	113.000	112.170
	14	120.000	119.330	112.645	111.975	104.000	102.807
	22	120.000	119.100	108.550	107.750	96.000	94.550
125	6	125.000	124.625	121.764	121.289	118.000	117.170
	14	125.000	124.330	117.645	116.975	109.000	107.807
	22	125.000	124.100	113.550	112.750	101.000	99.550
130	6	130.000	129.625	126.764	126.289	123.000	122.170
	14	130.000	129.330	122.645	121.975	114.000	112.807
	22	130.000	129.100	118.550	117.750	106.000	104.550
135	6	135.000	134.625	131.764	131.289	128.000	127.170
	14	135.000	134.330	127.645	126.975	119.000	117.807
	24	135.000	134.050	122.525	121.675	109.000	107.462

表 6（续）

单位为毫米

公称直径 d	螺 距 P	大 径		中 径		小 径	
		d_{max}	d_{min}	d_{2max}	d_{2min}	d_{3max}	d_{3min}
140	6	140.000	139.625	136.764	136.289	133.000	132.170
	14	140.000	139.330	132.645	131.975	124.000	122.807
	24	140.000	139.050	127.525	126.675	114.000	112.462
145	6	145.000	144.625	141.764	141.289	138.000	137.170
	14	145.000	144.330	137.645	136.975	129.000	127.807
	24	145.000	144.050	132.525	131.675	119.000	117.462
150	6	150.000	149.625	146.764	146.289	143.000	142.170
	16	150.000	149.290	141.625	140.915	132.000	130.737
	24	150.000	149.050	137.525	136.675	124.000	122.462
155	6	155.000	154.625	151.764	151.289	148.000	147.170
	16	155.000	154.290	146.625	145.915	137.000	135.737
	24	155.000	154.050	142.525	141.675	129.000	127.462
160	6	160.000	159.625	156.764	156.289	153.000	152.170
	16	160.000	159.290	151.625	150.915	142.000	140.737
	28	160.000	158.940	145.500	144.600	130.000	128.375
165	6	165.000	164.625	161.764	161.289	158.000	157.170
	16	165.000	164.290	156.625	155.915	147.000	145.737
	28	165.000	163.940	150.500	149.600	135.000	133.375
170	6	170.000	169.625	166.764	166.289	163.000	162.170
	16	170.000	169.290	161.625	160.915	152.000	150.737
	28	170.000	168.940	155.500	154.600	140.000	138.375
175	8	175.000	174.550	170.735	170.205	166.000	165.072
	16	175.000	174.290	166.625	165.915	157.000	155.737
	28	175.000	173.940	160.500	159.600	145.000	143.375
180	8	180.000	179.550	175.735	175.205	171.000	170.072
	18	180.000	179.200	170.600	169.850	160.000	158.662
	28	180.000	178.940	165.500	164.600	150.000	148.375
185	8	185.000	184.550	180.735	180.175	176.000	175.035
	18	185.000	184.200	175.600	174.800	165.000	163.600
	32	185.000	183.880	168.470	167.470	151.000	149.220
190	8	190.000	189.550	185.735	185.175	181.000	180.035
	18	190.000	189.200	180.600	179.800	170.000	168.600
	32	190.000	188.880	173.470	172.470	156.000	154.220

表 6（续）

单位为毫米

公称直径 d	螺　距 P	大　径		中　径		小　径	
		d_{max}	d_{min}	d_{2max}	d_{2min}	d_{3max}	d_{3min}
195	8	195.000	194.550	190.735	190.175	186.000	185.035
	18	195.000	194.200	185.600	184.800	175.000	173.600
	32	195.000	193.880	178.470	177.470	161.000	159.220
200	8	200.000	199.550	195.735	195.175	191.000	190.035
	18	200.000	199.200	190.600	189.800	180.000	178.600
	32	200.000	198.880	183.470	182.470	166.000	164.220
210	8	210.000	209.550	205.735	205.175	201.000	200.035
	20	210.000	209.150	199.575	198.725	188.000	186.512
	36	210.000	208.750	191.440	190.380	172.000	170.115
220	8	220.000	219.550	215.735	215.175	211.000	210.035
	20	220.000	219.150	209.575	208.725	198.000	196.512
	36	220.000	218.750	201.440	200.380	182.000	180.115
230	8	230.000	229.550	225.735	225.175	221.000	220.035
	20	230.000	229.150	219.575	218.725	208.000	206.512
	36	230.000	228.750	211.440	210.380	192.000	190.115
240	8	240.000	239.550	235.735	235.175	231.000	230.035
	22	240.000	239.100	228.550	227.700	216.000	214.487
	36	240.000	238.750	221.440	220.380	202.000	200.115
250	12	250.000	249.400	243.665	242.995	237.000	235.827
	22	250.000	249.100	238.550	237.700	226.000	224.487
	40	250.000	248.680	229.400	228.340	208.000	206.075
260	12	260.000	259.400	253.665	252.995	247.000	245.827
	22	260.000	259.100	248.550	247.700	236.000	234.487
	40	260.000	258.680	239.400	238.340	218.000	216.075
270	12	270.000	269.400	263.665	262.995	257.000	255.827
	24	270.000	269.050	257.525	256.625	244.000	242.400
	40	270.000	268.680	249.400	248.340	228.000	226.075
280	12	280.000	279.400	273.665	272.995	267.000	265.827
	24	280.000	279.050	267.525	266.625	254.000	252.400
	40	280.000	278.680	259.400	258.340	238.000	236.075
290	12	290.000	289.400	283.665	282.995	277.000	275.827
	24	290.000	289.050	277.525	276.625	264.000	262.400
	44	290.000	288.600	267.370	266.250	244.000	241.970

表 6（续）

单位为毫米

公称直径 d	螺距 P	大径		中径		小径	
		d_{max}	d_{min}	d_{2max}	d_{2min}	d_{3max}	d_{3min}
300	12	300.000	299.400	293.665	292.995	287.000	285.827
	24	300.000	299.050	287.525	286.625	274.000	272.400
	44	300.000	298.600	277.370	276.250	254.000	251.970

表 7　9c 外螺纹的极限尺寸

单位为毫米

公称直径 d	螺距 P	大径		中径		小径	
		d_{max}	d_{min}	d_{2max}	d_{2min}	d_{3max}	d_{3min}
8	1.5	8.000	7.850	7.110	6.845	6.200	5.729
9	1.5	9.000	8.850	8.110	7.845	7.200	6.729
	2	9.000	8.820	7.850	7.550	6.500	5.975
10	1.5	10.000	9.850	9.110	8.845	8.200	7.729
	2	10.000	9.820	8.850	8.550	7.500	6.975
11	2	11.000	10.820	9.850	9.550	8.500	7.975
	3	11.000	10.764	9.330	8.995	7.500	6.911
12	2	12.000	11.820	10.850	10.535	9.500	8.956
	3	12.000	11.764	10.330	9.975	8.500	7.886
14	2	14.000	13.820	12.850	12.535	11.500	10.956
	3	14.000	13.764	12.330	11.975	10.500	9.886
16	2	16.000	15.820	14.850	14.535	13.500	12.956
	4	16.000	15.700	13.810	13.385	11.500	10.810
18	2	18.000	17.820	16.850	16.535	15.500	14.956
	4	18.000	17.700	15.810	15.385	13.500	12.810
20	2	20.000	19.820	18.850	18.535	17.500	16.956
	4	20.000	19.700	17.810	17.385	15.500	14.810
22	3	22.000	21.764	20.330	19.975	18.500	17.886
	5	22.000	21.665	19.288	18.838	16.500	15.725
	8	22.000	21.550	17.735	17.175	13.000	12.035
24	3	24.000	23.764	22.330	21.930	20.500	19.830
	5	24.000	23.665	21.288	20.813	18.500	17.694
	8	24.000	23.550	19.735	19.135	15.000	13.985
26	3	26.000	25.764	24.330	23.930	22.500	21.830
	5	26.000	25.665	23.288	22.813	20.500	19.694
	8	26.000	25.550	21.735	21.135	17.000	15.985

表 7（续）

单位为毫米

公称直径 d	螺　距 P	大　径		中　径		小　径	
		d_{max}	d_{min}	d_{2max}	d_{2min}	d_{3max}	d_{3min}
28	3	28.000	27.764	26.330	25.930	24.500	23.830
	5	28.000	27.665	25.288	24.813	22.500	21.694
	8	28.000	27.550	23.735	23.135	19.000	17.985
30	3	30.000	29.764	28.330	27.930	26.500	25.830
	6	30.000	29.625	26.764	26.234	23.000	22.101
	10	30.000	29.470	24.700	24.070	19.000	17.913
32	3	32.000	31.764	30.330	29.930	28.500	27.830
	6	32.000	31.625	28.764	28.234	25.000	24.101
	10	32.000	31.470	26.700	26.070	21.000	19.913
34	3	34.000	33.764	32.330	31.930	30.500	29.830
	6	34.000	33.625	30.764	30.234	27.000	26.101
	10	34.000	33.470	28.700	28.070	23.000	21.913
36	3	36.000	35.764	34.330	33.930	32.500	31.830
	6	36.000	35.625	32.764	32.234	29.000	28.101
	10	36.000	35.470	30.700	30.070	25.000	23.913
38	3	38.000	37.764	36.330	35.930	34.500	33.830
	7	38.000	37.575	34.250	33.690	30.000	29.050
	10	38.000	37.470	32.700	32.070	27.000	25.913
40	3	40.000	39.764	38.330	37.930	36.500	35.830
	7	40.000	39.575	36.250	35.690	32.000	31.050
	10	40.000	39.470	34.700	34.070	29.000	27.913
42	3	42.000	41.764	40.330	39.930	38.500	37.830
	7	42.000	41.575	38.250	37.690	34.000	33.050
	10	42.000	41.470	36.700	36.070	31.000	29.913
44	3	44.000	43.764	42.330	41.930	40.500	39.830
	7	44.000	43.575	40.250	39.690	36.000	35.050
	12	44.000	43.400	37.665	36.995	31.000	29.777
46	3	46.000	45.764	44.330	43.905	42.500	41.799
	8	46.000	45.550	41.735	41.105	37.000	35.948
	12	46.000	45.400	39.665	38.915	33.000	31.727
48	3	48.000	47.764	46.330	45.905	44.500	43.799
	8	48.000	47.550	43.735	43.105	39.000	37.948
	12	48.000	47.400	41.665	40.915	35.000	33.727

表 7（续）

单位为毫米

公称直径 d	螺距 P	大径		中径		小径	
		d_{max}	d_{min}	d_{2max}	d_{2min}	d_{3max}	d_{3min}
50	3	50.000	49.764	48.330	47.905	46.500	45.799
	8	50.000	49.550	45.735	45.105	41.000	39.948
	12	50.000	49.400	43.665	42.915	37.000	35.727
52	3	52.000	51.764	50.330	49.905	48.500	47.799
	8	52.000	51.550	47.735	47.105	43.000	41.948
	12	52.000	51.400	45.665	44.915	39.000	37.727
55	3	55.000	54.764	53.330	52.905	51.500	50.799
	9	55.000	54.500	50.220	49.550	45.000	43.882
	14	55.000	54.330	47.645	46.845	39.000	37.645
60	3	60.000	59.764	58.330	57.905	56.500	55.799
	9	60.000	59.500	55.220	54.550	50.000	48.882
	14	60.000	59.330	52.645	51.845	44.000	42.645
65	4	65.000	64.700	62.810	62.335	60.500	59.716
	10	65.000	64.470	59.700	59.030	54.000	52.862
	16	65.000	64.290	56.625	55.775	47.000	45.562
70	4	70.000	69.700	67.810	67.335	65.500	64.716
	10	70.000	69.470	64.700	64.030	59.000	57.862
	16	70.000	69.290	61.625	60.775	52.000	50.562
75	4	75.000	74.700	72.810	72.335	70.500	69.716
	10	75.000	74.470	69.700	69.030	64.000	62.862
	16	75.000	74.290	66.625	65.775	57.000	55.562
80	4	80.000	79.700	77.810	77.335	75.500	74.716
	10	80.000	79.470	74.700	74.030	69.000	67.862
	16	80.000	79.290	71.625	70.775	62.000	60.562
85	4	85.000	84.700	82.810	82.335	80.500	79.716
	12	85.000	84.400	78.665	77.915	72.000	70.727
	18	85.000	84.200	75.600	74.700	65.000	63.475
90	4	90.000	89.700	87.810	87.335	85.500	84.716
	12	90.000	89.400	83.665	82.915	77.000	75.727
	18	90.000	89.200	80.600	79.700	70.000	68.475
95	4	95.000	94.700	92.810	92.310	90.500	89.685
	12	95.000	94.400	88.665	87.865	82.000	80.665
	18	95.000	94.200	85.600	84.650	75.000	73.412

表 7（续）

单位为毫米

公称直径 d	螺　距 P	大　径		中　径		小　径	
		d_{max}	d_{min}	d_{2max}	d_{2min}	d_{3max}	d_{3min}
100	4	100.000	99.700	97.810	97.310	95.500	94.685
	12	100.000	99.400	93.665	92.865	87.000	85.665
	20	100.000	99.150	89.575	88.625	78.000	76.387

ICS 23.040.60
J 15

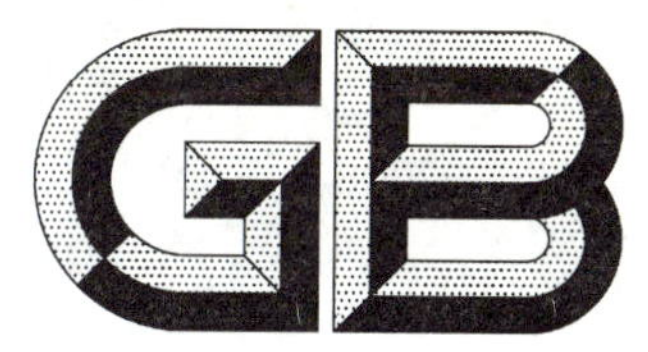

中华人民共和国国家标准

GB/T 12385—2008
代替 GB/T 12385—1990

管法兰用垫片密封性能试验方法

Standard test method for sealability of gaskets for pipe flanges

2008-05-07 发布　　2008-11-01 实施

中华人民共和国国家质量监督检验检疫总局
中国国家标准化管理委员会　发布

前　言

本标准是对 GB/T 12385—1990《管法兰用垫片密封性能试验方法》的修订，与 GB/T 12385—1990 相比主要变化如下：

——对标准的适用范围作了修改，增加了非石棉橡胶垫片，橡胶垫片，聚四氟乙烯垫片，膨胀或改性聚四氟乙烯垫片，柔性石墨复合垫片，具有非金属覆盖层的齿形金属、波形金属和波齿形金属垫片等；

——针对所增加的垫片种类，补充增加了相应的试样预处理方法、垫片预紧应力、试验温度、试验介质压力等规定；

——参照 ASTM F112 和 F37，本试验方法 B 中的泄漏率测量采用压降法，其试验装置、试验程序、泄漏率计算等规定作了相应改变；

——增加了对主要测量仪器的一般规定；

——增加了对试验次数和试验报告内容的规定。

本标准自实施之日起，代替 GB 12385—1990。

本标准由中国机械工业联合会提出。

本标准由全国管路附件标准化技术委员会归口。

本标准起草单位：南京工业大学、中机生产力促进中心、浙江国泰密封材料股份有限公司、宁波天生密封件有限公司、宁波易天地信远密封技术有限公司、国家非金属矿制品质量监督检验中心、华东理工大学。

本标准主要起草人：顾伯勤、李俊英、吴益民、蔡仁良、陈晔、励行根、袁奕琳、雷建斌、冯梅。

本标准所代替标准的历次版本发布情况为：

——GB/T 12385—1990。

管法兰用垫片密封性能试验方法

1 范围

本标准规定了管法兰用垫片密封性能的A、B两种试验方法。

本标准的两种试验方法均适用于石棉橡胶垫片,非石棉橡胶垫片,橡胶垫片,聚四氟乙烯垫片,膨胀或改性聚四氟乙烯垫片,柔性石墨复合垫片,缠绕式垫片,金属包覆垫片,聚四氟乙烯包覆垫片,具有非金属覆盖层的齿形金属、波形金属和波齿形金属垫片等。金属平垫片亦可参照该方法进行。

2 试验方法A

2.1 试验装置

2.1.1 试验在专用的垫片综合性能试验装置上进行。试验装置由垫片加载系统、介质供给系统、测漏系统及试验法兰等组成,如图1所示。

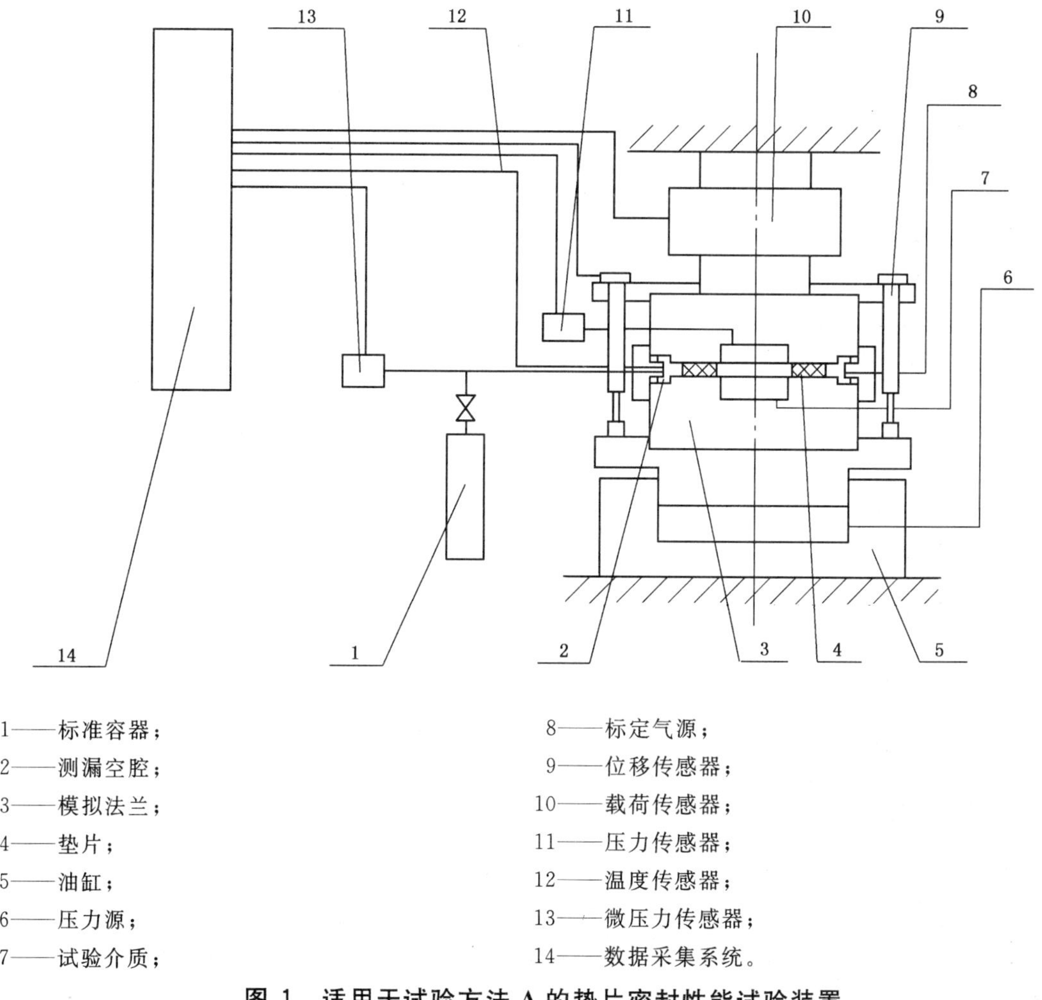

1——标准容器;
2——测漏空腔;
3——模拟法兰;
4——垫片;
5——油缸;
6——压力源;
7——试验介质;
8——标定气源;
9——位移传感器;
10——载荷传感器;
11——压力传感器;
12——温度传感器;
13——微压力传感器;
14——数据采集系统。

图1 适用于试验方法A的垫片密封性能试验装置

2.1.2 垫片加载系统应能提供规定的垫片预紧应力并能控制恒定的加载、卸载速度。试验过程中垫片预紧应力的波动应在规定值的±2%范围之内。当垫片预紧应力不大于35 MPa时,加载、卸载速度为0.2 MPa/s;当垫片预紧应力大于35 MPa时,加载、卸载速度为0.5 MPa/s。

2.1.3 试验介质供给系统应能提供规定的试验介质压力。试验过程中介质压力的波动应在规定值的±2%范围之内。

2.1.4 泄漏率测量采用测漏空腔增压法，泄漏率计算基于理想气体定律。在垫片外侧、上下法兰面间设置一个密闭的环形测漏空腔，测漏空腔的容积 V_c 应经严格标定。测漏系统分辨率应不低于 10^{-5} cm^3/s。

2.1.5 试验法兰采用模拟法兰，密封面为平面，法兰厚度与直径之比应不小于1/3，法兰材料的弹性模量应为195 GPa～210 GPa，密封面硬度应为40HRC～50HRC，密封面表面粗糙度 *Ra* 应在3.2 μm～6.3 μm 范围内。

2.1.6 测量试验介质压力的压力传感器的量程应不大于10 MPa，误差不大于全量程的0.5%，分辨率不低于1 kPa。

2.1.7 测量测漏空腔温度的温度传感器量程应不大于32℃，误差不大于全量程的0.5%，分辨率不低于0.01℃。

2.1.8 测量测漏空腔内微压力的压力传感器的量程应不大于5 kPa，误差不大于全量程的0.5%，分辨率不低于0.5 Pa。

2.2 试样

2.2.1 试样选取后应在温度21℃～30℃、相对湿度(50±6)%的环境下放置至少48 h。

2.2.2 除另有规定外，试样的公称直径为DN80，公称压力不大于PN50。

2.3 试验条件

除另有规定外，试验条件按表1的规定。

表1 试验条件

<table>
<tr><th>试样名称</th><th>垫片预紧应力
MPa</th><th>试验温度
℃</th><th>试验介质</th><th>试验介质压力
MPa</th></tr>
<tr><td>石棉橡胶垫片</td><td>40</td><td rowspan="10">23±5</td><td rowspan="10">99.9%的
工业氮气</td><td>4.0</td></tr>
<tr><td>非石棉橡胶垫片
聚四氟乙烯垫片和改性聚四氟乙烯垫片</td><td>35</td><td>4.0</td></tr>
<tr><td>膨胀聚四氟乙烯垫片</td><td>25</td><td>4.0</td></tr>
<tr><td>橡胶垫片</td><td>7</td><td>1.0</td></tr>
<tr><td>柔性石墨复合垫片</td><td>35</td><td>1.1倍公称压力</td></tr>
<tr><td>具有非金属覆盖层的齿形金属、波形金属和波齿形金属垫片</td><td>45</td><td>1.1倍公称压力</td></tr>
<tr><td>金属包覆垫片</td><td>60</td><td>1.1倍公称压力</td></tr>
<tr><td>聚四氟乙烯包覆垫片</td><td>35</td><td>1.1倍公称压力</td></tr>
<tr><td>缠绕式垫片</td><td>70</td><td>1.1倍公称压力</td></tr>
</table>

2.4 试验程序

2.4.1 用溶剂(如丙酮)仔细清洗法兰密封面，垫片对中安装。

2.4.2 按表1的规定，对垫片施加预紧应力，达到规定值后保持15 min。

2.4.3 标定测漏空腔的容积。

2.4.3.1 测漏空腔容积按式(1)标定：

$$V_c = V_B\left(\frac{p_{2v} - p_B}{p_c - p_{2v}}\right) \quad \cdots\cdots (1)$$

式中：

V_c——测漏空腔的容积，单位为立方厘米(cm^3)；

V_B——标准容器的容积，单位为立方厘米(cm^3)；

p_B——标准容器中的初始绝对压力，单位为帕(Pa)；

p_c——测漏空腔中导入的试验介质的绝对压力，单位为帕(Pa)；

p_{2v}——标准容器与测漏空腔连通后的绝对压力，单位为帕(Pa)。

2.4.3.2 上述标定应重复三次，以三次测得的 V_c 值的算术平均值作为测漏空腔的容积，各次测得的 V_c 值对平均值的偏差不应大于3%。

2.4.4 按表1的规定，通入试验介质，当介质压力达到规定值后保持10 min。

2.4.5 开始测漏，记录测漏开始时测漏空腔内的压力 p_1 和温度 T_1，并开始记时，记录测量结束时测漏空腔内的压力 p_2 和温度 T_2。测量时间视泄漏率大小而定，通常为2 min～10 min。

2.5 试验次数

从同一样本中选取若干个试样，并随机抽取不少于三个试样进行试验。

2.6 泄漏率计算和试验结果

2.6.1 泄漏率按式(2)计算：

$$L_V = \frac{T_{st}}{p_{st}}\frac{V_c}{t}\left(\frac{p_2}{T_2} - \frac{p_1}{T_1}\right) \quad \cdots\cdots (2)$$

式中：

L_V——体积泄漏率，Ncm^3/s；

p_{st}——标准状况下大气压力，101 325 Pa；

T_{st}——标准状况下大气绝对温度，273.16 K；

p_1——测漏开始时测漏空腔内的绝对压力，单位为帕(Pa)；

p_2——测漏结束时测漏空腔内的绝对压力，单位为帕(Pa)；

T_1——测漏开始时测漏空腔的绝对温度，单位为开(K)；

T_2——测漏结束时测漏空腔的绝对温度，单位为开(K)；

V_c——测漏空腔的容积，单位为立方厘米(cm^3)；

t——测漏时间，单位为秒(s)。

2.6.2 取全部试验的平均值作为最终的试验结果，取两位有效数字。

3 试验方法B

3.1 试验装置

3.1.1 试验在专用的垫片密封性能试验装置上进行。试验装置主要由垫片加载系统、介质供给系统、测漏系统和试验法兰等组成，如图2所示。

3.1.2 垫片预紧应力的施加按2.1.2的规定。

3.1.3 试验介质的施加按2.1.3的规定。

3.1.4 测漏采用压降法，泄漏率计算基于理想气体定律。密封空腔的容积 V_s 应经严格标定。测漏系统分辨率应不低于 10^{-3} cm^3/s。

3.1.5 试验法兰应符合2.1.5的规定。

3.1.6 测量试验介质压力的压力传感器应符合2.1.6的规定。

3.1.7 测量密封空腔温度的温度传感器应符合2.1.7的规定。

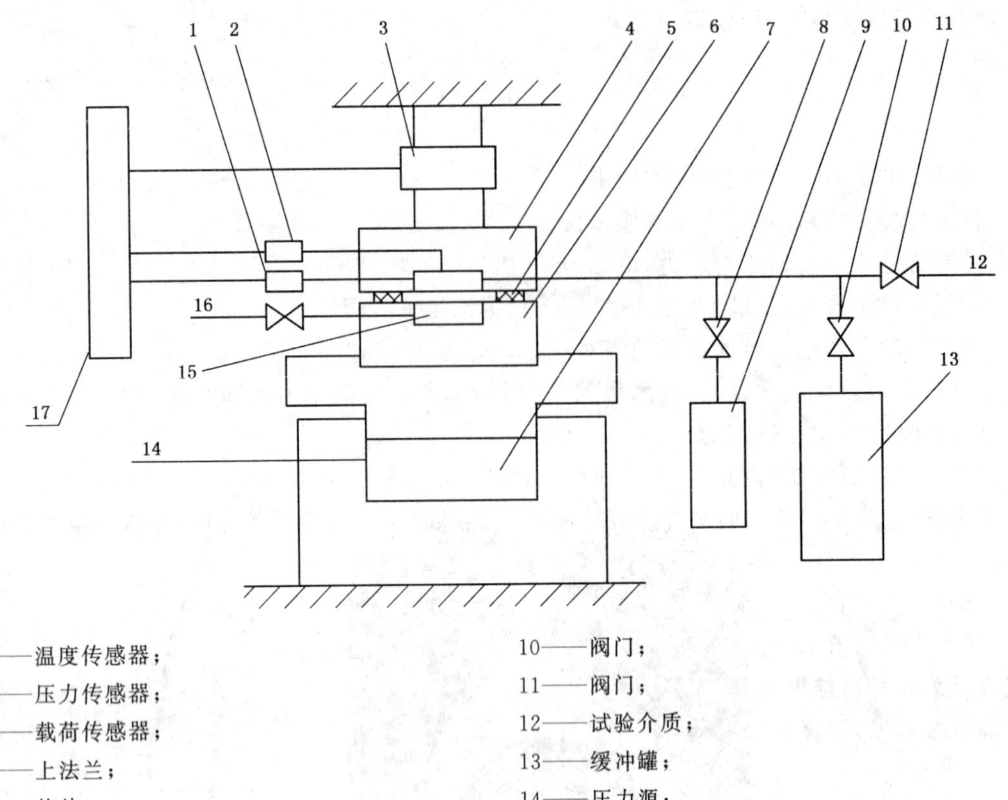

1——温度传感器；
2——压力传感器；
3——载荷传感器；
4——上法兰；
5——垫片；
6——下法兰；
7——油缸；
8——阀门；
9——标准容器；
10——阀门；
11——阀门；
12——试验介质；
13——缓冲罐；
14——压力源；
15——密封空腔；
16——放空管路及阀门；
17——数据采集系统。

图 2　适用于试验方法 B 的垫片密封性能试验装置

3.2　试样

3.2.1　试样选取后应按 2.2.1 的规定进行预处理。

3.2.2　试样尺寸按 2.2.2 的规定。

3.3　试验条件

除另有规定外，试验条件按表 1 的规定。

3.4　试验程序

3.4.1　按 2.4.1 的规定，清洗法兰密封面并安装垫片。

3.4.2　按 2.4.2 的规定，对垫片施加预紧应力。

3.4.3　标定密封空腔的容积：

3.4.3.1　开启阀门 8 和阀门 10，系统放空。

3.4.3.2　关闭阀门 8，开启阀门 11，向密封空腔中导入压力为 p_s 的试验介质。

3.4.3.3　关闭阀门 11，开启阀门 8，测出密封空腔与标准容器相连通后的平衡压力 p_e。

3.4.3.4　密封空腔的容积按式(3)计算：

$$V_s = V_B\left(\frac{p_e - p_B}{p_s - p_e}\right) \qquad \cdots\cdots (3)$$

式中：

V_s——密封空腔的容积，单位为立方厘米(cm^3)；

V_B——标准容器的容积，单位为立方厘米(cm^3)；

p_B——标准容器中的初始绝对压力，单位为帕(Pa)；

p_s——密封空腔中导入的试验介质的绝对压力，单位为帕(Pa)；

p_e——标准容器与密封空腔连通后的绝对压力，单位为帕(Pa)。

3.4.3.5 上述标定应重复三次，以三次测得的 V_s 值的算术平均值作为密封空腔的容积，各次测得的 V_s 值对平均值的偏差不应大于 3%。

3.4.4 开启阀门 10，关闭阀门 8。

3.4.5 开启阀门 11，按表 1 的规定，通入试验介质，当介质压力达到规定值后保持 10 min，关闭阀门 11。

3.4.6 开始测漏，记录测漏开始时密封空腔内的压力 p_3 和温度 T_3，并开始记时，记录测量结束时密封空腔内的压力 p_4 和温度 T_4。测量时间视泄漏率大小而定，通常为 2 min～10 min。

3.5 试验次数

从同一样本中选取若干个试样，并随机抽取不少于三个试样进行试验。

3.6 泄漏率计算和试验结果

3.6.1 泄漏率按式(4)计算：

$$L_V = \frac{T_{st}}{p_{st}} \frac{V_s}{t} \left(\frac{p_3}{T_3} - \frac{p_4}{T_4} \right) \quad \cdots\cdots (4)$$

式中：

L_V——体积泄漏率，Ncm^3/s；

p_{st}——标准状况下大气压力，101 325 Pa；

T_{st}——标准状况下大气绝对温度，273.16 K；

p_3——测漏开始时密封空腔内的绝对压力，单位为帕(Pa)；

p_4——测漏结束时密封空腔内的绝对压力，单位为帕(Pa)；

T_3——测漏开始时密封空腔内的绝对温度，单位为开(K)；

T_4——测漏结束时密封空腔内的绝对温度，单位为开(K)；

V_s——密封空腔的容积，单位为立方厘米(cm^3)；

t——测漏时间，单位为秒(s)。

3.6.2 取全部试验的平均值作为最终的试验结果，取两位有效数字。

4 试验报告

试验报告应包括以下内容：

——本试验方法的标准号和采用的试验方法(方法 A 或方法 B)；

——试验垫片的名称、材料、尺寸、标记；

——试样编号、数量；

——试验条件(垫片预紧应力、试验温度、试验介质和压力、试验时间)；

——试验结果(每个试样的泄漏率值及该样品的平均值)；

——试验人员、日期。

ICS 35.040
A 24

中华人民共和国国家标准

GB/T 12405—2008
代替 GB/T 12405—1990

单位增员减员代码

Coding for kind of increase or decrease number of workers in an organization

2008-08-19 发布　　　　2009-01-01 实施

中华人民共和国国家质量监督检验检疫总局
中国国家标准化管理委员会　发布

前　言

本标准代替 GB/T 12405—1990《单位增员减员种类代码》。

本标准与 GB/T 12405—1990 相比，主要变化如下：

——对原标准进行了结构修改和格式编排，增加了前言；

——将原标准名称“单位增员减员种类代码”改为“单位增员减员代码”；

——对代码表中的具体编码对象、说明等进行了必要的增加和删减。

本标准由中国标准化研究院提出并归口。

本标准起草单位：中国标准化研究院、人力资源和社会保障部。

本标准主要起草人：史立武、戴瑞敏、张爱、戴北、孙广芝、刘植婷。

本标准于 1990 年 7 月首次发布。

单位增员减员代码

1 范围

本标准规定了单位增加人员和单位减少人员的代码。

本标准适用于人力资源管理信息系统的信息处理和交换。

2 编码方法

采用两位数字系列顺序码。其中,10 至 59 是单位增员代码,60 至 99 是单位减员代码。

3 代码表

单位增员减员代码表见表 1。

表 1 单位增员减员代码表

代码	名称	说明
10	**调入**	
11	从机关单位调入	
12	从事业单位调入	
13	从国有企业调入	
19	其他调入	
20	**录用**	
21	录用应届高校研究生	包括博士研究生和硕士研究生
22	录用应届高校本科生	
23	录用应届高校大专生	
24	录用应届中专(中技)毕业生	
25	录用应届高中毕业生	包括应届职业高中毕业生
26	从事业单位管理及专业技术人员中录用	
27	从国有企业管理及专业技术人员中录用	
28	从留学回国人员中录用	
29	其他录用	
30	**聘用**	
31	聘用应届高校研究生	包括博士研究生和硕士研究生
32	聘用应届高校本科生	
33	聘用应届高校大专生	
34	聘用应届中专(中技)毕业生	

表 1（续）

代码	名　　称	说　　明
35	聘用应届高中毕业生	包括应届职业高中毕业生
36	从事业单位管理及专业技术人员中聘用	
37	从国有企业管理及专业技术人员中聘用	
38	从留学回国人员中聘用	
39	其他聘用	
40	**转入**	
41	机关单位整建制转入	
42	事业单位整建制转入	
43	国有企业整建制转入	
44	军转干部安置	
45	复员军人安置	
49	其他转入	
50	**其他增员**	
51	公务员聘任	
59	其他	
60	**调出**	
61	调到机关单位	
62	调到事业单位	
63	调到国有企业	
69	其他调出	
70	**转出**	
71	整建制转到机关单位	
72	整建制转到事业单位	
73	整建制转到国有企业	
79	其他转出	
90	**其他减员**	
91	退休	包括提前退休
92	辞职	
93	辞退	
94	开除	
95	辞聘	

表 1（续）

代码	名　称	说　明
96	解聘	
97	离职	自动离职及出国出境不归者等
98	死亡	
99	其他	

ICS 03.060
A 11

中华人民共和国国家标准

GB/T 12406—2008/ISO 4217:2001
代替 GB/T 12406—1996

表示货币和资金的代码

Codes for the representation of currencies and funds

(ISO 4217:2001,IDT)

2008-07-01 发布　　2008-12-01 实施

中华人民共和国国家质量监督检验检疫总局
中国国家标准化管理委员会　发布

前　言

本标准等同采用 ISO 4217:2001《表示货币和资金的代码》及其 2004 年技术勘误(英文版)。

本标准等同翻译 ISO 4217:2001 及其 2004 年技术勘误。为便于使用,本标准做了下列编辑性修改:

——"本国际标准"一词改为"本标准";

——删除国际标准的前言;

——增加了资料性附录 B,包括实体中文名称索引表、字母型代码索引表和数字型代码索引表。

本标准代替 GB/T 12406—1996《表示货币和资金的代码》。

本标准与 GB/T 12406—1996 相比主要变化如下:

——删除 GB/T 12406—1996 的 ISO 前言;

——按照 ISO 4217:2001/Cor1:2004 技术勘误中的要求修改表 A.3,在捷克斯洛伐克和赤道几内亚之间插入厄瓜多尔;

——修改部分国家(如:白俄罗斯)原币种的字母型和数字型代码内容,并增加新币种;

——增加新实体(如:刚果民主共和国和格鲁吉亚);

——增加新币种(如:爱尔兰增加了欧元,保加利亚增加了保加利亚列弗);

——修改货币名称(如:将以色列原货币名称锡克尔(sheqel)改为新锡克尔(New Israelisheqe));

——减少原货币币种代码类型(如:将波兰原有的货币币种兹罗提(Zloty)的字符型代码 PLZ 和数字型代码 616 删除)。

本标准的附录 A 是规范性附录,附录 B 是资料性附录。

本标准由中国人民银行提出。

本标准由全国金融标准化技术委员会归口。

本标准负责起草单位:中国金融电子化公司。

本标准参加起草单位:中国人民银行、国家开发银行、中国农业银行、中国银行、交通银行、中国光大银行、中国人民银行太原中心支行。

本标准主要起草人:王平娃、陆书春、李曙光、贾树辉、景芸、赵志兰、成俊、林松、沈伟、陈敏、张砚、张龙龙。

本标准于 1990 年首次发布,1996 年第一次修订,本次为第二次修订。

引　　言

随着国际性信息交换的显著增加，标识货币和资金的通用代码的需求日趋紧迫。

本标准发布时，世界范围内还没有跨行业使用的货币代码。可以预见，没有现行货币代码的行业希望尽早使用该标准，而使用已有货币代码的行业可以发现采用本标准代替其行业标准对自己是有利的。

本标准已考虑了单个代码的发布、注册和其使用的问题，并包括了这些功能的基本准则。

表示货币和资金的代码

1 范围

本标准提供了表示货币和资金的三位字符型代码结构和相应的三位数字代码结构。对于有辅助单位的货币，也给出了辅助单位与本币的十进制关系。

本标准还确立了维护机构的维护程序，并规定了申请代码的方法。

本标准适用于需要对货币和资金加以描述的所有贸易、商业和银行业务领域。它不仅适用于手工处理而且还适用于自动化处理系统。

2 规范性引用文件

下列文件中的条款通过本标准的引用而成为本标准的条款。凡是注日期的引用文件，其随后所有的修改单(不包括勘误的内容)或修订版均不适用于本标准，然而，鼓励根据本标准达成协议的各方研究是否可使用这些文件的最新版本。凡是不注日期的引用文件，其最新版本适用于本标准。

GB/T 2659 世界各国和地区名称代码(GB/T 2659—2000，neq ISO 3166-1:1997)

3 术语和定义

下列术语和定义适用于本标准。

3.1

货币 currency

价值交换的中介，根据负责管理它的机构的地理位置确定。

3.2

资金 funds

与一种货币有关的货币资源。

3.3

货币的辅助单位 minor unit of currency

记录价值(即作为银行记录)的单位，它是货币单位的一部分。

例如，分是美元的百分之一，便士是英镑的百分之一。

注：某些货币具有辅助单位，它是在一个国家或地区内使用的低价值硬币，但其在国内或国际银行系统中不作为价值的正式记录。存在这样的硬币的国家有比利时、希腊、冰岛和西班牙。

3.4

币制改革 redenomination

货币单位价值的改变。

4 代码收录原则

4.1 本标准中表 A.1、表 A.2 和表 A.3 中给出的代码代表了 GB/T 2659 中描述的各实体使用的货币和资金。

4.2 所列代码表力图反映发布时的现状。

5 代码结构

5.1 字符型代码(见表 A.1、表 A.2 和表 A.3)

5.1.1 本标准中货币代码的最左边两位字符提供了分配给货币管理机构的唯一代码,货币管理机构的地理区域源自 GB/T 2659。

注:用于非银行业务且不需要说明资金代码时,本标准的最左边两位字符足以标识一种货币。

5.1.2 字符型代码的第三位字符(右边第一位)是一个指示符,也称助记符。依据主要的货币单位或资金的名称制定。

5.1.3 当货币与 GB/T 2659 中描述的单一地理性实体无关时,用特殊指定的两位字母代码表示该货币管理机构。该代码由维护机构从代码的用户分配域 XA～XZ 中分配。X 后面的字符是一个助记符,如果可能,根据所涉及的地理区域的名称制定。

例如:XP 指使用 CFP 法郎的地区。

5.2 数字型代码(见表 A.1、表 A.2 和表 A.3)

如果可能,数字型货币代码可以从联合国标准国家或地区代码中得到。为满足特殊要求(如 5.1.3 所述)并针对资金所附加的代码可按需要从用户分配域的 950～997 的代码中分配。资金代码是从 998 开始按递减顺序确定。

6 货币的辅助单位

有时需要用货币的辅助单位来表示货币的值。当其出现时,需知道所涉及的货币和其辅助单位之间的十进制关系。因此已将该信息包括在本标准中,并表示在表 A.1、表 A.2、表 A.3 的辅助单位一栏中;"0"表示该货币无辅助单位;而"1"、"2"、"3"分别表示比率为 10∶1、100∶1、1 000∶1。本标准中未给出辅助单位的名称。

7 币制改革

币制改革时,维护机构将给币制改革后的货币分配一个字符型和数字型代码,以区别于原货币。现在已用新货币取代原货币的代码见表 A.3。

8 维护

由 ISO 理事会建立的维护机构根据该理事会批准的程序进行工作。

这些程序详见本标准的附录 A。

附 录 A
（规范性附录）
维 护 程 序

A.1 维护机构的角色

A.1.1 经ISO理事会授权的维护机构(MA)的职能见A.1.2和A.1.3。

A.1.2 维护当前分配给货币管理机构的货币代码表,并根据要求提供代码表,代码表的内容见A.6。

A.1.3 有关代码表的后续变更事宜：

a) 与相应的货币管理机构商议(如果有必要,与ISO 3166维护机构商议),进行代码的增加、删除和变更；

b) 把变更等内容通知感兴趣的有关参与方；

c) 通过正式的工作程序,制定代码分配实际应用的附加规则。

A.2 维护机构的组成

A.2.1 维护机构的成员由ISO理事会批准,其组成是：

——下列ISO成员团体中,每个组织指定一名代表：

AFNOR:法国标准协会

ANSI:美国国家标准局

BSI:英国标准局

SCC:加拿大标准化委员会

——下列组织指定一名代表：

SWIFT:全球银行金融电信协会

——ISO 3166维护机构秘书处指定一名代表。

A.2.2 维护机构(MA)的每个成员都有一票表决权。

A.2.3 如果必要可授权MA寻求外界专家进行咨询。

A.3 维护机构的职责

A.3.1 MA成员的职责

A.3.1.1 决定满足所分配的货币或资金代码的必要条件。

A.3.1.2 制订代码申请人与秘书处应遵循的工作程序。

A.3.1.3 确立代码的公布和传播程序。

A.3.2 秘书处的职责

A.3.2.1 根据MA制定的程序接收请求并确定代码。

A.3.2.2 根据已确立的程序发布和传播代码。

A.4 代码分配的条件

A.4.1 货币代码

A.4.1.1 货币代码的需求应经实体申请加以证实,并可由任何渠道提交。

A.4.1.2 应取得一国中央银行或负责货币机构的对该货币存在的确认。

A.4.2 资金代码

A.4.2.1 货币可以按可辨别的特性划分为不同资金。

A.4.2.2 资金代码的需求应经实体申请加以证实,并可由任何渠道提交。

A.5 新代码的发布和代码修订、删除的程序

A.5.1 申请人的行为

A.5.1.1 申请应提交至秘书处，并提供下列信息：

a) 实体名称；

b) 货币名称；

c) 货币负责机构(单位的名称和地址)；

d) 要求：

1) 货币代码或资金代码：如果是资金代码，给出定义与建议用途；

2) 如果是新代码，提出建议；

3) 如果是修订，指出已有的代码并给出建议；

4) 如果是删除，指出要删除的代码；

e) 申请的理由；

f) 支持的证明(只限货币代码)；

g) 实施日期(如果有急需应用的特殊情况请指出)；

h) 提交申请信息(应注明申请人的名称、地址、电话和传真号码等)；

i) 申请日期。

A.5.1.2 申请应寄往 ISO 4217 的维护机构秘书处，地址为：

Secretariat of the Maintenance Agency for ISO 4217
British Standards Institution
389 Chiswick High Road
London W4 4AL
United Kingdom
Tel. +44 20 8996 9000
Fax +44 20 8996 7048
http://www.bsi-global.uk/

A.5.2 秘书处的行为

A.5.2.1 当秘书处认为已满足了必要条件(见 A.5.1.1)时，它将分配一个代码，并且通常在一个工作日内通知申请人和 MA 成员。

A.5.2.2 当秘书处认为不满足必要条件(见 A.5.1.1)，且需进一步指导时，MA 的成员将进行讨论。

A.5.2.3 秘书处将保留被删除的代码至少 5 年。

A.5.3 MA 的行为

A.5.3.1 当秘书处需要指导时，MA 的成员应在适当的时间期限内负责对紧急申请做出答复。

A.5.3.2 MA 通常在研究经秘书处提出的建议后做出决议，可采用简单的投票方式进行；秘书处无表决权。

A.5.3.3 对于每项建议，秘书处应尽力得到一致的支持。

A.5.3.4 当秘书处不能从 MA 得到明确的意见时，材料应提交 ISO/TC 68 技术委员会进一步征求意见。

A.6 信息的发布和传播

A.6.1 秘书处应向 ISO 中央秘书处、ISO/TC 68 的每个 P 成员和 MA 的每个成员免费提供其每年度工作报告并附有已完成更新的货币和资金代码表。

A.6.2 秘书处应按照 MA 认可的收费方式，使所有申请人获得下列服务：

——服务 A，按具体要求；

请求一份完整的货币和资金代码表,包括至请求日之前的全部修订内容;

——服务 B,每年订阅:

当已经订阅或重新订阅时,如上所述的一份完整的代码表将与表中发生的每次后续变更的通知一起,在一个工作日内通过电传或由订户指定的其他方式发送。

A.7 货币和资金代码表

表 A.1、表 A.2 和表 A.3 都是发布时的最新内容,第 8 章和附录 A 中描述的维护机构负责这些表的维护,如需要最新的信息应向维护机构提交申请。

表 A.1 货币和资金代码表

(按照实体英文字母顺序)

实体名称	货币名称	字母代码	数字代码	辅助单位
阿富汗 AFGHANISTAN	阿富汗尼 Afghani	AFA	004	2
阿尔巴尼亚 ALBANIA	列克 Lek	ALL	008	2
阿尔及利亚 ALGERIA	阿尔及利亚第纳尔 Algerian Dinar	DZD	012	2
美属萨摩亚 AMERICAN SAMOA	美元 US Dollar	USD	840	2
安道尔# ANDORRA	欧元 Euro	EUR	978	2
	西班牙比塞塔 Spanish Peseta	ESP	724	0
	法国法郎 French Franc	FRF	250	2
	安道尔比塞塔 Andorran Peseta	ADP	020	0
安哥拉 ANGOLA	宽扎 Kwanza	AOA	973	2
安圭拉 ANGUILLA	东加勒比元 East Caribbean Dollar	XCD	951	2
南极洲 ANTARCTICA	无通用货币 No universal currency			
安提瓜和巴布达 ANTIGUA AND BARBUDA	东加勒比元 East Caribbean Dollar	XCD	951	2
阿根廷 ARGENTINA	阿根廷比索 Argentine Peso	ARS	032	2
亚美尼亚 ARMENIA	亚美尼亚达姆 Armenian Dram	AMD	051	2
阿鲁巴 ARUBA	阿鲁巴盾 Aruban Guilder	AWG	533	2

在表 A.1 结尾处列出欧元变更时间表。

表 A.1(续)

实 体 名 称	货 币 名 称	字母代码	数字代码	辅助单位
澳大利亚 AUSTRALIA	澳大利亚元 Australian Dollar	AUD	036	2
奥地利[#] AUSTRIA	欧元 Euro	EUR	978	2
	先令 Schilling	ATS	040	2
阿塞拜疆 AZERBAIJAN	阿塞拜疆马纳特 Azerbaijanian Manat	AZM	031	2
巴哈马 BAHAMAS	巴哈马元 Bahamian Dollar	BSD	044	2
巴林 BAHRAIN	巴林第纳尔 Bahraini Dinar	BHD	048	3
孟加拉国 BANGLADESH	塔卡 Taka	BDT	050	2
巴巴多斯 BARBADOS	巴巴多斯元 Barbados Dollar	BBD	052	2
白俄罗斯 BELARUS	白俄罗斯卢布 Belarussian Ruble	BYR	974	0
比利时[#] BELGIUM	欧元 Euro	EUR	978	2
	比利时法郎 Belgian Franc	BEF	056	0
伯利兹 BELIZE	伯利兹元 Belize Dollar	BZD	084	2
贝宁 BENIN	CFA 法郎 BCEAO[+] CFA Franc BCEAO[+]	XOF	952	0
百慕大 BERMUDA	百慕大元 Bermudian Dollar (customarily known as Bermuda Dollar)	BMD	060	2
不丹 BHUTAN	印度卢比 Indian Rupee	INR	356	2
	努尔特鲁姆 Ngultrum	BTN	064	2

[#] 在表 A.1 结尾处列出欧元变更时间表。

[+] CFA 法郎 BCEAO;负责管理机构:西非国家中央银行。

表 A.1（续）

实体名称	货币名称	字母代码	数字代码	辅助单位
玻利维亚 BOLIVIA	玻利瓦尔 Boliviano	BOB	068	2
	Mvdol Mvdol*	BOV	984	2
波斯尼亚和黑塞哥维那 BOSNIA&HERZEGOVINA	可自由兑换标记 Convertible Marks	BAM	977	2
博茨瓦纳 BOTSWANA	普拉 Pula	BWP	072	2
布维岛 BOUVET ISLAND	挪威克朗 Norwegian Krone	NOK	578	2
巴西 BRAZIL	巴西瑞尔 Brazilian Real	BRL	986	2
英属印度洋领土 BRITISH INDIAN OCEAN TERRITORY	美元 US Dollar	USD	840	2
文莱 BRUNEI DARUSSALAM	文莱元 Brunei Dollar	BND	096	2
保加利亚 BULGARIA	列弗 Lev	BGL	100	2
	保加利亚列弗 Bulgarian Lev	BGN	975	2
布基纳法索 BURKINA FASO	CFA 法郎 BCEAO† CFA Franc BCEAO†	XOF	952	0
布隆迪 BURUNDI	布隆迪法郎 Burundi Franc	BIF	108	0
柬埔寨 CAMBODIA	瑞尔 Riel	KHR	116	2
喀麦隆 CAMEROON	CFA 法郎 BEAC‡ CFA Franc BEAC‡	XAF	950	0
加拿大 CANADA	加元 Canadian Dollar	CAD	124	2
佛得角 CAPE VERDE	佛得角埃斯库多 Cape Verde Escudo	CVE	132	2
开曼群岛 CAYMAN ISLANDS	开曼群岛元 Cayman Islands Dollar	KYD	136	2

† CFA 法郎 BCEAO；负责管理机构：西非国家中央银行。

* 资金代码(见表 A.2 资金类型定义)。

‡ CFA 法郎 BEAC，负责管理机构．中非国家银行。

表 A.1(续)

实体名称	货币名称	字母代码	数字代码	辅助单位
中非共和国 CENTRAL AFRICAN REPUBLIC	CFA 法郎 BEAC‡ CFA Franc BEAC‡	XAF	950	0
乍得 CHAD	CFA 法郎 BEAC‡ CFA Franc BEAC‡	XAF	950	0
智利 CHILE	智利比索 Chilean Peso	CLP	152	2
	发展单位* Unidades de formento*	CLF	990	2
中国 CHINA	人民币元 Renminbi Yuan	CNY	156	2
圣诞岛 CHRISTMAS ISLAND	澳大利亚元 Australian Dollar	AUD	036	2
科科斯(基林)群岛 COCOS (KEELING) ISLANDS	澳大利亚元 Australian Dollar	AUD	036	2
哥伦比亚 COLOMBIA	哥伦比亚比索 Colombian Peso	COP	170	2
科摩罗 COMOROS	科摩罗法郎 Comoro Franc	KMF	174	0
刚果 CONGO	CFA 法郎 BEAC‡ CFA Franc BEAC‡	XAF	950	0
刚果民主共和国 CONGO,THE DEMOCRATIC REPUBLIC	刚果法郎 Franc Congolais	CDF	976	2
库克群岛 COOK ISLANDS	新西兰元 New Zealand Dollar	NZD	554	2
哥斯达黎加 COSTA RICA	哥斯达黎加科郎 Costa Rican Colon	CRC	188	2
科特迪瓦 COTE D'IVOIRE	CFA 法郎 BCEAO† CFA Franc BCEAO†	XOF	952	0
克罗地亚 CROATIA	克罗地亚库纳 Croatian Kuna	HRK	191	2
古巴 CUBA	古巴比索 Cuban Peso	CUP	192	2
塞浦路斯 CYPRUS	塞浦路斯镑 Cyprus Pound	CYP	196	2

† CFA 法郎 BCEAO;负责管理机构:西非国家中央银行。

‡ CFA 法郎 BEAC;负责管理机构:中非国家银行。

* 资金代码(见表 A.2 资金类型定义)。

表 A.1（续）

实 体 名 称	货 币 名 称	字母代码	数字代码	辅助单位
捷克 CZECH REPUBLIC	捷克克朗 Czech Koruna	CZK	203	2
丹麦 DENMARK	丹麦克朗 Danish Krone	DKK	208	2
吉布提 DJIBOUTI	吉布提法郎 Djibouti Franc	DJF	262	0
多米尼克 DOMINICA	东加勒比元 East Caribbean Dollar	XCD	951	2
多米尼加共和国 DOMINICAN REPUBLIC	多米尼加比索 Dominican Peso	DOP	214	2
东帝汶 EAST TIMOR	东帝汶埃斯库多 Timor Escudo	TPE	626	0
	卢比 Rupiah	IDR	360	2
厄瓜多尔 ECUADOR	美元 US Dollar	USD	840	2
埃及 EGYPT	埃及镑 Egyptian Pound	EGP	818	2
萨尔瓦多 EL SALVADOR	萨尔瓦多科郎 El Salvador Colon	SVC	222	2
赤道几内亚 EQUATORIAL GUINEA	CFA 法郎 BEAC‡ CFA Franc BEAC‡	XAF	950	0
厄立特里亚 ERITREA	纳克法 Nakfa	ERN	232	2
爱沙尼亚 ESTONIA	克罗姆 Kroon	EEK	233	2
埃塞俄比亚 ETHIOPIA	埃塞俄比亚比尔 Ethiopian Birr	ETB	230	2
福克兰群岛(马尔维纳斯) FALKLAND ISLANDS(MALVINAS)	福克兰群岛镑 Falkland Islands Pound	FKP	238	2
法罗群岛 FAEROE ISLANDS	丹麦克朗 Danish Krone	DKK	208	2
斐济 FIJI	斐济元 Fiji Dollar	FJD	242	2
芬兰# FINLAND#	欧元 Euro	EUR	978	2
	马克 Markka	FIM	246	2

‡ CFA 法郎 BEAC；负责管理机构：中非国家银行。

在表 A.1 结尾处列出欧元变更时间表。

表 A.1（续）

实体名称	货币名称	字母代码	数字代码	辅助单位
法国# FRANCE#	欧元 Euro	EUR	978	2
	法国法郎 French Franc	FRF	250	2
法属波利尼西亚 FRENCH POLYNESIA	CFP 法郎 CFP Franc	XPF	953	0
法属南部领土# FRANCE SOUTHERN TERRITORIES#	欧元 Euro	EUR	978	2
	法国法郎 French Franc	FRF	250	2
加蓬 GABON	CFA 法郎 BEAC‡ CFA Franc BEAC‡	XAF	950	0
冈比亚 GAMBIA	达拉西 Dalasi	GMD	270	2
格鲁吉亚 GEORGIA	拉里 Lari	GEL	981	2
德国# GERMANY#	欧元 Euro	EUR	978	2
	德国马克 Deutsche Mark	DEM	276	2
加纳 GHANA	塞地 Cedi	GHC	288	2
直布罗陀 GIBRALTAR	直布罗陀镑 Gibraltar Pound	GIP	292	2
希腊# GREECE#	欧元 Euro	EUR	978	2
	德拉克马 Drachma	GRD	300	0
格陵兰 GREENLAND	丹麦克朗 Danish Krone	DKK	208	2
格林纳达 GRENADA	东加勒比元 East Caribbean Dollar	XCD	951	2
瓜德罗普# GUADELOUPE#	欧元 Euro	EUR	978	2
	法国法郎 French Franc	FRF	250	2

在表 A.1 结尾处列出欧元变更时间表。

‡ CFA 法郎 BEAC;负责管理机构:中非国家银行。

表 A.1（续）

实体名称	货币名称	字母代码	数字代码	辅助单位
关岛 GUAM	美元 US Dollar	USD	840	2
危地马拉 GUATEMALA	格查尔 Quetzal	GTQ	320	2
几内亚 GUINEA	几内亚法郎 Guinea Franc	GNF	324	0
几内亚比绍 GUINEA-BISSAU	几内亚比绍比索 Guinea Bissau Peso	GWP	624	2
	CFA 法郎 BCEAO+ CFA Franc BCEAO+	XOF	952	0
圭亚那 GUYANA	圭亚那元 Guyana Dollar	GYD	328	2
海地 HAITI	古德 Gourde	HTG	332	2
	美元 US Dollar	USD	840	2
赫德岛和麦克唐纳岛 HEARD ISLANDS AND McDONALD ISLANDS	澳大利亚元 Australian Dollar	AUD	036	2
梵地冈(梵地冈城国)# HOLY SEE (VATICAN CITY STATE)#	欧元 Euro	EUR	978	2
	意大利里拉 Italian Lira	ITL	380	2
洪都拉斯 HONDURAS	伦皮拉 Lempira	HNL	340	2
香港 HONG KONG	香港元 Hong Kong Dollar	HKD	344	2
匈牙利 HUNGARY	福林 Forint	HUF	348	2
冰岛 ICELAND	冰岛克朗 Iceland Krona	ISK	352	2
印度 INDIA	印度卢比 Indian Rupee	INR	356	2

在表 A.1 结尾处列出欧元变更时间表。

+ CFA 法郎 BCEAO：负责管理机构：西非国家中央银行。

表 A.1（续）

实 体 名 称	货 币 名 称	字母代码	数字代码	辅助单位
印度尼西亚 INDONESIA	卢比 Rupiah	IDR	360	2
国际货币基金组织(I. M. F.)** INTERNATIONAL MONETARY FUND(I. M. F.)**	特别提款权 SDR	XDR	960	N. A.
伊朗(伊斯兰共和国) IRAN (ISLAMIC REPUBLIC OF)	伊朗里亚尔 Iranian Rial	IRR	364	2
伊拉克 IRAQ	伊拉克第纳尔 Iraqi Dinar	IQD	368	3
爱尔兰# IRELAND#	欧元 Euro	EUR	978	2
	爱尔兰镑 Irish Pound	IEP	372	2
以色列 ISRAEL	新锡克尔 New Israeli Sheqel***	ILS	376	2
意大利# ITALY#	欧元 Euro	EUR	978	2
	意大利里拉 Italian Lira	ITL	380	0
牙买加 JAMAICA	牙买加元 Jamaican Dollar	JMD	388	2
日本 JAPAN	日元 Yen	JPY	392	0
约旦 JORDAN	约旦第纳尔 Jordanian Dinar	JOD	400	3
哈萨克斯坦 KAZAKHSTAN	坚戈 Tenge	KZT	398	2
肯尼亚 KENYA	肯尼亚先令 Kenyan Shilling	KES	404	2
基里巴斯 KIRIBATI	澳大利亚元 Australian Dollar	AUD	036	2
朝鲜 KOREA, DEMOCRATIC PEOPLE'S REPUBLIC OF	北朝鲜圆 North Korean Won	KPW	408	2

在表 A.1 结尾处列出欧元变更时间表。

** 该实体不是来自 ISO 3166，但是为了便于使用，按照字母顺序放置于此。

*** 该货币名称于 1985 年 9 月 4 日起生效。

表 A.1（续）

实 体 名 称	货 币 名 称	字母代码	数字代码	辅助单位
韩国 KOREA, REPUBLIC OF	圆 Won	KRW	410	0
科威特 KUWAIT	科威特第纳尔 Kuwaiti Dinar	KWD	414	3
吉尔吉斯斯坦 KYRGYZSTAN	索姆 Som	KGS	417	2
老挝人民民主共和国 LAO PEOPLE'S DEMOCRATIC REPUBLIC	基普 Kip	LAK	418	2
拉脱维亚 LATVIA	拉脱维亚拉特 Latvian Lats	LVL	428	2
黎巴嫩 LEBANON	黎巴嫩镑 Lebanese Pound	LBP	422	2
莱索托 LESOTHO	兰特 Rand	ZAR	710	2
	罗提 Loti	LSL	426	2
利比里亚 LIBERIA	利比里亚元 Liberian Dollar	LRD	430	2
阿拉伯利比亚民众国 LIBYAN ARAB JAMAHIRIYA	利比亚第纳尔 Libyan Dinar	LYD	434	3
列支敦士登 LIECHTENSTEIN	瑞士法郎 Swiss Franc	CHF	756	2
立陶宛 LITHUANIA	立陶宛 Lithuanian Litus	LTL	440	2
卢森堡# LUXEMBOURG#	欧元 Euro	EUR	978	2
	卢森堡法郎 Luxembourg Franc	LUF	442	0
澳门 MACAU	澳门元 Pataca	MOP	446	2
马其顿 MACEDONIA, THE FORMER YUGOSLAV REPUBLIC OF	第纳尔 Denar	MKD	807	2
马达加斯加 MADAGASCAR	马尔加什法郎 Malagasy Franc	MGF	450	0

在表 A.1 结尾处列出欧元变更时间表。

表 A.1(续)

实体名称	货币名称	字母代码	数字代码	辅助单位
马拉维 MALAWI	克瓦查 Kwacha	MWK	454	2
马来西亚 MALAYSIA	马来西亚林吉特 Malaysian Ringgit	MYR	458	2
马尔代夫 MALDIVES	卢菲亚 Rufiyaa	MVR	462	2
马里 MALI	CFA 法郎 BCEAO+ CFA Franc BCEAO+	XOF	952	0
马耳他 MALTA	马尔他里拉 Maltese Lira	MTL	470	2
马绍尔群岛 MARSHALL ISLANDS	美元 US Dollar	USD	840	2
马提尼克# MARTINIQUE#	欧元 Euro	EUR	978	2
	法国法郎 French Franc	FRF	250	2
毛里塔尼亚 MAURITANIA	乌吉亚 Ouguiya	MRO	478	2
毛里求斯 MAURITIUS	毛里求斯卢比 Mauritius Rupee	MUR	480	2
马约特# MAYOTTE#	欧元 Euro	EUR	978	2
	法国法郎 French Franc	FRF	250	2
墨西哥 MEXICO	墨西哥比索 Mexican Peso	MXN	484	2
	墨西哥发展单位 Mexican Unidad de Inversion	MXV	979	2
密克罗尼西亚(联邦) MICRONESIA (FEDERATED STATES OF)	美元 US Dollar	USD	840	2
摩尔瓦多共和国 MOLDOVA, REPUBLIC OF	摩尔瓦多列伊 Moldovan Leu	MDL	498	2
摩纳哥 MONACO	欧元 Euro	EUR	978	2
	法国法郎 French Franc	FRF	250	2

在表 A.1 结尾处列出欧元变更时间表。

表 A.1(续)

实体名称	货币名称	字母代码	数字代码	辅助单位
蒙古 MONGOLIA	图格里克 Tugrik	MNT	496	2
蒙特塞拉特 MONTSERRAT	东加勒比元 East Caribbean Dollar	XCD	951	2
摩洛哥 MOROCCO	摩洛哥迪拉姆 Moroccan Dirham	MAD	504	2
莫桑比克 MOZAMBIQUE	麦梯卡尔 Metical	MZM	508	2
缅甸 MYANMAR	缅元 Kyat	MMK	104	2
纳米比亚 NAMIBIA	兰特 Rand	ZAR	710	2
	纳米比亚元 Namibia Dollar	NAD	516	2
瑙鲁 NAURU	澳大利亚元 Australian Dollar	AUD	036	2
尼泊尔 NEPAL	尼泊尔卢比 Nepalese Rupee	NPR	524	2
荷兰# NETHERLANDS#	欧元 Euro	EUR	978	2
	荷兰盾 Netherlands Guilder	NLG	528	2
荷属安的列斯 NETHERLANDS ANTILIES	荷属安的列斯盾 Netherlands Antillian Guilder	ANG	532	2
新喀里多尼亚 NEW CALEDONIA	CFP 法郎 CFP Franc	XPF	953	0
新西兰 NEW ZEALAND	新西兰元 New Zealand Dollar	NZD	554	2
尼加拉瓜 NICARAGUA	金科多巴 Cordoba Oro	NIO	558	2
尼日尔 NIGER	CFA 法郎 BCEAO† CFA Franc BCEAO†	XOF	952	0
尼日利亚 NIGERIA	奈拉 Naira	NGN	566	2

在表 A.1 结尾处列出欧元变更时间表。

† CFA 法郎 BCEAO:负责管理机构:西非国家中央银行。

表 A.1（续）

实体名称	货币名称	字母代码	数字代码	辅助单位
纽埃 NIUE	新西兰元 New Zealand Dollar	NZD	554	2
诺福克岛 NORFOLK ISLAND	澳大利亚元 Australian Dollar	AUD	036	2
北马里亚纳 NORTHERN MARIANA ISLANDS	美元 US Dollar	USD	840	2
挪威 NORWAY	挪威克朗 Norwegian Krone	NOK	578	2
阿曼 OMAN	阿曼里亚尔 Rial Omani	OMR	512	3
巴基斯坦 PAKISTAN	巴基斯坦卢比 Pakistan Rupee	PKR	586	2
贝劳 PALAU	美元 US Dollar	USD	840	2
巴拿马 PANAMA	巴波亚 Balboa	PAB	590	2
	美元 US Dollar	USD	840	2
巴布亚新几内亚 PAPUA NEW GUINEA	基那 Kina	PGK	598	2
巴拉圭 PARAGUAY	瓜拉尼 Guarani	PYG	600	0
秘鲁 PERU	索尔 Nuevo Sol	PEN	604	2
菲律宾 PHILIPPINES	菲律宾比索 Philippine Peso	PHP	608	2
皮特凯恩 PITCAIRN	新西兰元 New Zealand Dollar	NZD	554	2
波兰 POLAND	兹罗提 Zloty	PLN	985	2
葡萄牙# PORTUGAL#	欧元 Euro	EUR	978	2
	葡萄牙埃斯库多 Portuguese Escudo	PTE	620	0
波多黎各 PUERTO RICO	美元 US Dollar	USD	840	2

在表 A.1 结尾处列出欧元变更时间表。

表 A.1（续）

实 体 名 称	货 币 名 称	字母代码	数字代码	辅助单位
卡塔尔 QATAR	卡塔尔里亚尔 Qatari Rial	QAR	634	2
留尼汪[#] REUNION[#]	欧元 Euro	EUR	978	2
	法国法郎 French Franc	FRF	250	2
罗马尼亚 ROMANIA	列伊 Leu	ROL	642	2
俄罗斯联邦 RUSSIAN FEDERATION	俄罗斯卢布 Russian Ruble	RUR	810	2
	俄罗斯卢布 Russian Ruble	RUB	643	2
卢旺达 RWANDA	卢旺达法郎 Rwanda Franc	RWF	646	0
圣赫勒拿 SAINT HELENA	圣赫勒拿镑 Saint Helena Pound	SHP	654	2
圣基茨和尼维斯 SAINT KITTS AND NEVIS	东加勒比元 East Caribbean Dollar	XCD	951	2
圣卢西亚 SAINT LUCIA	东加勒比元 East Caribbean Dollar	XCD	951	2
圣皮埃尔和密克隆 SAINT PIERRE AND MIQUELON	欧元 Euro	EUR	978	2
	法国法郎 French Franc	FRF	250	2
圣文森特和格林纳丁斯 SAINT VINCENT AND THE GRENADINES	东加勒比元 East Caribbean Dollar	XCD	951	2
萨摩亚 SAMOA	塔拉 Tala	WST	882	2
圣马力诺[#] SAN MARINO[#]	欧元 Euro	EUR	978	2
	意大利里拉 Italian Lira	ITL	380	0
圣多美和普林西比 SAO TOME AND PRINCIPE	多布拉 Dobra	STD	678	2
沙特阿拉伯 SAUDI ARABIA	沙特里亚尔 Saudi Riyal	SAR	682	2

[#] 在表 A.1 结尾处列出欧元变更时间表。

表 A.1(续)

实 体 名 称	货 币 名 称	字母代码	数字代码	辅助单位
塞内加尔 SENEGAL	CFA 法郎 BCEAO[+] CFA Franc BCEAO[+]	XOF	952	0
塞舌尔 SEYCHELLES	塞舌尔卢比 Seychelles Rupee	SCR	690	2
塞拉利昂 SIERRA LEONE	利昂 Leone	SLL	694	2
新加坡 SINGAPORE	新加坡元 Singapore Dollar	SGD	702	2
斯洛伐克 SLOVAKIA	斯洛伐克克朗 Slovak Koruna	SKK	703	2
斯洛文尼亚 SLOVENIA	托拉尔 Tolar	SIT	705	2
所罗门群岛 SOLOMON ISLANDS	所罗门群岛元 Solomon Islands Dollar	SBD	090	2
索马里 SOMALIA	索马里先令 Somali Shilling	SOS	706	2
南非 SOUTH AFRICA	兰特 Rand	ZAR	710	2
西班牙[#] SPAIN[#]	欧元 Euro	EUR	978	2
	西班牙比塞塔 Spanish Peseta	ESP	724	0
斯里兰卡 SRI LANKA	斯里兰卡卢比 Sri Lanka Rupee	LKR	144	2
苏丹 SUDAN	苏丹第纳尔 Sudanese Dinar	SDD	736	2
苏里南 SURINAME	苏里南盾 Suriname Guilder	SRG	740	2
斯瓦尔巴群岛 SVALBARD AND JAN MAYEN	挪威克朗 Norwegian Krone	NOK	578	2
斯威士兰 SWAZILAND	里兰吉尼 Lilangeni	SZL	748	2
瑞典 SWEDEN	瑞典克朗 Swedish Krona	SEK	752	2
瑞士 SWITZERLAND	瑞士法郎 Swiss Franc	CHF	756	2

[+] CFA 法郎 BCEAO;负责管理机构:西非国家中央银行。

[#] 在表 A.1 结尾处列出欧元变更时间表。

表 A.1(续)

实 体 名 称	货 币 名 称	字母代码	数字代码	辅助单位
阿拉伯叙利亚共和国 SYRIAN ARAB REPUBLIC	叙利亚镑 Syrian Pound	SYP	760	2
中国台湾 TAIWAN, PROVINCE OF CHINA	新台湾元 New Taiwan Dollar	TWD	901	2
塔吉克斯坦 TAJIKISTAN	索莫尼 Somoni	TJS	972	2
坦桑尼亚 TANZANIA, UNITED REPUBLIC OF	坦桑尼亚先令 Tanzanian Shilling	TZS	834	2
泰国 THAILAND	铢 Baht	THB	764	2
多哥 TOGO	CFA 法郎 BCEAO[+] CFA Franc BCEAO[+]	XOF	952	0
托克劳 TOKELAU	新西兰元 New Zealand Dollar	NZD	554	2
汤加 TONGA	邦加 Pa'anga	TOP	776	2
特立尼达和多巴哥 TRINIDAD AND TOBAGO	特立尼达和多巴哥元 Trinidad and Tobago Dollar	TTD	780	2
突尼斯 TUNISIA	突尼斯第纳尔 Tunisian Dinar	TND	788	3
土耳其 TURKEY	土耳其里拉 Turkish Lira	TRL	792	0
土库曼斯坦 TURKMENISTAN	马纳特 Manat	TMM	795	2
特克斯和凯科斯群岛 TURKS AND CAICOS ISLANDS	美元 US Dollar	USD	840	2
图瓦卢 TUVALU	澳大利亚元 Australian Dollar	AUD	036	2
乌干达 UGANDA	乌干达先令 Uganda Shilling	UGX	800	2**
乌克兰 UKRAINE	格里夫纳 Hryvnia	UAH	980	2
阿联酋 UNITED ARAB EMIRATES	UAE 迪拉姆 UAE Dirham	AED	784	2
英国 UNITED KINGDOM	英镑 Pound Sterling	GBP	826	2

+ CFA 法郎 BCEAO;负责管理机构:西非国家中央银行。

** 在本版本中,辅助单位由“0”改为“2”,因为 ISO 4217 之前英文版本出现错误信息。

表 A.1（续）

实 体 名 称	货 币 名 称	字母代码	数字代码	辅助单位
美国 UNITED STATES	美元 US Dollar	USD	840	2
	（同日）* (Same day)*	USS	998	2
	（次日）* (Next day)*	USN	997	2
美属密诺边缘群岛 UNITED STATES MINOR OUTLYING ISLANDS	美元 US Dollar	USD	840	2
乌拉圭 URUGUAY	乌拉圭比索 Peso Uruguayo	UYU	858	2
乌兹别克斯坦 UZBEKISTAN	乌兹别克斯坦苏姆 Uzbekistan Sum	UZS	860	2
瓦努阿图 VANUATU	瓦图 Vatu	VUV	548	0
越南 VIET NAM	盾 Dong	VND	704	2
英属维尔京群岛 VIRGIN ISLANDS (BRITISH)	美元 US Dollar	USD	840	2
美属维尔京群岛 VIRGIN ISLANDS(US)	美元 US Dollar	USD	840	2
瓦利斯和富图纳 WALLIS AND FUTUNA	CFP 法郎 CFP Franc	XPF	953	0
西撒哈拉 WESTERN SAHARA	摩洛哥迪拉姆 Moroccan Dirham	MAD	504	2
也门 YEMEN	也门里亚尔 Yemeni Rial	YER	886	2
南斯拉夫 YUGOSLAVIA	南斯拉夫第纳尔 Yugoslavian Dinar	YUM	891	2
赞比亚 ZAMBIA	克瓦查 Kwacha	ZMK	894	2
津巴布韦 ZIMBABWE	津巴布韦元 Zimbabwe Dollar	ZWD	716	2
无固定实体	黄金 Gold	XAU	959	N. A.
	债券市场单位 Bond Markets Units			

* 资金代码(见表 A.2 资金类型定义)。

表 A.1(续)

实体名称	货币名称	字母代码	数字代码	辅助单位
无固定实体	欧洲货币合成单 European Composite Unit (EURCO)	XBA	955	N.A.
	欧洲货币单位 (E.M.U.-6)*** European Monetary Unit(E.M.U.-6)***	XBB	956	N.A.
	欧洲账户 9 单位 (E.U.A.-9) European Unit of Account 9 (E.U.A.-9)	XBC	957	N.A.
	欧洲账户 17 单位(E.U.A-17) European Unit of Account 17 (E.U.A.-17)	XBD	958	N.A.
	钯 Palladium	XPD	964	N.A.
	铂白金 Platinum	XPT	962	N.A.
	银 Silver	XAG	961	N.A.
	特别清算货币 Special settlement currencies			
	UIC 法郎 UIC-Franc	XFU	Nil	N.A.
	黄金法郎 Gold-Franc	XFO	Nil	N.A.
	为测试特别保留的代码 Codes specifically reserved for testing purposes	XTS	963	N.A.
	未包括的交易货币代码指定为: The codes assigned for transaction where no currency is involved are:	XXX	999	N.A.
	欧元 Euro	EUR*	978	2

*** E.M.U-6 有时称为欧洲货币单位,不应与有相同名称的欧洲货币合作基金会(E.M.C.F)的结算单位相混淆(见本表"欧洲货币合作基金会")。

* 1999 年 1 月 1 日,根据欧洲经济共同体条约达成的共识,欧元成为欧洲联盟成员国的单一货币。ISO 3166 维护机构保留代码元素"EU"用于 ISO 4217,附加字母"R"为利于记忆的代码。

1999 年 1 月 1 日,欧元 EUR 正式启用(2001 年 1 月 1 日正式在希腊启用),2002 年 1 月 1 日正式进入流通。

奥地利先令 ATS 可使用到 2001 年 12 月 31 日,并于 2002 年 2 月 28 日停止流通。

比利时法郎 BEF 令可使用到 2001 年 12 月 31 日,并于 2002 年 2 月 28 日停止流通。

芬兰马克 FIM 可使用到 2001 年 12 月 31 日,并于 2002 年 2 月 28 日停止流通。

法国法朗 FRF 可使用到 2001 年 12 月 31 日,并于 2002 年 2 月 28 日停止流通。

德国马克 DEM 可使用到 2001 年 12 月 31 日,并于 2002 年 2 月 28 日停止流通。依照 1998 年 10 月 22 日职业协会的联合声明,商业交易至少在 2002 年 2 月 28 日前还可以承兑本国货币。

希腊德拉克马 GRD 可使用到 2001 年 12 月 31 日,并于 2002 年 2 月 28 日停止流通。

爱尔兰磅 IEP 可使用到 2001 年 12 月 31 日,并于 2002 年 2 月 9 日停止流通。

意大利里拉 ITL 可使用到 2001 年 12 月 31 日,并于 2002 年 2 月 28 日停止流通。

卢森堡法郎 LUF 可使用到 2001 年 12 月 31 日,并于 2002 年 2 月 28 日停止流通。

荷兰盾 NLG 可使用到 2001 年 12 月 31 日,并于 2002 年 1 月 28 日停止流通。

葡萄牙埃斯库多 PTE 可使用到 2001 年 12 月 31 日,并于 2002 年 2 月 28 日停止流通。

西班牙比塞塔 ESP 可使用到 2001 年 12 月 31 日,并于 2002 年 2 月 28 日停止流通。

表 A.2 向维护机构注册的资金代码

货币负责机构	货币名称	资金类型	字母代码	数字代码	辅助单位
玻利维亚 BOLIVIA	Mvdol Mvdol		BOV	984	2
智利 CHILE	发展单位 Unidades de Fomento		CLF	990	0
厄瓜多尔 ECUADOR	UVC Unidad de Valor Constante(UVC)		ECV	983	2
墨西哥 MEXICO	墨西哥发展单位 Mexican Unidad de Inversion(UDI)		MXV	979	2
美国 UNITED STATES	美元 US Dollar	同日 Same day	USS	998	2
		次日 Next day	USN	997	2

上表所列资金类型的定义：

BOV:用于指数化目的和某些金融证书(如短期国库券)的票面金额。Mvdol 由玻利维亚中央银行每日根据官方 USD/BOB 汇率确定。

CLF:由智利政府批准的用于保险交易的发展单位(1980 年 4 月 10 日生效)。

ECV:每日指数化机制由厄瓜多尔中央银行确定。UVC 由国家调查统计协会(INEC)根据城市消费品价格指数确定。

MXV:UDI 是墨西哥中央银行根据墨西哥消费价格指数的变化确定的调节通货膨胀的机制。用墨西哥比索/UDI 来表示 UDI 值的话,它还可以用于抵押贷款,有些银行用三个月或更长期的到期票据和政府公债券(UDI 债券)作为抵押贷款押金。

USN:"次日"资金是以同类资金方式可立即用于转账的资金和有待于结算后用于下一工作日作为同日资金转账或提现的资金。

USS:"同日"资金可立即用于当天转账或提现的资金,交易结算须通过所使用的支付方法。

注: USD 指美元,当金额的累计包含多于一种资金类型时用该货币标识符。

表 A.3 原货币单位代码

实 体 名 称	原 有 货 币	字母代码	数字代码	撤销日期
阿尔巴尼亚 ALBANIA	旧列克 Old Lek	ALK[a]	—	1989-12
安哥拉 ANGOLA	宽扎 Kwanza	AOK	—	1991-03
	新宽扎 New Kwanza	AON	024	2000-02
	调整宽扎 Kwanza reajustado	AOR	982	2000-02
阿根廷 ARGENTINA	比索阿根廷 Peso Argentino	ARP	—	1985-07
	奥斯特拉尔 Austral	ARA	—	1992-01
	比索 Peso	ARY[a]	—	1989～1990
比利时 BELGIUM	科兑换法郎 Convertible Franc	BEC	993	1990-03
	金融法郎 Financial Franc	BEL	992	1990-03
玻利维亚 BOLIVIA	比索 Peco	BOP	—	1987-02
波斯尼亚和黑塞哥维那 BOSNIA& HERZEGOVINA	第纳尔 Dinar	BAD	070	1997-07
	克鲁赛罗 Cruzeiro	BRB	—	1986-03
	克鲁扎多 Cruzado	BRC	—	1989-02
巴西 BRAZIL	新克鲁扎多 New Cruzado	BRN		1990-03
	克鲁赛罗 Cruzeiro	BRE	076	1993-03
	克鲁赛罗里亚尔 Cruzeiro Real	BRR	987	1994-07
保加利亚 BULGARIA	列弗 A/62 Lev A/62	BGK[a]	—	1989～1990
	列弗 A/52 Lev A/52	BGJ[a]	—	1989～1990

[a] 无 ISO 代码。

表 A.3（续）

实体名称	原有货币	字母代码	数字代码	撤销日期
缅甸[#] BURMA[#]	N. A.	BUK	—	1990-02
中国 CHINA	旧人民币元 Peoples Bank Dollar	CNX*	—	1989-12
克罗地亚 CROATIA	Dinar	HRD	—	1995-01
捷克斯洛伐克 CZECHOSLOVAKIA	克朗 A/53 Koruna A/53	CSJ*	—	1989～1990
	克朗 Koruna	CSK	200	1993-03
厄瓜多尔 ECUADOR	苏克雷 Sucre	ECS	218	2000-09
赤道几内亚 EQUATORIAL GUINEA	埃奎勒 Ekwele	GQE	226	1986-06
	埃奎勒 Ekwele	EQE	—	1989-12
欧洲货币合作基金 EUROPEAN MONETARY CO-OPERATION FUND(EMCF)	欧洲货币单位 European Currency Unit(E. C. U)	XEU	954	1999-01
格鲁吉亚 GEORGIA	格鲁吉亚拉里 Georgian Coupon	GEK	268	1995-10
德意志民主共和国 GERMAN DEMOCRATIC REPUBLIC	德国马克 Mark der DDR	DDM	278	1990-07～1990-09
几内亚 GUINEA	西里 Syli	GNS	—	1986-02
	西里 Syli	GNE*	—	1989-12
几内亚比绍 GUINEA-BISSAU	几内亚埃斯库多 Guinea Escudo	GWE	—	1978～1981
冰岛 ICELAND	旧克朗 Old Krona	ISJ*	—	1989～1990
以色列 ISRAEL	旧锡克尔 Old Shekel	ILR*	—	1989～1990
	镑 Pound	ILP	—	1978～1981

* 无 ISO 代码。

[#] 国名变更。

表 A.3（续）

实 体 名 称	原 有 货 币	字母代码	数字代码	撤销日期
老挝 LAO	基普布特帕尔 Kip Pot Pol	LAJ*	—	1989-12
拉脱维亚 LATVIA	拉脱维亚卢布 Latvian Ruble	LVR	—	1994-12
莱索托 LESOTHO	罗提 Maloti	LSM	—	1985-05
立陶宛 LITHUANIA	里特 Talonas	LTT	—	1993-07
卢森堡 LUXEMBOURG	可兑换法郎 Convertible Franc	LUC	989	1990-03
	金融法郎 Financial Franc	LUL	988	1990-03
马尔代夫 MALDIVES	马尔代夫卢比 Maldive Rupee	MVQ*	—	1989-12
马里 MALI	马里法郎 Mali Franc	MAF*	—	1989-12
		MLF	446	1984-11
马耳他 MALTA	马尔他磅 Maltese Pound	MTP	—	1983-06
墨西哥 MEXICO	墨西哥比索 Mexican Peso	MXP	—	1993-01
莫桑比克 MOZAMBIQUE	莫桑比克 Mozambique Escudo	MZE	—	1978～1981
尼加拉瓜 NICARAGUA	科多巴 Cordoba	NIC	—	1990-10
秘鲁 PERU	索尔 Sol	PES	—	1986-02
	因蒂 Inti	PEI	—	1991-07
	索尔 Sol	PEH*	—	1989～1990
波兰 POLAND	兹罗提 Zloty	PLZ	616	1997-01
罗马尼亚 ROMANIA	列伊 A/52 Leu A/52	ROK*	—	1989～1990

* 无 ISO 代码。

表 A.3(续)

实体名称	原有货币	字母代码	数字代码	撤销日期
南非 SOUTH AFRICA	金融兰特 Financial Rand	ZAL	991	1995-03
南罗德西亚# SOUTHERN RHODESIA#	罗德西亚元 Rhodesian Dollar	RHD	—	1978～1981
西班牙 SPAIN	西班牙比塞 (“A”账户) (可兑换比索账户) Spanish Peseta (“A” Account) (convertible Peseta Account)	ESA ESB	996 995	1978～1981 1994-12
苏丹 SUDAN	苏丹磅 Sudanese Pound	SDP	—	1998-06
乌干达 UGANDA	乌干达先令 Uganda Shilling	UGS	—	1987-05
	旧先令 Old Shilling	UGW *	—	1989～1990
乌克兰 UKRAINE	卡尔伯瓦聂兹 Karbovanet	UAK	804	1996-09
苏联# UNION OF SOVIET SOCIALIST REPUBLICS#	卢布 Rouble	SUR	—	1990-12
乌拉圭 URUGUAY	旧乌拉圭比索 Old Urugay Peso	UYN*	—	1989-12
	乌拉圭比索 Uruguayan Peso	UYP	—	1993-03
越南 VIETNAM	旧盾 Old Dong	VNC*	—	1989～1990
民主也门 YEMEN, DEMOCRATIC	也门第纳尔 Yemeni Dinarl	YDD	720	1991-09
南斯拉夫 YUGOSLAVIA	新南斯拉夫第纳尔 New Yugoslavian Dinar	YUD	—	1990-01
	南斯拉夫第纳尔 Yugoslavian Dinar	YUN	890	1995-11

* 无 ISO 代码。

\# 国名变更。

表 A.3（续）

实体名称	原有货币	字母代码	数字代码	撤销日期
扎伊尔 ZAIRE	扎伊尔 Zaire	ZRZ	—	1994-02
	扎伊尔 New Zaire	ZRZ	180	1999-06
津巴布韦 ZIMBABWE	罗德西亚元 Rhodesian Dollar	ZWC*	—	1989-12
无固定实体和货币 Entity and currency not applicable	资金代码 RINET Funds Code	XRE	N. A.	1999-11

* 无 ISO 代码。

附 录 B
（资料性附录）
货币和资金代码表索引

表 B.1 实体中文名称索引表

实 体 名 称	货 币 名 称	字母代码	数字代码	辅助单位
阿尔巴尼亚 ALBANIA	列克 Lek	ALL	008	2
阿尔及利亚 ALGERIA	阿尔及利亚第纳尔 Algerian Dinar	DZD	012	2
阿富汗 AFGHANISTAN	阿富汗尼 Afghani	AFA	004	2
阿根廷 ARGENTINA	阿根廷比索 Argentine Peso	ARS	032	2
阿拉伯利比亚民众国 LIBYAN ARAB JAMAHIRIYA	利比亚第纳尔 Libyan Dinar	LYD	434	3
阿拉伯叙利亚共和国 SYRIAN ARAB REPUBLIC	叙利亚镑 Syrian Pound	SYP	760	2
阿联酋 UNITED ARAB EMIRATES	UAE 迪拉姆 UAE Dirham	AED	784	2
阿鲁巴 ARUBA	阿鲁巴盾 Aruban Guilder	AWG	533	2
阿曼 OMAN	阿曼里亚尔 Rial Omani	OMR	512	3
阿塞拜疆 AZERBAIJAN	阿塞拜疆马纳特 Azerbaijanian Manat	AZM	031	2
埃及 EGYPT	埃及镑 Egyptian Pound	EGP	818	2
埃塞俄比亚 ETHIOPIA	埃塞俄比亚比尔 Ethiopian Birr	ETB	230	2
爱尔兰 IRELAND	爱尔兰镑 Irish Pound	IEP	372	2
爱尔兰 IRELAND	欧元 Euro	EUR	978	2
爱沙尼亚 ESTONIA	克罗姆 Kroon	EEK	233	2

表 B.1（续）

实体名称	货币名称	字母代码	数字代码	辅助单位
安道尔 ANDORRA	安道尔比塞塔 Andorran Peseta	ADP	020	0
安道尔 ANDORRA	法国法郎 French Franc	FRF	250	2
安道尔 ANDORRA	欧元 Euro	EUR	978	2
安道尔 ANDORRA	西班牙比塞塔 Spanish Peseta	ESP	724	0
安哥拉 ANGOLA	宽扎 Kwanza	AOA	973	2
安圭拉 ANGUILLA	东加勒比元 East Caribbean Dollar	XCD	951	2
安提瓜和巴布达 ANTIGUA AND BARBUDA	东加勒比元 East Caribbean Dollar	XCD	951	2
奥地利 AUSTRIA	欧元 Euro	EUR	978	2
奥地利 AUSTRIA	先令 Schilling	ATS	040	2
澳大利亚 AUSTRALIA	澳大利亚元 Australian Dollar	AUD	036	2
澳门 MACAU	澳门元 Pataca	MOP	446	2
巴巴多斯 BARBADOS	巴巴多斯元 Barbados Dollar	BBD	052	2
巴布亚新几内亚 PAPUA NEW GUINEA	基那 Kina	PGK	598	2
巴哈马 BAHAMAS	巴哈马元 Bahamian Dollar	BSD	044	2
巴基斯坦 PAKISTAN	巴基斯坦卢比 Pakistan Rupee	PKR	586	2
巴拉圭 PARAGUAY	瓜拉尼 Guarani	PYG	600	0
巴林 BAHRAIN	巴林第纳尔 Bahraini Dinar	BHD	048	3

表 B.1(续)

实 体 名 称	货 币 名 称	字母代码	数字代码	辅助单位
巴拿马 PANAMA	巴波亚 Balboa	PAB	590	2
巴拿马 PANAMA	美元 US Dollar	USD	840	2
巴西 BRAZIL	巴西瑞尔 Brazilian Real	BRL	986	2
白俄罗斯 BELARUS	白俄罗斯卢布 Belarussian Ruble	BYR	974	0
百慕大 BERMUDA	百慕大元 Bermudian Dollar(customarily known as Bermuda Dollar)	BMD	060	2
保加利亚 BULGARIA	保加利亚列弗 Bulgarian Lev	BGN	975	2
保加利亚 BULGARIA	列弗 Lev	BGL	100	2
北马里亚纳 NORTHERN MARIANA ISLANDS	美元 US Dollar	USD	840	2
贝劳 PALAU	美元 US Dollar	USD	840	2
贝宁 BENIN	CFA 法郎 BCEAO CFA Franc BCEAO	XOF	952	0
比利时 BELGIUM	比利时法郎 Belgian Franc	BEF	056	0
比利时 BELGIUM	欧元 Euro	EUR	978	2
冰岛 ICELAND	冰岛克朗 Iceland Krona	ISK	352	2
秘鲁 PERU	索尔 Nuevo Sol	PEN	604	2
波多黎各 PUERTO RICO	美元 US Dollar	USD	840	2
波兰 POLAND	兹罗提 Zloty	PLN	985	2
波斯尼亚和黑塞哥维那 BOSNIA&HERZEGOVINA	可自由兑换标记 Convertible Marks	BAM	977	2

表 B.1（续）

实体名称	货币名称	字母代码	数字代码	辅助单位
玻利维亚 BOLIVIA	Mvdol Mvdol	BOV	984	2
玻利维亚 BOLIVIA	玻利瓦诺 Boliviano	BOB	068	2
伯利兹 BELIZE	伯利兹元 Belize Dollar	BZD	084	2
博茨瓦纳 BOTSWANA	普拉 Pula	BWP	072	2
不丹 BHUTAN	努尔特鲁姆 Ngultrum	BTN	064	2
不丹 BHUTAN	印度卢比 Indian Rupee	INR	356	2
布基纳法索 BURKINA FASO	CFA 法郎 BCEAO CFA Franc BCEAO	XOF	952	0
布隆迪 BURUNDI	布隆迪法郎 Burundi Franc	BIF	108	0
布维岛 BOUVET ISLAND	挪威克朗 Norwegian Krone	NOK	578	2
朝鲜 KOREA， DEMOCRATIC PEOPLE'S REPUBLIC OF	北朝鲜圆 North Korean Won	KPW	408	2
赤道几内亚 EQUATORIAL GUINEA	CFA 法郎 BEAC CFA Franc BEAC	XAF	950	0
丹麦 DENMARK	丹麦克朗 Danish Krone	DKK	208	2
德国 GERMANY	德国马克 Deutsche Mark	DEM	276	2
德国 GERMANY	欧元 Euro	EUR	978	2
东帝汶 EAST TIMOR	东帝汶埃斯库多 Timor Escudo	TPE	626	0
东帝汶 EAST TIMOR	卢比 Rupiah	IDR	360	2
多哥 TOGO	CFA 法郎 BCEAO CFA Franc BCEAO	XOF	952	0

表 B.1(续)

实体名称	货币名称	字母代码	数字代码	辅助单位
多米尼加共和国 DOMINICAN REPUBLIC	多米尼加比索 Dominican Peso	DOP	214	2
多米尼克 DOMINICA	东加勒比元 East Caribbean Dollar	XCD	951	2
俄罗斯联邦 RUSSIAN FEDERATION	俄罗斯卢布 Russian Ruble	RUR	810	2
俄罗斯联邦 RUSSIAN FEDERATION	俄罗斯卢布 Russian Ruble	RUB	643	2
厄瓜多尔 ECUADOR	美元 US Dollar	USD	840	2
厄立特里亚 ERITREA	纳克法 Nakfa	ERN	232	2
法国 FRANCE	法国法郎 French Franc	FRF	250	2
法国 FRANCE	欧元 Euro	EUR	978	2
法罗群岛 FAEROE ISLANDS	丹麦克朗 Danish Krone	DKK	208	2
法属波利尼西亚 FRENCH POLYNESIA	CFP 法郎 CFP Franc	XPF	953	0
法属南部领土 FRANCE SOUTHERN TERRITORIES	法国法郎 French Franc	FRF	250	2
法属南部领土 FRANCE SOUTHERN TERRITORIES	欧元 Euro	EUR	978	2
梵地冈(梵地冈城国) HOLY SEE (VATICAN CITY STATE)	欧元 Euro	EUR	978	2
梵地冈(梵地冈城国) HOLY SEE (VATICAN CITY STATE)	意大利里拉 Italian Lira	ITL	380	2
菲律宾 PHILIPPINES	菲律宾比索 Philippine Peso	PHP	608	2
斐济 FIJI	斐济元 Fiji Dollar	FJD	242	2

表 B.1(续)

实体名称	货币名称	字母代码	数字代码	辅助单位
芬兰 FINLAND	马克 Markka	FIM	246	2
芬兰 FINLAND	欧元 Euro	EUR	978	2
佛得角 CAPE VERDE	佛得角埃斯库多 Cape Verde Escudo	CVE	132	2
福克兰群岛(马尔维纳斯) FALKLAND ISLANDS(MALVINAS)	福克兰群岛镑 Falkland Islands Pound	FKP	238	2
冈比亚 GAMBIA	达拉西 Dalasi	GMD	270	2
刚果 CONGO	CFA 法郎 BEAC CFA Franc BEAC	XAF	950	0
刚果民主共和国 CONGO, THE DEMOCRATIC REPUBLIC	刚果法郎 Franc Congolais	CDF	976	2
哥伦比亚 COLOMBIA	哥伦比亚比索 Colombian Peso	COP	170	2
哥斯达黎加 COSTA RICA	哥斯达黎加科郎 Costa Rican Colon	CRC	188	2
格林纳达 GRENADA	东加勒比元 East Caribbean Dollar	XCD	951	2
格陵兰 GREENLAND	丹麦克朗 Danish Krone	DKK	208	2
格鲁吉亚 GEORGIA	拉里 Lari	GEL	981	2
古巴 CUBA	古巴比索 Cuban Peso	CUP	192	2
瓜德罗普 GUADELOUPE	法国法郎 French Franc	FRF	250	2
瓜德罗普 GUADELOUPE	欧元 Euro	EUR	978	2
关岛 GUAM	美元 US Dollar	USD	840	2
圭亚那 GUYANA	圭亚那元 Guyana Dollar	GYD	328	2

表 B.1（续）

实体名称	货币名称	字母代码	数字代码	辅助单位
国际货币基金组织(IMF) INTERNATIONAL MONETARY FUND (IMF)	特别提款权 SDR	XDR	960	N. A.
哈萨克斯坦 KAZAKHSTAN	坚戈 Tenge	KZT	398	2
海地 HAITI	古德 Gourde	HTG	332	2
海地 HAITI	美元 US Dollar	USD	840	2
韩国 KOREA， REPUBLIC OF	圆 Won	KRW	410	0
荷兰 NETHERLANDS	荷兰盾 Netherlands Guilder	NLG	528	2
荷兰 NETHERLANDS	欧元 Euro	EUR	978	2
荷属安的列斯 NETHERLANDS ANTILIES	荷属安的列斯盾 Netherlands Antillian Guilder	ANG	532	2
赫德岛和麦克唐纳岛 HEARD IS LANDS AND McDONALD ISLANDS	澳大利亚元 Australian Dollar	AUD	036	2
洪都拉斯 HONDURAS	伦皮拉 Lempira	HNL	340	2
基里巴斯 KIRIBATI	澳大利亚元 Australian Dollar	AUD	36	2
吉布提 DJIBOUTI	吉布提法郎 Djibouti Franc	DJF	262	0
吉尔吉斯斯坦 KYRGYZSTAN	索姆 Som	KGS	417	2
几内亚 GUINEA	几内亚法郎 Guinea Franc	GNF	324	0
几内亚比绍 GUINEA-BISSAU	CFA 法郎 BCEAO CFA Franc BCEAO	XOF	952	0
几内亚比绍 GUINEA-BISSAU	几内亚比绍比索 Guinea Bissau Peso	GWP	624	2
加拿大 CANADA	加元 Canadian Dollar	CAD	124	2

表 B.1（续）

实体名称	货币名称	字母代码	数字代码	辅助单位
加纳 GHANA	塞地 Cedi	GHC	288	2
加蓬 GABON	CFA 法郎 BEAC CFA Franc BEAC	XAF	950	0
柬埔寨 CAMBODIA	瑞尔 Riel	KHR	116	2
捷克 CZECH REPUBLIC	捷克克朗 Czech Koruna	CZK	203	2
津巴布韦 ZIMBABWE	津巴布韦元 Zimbabwe Dollar	ZWD	716	2
喀麦隆 CAMEROON	CFA 法郎 BEAC CFA Franc BEAC	XAF	950	0
卡塔尔 QATAR	卡塔尔里亚尔 Qatari Rial	QAR	634	2
开曼群岛 CAYMAN ISLANDS	开曼群岛元 Cayman Islands Dollar	KYD	136	2
科科斯(基林)群岛 COCOS (KEELING) ISLANDS	澳大利亚元 Australian Dollar	AUD	036	2
科摩罗 COMOROS	科摩罗法郎 Comoro Franc	KMF	174	0
科特迪瓦 COTE D'IVOIRE	CFA 法郎 BCEAO CFA Franc BCEAO	XOF	952	0
科威特 KUWAIT	科威特第纳尔 Kuwaiti Dinar	KWD	414	3
克罗地亚 CROATIA	克罗地亚库纳 Croatian kuna	HRK	191	2
肯尼亚 KENYA	肯尼亚先令 Kenyan Shilling	KES	404	2
库克群岛 COOK ISLANDS	新西兰元 New Zealand Dollar	NZD	554	2
拉脱维亚 LATVIA	拉脱维亚拉特 Latvian Lats	LVL	428	2
莱索托 LESOTHO	兰特 Rand	ZAR	710	2

表 B.1（续）

实 体 名 称	货 币 名 称	字母代码	数字代码	辅助单位
莱索托 LESOTHO	罗提 Loti	LSL	426	2
老挝人民民主共和国 LAO PEOPLE'S DEMOCRATIC REPUBLIC	基普 Kip	LAK	418	2
黎巴嫩 LEBANON	黎巴嫩镑 Lebanese Pound	LBP	422	2
立陶宛 LITHUANIA	立陶宛 Lithuanian Litus	LTL	440	2
利比里亚 LIBERIA	利比里亚元 Liberian Dollar	LRD	430	2
列支敦士登 LIECHTENSTEIN	瑞士法郎 Swiss Franc	CHF	756	2
留尼汪 REUNION	法国法郎 French Franc	FRF	250	2
留尼汪 REUNION	欧元 Euro	EUR	978	2
卢森堡 LUXEMBOURG	卢森堡法郎 Luxembourg Franc	LUF	442	0
卢森堡 LUXEMBOURG	欧元 Euro	EUR	978	2
卢旺达 RWANDA	卢旺达法郎 Rwanda Franc	RWF	646	0
罗马尼亚 ROMANIA	列伊 Leu	ROL	642	2
马达加斯加 MADAGASCAR	马尔加什法郎 Malagasy Franc	MGF	450	0
马尔代夫 MALDIVES	卢菲亚 Rufiyaa	MVR	462	2
马耳他 MALTA	马尔他里拉 Maltese Lira	MTL	470	2
马拉维 MALAWI	克瓦查 Kwacha	MWK	454	2
马来西亚 MALAYSIA	马来西亚林吉特 Malaysian Ringgit	MYR	458	2

表 B.1（续）

实 体 名 称	货 币 名 称	字母代码	数字代码	辅助单位
马里 MALI	CFA 法郎 BCEAO CFA Franc BCEAO	XOF	952	0
马其顿 MACEDONIA,THE FORMER YUGOSLAV REPUBLIC OF	第纳尔 Denar	MKD	807	2
马绍尔群岛 MARSHALL ISLANDS	美元 US Dollar	USD	840	2
马提尼克 MARTINIQUE	法国法郎 French Franc	FRF	250	2
马提尼克 MARTINIQUE	欧元 Euro	EUR	978	2
马约特 MAYOTTE	法国法郎 French Franc	FRF	250	2
马约特 MAYOTTE	欧元 Euro	EUR	978	2
毛里求斯 MAURITIUS	毛里求斯卢比 Mauritius Rupee	MUR	480	2
毛里塔尼亚 MAURITANIA	乌吉亚 Ouguiya	MRO	478	2
美国 UNITED STATES	（次日） (Next day)	USN	997	2
美国 UNITED STATES	（同日） (Same day)	USS	998	2
美国 UNITED STATES	美元 US Dollar	USD	840	2
美属密诺边缘群岛 UNITED STATES MINOR OUTLYING ISLANDS	美元 US Dollar	USD	840	2
美属萨摩亚 AMERICAN SAMOA	美元 US Dollar	USD	840	2
美属维尔京群岛 VIRGIN ISLANDS(US)	美元 US Dollar	USD	840	2
蒙古 MONGOLIA	图格里克 Tugrik	MNT	496	2
蒙特塞拉特 MONTSERRAT	东加勒比元 East Caribbean Dollar	XCD	951	2

表 B.1(续)

实 体 名 称	货 币 名 称	字母代码	数字代码	辅助单位
孟加拉国 BANGLADESH	塔卡 Taka	BDT	050	2
密克罗尼西亚(联邦) MICRONESIA (FEDERATED STATES OF)	美元 US Dollar	USD	840	2
缅甸 MYANMAR	缅元 Kyat	MMK	104	2
摩尔瓦多共和国 MOLDOVA, REPUBLIC OF	摩尔瓦多列伊 Moldovan Leu	MDL	498	2
摩洛哥 MOROCCO	摩洛哥迪拉姆 Moroccan Dirham	MAD	504	2
摩纳哥 MONACO	法国法郎 French Franc	FRF	250	2
摩纳哥 MONACO	欧元 Euro	EUR	978	2
莫桑比克 MOZAMBIQUE	麦梯卡尔 Metical	MZM	508	2
墨西哥 MEXICO	墨西哥发展单位 Mexican Unidad de Inversion	MXV	979	2
墨西哥 MEXICO	墨西哥比索 Mexican Peso	MXN	484	2
纳米比亚 NAMIBIA	兰特 Rand	ZAR	710	2
纳米比亚 NAMIBIA	纳米比亚元 Namibia Dollar	NAD	516	2
南非 SOUTH AFRICA	兰特 Rand	ZAR	710	2
南极洲 ANTARCTICA	无通用货币 No universal currency			
南斯拉夫 YUGOSLAVIA	南斯拉夫第纳尔 Yugoslavian Dinar	YUM	891	2
瑙鲁 NAURU	澳大利亚元 Australian Dollar	AUD	036	2
尼泊尔 NEPAL	尼泊尔卢比 Nepalese Rupee	NPR	524	2

表 B.1（续）

实体名称	货币名称	字母代码	数字代码	辅助单位
尼加拉瓜 NICARAGUA	金科多巴 Cordoba Oro	NIO	558	2
尼日尔 NIGER	CFA 法郎 BCEAO CFA Franc BCEAO	XOF	952	0
尼日利亚 NIGERIA	奈拉 Naira	NGN	566	2
纽埃 NIUE	新西兰元 New Zealand Dollar	NZD	554	2
挪威 NORWAY	挪威克朗 Norwegian Krone	NOK	578	2
诺福克岛 NORFOLK ISLAND	澳大利亚元 Australian Dollar	AUD	036	2
皮特凯恩 PITCAIRN	新西兰元 New Zealand Dollar	NZD	554	2
葡萄牙 PORTUGAL	欧元 Euro	EUR	978	2
葡萄牙 PORTUGAL	葡萄牙埃斯库多 Portuguese Escudo	PTE	620	0
日本 JAPAN	日元 Yen	JPY	392	0
瑞典 SWEDEN	瑞典克朗 Swedish Krona	SEK	752	2
瑞士 SWITZERLAND	瑞士法郎 Swiss Franc	CHF	756	2
萨尔瓦多 EL SALVADOR	萨尔瓦多科郎 El Salvador Colon	SVC	222	2
萨摩亚 SAMOA	塔拉 Tala	WST	882	2
塞拉利昂 SIERRA LEONE	利昂 Leone	SLL	694	2
塞内加尔 SENEGAL	CFA 法郎 BCEAO CFA Franc BCEAO	XOF	952	0
塞浦路斯 CYPRUS	塞浦路斯镑 Cyprus Pound	CYP	196	2
塞舌尔 SEYCHELLES	塞舌尔卢比 Seychelles Rupee	SCR	690	2

表 B.1(续)

实 体 名 称	货 币 名 称	字母代码	数字代码	辅助单位
沙特阿拉伯 SAUDI ARABIA	沙特里亚尔 Saudi Riyal	SAR	682	2
圣诞岛 CHRISTMAS ISLAND	澳大利亚元 Australian Dollar	AUD	036	2
圣多美和普林西比 SAO TOME AND PRINCIPE	多布拉 Dobra	STD	678	2
圣赫勒拿 SAINT HELENA	圣赫勒拿磅 Saint Helena Pound	SHP	654	2
圣基茨和尼维斯 SAINT KITTS AND NEVIS	东加勒比元 East Caribbean Dollar	XCD	951	2
圣卢西亚 SAINT LUCIA	东加勒比元 East Caribbean Dollar	XCD	951	2
圣马力诺 SAN MARINO	欧元 Euro	EUR	978	2
圣马力诺 SAN MARINO	意大利里拉 Italian Lira	ITL	380	0
圣皮埃尔和密克隆 SAINT PIERRE AND MIQUELON	法国法郎 French Franc	FRF	250	2
圣皮埃尔和密克隆 SAINT PIERRE AND MIQUELON	欧元 Euro	EUR	978	2
圣文森特和格林纳丁斯 SAINT VINCENT AND THE GRENADINES	东加勒比元 East Caribbean Dollar	XCD	951	2
斯里兰卡 SRILANKA	斯里兰卡卢比 Sri Lanka Rupee	LKR	144	2
斯洛伐克 SLOVAKIA	斯洛伐克克朗 Slovak Koruna	SKK	703	2
斯洛文尼亚 SLOVENIA	托拉尔 Tolar	SIT	705	2
斯瓦尔巴群岛 SVALBARD AND JAN MAYEN	挪威克朗 Norwegian Krone	NOK	578	2
斯威士兰 SWAZILAND	里兰吉尼 Lilangeni	SZL	748	2
苏丹 SUDAN	苏丹第纳尔 Sudanese Dinar	SDD	736	2
苏里南 SURINAME	苏里南盾 Suriname Guilder	SRG	740	2
所罗门群岛 SOLOMON ISLANDS	所罗门群岛元 Solomon Islands Dollar	SBD	90	2

表 B.1（续）

实 体 名 称	货 币 名 称	字母代码	数字代码	辅助单位
索马里 SOMALIA	索马里先令 Somali Shilling	SOS	706	2
塔吉克斯坦 TAJIKISTAN	索莫尼 Somoni	TJS	972	2
泰国 THAILAND	铢 Baht	THB	764	2
坦桑尼亚 TANZANIA, UNITED REPUBLIC OF	坦桑尼亚先令 Tanzanian Shilling	TZS	834	2
汤加 TONGA	邦加 Pa'anga	TOP	776	2
特克斯和凯科斯群岛 TURKS AND CAICOS ISLANDS	美元 US Dollar	USD	840	2
特立尼达和多巴哥 TRINIDAD AND TOBAGO	特立尼达和多巴哥元 Trinidad and Tobago Dollar	TTD	780	2
突尼斯 TUNISIA	突尼斯第纳尔 Tunisian Dinar	TND	788	3
图瓦卢 TUVALU	澳大利亚元 Australian Dollar	AUD	036	2
土耳其 TURKEY	土耳其里拉 Turkish Lira	TRL	792	0
土库曼斯坦 TURKMENISTAN	马纳特 Manat	TMM	795	2
托克劳 T OKELAU	新西兰元 New Zealand Dollar	NZD	554	2
瓦利斯和富图纳 WALLIS AND FUTUNA	CFP 法郎 CFP Franc	XPF	953	0
瓦努阿图 VANUATU	瓦图 Vatu	VUV	548	0
危地马拉 GUATEMALA	格查尔 Quetzal	GTQ	320	2
文莱 BRUNEI DARUSSALAM	文莱元 Brunei Dollar	BND	96	2
乌干达 UGANDA	乌干达先令 Uganda Shilling	UGX	800	2

表 B.1(续)

实 体 名 称	货 币 名 称	字母代码	数字代码	辅助单位
乌克兰 UKRAINE	格里夫纳 Hryvnia	UAH	980	2
乌拉圭 URUGUAY	乌拉圭比索 Peso Uruguayo	UYU	858	2
乌兹别克斯坦 UZBEKISTAN	乌兹别克斯坦苏姆 Uzbekistan Sum	UZS	860	2
无固定实体	UIC 法郎 UIC-Franc	XFU	Nil	N. A.
无固定实体	钯 Palladium	XPD	964	N. A.
无固定实体	铂白金 Platinum	XPT	962	N. A.
无固定实体	黄金	XAU	959	N. A.
无固定实体	黄金法郎 Gold-Franc	XFO	Nil	N. A.
无固定实体	欧元 Euro	EUR	978	2
无固定实体	欧洲货币单位(E. M. U. -6) European Monetary Unit(E. M. U. -6)	XBB	956	N. A.
无固定实体	欧洲货币合成单位 European Composite Unit (EURCO)	XBA	955	N. A.
无固定实体	欧洲账户 17 单位(E. U. A-17) European Unit of Account 17 (E. U. A. -17)	XBD	958	N. A.
无固定实体	欧洲账户 9 单位 (E. U. A. -9)European Unit of Account 9 (E. U. A. -9)	XBC	957	N. A.
无固定实体	特别清算货币 Special settlement currencies			
无固定实体	为测试特别保留的代码 Codes specifically reserved for testing purposes	XTS	963	N. A.
无固定实体	未包括的交易货币代码指定为: The codes assigned for transaction where no currency is involved are:	XXX	999	N. A.

表 B.1（续）

实 体 名 称	货 币 名 称	字母代码	数字代码	辅助单位
无固定实体	银 Silver	XAG	961	N. A.
无固定实体	债券市场单位 Bond markets units			
西班牙 SPAIN	欧元 Euro	EUR	978	2
西班牙 SPAIN	西班牙比塞塔 Spanish Peseta	ESP	724	0
西撒哈拉 WESTERN SAHARA	摩洛哥迪拉姆 Moroccan Dirham	MAD	504	2
希腊 GREECE	德拉克马 Drachma	GRD	300	0
希腊 GREECE	欧元 Euro	EUR	978	2
香港 HONG KONG	香港元 Hong Kong Dollar	HKD	344	2
新加坡 SINGAPORE	新加坡元 Singapore Dollar	SGD	702	2
新喀里多尼亚 NEW CALEDONIA	CFP 法郎 CFP Franc	XPF	953	0
新西兰 NEW ZEALAND	新西兰元 New Zealand Dollar	NZD	554	2
匈牙利 HUNGARY	福林 Forint	HUF	348	2
牙买加 JAMAICA	牙买加元 Jamaican Dollar	JMD	388	2
亚美尼亚 ARMENIA	亚美尼亚达姆 Armenian Dram	AMD	051	2
也门 YEMEN	也门里亚尔 Yemeni Rial	YER	886	2
伊拉克 IRAQ	伊拉克第纳尔 Iraqi Dinar	IQD	368	3
伊朗(伊斯兰共和国) IRAN (ISLAMIC REPUBLIC OF)	伊朗里亚尔 Iranian Rial	IRR	364	2
以色列 ISRAEL	新谢客尔 New Israeli Sheqel	ILS	376	2

表 B.1（续）

实 体 名 称	货 币 名 称	字母代码	数字代码	辅助单位
意大利 ITALY	欧元 Euro	EUR	978	2
意大利 ITALY	意大利里拉 Italian Lira	ITL	380	0
印度 INDIA	印度卢比 Indian Rupee	INR	356	2
印度尼西亚 INDONESIA	卢比 Rupiah	IDR	360	2
英国 UNITED KINGDOM	英镑 Pound Sterling	GBP	826	2
英属维尔京群岛 VIRGIN ISLANDS (BRITISH)	美元 US Dollar	USD	840	2
英属印度洋领土 BRITISH INDIAN OCEAN TERRITORY	美元 US Dollar	USD	840	2
约旦 JORDAN	约旦第纳尔 Jordanian Dinar	JOD	400	3
越南 VIET NAM	盾 Dong	VND	704	2
赞比亚 ZAMBIA	克瓦查 Kwacha	ZMK	894	2
乍得 CHAD	CFA 法郎 BEAC CFA Franc BEAC	XAF	950	0
直布罗陀 GIBRALTAR	直布罗陀镑 Gibraltar Pound	GIP	292	2
智利 CHILE	发展单位 Unidades de formento	CLF	990	2
智利 CHILE	智利比索 Chilean Peso	CLP	152	2
中非共和国 CENTRAL AFRICAN REPUBLIC	CFA 法郎 BEAC CFA Franc BEAC	XAF	950	0
中国 CHINA	人民币元 Renminbi Yuan	CNY	156	2
中国台湾 TAIWAN, PROVINCE OF CHINA	新台湾元 New Taiwan Dollar	TWD	901	2

表 B.2 字母型代码索引表

字母代码	数字代码	货币名称	实体名称	辅助单位
ADP	020	安道尔比塞塔 Andorran Peseta	安道尔 ANDORRA	0
AED	784	UAE 迪拉姆 UAE Dirham	阿联酋 UNITED ARAB EMIRATES	2
AFA	004	阿富汗尼 Afghani	阿富汗 AFGHANISTAN	2
ALL	008	列克 Lek	阿尔巴尼亚 ALBANIA	2
AMD	051	亚美尼亚达姆 Armenian Dram	亚美尼亚 ARMENIA	2
ANG	532	荷属安的列斯盾 Netherlands Antillian Guilder	荷属安的列斯 NETHERLANDS ANTILLIES	2
AOA	973	宽扎 Kwanza	安哥拉 ANGOLA	2
ARS	032	阿根廷比索 Argentine Peso	阿根廷 ARGENTINA	2
ATS	040	先令 Schilling	奥地利 AUSTRIA	2
AUD	036	澳大利亚元 Australian Dollar	澳大利亚 AUSTRALIA	2
AUD	036	澳大利亚元 Australian Dollar	圣诞岛 CHRISTMAS ISLAND	2
AUD	036	澳大利亚元 Australian Dollar	科科斯(基林)群岛 COCOS (KEELING) ISLANDS	2
AUD	036	澳大利亚元 Australian Dollar	赫德岛和麦克唐纳岛 HEARD ISLANDS AND McDONALD ISLANDS	2
AUD	036	澳大利亚元 Australian Dollar	基里巴斯 KIRIBATI	2
AUD	036	澳大利亚元 Australian Dollar	瑙鲁 NAURU	2
AUD	036	澳大利亚元 Australian Dollar	诺福克岛 NORFOLK ISLAND	2
AUD	036	澳大利亚元 Australian Dollar	图瓦卢 TUVALU	2

表 B.2（续）

字母代码	数字代码	货币名称	实体名称	辅助单位
AWG	533	阿鲁巴盾 Aruban Guilder	阿鲁巴 ARUBA	2
AZM	031	阿塞拜疆马纳特 Azerbaijanian Manat	阿塞拜疆 AZERBAIJAN	2
BAM	977	可自由兑换标记 Convertible Marks	波斯尼亚和黑塞哥维那 BOSNIA&HERZEGOVINA	2
BBD	052	巴巴多斯元 Barbados Dollar	巴巴多斯 BARBADOS	2
BDT	050	塔卡 Taka	孟加拉国 BANGLADESH	2
BEF	056	比利时法郎 Belgian Franc	比利时 BELGIUM	0
BGL	100	列弗 Lev	保加利亚 BULGARIA	2
BGN	975	保加利亚列弗 Bulgarian Lev	保加利亚 BULGARIA	2
BHD	048	巴林第纳尔 Bahraini Dinar	巴林 BAHRAIN	3
BIF	108	布隆迪法郎 Burundi Franc	布隆迪 BURUNDI	0
BMD	060	百慕大元 Bermudian Dollar(customarily known as Bermuda Dollar)	百慕大 BERMUDA	2
BND	96	文莱元 Brunei Dollar	文莱 BRUNEI DARUSSALAM	2
BOB	068	玻利瓦诺 Boliviano	玻利维亚 BOLIVIA	2
BOV	984	Mvdol Mvdol	玻利维亚 BOLIVIA	2
BRL	986	巴西瑞尔 Brazilian Real	巴西 BRAZIL	2
BSD	044	巴哈马元 Bahamian Dollar	巴哈马 BAHAMAS	2
BTN	064	努尔特鲁姆 Ngultrum	不丹 BHUTAN	2

表 B.2（续）

字母代码	数字代码	货 币 名 称	实 体 名 称	辅助单位
BWP	072	普拉 Pula	博茨瓦纳 BOTSWANA	2
BYR	974	白俄罗斯卢布 Belarussian Ruble	白俄罗斯 BELARUS	0
BZD	084	伯利兹元 Belize Dollar	伯利兹 BELIZE	2
CAD	124	加元 Canadian Dollar	加拿大 CANADA	2
CDF	976	刚果法郎 Franc Congolais	刚果民主共和国 CONGO,THE DEMOCRATIC REPUBLIC	2
CHF	756	瑞士法郎 Swiss Franc	列支敦士登 LIECHTENSTEIN	2
CHF	756	瑞士法郎 Swiss Franc	瑞士 SWITZERLAND	2
CLF	990	发展单位 Unidades de formento	智利 CHILE	2
CLP	152	智利比索 Chilean Peso	智利 CHILE	2
CNY	156	人民币元 Renminbi Yuan	中国 CHINA	2
COP	170	哥伦比亚比索 Colombian Peso	哥伦比亚 COLOMBIA	2
CRC	188	哥斯达黎加科郎 Costa Rican Colon	哥斯达黎加 COSTA RICA	2
CUP	192	古巴比索 Cuban Peso	古巴 CUBA	2
CVE	132	佛得角埃斯库多 Cape Verde Escudo	佛得角 CAPE VERDE	2
CYP	196	塞浦路斯镑 Cyprus Pound	塞浦路斯 CYPRUS	2
CZK	203	捷克克朗 Czech Koruna	捷克 CZECH REPUBLIC	2
DEM	276	德国马克 Deutsche Mark	德国 GERMANY	2

表 B.2(续)

字母代码	数字代码	货币名称	实体名称	辅助单位
DJF	262	吉布提法郎 Djibouti Franc	吉布提 DJIBOUTI	0
DKK	208	丹麦克朗 Danish Krone	丹麦 DENMARK	2
DKK	208	丹麦克朗 Danish Krone	法罗群岛 FAEROE ISLANDS	2
DKK	208	丹麦克朗 Danish Krone	格陵兰 GREENLAND	2
DOP	214	多米尼加比索 Dominican Peso	多米尼加共和国 DOMINICAN REPUBLIC	2
DZD	12	阿尔及利亚第纳尔 Algerian Dinar	阿尔及利亚 ALGERIA	2
EEK	233	克罗姆 Kroon	爱沙尼亚 ESTONIA	2
EGP	818	埃及镑 Egyptian Pound	埃及 EGYPT	2
ERN	232	纳克法 Nakfa	厄立特里亚 ERITREA	2
ESP	724	西班牙比塞塔 Spanish Peseta	安道尔 ANDORRA	0
ESP	724	西班牙比塞塔 Spanish Peseta	西班牙 SPAIN	0
ETB	230	埃塞俄比亚比尔 Ethiopian Birr	埃塞俄比亚 ETHIOPIA	2
EUR	978	欧元 Euro	安道尔 ANDORRA	2
EUR	978	欧元 Euro	奥地利 AUSTRIA	2
EUR	978	欧元 Euro	比利时 BELGIUM	2
EUR	978	欧元 Euro	芬兰 FINLAND	2
EUR	978	欧元 Euro	法国 FRANCE	2

表 B.2（续）

字母代码	数字代码	货币名称	实体名称	辅助单位
EUR	978	欧元 Euro	法属南部领土 FRANCE SOUTHERN TERRITORIES	2
EUR	978	欧元 Euro	德国 GERMANY	2
EUR	978	欧元 Euro	希腊 GREECE	2
EUR	978	欧元 Euro	瓜德罗普 GUADELOUPE	2
EUR	978	欧元 Euro	梵地冈(梵地冈城国) HOLY SEE (VATICAN CITY STATE)	2
EUR	978	欧元 Euro	爱尔兰 IRELAND	2
EUR	978	欧元 Euro	意大利 ITALY	2
EUR	978	欧元 Euro	卢森堡 LUXEMBOURG	2
EUR	978	欧元 Euro	马提尼克 MARTINIQUE	2
EUR	978	欧元 Euro	马约特 MAYOTTE	2
EUR	978	欧元 Euro	摩纳哥 MONACO	2
EUR	978	欧元 Euro	荷兰 NETHERLANDS	2
EUR	978	欧元 Euro	葡萄牙 PORTUGAL	2
EUR	978	欧元 Euro	留尼汪 REUNION	2
EUR	978	欧元 Euro	圣皮埃尔和密克隆 SAINT PIERRE AND MIQUELON	2
EUR	978	欧元 Euro	圣马力诺 SAN MARINO	2
EUR	978	欧元 Euro	西班牙 SPAIN	2

表 B.2（续）

字母代码	数字代码	货币名称	实体名称	辅助单位
EUR	978	欧元 Euro	无固定实体	2
FIM	246	马克 Markka	芬兰 FINLAND	2
FJD	242	斐济元 Fiji Dollar	斐济 FIJI	2
FKP	238	福克兰群岛镑 Falkland Islands Pound	福克兰群岛(马尔维纳斯) FALKLAND ISLANDS(MALVINAS)	2
FRF	250	法国法郎 French Franc	安道尔 ANDORRA	2
FRF	250	法国法郎 French Franc	法国 FRANCE	2
FRF	250	法国法郎 French Franc	法属南部领土 FRANCE SOUTHERN TERRITORIES	2
FRF	250	法国法郎 French Franc	瓜德罗普 GUADELOUPE	2
FRF	250	法国法郎 French Franc	马提尼克 MARTINIQUE	2
FRF	250	法国法郎 French Franc	马约特 MAYOTTE	2
FRF	250	法国法郎 French Franc	摩纳哥 MONACO	2
FRF	250	法国法郎 French Franc	留尼汪 REUNION	2
FRF	250	法国法郎 French Franc	圣皮埃尔和密克隆 SAINT PIERRE AND MIQUELON	2
GBP	826	英镑 Pound Sterling	英国 UNITED KINGDOM	2
GEL	981	拉里 Lari	格鲁吉亚 GEORGIA	2
GHC	288	塞地 Cedi	加纳 GHANA	2
GIP	292	直布罗陀镑 Gibraltar Pound	直布罗陀 GIBRALTAR	2

表 B.2（续）

字母代码	数字代码	货币名称	实体名称	辅助单位
GMD	270	达拉西 Dalasi	冈比亚 GAMBIA	2
GNF	324	几内亚法郎 Guinea Franc	几内亚 GUINEA	0
GRD	300	德拉克马 Drachma	希腊 GREECE	0
GTQ	320	格查尔 Quetzal	危地马拉 GUATEMALA	2
GWP	624	几内亚比绍比索 Guinea Bissau Peso	几内亚比绍 GUINEA-BISSAU	2
GYD	328	圭亚那元 Guyana Dollar	圭亚那 GUYANA	2
HKD	344	香港元 Hong Kong Dollar	香港 HONG KONG	2
HNL	340	伦皮拉 Lempira	洪都拉斯 HONDURAS	2
HRK	191	克罗地亚库纳 Croatian kuna	克罗地亚 CROATIA	2
HTG	332	古德 Gourde	海地 HAITI	2
HUF	348	福林 Forint	匈牙利 HUNGARY	2
IDR	360	卢比 Rupiah	东帝汶 EAST TIMOR	2
IDR	360	卢比 Rupiah	印度尼西亚 INDONESIA	2
IEP	372	爱尔兰镑 Irish Pound	爱尔兰 IRELAND	2
ILS	376	新谢客尔 New Israeli Sheqel	以色列 ISRAEL	2
INR	356	印度卢比 Indian Rupee	不丹 BHUTAN	2
INR	356	印度卢比 Indian Rupee	印度 INDIA	2

表 B.2（续）

字母代码	数字代码	货币名称	实体名称	辅助单位
IQD	368	伊拉克第纳尔 Iraqi Dinar	伊拉克 IRAQ	3
IRR	364	伊朗里亚尔 Iranian Rial	伊朗(伊斯兰共和国) IRAN (ISLAMIC REPUBLIC OF)	2
ISK	352	冰岛克朗 Iceland Krona	冰岛 ICELAND	2
ITL	380	意大利里拉 Italian Lira	梵地冈(梵地冈城国) HOLY SEE (VATICAN CITY STATE)	2
ITL	380	意大利里拉 Italian Lira	意大利 ITALY	0
ITL	380	意大利里拉 Italian Lira	圣马力诺 SAN MARINO	0
JMD	388	牙买加元 Jamaican Dollar	牙买加 JAMAICA	2
JOD	400	约旦第纳尔 Jordanian Dinar	约旦 JORDAN	3
JPY	392	日元 Yen	日本 JAPAN	0
KES	404	肯尼亚先令 Kenyan Shilling	肯尼亚 KENYA	2
KGS	417	索姆 Som	吉尔吉斯斯坦 KYRGYZSTAN	2
KHR	116	瑞尔 Riel	柬埔寨 CAMBODIA	2
KMF	174	科摩罗法郎 Comoro Franc	科摩罗 COMOROS	0
KPW	408	北朝鲜圆 North Korean Won	朝鲜 KOREA, DEMOCRATIC PEOPLE'S REPUBLIC OF	2
KRW	410	圆 Won	韩国 KOREA, REPUBLIC OF	0
KWD	414	科威特第纳尔 Kuwaiti Dinar	科威特 KUWAIT	3
KYD	136	开曼群岛元 Cayman Islands Dollar	开曼群岛 CAYMAN ISLANDS	2

表 B.2(续)

字母代码	数字代码	货币名称	实体名称	辅助单位
KZT	398	坚戈 Tenge	哈萨克斯坦 KAZAKHSTAN	2
LAK	418	基普 Kip	老挝人民民主共和国 LAO PEOPLE'S DEMOCRATIC REPUBLIC	2
LBP	422	黎巴嫩镑 Lebanese Pound	黎巴嫩 LEBANON	2
LKR	144	斯里兰卡卢比 Sri Lanka Rupee	斯里兰卡 SRI LANKA	2
LRD	430	利比里亚元 Liberian Dollar	利比里亚 LIBERIA	2
LSL	426	罗提 Loti	莱索托 LESOTHO	2
LTL	440	立陶宛 Lithuanian Litus	立陶宛 LITHUANIA	2
LUF	442	卢森堡法郎 Luxembourg Franc	卢森堡 LUXEMBOURG	0
LVL	428	拉脱维亚拉特 Latvian Lats	拉脱维亚 LATVIA	2
LYD	434	利比亚第纳尔 Libyan Dinar	阿拉伯利比亚民众国 LIBYAN ARAB JAMAHIRIYA	3
MAD	504	摩洛哥迪拉姆 Moroccan Dirham	摩洛哥 MOROCCO	2
MAD	504	摩洛哥迪拉姆 Moroccan Dirham	西撒哈拉 WESTERN SAHARA	2
MDL	498	摩尔瓦多列伊 Moldovan Leu	摩尔瓦多共和国 MOLDOVA, REPUBLIC OF	2
MGF	450	马尔加什法郎 Malagasy Franc	马达加斯加 MADAGASCAR	0
MKD	807	第纳尔 Denar	马其顿 MACEDONIA, THE FORMER YUGOSLAV REPUBLIC OF	2
MMK	104	缅元 Kyat	缅甸 MYANMAR	2
MNT	496	图格里克 Tugrik	蒙古 MONGOLIA	2

表 B.2(续)

字母代码	数字代码	货币名称	实体名称	辅助单位
MOP	446	澳门元 Pataca	澳门 MACAU	2
MRO	478	乌吉亚 Ouguiya	毛里塔尼亚 MAURITANIA	2
MTL	470	马尔他里拉 Maltese Lira	马耳他 MALTA	2
MUR	480	毛里求斯卢比 Mauritius Rupee	毛里求斯 MAURITIUS	2
MVR	462	卢菲亚 Rufiyaa	马尔代夫 MALDIVES	2
MWK	454	克瓦查 Kwacha	马拉维 MALAWI	2
MXN	484	墨西哥比索 Mexican Peso	墨西哥 MEXICO	2
MXV	979	墨西哥发展单位 Mexican Unidad de Inversion	墨西哥 MEXICO	2
MYR	458	马来西亚林吉特 Malaysian Ringgit	马来西亚 MALAYSIA	2
MZM	508	麦梯卡尔 Metical	莫桑比克 MOZAMBIQUE	2
NAD	516	纳米比亚元 Namibia Dollar	纳米比亚 NAMIBIA	2
NGN	566	奈拉 Naira	尼日利亚 NIGERIA	2
NIO	558	金科多巴 Cordoba Oro	尼加拉瓜 NICARAGUA	2
NLG	528	荷兰盾 Netherlands Guilder	荷兰 NETHERLANDS	2
NOK	578	挪威克朗 Norwegian Krone	布维岛 BOUVET ISLAND	2
NOK	578	挪威克朗 Norwegian Krone	挪威 NORWAY	2
NOK	578	挪威克朗 Norwegian Krone	斯瓦尔巴群岛 SVALBARD AND JAN MAYEN	2

表 B.2（续）

字母代码	数字代码	货币名称	实体名称	辅助单位
NPR	524	尼泊尔卢比 Nepalese Rupee	尼泊尔 NEPAL	2
NZD	554	新西兰元 New Zealand Dollar	库克群岛 COOK ISLANDS	2
NZD	554	新西兰元 New Zealand Dollar	新西兰 NEW ZEALAND	2
NZD	554	新西兰元 New Zealand Dollar	纽埃 NIUE	2
NZD	554	新西兰元 New Zealand Dollar	皮特凯恩 PITCAIRN	2
NZD	554	新西兰元 New Zealand Dollar	托克劳 T OKELAU	2
OMR	512	阿曼里亚尔 Rial Omani	阿曼 OMAN	3
PAB	590	巴波亚 Balboa	巴拿马 PANAMA	2
PEN	604	索尔 Nuevo Sol	秘鲁 PERU	2
PGK	598	基那 Kina	巴布亚新几内亚 PAPUA NEW GUINEA	2
PHP	608	菲律宾比索 Philippine Peso	菲律宾 PHILIPPINES	2
PKR	586	巴基斯坦卢比 Pakistan Rupee	巴基斯坦 PAKISTAN	2
PLN	985	兹罗提 Zloty	波兰 POLAND	2
PTE	620	葡萄牙埃斯库多 Portuguese Escudo	葡萄牙 PORTUGAL	0
PYG	600	瓜拉尼 Guarani	巴拉圭 PARAGUAY	0
QAR	634	卡塔尔里亚尔 Qatari Rial	卡塔尔 QATAR	2
ROL	642	列伊 Leu	罗马尼亚 ROMANIA	2

表 B.2（续）

字母代码	数字代码	货币名称	实体名称	辅助单位
RUB	643	俄罗斯卢布 Russian Ruble	俄罗斯联邦 RUSSIAN FEDERATION	2
RUR	810	俄罗斯卢布 Russian Ruble	俄罗斯联邦 RUSSIAN FEDERATION	2
RWF	646	卢旺达法郎 Rwanda Franc	卢旺达 RWANDA	0
SAR	682	沙特里亚尔 Saudi Riyal	沙特阿拉伯 SAUDI ARABIA	2
SBD	090	所罗门群岛元 Solomon Islands Dollar	所罗门群岛 SOLOMON ISLANDS	2
SCR	690	塞舌尔卢比 Seychelles Rupee	塞舌尔 SEYCHELLES	2
SDD	736	苏丹第纳尔 Sudanese Dinar	苏丹 SUDAN	2
SEK	752	瑞典克朗 Swedish Krona	瑞典 SWEDEN	2
SGD	702	新加坡元 Singapore Dollar	新加坡 SINGAPORE	2
SHP	654	圣赫勒拿磅 Saint Helena Pound	圣赫勒拿 SAINT HELENA	2
SIT	705	托拉尔 Tolar	斯洛文尼亚 SLOVENIA	2
SKK	703	斯洛伐克克朗 Slovak Koruna	斯洛伐克 SLOVAKIA	2
SLL	694	利昂 Leone	塞拉利昂 SIERRA LEONE	2
SOS	706	索马里先令 Somali Shilling	索马里 SOMALIA	2
SRG	740	苏里南盾 Suriname Guilder	苏里南 SURINAME	2
STD	678	多布拉 Dobra	圣多美和普林西比 SAO TOME AND PRINCIPE	2
SVC	222	萨尔瓦多科郎 El Salvador Colon	萨尔瓦多 EL SALVADOR	2

表 B.2（续）

字母代码	数字代码	货币名称	实体名称	辅助单位
SYP	760	叙利亚镑 Syrian Pound	阿拉伯叙利亚共和国 SYRIAN ARAB REPUBLIC	2
SZL	748	里兰吉尼 Lilangeni	斯威士兰 SWAZILAND	2
THB	764	铢 Baht	泰国 THAILAND	2
TJS	972	索莫尼 Somoni	塔吉克斯坦 TAJIKISTAN	2
TMM	795	马纳特 Manat	土库曼斯坦 TURKMENISTAN	2
TND	788	突尼斯第纳尔 Tunisian Dinar	突尼斯 TUNISIA	3
TOP	776	邦加 Pa'anga	汤加 TONGA	2
TPE	626	东帝汶埃斯库多 Timor Escudo	东帝汶 EAST TIMOR	0
TRL	792	土耳其里拉 Turkish Lira	土耳其 TURKEY	0
TTD	780	特立尼达和多巴哥元 Trinidad and Tobago Dollar	特立尼达和多巴哥 TRINIDAD AND TOBAGO	2
TWD	901	新台湾元 New Taiwan Dollar	中国台湾 TAIWAN, PROVINCE OF CHINA	2
TZS	834	坦桑尼亚先令 Tanzanian Shilling	坦桑尼亚 TANZANIA, UNITED REPUBLIC OF	2
UAH	980	格里夫纳 Hryvnia	乌克兰 UKRAINE	2
UGX	800	乌干达先令 Uganda Shilling	乌干达 UGANDA	2
USD	840	美元 US Dollar	美属萨摩亚 AMERICAN SAMOA	2
USD	840	美元 US Dollar	英属印度洋领土 BRITISH INDIAN OCEAN TERRITORY	2
USD	840	美元 US Dollar	厄瓜多尔 ECUADOR	2
USD	840	美元 US Dollar	关岛 GUAM	2

表 B.2(续)

字母代码	数字代码	货币名称	实体名称	辅助单位
USD	840	美元 US Dollar	海地 HAITI	2
USD	840	美元 US Dollar	马绍尔群岛 MARSHALL ISLANDS	2
USD	840	美元 US Dollar	密克罗尼西亚(联邦) MICRONESIA (FEDERATED STATES OF)	2
USD	840	美元 US Dollar	北马里亚纳 NORTHERN MARIANA ISLANDS	2
USD	840	美元 US Dollar	贝劳 PALAU	2
USD	840	美元 US Dollar	巴拿马 PANAMA	2
USD	840	美元 US Dollar	波多黎各 PUERTO RICO	2
USD	840	美元 US Dollar	特克斯和凯科斯群岛 TURKS AND CAICOS ISLANDS	2
USD	840	美元 US Dollar	美国 UNITED STATES	2
USD	840	美元 US Dollar	美属密诺边缘群岛 UNITED STATES MINOR OUTLYING ISLANDS	2
USD	840	美元 US Dollar	英属维尔京群岛 VIRGIN ISLANDS (BRITISH)	2
USD	840	美元 US Dollar	美属维尔京群岛 VIRGIN ISLANDS(US)	2
USN	997	(次日) (Next day)	美国 UNITED STATES	2
USS	998	(同日) (Same day)	美国 UNITED STATES	2
UYU	858	乌拉圭比索 Peso Uruguayo	乌拉圭 URUGUAY	2
UZS	860	乌兹别克斯坦苏姆 Uzbekistan Sum	乌兹别克斯坦 UZBEKISTAN	2
VND	704	盾 Dong	越南 VIET NAM	2

表 B.2（续）

字母代码	数字代码	货 币 名 称	实 体 名 称	辅助单位
VUV	548	瓦图 Vatu	瓦努阿图 VANUATU	0
WST	882	塔拉 Tala	萨摩亚 SAMOA	2
XAF	950	CFA 法郎 BEAC CFA Franc BEAC	喀麦隆 CAMEROON	0
XAF	950	CFA 法郎 BEAC CFA Franc BEAC	中非共和国 CENTRAL AFRICAN REPUBLIC	0
XAF	950	CFA 法郎 BEAC CFA Franc BEAC	乍得 CHAD	0
XAF	950	CFA 法郎 BEAC CFA Franc BEAC	刚果 CONGO	0
XAF	950	CFA 法郎 BEAC CFA Franc BEAC	赤道几内亚 EQUATORIAL GUINEA	0
XAF	950	CFA 法郎 BEAC CFA Franc BEAC	加蓬 GABON	0
XAG	961	银 Silver	无固定实体	N. A.
XAU	959	黄金	无固定实体	N. A.
XBA	955	欧洲货币合成单位 European Composite Unit (EURCO)	无固定实体	N. A.
XBB	956	欧洲货币单位（E. M. U. -6） European Monetary Unit(E. M. U. -6)	无固定实体	N. A.
XBC	957	欧洲账户 9 单位 (E. U. A. -9)European Unit of Account 9 (E. U. A. -9)	无固定实体	N. A.
XBD	958	欧洲账户 17 单位 (E. U. A-17)European Unit of Account 17 (E. U. A. -17)	无固定实体	N. A.
XCD	951	东加勒比元 East Caribbean Dollar	安圭拉 ANGUILLA	2
XCD	951	东加勒比元 East Caribbean Dollar	安提瓜和巴布达 ANTIGUA AND BARBUDA	2
XCD	951	东加勒比元 East Caribbean Dollar	多米尼克 DOMINICA	2
XCD	951	东加勒比元 East Caribbean Dollar	格林纳达 GRENADA	2

表 B.2(续)

字母代码	数字代码	货币名称	实体名称	辅助单位
XCD	951	东加勒比元 East Caribbean Dollar	蒙特塞拉特 MONTSERRAT	2
XCD	951	东加勒比元 East Caribbean Dollar	圣基茨和尼维斯 SAINT KITTS AND NEVIS	2
XCD	951	东加勒比元 East Caribbean Dollar	圣卢西亚 SAINT LUCIA	2
XCD	951	东加勒比元 East Caribbean Dollar	圣文森特和格林纳丁斯 SAINT VINCENT AND THE GRENADINES	2
XDR	960	特别提款权 SDR	国际货币基金组织(IMF) INTERNATIONAL MONETARYFUND(IMF)	N. A.
XFO	Nil	黄金法郎 Gold-Franc	无固定实体	N. A.
XFU	Nil	UIC 法郎 UIC-Franc	无固定实体	N. A.
XOF	952	CFA 法郎 BCEAO CFA Franc BCEAO	贝宁 BENIN	0
XOF	952	CFA 法郎 BCEAO CFA Franc BCEAO	布基纳法索 BURKINA FASO	0
XOF	952	CFA 法郎 BCEAO CFA Franc BCEAO	科特迪瓦 COTE D'IVOIRE	0
XOF	952	CFA 法郎 BCEAO CFA Franc BCEAO	几内亚比绍 GUINEA-BISSAU	0
XOF	952	CFA 法郎 BCEAO CFA Franc BCEAO	马里 MALI	0
XOF	952	CFA 法郎 BCEAO CFA Franc BCEAO	尼日尔 NIGER	0
XOF	952	CFA 法郎 BCEAO CFA Franc BCEAO	塞内加尔 SENEGAL	0
XOF	952	CFA 法郎 BCEAO CFA Franc BCEAO	多哥 TOGO	0
XPD	964	钯 Palladium	无固定实体	N. A.

表 B.2（续）

字母代码	数字代码	货 币 名 称	实 体 名 称	辅助单位
XPF	953	CFP 法郎 CFP Franc	法属波利尼西亚 FRENCH POLYNESIA	0
XPF	953	CFP 法郎 CFP Franc	新喀里多尼亚 NEW CALEDONIA	0
XPF	953	CFP 法郎 CFP Franc	瓦利斯和富图纳 WALLIS AND FUTUNA	0
XPT	962	铂白金 Platinum	无固定实体	N. A.
XTS	963	为测试特别保留的代码 Codes specifically reserved for testing purposes	无固定实体	N. A.
XXX	999	未包括的交易货币代码指定为： The codes assigned for transaction where no currency is involved are:	无固定实体	N. A.
YER	886	也门里亚尔 Yemeni Rial	也门 YEMEN	2
YUM	891	南斯拉夫第纳尔 Yugoslavian Dinar	南斯拉夫 YUGOSLAVIA	2
ZAR	710	兰特 Rand	莱索托 LESOTHO	2
ZAR	710	兰特 Rand	纳米比亚 NAMIBIA	2
ZAR	710	兰特 Rand	南非 SOUTH AFRICA	2
ZMK	894	克瓦查 Kwacha	赞比亚 ZAMBIA	2
ZWD	716	津巴布韦元 Zimbabwe Dollar	津巴布韦 ZIMBABWE	2
		无通用货币 No universal currency	南极洲 ANTARCTICA	
		债券市场单位 Bond markets units	无固定实体	
		特别清算货币 Special settlement currencies	无固定实体	

表 B.3 数字型代码索引表

数字代码	字母代码	货币名称	实体名称	辅助单位
004	AFA	阿富汗尼 Afghani	阿富汗 AFGHANISTAN	2
008	ALL	列克 Lek	阿尔巴尼亚 ALBANIA	2
012	DZD	阿尔及利亚第纳尔 Algerian Dinar	阿尔及利亚 ALGERIA	2
020	ADP	安道尔比塞塔 Andorran Peseta	安道尔 ANDORRA	0
031	AZM	阿塞拜疆马纳特 Azerbaijanian Manat	阿塞拜疆 AZERBAIJAN	2
032	ARS	阿根廷比索 Argentine Peso	阿根廷 ARGENTINA	2
036	AUD	澳大利亚元 Australian Dollar	澳大利亚 AUSTRALIA	2
036	AUD	澳大利亚元 Australian Dollar	圣诞岛 CHRISTMAS ISLAND	2
036	AUD	澳大利亚元 Australian Dollar	科科斯(基林)群岛 COCOS (KEELING) ISLANDS	2
036	AUD	澳大利亚元 Australian Dollar	赫德岛和麦克唐纳岛 HEARD ISLANDS AND McDONALD ISLANDS	2
036	AUD	澳大利亚元 Australian Dollar	基里巴斯 KIRIBATI	2
036	AUD	澳大利亚元 Australian Dollar	瑙鲁 NAURU	2
036	AUD	澳大利亚元 Australian Dollar	诺福克岛 NORFOLK ISLAND	2
036	AUD	澳大利亚元 Australian Dollar	图瓦卢 TUVALU	2
040	ATS	先令 Schilling	奥地利 AUSTRIA	2
044	BSD	巴哈马元 Bahamian Dollar	巴哈马 BAHAMAS	2
048	BHD	巴林第纳尔 Bahraini Dinar	巴林 BAHRAIN	3

表 B.3(续)

数字代码	字母代码	货币名称	实体名称	辅助单位
050	BDT	塔卡 Taka	孟加拉国 BANGLADESH	2
051	AMD	亚美尼亚达姆 Armenian Dram	亚美尼亚 ARMENIA	2
052	BBD	巴巴多斯元 Barbados Dollar	巴巴多斯 BARBADOS	2
056	BEF	比利时法郎 Belgian Franc	比利时 BELGIUM	0
060	BMD	百慕大元 Bermudian Dollar(customarily known as Bermuda Dollar)	百慕大 BERMUDA	2
064	BTN	努尔特鲁姆 Ngultrum	不丹 BHUTAN	2
068	BOB	玻利瓦诺 Boliviano	玻利维亚 BOLIVIA	2
072	BWP	普拉 Pula	博茨瓦纳 BOTSWANA	2
084	BZD	伯利兹元 Belize Dollar	伯利兹 BELIZE	2
090	SBD	所罗门群岛元 Solomon Islands Dollar	所罗门群岛 SOLOMON ISLANDS	2
096	BND	文莱元 Brunei Dollar	文莱 BRUNEI DARUSSALAM	2
100	BGL	列弗 Lev	保加利亚 BULGARIA	2
104	MMK	缅元 Kyat	缅甸 MYANMAR	2
108	BIF	布隆迪法郎 Burundi Franc	布隆迪 BURUNDI	0
116	KHR	瑞尔 Riel	柬埔寨 CAMBODIA	2
124	CAD	加元 Canadian Dollar	加拿大 CANADA	2
132	CVE	佛得角埃斯库多 Cape Verde Escudo	佛得角 CAPE VERDE	2

表 B.3（续）

数字代码	字母代码	货币名称	实体名称	辅助单位
136	KYD	开曼群岛元 Cayman Islands Dollar	开曼群岛 CAYMAN ISLANDS	2
144	LKR	斯里兰卡卢比 Sri Lanka Rupee	斯里兰卡 SRI LANKA	2
152	CLP	智利比索 Chilean Peso	智利 CHILE	2
156	CNY	人民币元 Renminbi Yuan	中国 CHINA	2
170	COP	哥伦比亚比索 Colombian Peso	哥伦比亚 COLOMBIA	2
174	KMF	科摩罗法郎 Comoro Franc	科摩罗 COMOROS	0
188	CRC	哥斯达黎加科郎 Costa Rican Colon	哥斯达黎加 COSTA RICA	2
191	HRK	克罗地亚库纳 Croatian Kuna	克罗地亚 CROATIA	2
192	CUP	古巴比索 Cuban Peso	古巴 CUBA	2
196	CYP	塞浦路斯镑 Cyprus Pound	塞浦路斯 CYPRUS	2
203	CZK	捷克克朗 Czech Koruna	捷克 CZECH REPUBLIC	2
208	DKK	丹麦克朗 Danish Krone	丹麦 DENMARK	2
208	DKK	丹麦克朗 Danish Krone	法罗群岛 FAEROE ISLANDS	2
208	DKK	丹麦克朗 Danish Krone	格陵兰 GREENLAND	2
214	DOP	多米尼加比索 Dominican Peso	多米尼加共和国 DOMINICAN REPUBLIC	2
222	SVC	萨尔瓦多科郎 El Salvador Colon	萨尔瓦多 EL SALVADOR	2
230	ETB	埃塞俄比亚比尔 Ethiopian Birr	埃塞俄比亚 ETHIOPIA	2

表 B.3（续）

数字代码	字母代码	货币名称	实体名称	辅助单位
232	ERN	纳克法 Nakfa	厄立特里亚 ERITREA	2
233	EEK	克罗姆 Kroon	爱沙尼亚 ESTONIA	2
238	FKP	福克兰群岛镑 Falkland Islands Pound	福克兰群岛(马尔维纳斯) FALKLAND ISLANDS(MALVINAS)	2
242	FJD	斐济元 Fiji Dollar	斐济 FIJI	2
246	FIM	马克 Markka	芬兰 FINLAND	2
250	FRF	法国法郎 French Franc	安道尔 ANDORRA	2
250	FRF	法国法郎 French Franc	法国 FRANCE	2
250	FRF	法国法郎 French Franc	法属南部领土 FRANCE SOUTHERN TERRITORIES	2
250	FRF	法国法郎 French Franc	瓜德罗普 GUADELOUPE	2
250	FRF	法国法郎 French Franc	马提尼克 MARTINIQUE	2
250	FRF	法国法郎 French Franc	马约特 MAYOTTE	2
250	FRF	法国法郎 French Franc	摩纳哥 MONACO	2
250	FRF	法国法郎 French Franc	留尼汪 REUNION	2
250	FRF	法国法郎 French Franc	圣皮埃尔和密克隆 SAINT PIERRE AND MIQUELON	2
262	DJF	吉布提法郎 Djibouti Franc	吉布提 DJIBOUTI	0
270	GMD	达拉西 Dalasi	冈比亚 GAMBIA	2
276	DEM	德国马克 Deutsche Mark	德国 GERMANY	2

表 B.3(续)

数字代码	字母代码	货 币 名 称	实 体 名 称	辅助单位
288	GHC	塞地 Cedi	加纳 GHANA	2
292	GIP	直布罗陀镑 Gibraltar Pound	直布罗陀 GIBRALTAR	2
300	GRD	德拉克马 Drachma	希腊 GREECE	0
320	GTQ	格查尔 Quetzal	危地马拉 GUATEMALA	2
324	GNF	几内亚法郎 Guinea Franc	几内亚 GUINEA	0
328	GYD	圭亚那元 Guyana Dollar	圭亚那 GUYANA	2
332	HTG	古德 Gourde	海地 HAITI	2
340	HNL	伦皮拉 Lempira	洪都拉斯 HONDURAS	2
344	HKD	香港元 Hong Kong Dollar	香港 HONG KONG	2
348	HUF	福林 Forint	匈牙利 HUNGARY	2
352	ISK	冰岛克朗 Iceland Krona	冰岛 ICELAND	2
356	INR	印度卢比 Indian Rupee	不丹 BHUTAN	2
356	INR	印度卢比 Indian Rupee	印度 INDIA	2
360	IDR	卢比 Rupiah	东帝汶 EAST TIMOR	2
360	IDR	卢比 Rupiah	印度尼西亚 INDONESIA	2
364	IRR	伊朗里亚尔 Iranian Rial	伊朗(伊斯兰共和国) IRAN (ISLAMIC REPUBLIC OF)	2
368	IQD	伊拉克第纳尔 Iraqi Dinar	伊拉克 IRAQ	3

表 B.3（续）

数字代码	字母代码	货币名称	实体名称	辅助单位
372	IEP	爱尔兰镑 Irish Pound	爱尔兰 IRELAND	2
376	ILS	新谢客尔 New Israeli Sheqel	以色列 ISRAEL	2
380	ITL	意大利里拉 Italian Lira	梵地冈(梵地冈城国) HOLY SEE (VATICAN CITY STATE)	2
380	ITL	意大利里拉 Italian Lira	意大利 ITALY	0
380	ITL	意大利里拉 Italian Lira	圣马力诺 SAN MARINO	0
388	JMD	牙买加元 Jamaican Dollar	牙买加 JAMAICA	2
392	JPY	日元 Yen	日本 JAPAN	0
398	KZT	坚戈 Tenge	哈萨克斯坦 KAZAKHSTAN	2
400	JOD	约旦第纳尔 Jordanian Dinar	约旦 JORDAN	3
404	KES	肯尼亚先令 Kenyan Shilling	肯尼亚 KENYA	2
408	KPW	北朝鲜圆 North Korean Won	朝鲜 KOREA,DEMOCRATIC PEOPLE'S REPUBLIC OF	2
410	KRW	圆 Won	韩国 KOREA, REPUBLIC OF	0
414	KWD	科威特第纳尔 Kuwaiti Dinar	科威特 KUWAIT	3
417	KGS	索姆 Som	吉尔吉斯斯坦 KYRGYZSTAN	2
418	LAK	基普 Kip	老挝人民民主共和国 LAO PEOPLE'S DEMOCRATIC REPUBLIC	2
422	LBP	黎巴嫩镑 Lebanese Pound	黎巴嫩 LEBANON	2

表 B.3(续)

数字代码	字母代码	货币名称	实体名称	辅助单位
426	LSL	罗提 Loti	莱索托 LESOTHO	2
428	LVL	拉脱维亚拉特 Latvian Lats	拉脱维亚 LATVIA	2
430	LRD	利比里亚元 Liberian Dollar	利比里亚 LIBERIA	2
434	LYD	利比亚第纳尔 Libyan Dinar	阿拉伯利比亚民众国 LIBYAN ARAB JAMAHIRIYA	3
440	LTL	立陶宛 Lithuanian Litus	立陶宛 LITHUANIA	2
442	LUF	卢森堡法郎 Luxembourg Franc	卢森堡 LUXEMBOURG	0
446	MOP	澳门元 Pataca	澳门 MACAU	2
450	MGF	马尔加什法郎 Malagasy Franc	马达加斯加 MADAGASCAR	0
454	MWK	克瓦查 Kwacha	马拉维 MALAWI	2
458	MYR	马来西亚林吉特 Malaysian Ringgit	马来西亚 MALAYSIA	2
462	MVR	卢菲亚 Rufiyaa	马尔代夫 MALDIVES	2
470	MTL	马尔他里拉 Maltese Lira	马耳他 MALTA	2
478	MRO	乌吉亚 Ouguiya	毛里塔尼亚 MAURITANIA	2
480	MUR	毛里求斯卢比 Mauritius Rupee	毛里求斯 MAURITIUS	2
484	MXN	墨西哥比索 Mexican Peso	墨西哥 MEXICO	2
496	MNT	图格里克 Tugrik	蒙古 MONGOLIA	2
498	MDL	摩尔瓦多列伊 Moldovan Leu	摩尔瓦多共和国 MOLDOVA, REPUBLIC OF	2

表 B.3（续）

数字代码	字母代码	货币名称	实体名称	辅助单位
504	MAD	摩洛哥迪拉姆 Moroccan Dirham	摩洛哥 MOROCCO	2
504	MAD	摩洛哥迪拉姆 Moroccan Dirham	西撒哈拉 WESTERN SAHARA	2
508	MZM	麦梯卡尔 Metical	莫桑比克 MOZAMBIQUE	2
512	OMR	阿曼里亚尔 Rial Omani	阿曼 OMAN	3
516	NAD	纳米比亚元 Namibia Dollar	纳米比亚 NAMIBIA	2
524	NPR	尼泊尔卢比 Nepalese Rupee	尼泊尔 NEPAL	2
528	NLG	荷兰盾 Netherlands Guilder	荷兰 NETHERLANDS	2
532	ANG	荷属安的列斯盾 Netherlands Antillian Guilder	荷属安的列斯 NETHERLANDS ANTILLIES	2
533	AWG	阿鲁巴盾 Aruban Guilder	阿鲁巴 ARUBA	2
548	VUV	瓦图 Vatu	瓦努阿图 VANUATU	0
554	NZD	新西兰元 New Zealand Dollar	库克群岛 COOK ISLANDS	2
554	NZD	新西兰元 New Zealand Dollar	新西兰 NEW ZEALAND	2
554	NZD	新西兰元 New Zealand Dollar	纽埃 NIUE	2
554	NZD	新西兰元 New Zealand Dollar	皮特凯恩 PITCAIRN	2
554	NZD	新西兰元 New Zealand Dollar	托克劳 T OKELAU	2
558	NIO	金科多巴 Cordoba Oro	尼加拉瓜 NICARAGUA	2
566	NGN	奈拉 Naira	尼日利亚 NIGERIA	2

表 B.3（续）

数字代码	字母代码	货币名称	实体名称	辅助单位
578	NOK	挪威克朗 Norwegian Krone	布维岛 BOUVET ISLAND	2
578	NOK	挪威克朗 Norwegian Krone	挪威 NORWAY	2
578	NOK	挪威克朗 Norwegian Krone	斯瓦尔巴群岛 SVALBARD AND JAN MAYEN	2
586	PKR	巴基斯坦卢比 Pakistan Rupee	巴基斯坦 PAKISTAN	2
590	PAB	巴波亚 Balboa	巴拿马 PANAMA	2
598	PGK	基那 Kina	巴布亚新几内亚 PAPUA NEW GUINEA	2
600	PYG	瓜拉尼 Guarani	巴拉圭 PARAGUAY	0
604	PEN	索尔 Nuevo Sol	秘鲁 PERU	2
608	PHP	非律宾比索 Philippine Peso	非律宾 PHILIPPINES	2
620	PTE	葡萄牙埃斯库多 Portuguese Escudo	葡萄牙 PORTUGAL	0
624	GWP	几内亚比绍比索 Guinea Bissau Peso	几内亚比绍 GUINEA-BISSAU	2
626	TPE	东帝汶埃斯库多 Timor Escudo	东帝汶 EAST TIMOR	0
634	QAR	卡塔尔里亚尔 Qatari Rial	卡塔尔 QATAR	2
642	ROL	列伊 Leu	罗马尼亚 ROMANIA	2
643	RUB	俄罗斯卢布 Russian Ruble	俄罗斯联邦 RUSSIAN FEDERATION	2
646	RWF	卢旺达法郎 Rwanda Franc	卢旺达 RWANDA	0
654	SHP	圣赫勒拿磅 Saint Helena Pound	圣赫勒拿 SAINT HELENA	2

表 B.3（续）

数字代码	字母代码	货币名称	实体名称	辅助单位
678	STD	多布拉 Dobra	圣多美和普林西比 SAO TOME AND PRINCIPE	2
682	SAR	沙特里亚尔 Saudi Riyal	沙特阿拉伯 SAUDI ARABIA	2
690	SCR	塞舌尔卢比 Seychelles Rupee	塞舌尔 SEYCHELLES	2
694	SLL	利昂 Leone	塞拉利昂 SIERRA LEONE	2
702	SGD	新加坡元 Singapore Dollar	新加坡 SINGAPORE	2
703	SKK	斯洛伐克克朗 Slovak Koruna	斯洛伐克 SLOVAKIA	2
704	VND	盾 Dong	越南 VIET NAM	2
705	SIT	托拉尔 Tolar	斯洛文尼亚 SLOVENIA	2
706	SOS	索马里先令 Somali Shilling	索马里 SOMALIA	2
710	ZAR	兰特 Rand	莱索托 LESOTHO	2
710	ZAR	兰特 Rand	纳米比亚 NAMIBIA	2
710	ZAR	兰特 Rand	南非 SOUTH AFRICA	2
716	ZWD	津巴布韦元 Zimbabwe Dollar	津巴布韦 ZIMBABWE	2
724	ESP	西班牙比塞塔 Spanish Peseta	安道尔 ANDORRA	0
724	ESP	西班牙比塞塔 Spanish Peseta	西班牙 SPAIN	0
736	SDD	苏丹第纳尔 Sudanese Dinar	苏丹 SUDAN	2
740	SRG	苏里南盾 Suriname Guilder	苏里南 SURINAME	2

表 B.3（续）

数字代码	字母代码	货　币　名　称	实　体　名　称	辅助单位
748	SZL	里兰吉尼 Lilangeni	斯威士兰 SWAZILAND	2
752	SEK	瑞典克朗 Swedish Krona	瑞典 SWEDEN	2
756	CHF	瑞士法郎 Swiss Franc	列支敦士登 LIECHTENSTEIN	2
756	CHF	瑞士法郎 Swiss Franc	瑞士 SWITZERLAND	2
760	SYP	叙利亚镑 Syrian Pound	阿拉伯叙利亚共和国 SYRIAN ARAB REPUBLIC	2
764	THB	铢 Baht	泰国 THAILAND	2
776	TOP	邦加 Pa'anga	汤加 TONGA	2
780	TTD	特立尼达和多巴哥元 Trinidad and Tobago Dollar	特立尼达和多巴哥 TRINIDAD AND TOBAGO	2
784	AED	UAE 迪拉姆 UAE Dirham	阿联酋 UNITED ARAB EMIRATES	2
788	TND	突尼斯第纳尔 Tunisian Dinar	突尼斯 TUNISIA	3
792	TRL	土耳其里拉 Turkish Lira	土耳其 TURKEY	0
795	TMM	马纳特 Manat	土库曼斯坦 TURKMENISTAN	2
800	UGX	乌干达先令 Uganda Shilling	乌干达 UGANDA	2
807	MKD	第纳尔 Denar	马其顿 MACEDONIA, THE FORMER YUGOSLAV REPUBLIC OF	2
810	RUR	俄罗斯卢布 Russian Ruble	俄罗斯联邦 RUSSIAN FEDERATION	2
818	EGP	埃及镑 Egyptian Pound	埃及 EGYPT	2
826	GBP	英镑 Pound Sterling	英国 UNITED KINGDOM	2

表 B.3(续)

数字代码	字母代码	货币名称	实体名称	辅助单位
834	TZS	坦桑尼亚先令 Tanzanian Shilling	坦桑尼亚 TANZANIA,UNITED REPUBLIC OF	2
840	USD	美元 US Dollar	美属萨摩亚 AMERICAN SAMOA	2
840	USD	美元 US Dollar	英属印度洋领土 BRITISH INDIAN OCEAN TERRITORY	2
840	USD	美元 US Dollar	厄瓜多尔 ECUADOR	2
840	USD	美元 US Dollar	关岛 GUAM	2
840	USD	美元 US Dollar	海地 HAITI	2
840	USD	美元 US Dollar	马绍尔群岛 MARSHALL ISLANDS	2
840	USD	美元 US Dollar	密克罗尼西亚(联邦) MICRONESIA (FEDERATED STATES OF)	2
840	USD	美元 US Dollar	北马里亚纳 NORTHERN MARIANA ISLANDS	2
840	USD	美元 US Dollar	贝劳 PALAU	2
840	USD	美元 US Dollar	巴拿马 PANAMA	2
840	USD	美元 US Dollar	波多黎各 PUERTO RICO	2
840	USD	美元 US Dollar	特克斯和凯科斯群岛 TURKS AND CAICOS ISLANDS	2
840	USD	美元 US Dollar	美国 UNITED STATES	2
840	USD	美元 US Dollar	美属密诺边缘群岛 UNITED STATES MINOR OUTLYING ISLANDS	2
840	USD	美元 US Dollar	英属维尔京群岛 VIRGIN ISLANDS (BRITISH)	2
840	USD	美元 US Dollar	美属维尔京群岛 VIRGIN ISLANDS(US)	2

表 B.3（续）

数字代码	字母代码	货币名称	实体名称	辅助单位
858	UYU	乌拉圭比索 Peso Uruguayo	乌拉圭 URUGUAY	2
860	UZS	乌兹别克斯坦苏姆 Uzbekistan Sum	乌兹别克斯坦 UZBEKISTAN	2
882	WST	塔拉 Tala	萨摩亚 SAMOA	2
886	YER	也门里亚尔 Yemeni Rial	也门 YEMEN	2
891	YUM	南斯拉夫第纳尔 Yugoslavian Dinar	南斯拉夫 YUGOSLAVIA	2
894	ZMK	克瓦查 Kwacha	赞比亚 ZAMBIA	2
901	TWD	新台湾元 New Taiwan Dollar	中国台湾 TAIWAN,PROVINCE OF CHINA	2
950	XAF	CFA 法郎 BEAC CFA Franc BEAC	喀麦隆 CAMEROON	0
950	XAF	CFA 法郎 BEAC CFA Franc BEAC	中非共和国 CENTRAL AFRICAN REPUBLIC	0
950	XAF	CFA 法郎 BEAC CFA Franc BEAC	乍得 CHAD	0
950	XAF	CFA 法郎 BEAC CFA Franc BEAC	刚果 CONGO	0
950	XAF	CFA 法郎 BEAC CFA Franc BEAC	赤道几内亚 EQUATORIAL GUINEA	0
950	XAF	CFA 法郎 BEAC CFA Franc BEAC	加蓬 GABON	0
951	XCD	东加勒比元 East Caribbean Dollar	安圭拉 ANGUILLA	2
951	XCD	东加勒比元 East Caribbean Dollar	安提瓜和巴布达 ANTIGUA AND BARBUDA	2
951	XCD	东加勒比元 East Caribbean Dollar	格林纳达 GRENADA	2
951	XCD	东加勒比元 East Caribbean Dollar	蒙特塞拉特 MONTSERRAT	2

表 B.3（续）

数字代码	字母代码	货币名称	实体名称	辅助单位
951	XCD	东加勒比元 East Caribbean Dollar	圣基茨和尼维斯 SAINT KITTS AND NEVIS	2
951	XCD	东加勒比元 East Caribbean Dollar	圣卢西亚 SAINT LUCIA	2
951	XCD	东加勒比元 East Caribbean Dollar	圣文森特和格林纳丁斯 SAINT VINCENT AND THE GRENADINES	2
952	XOF	CFA 法郎 BCEAO CFA Franc BCEAO	贝宁 BENIN	0
952	XOF	CFA 法郎 BCEAO CFA Franc BCEAO	布基纳法索 BURKINA FASO	0
952	XOF	CFA 法郎 BCEAO CFA Franc BCEAO	科特迪瓦 COTE D'IVOIRE	0
952	XOF	CFA 法郎 BCEAO CFA Franc BCEAO	几内亚比绍 GUINEA-BISSAU	0
952	XOF	CFA 法郎 BCEAO CFA Franc BCEAO	马里 MALI	0
952	XOF	CFA 法郎 BCEAO CFA Franc BCEAO	尼日尔 NIGER	0
952	XOF	CFA 法郎 BCEAO CFA Franc BCEAO	塞内加尔 SENEGAL	0
952	XOF	CFA 法郎 BCEAO CFA Franc BCEAO	多哥 TOGO	0
953	XPF	CFP 法郎 CFP Franc	法属波利尼西亚 FRENCH POLYNESIA	0
953	XPF	CFP 法郎 CFP Franc	新喀里多尼亚 NEW CALEDONIA	0
953	XPF	CFP 法郎 CFP Franc	瓦利斯和富图纳 WALLIS AND FUTUNA	0
955	XBA	欧洲货币合成单位 European Composite Unit (EURCO)	无固定实体	N. A.
956	XBB	欧洲货币单位 (E. M. U. -6) European Monetary Unit(E. M. U. -6)	无固定实体	N. A.
957	XBC	欧洲账户 9 单位 (E. U. A. -9)European Unit of Account 9(E. U. A. -9)	无固定实体	N. A.

表 B.3(续)

数字代码	字母代码	货币名称	实体名称	辅助单位
958	XBD	欧洲账户 17 单位 (E. U. A-17)European Unit of Account 17(E. U. A.-17)	无固定实体	N. A.
959	XAU	黄金	无固定实体	N. A.
960	XDR	特别提款权 SDR	国际货币基金组织(IMF) INTERNATIONAL MONETARYFUND(IMF)	N. A.
961	XAG	银 Silver	无固定实体	N. A.
962	XPT	铂白金 Platinum	无固定实体	N. A.
963	XTS	为测试特别保留的代码 Codes specifically reserved for testing purposes	无固定实体	N. A.
964	XPD	钯 Palladium	无固定实体	N. A.
972	TJS	索莫尼 Somoni	塔吉克斯坦 TAJIKISTAN	2
973	AOA	宽扎 Kwanza	安哥拉 ANGOLA	2
974	BYR	白俄罗斯卢布 Belarussian Ruble	白俄罗斯 BELARUS	0
975	BGN	保加利亚列弗 Bulgarian Lev	保加利亚 BULGARIA	2
976	CDF	刚果法郎 Franc Congolais	刚果民主共和国 CONGO,THE DEMOCRATIC REPUBLIC	2
977	BAM	可自由兑换标记 Convertible Marks	波斯尼亚和黑塞哥维那 BOSNIA&HERZEGOVINA	2
978	EUR	欧元 Euro	安道尔 ANDORRA	2
978	EUR	欧元 Euro	奥地利 AUSTRIA	2
978	EUR	欧元 Euro	比利时 BELGIUM	2

表 B.3（续）

数字代码	字母代码	货币名称	实体名称	辅助单位
978	EUR	欧元 Euro	芬兰 FINLAND	2
978	EUR	欧元 Euro	法国 FRANCE	2
978	EUR	欧元 Euro	法属南部领土 FRANCE SOUTHERN TERRITORIES	2
978	EUR	欧元 Euro	德国 GERMANY	2
978	EUR	欧元 Euro	希腊 GREECE	2
978	EUR	欧元 Euro	瓜德罗普 GUADELOUPE	2
978	EUR	欧元 Euro	梵地冈（梵地冈城国） HOLY SEE（VATICAN CITY STATE）	2
978	EUR	欧元 Euro	爱尔兰 IRELAND	2
978	EUR	欧元 Euro	意大利 ITALY	2
978	EUR	欧元 Euro	卢森堡 LUXEMBOURG	2
978	EUR	欧元 Euro	马提尼克 MARTINIQUE	2
978	EUR	欧元 Euro	马约特 MAYOTTE	2
978	EUR	欧元 Euro	摩纳哥 MONACO	2
978	EUR	欧元 Euro	荷兰 NETHERLANDS	2
978	EUR	欧元 Euro	葡萄牙 PORTUGAL	2

表 B.3（续）

数字代码	字母代码	货币名称	实体名称	辅助单位
978	EUR	欧元 Euro	留尼汪 REUNION	2
978	EUR	欧元 Euro	圣皮埃尔和密克隆 SAINT PIERRE AND MIQUELON	2
978	EUR	欧元 Euro	圣马力诺 SAN MARINO	2
978	EUR	欧元 Euro	西班牙 SPAIN	2
978	EUR	欧元 Euro	无固定实体	2
979	MXV	墨西哥发展单位 Mexican Unidad de Inversion	墨西哥 MEXICO	2
980	UAH	格里夫纳 Hryvnia	乌克兰 UKRAINE	2
981	GEL	拉里 Lari	格鲁吉亚 GEORGIA	2
984	BOV	Mvdol Mvdol	玻利维亚 BOLIVIA	2
985	PLN	兹罗提 Zloty	波兰 POLAND	2
986	BRL	巴西瑞尔 Brazilian Real	巴西 BRAZIL	2
990	CLF	发展单位 Unidades de formento	智利 CHILE	2
997	USN	（次日） (Next day)	美国 UNITED STATES	2
998	USS	（同日） (Same day)	美国 UNITED STATES	2
999	XXX	未包括的交易货币代码指定为： The codes assigned for transaction where no currency is involved are:	无固定实体	N. A.
Nil	XFU	UIC 法郎 UIC-Franc	无固定实体	N. A.
Nil	XFO	黄金法郎 Gold-Franc	无固定实体	N. A.

表 B.3（续）

数字代码	字母代码	货币名称	实体名称	辅助单位
		无通用货币 No universal currency	南极洲 ANTARCTICA	
		债券市场单位 Bond markets units	无固定实体	
		特别清算货币 Special settlement currencies	无固定实体